本书为作者承担的中共中央宣传部文化名家暨"四个一批"人才科研资助项目《中国文化的现代魅力》书系（项目编号：中宣干字【2020】118 号）的阶段性研究成果

　　本书为作者承担的国家社会科学基金重点项目"新时代文化创新的内在逻辑和实践路径研究"（项目批号：18AKS011）的阶段性研究成果

　　本书为作者承担的由北京大学《儒藏》编纂与研究中心首席专家汤一介教授主持的国家社会科学基金重大项目"《儒藏》精华编"（项目批号：04 & ZD041）、教育部哲学社会科学研究重大攻关项目"《儒藏》整理与研究"（项目批号：03 & JZD008）子项目"礼部之属"结项成果《〈儒藏〉精华编》197 册（北京大学出版社，2014 年）的后续深化研究成果

《颜氏家训》精华提要

张艳国 著

人民出版社

目　录

1

序言　为什么我们今天还要阅读《颜氏家训》

黄今言

　　张艳国教授博学精思，研究儒家经典久负盛名。曾出版《家训选读》《家训辑览》，主编大型丛书《中华智慧集萃》等，均获得好评。2014 年后他承担了多项有关儒学方面的国家课题，如国家社会科学基金重大项目"《儒藏》整理与研究"、教育部哲学社会科学研究重大攻关项目"《儒藏》精华编"，完成其中的子项目"礼部之属"，出版了《〈儒藏〉精华编》第 197 册；近期还承担了国家社会科学基金重点项目"新时代文化创新的内在逻辑和实践路径研究"。这部即将付梓的《〈颜氏家训〉精华提要》，便是本课题的阶段性研究成果。这是一部内容丰硕、雅俗共赏的力作。拜读之后，异常欣喜！

　　《〈颜氏家训〉精华提要》的写作体例，别开生面，富有创意。全书分提要、纲目、注释、大意等四个板块。"提要"写在每篇之前，就全篇的思想内容、关键知识点，钩玄摘要，近乎读书札记或小论文，使人便于掌握全貌。"纲目"是依据每节的中心思想，拟定的小标题，突出该节的核心思想和重点话题。共计二十篇设有 250 个小标题，使读者易于得其要领。"注释"是在每节原文之后，所做的解释，对字词疑难问题，进行扼要的解读和标识，从中一窥颜之推在那时对中国文化的传承。"大意"乃设在每节注释之后，类似传统的古文翻译，但非单纯的就古文，说今意，而是在意境上高于通常的古文翻译。作者采用这种体例和构架，旨在使读者加深对内容的理解，对原著有导读作用，也便于表达他自己的研究成果。这与以往学术界对历代名著采取题解、原文、注释、译文的体例有实质区别，是对以往体例的创新和发展。

　　《〈颜氏家训〉精华提要》，贵在为广大读者服务的工作目标与导向明确，富有鲜明的优势和特色。

其一，运用通俗语言分节列目阐述《颜氏家训》的思想理念。古文深奥，难于读懂。为了方便读者，作者结合自己的研究成果，采用通俗文字列举纲目的方法，阐述原著的精髓和主要内容。例如：在"教子"篇提要中，依据颜之推思想强调：对子女的教育要从早抓起，优生优育，最好从胎教开始；教育子女的最好办法是严要求，子不教，父之过，父母是子女的第一位老师；要在家庭教育中坚持正确的人生观和价值观，以是非正义感激励子女，从小立志报国，在人生行程中走正道，使子女知礼仪，守规矩，高度重视子女的家庭教育。在"治家"篇的提要中，强调家庭治理得好坏，关键在家长。家长要在做好表率的同时，对家庭成员，尤其是要对子女提出严格要求。譬如：夫妻、兄弟、子女要坚守伦理；治家如治国，要有规范规矩，有章法可循；要乐善好施，勤劳俭朴；治家之要，是抓住生计本业，不失农桑；要遵守礼制，正确处理婚姻关系等，努力使家庭协调和谐。在"勉学"篇提要中强调，学习是人生的要事，人们成就事业，离不开学习；学习目的是掌握知识和本领，提升人的品行，修身立德；学习方法要遵守规律，循序渐进，学与思结合，博与约结合；学习内容要博采众长，明辨真伪；学习态度要知之为知之，不知为不知；如此等等。特别要指出的是，为了方便读者，除在"提要"中对各篇主要思想进行通俗阐述之外，作者还费心良苦，用了很大力气，在每篇之下，分节列目，如"涉务"篇的纲目是：一、人性有长短厚薄，关键在于胜任自己的本职工作。二、学贵实用，经世应务而已。三、人可以虚弱到"指马为虎"，但世风一定要刚健向上。四、贵谷务本，食为民天；不知农事之艰，何以知家事国家之难？五、恶德之人，能避他多远就避多远。"养生"篇的纲目为：一、得道成仙，可遇而不可求；科学养生，就可延年益寿。二、养生必须内外兼修。三、生不可不惜，不可苟惜。篇下设目，类皆如此。运用通俗易懂的语言、平白畅晓的表达方式，勾勒、提炼颜之推思想，这就更为有助于读者明白《颜氏家训》的内容和要点，领略传统文化的精华所在，当然，这也有助于对优秀传统文化的传承。

其二，开拓创新将《颜氏家训》赋予新的时代内涵。在唯物史观的指引下，秉持客观、科学、礼敬的态度，去粗取精，挖掘、补充其新的思想成分。例如："慕贤"篇讲的贤人、能人、人才是泰伯、周公等历史人物。作者依颜之推思想，在提要中强调：治国之要，惟在得人。人要有才，更要有德；在才能与道德之间，德更为重要。德才兼备，以德为先。历史经验证明，得贤者昌，失贤者亡。任贤则国治，用不肖则国乱。所以要树立知贤、尊贤、敬贤、追贤的思想，充分发挥人才、贤能者的作用。同时，也要"见贤思齐"，不断向历史上和身边的贤能看齐，以便增长自己的才能，提高自己的道德素养，为家庭、为国家贡献力量。"文章"篇是讲文章的体裁、功用、写作方法、欣赏旨趣和学术批评等。作者在提要中依据颜之推思想，在阐述了文章的本质之后强调："文章千古事"，不可不慎。要以文载道，书写道德文章。这就是说：文章要立足于教化和教育功效；要把德放在首位，体现作文者的道德水准；要符合义理的要求，准确地表达义理；要文字畅达，因文会意，克服文风时弊等。这些论述使人一目了然。此外，作者在"注释"中，对人物、事件、典章、制度、名物、风俗、节会、书籍、思想概念、异体字等进行了扼要解读，力求简易、通俗、准确，也有少量校勘信息纳入，注音采用直音法，既便于普通读者，也有古韵之感。写作"大意"板块时，作者将本节的内容还原到当时的谈话场景和语境，根据谈话的主题思想，准确把握谈话指向，挖掘、补充、完善其话里话外的意思，将颜之推要表达的思想完整地揭示出来，注入新的元素。这些都殊为不易。这不仅丰富了《颜氏家训》的思想意境和品位，而且也能更好地使传统文化基因与当代文化相适应，与现代社会相协调。

其三，坚守方向将《颜氏家训》教条转化为当今的行为标准。把握先进文化发展方向，古为今用，将跨时空的思想理念、价值标准、审美观点通化成现代人们的理想追求和行为习惯。例如："风操"篇反复谈论的是避讳、称谓、丧礼、孝道等。作者在本篇提要中，依据颜之推思想强调：风操是风范、操守的合称。社会风气和人的品德，各个时期会有变化。但遵守社会规范，操守好的德行是不能轻易改变的。只有遵守社会规范，健全人身修养，提升道德层次，家庭才能幸福，社会才守礼有序。好的社会风尚和人格，应该是修身、齐家、治国、平天下。坚守修身之道，齐家之要，治理准则和平天下的理想，使社会形成好的风尚，符合时代要求。"止足"篇谈论的是欲望、谦卑、职位等。作者在"提要"中强调：涨欲有风险，止足有益处。止足，则无贪。人对自己的欲望当设限度，知足止欲，要建立节制机制，减少过高欲望。要正确对待财富、地位和权势。如果欲望膨胀，不知满足和节制，就会走向追求的反面，招来祸害。要以历史为借鉴警示自己。这些对形成向上向善的社会风尚，培育正确的人生理念和价值观，规范行为标准，具有积极的引导作用。

迁确定学者取得成就范式和规格是"成一家之言"之后①，后世历代学者的学术追求无不是"成一家之言"。在中国思想文化史上，能够被后世后人尊为"一家之言"，其学术思想地位就是很高的了。范老的这个论断，也就具有"名言效应"，基本上将颜之推的历史文化地位确定下来，影响深远。在上世纪90年代的"文化热"中，对中国文化发展贡献大、影响大的历史人物，受到了学术界的重视和关注。周积明教授和我主编过一本《影响中国文化的一百人》著作，围绕"影响"拟定标准，选取新中国成立以前的100个历史文化巨人，就其思想传承性、影响性进行揭示，由于这本书成为文化史研究的长销书，包括颜之推在内的100位历史文化巨人在社会上、学术界很有亮眼率和关注度。我们当时的依据是"历史上对中国文化的发展曾经产生过影响乃至继续产生影响的人物"②，而不是看他的"知名度"。显然，颜之推是符合这个标准的。在书中，我们对颜之推的历史贡献和影响给予高度评价："通过家庭教育对家庭成员及一代一代子孙进行伦理道德教育是中国文化传承不辍的重要途径，也是中国文化具有无与伦比延续性和顽强再生力的重要依据。从这个角度观看中国古代家庭教育，颜之推无疑是一位值得注意的人物"；《颜氏家训》在中国图书流传史上的强劲影响力，"不仅颇为有力地表明，在中国这样一个宗法伦理型的文化系统中家庭教育据有何等重要的地位，而且深刻地昭示着颜之推在中国文化史上的特异地位"③。这就较早地对颜之推及其《颜氏家训》进行了文化史视域的研究和阐述，并确定了最基本的话语概念。但是，从上世纪80年代开始，南京大学老校长匡亚明先生（1906—1996）主编一套影响很大、被学术界誉为"权威性很高"的大型人物评传丛书"中国历代思想家评传"，至今未见一本《颜之推评传》。可见，从思想文化史的角度看，对颜之推研究的重视还是不够的。

新世纪以来，对于颜之推及其《颜氏家训》的研究更加深化、细化。这主要体现在以下三个方面：一是关于《颜氏家训》的版本及其流传研究。以往的代表性成果是王利器先生（1912—1998）的《颜氏家训集解》，后出增补本，纳入中华书局"新编诸子集成"系列中。本书不仅从文字、音韵、训诂、名物、

---

① （西汉）司马迁：《报任安书》，东汉班固：《汉书·司马迁传》。

② 周积明、张艳国：《前言：对影响中国文化发展的历史巨人的文化学分析》，《影响中国文化的一百人》，武汉出版社1992年版，第4页。

③ 周积明、张艳国主编：《影响中国文化的一百人》，第198、201页。

地理、版本等角度对《颜氏家训》进行了考订，还"把颜之推传和他流传下来的作品，统统收辑在一起，加以校注，以供研究者参考"①。以前人们研究的版本依据，大体上是本书，学术界称之为"王本"。世纪之交，北京大学汤一介先生（1927—2014）领衔主持"十一五"国家重点图书出版规划项目（重大工程出版规划）、国家社会科学基金重大项目"《儒藏》整理与研究"②，拟定了"子部儒学类礼部之属"③，由武汉大学中国传统文化研究中心冯天瑜教授和江西师范大学中国社会转型研究省级协同创新中心张艳国教授主持，将《颜氏家训》纳入其中，以已有校本、版本研究为基础，进行新的校订，形成新的高水准的善本，具有权威性。二是关于《颜氏家训》在家庭教育、社会文化传播的功能、效果、价值和意义研究。这是从传统的文献学研究转向文本功能的研究，从学术史的研究看，具有学术拓展性，其学术价值是显而易见的。三是关于颜之推思想的研究，从文字学思想、教育思想到政治、社会生活、处世哲学，甚至是文艺美学等方面，形成了多维度、多视角的立体研究，极大地丰富了从范文澜先生以来关于颜之推及其《颜氏家训》的评价内涵，完善和发展了原有的话语概念。这些，都无疑对于深化颜之推及其《颜氏家训》研究，是很有意义的。

一、一位饱经政权鼎革颠沛动荡之苦的士大夫

颜之推出生在江南，但他的祖籍却是北方的齐鲁之地，现称为山东，

---

① 王利器撰：《颜氏家训集解·叙录》（增补本），中华书局 1992 年版，第 13 页。

② 该项研究也被列入教育部哲学社会科学研究重大课题攻关项目、北京大学"九八五工程"重点项目，聚集了 200 余位国内外专业研究高级专家，形成一支专业团队。参见王博：《汤一介与〈儒藏〉·序》，北京大学《儒藏》编纂与研究中心编：《汤一介与〈儒藏〉》。北京大学出版社 2017 年版。

③ 该项目已结项。结项成果为冯天瑜、张艳国主编《〈儒藏〉精华编》第 197 册。北京大学出版社 2014 年版。《颜氏家训》由江西师范大学张艳国教授、温乐平副教授点校，并有《校点说明》（第 17—19 页）。

时。史称他"博涉群书，工于草隶"①，"胸襟夷坦，有士君子之操焉"②。梁武帝大同五年（539）去世，时年四十二岁，可惜，他的《文集》二十卷毁于烟火。这一年，颜之推只有九岁。颜之推出生时，他的家道尚算殷实之家，属于典型的"亦官亦学"官僚知识分子家庭，因为他的父亲担任朝廷的"正记室"，是皇帝的文秘近臣，直接服务于皇帝，并受到梁武帝的信任；又是颇有声望、博闻强记的书法家，受人追捧和尊敬。出生在这样的家庭，颜之推应该是尝到了家庭温馨的，所以他在《序致》篇中，以不无幸福的口吻回忆说："吾家风教，素为整密。昔在龆龀，便蒙诲诱。"一是家风正、家风好，二是家教严、很小的时候就受到父母的关爱和教育。然而，颜之推幼年的幸福生活毕竟太短暂了！随着幼年丧父，他家的一切都随之改变。此时，颜之推的悲伤、无助、无奈，是可想而知的。幼年的丧父之痛，挥之不去，伴随了颜之推的一生。以至于他在家训"序致"篇中回忆道："年始九岁，便丁荼蓼，家涂离散，百口索然。慈兄鞠养，苦辛备至；有仁无威，导示不切。虽读《礼》、《传》，微爱属文，颇为凡人之所陶染，肆欲轻言，不备边幅。"靠慈兄支撑家庭生活的艰辛，可以想见。

自父亲去世后，虽有慈兄扶持，但自己的路，还得自己走。在颜之推一生中，最心酸、最痛苦的，恐怕莫过于政权变易，以及由此引发锥心刺骨的颠沛流离。据史载和《颜氏家训》的回忆，有如下几次：

第一次是在他十九岁那年，颜之推刚刚出道，担任湘东王萧绎（后来的梁元帝）的右常侍，加镇墨曹参军，就遇上了"侯景之乱"（梁武帝太清三年，公元548年）。颜之推亲眼目睹了战乱导致的大量人员死伤和社会动荡，特别是对于"侯景之乱"攻陷台城，造成"千里绝烟，人迹罕至"③的死伤惨状，感到非常痛心；他还直接面对叛军多次想加害他的死亡威胁，"值侯景陷郢州，频欲杀之，赖其行台郎中王则以获免。被囚送建业。景平，还江陵。"④这一次动乱时间不短，大约有两年多的时间，令颜之推饱受煎熬。在"侯景之乱"中，梁武帝被饿死，简文帝被杀，侯景弑君自立，后被斩首平定。颜之推不仅看见

① （唐）姚思廉：《梁书·颜协传》。
② （唐）李延寿：《南史·颜协传》。
③ （唐）李延寿：《南史·侯景传》。
④ （唐）李百药：《北齐书·颜之推传》。

了惊心动魄的武装反叛、皇帝废立、政权变更，而且还深陷其中，他几乎是与死神擦身而过，他太幸运了，命运中遇到了搭救他的贵人——王则；虽说是有惊无险，但只要稍有一点人生经验的人，就可以预想：他一定想到了生死。而在此时，他却还只是一个"刚上路"的"年轻司机"啊，心底的波澜大约可以掀翻他的肺腑！所以，他用了"梁家丧乱"一词①，来痛惜国家的毁坏和民生的凋敝，也是在诉说自己的惊魂。

　　第二次是西魏兵攻陷荆州，梁元帝遇害，他成为俘虏，后奔北齐，涉水再遇险。可以说，先遇兵灾，后逢水险。这次历险前后经历了两年多的时间。梁元帝承圣三年（554）九月，西魏兴兵伐梁，十一月兵陷江陵，元帝被俘后遇害。国破之际，倒霉的岂止是皇帝！无数的家庭也遭遇兵祸的冲击，所谓"国破家亡"，正是这个意思。随着都城被毁，皇帝被俘，一大批臣子的命运也好不哪里去，他们大多成为瓮中之鳖，被敌国生擒，任由处置。颜之推作为梁元帝的"散骑侍郎，奏舍人事"，也集中在成堆的被押解人员之列。颜之推的哥哥之仪被解往西魏都城长安，他自己则被押往弘农（在今河南三门峡市陕州区一带），成为李远都督帐下的文书。好在弘农较之长安路途近了不少，这就少了许多奔波劳累之苦；再加上李远的哥哥李穆将军久仰颜之推大名，把他推荐给家兄做文书，也算是对颜之推的一分温情和好意，三方都人情两免，形成三赢格局。这一年，颜之推二十四岁，距上一次遇险只隔了五年。这一次的破城之战以及一向欣赏自己的恩主梁元帝遇难，令颜之推痛伤心肺，惊慌不已。尤其是在破城之日，梁元帝挥手一炬，火烧典册图书无数，这简直就烧残了颜之推的精神寄托啊！要知道，在这被毁的图册里，也包括许多颜之推多年的心血之作啊！所以，他在《观我生赋》并自注里，对此作了血泪式的记叙："守金城之汤池，转绛宫之玉帐。（注：孝元自晓阴阳兵法，初闻贼来，颇为厌胜，被围之后，每叹息，知必败。）徒有道而师直，翻无名之不抗。（注：孝元与宇文丞相断金结和，无何见灭，是师出无名。）民百万而囚虏，书千两而烟炀。溥天之下，斯文尽丧。（注：北于坟籍少于江东三分之一，梁氏剥乱，散逸湮亡。唯孝元鸠合，通重十余万，史籍以来，未之有也。兵败悉焚之，海内无复书府。）""海内无复书府""斯文丧尽"，这里面充满了忧惧、伤感和痛惜，特别

---

① 《颜氏家训·序致》。

是对读书人深及骨里的自尊自信撕裂，足以令人同情共感，为之肝肠寸断。所以，在家训里，对于这次破城导致的焚书，颜之推在多处流露出内心的难受和不舍。这还不算，次年，颜之推目睹了梁朝的宫廷之乱，陈霸先崛起，梁敬帝成为傀儡，离梁朝灭亡不远了。朝廷的混乱无序，大臣的违逆不敬，这也使具有浓厚家国情怀的颜之推痛心疾首。又一年，颜之推二十五岁，颜之推奉命从弘农奔北齐，奉朝请，侍文宣帝左右。但在北上的路上，过河遇惊天之险，几乎殒命。"值河水暴长，具船将妻子来奔，经砥柱之险，时人称其勇决。"① 为何大家称赞他"勇决"，一来是他经历了"砥柱之险"，毫无惧色；二来是他"水路七百里，一夜而至"②。战乱、政乱和重险，三年交织在一起，颜之推又一次经历了生死考验，并又一次成功挺住了！但越是如此，留在他内心深处的伤痛和印痕，就越是难以抚平！这一次的命途坎坷，除了政治动荡外，还多了一层勇克"砥柱之险"的拼搏传奇；当然，还是要感谢贵人相助，生命中欣赏他的那位"大将军李显庆"，既把他推荐给了弘农的哥哥，又把他推荐给了朝廷。北齐文宣帝"阅之"，并"引于内馆中，侍从左右，颇被顾眄"③。顾眄，就是被欣赏、受到重视的意思。这个词用在这里，别具史家深意，读来特别亮眼。颜之推离开动乱的末世梁朝，免除了政治上是是非非的缠绕，虽然在投奔北齐的过程中④，依然阻隔重重，但结局还是圆满的，得到文宣帝的赏识和重视，这对于疲惫已久、流浪不定的身心来说，或许也是一点难得的补偿吧！

第三次虽不是兵灾战乱、皇帝废立之类的际遇，但颜之推卷入权力交锋的营垒之中，在激烈的争斗中，几乎丢了卿卿性命。情状的急迫程度，竟然令《北齐书》本传用了"方得免祸"这样庆幸的字眼。事件发生在北齐后主武平四年（573）十月。这一年，颜之推四十三岁，距离上一次历险十九年。当时，在朝廷里形成了以祖珽为一方的汉族官僚地主集团和以穆提婆、韩凤为代

---

① （唐）李百药：《北齐书·颜之推传》。

② 颜之推：《观我生赋》自注。

③ 唐李延寿：《北史·颜之推传》。

④ 说到投奔北齐，这不是颜之推主动的一种人生选择，而是一种"随波逐流、顺其自然"的情不得已。所谓"失节"之论，大约以偏概全，无视实情。缪钺先生的议论值得重视："之推北渡之后，不忘故国，触险奔齐，蓄志南归，至是绝望，遂留居北齐。"见缪钺：《缪钺全集》第一卷（下），第548页。颜之推"绝望"之由，是曾经的梁朝已经被陈霸先易帜为陈朝（557）。"城头变幻大王旗"，颜之推自是有家难归啊，乔木之地，转眼已是故国！

表的鲜卑贵族、军事长官集团两个尖锐对立的政治势力派别，他们在国家一系列重大政治问题上势同水火、绝不相容。鲜卑贵族集团视汉族士人为"汉儿文官"，充满蔑视；有时甚至粗暴地直呼为"狗汉"，必欲"杀却"而后快①。矛盾的爆发点是：鲜卑贵族集团主张后主亲征晋阳，而汉族士人集团则联名谏止。最后，齐后主倒向鲜卑贵族集团，"即召已署表官人集含章殿，以季舒、张雕（虎）、刘逖、封孝琰、裴泽、郭遵等为首，并斩之殿庭"②。按说，就事情本身而言，双方的冲突不足以达到提刀死人的地步，但从矛盾交锋的全局看，则是鲜卑贵族集团借事闹事，一定要达到清除汉族士人的目的。因此，它的实质是鲜卑贵族集团罢了汉族士人集团领袖祖珽相位之后，继续追击，必欲除之而后快的最后一战，是两个政治集团为赢得政治主导权的生死之战（决战）。由于颜之推与祖珽一向交厚，"大为祖珽所重"，且"帝甚加恩接"，由此"为勋要者所嫉，常欲害之"③。颜之推被鲜卑贵族集团视为政敌集团的成员，他们认为颜之推这次在"谏止书"上一定签了名。可最后齐后主依照"谏止书"上的署名传唤时，却没有颜之推的大名。倒不是颜之推不签名上谏，而是因为一个随机的原因他错过了签名，由此逃过死劫。据载："崔季舒等将谏也，之推取急还宅，故不连署。"④虽然逃脱了一死，但是，颜之推却丢了官职，"寻除黄门侍郎"。当然，相对于生命而言，罢官只是很小的一件事了。丢掉的官帽还可以失而复得；但生命却只有一次，一旦丧失，就永不可得了。历史就是这么巧合，也是这么神奇，不知是颜之推命硬，还是上苍眷顾，一瞬之间的小插曲，就救回了一条活生生的性命。真是造化弄人，简直不可思议！毕竟，好运就是这样又一次有惊无险地降临到颜之推的头上。颜之推当时的心情一定是五味杂陈，几分惊悚、几分庆幸兼而有之，以至于他在日后的《观我生赋》自注中说："时武职疾文人，之推蒙礼遇，每构创痏。故侍中崔季舒等六人以谏诛，之推尔日邻祸。"

周武帝建德六年（577），北周大军一举灭齐。这既为四年前的齐后主是否亲征晋阳画了一个句号，也为颜之推的生活翻开了新的一页。颜之推与北齐亲

---

① （唐）《北齐书·韩凤传》。

② （唐）《北齐书·崔季舒传》。

③ （唐）李延寿：《北史·颜之推传》。

④ （唐）李百药：《北齐书·颜之推传》。

贵、官僚被俘后，被押到首都长安，但他受到礼遇，被周宣帝任为"御史上士"。颜之推五十一岁时（隋文帝开皇元年，582年），隋代周，颜之推成为隋臣，担任过"太子学士"之类的文官。从短暂的北周生活，到隋朝开皇年间，一共十多年的晚年岁月，颜之推的晚景是平顺的，《北齐书》本传说他在隋朝"甚见礼重"，作为一代鸿儒，受到尊敬的晚年生活，他内心一定是愉快的。正因为这样，最后他得以寿终正寝，以一种圆满的人生方式走完了他曾经惊魂起伏、颠沛流离的一生①。颜之推得以善终，这是老天对历尽劫波的智慧老人的补偿。唯其晚年平顺，我们才可以见到《颜氏家训》这本完整的大书；而这本书也得以完整地流传下来。

《颜氏家训》的成书过程，史书没有记载。《颜氏家训·终制》篇上，他自己说："心坦然，不以残年为念。"可见，他有足够的时间和精力，在他生前定稿成书。这种可能性很大；如若不然，他的长子思鲁在隋唐之际也为文人学士，曾编订过父亲的文集，思鲁最后在父亲过世后编订成书也未可知。但不管怎样推测，《颜氏家训》在颜之推生前是已经成型的书，这是可以断定的。

不疯魔，不成活；诗穷而后工，愤怒出诗人。对于颜之推而言，磨难出思想。正是他历尽坎坷、多次体验生死的一生，才给予他厚重深沉的思想体会。从颜之推身上可以发现：只有丰富的人生经历，才能谈出深刻的人生观；只有反复经历过价值判断的人，才能讲出取向分明的价值观；只有充分感悟了世界的人，才能深入总结自己的世界观。反过来说，浅薄的思想，一定附着在单调的人生内容和简单的人生经历之上。这就是说，颜之推的人生经历与《颜氏家训》是紧密联系在一起的；或者说，《颜氏家训》所体现的，就是颜之推来自于人生经历的经验和智慧。百炼钢化为绕指柔，对于立于人生实践深处的思想来说，也是如此。

---

① 他在《观我生赋》并自注中说："予一生而三化，备荼苦而蓼辛"；"在扬都值侯景杀简文而篡位，于江陵逢孝元覆灭，至此而三为亡国之人。"经历数次朝代更替和皇帝更迭，在战乱、政治旋涡中多次死里逃生，一生"三为亡国之人"（"侯景之乱"，囚梁武帝，弑简文帝，覆灭南梁建康政权；西魏破江陵城，杀梁元帝，灭了梁朝；周武帝一举灭掉北齐。颜之推都经历了。如果算上隋文帝代周，颜之推经历了四次改朝换代；不过，前三次比较惨烈，兵革之中充满腥风血雨)，这种悲惨的人生经历，在中国历史上的士大夫群体中，可能无人超越。反过来看，颜之推经历的人生磨难在他的思想深处，怎么也不会抹去！

二、一本居于中国家庭教育巅峰之上的名篇力作

尽管颜之推一生大部分时间是在战乱动荡、供职朝廷中度过的，但观其一生，他始终把读书、思考、写作放在生活的重要位置，做到亦官亦学、亦述亦作，加之他"聪颖机悟，博识有才辩"，在学习、研究和写作上都有过人之处，因此，他一生著述甚丰。虽然《北齐书》、《北史》本传上说，颜之推著述有"文集三十卷，《家训》二十篇，并行于世"，其实，他的著述还远远不止这些，综合历史文献记载，另有：《训俗文字略》一卷、《集灵记》二十卷、《急就章注》一卷、《笔墨法》一卷、《稽圣赋》三卷、《正俗音字》五卷、《还冤志》（也写作《冤魂志》）三卷①。现仅存《颜氏家训》《还冤志》和《诗五首》②，其余都已散佚不存。由此可见，颜之推的确是南北朝时期"最通博"的学者；透过流传至今的《颜氏家训》，结合其传奇的人生经历，又可见他是那时"最有思想"的学者。

《颜氏家训》是一本专门记录颜之推家教言论的著作，书名"家训"就已经鲜明地标志了本书的内容和特色。如果仅就家训而言，历史地看，已无新奇可言，因为从文献记载来看，先秦以来，家训篇章史不绝书，名篇名作代代相传③，如周公的《训子伯禽》、敬姜的《训子公父文伯》、孔子的《训子鲤》、司马谈的《训子迁》、马援的《训侄严、敦》、诸葛亮的《诫子书》等等，以及在两晋之际产生的杜预、陶渊明等名人家训正在颜之推的时代被人口耳相传，而《颜氏家训》只是中国文化中重视家教家训的一股新流，传承了中国家训文化和家庭教育、家风建设传统，顺应了自古以来将家教家训载于文字篇章的文化趋势，这只是它的继承性一面；另一方面，它超越了前人，有创新光大的积极贡献。纵观此前家训，都只是单篇之作，一事一议，集中话题，聚焦问题；而《颜氏家训》则是一部体大精深、体裁固定的著作，具有思想的系统性、视野

①　见诸《隋书·经籍志》《旧唐书·经籍志》《新唐书·艺文志》《直斋书录解题》《颜氏家庙碑》《崇文书目》《文献通考》《四库提要》等。

②　收录在逯钦立校辑《先秦汉魏晋南北朝诗·北齐诗》中，中华书局 1984 年版。

③　庄辉明、章义和著《颜氏家训注译》认为，"见诸文字的家训，较早而集中地出现在社会动荡的魏晋南北朝时期"（《前言》，第 1 页），这是另一种观点。上海古籍出版社 1999 年版。

的宏观性、探讨问题的宽广性、说理的深刻性。就像我们将小说的文体分成短篇、中篇和长篇一样，前者像短篇，后者是长篇，分量不在一个等级和层面。颜之推通过《颜氏家训》，论述了家教家风的重要性，阐述了关于起自于家庭教育、家风家庭环境对于人们教育、培养的价值意义，结合他自己丰富的人生经历和经验，论述家训所涉及、涵纳的世界观、人生观和价值观，从而把家庭教育作为一个社会重大问题提出来，并予关注和研究，使人的成长立足于家庭教育成为一门专门的学问。因此，《颜氏家训》也成为一本居于家庭教育巅峰之上的力作名篇，南宋藏书家、目录学家陈振孙在《直斋书录解题》中评价说"古今家训，以此为祖"，颜之推也因这本书成为对中国历史文化产生重大影响的著名历史人物。

《颜氏家训》归为七卷，分列二十篇。每卷独立，篇篇相关。由于古人不用句读，也就不分段略；与今人写作、阅读习惯不同。依笔者点校、研究，遵循原卷篇次，突出明确每章各节，将每节依话语表达重点，重拟标题，方便读者阅读和把握思想观点，也便于打通全书思想脉络和说理理路，从体裁形式上实现由传统向现代的转变。大致如下：

卷一由序致、教子、兄弟、后娶、治家五个篇章组成。序致篇分为两节，讲述作者概况、写作背景、成书经过、主题主旨、主要内容、意义旨趣，相当于我们今天的"序言""前言"和"致谢"。这篇序言短小精悍、情真意切、内涵饱满，读起来十分感人。教子篇分为七节，主要内容是着重讨论家庭教育的原则、方法与意义，围绕家庭伦理法则和"爱"的铁律，论述了严管严教、培养孩子成人立人的道理。通篇采取案例教学，道理深刻严谨，说理活泼温暖。兄弟篇分为六节，主要论述兄弟伦理，从兄弟出自父母血脉的宗法之理出发，从正反两个方面强调"兄弟同心，其利断金"的团结合力作用、价值和意义。后娶篇分为五节，论述后娶的合理性，指出后娶在处理家庭关系上存在的矛盾和弱点，既说理，又举例，使道理深沉厚重，使案例成为鉴镜。治家篇分为十六节，主要围绕家长看治家，以治家成败考量家长的修身立德素质与水平，治家有其内涵要求、准则和方法，强调治家如治国，没有章法就万事不成。治家篇打通了个人修身、齐家到治国、平天下的人生轨迹和内在逻辑关系，尤其受到后世儒家重视。

第二卷由风操和慕贤两个篇章构成。风操篇分为四十一节，本章所论风操，是针对主流社会，或称上流社会的风操，对象是知识分子、士大夫，包括作者所处时代特有的士族贵族。风操，是风范、操守的合称，内含风范、风度的意思，它起到社会风尚的引领作用。通篇围绕作为一名士大夫、读书人，家长及其家人应该具有什么样的风尚节操进行了论述。所谓："君子之德，风；小人之德，草。草上之风，必偃。"① 作者紧紧依据儒家经典《礼记》关于风操的礼仪规范，结合南方、北方的风俗民情差异，从人生修养、精神风貌、礼仪操守到家庭的门风门规、家庭风尚和礼仪规矩，引经据典，娓娓道来，但是非正义的观点十分明确、毫不含糊。慕贤篇分为七节，本章将做人与齐家、治国紧密结合起来，回答"做人就要做好人，向贤人看齐""治国之要，惟在得贤"的重大问题。这两个问题可谓人类和有国家以来人们所聚焦关注的问题。作者强调认真总结历史的经验教训，从中汲取智慧的力量，树立知贤、尊贤、敬贤、追贤、成贤的思想很为重要，主张树立正确的人才观、敬贤观和交友观，具有重要的思想价值和启发意义。其中蕴含的警言名句，不断为后世所记取。

第三卷由"勉学"独立成章，分为三十节。本章所论，主题集中，作者论述学习的重要性、学习的方法和意义、学习内容的选择，特别是将学习与人生形成结合起来，使学习有一个扎实的载点，不是空泛地谈学习，赋予了学习的人生意义和价值，这就使学习有一个活生生的新鲜视角。作者认为，学习，放大生命的意义；学习，催生人生的智慧；学习，提升人生的价值。他主张凡事学在先，学习是生命的一部分。文中准确运用古今求学、勤学、苦学、实学、博学、深学、精学、用学和知学典故、故事，寓意深刻，言辞恳切。本篇的论述，理论与实例结合，环环相扣，以理服人，直击求学者心灵深处，给人以强烈的思想震撼，意蕴悠长。作者对于历代名人名言、名篇名作和俚语谚语烂熟于心、信手拈来，对于一些成语如引锥刺股、挂斧远学、映雪常读、聚萤读书、带经而锄、牧则编蒲、耳学不如实学、手不释卷，以及一些掌故、典故等等的引用借用，都恰到好处，着实为文章增色不少，增添了思想的生动性和感染力，也使这些深刻道理入脑入耳，易懂好记。

第四卷由文章、实名和涉务三个篇章组成。文章篇分为二十二节，主要探讨文章的体裁、功用、文风、写作方法、欣赏旨趣和学术批评，强调文章表达

---

① 《论语·颜渊篇》。

作者的思想心声，形式与内容相统一，重视文章的内在思想、情操和价值取向，力戒言之无物的"空文"，这是继南朝齐梁之际学者刘勰（约465—520）《文心雕龙》之后的又一重要文论篇章；他主张文章要"易见事，易识字，易诵读"平白晓畅，因文会意，对于扭转当时文风时弊，产生了积极作用。实名篇分为七节，主要内容是探讨名、实关系。名与实，是一对高度抽象的哲学范畴，是指事物的名称和具体存在，一般适用于形式和内容的关系。名，是指对某一特定对象物的指称，它依据于对象物的具体存在和实在内容。如老子所谓："名可名，非常名。"①是指名实相副。实，是指某一对象物具体而丰富的实在和内容，它依据于事物自身的发展、变化规律和存在条件，具有无限多样性。如墨子所谓："实，荣也。"②是指事物具体存在的丰富性表现。颜之推讨论名实关系问题，从具体的问题讨论着手，而不是就哲学问题进行纯粹理论的分析。这就使关于名实问题的认识更加具体化、生活化和形象化，使一个充满"玄辩"的问题变得亲切、生动起来。颜之推突出重视"实"，即内容，主张"实"高于、重于"名"，当他把人的名声和道德修养联系起来的时候，就将认识提升到很高的境界。他说的"德艺周厚，则名必善焉"，成为流传至今的千古名言，其文化影响力可见一斑。涉务篇分为五节，主要探讨人如何处理实际事务问题。他主张做人要"食人间烟火"，"接地气""做人事"，实实在在地生活，善于处理实际事务。本章的指向性很明确，不尚空谈，鼓励实务。他提出的一些看法，如学贵实用、经世应务、关注民生疾苦等等，是对中国知识分子忧国忧民、修养立身、积极入世优良传统的继承，又具有在当时激浊扬清、明辨是非的积极意义。

第五卷由省事、止足、诫兵、养生和归心组成。省事篇分为七节，主要讨论做事的方法论问题。简单地说，省事就是要利利索索、直奔主题，不要拖拖拉拉、节外生枝；要会观察、会想办法、会做事，省事既是原则，又是方法，人们做任何事都要省心省力，达到事半功倍的效果。他针对青年人急功近利、浮躁急切的时弊，提出欲速则不达的忠告、警醒，是有借鉴意义的。止足篇分为三节，主要内容是提醒人们重视对"知不足"与"知足"的关注，特别是要

---

① 《道德经》第一章。

② 《墨子·经上》。

认识"足"，自觉做到"知足"。止足，止于满足，也就是知足的意思。止足也好，知足也罢，前者重行，后者重知，都是一个意思，就是要在思想上知满足，在行动上不作过分的企求。颜之推结合前人"知足常乐""知足自省"的思想，结合自己的人生体会，论述了"知足"在人生修养上的重要价值。诚兵篇分为三节，主要讨论对待军事战争的态度，一个"诚"字，已经十分鲜明准确地表达了本章的中心思想，切不可妄做武夫，也不可好武逞强，更不可耀武扬威。古人说，"兵者，天下之大凶，不可不慎。"颜之推结合家族史展示他自己对于军事、战争的底线思维，重复古人的智慧，强调"可不慎欤"？养生篇分为三节，主要论述了养生的意义和方法，强调珍爱生命，适度而正确地养生；在大是大非面前，绝不含糊，就算豁出生命也是值得的。他的看法，对于人们思考身体与生命的意义价值、生活的目标与意义、人生观与生死观，都是有积极意义的。归心篇分为十一节，主要讨论人的内心世界的归宿、灵魂的洁净和精神价值的意义。他主张扬善弃恶，强调善恶有因，善恶有报，即"善恶之行，祸福所归"，人要有善德，更要有善为，这些看法打上了南北朝时期文化开放的时代印记，也为我们保存了一份十分完整、鲜活、生动的思想文化资料个案。

第六卷由"书证"独立成章，分为四十七节。本章主要讨论在学习、研究中遇到的文献、文字、音韵、训诂、校勘、考据等专门的学术性问题。依次涉及《诗经》8篇，《礼记》3篇，《春秋左氏传》2篇，《尚书》1篇，《六韬》1篇，《易经》1篇，《汉书》5篇，《史记》4篇，《后汉书》4篇，《三国志》1篇，《三辅决录》1篇，《晋中兴书》1篇，《古乐府》2篇，《通俗文》1篇，《山海经》1篇，《东宫旧事》2篇，《尔雅》1篇，其他不著书名者，为典故、名物，当然考释典故最后也还是回到了典籍之中。可见，文中所考证的字、词、音、意，以及人物称谓、名称、典故的由来，都算是比较常见的，一是出自于经典，如《诗》《书》《礼》《易》等，这是儒家经典，既是统治阶级意识形态的基础，也是面向大众的文教资料，更是古代读书人的"日课"书目；二是出自文史书籍，属名著系列，如《左传》《史记》《汉书》《后汉书》《三国志》和《古乐府》等，其中的《左传》和"前四史"至今都还被誉为文史名著。文中讨论的问题，在今天看来可能是生僻的，但在当时，应该是常见的，所以在文中作者透露了信息，说是对"或问"（有人问）的回答，其实就是常见性问题。不要认为古人在家里都讨论这么高深的学问，觉得很新奇。其实，古代家庭生活的模式是耕读一体、官学一体，有文化、有社会地位的家庭，一般具有著书立说、研究学术、传播文化的社会功能。由于本篇讨论的都是一些专门的学术问题，因此，具有较高的学术价值，历来为学术界所重视，至今都具有较高的学术价值①。

第七卷由音辞、杂艺和终制三篇构成。音辞篇分为十节，主要讨论文字的读音、音韵与方言的关系问题，这同前文的"书证"篇一样，也是一个有难度的专门学术问题。颜之推在本篇讨论的几个文字学、音韵学、文化比较学问题的学术意义同样受到后代学者特别是清代以来学术研究的重视和肯定，其研究价值是突出的②。杂艺篇分为十三节，主要是讨论传统认为主流学术以外的思想文化。"杂"相对于"主"而言，在颜之推看来，那些属于杂流的书法、杂技、绘画、卜筮、算术、医术、骑术、博弈等等，是社会生活的要素，会一些，甚至是精一些，都是有益的，只要它不冲击主业主流，人们不沉溺其中就好，他的鲜明态度是"不愿汝辈为之"，不必终生投入其中。颜之推的社会观、从业观、娱乐观是比较开放的。他的这些论述，对于我们认识南北朝时期的社会生活，是值得重视的。终制篇分为五节，主要是全文的收尾，重点是"交代后事"，在传统文化里也称作"遗令""遗言""遗嘱"。颜之推交代子孙的话，直面冷峻的话题"生死离别""后事安排"；说话的内容，要求薄葬、节简，如棺木板厚度不许超过两寸、选材只用松木，不许使用随葬品，不封不树，不许举行招魂仪式，不许用酒、肉作为祭品等等，都十分具体，简则俭矣，却是别有一种情怀在心头！他担心奢华铺张的葬礼以及陪葬，会让他的子孙不堪重负，尤其担心因此掏空了"生资"，影响他们的生计。这就是一种慈父的胸襟和爱怜。难怪后世文人墨客读后，总是难免有一股热泪在涌动呢。

总之，《颜氏家训》共七卷、二十篇章，今次按照句读后分段，共有250

---

① 缪钺先生对此较早就有十分中肯的评价，认为颜之推在文献学以及音韵学等方面的贡献（《书证》《音辞》），"对清人很有影响"，直接开启了清代"文字、训诂、声韵、校勘之学"的"许多方法与途径"，其"治学态度与方法"，在现代"都是很可贵的"。见缪钺：《颜之推的文字、训诂、声韵、校勘之学》，《文汇报》1961 年 8 月 20 日。在当代，学者研究颜之推在这方面的贡献，依然给予高度评价，如刘冠才的论文《从〈颜氏家训〉看南北朝使其南北声母的一些差异》，见《古籍整理学刊》2013 年第 1 期。

② 代表性的成果为现代学者周祖谟（1914—1995）的《颜氏家训音辞篇注补》，收入氏著《问学集》（上、下册），中华书局 1966 年版。

节（段）。全书的主要内容围绕着家庭教育、人生话题展开。近年来，在研究中有一种趋向，将本书所涉及的文章、书证、音辞等篇研究引向纯学术化、去家训化的倾向，离开家庭教育的学术视野，独辟学术领域、建构专门的学术话语体系、进行专门的研究，这是值得注意的。其实，《颜氏家训》的"家训"内容，有广义和狭义之分。从广义上讲，将学习探讨、切磋纳入学习范围、家庭交流范围，从中得出学习的体会、经验，并进行学习方法的反思、总结，应该还是在家庭教育范畴之内；从狭义上讲，就是家庭教育内容直接地、直观地体现"家训"话题，紧密围绕家庭关系、家庭管理、人生成长、人的社会关系、人的精神生活等方面展开，这在《颜氏家训》中占了绝大部分内容，而且比较具体。

《颜氏家训》作为中国有史以来第一部系统论述家庭教育的宏大著作，建构了本书独特而开创性的"家训"学术体裁、话语体系、教育的方式方法和学术（教育）思想。

首先，颜之推家训体裁明确了教育者与被教育者在家庭，甚至是在家族这样特定的教育场域和教育环境下的教育形式。教育者是在家庭中具有生活经历、经验话语的长者，是具有家长权威的长辈；受教育者（教育对象）则是家庭全体成员，主要是家中晚辈。在《颜氏家训》中出现的第一人称"我"，就是《颜氏家训》的作者，也是颜家家庭教育的主角；出现的第二人称"你""你们"，甚至是直接出现颜之推儿子"颜思鲁"的名字等，他们都是受教育的对象。

其次，颜之推家训话语体系的建构与确立，突出的特征是体现教育者与受教育者的主从思想传导关系。由于教育者的家庭地位，特别是从身份、辈分和人生阅历、生活经验（智力、识力、魄力、定力、决断力）等方面具有的权威性，因此，在家庭教育中，他绝对处于"训导""训示""训教""训诫"的主导地位，即居于主动性、引导性的一面或一方，将自己的人生经历、经验、反思采取"灌输"的方式，传导给家庭成员，即受教育者。话语具有支配性、提示性、暗示性、警示性特征特点，话题围绕教育者人生经历的过程性方方面面和经验总结，问题意识紧紧围绕如何实现人成长的人生观、善恶取向的价值观和与世界相处的世界观来展开。

再次，颜之推家训教育的方式和方法是与家庭的存在形式、家庭组织关系、家庭生活方式紧密结合在一起的。一是家长作为"训导者"担任了"主讲教师"角色。二是全体家庭成员,主要是晚辈充当"学生"角色,他们是听者、受教育者。三是教育者与被教育者既是教学关系,又是血亲伦理关系(长辈与下辈的长幼亲属关系)。四是家训的场域是家庭空间,可能是书房,可能是厅堂,可能是庭院,也可能是长辈的卧室等,并不固定。总之,家训的"课堂"是居家范围。五是家训的教育方式方法,因为听者的特定性,这就决定这种教育组织形式、教学方式只能是"小班教学",就拿颜之推来说,他的经常性听众是长子颜思鲁,因为在书中提到的次数最多;后续补充的听众还有二子颜愍楚、三子颜游秦以及长孙颜师古。教学方法以灌输为主,以案例教学(讲故事)、讨论互动(发言发问交流)为辅,融入启发式教学理念(有些问题教育者不作结论,由被教育者思考或自找答案)。家训的开展也不像社会教育机构设置的课堂教学那样固定,它具有随机性、灵活性等特点。当然,一般取决于家训教育者的闲暇时间,以晚上、节假日等空闲时间居多。

最后,颜之推的家训教育思想是使每一个受教育者在亲验教学、情景教学、启发式教学、灌输式教育中树立成人立人的世界观、人生观和价值观,走正道,成事业,有担当,能作为,把家庭管理好,进而服务国家、社会。颜之推在开篇《序致》和收官篇《终制》中所阐述的写作目的,就揭示了他的教育思想和目的:一是要"教人诚孝,慎言检迹,立身扬名","以传业扬名为务";二是要"轨物范世","整齐门内,提撕子孙";三是要形成"整密"的"风教"(家风),代代相传。在颜之推的教育思想中,它有以下几点超拔前人,至今仍有重要价值和启发意义:

一是重视家庭建设和治理。颜之推把家庭看作是家庭成员最温暖、最安全、最可靠的避风港、安乐窝、共同体,他的家庭观念很强、很重,也很实在。一个人活在世上,连家都没有了,就注定是社会的孤儿和流浪者;反过来看,一定要把家庭关系处理好,把家安顿好、建设好、维护好、管理好,千万不能"堡垒从内部攻破"。他在《治家》篇中,提醒人们对待家庭和家人,治起家来"可不慎欤"!

二是重视家庭环境营造,重视积累和形成良好的家教家风。家庭是每个人的第一个,也是最终的社会环境。环境影响人,环境塑造人;家庭环境和家风对人的影响既是持续的,又是深刻的,还是润物细无声的。有什么样的家庭环境、家庭教育、家庭风气风尚,就有什么样的家庭成员。所以,他就用"蓬生麻中""入芝兰之室"等来比方家庭环境、家教家风对人的重要影响和作用。他认为，树立良好家风，经常受到严格的家教，就能免遭"门户之祸"。

三是重视家庭教育，家庭教育比任何形式、任何内容的社会教育或者其他教育都要重要。家庭教育是经常的，是深入的，是温馨的，也是严厉的，这是其他任何教育形式都比不了，也都不可能具有的优势和优点。家庭教育是全过程、全体家庭成员、全方位的教育活动，教育的力度、强度和深度是相互关联、相互协同、共生激荡的。他在《序致》中揭示了家庭教育最本质的优势来自血亲伦理，这是社会上任何关系都不具备的特殊性和优势性，因此，家庭教育与生俱来就具有爱，具有严，具有规范的强制性；"圣人出自良家"，把家庭教育运用好了，就不担心子女的成长进步了！

四是父母在家庭教育中居于主导、主要、主动的地位，一定要突出家长的示范引领、言传身教作用。人出生于家庭，从家庭走向社会，家长是人生的第一个老师，幼教胜于成教，家教胜于社教，家长教育胜于教师教育。因此，家长首先要修身齐家，家长首先要正派正义和贤德贤能，要用自己的修养、情操、言行影响家庭成员，即"以上率下""自上而行于下""风教"，这是最好的家教，也是最有文化感召力、吸引力、亲润力的教育方式。

五是家教要早要严。人的思想、理想、情操、人生取向、行为方式是自幼开始形成的，早教易成，晚教则难改。所以，颜之推一方面强调胎教、幼教，即早教；另一方面，把严教贯穿在家教的全过程。他相信一个朴素的道理："松是害，严是爱"，严父就是慈父，严教就是担负家庭责任和社会责任。只有从小就让子女明辨是非善恶、养成好的行为习惯，孩子的成长就顺当，不走人生弯路。

六是重视教育的内容和学习的方法。颜之推通篇以身说法，结合自己丰富的人生经历和经验，不断列举历史典故和身边人的事例，从正反两方面总结、点评人生成败，把成功的经验和失败的教训作为最生动、最精彩的教材，把"士君子"的成长规格作为教育内容，突出了教育内容的正统性和主流性。颜之推十分重视学习方法，他认为，再好的教育内容、形式和方法，如果不变成受教育者的有效学习方式方法，一切都是枉然。颜之推强调书本知识学习、向前人学习的重要性；同时也十分重视学习与实践结合起来，把学习放到"涉务"

之中，一生才受益无穷，才能不断进步。加强自身修养，养成学习习惯，终身学习，学以致用，这是颜之推家教思想的核心和法宝。

总之，颜之推透过《颜氏家训》阐发的教育思想十分精到精要，矗立了那个时代的一座教育丰碑，而且也在后世乃至当代都具有闪光的价值，这是不言而喻的①。

三、一个以儒家思想为本、对道家佛家
思想开放包容的综合思想体

颜之推去世后，颜家保持了书香之家、官僚之家的风范和门第，在隋唐之际，颜家代有人出。因此，《颜氏家训》得到了妥善保管，并从家庭流向社会，传扬开来。长子颜思鲁也像其父一样，仕学结合，在隋朝当过东宫学士，唐初为秦王府记室参军，并整理了颜之推文集；二子颜愍楚在隋朝做了通事舍人，后在战乱中举家遇害，著有《正俗音略》二卷；三子游秦，隋朝时任点校秘阁，唐初为廉州刺史、鄂州刺史，著有《汉书决疑》十二卷②。颜之推的孙子（思鲁之子）颜师古（581—645），更是卓然超群，为唐朝一代大儒，博览群书，精于训诂之学，官至唐朝秘书监、中书侍郎，著有文集六十卷、《汉书》注、《急就章》注和《匡谬正俗》八卷等。颜之推五世孙颜真卿、颜杲卿都是唐代有魅力、有影响的人物。颜真卿是影响至今的书法家，以"颜体"流传于世；颜杲卿父子在安史之乱中壮怀忠义，以身殉国，英烈事迹世代传扬。他们在《旧唐书》《新唐书》中都有事迹可查。颜之推的人格魅力、学术思想、行义之举，在他的子孙中一代一代地传承下来，深厚的家训、家教、家学底蕴，培育了子孙的操行、品格和能力；从后代子孙的学识、人格和作为上，清晰可见颜之推不断

---

① 如汪双六的《古代家教的启示》（《光明日报》2009 年 6 月 29 日）、洪卫中的《试论颜之推的教育思想理念》（《社会科学论坛》2010 年第 12 期）等，认为，颜之推的教育思想理念，切合了教育的一般原理和规则，在今天仍有其积极意义，对今天的教育仍然有着启发和指导作用。

② 据《隋书·经籍志》《旧唐书·温大雅传》《旧唐书·颜师古传》《旧唐书·朱粲传》等。

远去的家训背影以及文化力量①。

　　家训培育家风，家训育化人才；人才的榜样力量加快了《颜氏家训》的社会传播节奏和广度，在隋唐以后，产生了越来越大的影响。南宋藏书家晁公武（1105—1180）评价《颜氏家训》是"述立身治家之法，辨证时俗之谬"的有用之书②；明人张璧称赞本书"为今代人文风化之助"③；清人卢文弨(1717—795)在《注〈颜氏家训〉序》中将它纳入儒家经典序列评价，虽不及"六经"精邃宏远，但"委曲近情，纤悉周备，立身之要，处事之宜，为学之方，盖莫善于是书"。

　　《颜氏家训》一经流传，就得到了读者的喜爱，特别是历代知识分子、士大夫的肯定和推崇，是因为本书的精神情感、价值弘扬和思想体系，击中他们的情怀，从而获得共鸣。

　　首先是《颜氏家训》所张扬的浓烈的家国情怀，这是自古以来中国士君子、士大夫的精神底蕴和人生情怀，最能打动人。家是人的起点，是人的出发地；国是人的归宿，是民族心理文化结构和个人精神深处最珍藏、最重要的价值；家与国紧密地连接在一起，没有国也就没有家。修身齐家，致良知，成君子，"达则兼济天下"，积极站出来治国平天下，将个人、家庭和国家融为一体，将自己的生命意义同家庭、国家安危存亡紧密地联系在一起。这种家国情怀，既是稳定的、沉静的，又是火热的、浓烈的，知识分子的责任感、使命感、家国担当精神都来源于此。它越是深入到社会底层，就越发深厚牢固。中国文化的典籍，谈及人生意义和目标，最本质地讲，就是家国情怀，或称家国精神。近代学者梁启超在《要籍解题及其读法》的讲稿中，评述司马迁《史记》时，特别指出，史书列传，"多借史以传人"，他所说的"传人"，就是自古以来包括司马迁本人在内通过述史叙事所张扬的家国情怀，讲述的是故事，传导的是精神。颜之推在《观我生赋》里讲述的"鸟焚林而铩翮，鱼夺水而暴鳞。嗟宇宙之辽旷，愧无所而容身"，"尧舜不能荣其素朴，桀纣无以污其清尘。此穷何由

---

①　清人王钺在《读书丛残》中说："北齐黄门颜之推《家训》二十篇，篇篇药石，言言龟鉴，凡为人子弟者，当家置一册，奉为明训，不独颜氏。"印证了家风育化人才的榜样力量和示范作用。

②　（南宋）晁公武：《郡斋读书志》。

③　明代嘉靖甲申傅太平刻本序。

而至，兹辱安所自臻"，是一种士大夫、读书人的家国情怀；他在《勉学》篇里讲的"务先王之道，绍家世之业"，是一种家国情怀；他在《古意诗》里抒发的"悯悯思旧都，测测怀君子"也是一种家国情怀。特别是在《颜氏家训》的讲述里，这种士大夫修身、爱家、护国的家国精神得到处处流露，随处可见，十分感人。清代学者赵曦明在抱经堂刻本《跋》中说"谓当家置一编，奉为楷式"，就是对颜之推表达并推崇的家国情怀的准确回应。

其次是《颜氏家训》所展示的"三不朽"价值，是历代士大夫、读书人念兹在兹的精神人格和人生目标。人生的目标和价值是什么？从先秦时期就有人予以概括、提炼和表彰：立德、立功、立言，足以使人生名垂青史，至于不朽。唐代学者孔颖达（574—648）解释说，"立德谓创制垂法，博施济众"；"立功谓拯厄除难，功济于时"；"立言谓言得其要，理足可传"①。人生一辈子，要同时做到"三不朽"确实很难，自古及今没几人；但是，做到"三选一"确是很多士大夫、读书人的追求和梦想，这还是可能实现的。颜之推通过《颜氏家训》实现了自己追求的人生价值和目标，做到"不朽"了；颜之推的子孙在《颜氏家训》的教育熏陶下，也实现了自己的人生价值和光荣梦想。这个标杆的示范和激励作用，的确是太诱人了！颜之推在家训里反复说的"善名""扬名""立名"等等，都是对"三不朽"价值观的宣扬和维护。所以，隋唐以后，《颜氏家训》成为民间流传的教科书，以"用启蒙童"②。

当然，一本书成为名作名著，仅仅只有上述两条，还是很不够的；一定要有时代特色，有时代的内容，有时代的声音，才能成为时代的记录和典范的思想资料。因此，思想既是时代的声音，又是时代的记录，还可以成为时代的思想标本。颜之推身处大变革、激烈碰撞的南北朝，他用眼看、用耳听、用心想、用嘴讲、用笔记，为人们提供了新视角、新概括和新思想，形成了一个立足于时代高度、潜入中国思想文化激烈整合深处，以儒家思想为本、对道家佛家思想开放包容的综合思想体。后世人们将《颜氏家训》称为"南北朝时期的三大奇书"之一，依我看，奇就奇在颜之推用思想的触角揭示了那个时代的社会面貌和思想动态，既坚持从汉代以来形成并被确立的以儒家文化为核心的根

① 《左传·襄公二十四年》孔颖达注。
② （清）黄叔琳：《颜氏家训》节钞本"序"。

本价值本位，即已经形成的传统、主流；又能承认儒、道、释进一步汇流交融的新变化、接纳与新思想新信仰相伴生的新生活新事物，把思想、认识与时代变化同步一致地推向前进。坚持坚守，是颜之推思想深处珍视历史、固守传统的固有底色；包容纳新，是颜之推思想扎根社会生活，与时偕行的新生亮色。固本不排斥纳新，纳新不忘记根本，才能新旧中和，促进思想创造。历史地看，颜之推对于自己国家的历史与文化的思想、情感和态度是炽烈的、浓厚的、坚定的，充满着自信，对此，仅从他对自己三个儿子的命名就可以一窥全豹①；现实地、前瞻地看，颜之推对于社会生活出现的信佛论道新元素和思想领域的多样化趋势，他的胸襟是开放的，眼光是敏锐的，观察是深沉的，思想是新潮的。将历史、传统与时代、现实、变化发展趋势结合起来，在价值本位、主流文化、正统思想上开放兼容、包容纳新，就是整合融汇，激荡出新。如此，颜之推就及时表达了在他所处时代儒、道、释进一步融合的新趋势新特点，为我们提供了一个反映时代变革由旧向新的思想认识；他如实记录南北朝时期社会生活、思想文化领域的新变化新样式新特征，这就为我们保留了一个完整的、生动的时代、生活、思想、文化互动相生的真实样本。这一点，正是与他同时代人、同时代著作、同时代思想所很少具备的，也是我们今天很多人对于颜之推及其《颜氏家训》研究看漏了的，或者是看走眼了的地方，而这恰恰是颜之推在中国历史上，特别是思想文化史上最了不起的地方！

颜之推所处的时代，是一个社会大动荡、大分化、大改组、大整合的巨变时代；时代巨变，本身就是社会思想的大熔炉。衣冠南渡之后，社会剧烈的动荡并没有丝毫平息的迹象，由北到南，国家、社会阶层、千家万户都卷入分裂、冲突、碰撞、争斗的旋涡之中。纵观颜之推一生，除了他最后十多年身处隋朝安享局部安定之外（其时，隋朝还在进行统一中国的战争，只是颜之推没有处于征伐的动荡之中，生活在长安都城里，还算比较安定，而长江流域则正

---

① 颜之推的长子名思鲁，带有一个"鲁"字，在《诫兵》篇中，颜之推回忆自己的祖籍，"颜氏之先，本乎邹、鲁"；次子名愍楚，带有一个"楚"字，出生在颜之推供职江陵期间，荆州城是历史上楚国的都城；三子名游秦，带有一个"秦"字，大约是出生在北齐之故，此地原是历史上秦国故地（参见缪钺：《缪钺全集》第一卷（下），第559页）。如果将思、愍、游三个动词串起来，可见颜之推"不忘本"的历史感和"思故国"的文化情怀。

经历铁蹄征讨、战火纷飞），在长达半个世纪的时间里，他无休止地经历朝代交替、政权易手、争斗不断，随着动荡动乱的节奏，不断地死里逃生，过着颠沛流离的悲惨生活。除了政治、政权、军事斗争交织在一起之外，全国范围的民族矛盾与武装冲突也犬牙交错在一起，那时的民族冲突、民族融合比历史上任何时候都要深刻得多、复杂得多。颜之推对动荡流离的感受，表现出惶恐、惊悚、无奈、疲倦、厌烦，甚至是无比痛恨，只要留心观察，他的这种情绪在书中都随处可见。因为常年的战乱、动荡，甚至连自己父母的遗骨都不能在家乡入土为安，更不要说生者难生、死者难死了。因此，他不禁在晚年还要发出灵魂深处的感慨："吾今羁旅，身若浮云，竟未知何乡是吾葬地。"① 这是多么痛彻！虽然如此，自汉代确立起来的以儒家文化为核心的中国文化传统的正统性、主流性、主导性地位②，也并没有因此被摧毁，依然是社会主流所遵循、维护的价值规范。因此，《颜氏家训》的基本文化立场依然是自汉代以来业已形成的中华文化，特别是其思想主轴、核心价值还是比较牢固的，所以，在《颜氏家训》中，他大量引用儒家经典，动辄"子曰诗云"，常念"周孔之教"，着力宣扬成人立人、仁爱仁道、忠恕孝道。他所坚持的儒家文化立场③、精神、价值，可视为颜之推及其家训的基本盘、基本面，或称之为"文化本位"吧。"士大夫子弟，数岁以上，莫不被教，多者或至《礼》、《传》，少者不失《诗》、《论》"④，颜之推以世学儒术，"以就素业""世以儒雅为业"⑤ 为荣，这就是他坚守、守望传统的家世背景和家学渊源的文化依据，也是他自幼受到儒学熏染形成的文化自信底气。正是有此文化坚守和自信，《颜氏家训》及其作者的思

---

① 《颜氏家训·终制》。

② 笔者对中国文化传统的理解是："以自给自足的农耕文明为依托，以家族血亲关系为纽带，以家族政治为模板的中华文化，定型于春秋战国之际，并在东亚暖温带逐渐发展、成熟、播扬开来。作为一种古典意义和历史形态的文化，其文化内涵表现为：大自然、小人事的宇宙图式，自我反省、积极入世的人生态度，重义轻利、重理节欲的道德规范，血亲融乳、爱国主义的伦理格律，中庸平和、外圆内方的处世准则，精神超越、深入意境的审美情趣，家族融合、等级有序的社会管理。"见张艳国：《中华文化传播的方式及其途径》，《光明日报》1996 年 8 月 6 日。收入《张艳国自选集》，华中理工大学出版社 1999 年版，第 82 页。

③ 参见洪卫中：《颜之推对儒家思想的坚守与世俗化传播——以〈颜氏家训〉为中心的考察》，《郑州大学学报》（哲学社会科学版）2015 年第 1 期。

④ 《颜氏家训·勉学》。

⑤ 《颜氏家训·勉学》《颜氏家训·诫兵》。

想为后世学者特别是后世儒家所肯定；如果没有这条原则、底线，本书恐怕就不会受到追捧了，其结果是可想而知的。

但是，颜之推及其家训如果仅仅只是"坚守中国传统文化"，恐怕也不受人待见，就会显得泥古不化、迂腐过时；因为时代在变，社会新要素、新热点和新问题正在萌生，这些新的社会因素、思想动态有它必备的社会基础，任何人都不能否定它，作为思想者、学者尤其不能漠视它。"人们是自己的观念、思想等等的生产者"①，这种生产立足于人们的社会实践和社会生活。战乱、动荡、饥饿、疾病和死亡，在那时极其严峻沉重地拷问着人们的灵魂，传统的精神寄托、精神归宿、精神慰藉、精神需求等等似乎无效，传统的精神价值也似乎失灵，新近由外而来的宗教——佛教，以及正在兴起的本土道家及其道教，似乎可以填补精神的空虚，起到"精神补位"的作用②。正是在这样的时代背景下，新的精神要素满足了人们新的精神需求③，这是不以任何人的意志为转移的客观实在和残酷现实。颜之推敏锐地观察到了，并积极进行了思考，从而如实地记录下来，这就有了体现在家训中新的社会内容——人们信佛，人们谈道。颜之推承认新的社会事实，尊重人们的精神选择，不仅没有排斥它，而且自己也在一定程度上认同它、包容它、接纳它。于是，在《颜氏家训》中，就有"养生篇"推崇道家养生学说、在"归心篇"中认同佛家"因果轮回、善恶相报"学说的记载，在其他篇章中也还有一些宽容儒家以外思想学说的言论。对此，后世总有学者，如清代朱轼（1665—1736）、孙星衍（1753—1818）等人站在儒学道统的立场上加以批判，认为颜之推偏离了儒家立场和价值，成为"杂学"和"杂家"，这些观点也在一定程度上影响了现代学者的看法。其实，这大可不必。因为离开了社会生活，离开了具体的时代内容，就不能聚焦问题，也不能得出共识性意见。人不能生活在真空中，思想也不会在真空中产生。只有贴近时代、植根社会生活的思想，才能赢得人们的

① 马克思、恩格斯：《德意志意识形态》，《马克思恩格斯全集》第 3 卷，人民出版社 1960 年版，第 29 页。

② 从社会根源的角度理解南北朝时期的思想变化，参见《中国哲学史》编写组：《中国哲学史》上册，人民出版社、高等教育出版社 2012 年版，第 310 页。

③ 参见张艳国：《论精神需求》，《天津社会科学》2000 年第 5 期，《新华文摘》2001 年第 1 期。

"同情和理解"①。

对于颜之推所构建的一个以儒家思想为本、对道家佛家思想开放包容的综合思想体②，我们也应该采取同情和理解的态度，透过《颜氏家训》的字里行间感悟作者所处的时代，深入到作者的思想底层去体察产生思想的社会生活，看看作者的思想是否合乎产生思想的实际生活？看看作者的新思想是否存在在后世看来所具有的价值？看看作者的思想同前人比、与同时代人比新在哪里、有没有新的启发？退一步讲，仅从历史研究的个案、思想史研究的案例来看，作者在书中讲到的人们信道、人们信佛，对于我们从社会生活史的角度研究南北朝时期的社会生活构成、内容格局、生活气象等等，也是一份值得珍惜的历史资料，不必弃之如草芥。更何况，他的这个兼容并蓄的思想综合体确实活生生地突兀在南北朝时期呢！

---

① 作为一种研究视角和方法，参阅业师章开沅：《实斋笔记》，东方出版中心 1998 年版，第 323—325 页。收入《章开沅文集》第八卷，华中师范大学出版社 2015 年版。

② 有学者认为，《颜氏家训》是将"儒释道"三家思想兼容并蓄，体用结合绘成其家庭教育的精神底色。参见雷传平、师衍辉：《东岳论丛》2015 年第 11 期。

颜氏家训卷第一
序致、教子、兄弟、后娶、治家

序致第一

提　要

古人成书，大抵有序文相匹配，讲述作者概况、写作背景、成书经过、主题主旨、主要内容、意义旨趣，以及得到相关方面的友情支持，相当于我们今天所说的"鸣谢"。魏晋以前，序文多置于文末，起到正文阅读的辅证互释作用，如西汉司马迁《史记·太史公自序》；六朝时期开始出现变化，有将序文列于文首的例子，本书即是。

本文是古代作者自序的范例，一是开宗明义、言简意赅地阐述了写作宗旨，就是以家训的形式传播尧舜之道，达到调理家庭和谐、教育后世子孙、引导修身齐家的作用；二是突出强调了颜氏家风，素来家教严正，门风紧束，受到人们尊敬；三是概述了自己的成长经历，认为主要是把圣人修身立志教诲与自己的人生实践结合起来，能够做到"今悔昨失"，最终取得今天的成绩；四是明确了本书的规模和价值，全书共计二十篇，所说的内容足以规范家庭，意义重大。

这篇自序，短小精悍，全文400余字不拖泥带水，直奔主题，以理服人，以情感人，情真意切，文化信息量很大，堪称古代序文上品。本文给人们突出的印象，一是情真，洋溢着对家人深深的爱，对父母、兄长，对家庭的感恩，爱之深，才有情之切。二是意深，家训二十篇，不仅是送给作者子孙看的，而且还登高望远，也是留给后人看的，文中流露出深沉的历史感，既管当前，又关注长远，从而使本书起到"世范"作用。三是运用中国传统文化精华，频频用典，恰到好处，既增强了说理性，又提高了可读性，使本文立足于宏大深邃的中国优秀传统文化基础之上，使情与理的交融激荡增添了文章的透射力和感染力。

一、期望本书成为你们的家风宝典

夫圣贤之书①，教人诚孝②，慎言检迹③，立身扬名④，亦已备⑤矣。魏晋已⑥来，所著诸子⑦，理重事复，递相模敩⑧，犹屋下架屋⑨，床上施床耳。吾今一本无"今"字。所以复为此者，非敢轨物范世⑩也。业以⑪整齐门内，提撕⑫子孙。夫同言而信，信其所亲；同命而行，行其所服⑬。禁童子之暴谑⑭，则师友之诚不如傅婢⑮之指挥；止凡人之斗阋⑯，则尧舜之道不如寡妻⑰之诲谕。吾望此书为汝曹⑱之所信，犹贤于傅婢寡妻耳。

注 释

① 圣贤之书：主要指儒家经典，如《论语》所阐述的修身、齐家、治国、平天下的"内圣外王"人格图式和人生模式，在颜之推所处的时代，已经成为读书人的共识和社会风尚，并为官方所提倡。

② 诚孝：《论语》讲人伦之道，既分述忠和孝，又将它们连用成词。古代有对尊亲避讳制度，隋文帝父亲名杨忠（507—568），故隋人避"忠"为近义词"诚"。由书中避隋文帝家讳可见，本书成于隋文帝时代。如《论语·学而篇》将孝悌之道视为仁道之本，主张与人相交，忠人之事；在《八佾篇》中强调"臣事君以忠"。孝道，是幼长相处之道；忠道，既是人们相交之道，更是传统社会臣君相处格律。

③ 检迹：据《乐府诗集》卷六七收录张华《游猎篇》"伯阳为我诫，检迹投清轨"诗句，可知"检迹"为时用语，约束自己行为的意思。伯阳，相传为上古时代舜帝所交的七大贤人之一。

④ 立身扬名：立身，出自《论语·为政篇》："三十而立。"指品德修养成熟，足以支撑事业发展。扬名，出自《史记·太史公自序》"显亲扬名"，指声名远播。

⑤ 备：完备。

⑥ 已：古汉语中的通假字，通"以"。

⑦ 诸子：本来意思是春秋战国之际经百家争鸣形成的道家、儒家、法家、墨家、兵家、农家、纵横家、阴阳家等学派的代表人物及其典籍。这里是指魏晋以来阐述各家思想的重要著作。

⑧ 模敩：仿效。敩，读音与字意同"效"。

⑨ 屋下架屋：与后文"床上施床"是一个意思，指重复而无意义的工作。此语据刘义庆《世说新语·文学》所记"屋下架屋"和薛道衡《大将军赵芬碑铭并序》所说"架屋施床"，可知这是六朝到隋代的俗语，成语"叠床架屋"来源于此。

⑩ 轨物范世：裁量事物的依据和考量世人言行的规范。轨，指车子两轮之间的距离，自秦始皇"车同轨"后，全国有统一的规定，这里用成动词；范，制造物件的模子，这里用如动词。

⑪ 业以："以业"的倒装句，以它来……。业，事业，这里指作者的著述。

⑫ 提撕：提醒，指点。《诗经·大雅·抑》有这样的诗句："匪面命之，言提其耳。"意思是说，当面细心仔细说，拉起耳朵让你听。东汉郑玄（127—200）注释说，"我非但对面语之，亲提撕其耳"。

⑬ 夫同言而信，信其所亲；同命而行，行其所服：语出西汉刘安《淮南子·缪称训》："同言而民信，信在言前也；同令而民化，诚在令外也。"意思是说，同样的话，使老百姓信服，是因为发号施令者具有待民的诚意；同样的号令使老百姓归化，是因为号令之外还有发号施令者的诚心。

⑭ 暴谑：过度嬉闹。暴，显露；谑，调笑。

⑮ 傅婢：侍婢，家庭女仆。在汉魏之际，以及南北朝时期，家庭侍女称为傅婢，如范晔《后汉书·吕布传》：吕布"私与傅婢情通"。

⑯ 斗阋：兄弟间的争吵。阋，读音同"戏"，闹矛盾，用于兄弟不和，典出《诗经·小雅·常棣》："兄弟阋于墙，外御其侮。"意思是说，兄弟在家里免不了有一些争吵，但在外侮面前一定携手抗争。

⑰ 寡妻：正室，嫡妻。寡，少之又少，喻之于妻，指正妻。典出《诗经·大雅·思齐》："刑于寡妻，至于兄弟，以御于家邦。"意思是说，周文王对于嫡妻，以礼相待；与各位兄弟相处，友爱善待；他以身作则，家顺国顺好

运来。

⑱汝曹：你们。

大　意

古代圣贤围绕人身修养、人生规划方面，比如做人要忠诚孝顺、谨言慎行、立身立业、显亲扬名，都有完备而精妙的论述，值得经常温习，时时汲取。但是，值得注意的是，魏晋以来，诸子之书就没有什么创建了，他们模仿古人，事理重复，好比是层床叠架，烦琐费力，这是不值得学习的。有感如此，我想写这本书，并不是要匡正学风，为世人树立行为规范，而是为了把自家的事管好，整饬门风，为后辈儿孙留一份可以依凭的东西。常言说得好，同样是一句话，就看是谁说出来的，亲近的人说出来就容易接受；同样的一个号令，就看由谁发布，如果是被人们敬畏爱戴的人发布，那么就容易响应。我想，我说的这些话，后辈儿孙是会感到亲切并予以遵行的。要禁止小孩过分顽皮；否则，师友的教诫还比不上侍婢的劝阻。要制止兄弟阋墙；否则，就算有尧舜圣道也还比不上自家妻子的劝导。我希望本书的道理能够被你们接受，并在行为上予以遵循，这就比侍婢对孩童、妻子对丈夫所起的作用还要大得多吧？

二、我所说的话，都是肺腑之言

吾家风教①，素②为整密。昔在龆龀③，便蒙诲诱，每从两兄④，晓夕温清⑤，规行矩步⑥，安辞定色⑦，锵锵翼翼⑧，若朝严君⑨焉。赐以优言，问所好尚⑩，励短引长，莫不恳笃⑪。年始九岁，便丁荼蓼⑫，家涂⑬离散，百口索然⑭。慈兄鞠养⑮，苦辛备至；有仁无威，导示不切⑯。虽读《礼》《传》⑰，微爱属文⑱，颇为凡人之所陶染⑲，肆欲轻言，不备边幅⑳。年十八九，少知砥砺㉑，习若自然㉒，卒难洗荡。二十已后一本作"三十"。㉓，大过稀焉；每常心共口敌㉔，性与情竞㉕，夜觉晓非，今悔昨非㉖，自怜无教，以至于斯。追思平昔之指㉗，铭肌镂骨㉘，非徒古书之诫，经目过耳㉙。一本有"也"字。故留此二十篇，以为汝曹后车一本作"范"。耳㉚。

注　释

① 风教：家风，家教。风，如风吹动；教，人文教化。这里的风、教是同义词合用。

② 素：向来，一贯。

③ 龆龀：儿童换牙。龆，读音同"条"，特指男童换牙，古人说男童八月长牙，八岁换牙；龀，读音同"衬"，特指女童换牙，古人说女童七月长牙，七岁换牙。这里的龆、龀是同义词合用。

④ 两兄，这里指作者的两个哥哥。据《南史·严协传》记载，作者的一位哥哥为严之仪；据专家推测，另一位兄长或早夭，史不留名。

⑤ 温清：温，在冬天使被子温暖；清，读音同"庆"，夏天使榻席清凉。据《礼记·曲礼上》，古代有人子之礼。这是古代孝子奉老之道。

⑥ 规行矩步：走路小心翼翼、中规中矩的样子。规，指圆规；矩，指曲尺。规矩连用成词，指准则、法度。《孟子·离娄上》说："不以规矩，不能成方圆。"

⑦ 安辞定色：语言从容，神色镇定。安，安稳的样子，这里是指说话不慌不忙，有修养的样子。典出《礼记·曲礼上》，"安定辞"和《礼记·冠义》，"礼义之始，在于正容体，齐颜色，顺辞令"。

⑧ 锵锵翼翼：走起路来毕恭毕敬的样子。锵锵，走路；翼翼，恭敬的样子。

⑨ 朝严君：拜见父母。朝，拜见。严君，本指父母，汉代以后专指父亲。语出《易经·家人》："家有严君焉，父母之谓也。"

⑩ 所好尚：特别喜好的东西。好，喜好。

⑪ 恳笃：诚恳真切。笃，坚定，实在。

⑫ 丁荼蓼：遭遇不幸，经历苦难。丁，适逢、遭遇的意思；荼蓼，读音同"涂了"，苦菜，引申为艰辛的生活，这里是指因年幼丧父而导致的家境困顿。

⑬ 家涂：家道。涂，程本作"徒"。

⑭ 百口索然：家庭人口凋零的样子。百口，人以口计，指家庭人多。百，形容多，这里是虚指；索然，离散、凋零的样子。

⑮ 鞠养：抚养。鞠，抚育。典出《诗经·小雅·蓼莪》："父兮生我，母兮鞠我。"

⑯ 切：急切，指要求高而达不到的目标，与前文的"威"相对应。

⑰《礼》《传》：学术界对此有分歧，据《北齐书·颜之推传》，颜氏"世善《周官》《左氏》，之推早传家业"，当指《周礼》《春秋左氏传》。

⑱ 属文：写文章。属，读音同"主"，连词造句，缀辑成文。典出班固《汉书·贾谊传》：贾谊"年十八，以能诵《诗》《书》属文称于郡中"。

⑲ 陶染：熏陶，受教育而使自己得到改变。

⑳ 不备边幅：不修边幅。备，抱经堂本作"修"，整理。边幅，本指布帛的边缘，习惯上人们借指人的衣着、仪表。典出范晔《后汉书·马援传》"修饰边幅"句，比喻人的衣着、仪表就像布帛经过合理修整边幅后一样，齐整、得体、耐看。

㉑ 少知砥砺：少，通假字，通"稍"；砥砺，本指磨刀石，比喻在磨刀石上磨砺刀具，磨炼的意思。磨刀石分为粗石与精石两种，粗石为砺，精石为砥。

㉒ 习若自然：习惯成自然。典出《汉书·贾谊传》："孔子曰：'少成若天性，习贯如自然。'"

㉓ 二十：抱经堂本亦作"三十"。

㉔ 心共口敌：心口相反，相互不一。敌，对立，相互否定。共，通假字，通"攻"。典出嵇康《家诫》："若志之所之，则口与心誓，守死无二，齿躬不逮，期于必济。"

㉕ 性与情竞：本性与情感相互激荡，竞，本意是正逐，这里是指思想碰撞。情与性是南北朝时期思想家们所关注的一对范畴。与颜之推同时代人刘昼在《刘子·防欲》中说："性贞则情销，情炽则性灭。"

㉖ 今悔昨非：悔，反思；非，过错，失误。儒家内省要求与功夫，春秋时期贤大夫蘧伯玉有名言"年五十而方知四十九年之非"，得到孔子的赞扬，在《论语》"宪问篇"和"卫灵公篇"中，孔子多次感叹这种自我反思精神，所以，孔子在"卫灵公篇"中说，"君子求（反思）诸己"。东汉高诱在《淮南子·原道》中有"月悔朔，今悔昨"的顺口溜，广为流传，本文典出于此。

㉗ 指：通假字，通"旨"，意旨。

㉘ 铭肌镂骨：铭心刻骨，永志不忘。铭，在器物上雕刻；镂，在几件上雕刻。

㉙ 经目过耳：耳闻目睹。

㉚ 后车：后继的车辆，后车之鉴的意思。典出《汉书·贾谊传》："前车覆，后车诫。""车"，鲍本"耳"作"尔"。

大　意

我们家的家风家教，向来是十分完整和严格的。就拿我来说，在孩提时代，就受到了良好的家庭教育，长辈们谆谆教导，循循善诱。我时常跟随两位兄长，早晚侍奉双亲，譬如说冬天暖被，夏天扇凉。我的一举一动都守规守距，言语恭谨，神色和悦，就像在拜见父母大人时一样言行很有礼貌。父母时常给我们勉励，关心我们的爱好和特长，提醒我们克服缺点，鼓励我们发扬优点，言辞恳切，语重心长。在我刚满九岁那年，我们家的不幸降临，父亲大人离我们而去，从此家道中衰，人丁离散。幸运的是兄长挑起了家庭重担，如常言所说"长兄为父"，抚养我长大成人，他由此历尽千辛万苦。尽管如此，但他对我的慈爱只有仁爱之心而毫无威严之感，关怀教导也无不把握要害。我虽然在年轻时熟读《礼记》《左传》，也喜欢动笔行文，但由于受到世俗影响，有时也放松了自我修养，放纵思想，说话随意，不修边幅。到了十八九岁上，我才稍稍感到要注意自己的品行，磨砺自己的品德，但是，常言道，习惯成自然，坏习惯一旦习染上身，就不容易立马根除。二十岁以后，我虽少有大错，时常警惕自己信口开河，约束自己的情感，保持自己的理智，但是，理智与情感的碰撞还是常有的事，因此，经常深夜反思，检讨自己过去的过失，加深对人生的感悟。自叹自己由于家道中衰而没有受到良好教育，以至于现在还要经常反省自己，把提高人身修养放在至关重要的位置。追思过去父母对自己的教育与要求，我是铭心刻骨、终身难忘的，我说这番话绝不仅仅是因为读了一些先贤的书，对社会中的事情有一些耳闻目睹，而是有自己深切的感受和认识。因此，我决意留下家训二十篇，送给你们及后世子孙作为前车之鉴、后车之覆。

教子第二

提　要

本篇着重讨论家庭教育的原则与方法。一是对子女的教育要从早抓起，最好是从源头开始，这就是胎教，就像长庄稼一样，先有种子的发育，后有秧苗，继而有生长，最后有成熟和收获，当然从初识时期抓起就要显得顺理成章，结果也是事半而功倍。优生优育与胎教主张，这在中国传统文化关于育人理论上具有重要地位和价值。二是教育孩子的方法最好的办法是严格要求，不要溺爱偏爱孩子。俗话说得好，养不教，父之过。严是爱，松是害，不管不教要变坏。这就揭示了教育者与被教育者的关系，父母是子女的第一位老师、首要的教育者，在家庭教育中居于主动的、支配的地位。如果不管不教，那是放弃了家长的家庭责任和社会责任；如果溺爱，就会助长孩子的毛病，积攒到一定时候，那就会不得了，形成量变引起质变，不可救药。俗话说得好，小时偷针，长大偷金。偏爱孩子，其实是误导孩子，从小就在孩子的视野里放置了一个偏离客观公平公正的标尺，会误导小孩的客观感觉和公正评价。不要在孩子小的时候就运用经过父母歪曲了的感知、情感，影响孩子。三是要在家庭教育中坚持正确的人生观和价值观，要以是非正义感激励孩子，从小立志报国，在人生行程中走正道、走直道、走人行道，走阳光大路，不走歪门邪道。人生一辈子，在很多的时候都有各种各样的诱惑，比喻升官发财、飞黄腾达之类的显途，就算是唾手可得，也要坚守自己的人格国格，不因利益物欲所困，丧失自己的道德良心。本篇所主张的家庭教育方式、内容、成人立人方法、目的，都牢牢站在中国传统文化特别是儒家文化的大背景下，既有一以贯之的坚持坚守，也有作者立足于时代背景的理解阐发，体现了认识的高度和深度。

本章分为七小节，论述了父母教子的原则、方法和意义。作者认为，孩子是家庭家族的百年大计，要高度重视孩子的教育问题。因此，教育孩子，要早，甚至是更早些，从胎教开始；要严格，再严格一些。严格教育、严格要求，从本质上讲就是爱，就像我们俗话所说，爱得愈深，要求愈严。父母对孩子放松要求，就是放纵孩子的开始，也是小孩变坏的开始。古人说得好：尺以寸计，放宽一寸，就毁坏一尺；差之毫厘，谬以千里。作者从普天之下父母没有不爱自己孩子的基本人伦出发，探讨了爱的关键问题：是普爱所有的爱子，还是偏爱溺爱其中某个孩子？认为要爱所有的孩子，偏爱溺爱是兄弟不和、家庭不睦的根源，问题出在孩子身上，根子却在家长身上；要在爱中教育孩子，不因爱而放弃原则法度，使孩子们知礼仪，守规矩。作者还从望子成龙是普天之下父母对孩子的永恒期待这个最基本的情愫出发，认为孩子有出息，有成就当然是好事，但是，大丈夫取功名，要取之有道。这就是说，要通过正常的途径和正确的方法获得，不能走歪门邪道。全篇引经据典，依据儒家关于成人立人的学说与方法，结合自己的体会，列举历史上经典性人和事，有理有据，入情入理，生动活泼，绘声绘色。文章论理的最大特点是讲述，将观点寓于事例的讲解中，平和而不失原则，平易而不失深邃，平静而不失长辈的炽热，说理透辟，感染力强，易于听者思考和接受。特别是本章的例举，看似行文中的不经意，但却是作者的匠心独运，选例准确得当，其典型性很值得玩味，读者难以忘怀。

一、教，始于人之初

上智不教而成，下愚虽教无益，中庸之人，不教不知也①。古者，圣王有胎教之法②：怀子三月，出居别宫，目不邪视，耳不妄一本作"倾"。听，音声滋味，以礼节之③。书之玉版④，藏诸金匮⑤。子生咳㖒，《说文》："咳，小儿笑也。""㖒，号也"。一本作"孩提"。⑥师保⑦固明仁孝⑧礼义，一本作"孝礼仁义"。导习之矣。凡庶⑨纵不能尔，当及⑩婴稚，识人颜色，知人喜怒，便加教诲，使为则为，使止则止。比及数岁，可省笞⑪罚。父母威严而有慈，则子女畏慎而生孝矣。吾见世间，无教而有爱，每不能然。饮食运为⑫，恣其所欲，宜诚一本作"训"。翻奖，应呵反笑，一本作"嗤"。至有识知，谓法当尔。骄一本作"憍"。慢已习，方复一本作"乃"。制之，捶挞⑬至死而无威，一本作"而无改悔"。忿怒日隆而增怨一本云"增怨懊"。逮于成长，终为败德，孔子云："少成若天性，习惯如自然"是也。俗谚曰："教妇初来，教儿婴孩。"⑭诚哉斯语！

注　释

①"上智不教而成"四句：上智与下愚的划分，出自《论语·阳货篇》："唯

上知与下愚不移",是说他们各有自己坚持的东西,不容易轻易得到改变。修养好道德高的人(君子)是养成教育的结果,修养差道德低的人(小人)是长期积累形成的,会因为一时一事的影响而改变自己。中庸,典出西汉贾谊《过秦论》:陈涉"材能不及中庸"。中庸,两端之中,中等。

②圣王有胎教之法:我国古代典籍《礼记》《列女传》有关于胎教的记载,主要是指胎儿在母亲的怀孕期受到良好的营养、情绪、环境影响,得到健康发育,形成优质的体魄和优良的天赋。典出贾谊《新书·胎教》:"周妃后妊成王于身,立而不跛,坐而不差,笑而不喧,独处不倨,虽怒不骂,胎教之谓也。"这里的圣王当指周武王。

③"怀子三月"六句:典出颜之推的前辈学者卢辩为《大戴礼·保傅》所作的注:"大任孕成王,目不视恶色,耳不听淫声,口不起恶言,故君子谓大任能胎教也。"

④玉版:将图文刻在玉片上。版,刻版。

⑤金匮:用来收藏文物宝贝的铜柜子。匮,读音同"贵",柜子。

⑥子生咳嗯:原文为"生子",各本作"子生"。咳嗯,小孩哭笑。嗯,小孩啼哭。

⑦师保:典出《礼记·文王世子》:"师也者,教之以事而喻诸德也者;保也者,慎其身以辅之而归诸道也者。"古代负责教导王室贵族子弟的官员,有师,有保,统称师保。

⑧仁孝:程本作"仁智",抱经堂本作"孝仁"。仁与孝的合称,仁、孝,儒家伦理规范。

⑨凡庶:老百姓,普通人。

⑩及:程本作"抚"。

⑪笞:读音同"痴",体罚的一种,用荆条打。

⑫运为:即云为。典出《易经·系辞下》:"变化云为,吉事有祥。"云,言行。

⑬捶挞:杖击,鞭打。

⑭教妇初来,教儿婴孩:在媳妇刚嫁过门的时候,就要教导她规矩礼俗;在小孩刚出生时就要及时交到他做人的道理。意思是教育要抓早抓紧。

大 意

智力超拔的人，靠养成教育就能成才；智力低下的人，用强化教育也没有用；一般的人，教育在他们身上大有作用。因此，教育，只是相对于一般人而言的，在古代，圣明的君王推行胎教：后妃怀孕三月后，就要移寝别居，目不邪视，耳不妄听，音乐娱情，淡泊养性，日常起居都依照礼节有规律地生活。而且，还把胎教方法刻写在玉片上，珍藏在铜柜里，世代流传。王子初生，尚在襁褓之中，王宫就张罗教育了，负责此项工作的太师、太保等人用孝仁礼义来引导他。老百姓纵然不能如此，也应该尽量在小孩有初步的感知、辨别能力的时候，及时加以教育引导，从小就要使孩子知道什么是能做的，什么是不能做的，潜移默化地用做人原则影响他。这样，就可以使小孩长到几岁时少挨些体罚了。做父母的既要慈爱，又要威严，使孩子敬畏父母，并产生孝敬心。我发现现在很多家长疼爱小孩失当，只知溺爱，没有教育，这是很不对的。譬如说，有些家长对孩子的饮食起居、行为举止、私心欲念，本应教育引导，甚至是批评劝阻，但是，家长却视而不见，默许助长；本该严厉批评甚至是责罚的，却一笑而过，轻轻了之，这就误导了孩子，等到小孩懂事的时候，他们的是非正误判断就错位了、扭曲了，就会把习以为常不对的、不好的行为、观点当成是本该如此的。俗话说得好，早管轻松，晚管不动。等到孩子长大成人，骄横轻慢的坏习惯形成了，随意率性坏毛病习惯了，再试图严教严管孩子，使之改正这些不好的东西，那就很难了，即使拳脚棍棒相加也难以树立父母的威信权威，当然无济于事。更有害的是，这种情况还会恶性循环，父母对孩子的恼怒日甚一日，而孩子对父母的怨恨也会日增月涨，造成父母与孩子的情感对立，最后受害的还是孩子：由于长期对父母的逆反，孩子到成人时就是一个道德败坏的废人。这就应了孔子的一句话："少成若天性，习惯如自然。"俗话说："教妇初来，教儿婴孩。"这话讲得多好啊！

二、严管严教是父母不得已而为的事情

凡①人不能教子女者，亦非欲陷其罪恶；但重于诃怒②，伤其颜色③，不忍楚挞④，惨其肌肤尔。当以疾病为谕⑤，安得不用汤药针艾⑥救之哉？又宜思勤督训者，可愿⑦苦虐于骨肉乎？诚不得已也。

注 释

① 凡：大凡，总括。

② 但重于诃怒：只是对呵责怒骂子女显得很为难。但，只，只是。重，读音同"众"，为难。语出司马迁《史记·司马相如列传》："方今田时，重烦百姓。"

③ 颜色：脸部表现出来的情绪。颜，面部表情；色，脸色。

④ 楚挞：用荆条抽打。楚，古代的刑具，荆条。典出《礼记·学记》："夏、楚二物，收其威也。"挞，读音同"踏"，用鞭、棍抽打。

⑤ 谕：通假字，通"喻"，打比方。

⑥ 针艾：针灸和艾草。中医治病的工具和草药。

⑦ 可愿：宁愿，岂愿。

大 意

凡是不善于教育子女的家长，他们的初衷并不是要培养孩子长大了去作奸犯科、犯罪作恶，只不过是拿不下面子去呵责子女，怕伤害了子女的颜面；不忍心拿出家法抽打子女，生怕他们受了皮肉之苦罢了。就拿治病来打比方吧。子女生了病，做父母的怎能不用汤药针灸去救治他们呢？子女也要体谅一下做父母的情感啊，那些勤于督查训导子女的父母，他们难道愿意严责苛待自己的亲生骨肉吗？这实在是情不由己啊！

三、严是爱，松是害

王大司马 ① 母魏夫人 ②，性甚严正。王在湓城 ③ 时，为三千人将，年踰 ④ 四十，少不如意，犹捶挞 ⑤ 之，故能成其勋业。梁元帝 ⑥ 时，有一学士，聪敏有才，为父所宠，失于教义。一言之是，偏 ⑦ 于行路 ⑧，终年誉之；一行之非，掩藏 ⑨ 文饰，冀其自改。年登婚宦 ⑩，暴慢日滋，竟以言语不择，为周逖 ⑪ 抽肠衅鼓 ⑫ 云。

注 释

① 王大司马：大司马王僧辩（？—555），南朝梁太原人氏，字君才，在梁萧渊明朝，任大司马，领太子太傅、扬州牧，后为陈霸先（陈武帝）所杀。事

迹载《梁书·王僧辩》。

②魏夫人：据《梁书·王僧辩》记载，王僧辩母魏夫人性情平和，善于待人接物，在他儿子攻克旧京，"功盖天下"之时，并不得意扬扬，而是表现出一贯的谦损作风，不因身居富贵而骄横轻慢，受到了朝野尊重，大家一致称赞她是"明哲妇人"。

③溢城：也称溢口，在江西溢水与长江入口处，今九江市西。

④蹴：读音同"于"，"逾"的异体字，超过、超越的意思。

⑤捶挞：用棍子打。捶同"棰"，短木棍。

⑥梁元帝：即萧绎（508—554），字世诚，南朝梁皇帝。善诗文，著述多，后人辑有《梁元帝集》。

⑦徧："遍"的异体字，到处的意思。

⑧行路：道路，这里指走在路上的人。典出《后汉书·范滂传》："行路闻之，莫不流涕。"行，读音同"航"，路的意思。

⑨揜藏：掩藏。揜，同"掩"，掩藏的意思。

⑩婚宦：六朝时代用语，流行语，指成年了思考婚姻和仕途大事。

⑪周迮：疑为周迪，梁元帝时壮武将军、高州刺史，《陈书》有传。

⑫衅鼓：杀牲祭鼓。衅，古代的一种祭祀仪式，新制器物，杀牲以祭，用牲畜血涂于器物缝隙。

大　意

大司马王僧辩的母亲魏老夫人，品性严厉，为人方正。她儿子在溢城时，是统兵三千的将军，已经年过四十，但只要稍有差池，魏夫人还是要对他严加管束，甚至鞭棍相加。正因为如此，王僧辩才取得了成就。另外有一个相反的例子，教训惨重。在梁元帝朝，有一名学士，聪明能干，从小深得父亲喜爱，但他父亲疏于管教：只要这孩子说得好，他父亲就唯恐天下人不知，一年到头赞不绝口；哪怕是有一件事做错了，他父亲都要百般为他掩饰，以为他能暗中改正。这名学士成年后，暴躁傲慢的脾性不仅没有丝毫改变，反而日益滋长，终因说话不检点被周迮将军杀掉，而且还被拉出肠子，用他的鲜血祭祀了战鼓。

四、易子而教是教育规律

父子之严，不可以狎①；骨肉之爱，不可以简②。简则慈孝不接，狎则怠慢生焉。由命士以上，父子异宫③，此不狎之道也。抑搔痒痛④，悬衾箧枕⑤，此不简之教也。或⑥问曰："陈亢⑦喜闻君子之远其子，何谓也?"对曰："有是也。盖君子之不亲教其子也。《诗》⑧有讽刺之词，《礼》有嫌疑之诫⑨，《书》有悖乱之事⑩，《春秋》有邪僻之讥⑪，《易》有备物之象⑫：皆非父子之可通言，故不亲授⑬尔其意见《白虎通》。"

注 释

①狎：读音同"霞"，亲昵而不庄重。

②简：轻简，慢待。

③由命士以上，父子异宫：因此，在朝廷受爵禄的人。父亲和儿子是不住在一起的。由，因而。命士，学而优被授官职的人，为士；授有爵命的人为命士。典出《礼记·内则》："由命士以上，父子皆异宫。"又，《汉书·食货志上》说："学以居位曰士。"

④抑搔痒痛：就好像挠痒痒。抑，比方，好比；搔，抓痒。典出《礼记·内则》："妇事舅姑，如事父母。……疾痛苛痒，而敬抑搔之。"

⑤悬衾箧枕：据《礼记·内则》，古代居家礼仪规定，父母起床后，子女要及时为他们收拾床铺，把被子叠好挂起来，把枕头放到柜子里。衾，读音同"亲"，被子；箧读音同"锲"，小箱子。

⑥或：有的，有人。

⑦陈亢：语出《论语·季氏篇》，有一天，孔子的学生陈亢问孔子的儿子伯鱼，除了课堂上的内容外，孔子还教些什么呢？伯鱼回答说，除了课堂上教的知识外，就没别的其他内容了。只不过有一次，在庭院中相遇时，父亲问过是否认真学习了《诗经》和《仪礼》没有？并指出，学了《诗经》，说话周详严谨了；学了《仪礼》，行为就稳妥扎实了。其余的就想不起来还说过什么。"陈亢退而喜曰：'问一得三：闻《诗》，闻《礼》，又闻君子之远其子也。'"陈亢，字子禽。亢，读音同"刚"。远，不偏私。

⑧《诗》：即儒家经典《诗经》。它是中国古代最早的一部诗歌总集，由孔

子编订，分为"风""雅""颂"三个部分，共计三百零五篇。其中"国风"部分，大多是民间诗歌，有不少是讥讽统治者、倾诉民生疾苦的。

⑨《礼》有嫌疑之诫：语出《礼记·曲礼上》："男女不杂坐，不同椸枷，不同巾栉，不亲授。嫂叔不通问。"又说："寡妇之子，非有见焉，弗与为友。"上述诫规，都是指"嫌疑"而言。《礼》，即《仪礼》，中国古代儒家经典。

⑩《书》：即《尚书》，儒家经典，相传为孔子编订，是上古历史文件和古代事迹汇编。其中有的篇章所述，如《商书·汤誓》《周书·泰誓》《周书·牧誓》等都是臣伐君的记录，所以颜之推说是"悖乱之事"。悖乱：叛乱。悖，读音同"背"，背叛。

⑪《春秋》：儒家经典，孔子编著的编年体史书，起于鲁国鲁隐公元年（前722年），止于鲁哀公十四年（前481年），共计242年的春秋史。该书文字简练，寓有深意，暗含褒贬，笔留讥刺，后世称为"春秋微言大义笔法"。颜之推"邪僻之讥"指此。

⑫《易》：即《周易》，也称《易经》，为儒家经典之首。相传为周文王所作，内容包括《经》和《传》两个部分。《经》主要是六十四卦和三百八十四爻，卦和爻各有说明（卦辞、爻辞），作为占卜之用。《易·系辞上》说："备物致用，立成器以为天下用。"备物，备办百物。

⑬不亲授：不手把手教。典出西汉扬雄《白虎通·辟雍》："父所以不自教子何？围棋渫渎也又授受之道，当极说阴阳夫妇变化之事，不可以父子相教也。"

大 意

父亲在孩子面前要有威严，不能过分亲昵，骨肉之间要相互友爱，不能轻忽怠慢。怠慢就不能做到父慈子孝；狎昵，就不能体现父子真爱。《礼记》上讲，获得功名的人，就要与父母别居，就是为了防止与父母狎昵；古礼规定，为长辈摸痛抓痒、整理居室，就是为了避免亲人之间简慢。可能有人要问："孔子的学生陈亢听说过老师不偏私自己的儿子的事情，感到很高兴，这是什么意思呢？"我的回答是："这是有道理的。君子不亲自教授自己的孩子，是因为《诗经》中有讽刺骂人的言辞，《仪礼》中有避嫌的劝解，《尚书》中有悖伦的记载，《春秋》有微言大义，《易经》有备物记述，这些都不是父子之间能够轻易开口交流的，所以，古人说易子而教。"

五、知礼仪，守本分

齐武成帝子琅琊王①，太子母弟②也，生而聪慧，帝及后并笃爱之，衣服饮食，与东宫③相准④。帝每面称⑤之曰："此黠儿⑥也，当有所成。"及太子⑦即位，王居别宫，礼数⑧优僭⑨，不与诸王等。太后犹谓不足，常以为言。年十许岁⑩，骄⑪无节，器服玩好，必拟乘舆⑫。常朝南殿⑬，见典御⑭进新冰，钩盾⑮献早李，还⑯索不得，遂大怒，訽⑰曰："至尊已有⑱，我何意无？"不知分齐⑲，率皆如此。识者多有叔段⑳、州吁㉑之讥。后嫌宰相㉒，遂矫诏㉓斩之，又惧有救，乃勒麾下㉔军士防守殿门。既无反心，受劳而罢，后竟坐此幽薨㉕。

注　释

①齐武成帝子琅琊王：齐武成帝，即北齐皇帝高湛（537—569），年号太宁、河清，北齐第四任皇帝，死后谥号武成帝。子琅琊王，即高湛三子高俨，初封东平王，武成帝死后，改封琅琊王。

②母弟：同母兄弟。

③东宫：太子居所谓之东宫，也常借指太子。

④相准：相同。准，均等。

⑤称：赞誉。

⑥黠儿：聪明仔。黠，读音同"霞"，聪慧。

⑦太子：皇帝的合法继承人，称为太子。这里指高俨之兄，北齐后主高纬。

⑧礼数：根据古代礼制，按照名位而分的礼仪等级制度，与古代社会政治制度相匹配。

⑨僭：读音同"见"。在古代社会，根据各人的社会地位与身份，在使用器物和适用礼仪上，都有相应明确的规定，超越享受，就是"僭越"，违背了古代社会的礼法。

⑩年十许岁：年龄十多岁，十岁出头。许，余的意思。那时的人说话习

惯，在数字后加"许"，表示比该数要多或大些。

⑪ 恣：无拘束，任性妄为。

⑫ 乘舆：古代帝王乘坐的车子称为乘舆。有时也指物代人，指称帝王。

⑬ 常：抱经堂本作"尝"。

⑭ 典御：主管皇帝饮食的官。

⑮ 钩盾：主观皇家园林的官。

⑯ 还：读音同"环"，回到家，回来。

⑰ 詢：同"诟"，骂人，叫骂。

⑱ 至尊：至为尊贵，指皇帝。至，极端。

⑲ 分齐：分界，分寸。越过了本分的意思。

⑳ 叔段：典出《左传·隐公元年》。春秋初年郑庄公之弟太叔段，也作共叔段，自幼受母后偏私宠爱，最后骄横不法，发动叛乱失败。

㉑ 州吁：典出《左传·隐公三年、四年》。春秋时期卫庄公爱妾生子名州吁（读音同"需"），受到父亲娇宠，父亲死后，杀兄自立，被卫国人杀死。

㉒ 宰相：中国古代最高行政长官的通称，有"皇帝一人之下，朝臣百官之上"之称。"宰"的意思是主宰，商朝时为管理家务和奴隶之官；周朝有执掌国政的太宰，也有掌贵族家务的家宰、掌管一邑的邑宰。相，辅佐的意思。宰相联称，始见于《韩非子·显学》；始设宰相一职，在秦始皇朝。在古代，宰相通常和丞相是一个概念。这里是指北齐宠臣和士开。高纬即位后，和士开为尚书令，录尚书事，即宰相。琅琊王厌恶其放肆骄横，于武平二年（571）将其杀死。

㉓ 矫诏：假借皇帝名义发布诏书。矫，读音同"较"，假传文书。诏：皇帝签发的命令，古代称为"诏书"。

㉔ 麾下：帅旗之下，部下的意思。典出《史记·魏其武安侯列传》："独二人及从奴十数骑，驰入吴军，至吴将麾下，所杀伤数十人。"麾，读音同"灰"，军旗。

㉕ 坐此幽薨：因为这件事被秘密处决了。坐，因为这。幽，隐秘。薨，读音同"烘"，古代礼制，王侯死亡称为"薨"。《礼记·曲礼下》说："天子死曰崩，诸侯曰薨。"这里是指高俨因举兵诛杀和士开而被秘密处决之事，见《北齐书·琅琊王传》。

大　意

北齐武成帝的儿子琅琊王高俨，与太子高纬是同母兄弟，天生聪明能干，深得父母喜爱。因此，他的饮食穿着与太子没有两样。武成帝还经常当着他的面称赞他说："真是个机灵鬼儿，将来必有大出息。"等到太子继位，琅琊王就搬到别的宫殿去住了，但他的待遇还是大大超过了其他诸王，也超越了他应有待遇的本分。可是，他的母亲却还嫌不够，常常偏向他，叨唠不停。琅琊王大约十来岁的时候，他的骄傲放纵就表现得毫无节制，凡是所用器物服饰、珍宝万物，都要向他当皇帝的哥哥看齐。他曾到南殿朝拜，看见皇宫保障皇帝后勤的官员向皇帝进献新产的冰块降暑、早熟的李子尝鲜，回去就向他们索要，没能如愿，就大发雷霆，骂道："皇上有的贡品，我为什么没有？"琅琊王的行为大抵如此不安本分，一点规矩都没有。当时有识之士暗中讥讽他，说他像春秋时期的郑庄公之弟共叔段、卫庄公爱子州吁一样，不懂得君臣之礼。后来，琅琊王因为厌恶宰相和士开，就假传圣旨把他杀掉了；事后，他又担心有人来相救，就指挥手下护卫把手宫殿门。其实，他并没有谋反之心，只是在受到皇帝安抚后，就解除了警备。但是，他后来还是被追究了，因为这件事他被秘密处决了。

六、父母不当宠爱，往往是兄弟阋墙的祸源

人之爱子，罕亦能均①。自古及今，此弊多矣。贤俊者自可赏爱②，顽鲁者亦当矜怜③，有偏宠者，虽欲以厚之，更所以祸之。共叔④之死，母实为之。赵王⑤之戮，父实使之。刘表⑥之倾宗覆族，袁绍⑦之地裂兵亡，可谓灵龟⑧明鉴也！

注　释

① 罕亦能均：少有能都一样的。罕，很少，少有。均：均等，都一样。

② 赏：本义是奖赏，这里是给予的意思。

③ 矜怜：爱抚。矜，同情。怜，怜爱。

④ 共叔：即上文提及的春秋时期郑庄公弟共叔段。

⑤ 赵王：即西汉赵王刘如意，西汉开国皇帝刘邦爱妾戚夫人所生，封赵

王。典出《史记·吕太后本纪》。戚夫人因为得宠，就经常在汉高祖面前娇媚，要求汉高祖立刘如意为太子，刘邦意欲采纳，但遭到了皇后吕雉以及众大臣反对，未果。汉高祖死世后，吕后当权，戚夫人母子遭到报复，刘如意被毒死，戚夫人被折磨死。

⑥刘表：字景升（142—208），东汉末山阳高平人，刘氏远支皇族。东汉初平年间任镇南将军兼荆州刺史。育有两子：长子刘琦，次子刘琮。典出《后汉书·刘表传》。因刘琮娶继母蔡氏侄女为妻，因而屡得蔡氏偏爱。在刘表面前，蔡氏打击刘琦，抬高刘琮，致使刘表也偏爱次子。刘琦外出任职。在刘表弥留之际，蔡氏帮助刘琮成为继承人，并拒刘琦于外，兄弟反目。后来，刘琦逃往江南，刘琮降曹操。

⑦袁绍：字本初（？—202），东汉汝南汝阳人，出身于东汉世家大族。典出《后汉书·袁绍传》。东汉末年，董卓专权，袁绍起兵，割据山东、河北、山西一带，成为那时势力最大的地方军阀。建安五年（200），在官渡之战中，袁绍为曹操所败。袁绍育有三子：袁谭、袁熙和袁尚。因袁绍后妻偏爱幼子袁尚，致使兄弟不和，甚至兵戎相加，最后被曹操各个击破，占有其地。

⑧灵龟：灵验的龟兆。古代用龟壳占卜，预言显在龟板上。典出《易经·颐卦》："舍尔灵龟，观我朵颐。"这里是借鉴的意思。

大 意

疼爱自己的儿子，这是人情之常；但是，人们往往对待儿子们不能做到一视同仁，往往因偏爱溺爱其中一个儿子而招致祸乱。从古到今，在这方面的教训实在是太多、太深刻了。世间的道理是这样的：贤德乖巧的孩子当然值得父母喜爱，但是，对于那些顽劣愚笨的孩子也不能被另眼相看，同样也要得到爱抚。一旦父母有了偏私，虽然本意是想对某个孩子更好一些，但是，这样做恰恰是坑了他。比如，春秋时期郑庄公之子共叔段之死，就是他母亲偏爱造成的；西汉初期赵王刘如意招杀身之祸，就是他父亲刘邦偏爱造成的；而三国时期刘表宗族倾覆、袁绍兵败地失，也都是这个原因，因此都可以作为一面镜子，供后人借鉴。

七、靠扎实的本领去求进步

齐朝①有一士大夫②，尝谓吾曰："我有一儿，年已十七，颇晓书疏③，教其鲜卑语④及弹琵琶，稍欲通解，以此伏事⑤公卿，无不宠爱，亦要事也。"吾时俛⑥而不答。异哉，此人之教子也！若由一本作"用"。此业，自致卿相⑦，亦不愿汝曹为之。

注　释

① 齐朝：550年，东魏齐王高阳废东魏孝静帝自立，国号齐，史称北齐。577年，北齐为北周所灭。

② 士大夫：古代对于官吏和士人的统称。语出《晋书·夏侯湛传》："仆也承门户之业，受过庭之训，是以得接冠带之末，充乎士大夫之列。"

③ 书疏：官府公文。书，文书，公文；疏，读音同"树"，给朝廷的奏议。指公文奏报。

④ 鲜卑语：鲜卑族的语言。北齐是鲜卑族建立的政权，鲜卑语及生活方式是当时的风尚。

⑤ 伏事：服事。伏，通"服"，敬佩、信服的意思。

⑥ 俛：读音同"府"，同"俯"，与"仰"相对，俯首的意思。

⑦ 卿相：公卿和宰相，这里是指朝廷高官。

大　意

北齐有一位官员曾对我说："我有一个儿子，年纪十七岁，擅长公文写作，教他说鲜卑语、弹琵琶，也都逐渐掌握了。他用这些本事去服务当朝高官，没有不得到喜欢的。这也是一桩紧要的事啊！"我听后，低头沉默无语。太奇怪了，这位老兄的教子方法！假如通过这样的方法，取媚于人，即使能够侥幸爬上朝廷高位，我还是不愿意你们这样做的。

兄弟第三

提　要

自从有了人类，就有了人和人的关系。人们之间关系的维系，从其原生态讲，就是基于血缘的关系，即以血亲为内核的伦理关系，而后才是经济关系、政治关系和其他社会关系。中国传统社会有"五伦"范畴：夫妻、父子、兄弟、君臣和朋友。其中，夫妻、父子和兄弟之伦是核心。前篇从父亲教育儿子的角度讨论了父子之伦，本篇讨论的是则兄弟之伦，在知识体系上有承续相关性。兄弟原出自夫妻、父子关系。在以血缘为纽带、以血亲关系为内核、以自给自足的小农经济为基础的中国传统宗法专制社会，兄弟关系在社会关系中占有重要地位。在作者看来，兄弟承继着父母骨血，是世界上最亲的人，因此，要相亲相爱，相敬相助，即使各自成家立业了，也"不能娶了老婆忘了娘，不能娶了老婆忘了家"，在精神上、在情感上、在生活上还要一如其始，而不能私小家远大家，更不能兄弟疏远，以致兄弟阋于墙，甚至是兄弟相残。自古以来，围绕这样一种社会关系，形成了影响至深至远的俗语、谚语、顺口溜等，如，"打虎亲兄弟，上阵父子兵""兄弟同心，其利断金"等，都是对其中含义的通俗化表达。当然，由此走向另外一个极端，认为"兄弟如手足，妻子如衣鞋"，就不对了。

但写作风格略有变化，前四节讲自己的观点，正面论理，说理性很强。作者从兄弟伦理的起源讲起，兄弟之躯，受之于父母，分体而同气，哪有不相亲相爱的道理？这就讲明了兄弟伦理的普遍性和合理性，而且灌注浓浓的亲情，能够打动人。作者特别强调兄弟亲爱和睦的道理，指出了兄弟矛盾的危害，还特别指出导致兄弟阋墙的外来因素，也是有一定的普遍性和道理的。后两节讲故事，很精彩，很典范，这两个故事所涵括的道理，也足以支撑前四节的论述。在一个篇章里，为什么只讲两个故事？当然有作者的思考和设计。作者思考与设计的精妙在于：一是以典型性取胜，典型的例子总是闪光的，总是有震撼力的，总是能为人们所津津乐道的，因为典型里面的深意是无穷的；二是，既是典型的例证，就堪称经典，一定不会多，多了就没有视线的冲击力，人们

21

就不会容易记住。让我们与颜之推老人一道记住刘瓛、刘琎兄弟相敬如宾的儒雅贤良和王玄绍、王孝英、王子敏三兄弟团结一致、共赴大难的大义凛然吧！这足以体现中华优秀文化的精华和魅力。

一、兄弟是分形连气之人，一定要友悌至深，不为旁人所移

夫有人民而后有夫妇，有夫妇而后有父子①，有父子而后有兄弟。一家之亲，尽②此三而已矣。自兹③以往，至于九族④，皆本于三亲⑤焉，故于人伦⑥为重者也，不可不笃。兄弟者，分形连气⑦之人也，方其幼也，父母左提右挈⑧，前襟后裾⑨，食则同案⑩，衣则传服⑪，学则连业⑫，游则共方⑬，虽有悖乱之行⑭，不能不相爱也。及其壮也，各妻⑮其妻，各子⑯其子，虽有笃厚之行⑰，不能不少衰也。娣姒⑱之比兄弟，则疏薄矣。今使疏薄之人，而节量⑲亲厚之恩，犹方底而圆盖，必不合矣。惟友悌⑳深至，不为傍人㉑之所移者免㉒夫！

注　释

①子：原误作"母"，今据程本、抱经堂本改。

②尽：程本、抱经堂本无。

③兹：现在，当下。

④九族：典出《尚书·尧典》："以亲九族。"根据南宋王应麟的《三字经》，九族是指高祖、曾祖、祖父、父亲、己身、子、孙、曾孙、玄孙九代的直系。

⑤三亲：王应麟在《小学绀珠·人伦·三亲》中说，三亲指夫妇、父子、兄弟。

⑥人伦：做人的伦理准则。

⑦分形连气：形体虽分而气息相通。语出《吕氏春秋·精通》："故父母之于子也，子之于父母也，一体而两分，同气而异息。"

⑧左提右挈：左手提携，右手扶持。挈，读音同"锲"，提携。典出《汉书·张耳传》："以两贤王左提右挈。"

⑨前襟后裾：哥哥在前拉着母亲的衣襟，弟弟在后牵着母亲的下摆。襟，衣服的前幅；裾，读音同"觉"，衣服的后摆。

⑩ 案：古代一种有脚的食盘。

⑪ 传服：大孩子穿了的衣服传往后面的孩子接着穿。相当于民间所说："新老大，旧老二，缝缝补补穿老三。"

⑫ 连业：哥哥用过的书给弟弟接着用。业，古代用大版印经典书，先生教书称为"授业"，学生受教称为"受业"。这里指大版书。

⑬ 游则共方：典出《论语·里仁篇》："游必有方。"方，约定的地方。

⑭ 行：程本、抱经堂本作"人"。

⑮ 妻：用作动词，娶妻。

⑯ 子：用作动词，抚养儿子。

⑰ 行：程本、抱经堂本作"人"。

⑱ 娣姒：妯娌之间的互称。娣，读音同"第"，长媳称弟媳为娣；姒，读音同"四"，弟媳称长媳为姒。典出《尔雅·释亲》："长妇谓稚妇为娣妇，娣妇谓长妇为姒妇。"

⑲ 节量：限量。

⑳ 友悌：儒家伦理规范，兄亲爱弟为友，弟敬爱兄为悌。《论语》有大量论述。

㉑ 傍人：旁人。指兄弟之妻。傍，同"旁"。

㉒ 免：避免。

大　意

自从有了人类，就有了夫妻关系。有了夫妻，就有了父子关系，也就有了兄弟关系。在一个家庭里，大抵上就这三种亲缘关系而已。由夫妻关系经过世代积累，有了九族，也与这三种亲缘关系有关。所以，在人伦关系中，这三种亲缘关系是最重要的，绝不可小看了这种关系。所谓兄弟，是形体各异而气血相通的人。在他们年幼的时候，父母左手拉着哥哥，右手牵着弟弟；哥哥拉着母亲的前襟，弟弟牵着母亲的后摆；哥哥穿过的衣服往弟弟后面传下去，哥哥用过的教材弟弟接着用，吃饭共用一个餐盘，游玩选在同一个地方，即使他们中间有的人会悖礼胡来，但作为亲兄弟，还是没有不相互友爱的。等到他们长大成人，各自娶妻，各自生子，又有了自己的小家庭了。因此，即使是老实厚道的人，兄弟之间的感情也不能不有所淡薄了。而妯娌与兄弟相比，情感当然要疏远许多。假如让妯娌来处理兄弟之间的关系，好比是用方形物件来对接圆形物件，是怎么也合不上的。只有兄弟互敬互爱、互亲互助，情真意切，感情笃厚，才不会因妻子的影响而疏远兄弟感情，也就避免了方圆不合的现象啊！

二、要防止仆妾、妻子影响兄弟的亲密关系

二亲既殁①，兄弟相顾②，当如形之与影，声之与响；爱先人③之遗体④，惜己身之分气⑤，非兄弟何念⑥哉？兄弟之际，异⑦—一本作"易"字。于他人，望深则易怨，地亲⑧则易弭⑨。譬犹⑩居室，一穴则塞之，一隙则涂之，则无颓毁之虑；如雀鼠⑪之不恤，风雨之不防⑫，壁陷楹⑬沦，无可救矣。仆妾⑭之为雀鼠，妻子之为风雨，甚哉！

注 释

① 殁：读音同"墨"，死亡。

② 顾：关心，照顾，

③ 先人：指已死亡的父母。

④ 遗体：典出《礼记·祭义》："身也者，父母之遗体也。"古人认为，子女身体为父母所生，父母亡故后，子女的身体就是父母的"遗体"。

⑤ 分气：指子女分得父母身体上的血气。

⑥ 念：念惜、怜惜的意思。

⑦ 异：有别。

⑧ 地亲：地近情亲。古人认为，因为长期相处在一起，就容易培养感情，即使一时起怨，也容易及时消除。地，程本作"他"。

⑨ 弭：读音同"米"，消除。

⑩ 譬犹：譬如，比如。

⑪ 雀鼠：指麻雀和老鼠。典出《诗经·国风·召南·行露》："谁谓雀无角，何以穿我屋？……谁谓鼠无牙，何以穿我墉？"意思是说，谁说雀鸟没有嘴巴？为何它能啄穿我的房屋？谁说老鼠没有粗大的牙齿，为何它能穿透我的墙壁？

⑫ 风雨之不防：预先防阻风雨。典出《诗经·国风·豳风·鸱鸮》："予室翘翘，风雨所漂摇。"意思是说，我的巢窝险又高，风雨之中飘摇呀。

⑬ 楹：读音同"影"，厅堂前部的柱子。

⑭ 仆妾：小老婆，侧室。

大　意

父母过世后，兄弟之间要相互友爱、相互照顾，就像如影随形、响随声起那样密不可分。要爱惜父母留给自己的身躯，珍惜自己从父母身上分得的气血，除了自己的兄弟，还有谁值得如此爱惜呢！兄弟之间的关系，当然是有别于其他人的。一方对另一方期望过高，就容易产生怨恨情绪；近距离相处，即使产生了一时的怨气，也容易消除。这就好比一间房子，破了一个小洞，就要及时堵上，裂了一条细缝，就要及时封住，这样就不会担心房子倒塌了。如果对麻雀和老鼠的危害丝毫不防范，对风雨的侵蚀丝毫不预防，那么，就会造成墙壁倒塌、楹柱折毁的危害，那时就无法补救了。你们可要记住：侍妾下人就是破坏这房子的雀鼠，兄妻弟妇就是这败毁房子的风雨，厉害得很咧！

三、兄弟不睦，路人皆可踏其面而蹈其心

兄弟不睦，则子侄不爱；子侄不爱，则群从 ① 疏薄；群从疏薄，则僮仆 ② 为雠 ③ 敌矣。如此，则行路皆踏 ④ 其面而蹈 ⑤ 其心，谁救之哉？人或交天下之士，皆有欢爱 ⑥，而失敬于兄者，何其能多而不能少也！人或将数万之师，得其死力，而失恩于弟者，何其 ⑦ 能疏而不能亲也！

注　释

① 群从：同族子弟。

② 僮仆：家中杂役。

③ 雠：同"仇"。

④ 踏：读音同"及"，跨越。

⑤ 蹈：读音同"倒"，踩踏。

⑥ 爱：原误作"笑"，今据程本、抱经堂本改。

⑦ 何其：为什么这样？疑问代词，用于加重语气。

大 意

如果兄弟之间不和睦,那么,堂兄弟之间就不那么友爱亲密了;如果堂兄弟之间不团结,那么,族中子弟就会相互疏远,没有什么凝聚力了;如果同族人相互猜疑,那么,族中下人就会有敌对情绪了。这样的话,过往的路人都可随意欺负他们,又有谁能帮助他们呢?有的人或许能够结交天下豪杰,并与他们友好相处,关系融洽,但就是不能敬爱他的兄长,为什么能与外人搞好关系,可是,就是不能做到兄弟和睦呢?有的人或许能够统领数万人的大军,而且兵士都能为他拼死杀敌,可是,为什么他就是不能善待他的弟弟呢?我感到困惑的是,为什么与关系疏远的人可以做到相亲相爱,反而与自己关系亲近的兄弟却做不到呢!

四、与其相处而争,不如各归四海

娣姒者,多争之地也,使骨肉①居之,亦不若各归四海,感霜露而相②思,伫日月之相望也③。况以行路④之人,处多争之地,能无间者鲜⑤矣。所以然者,以其当公务⑥而执私情,处重责而怀薄义也。若能恕己⑦而行,换子而抚⑧,则此患不生矣。

注 释

①骨肉:最亲的人,指骨肉关系。

②感霜露而相思:因困苦而思念亲人。感霜露,感受到深秋时节霜露的寒冷,比喻经历艰辛困苦。典出《诗经·秦风·蒹葭》:"蒹葭苍苍,白露为霜;所谓伊人,在水一方。"河畔的芦苇碧苍苍,深秋的白露结成霜。我所思念的人儿啊,就在水的那一方。

③伫日月之相望也:期盼天各一方的日与月能够相遇对望。伫,读音同"住",期望。典出西汉李陵《与苏武诗》:"安知非日月,弦望自有时。"

④行路:陌路,陌生人的意思。

⑤间:读音同"见",嫌隙;鲜,读音同"显",少。

⑥公务:家族内部的公共事务。

⑦恕己:严以律己,宽以待人。恕,儒家主张的恕道,推己及人,设身

26

处地。

⑧ 换子而抚：相互交互孩子进行抚养。

大　意

姒娌之间，是矛盾争执最多的地方。与其让亲兄弟身处纠纷之中痛苦不堪，还不如各奔东西，各自过活。分离之后，他们反而会触景生情，感时思亲，思念兄弟在一起和睦相处的日子。何况姒娌本是外人，她们处在利益矛盾的焦点上，不产生矛盾，就实在是太少了。为什么会是这样呢？因为她们在应对家族公共事务时，虽然肩负重责，但缺少公德，都不能出于公心，而是各怀私心，想在大家庭里占便宜，捞小家的好处。当然，如果她们能够做到严格要求自己，有一颗仁爱之心，推己及人，对待兄弟的孩子就像自己的小孩一样，那么，就不会产生这样的弊病了。

五、弟事兄如事父，则弟之子犹兄之子

人之事兄，不可同于事父，何怨①爱弟不及爱子乎？是反照而不明也。沛国刘琎②，尝与兄瓛连栋隔壁，瓛呼之数声不应，良久方应③。瓛怪问之，乃云④："向来⑤未着⑥衣帽故也。"以此事兄，可以免矣。

注　释

① 怨：程本、抱经堂本作"为"。

② 沛国刘琎：沛国，地名，在今安徽濉溪西北。刘琎（读音同"今"），字子璥，正直规矩，但儒雅不及其兄刘瓛，但文才过之。兄刘瓛（读音同"环"），南齐学者，字子珪，笃志好学，博通训义，循循善诱。事见《南齐书·刘瓛传》。

③ 应：程本、抱经堂本作"答"。

④ 云：抱经堂本作"曰"。

⑤ 向来：刚才。

⑥ 着：程本作"着"。

大 意

兄弟侍奉兄长，不可能像侍奉父亲那样，但人们为何又怨哥哥对待兄弟的儿子没有像对待自己的儿子那样呢？这恰恰说明毛病在自己的身上，自己往往看不到，反而苛责于人。沛国人刘瓛曾与哥哥刘瓛连屋而居，两家之间就隔着一堵墙。有一次，哥哥呼喊弟弟数声，而弟弟没有回应；过了一会儿，弟弟才有回答。哥哥刘瓛觉得很奇怪，就找到他家去，问道："我刚才喊了你半天，怎么才有回答？"弟弟刘瓛回答道："先前你喊我的时候，我的衣帽还来不及穿戴好，所以答应慢了。"以这样恭敬的态度对待兄长，就不必担心大伯对待侄子不如他自己的儿子了。

六、兄弟手足情深，大难临头共举力

江陵 ① 王玄 ② 绍，弟孝英、子敏，兄弟三人，特相爱友，所得甘旨 ③ 新异，非共聚食，必不先尝，孜孜 ④ 色貌，相见如不足者。及西台 ⑤ 陷没，玄绍以形体魁梧，为兵所围；二弟争共抱持，各求代死，终不得解，遂并命 ⑥ 尔。

注 释

① 江陵：南朝梁元帝时为荆州治所，今属湖北，江陵县。

② 玄：原避讳为"元"，今据程本、抱经堂本改，下文同。

③ 甘旨：味美好吃的食物。甘，味美。旨，味美好吃。

④ 孜孜：勤勉不懈。典出《尚书·益稷》："予何言？予思日孜孜。"

⑤ 西台：指荆州治所江陵。江陵地理位置在西。554年，西魏攻下梁都西台。

⑥ 并命：拼命的意思。

大 意

江陵的王玄绍与弟弟王孝英、王子敏是亲兄弟，兄弟仨非常亲密友爱。他们之中无论是谁得到美味好吃或是新鲜稀奇的食物，除非兄弟在一起聚餐享用；否则，他们中间任何人都是绝不会先独自品尝的。兄弟仨勤勉努力的劲头表现得很充分，充满活力的精气神总是映现在脸上。他们相见时总是感到很幸福，非常珍惜在一起的时候，好像在一起的时候总是不够似的。在江陵城被攻陷的时候，王玄绍因为身材魁梧，被敌人围困了，他的两个弟弟争先恐后地去保护他们的哥哥，都愿意去替哥哥赴死。最后，他们不仅没有保住哥哥，而且都一起与哥哥舍身就义。

后娶第四

提 要

后娶，就是指丧偶之后再娶，传统的说法称为续弦。后娶，在人类社会是很重普遍的事，也是很正常的事。北宋文豪苏东坡说得好："人有悲欢离合，月有阴晴圆缺，此事古难全。"但是，新的婚姻，就是夫妻新的组合，家庭新的开始，有新的甜蜜和新的幸福，也暗含新的挑战。这既有夫妻之间的磨合，又有继母与子女间的认同，更有新媳妇带来的新的家庭、家族内的社会关系。因此，古往今来，后娶历来受到人们关注与重视。颜之推正是在这样一种社会、文化背景下，经过认真思考，专辟一章予以论述。在作者看来，后娶在家庭生活中是一件很重要的事情，当事者要慎之又慎。他认为，主要矛盾和矛盾的主要方面在后妻和继母的角色定位与扮演上，一旦失衡，就会造成许多家庭悲剧，这样的例子很多，教训深刻。但他一方面承认后娶是很正常的事情，另一方面把造成家庭矛盾的主要责任归咎于后妻（继母）身上。当然，把悲剧的造成全然归咎于后妻（继母）这一方，显然有失公允；但后妻对于家庭事务的处置所面临的诸多困难，需要智慧、品德、耐心与好的方法去处理，这也是不言而喻的。为了避免这一两难选择，作者赞成纳妾，认为这既解决了老矛盾，失偶的孤独、繁育后代的缺失，又可以平稳地增添家庭新内容新要素，带来家庭新活力。这当然是回避尖锐问题的一种不得已的妥协办法，在以男子为社会中心、一夫多妻的传统农业社会，问题的解决本身就具有多重选项的情况下，这也是一种不失其可行性的社会方案。

本章五节成篇，前三节讲道理，阐述了作者关于后娶的意见，观点鲜明；后两节讲故事，一节讲身边的人和事，另一节讲东汉朝安帝时著名孝子薛包的故事，生动感人。与上篇一样，感人的故事是为了衬托和印证前文的道理。作者将家庭的矛盾生发、激化，造成家庭悲喜剧的责任归咎于后娶，认为父亲后娶是招致矛盾的根源，继母是矛盾的旋涡、"麻烦制造者"。要避免家庭矛盾和由此引起的不幸，就在于尽量不要续娶。作者选取身边的故事是为了说理的可信可亲；选取历史上的故事，是为了说理的厚重深沉，做到以理服人。从话里话外，听听作者的"弦外之音"吧。作者与其是在表彰孝子殷基、薛包的孝道孝行，还不如说是在狠狠地鞭挞他们父辈的续娶动机和行为。因为正是有他们父辈的续娶，才造成了他们感天动地的孝行。或许在作者看来，孝子们的孝道孝行是付出了巨大代价的，如文中所述殷基的动情呜咽，"不能自持，家人莫忍仰视"、薛包虽身负棍棒殴打，但赶也赶不走，他为父亲、继母"行六年服，丧过乎哀"，作者这是在说，如果没有后娶，这些事情是根本不会发生的，原本的父子之爱、家庭和乐，该是多么美好啊！但是，这是作者站在立论点"后娶是家庭矛盾根源、继母是矛盾制造者"角度看问题的，如果我们换个角度想想，那些失去配偶的父亲、丈夫，面对生活的煎熬、情感的孤独等，又当如何呢？

一、续娶之事，可要慎之又慎

吉甫①，贤父也。伯奇，孝子也。以贤父御②孝子，合得终于天性，而后妻间③之，伯奇遂放④。曾参⑤妇死，谓其子曰："吾不及吉甫，汝不及伯奇。"王骏⑥丧妻，亦谓人曰："我不及曾参，子不如华、元。"并终身不娶。此等足以为诫。其后，假继⑦惨虐孤遗、离间骨肉、伤心断肠者，何可胜数⑧。慎之哉！慎之哉！

注　释

① 吉甫：西周宣王朝大臣尹吉甫，兮氏，名甲，字伯吉甫，尹为周代官名。据东汉蔡邕《琴操·履霜操》记载，尹吉甫妻子早亡，续娶后妻。伯齐为长子，事亲至孝。后妻欲以自己的儿子子伯取代伯齐的继承人地位，便在丈夫面前谤毁继子伯齐，说："伯齐见我长得漂亮，经常起邪念。"吉甫不听，说："伯齐心地善良，哪有此事？是你误会了。"后妻心生一计，将蜂虫放在衣领

上，请伯齐去捉蜂虫，然后对吉甫说："我待在房里，你到楼上看过来。"吉甫看后大怒，听信了后妻的诬告，将伯齐赶出了家门。后来尹吉甫悔悟，乃射杀后妻，父子重归于好。

②御：控制，这里是调教的意思。

③间：离间，毁谤。

④放：放逐，流放。这里是赶出家门的意思。

⑤曾参：即曾子，春秋时期鲁国人，字子舆。育有两子：曾华、曾元。孔子学生，以孝著称，《论语》里记录有曾子的言论。

⑥王骏：西汉成帝朝大臣。事见《汉书·王吉传》。王骏丧妻后，有人劝他续娶，但他不愿再娶，说道："我的品德比不上曾子，我的儿子也比不上曾子的儿子曾华、曾元，哪里敢再娶啊！"

⑦假继：指继母，后母。假，对应"真"。

⑧胜数：数也数不过来，不可胜数的意思。胜，超过，比……还要多。

大　意

如果说西周人尹吉甫是贤明的父亲，那么，伯齐就是孝顺的儿子。由贤明的父亲来调教孝顺的儿子，应该是能够保持他们慈孝的天性，尽享天伦之乐的。可是，尹吉甫的后妻却在丈夫面前谤毁长子伯齐，诡计终于得逞，伯齐被赶出家门。曾参的妻子死后，他就决议不续，于是对两个儿子说："我比不上尹吉甫贤德，你们也比不上伯齐孝顺，如果我续娶，你们可真就要倒霉了。"西汉人王骏的妻子死了，他也不打算续娶，便对人说："我比不上曾子贤德，我的儿子也比不上曾华、曾元孝顺，就不再续娶了吧。"他们最终都终身不续。这些事例是引人思考，并且足以为戒的。在他们的经历之后，我看到后母虐待前妻留下来的子女，挑拨离间父子骨肉的亲密关系，造成了很多令人伤心断肠的故事，多得数也数不过来。因此，对于续娶的事情，可要慎重啊！可要慎重啊！

二、地有南北差异，而后娶造成的家庭矛盾也有南北之别

江左①不讳庶孽②，丧室之后，多以妾媵③终家事。疥癣蚊虻④，或

不⑤能免，限以大分⑥，故稀斗阋之耻。河北鄙于侧出，不预人流⑦，是以必须重娶，至于三四，母年有少于子者。后母之弟，与前妇之兄，衣服饮食，爱及婚宦，至于士庶⑧贵贱之隔，俗以为常。身没之后，辞讼盈⑨公门⑩，谤辱彰道路，子诬母为妾，弟黜兄为佣，播扬先人之辞迹⑪，暴露祖考⑫之长短，以求直己者，往往而有。悲夫！自古奸臣、佞妾⑬，以一言陷人者众矣。况夫妇之义，晓夕移之，婢仆求容，助相说引⑭，积年累月，安有孝子乎？此不可不畏！

注　释

① 江左：又称江东，在秦汉之际就有此说，指江苏南京以下长江南岸的江浙地区。

② 庶孽：古代称庶出的子女为庶孽。孽，读音同"聂"，古代宗法的旁支。

③ 妾媵：诸侯之女出嫁时的陪嫁女子。这里指正妻之外的小老婆。媵，读音同"应"，陪嫁的女人。

④ 疥癣蚊虻：身体表面所现的小毛病。疥癣，疥疮和皮癣；蚊虻，因蚊、虻叮咬后产生的皮肤病。虻，读音同"萌"，牛虻，一种昆虫，生活在田野杂草间，雌虫吸人、畜血。

⑤ 不：程本、抱经堂本作"未"。

⑥ 大分：名分。

⑦ 人流：具有正常人身份的一等人。在古代社会，有的人没有正常人的身份，只能做奴役。

⑧ 士庶：士族和庶族。南北朝时期，社会阶层分为高门士族和寒门庶族，等级森严，相互不能通婚。士，贵族、官僚。庶，平民百姓。

⑨ 盈：充满。

⑩ 公门：官府衙门。

⑪ 辞迹：言行。辞，言词。

⑫ 祖考：家中已逝去的祖辈、父辈。泛指祖先。

⑬ 佞妾：巧言献媚的小人。佞，能说会道。

⑭ 说引：诱引。说，读音同"睡"，劝诱别人相信自己的话。

大　意

江浙一带不忌讳小老婆生育的子女；妻子死后，大多让小老婆主持家务。这样做，虽然家中鸡毛蒜皮的小矛盾依然不可避免，但是，由于小老婆名分的限制，所以很少发生兄弟不和引发的家门耻辱。河北地区的民风就不一样了，他们鄙视小老婆生育的孩子，这些子女没有与嫡出子女一样平等的社会地位，不能参加正常的社会活动。因此，妻子死后，河北一带的男子还要续娶，有的续娶三四次之多，以致有的后妻比自己儿子的年龄还要小。后母所生的小弟与前妻所生的长兄有很大差异，体现在衣着、饮食、婚姻和仕宦方面，就好像士庶贵贱那样的等级森严，但人们还是习以为常。因此，在父亲死后，围绕着财产分配继承的官司充斥官府，相互间的诽谤损毁流于市井。儿子辱骂后母是贱人，弟弟把长兄斥为仆佣，他们为了寻找对自己有利的证据，四处宣扬亡父的遗言，并暴露了先人的短处。为了求得别人的同情，议论纷纷，层出不穷，随处可见。这真是太可悲了！自古以来，奸臣、小人能够用轻轻一句话将人陷害，这样的悲剧真是太多了！何况是夫妻，后妻可以凭着夫妻感情经常谗言，以此来改变丈夫对很多事情的态度和看法，而婢女童仆则见风使舵，为了讨好女主人的欢心，也在一旁跟着起哄，曲直饰非。长此以往，经年累月，哪里会有孝子呢？人们对此不可以掉以轻心啊！

三、继子宠则父母被怨，继母虐则兄弟为仇

凡庸① 之性，后夫多宠前夫之孤，后妻必虐前妻之子。非唯妇人怀嫉妒之情② ，丈夫有沈惑之僻③ ，亦事势使之然也。前夫之孤，不敢与我子争家，提携鞠养④ ，积习生爱，故宠之；前妻之子，每居己生之上，宦学婚嫁，莫不为防焉，故虐之。异姓⑤ 宠，则父母被怨；继亲⑥ 虐，则兄弟为雠⑦ 。家有此者，皆门户之祸也。

注　释

① 凡庸：一般人，平常人。

② 非唯妇人怀嫉妒之情：此句是当时社会风气风俗写照，可以印证于《北齐书·元孝友传》。据载，元孝友曾奏表言："凡今之人，通无准节。父母嫁

女，则教以妒；姑姊逢迎，必相劝以忌。以制夫为妇德，以能妒为女工。"说当时不只是妇女怀有妒忌之情。非唯，不只是。

③ 沈惑之僻：沉迷，陶醉。沈，通假字，通"沉"。僻，通假字，通"癖"，嗜好。

④ 鞠养：抚养。

⑤ 异姓：母改嫁后，前夫所生之子改姓随继父姓氏。

⑥ 继亲：指继母。

⑦ 雠："仇"的异体字。

大　意

一般说来，常人的习性是后夫大多宠爱前夫所生子女，而后妻则必定虐待前妻所生子女。这并非只有妇人怀有妒忌之心，男人具有沉迷的癖好，而是由家庭的形势决定的。对于男方来说，后妻带来的孩子不敢与自己的孩子争夺财产继承权，尽心照顾抚养他，久而久之就产生感情了，所以表现为后夫宠爱前夫的孩子；对于女方来说，前妻所生子女，地位往往在自己所生的子女之上，在求学、入仕，甚至是婚姻上，都要优越一些，因此，常常加以提防，处处表现为虐待前妻的儿子。所以情况就是这样：如果父亲宠爱继母带来的孩子，他就要遭到亲生子女的怨恨；如果继母虐待前妻所生子女，就会导致家中孩子敌对难处。不管是哪个家庭，只要有这种情况，都是家门不幸啊！

四、思鲁堂舅续娶退婚之事，令人唏嘘

思鲁等从舅殷外臣①，博达之士也。有子基、谌，皆已成立②，而再娶王氏。基③每拜见后母，感慕④呜咽，不能自持，家人莫忍仰视。王亦凄怆，不知所容，旬月⑤求退，便以礼遣，此亦悔⑥事也。

注　释

① 思鲁等从舅殷外臣：作者颜之推长子，字孔归，隋朝司经校书，东官学士。从舅，母亲的叔伯兄弟，即堂舅。

② 成立：长大成人。

③ 基："基"后抱经堂本有"谌"字。

④ 感慕：感念的意思。慕，想念。典出《孟子·万章上》："人少则慕父母。"

⑤ 旬月：这里是一个月的意思。

⑥ 悔：懊悔，遗憾。

大　意

思鲁他们的堂舅殷外臣，是一位有学问而又通情达理的人。他的两个儿子殷基、殷谌目前都已成人，而这位堂舅又续娶了一位王姓姑娘为妻。殷基每次拜见继母王氏时，都会因想起自己的母亲而伤心悲切，哭泣起来不能够控制自己的情绪，家里人都不忍心看他悲泣的样子。继母王氏也深表同情，心有不安，但不知如何是好。过了一个月的样子，王氏就向堂舅提出了退婚请求，殷家就按照当时的礼俗把这位王姑娘送回了娘家。想想这事，这也是一件令人唏嘘遗憾的事情！

五、与继母相处虽难，但孝子终有好报

《后汉书》① 曰："安帝② 时，汝南③ 薛包④ 孟尝，好学笃行，丧母，以至孝闻。及父娶后妻而憎包，分出之。包日夜号泣，不能去，至被殴杖。不得已，庐于舍外，旦入而洒扫。父怒，又逐之，乃庐于里门⑤，昏晨⑥ 不废。积岁余，父母惭而还⑦ 之。后行六年服⑧，丧过乎哀。既而弟子求分财异居，包不能止，乃中分⑨ 其财：奴婢取⑩ 其老者，曰：'与我共事久，若不能使也。'田庐取其荒顿⑪ 者，顿，犹废也。曰：'吾少时所理，意所恋也。'器物取其朽败者，曰：'我素所服⑫ 食，身口所安也。'弟子数⑬ 破其产，还⑭ 复赈给。建光⑮ 中，公车⑯ 特征，至拜侍中⑰。包性恬虚⑱，称疾不起，以死自乞。有诏赐告⑲ 归也。"

注　释

①《后汉书》：南朝历史学家范晔著，关于东汉的历史记录，原书只有纪传，北宋时将西晋司马彪的《续汉书》八志合一，成今本《后汉书》，120篇，

分 130 卷。是研究东汉历史的重要资料。

② 安帝：即东汉安帝，名刘祜（94—125）。章帝孙，刘庆子。殇帝死后继位。在位 19 年，于南下巡游途中病死，终年 32 岁。葬于恭陵（今河南省洛阳市东南）。

③ 汝南：郡名。西汉高帝四年（前 202）设，治所在上蔡（今河南省上蔡县西南）。南朝宋时治上蔡县。

④ 包："包"后程本有"字"字。

⑤ 里门：乡里门。在古代社会，人们聚族而居，家有家门，族有祠堂，里有里门。

⑥ 昏晨："昏定晨省"的略语。典出《礼记·曲礼上》："凡为人子之礼，冬温而夏清，昏定而晨省。"泛指早晚向父母请安。定，安安稳稳地在家里。省，读音同"醒"，探望。

⑦ 还：读音同"环"，回来。

⑧ 行六年服：古代丧礼规定，父母亡，儿子应行丧服三年。

⑨ 中分：从中间分，平分的意思。

⑩ 奴婢：古代失去自由、为主人服劳役的仆人，男称奴，女称婢。后泛指主人家的男女仆人。语出《史记·汲郑列传》："臣愚以为陛下得胡人，皆以为奴婢以赐从军死事者家。"取，程本、抱经堂本作"引"。

⑪ 荒顿：荒废的意思。典出《后汉书·刘平赵孝等传序》："田庐取其荒顿者。"顿，废弃。

⑫ 服：用的意思，古人说用为服。语出《荀子·赋篇》："忠臣危殆，谗人服矣。"

⑬ 数：读音做"烁"，屡次，频频。

⑭ 还：依然。还，读音同"孩"。

⑮ 建光：东汉安帝的年号，公元 121—122 年。

⑯ 公车：汉代官署，为卫尉下属机构，掌管宫廷司马门的警卫，设公车令一人。全国上书朝廷以及朝廷征召地方贤良等事务，均由公车署理。

⑰ 侍中：丞相属官，始设于秦朝，沿用至南宋止。为皇帝左右亲护，襄赞顾问。

⑱ 恬虚：恬淡寡欲。

⑲ 赐告：汉制，官吏病休三月在家就要免职；如果皇帝优待，特许其逾期在家带印绶及部分僚属休假，为"赐告"。这是一种特别的政治待遇。

大　意

《后汉书》上有一段记载，值得重温。它是这样说的："东汉安帝的时候，汝南有个人姓薛名包，字孟尝，他勤奋好学，老实厚道，母亲早逝，他以孝子闻名。他的父亲续娶后，便被厌恶了，让他分开生活。薛包日夜号哭，不肯离开，便遭到他父亲的棍棒殴打。实在没有办法，他就在家旁搭了一个草棚子栖身，天一亮就回家打扫庭院。他的父亲还是恼怒，就再次驱赶他离家。薛包毫无办法，只好又在里门外搭了一个草屋暂住。但他从来没有忘记每天早晚按时回家给父母请安。就这样，大约过了一年多的时间，薛包的父亲和继母也感到惭愧，就让他搬回家住。父亲和继母死后，薛包守孝六年，大大超过了守孝三年的礼制。不久，他的异母弟弟要求分家，薛包无法劝止，就将家产平分：他将年老的奴婢留下，理由是：'这些奴仆与我相处的时间久了，你使唤不了他们。'他要下了荒芜破败的田土房舍，理由是：'这些都是我年轻时经营过的，我对他们有感情。'他选择了那些老旧的家具器物，理由是：'这些物件是我平常长期使用过的，我已经习惯了。'后来他的弟弟多次破产，薛包依旧关照他，接济他。建光年间，公车署特地征召他，并授予他侍中的官职，直接为皇帝服务。可是薛包生性恬淡，不想做官，于是，便借口身体有病，推辞不就，请求皇帝准予他死在家乡。皇帝也没办法，只好特许他带着官职回乡养老。"

治家第五

提　要

孔子在《论语》里讲修身行仁，在"宪问篇"里强调"修己以安人"，在"为政篇"里强调"为政以德"，设计了从修身到推己及人，从立己到立人，再到行仁政，治国平天下的政治人格图式。这条入世担当的人生路线图为后世儒家所遵循并予光大，形成了一整套"修齐治平"的人生理论和政治学说。经典的如《礼记·大学》论述："古之欲明明德于天下者，先治其国；欲治其国者，先齐其家；欲齐其家者，先修其身；欲修其身者，先正其心；欲正其心者，先诚其意；欲诚其意者，先致其知，致知在格物。物格而后知至，知至而后意诚，意诚而后心正，心正而后身修，身修而后家齐，家齐而后国治，国治而后天下平。"意思是说，在历史上，那些要想在全社会弘扬光明正大品德的人，必先治理好自己的国家才能做得到；而要治理好国家，必先管理好自己的家庭和家族才有基础；而要管理好自己的家庭和家族，必先扎实修养自身的品性才有可能；而要不断提升自身的品性，必先端正自己的思想意识才有前提；而使自己的思想意识不入歧途，必先使自己的意念真诚才有保证；而要使自己的意念真诚，必先使自己获得丰富知识才有途径；而获得知识的途径则在于认知万事万物，做到理论与实践相结合，知与行相一致。总之，通过对世间事物的认识研究，才能获得丰富知识；获得知识后，意念才能真诚；意念真诚后，心思才能端正；心思端正后，才能提升品性；品性得到修养后，才能管理好家庭家族；家庭家族管理好了，才能治理好国家；治理好国家后，天下才能太平。颜之推本章正是在基于这样的文化底蕴，并在这一文化背景下，专门讨论了治家这一古往今来为人所瞩目的社会细胞。作者认为，家庭治理好不好，关键看家庭的主心骨。家庭的关键毫无疑问是家长。俗话说好，家长家长，一家之长。家长是家庭的掌舵人。在中国传统社会，以男子为中心配置社会要素，父亲和长兄就是家庭的核心。当好家庭的核心当然不是一件容易的事，颜之推的论述恰恰抓住了家庭的核心问题和中心话题。上有榜样，下有要求。颜之推在提出家长要做好表率的同时，对家庭成员，特别是子女，也提出了严格要求。这就起到了上下互动，全员互动，多元参与，人人向上的家庭协调和谐的作用，家庭治理的良好成效就有了保障。

本章由16小节组成。其中，既有直奔主题的坐而论道，直抒己见，观点鲜明。譬如，作者关于夫妻、兄弟、父子伦理的坚守，十分坚定，他认为对于那些天生的刁民，由于他们生来就野性十足，不能受到这些伦理准则管束，就只好借助于杀伐之威了。应该说，这体现了作者的严厉态度，在原则问题上毫不含糊。作者认为，治家如治国，要有规矩规范，要有章法可据可行，要宽猛得当，过宽则滥，刚猛则急。这一条说得特别深刻。其实，治国如同治家一样，家是最小国，国是千万家，治好家，就具备了治国的基本素质。作者认为，治家要乐善好施，勤劳俭朴，他很反感那些为富不仁的人，小气吝啬的人，铺张浪费的人。治家之本，就是要抓住生计本业，男耕女织，各安其分，如果荒于时令，失去农桑，就要忍饥挨饿了。作者特别提醒道，治家要遵循礼制，男女尊卑，各有所别。如果阴盛阳衰，妇女专制，就离败家不远了。作者正是基于重男轻女的社会现实，维护了重男轻女的传统观念和社会秩序，他认为，家庭矛盾出现兄弟相怨，就是在于母亲宠婿虐媳的"妇人之性"。作者强调并坚持"婚姻素对"的祖训家规，抨击了违背婚姻善美纯洁的买卖婚姻、交易婚姻、势利婚姻等等婚姻弊端乱象。作者强调读书人要爱书惜书，对于书籍要有敬畏之心，绝不容许损毁书籍、玷污书籍的行为。在中国传统社会，耕种与读书是密不可分的，耕种乐业，读书明理，这是农业社会的世代古训。作者在这里并不只是在单纯地强调爱书护书，而是要提醒读书人的对读书的敬畏感、神圣感。作者对于社会迷信活动是不屑一顾的，似乎在订立一条家规，告诉家人及后人：不要相信迷信活动，那些都只是劳民伤财的把戏而已。治家的内容很多，社会是由家庭构成的，家庭有的，谁都有；反过来也是如此。因此，作者不可能面面俱到，只是立足于他所处的那个时代、那个社会环境，作者认为重要的，想要说的话，就逐一进行了论述。另一方面，作者也讲了几个故事，一如前文的风格，娓娓道来，看似事不关己，但寓有深意。故事所表达的意思正是作者所赞成或所反对的，有例举以佐证正面说理的意思，有"试举例说明"的意思。作者讲的史部侍郎房文烈的故事，意在告诉人们，个人修养虽好，但治家不能仅靠好的修养，还要有治家章法，失之于宽，就会出现一些不可思议的事情。至于说到裴子野的故事，令人震撼，作者是敬佩他的。唯其如此，后述领军将军为富不仁的故事和南阳富人小气吝啬、泯灭亲情的故事，意在鞭挞，重在警示。谆谆告诫之中，经典与民谚并用，既有深厚的文化底蕴，又与社会息息相通，能够为人所接受理解作者的观点思想。

一、对于那些父慈而子逆、兄友而弟傲、夫义而妇陵的凶民，只能用严刑峻法去震慑他们

夫风化者①，自上而行于下者也，自先而施②于后者也。是以父不慈则子不孝③，兄不友则弟不恭④，夫不义则妇不顺矣⑤。父慈而子逆，兄友而

弟傲，夫义而妇陵 ⑥，则天之凶民 ⑦，乃刑戮 ⑧ 之所摄 ⑨，非训导之所移也。

注 释

① 风化：教化风俗，引导社会风尚。典出《毛诗序·关雎》："上以风化下，下以风刺上"，"风，风也，教也，风以动之，教以化之"。

② 施：读音同"义"，像植物那样蔓延。典出《诗经·国风·周南·葛覃》："葛之覃之，施于中谷。"葛草长长的蔓藤粗又壮，一直蔓延到山谷中。

③ 父不慈则子不孝：父慈子孝，典出《礼记·礼运》："何谓人义？父慈，子孝；兄良，弟弟（悌）。"

④ 兄不友则弟不恭：兄友弟恭，典出《史记·五帝本纪》："父义母慈，兄友弟恭，内平外成。"

⑤ 夫不义则妇不顺矣：夫义妇顺，典出《礼记·礼运》："何谓人义？……夫义，妇听。"

⑥ 陵：欺侮。

⑦ 凶民：凶顽之民，刁民。典出西汉初年《黄石公三略·下略》："一令逆则百令失，一恶施则百恶结，故善施于顺民，恶加于凶民，则令行而无怨。"

⑧ 刑戮：斩杀。刑，杀；戮，处斩。

⑨ 摄：通假字，通"慑"，使人感到害怕。

大 意

所说的教化人民、引导风俗，是由上面推行下来，由长辈影响下辈的。因此，作为父亲的不慈爱儿子，那么，儿子就不会孝顺父母；作为兄长的不友爱弟弟，那么弟弟就不会敬爱哥哥；作为丈夫的对妻子不仁义，那么妻子对待丈夫就不会柔顺。这是古今不变的道理。如果遇到这样一种情况：父亲慈爱儿子，而儿子不孝顺父母；兄长友爱弟弟，而弟弟傲慢兄长；丈夫亲爱妻子，而妻子蛮横。那只能说一种例外，这些顽劣就是天生的刁民，只有通过严刑峻法使他们受到震慑，由此洗心革面，去恶向善。我看，这样的刁民不是教育所能转化开始的，因为他们本性是恶的。

二、治家如治国，宽猛相济

笞怒废于家，则竖子之过立见①；刑罚不中，则民无所措手足②。治家之宽猛③，亦犹国焉。

注　释

① 笞怒废于家，则竖子之过立见：语出《吕氏春秋·荡兵》："笞怒废于家，则竖子婴儿之有过也立见。"在家庭内，如果废止斥责、体罚等手段，那孩子们的过失马上就会出现。笞，读音同"痴"，用竹板或荆条打。竖子，小孩子。见，通假字，通"现"。

② 刑罚不中，则民无所措手足：语出《论语·子路篇》："刑罚不中，则民无所错(措)手足。"一个国家，如果刑罚不适当，那老百姓就无所适从了。中，读音同"重"，适中，合适。措，安放。

③ 宽猛：用如动词，治理的措施放得很宽或者过于严苛。宽，放得过宽，失度。猛，过于严格，显得威猛。

大　意

在家庭内，如果废止斥责、体罚等手段，那么，孩子们的过失马上就会出现；这就正如在一个国家内，如果刑罚设置得不适当，那么，老百姓就无所适从了。治家之道，正如治国，也要宽严适度，既不能失之于宽泛，也不能失之于威猛。

三、为人要做到施舍于人而不铺张浪费，生活节俭而能乐于助人

孔子曰："奢则不孙，俭则固；与其不孙也，宁固。"①又云："如有周公之才之美，使骄且吝，其余不足观也已。"②然则可俭而不可吝也。俭者，省约为礼之谓也；吝者，穷急不恤之谓也。今有施则奢③，俭则吝；如能施而不奢，俭而不吝，可矣！

注 释

①"奢则"句：见《论语·述而篇》。孙，通假字，通"逊"，谦虚。固，鄙陋。与其……宁，关联词，表示选择的意思。

②"如有"句：见《论语·泰伯篇》。周公，西周初年政治家，姬姓，名旦，因是周武王之弟，又称叔旦，相传他制礼作乐、明德慎罚，摄政辅助周成王，天下大治。骄，恃才凌人。吝，自私小气，不肯助人。

③施则奢：原作"奢则施"，今据抱经堂本乙正。施，给予。

大 意

孔子说："奢侈就会狂傲不拘，简朴就会鄙陋寒伧。与其不要狂傲不拘，宁可鄙陋寒碜。"他又说："假使一个人能够具有周公那样的杰出才能和俊雅风格，但是，他却既狂傲又吝啬，那么，他其他的方面就不值一提了。"由此看来，为人是可以节俭的，但千万不要吝啬。我讲的节俭，是合乎礼法的节约，不要铺张浪费；我所说的吝啬，是在道德层面上的，如果对穷困为难的人麻木不仁，不愿伸手援助，那就岂止是小气，简直是缺德了。如今，有的人愿意施舍，做些善事，但自己又很奢侈；另一种人自己很简朴，但待人却很吝啬。这两种做派都不好，都有失偏颇。我认为，能够做到施舍于人而又不铺张浪费，生活节俭而又能乐于助人，这就很好了。

四、持家守业之要，勤劳节俭为本

生民 ① 之本，要当稼穑而食 ②，桑麻以衣 ③。蔬果之蓄 ④，园场之所产；鸡豚 ⑤ 之善 ⑥，埘 ⑦ 圈之所生。爰及栋宇器械，樵苏脂烛 ⑧，莫非种殖 ⑨ 之物也。至能守其业者，闭门而为生之具以足，但家无盐井 ⑩ 尔。今北土风俗，率能躬俭节用，以赡 ⑪ 衣食；江南奢侈，多不逮 ⑫ 焉。

注 释

① 生民：使民生的使动用法。生，生计。民，老百姓。

② 稼穑而食：种庄稼才有生计。稼，庄稼，用如动词，种庄稼。穑，读音同"瑟"，收割庄稼。语出《诗经·国风·魏风·伐檀》："不稼不穑，胡取禾

三百廛兮?"意思是说，你既不耕种，也不收割，何等悠闲，凭什么收租收不完？廛，读音同"蝉"，古代一户人家所占的房地，指一户人家。

③ 衣：衣服，用如动词，织衣。

④ 蓄：储藏。

⑤ 豚：小猪，这里泛指养猪。

⑥ 善：通假字，通"膳"，膳食。

⑦ 塒：读音同"时"，鸡窝。

⑧ 樵苏脂烛：用柴草作燃料，用大麻籽作照明原料。樵，打柴；苏，取草；脂烛，用油脂照明。

⑨ 殖：通假字，通"植"。

⑩ 盐井：取盐水制盐而打的井。典出西晋诗人左思《蜀都赋》："家有盐泉之井。"自古以来，我国西南地区如云南、四川等地多盐井。

⑪ 赡：读音同"善"，供给。

⑫ 逮：达到，赶得上。

大　意

老百姓生计的根本途径，是通过种庄稼获取食物，种桑麻织成衣服。收获蔬菜、水果，依赖菜园、果圃的生产；品尝鸡肉、猪肉美味，来源于鸡窝、猪圈的饲养。至于说人们生活离不开的房舍、器用、柴草和灯油，都没有一样不是从地里生产出来的。而那些能够守住家业又不用出门奔波的人，维系生计的各种必需品都已齐备，只不过是没有用以炫富的盐井而已。现如今，北方的民俗大多能够做到勤俭节约，以致衣食无忧；而江南地区的民风则要奢靡一些，在节俭持家方面，还远远不及北方地区啊！

五、治家不当，招致杀身之祸

梁孝元世①，有中书舍人②，治家失度而过严刻，妻妾遂共货③刺客，伺④醉而杀之。

注　释

① 梁孝元：即梁元帝萧绎。

② 中书舍人：官名，始设于三国时期魏国，称中书省通事舍人，为中书省属官，掌管皇帝诏令起草。两晋及南朝沿袭，至南朝萧梁时，去"通事"二字，职责不变。

③ 货：买通，收买。

④ 伺：等待时机。

大　意

梁元帝的时候，有一位担任中书舍人的官员，没有把握好治家的尺度，待人太过苛刻，他的妻妾就买通了刺客，趁他酒醉后就把他杀死了。

六、宽仁过头，实为治家大害

世间名士①，但务宽仁。至于饮食馕馈②，僮仆减损，施惠然诺③，妻子节量④，狎侮宾客，侵耗乡党⑤：此亦为家之巨蠹⑥矣。

注　释

① 名士：两晋、南北朝时，士大夫、读书人追求名士风度，名士为一时时髦。在那时，博得好名声的官僚、士绅、读书人被称为名士。

② 馕馈：馈赠的食物。馕，"饷"的异体字，粮饷。

③ 然诺：同义词合成，然、诺，承诺的意思。

④ 节量：节制，限制。

⑤ 乡党：古代"乡党"泛指乡亲。西周制度规定，12500家为一乡，500家为一党。

⑥ 蠹：读音同"度"，蛀虫。常用来比喻坏人。

大　意

现今世上的一些所谓名士，只是一味地追求宽厚仁慈，以至于在宴请客人、馈赠客人食物的时候，童仆也敢从中克扣谋私；是穷人的物品、承诺了救济亲友的物品，妻子也敢横加干预，甚至发生了戏弄宾客、侵害乡亲的事情，可谓世风日下、人心不古：这些对于治家来说，都是一些很不光彩的行为啊！

七、治家过于宽让，家里什么怪事都可能发生

齐吏部侍郎房文烈①，未尝嗔怒②，经霖雨③绝粮，遣婢籴④米，因尔逃窜，三四许日，方复擒之。房徐曰："举家无食，汝何处来？"竟无捶挞之意⑤。一本无"之意"两字。尝寄⑥人宅，奴仆⑦彻⑧屋为薪略尽，闻之颦蹙⑨，卒无一言。

注 释

① 房文烈：《北史·房景伯传》附传，记其事迹："景伯子文烈，位司徒左长史，……性温柔，未尝慎怒。"礼部侍郎，官名。吏部掌管全国官吏的考任、升降、调遣等事宜，长官为吏部尚书，副官为吏部侍郎。

② 嗔怒：发怒。嗔，读音同"琛"，生气。

③ 霖雨：连绵大雨。霖，久下不停的雨。典出《左传·隐公九年》："凡雨，自三日以往为霖。"以往，以上的意思。

④ 籴：读音同"迪"，买进粮食。

⑤ 之意：程本、抱经堂本无。

⑥ 寄：委托。

⑦ 仆：程本、抱经堂本作"婢"。

⑧ 彻：通假字，通"撤"，拆除。

⑨ 颦蹙：读音同"频促"，眉头紧锁，闷闷不乐的样子。

大 意

北齐礼部侍郎房文烈，从来都不生气发怒，修养很好。有一次，因为天气连降大雨，家中绝粮。于是，房文烈就派婢女出门买米。但是，这名婢女借机逃跑了。过了三四天，才把她抓回来。房文烈语气和缓地问她："全家都没有粮食吃了，派你去买粮食，你怎么忍心一跑了之，到哪儿去了？"竟然没有鞭挞她。还有一次，房文烈将房子借人居住，可是，那家的下人竟然将房子的木

料拆了当柴烧，房子都差不多要拆完了。房文烈知道后，只是紧锁眉头，表现出不高兴的样子，但终究没有说什么。

八、为人吝啬小气，治家必有祸端

裴子野①有疏亲故属饥寒不能自济者，皆收养之。家素清贫，时逢水旱，二石②米为薄粥，仅得徧③焉，躬自④同之，常无厌色。邺下⑤有一领军⑥，贪积已甚，家童⑦八百，誓满千人⑧。朝夕每人。一本无"每人"两字。肴膳，以十五钱为率⑨，遇有客旅，便⑩无以兼⑪。后坐事伏法，籍⑫其家产，麻鞋一屋，弊衣数库，其余财宝，不可胜言。南阳⑬有人为生奥博⑭，性殊⑮俭吝，冬至后女婿谒⑯之，乃设一铜瓯⑰酒，数脔⑱獐肉；婿恨其单率⑲，一举尽之。主人愕然，俛仰命益⑳，如此者再；退而责其女曰："某郎好酒，故汝尝一本作'常'字。贫。"及其死后，诸子争财，兄遂杀弟。

注 释

①裴子野：字几原（469—530），河东闻喜（今山西闻喜县）人，南朝刘宋时期裴松之曾孙，历任南朝梁诸暨县令、中书侍郎、鸿胪卿，清高自爱，有名仕之风。事迹见《梁书·裴子野传》，"子野在禁省十余年，静默自守，未尝有所请谒，外家及中表贫乏，所得俸悉分给之。无宅，借官地二亩，起茅屋数间。妻子恒苦饥寒，唯以教诲为本，子侄祗畏，若奉严君。末年深信释氏，持其教戒，终身饭麦食蔬。"

②石：古代的计量单位，如用于容量，10 斗为一石；如用于重量，120 斤为一石。

③徧："遍"的异体字。次，回。这里是指一次的意思。

④躬自：亲自。

⑤邺下：即邺城，北齐的都城，在今河北省临漳县西南。

⑥领军：官名，始设于东汉末年曹操任丞相时，后更名中领军。南朝沿袭，北朝略同。据《北齐书·慕容俨传》，事迹正和，这里讲的领军，当指慕容俨。

⑦童：通假字，通"僮"。

⑧ 千人：程本、抱经堂本作"一千"。

⑨ 率：读音同"绿"，标准，规格。

⑩ 便：程本作"更"。

⑪ 兼：增添、添加的意思。

⑫ 籍：本是指名册、户口簿，这里是因犯法而被没籍的意思，即将财产、奴仆收归官府。

⑬ 南阳：郡名，治所在宛县，今河南省南阳市。

⑭ 奥博：深藏广蓄。奥，深厚；博，广大。均用作动词。

⑮ 殊：尤其，特别，非常。

⑯ 谒：拜见，用于下级、下辈人对上级、长辈的礼节。

⑰ 瓯：盛酒器。

⑱ 脔：读音同"恋"，切成小块的肉。

⑲ 单率：简单草率，不庄重其事。

⑳ 益：增加。

大　意

南朝梁时有个叫裴子野的人，为人仁厚，他将远房亲戚和过去部属中挨饿受冻并没有能力自我救助的人，全都收养了。但他家不仅并不富裕，而且一向清贫。正好有一年遇到了水旱灾害，用200多斤米熬成稀粥，也勉强只够每人喝上一碗，再添就没有了。他和他的亲友们过着这样清贫的生活，而脸上从无怨色。当时邺城的领军将军是慕容俨，富可敌国，而且还为人贪得无厌。他家有家奴八百，发誓要增加到一千，每人一天的伙食标准，定为十五钱，即使遇到有不速之客，也不再另加。后来，慕容俨因犯法遭到惩处，被朝廷查抄了全部家产，光鞋子就有整整一屋子呀，积压致烂的衣服有几个库房，其余的财宝，就不用说有多少了。在南阳有个人的故事，也值得说一说。他家业殷实，但他生性小气，特别节俭吝啬。就说有一年的冬至日，他家女婿前来看望他，照说是来了贵客，理应好好招待一番，但他只摆了一小壶铜罐装的酒，切了几块獐肉。女婿当然觉得他待客草率简单，不重视他这个当女婿的，心里很不痛快。女婿也不客气，索性一下子就把酒喝光，把肉也吃了个精光。南阳人甚至还很惊讶，应付着叫人添了一些酒菜，如此两次而已。等到吃罢酒席，这位老兄还把她女儿叫到一旁进行训斥："你看你丈夫贪杯好酒，饭量很大，所以活该你吃苦受穷。"等到这位老兄死后，他的两个儿子兄弟因争夺家产而不和，矛盾不断升级，最后兄弟竟然杀了亲哥哥，真是可悲啊！

九、妻子要安其分；"牝鸡司晨，惟家之索"

妇主中馈①，唯事酒食、衣服之礼尔。国不可使预政，家不可使干蛊②。如有聪明才智，识达③古今，正当辅佐君子④，助其不足，必无牝鸡晨鸣⑤，以致祸也。

注 释

① 中馈：专指家庭妇女在家主持膳食，也借指妻室。典出《易经·家人》："无攸遂，在中馈。"妇道人家在家庭的职责，就是在家中主持馈食供祭。

② 干蛊：典出《易经·蛊》："干父之蛊。"子从父业的意思这里是指男人在家里主管的事务。蛊，读音同"古"，家庭事务。

③ 达：通达。

④ 君子：古时妻子对丈夫的称谓。典出《诗经·国风·召南·草虫》："未见君子，忧心忡忡。"好久好久不见我亲爱的夫君啊，难免忧心忡忡！

⑤ 牝鸡晨鸣：牝鸡，母鸡。牝，读音同"聘"，雌性鸟兽。古代人将母鸡打鸣视为不祥之兆。由此引申喻指女人掌权。这个典故起源于商代，是当时人们的俗语。《尚书·牧誓》："牝鸡无晨；牝鸡司晨，惟家之索。"

大 意

男女有分，不可造次。妇道人家在家操持家务，主要是负责安排饮酒、服饰等方面的礼仪，好比在国家不能干预朝政一样，在家里也不可让女人主持家政。倘若她们真有什么聪明才智，能够博古通今的话，正当发挥所长，弥补丈夫的不足，好好辅佐自家当家人把家管好。古人教导得好啊，"牝鸡司晨，惟家之索"，女人掌家，是一定要招致灾祸的！

十、虽然各地民风不同，但还是要坚守夫妻礼仪

江东妇女，略无交游①，其婚姻之家②，或十数年间未相识者，惟以信命③赠遗，致殷勤焉。邺下风俗，专以姑④持门户⑤，争讼曲直，造请逢迎，车乘填街衢，绮罗盈府寺⑥，代子求官，为夫诉屈。此乃恒、代之遗风乎⑦？南间贫素⑧，皆事外饰，车乘衣服，必贵齐整；家人妻子，不免饥寒。河北人事⑨，一本作"士"字。多由内政⑩，绮罗金翠，不可废阙；羸⑪马顇⑫奴，仅充而已；唱和⑬之礼，或尔汝⑭之。

注 释

① 交游：交往游历的概称。这里指社会交往。

② 婚姻之家：指儿女亲家。典出《尔雅·释亲》："婿之父为姻，妇之父为婚，妇之父母，婿之父母，相谓为婚姻。"

③ 信命：信使传达书信、口谕。以"信"代称使者，是魏晋以后的口语。

④ 姑：原作"妇"，今据程本改。

⑤ 门户：一家一户，指家庭。

⑥ 府寺：古代官员的府邸。据唐代学者孔颖达（574—648）《左传疏证·隐公七年》："自汉以来，三公所居谓之府，九卿所居谓之寺。"

⑦ 恒、代之遗风：恒，恒州；代，代郡。因两地在北魏都城平城附近，以此指代北魏首都平城。平城，在今山西省大同市附近。这里是指那个时代由鲜卑族统治所形成的民风民俗。恒代遗风成为一个成语，出于此。清代学者阎若璩对此有解，他在《潜邱札记》中说道："有以恒代之遗风问者，余曰：'拓跋魏都平城县，县在今大同府治东五里，故址犹存，县属代郡，郡属恒州，所云恒、代之遗风，谓是魏氏之旧俗耳。'"

⑧ 南间贫素：南方地区贫苦。南间，指南方地区，概指秦岭淮河一线以南地区；贫素，贫寒清苦。

⑨ 人事：人际交往。

⑩ 内政：家庭事务。内，古代多指一家之内。

⑪ 羸：读音同"雷"，瘦弱。

⑫ 顇：同"悴"，憔悴。

⑬ 唱和：这里是指夫唱妇随，喻指夫妻。和，读音"贺"，跟着唱。

⑭ 尔汝：指不含敬意的"你你"之称，在夫妻间表示相互轻贱之意。据清代著名学者梁玉绳《瞥记》二："尔汝者，贱简者之称也。"

大　意

江浙一带的妇女，几乎很少有社会交往，就算是儿女亲家，也几乎十几年没有见上一面，相互间的联系，仅仅是通过信使问候或捎带礼品表达敬意而已。至于说到邺城的风俗，就有所不同了。在这地方，当家的全是妇女，为了争一事之是非曲直，她们聚讼公堂，奔走官府，联络宾客，忙得不亦乐乎？以致在城中街道，到处可见她们载车奔忙的身影，在官府经常可见穿戴绫罗绸缎的妇女，她们有的是为儿子求官，有的是为丈夫叫屈。这大概就是恒州、代郡一带的北魏鲜卑族的遗风吧！而在南方地区，即使是贫寒之家，他们也都讲究外表，衣着整齐，车马整洁；但家中妻儿就没有他们外出时那么光鲜了，有时还免不了要忍饥挨饿呢。在河北地区，交际应酬，大多由妇女出面，因为抛头露面的缘故，她们身穿绸缎，首戴珠翠，自然是少不了的，而在家中则是另一番景象：瘦弱的马匹，老弱的僮仆，仅仅是装装门面而已。至于说到夫妻之间的融洽和谐，相敬如宾、夫唱妇随，那就更谈不上了，恐怕要被相互间的随便轻贱言辞所取代了。

十一、纺纱织布、刺花绣锦，是妇女必备的家庭手艺

河北妇人，织纴①组紃②之事，黼黻③锦绣④罗绮⑤之工，大⑥优于江东也。

注　释

① 织纴：纺织。纴，读音同"任"，绕线，泛指纺织。

② 组紃：丝绳带。紃，读音同"旬"，粗绳。语出《礼记·内则》："女子十年不出，姆教婉娩听从，织麻枲，治丝茧，织纴组紃，学女事以共服。"枲，读音同"洗"，粗麻。

③ 黼黻：读音同"抚扶"，指在衣服上绣花。黼，古代礼服上绣的半黑半

白的花纹。黼，古代礼服上绣的青黑相间的花纹。典出《周礼·考工记·画缋》："画缋之事，……，白与黑谓之黼"，"黑与青谓之黻"。

④ 锦绣：有彩色花纹的刺绣丝织品。锦，有彩色花纹的丝织品；绣，刺绣的丝织品。

⑤ 罗绮：稀松轻软而绣有文彩的丝制品。罗，稀疏而松软的丝织品；绮，绣有文采的丝织品。

⑥ 大：太。

大　意

河北地区的妇女虽然心灵手巧，但是若论纺纱织布的本事，刺花绣锦的技巧，和江浙一带的妇女相比，就强得太多了。

十二、女多家贫

太公①曰："养女太多，一费也。"②陈蕃③曰："盗不过五女之门。"④女之为累，亦以深矣。然天生蒸民⑤，先人遗体，其如之何？世人多不举⑥女，贼行⑦骨肉，岂当如此而望福于天乎？吾有疏亲，家饶妓媵⑧，诞育将及，便⑨遣阍竖⑩守之。体有不安，窥窗倚户，若生女者，辄持将⑪去；母随号泣，莫敢救之，使人不忍闻也。

注　释

① 太公：姜太公，即吕尚，姜姓，吕氏，字子牙。西周初年政治家，协助周武王伐纣成功，分封于齐。官至太师。有太公之称，俗称姜太公。

② "养女"句：语出《六韬》："太公曰：'养女太多，四盗也。'"《六韬》，兵家著作，战国时期假托姜尚所作。

③ 陈蕃：字仲举，东汉汝南平舆（今属河南）人，东汉大臣。东汉桓帝时任太尉与李膺等反对宦官专权为太学生等敬重，有"不畏强权陈仲举"之称。汉灵帝时被杀。事见《后汉书·陈蕃传》。

④ "盗"句：语出于《后汉书·陈蕃传》。意思是说，家里养了五个女儿的话，盗贼就不会光顾了，因为嫁妆就会把家里弄穷了。

⑤ 蒸民：众民，老百姓。典出《孟子·告子上》："天生蒸民。"

⑥ 举：抚育。

⑦ 贼行：像盗贼那样的行为，残害的意思。

⑧ 妓媵：姬妾。妓，大户人家蓄养的歌妓或艺妓。

⑨ 便：程本作"使"。

⑩ 阍竖：守门的僮仆。阍，读音同"昏"，守门人。

⑪ 将持：包裹好了处理掉，杀害的意思。

大　意

姜太公说："女儿生得多了，就是家里的一种负担。"东汉陈蕃说："如果家里养了五个女儿的话，就连盗贼都不光顾他家了。"可见，家中养女是家庭生计的拖累。然而人类要繁衍后代，那又有什么办法呢？人们一般都不愿意生养女儿，重男轻女，生了女儿的人家有的还狠心将女儿杀害掉。这样做了，难道他还指望上天赐福吗？我有一个远房亲戚，家中有许多侍妾，她们中有产期快到时，他就派僮仆去监守。在产妇分娩时，僮仆透过窗户窥视，倚在门口等待，如果生下来的是女儿，就会立即抱走扔掉。母亲随后号哭，但是，也不敢将女婴救下。这种情形真是太惨了，母亲的号哭真让人撕心裂肺啊！

十三、民谚所说"落索阿姑餐"，治家可要警惕啊

妇人之性，率宠子婿①而虐儿妇。宠婿，则兄弟之怨生焉；虐妇，则姊妹之谗行焉。然则女之行留②，皆得罪于其家者，母实为之。至③有谚云："落索阿姑餐。"④此其相报也⑤。家之常弊，可不诫哉！

注　释

① 子婿：民间所谓："一个女婿半个儿。"故女婿也称子婿。

② 行留：出嫁和在家作姑子。行，嫁出去的意思；留，住在家里的意思。

③ 至：以至于。

④ 落索阿姑餐：婆母在家中吃饭时好冷清。落索，冷落，冷清。阿姑，丈夫的母亲，婆母。据《尔雅·释亲》："父称夫之曰舅，称夫之母曰姑。"

⑤ 相报：回报，自作自受的意思。

大　意

妇人的情性，一般都是宠爱女婿，而虐待儿媳。宠爱女婿，就会使儿子心生不满，觉得母亲偏心；虐待儿媳，就会使小姑子趁机说坏话，觉得母亲不喜欢儿媳，就把自家媳妇当外人。既然如此，女儿无论是出嫁还是没有嫁出去的时候，都会生出是非，其实这都是母亲造成的。以至于有句谚语说道："落索阿姑餐。"这实在是母亲自作自受啊！对于这种家庭矛盾纠纷，治家不可不警惕啊！

十四、婚姻要清清白白，不要被贪荣求利所玷污

婚姻素对①，靖侯②成规。近世嫁娶，遂有卖女纳财，买妇输绢，比量③父祖，计较锱铢④，责多还⑤少，市井⑥无异。或猥⑦婿在门，或傲妇擅⑧室，贪荣求利，反招羞耻，可不慎欤！

注　释

① 素对：清白的配偶。素，白的，内有染色的。典出《南史·王思远传》："景素女废为庶人，思远分衣食以相资瞻。年长，为备笄总，访求素对，倾家送遣。"

② 靖侯：颜之推九世祖颜含，字宏都，琅琊莘县人（今山东曹县北）。曾封西平县侯，年九十三卒，谥号靖侯。年轻时曾拒绝东晋权臣桓温家婚事。据《颜鲁公集·晋侍中右光禄大夫本州大中正西平靖侯颜公大宗碑铭》："桓温求婚，以其盛满不许，因戒子孙曰：'自今仕宦不可过二千石，婚姻勿贪世家。'"

③ 比量：比较裁量。

④ 锱铢：锱、铢均为古代极小的计量单位。这里比喻微小。语出《三国志·吴书·贺邵传》："身无锱铢之行，能鹰犬之用。"

⑤ 还：读音同"环"，回报。

⑥ 市井：古代城邑中得集市。也代指商人。

⑦ 猥：陋鄙。

⑧擅：专权。

大　意

婚姻要选择清白的配偶，这是先祖靖侯留下来的家规。近年来，社会上竟然出现了在婚姻中卖女儿以捞取钱财的咄咄怪事，有的人家用财礼买媳妇，有的反复比较对方父辈、祖辈的财富和权势，还有的斤斤计较对方彩礼多少，总是盘算着如何尽量索取得多，而回报较少。凡此种种婚姻，都与做买卖没什么两样了。这样做，就背离了纯洁美好的婚姻，譬如，有的人家招进了猥琐鄙陋的糟女婿，有的人家娶进了凶悍蛮横的坏媳妇，这是常有的事。他们的动机是贪图虚荣和势利图财的，结果当然是招致婚姻耻辱。对于这样失败的婚姻，不可不小心谨慎面对啊！

十五、爱护书籍，是读书人应有的品德

借人典籍，皆须爱护。先有缺坏，就为补治，此亦士大夫百行①之一也。济阳②江禄③，读书未竟，虽有急速，必待卷束④整齐，然后得起，故无损败，人不厌其求假⑤焉。或有狼籍⑥几案⑦，分散部秩⑧，多为童幼婢妾之所点污⑨，风雨犬⑩——本作"虫"，鼠之所毁伤，实为累德⑪。吾每读圣人之书，未尝不肃敬对之；其故纸有五经⑫词义，及贤达姓名⑬，不敢秽用⑭也。

注　释

① 百行：古代读书人对自己的若干言行规范。

② 济阳：古县名，在今河南省兰考县东北。

③ 江禄：字彦遐，南朝梁人。幼勤学笃实，善事文章，官居太子洗马，后为唐侯相。事见《南史·江禄传》。

④ 卷束：南北朝时期，典籍文章抄写在绢帛上，然后卷成一束一束收藏，这就是书卷的原意。

⑤ 假：借阅。

⑥ 狼籍：即狼藉，像狼留下的踪迹，形容散乱的样子。语出《三国志·魏书·董卓传》："杀之息尽，死者狼籍。"

⑦ 几案：桌子，书桌。

⑧ 部秩：书籍的部次卷序。

⑨ 点污：即玷污。点，通假字，通"玷"。

⑩ 犬：程本作"大"，抱经堂本作"虫"。

⑪ 累德：损害私德。累，累及、连累，这里是败坏的意思。

⑫ 五经：儒家的五部经典，始称于西汉武帝时期，依次是：《诗经》《尚书》《仪礼》《易经》《春秋》。

⑬ 姓名：姓氏与名称的合称，是中国人个体的鲜明标识。语出《孙子兵法·用间》："必先知其守将、左右、谒者、门者、舍人之姓名，今吾间必索知之。"

⑭ 秽用：玷污书籍，亵渎书籍的意思。秽，读音同"会"，不干净。

大　意

借阅别人的书籍，就要妥善保管，予以爱护。如果借来时就发现它有破损，那就要立马将它补好。爱书惜书，也是读书人的一种品行啊！济阳有个名叫江禄的人，有时候书未读完，却遇到了急事要处理，他也一定要将书卷整理妥帖，安放整齐，然后才起身离案。他这样爱护书籍，所以他翻阅过的书都完好无损。因此，人们都不厌烦他来借书。有的人则不是像江禄那样，把书杂乱地放在书案上，书的卷次杂乱无序、四处散落，往往被小孩、侍妾和婢女弄脏；即便不如此，由于没有收捡，书籍有时就遭到风雨侵蚀，有时就被虫鼠毁损。这样做，实在是有损读书人的道德啊！我每次捧读圣贤之书，总是心怀敬意，唯恐损坏了书籍。只要是遇见有书写"五经"词句和圣贤姓名的旧纸片，也绝不敢随意把它们当废纸用，唯恐把它们弄脏了，玷污了圣贤。

十六、不要为妖妄迷信活动而浪费钱财

吾家巫觋①祷②请，绝于言议；符书③章醮④，亦无祈⑤焉。并汝曹所见也，勿⑥妖妄⑦之费⑧。

注　释

①巫觋：装神弄鬼为人祈祷的巫师。古代称女巫为巫，男巫为觋。觋，读音同"习"。

②祷：向神祈福的一种迷信活动。

③符书：古代道士用作驱鬼召神或治病延年的神秘文书，缘起于东汉。

④章醮：拜表设祭。道教的一种祈祷形式。据南宋学者胡三省《资治通鉴注·陈纪九》，醮的仪轨是这样的："道士有消灾度厄之法，依阴阳五行数属，推人年命，书之于章表之仪，并具赞币烧香陈读，云奏上天曹，请为除厄，谓之上章。夜于星辰之下，陈设酒果、饼饵、币物，历祀天皇、太一、五星、列宿，为书如上章之仪以奏之，名为醮。"醮，读音同"叫"，道士设坛作法。

⑤祈：向鬼神祷告祈求。

⑥勿：不。"勿"下，抱经堂本有"为"字。

⑦妖妄：不符合人类常情常态的荒诞不经的言行。妖，古代称一切反常的东西或现象，典出《左传·宣公十五年》："天反时为灾，地反物为妖。"妄，胡乱的举动。典出《左传·哀公二十五年》："彼好专利而妄。"

⑧费：花费，这里是浪费的意思。

大　意

我们家对于请巫师求神祈福的事情，从来都不闻不问，是一点兴趣都没有的；对道士设坛作法，画符驱鬼，也是从来都不相信这一套的。你们都见到了，这是我的一贯思想。希望你们不要为此类荒诞不经的迷信活动而浪费钱财。

颜氏家训卷第二　风操慕贤

风操第六

提　要

本章所论风操，是主流社会，或称上流社会的风操，主要是指读书人，即我们今天所说的知识分子；士大夫，即我们今天所说的官僚或官僚阶层，当然，也包括了作者所处时代特有的士族贵族。风操，是风范操守的合称。风范，风度的意思，起到社会风尚的引领作用。《论语·颜渊篇》说："君子之德，风；小人之德，草。草上之风，必偃。"是说君子的德行好比是流风，无处不及；小人的德行，就像一株小草，就在那儿。流风吹过，小草应声而倒。这就是讲君子风范的引领作用。如何引领？《孟子·滕文公上》解释说："上有好者，下必有甚焉者矣。君子之德，风；小人之德，草。草上之风，必偃。"孟子的意思是，身居高位的人的喜好，影响到民间、老百姓，下面的人的追捧就要大大地超过上面。所谓"风尚（礼俗）起于朝廷，风俗起自民间"，就含有这个意思。操守，是指人的品行品德，一贯表现如何的意思。不同的人由于所处的社会地位、所受的教育和所在具体社会环境影响不同，具备不同的操守。古人说，君子明德，读书知礼。遵循社会规范、有美德追求的人，操守就好，就能起到社会榜样的作用。孔子说：君子的操守主要体现在四个方面，"志于道，据于德，依于仁，游于艺"。（《论语·述而篇》）比如说具体到"仁"，孔子认为，就是行恕道，"己所不欲，勿施于人"（《论语·卫灵公篇》）。遵循应有的社会规范，健全人身修养，提升道德层次，家庭就和谐幸福，社会就有守礼有序。颜之推论述风操，正是从儒家学说的根本理论出发的。在颜之推看来，社会历史的变迁，总在改变一代又一代人的风操，这是必然的，可变的；但是，在变化之中要坚守永恒的东西，即不能够轻易改变的东西。这就是颜之推所认同、欣赏并奉行的儒家经典人格：修身，齐家，治国，平天下。可见，作者在这里讲的风操，当然不是作者所处世的昨天，即魏晋风度，而是要矫魏晋风度之枉，返之于士大夫、读书人所历来坚守修身之道、齐家之要、治国准则和平天下理想，即"内圣外王"的人格修炼和人生理想。因此，作者在多处看似讲述历史，实则是介绍关乎后世子孙所应遵循的基本操守和人格风范，当然这里面就要涉及修身与礼仪规范的内容。风操是以社会道德规范、礼仪规范和行为规范为依据的，常言道，"没有规矩，不能成方圆"，规矩是内在规定性，方圆就是表现出来的风操。好的规矩，培育好的风操养成。

本章由四十一小节组成。通篇围绕作为一名士大夫、读书人，他及其家人应该具有什么样的风尚节操进行了论述。作者紧紧依据儒家经典《礼记》关于风操的礼仪规范，结合南方、北方的风俗民情差异，从人生修养、精神风貌、礼仪操守到家庭的门风门规、家庭风尚和礼仪规矩，引经据典，娓娓道来。通篇都采取讲故事、讲典故的方式，谈话氛围浓郁，语气诚恳真切，虽然没有采取正面立论说理的方式，但作者肯定什么、反对什么，还是十分明确的。作者所反复谈论的避讳、称谓、丧礼、孝道等，都映现了作者所处的时代特征。很显然，作者那时所重视的，正决定了作者所反反复复从不同角度所讨论的问题。正所谓"时代的主题，就是思想的主题"。由此，作者就为我们留下了一份我们透视那个时代的珍贵史料。如果从作者论述风操的文化底蕴与思想背景来看，作者的儒家气度与文化情节，在本章体现得最为完整。特别是最后一节关于裴之礼家风的表彰，作者看似无意从周公"一沐三握发，一饭三吐哺"谈起，实则是有意布局谋篇，让人们时时记住孔夫子对于周公的表彰，追慕周公儒雅的道德榜样，"如有周公之才之美，使骄且吝，其余不足观也已"（《论语·述而篇》），周公是德才兼备的典范，是风操完美的典范，所以才有后世曹操所说的"周公吐哺，天下归心"（《短歌行》），即与久弥新的古理："以德服人"；"以道德风尚、人格魅力赢得人心，才是最真实的，也才是最可靠的，当然也是最持久的"。颜之推的这节谈话，是追远发微的经典文章，所以又受到后世推崇。由此，作者所具有的文化深厚底蕴和浓烈的文化认同意识，可见一斑。

一、礼仪不仅要管当世，而且还要传示子孙

吾观《礼经》①，圣人之教：箕帚匕箸②，咳唾③唯诺④，执烛⑤沃盥⑥，皆有节文⑦，亦为至矣。但既残缺，非复全书，其有所不载，及世事变改者，学达君子，自为节度⑧，相承行之，故世号⑨士大夫"风操"。而家门⑩颇有不同，所见互称长短，然其阡陌⑪亦自可知。昔在江南，目能视而见之，耳能听而闻之。蓬生麻中⑫，不劳翰墨⑬。汝曹生于戎马⑭之间，视听之所不晓，故聊记⑮以传示子孙。

注　释

① 《礼经》：古代礼学的经典，常指《仪礼》而言。

② 箕帚匕箸：分别指家庭日常用具和餐具，畚箕、扫帚和羹匙、筷子。语出《礼记·曲礼上》："凡为长者粪之礼，必加帚于箕上，以袂拘而退；其尘不及长者，以箕自乡而扱之。"又说："饭黍毋以箸。"这里是指为长者清扫垃圾时的规范动作；以及吃饭时对餐具的规范操作。

③ 咳唾：咳嗽和吐痰。

④ 唯诺：应答。语出《礼记·内则》："在父母舅姑之所，有命之，应唯敬对。进退周旋慎齐，升降出入揖游，不敢哕噫、嚏咳、欠伸、跛倚、睇视，不敢唾洟；寒不敢袭，痒不敢搔；不有敬事，不敢袒裼，不涉不撅，亵衣衾不见里。"又，《礼记·曲礼上》："抠衣趋隅，必慎唯诺。"

⑤ 执烛：手持蜡烛。这里是指古代饮酒之礼，手持蜡烛饮酒，就不要推杯换盏了。古人饮酒，相互敬酒碰杯，间或歌咏弹唱，随兴所至，宾主互让，推杯换盏，相互辞谢。语出《礼记·少仪》："执烛不让，不辞，不歌。"

⑥ 沃盥：浇水和洗手。盥，读音同"贯"，洗手。这是古代为长者洗手的礼仪。语出《礼记·内则》："进盥，少者奉盘，长者奉水，请沃盥，盥卒授巾。"

⑦ 节文：节度、节制的意思。语出《礼记·坊记》："礼者，因人之情而为之节文，以为民坊者也。"程本作"度"。

⑧ 节度：行事所依据的规矩、法则。语出王充《论衡·明雩》："日月之行，有常节度，肯为徙市故，离毕之阴乎？"

⑨ 号：称之为……。

⑩ 家门：家庭。

⑪ 阡陌：田间小路。南北向为"阡"，东西向为"陌"。典出《史记·商君列传》："开阡陌封疆。"

⑫ 蓬生麻中：蓬草生长在麻田。语出《大戴礼·曾子制言上》："蓬生麻中，不扶而直。"

⑬ 翰墨：应为"绳墨"，木工画直线的工具。

⑭ 戎马：军马，常指从事军事工作。

⑮ 记："记"下程本、抱经堂本有"录"字。

大　意

细读《礼经》，我觉得都是圣人的教诲：在长辈面前如何使用撮箕、扫帚，进餐时如何使用羹匙和筷子，应该注意咳嗽、吐痰，把握好谈吐应答，如何秉烛照明、饮酒待客，如何侍奉长辈洗手等，对于这些待人接物的礼数，都说得很清楚，对于处世为人的礼仪规范讲得很完备。可惜的是，这本书已经残缺不全了，而且还有其他一些礼仪规范，书上的记载有所缺漏；还有一些则要根据世代的变化而予相应的调整。正因为如此，一些博学通达之士便相应拟定了一些礼仪，以便人们遵循，所以当时人就称他们为士大夫的风度节操。当然，各个家庭千差万别，对于这些礼仪的看法就异同不一。不过，从他们的众说纷纭中，还是可以理出一个头绪、了解其基本脉络的。从前我在江南的时候，所到之处，耳闻目睹，深有所感，就像蓬草长在麻田里，不用墨绳固定也会长得很直一样；可叹的是，你们生在兵荒马乱年代，对于这些礼仪就自然听不到也看不到了。因此，我姑且将它们不厌其烦地记录下来，以传给子孙后代遵循吧！

二、对于家讳，只要符合礼仪就行，切不可过于其事

《礼》云："见似目瞿，闻名心瞿。"① 有所感触，恻怆② 心眼。若在从容平常之地，幸③ 须申④ 其情尔。必不可避，亦当忍之；犹如伯叔兄弟，酷类⑤ 先人，可得终身肠断，与之绝耶？又："临文不讳，庙中不讳，君所无私讳。"⑥ 益⑦ 知闻名，须有消息⑧，不必期于颠沛⑨ 而走⑩ 也。梁世谢举⑪，

甚有声誉，闻讳必哭，为世所讥。又⑫臧逢世⑬，臧严⑭之子也，笃学修行，不坠门风。孝元⑮经牧江州⑯，遣往建昌⑰督事，郡县民庶，竞修笺书⑱，朝夕辐辏⑲，几案盈积，书有称"严寒"者，必对之流涕，不省⑳取记，多废公事，物情怨骇㉑，竟以不办㉒而还。此并过㉓事也。

注　释

①"《礼》云"两句：语出《礼记·杂礼下》："免丧之外，行于道路，见似目瞿，闻名心瞿。"看到与父母相貌相似的人，听到与父母相同的名字，就惊惧不已。瞿，通假字，通"惧"，担忧，惊惧。

②恻怆：凄伤悲痛的样子。恻，读音同"策"，悲痛；怆，读音同"创"，悲伤。

③幸：希望。

④申：说明，陈述。

⑤酷类：十分像。酷，甚，十分；类，类似。

⑥"临文"三句：语出《礼记·曲礼上》，意思是说，文字表达时，不应因避家讳而改换文字，以免失去原意，造成表述不准确；在宗庙里祭祀时，对被祭祀的晚辈则不用避讳；在君王面前，也不应避讳自己先人的名讳。君所，朝廷，朝堂上。

⑦益：原作"盖"，今据抱经堂本改。

⑧消息：斟酌的意思。后文还有几处这样的用法，或是当时人用语。

⑨颠沛：困顿窘迫。这是形容听闻先人名讳而反应过度，无所适从的意思。典出东汉王充（27—约97年）《论衡·吉验》："由微贱起于颠沛若高祖、光武者。"

⑩走：离开。这里有反应过度，落荒而逃的意思。

⑪谢举(479—548)：南朝梁人，字言扬，陈郡阳夏(今河南省太康县) 人，官至尚书仆射、侍中、将军，死于侯景之乱。出身名门，好学善言，与其兄谢览齐名。事迹载《梁书·谢举传》。

⑫又："又"下，抱经堂本有"有"字。

⑬臧逢世：《梁书》无传，但受颜之推推崇，在本书"勉学篇"中，称他"精于《汉书》"。

⑭臧严：事迹见《梁书·文学传》，"臧严字彦威，……幼有孝性，居父忧以毁闻。孤贫勤学，行止书卷不离于手。……文集十卷。"有子臧逢世。

⑮孝元：即梁元帝萧绎。

⑯经牧江州：统领江州。经，经略；牧，统治；江州，州名，治所在溢口，今江西省九江市西。据《梁书·元帝纪》，大同六年（540），萧绎为江州刺史。

⑰建昌：古县名，梁时为江州属县，属豫章郡。

⑱笺书：书信。笺，读音同"间"，一种书信体，泛指书信。

⑲辐辏：车轮的辐集中在车毂上，多用于形容聚集的意思。毂，读音同"古"，车轮中心的圆木。辐，车轮的辐条，聚集于中心圆木上的直木条；辏，读音同"凑"，将车辐聚集于车毂。典出《周髀算经》："如辐辏毂。"

⑳省：读音同"醒"，察看。

㉑物情怨骇：大家都有怨气。物情，事情物理，含指人情之意；怨骇，惊怒，既感到吃惊而又不高兴。

㉒不办：不履行职务，不称职的意思。

㉓过：太过其实，超过。

大　意

《礼记》上说："见到与自己故去父母容貌相似的人，眼里就会闪烁惊恐的神色；听到与自己故去父母一样的名字，心里就会感到惊恐不安。"这是说，见景生情，感物思人，由于碰触到了心底的悲伤，一下子就感怀起来。如果是在平常的环境下，大可把这种悲伤思念的情感表露出来；但如果是在实在不能够回避的情况下，大可忍受一下内心的真情实感；这好比是在家里，你自己的叔伯、弟兄酷似你已故父母的容颜，你难道会一见到他们就因思念至亲伤心难受不已，从而与他们绝交，终生不见他们吗？先人已逝，生活还要继续。《礼记》又说："写文章时不避家讳，在祖庙里祭祀不避家讳，在朝堂之上不避家讳。"可见，避家讳是有条件。这就使我们能够弄明白：在听到与逝去父母相同的名字时，可以酌情处理，而不必落荒趋避。我举两个例子吧。梁朝有个名叫谢举的人，是位很有声誉的人，他的孝行着实可爱。只要他一听到家讳，就必定大哭，因此遭到了世人的讥笑。还有一个名叫臧逢世的人，他是鼎鼎有名的臧严的儿子。此人自幼勤奋好学，品学兼优，从不辱没自己的家风门风。还是在梁元帝担任江州刺史的时候，派他到建昌县去督察公务。当地的老百姓很支持他的工作，写给他的呈状从早到晚纷至沓来，公牍、信札堆满他的办公桌。可是，这位老兄在处理来信来件时，只要一见到文中有"严寒"二字，就如触电一般，马上就会悲从中来，感伤落泪，导致无法集中精力处理公务，因此，经常为此耽误公务，从而引起大家的怨恨，上司知道后，只好将他调回。我讲上面两个故事的目的，是要告诉大家注意，像谢举和臧逢世那样，就太过了。

三、与人交往，避讳要合乎常情

近在扬都①，有一士人②讳审，而与沈氏交结周厚③，沈与其书，名而不姓，此非人情也。

注　释

① 扬都：南北朝时期习称建康为扬都。建康，今江苏南京。

② 士人：读书人。古代习惯上称读书人为士人。

③ 周厚：来往多，交情深厚。周，遍及，这里是多的意思。

大　意

近年在扬都，听说有一位姓沈的读书人，家讳一个"审"字，而他与这位沈先生交情深厚，来往频繁。沈先生给他写信，只好署名不写姓氏。这样做，就不太合常情了。

四、避讳用字须遵循规则，不可滥用

凡避讳者，皆须得其同训①以代换②之。桓公③名白，博④有五皓⑤之称；厉王⑥名长，琴⑦有修短之目。不闻谓布帛为布皓，呼肾肠为肾修也⑧。梁武⑨小名阿练，子孙皆呼练为绢；乃谓销炼物为销绢物，恐乖⑩其义。或有讳云者，呼纷纭为纷烟；有讳桐者，呼梧桐树为白铁树：便似戏笑尔。

63

注 释

① 同训：训为同义词，理解为同义词的意思。训，训释，同义解释。

② 代换：相等替换。这里是指因避讳而用同义词的意思，这是古代使用避讳替代词的一种规则，比如，汉代以"国"代"邦"（避汉高祖刘邦讳），以"满"代"盈"（避汉惠帝刘盈讳），以"常"代"恒"（避汉文帝刘恒讳）等。同义词替代，便于语言交流和阅读时识别。

③ 桓公：指齐桓公，姓姜，名小白，春秋时期齐国国君，公元前685—643年在位，任用名相管仲改革，以"尊王攘夷"为号召，为春秋五霸之首，史书上称他"九合诸侯，一匡天下"。

④ 博：古代一种博彩游戏。名为棋戏，也称六博。它有六箸十二棋，以掷采下棋。采为五木之制，上黑下白。掷得五子皆黑，称"卢"，最贵。其次为五子皆白，称"白"，又名"枭"。

⑤ 皓：避齐桓公讳，以"皓"代"白"。皓，白。

⑥ 厉王：即汉高祖刘邦朝淮南王刘长。刘长为刘邦长子，汉文帝时因不法遭贬，抑郁自杀，谥号为厉王。其子刘安世袭淮南王位，招贤纳士，编《淮南子》，书中以"修"代"长"，避刘长讳。

⑦ 琴：据王利器《颜氏家训集解》，当为"胫"之误，因音近致误。

⑧ "不闻"两句：这里是进一步讲避讳用字替代原则，不能仅仅只用仅音字，而要音近义同才行。这里还有讥刺意思。

⑨ 梁武：即南朝梁武帝萧衍，南朝梁建立者。萧衍（464—549），字叔达，502—549年在位，南兰陵（今江苏常州西北）人。长于文学、书法。

⑩ 乖：乖谬，违背。

大 意

凡用避讳的字，都要用同义词来替代，这是一个规则。齐桓公名叫小白，所以博戏中的"五白"就称"五皓"；淮南厉王刘长的名字用"修"避"长"，比如说"胫有长短"，就说成"胫有修短"。我还从来没有听说过把"布帛"说成"布皓"、把"肾肠"称作"肾修"的。梁武帝的小名叫阿练，他的子孙都用"绢"替代"练"；但是，如果把"销炼"物说成是"销绢"物，那恐怕就乖谬事理了。至于有人避讳"云"字，把"纷纭"说成"纷烟"；因避讳"桐"字而把"梧桐树"

称为"白铁树"，那就同开玩笑没有什么分别了。

五、给儿子取名要尽量避免引发歧义，更不能累及先人

周公名子曰禽①，孔子名儿曰鲤②，止③在其身，自可无禁。至若卫侯、魏公子④、楚太子皆名蚳虿，长卿⑤名犬子，王修⑥名狗子。上有连及⑦，理未为通。古之所行，今之所笑也。北土多有名儿为驴驹、豚子者⑧，使其自称及兄弟所名，亦何忍哉？前汉有尹翁归⑨，后汉有郑翁归⑩，梁家亦有孔翁归⑪，又有顾翁宠；晋代有许思妣⑫、孟少孤⑬：如此名字，幸当避⑭之。

注　释

① 周公名子曰禽：周公给儿子取名叫禽。事见《史记·鲁周公世家》："周公卒，子伯禽固已受前封，是为鲁公。"名，用作动词，取名。

② 孔子名儿曰鲤：孔子给儿子取名叫鲤。事见《史记·孔子世家》："孔子生鲤，字伯鱼。伯鱼年五十，先孔子死。"

③ 止：通假字，通"只"。

④ 魏公子：应为韩公子。见《史记·韩世家》：襄王"十二年，太子婴死。公子咎、公子蚳虿争为太子。时蚳虿质于楚"。

⑤ 长卿：即西汉著名辞赋家司马相如（约前179—前118），字长卿，巴郡安汉县（今四川省南充市蓬安县）人，一说蜀郡（今四川成都）人，代表作为《子虚赋》。《史记·司马相如列传》，司马相如"少时好读书，学击剑，故其亲名之曰犬子"。

⑥ 王修：字敬仁(334—357)，小字苟子，琅琊临沂(今山东省临沂市)人。东晋著作郎、书法家。据《晋书·王濛传》，王修擅长隶书、行书，与王羲之、许询交好。升平元年（357），王修去世，年仅二十四岁。六朝时人们将"苟"与"狗"通用。

⑦ 连及：牵连累及。自己名狗，则为狗类，就连累了父母。

⑧ "北土"句：据《魏书·周澹传》，其子名"驴驹"；《魏书·释老志》，凉州军户有名"赵苟子"者；北魏《李璧墓志》有"郑班豚"的记载。大约是那时人的民风。

⑨尹翁归:字子兄(读音同"况")(前? —前62),河东平阳(今山西临汾)人。据《汉书·尹翁归传》,尹翁归是西汉时代一位干练而又廉洁的官吏。

⑩郑翁归:事迹不详。据《三国志·魏书·张既传》,曹魏时有个叫张翁归的。

⑪"梁家"句:梁家,指南朝梁;孔翁归,会稽人,生卒年不详,约梁武帝大同中前后在世。据《梁书·文学传》,孔翁归工为诗。中大通四年(532)为南平王大司马府记室。翁归著有文集,玉台新咏亦收载他艳体诗。

⑫许思姁:据南朝宋刘义庆(403—444)《世说新语·政事》,名永,字思姁。有才名。姁,指母亲,一般指死去的母亲。《礼记·曲礼下》:"生曰父,曰母,曰妻;死曰考,曰妣,曰嫔。"

⑬孟少孤:即孟陋,字少孤,武昌郡阳新县人。据《晋书·隐逸传》和《世说新语·栖逸》,孟陋名望很高,会稽王司马昱辅政时,召为参军,托病不肯赴任。

⑭避:避开、避免的意思。

大　意

周公给自己的儿子取名为禽,孔子给自己的儿子取名为鲤,这些名字只是用于当事人身上,与旁人无关,自然没有什么禁忌。至于说像战国时期的卫侯、韩公子和楚国太子都取名为虮虱;西汉文学家司马相如取名犬子、东晋著作郎王修名叫狗子,这就牵涉到他们的父母了,从情理上讲,也说不通啊。古代常有的事,似乎习以为常;但在今人看来,就觉得滑稽可笑了。现在,北方时常有人给自己的儿子取名诸如驴驹、猪崽之类的稀奇名字,假如让他们以此名自称,或是让他们的兄弟就这样称呼,这怎么听得过去呢?西汉有人名叫尹翁归,东汉有人名叫郑翁归,梁朝有人名叫孔翁归,还有人名叫顾翁归,也有人名叫顾翁宠;东晋有人名叫许思姁、孟少孤,听到这样的名字,不禁让人心生遐想,五味杂陈。像这样一类的名字,希望还是要尽力避免的好!

六、在为儿子取名的时候,一定要为孙辈取名避讳着想

今人避讳,更急于①古。凡名子②者,当为孙地③。吾亲识中有韦褰、

讳友 ④、讳同 ⑤、讳清、讳和、讳禹，交疏造次 ⑥，一座百犯，闻者辛苦 ⑦，无憀赖 ⑧ 焉。

注 释

① 急于：比……更急切。

② 名子：给儿子取名。名，用如动词。

③ 为孙地：为孙子取名留有余地，不要使后人为名讳而苦恼。地，本指处所，这里是处境的意思。

④ 讳友：原本无，今据程本、抱经堂本补。

⑤ 讳同："同"，原作"周"，今据程本、抱经堂本改。

⑥ 交疏造次：交往少、交情浅的人，一时疏忽冒犯。疏，稀少；造次，冲撞，冒犯。

⑦ 辛苦：心酸悲苦。典出西晋初李密《陈情表》："臣之辛苦，非独蜀之人士及二州牧伯所见明知，皇天后土，实所共鉴。"

⑧ 无憀赖：没有依凭，无所适从。憀，读音"聊"，通假字，通"聊"依靠；赖，依赖，依靠。

大 意

现如今，人们的避讳不知比古人严格了多少啊！在为儿子取名的时候，就应该站高点、想远点，为孙子以后的儿孙辈想一想，不要使他们为避讳问题所苦恼。我们家亲友中有讳"襄"字、讳"友"字、讳"同"字、讳"清"字、讳"和"字、讳"禹"字的，交往少、交情浅的人，就容易疏忽冒犯避讳，听到冲撞了自家名讳的人，心中十分辛酸凄苦，就可想而知了。我希望你们在为孩子取名的时候，一定要为后世儿孙留有余地，使他们在避讳问题上有所依凭，不至于无所适从，被动难堪。

七、取名要雅致，不要落入俗套

昔司马长卿慕蔺相如 ①，故名相如；顾元叹慕蔡邕 ②，故名雍；而后汉有朱伥字孙卿 ③，许暹字颜回 ④，梁世有庾晏婴、祖孙登 ⑤，连古人姓为名字，亦鄙才也⑥。

注 释

①"昔"句：典出《史记·司马相如列传》："相如既学，慕蔺相如之为人，更名相如。"蔺相如，战国时期赵国上卿，外争内和，与将军廉颇有"将相和"的故事。事见《史记·廉颇蔺相如列传》。

②"顾元叹"句：顾元叹，即顾雍（168—243），字元叹，三国时期吴国吴郡吴县（今江苏境内）人，出身江南士族。任吴国丞相十九载。事见《三国志·吴书·顾雍传》。蔡邕（读音同"雍"），字伯喈（133—192）。陈留郡圉（读音同"与"）人，今河南省开封市圉镇。东汉时期著名文学家、书法家，著名才女蔡文姬之父。因官至左中郎将，后人称他为"蔡中郎"。他生平喜藏书，多至万余卷，晚年将所藏之书载数车悉数赠给王粲，还有四千卷。《隋书·经籍志》著录有集20卷，早佚，明人张溥辑有《蔡中郎集》，严可均《全后汉文》对其著作也多有收录。典出《三国志·顾雍传》注引《江表传》："雍从伯喈学，专一清静，敏而易教。伯喈贵异之，谓曰：'卿必成致，今以吾名与卿。'故雍与伯喈同名，由此也。"叹，程本作"歎"，误。

③"而后汉"句：朱伥，字孙卿，寿春（今安徽省淮南市寿县东北部）人。东汉时官至太常，据《后汉书·刘恺传》："臣窃差次诸卿，考合众议，咸称太常朱伥、少府荀迁。臣父宠，前忝司空，伥、迁并为掾属，具知其能。伥能说经书，而用心褊狭，迁严毅刚直，而薄于艺文。"孙卿，即荀子（约前313—前230），名况，时人尊称为"卿"，以"荀卿"名之。汉代人避西汉宣帝刘询名讳，称为孙卿。战国时期赵国人，著名思想家。战国秦朝之际著名的韩非子、丞相李斯是他的学生。著有《荀子》。伥，原作"张"，今据王本改。

④"许暹"句：许暹，事迹不详。颜回，春秋末期鲁国人，名回，字子渊。孔子名弟子。孔子称赞颜回说："贤哉，回也！一箪食，一瓢饮，居陋巷，人不堪其忧，回也不改其乐。贤哉，回也！"（《论语·雍也篇》）

⑤"梁世"句：庾晏婴，南朝梁人，据《梁书·庾仲容传》，知其为东晋司空庾冰六世孙，出身南朝门阀。其父、叔父皆有名。晏婴，字仲平，春秋时期齐国大夫，夷维(今山东高密）人，历任齐灵公、庄公、景公三世，流传有"晏子使楚"的故事。今存《晏子春秋》，是战国时期人们编辑他的言行成书。祖

孙登，南朝梁陈之际人。与时人徐伯阳、贺循等人为友，常以文聚，有诗歌传世。事见《陈书·徐伯阳传》。孙登，三国时期魏国人，隐士。喜好《易经》，善吹箫，隐居于汲郡山中。事见《晋书·隐逸传》。又，三国时期吴王孙权长子也叫孙登，曾立为太子，早夭。事见《三国志·吴书·孙权传》。

⑥鄙才：粗俗不雅。才，程本、抱经堂本作"事"。鄙事，典出《论语·子罕篇》，孔子自况："吾少也贱，故多能鄙事。"

大　意

西汉辞赋家司马相如仰慕赵国名相蔺相如，所以就改名为相如；吴国名相顾雍敬佩他老师蔡邕，因此就改名为雍。而后汉的朱伥字孙卿，许暹字颜回；梁朝有庾晏婴、祖孙登，这些人索性将古人的姓名一块儿都拿来用作自己的名字，就是一件很落俗套的事情啊！

八、切莫以"畜生"之类的称呼为乐事，既侮辱了自己，也污染了环境

昔刘文饶不忍骂奴为畜产①，今世愚人②遂以相戏，或有指名为豚、犊③者。有识傍观，犹欲掩耳，况当之者④乎？

注　释

①"昔"句：刘文饶，即东汉刘宽，字文饶，弘农郡华阴（今陕西省华阴市）人，官至太尉，史称他"宽仁多恕"。事载《后汉书·刘宽传》："尝坐客，遣苍头市酒，迂久，大醉而还。客不堪之，骂曰：'畜产。'宽须臾遣人视奴，疑必自杀。顾左右曰：'此人也，骂言畜产，辱孰甚焉！故吾惧其死也。'"畜产，当时骂人的粗话，就像今天骂人为畜生一样。

②愚人：蠢货，肤浅人。

③犊：读音同"读"，小牛儿。

④当之者：当事人。当，程本作"名"。

大　意

在西汉的时候，太尉刘文饶不忍心来客骂自家的僮仆为"畜生"，还派人去看那名被骂的童仆，担心童仆不堪受辱自尽。可是，现如今有些蠢货不重视名号称谓，还拿这些粗俗的字眼相互称呼，以为乐事；更有过分的是，还拿像猪崽、牛犊之类的名儿称呼对方，我发现：一些有知识有修养的人，每每遇到他们用这些粗俗称呼的时候，恨不得赶快捂紧耳朵，生怕听进去了污染了精神，何况那些被称呼为猪崽、牛犊的人，是不是觉得很难堪呢！

九、共事和为贵

近在议曹①，共平章②百官秩禄③。有一显贵，当世名臣，意嫌所议过厚。齐朝④有一两士族文学之人，谓此贵曰："今日天下大同⑤，须为百代典式⑥，岂得尚作关中⑦旧意⑧？明公⑨定是陶朱公⑩大儿尔！"彼此欢笑，不以为嫌⑪。

注　释

① 议曹：掌言职的官署。

② 平章：商讨，议处。平，通假字，通"评"，评议；章，考量。

③ 秩禄：俸禄，官员的薪水。秩，官员的俸禄；禄，官吏的薪俸，典出自《论语·卫灵公篇》，子曰："君子谋道不谋食。耕也，馁在其中矣；学也，禄在其中矣。君子忧道不忧贫。"

④ 齐朝：指北齐。

⑤ 天下大同：国家统一。指隋朝统一中国，结束了分裂割据的局面。典出《礼记·礼运》："大道之行也，天下为公。选贤与能，讲信修睦，故人不独亲其亲，不独子其子，使老有所终，壮有所用，幼有所长。矜寡孤独废疾者皆有所养，男有分，女有归。货恶其弃于地也，不必藏于己；力恶其不出于身也，不必为己。是故谋闭而不兴，盗窃乱贼而不作，故外户而不闭，是谓大同。"

⑥ 典式：典范，榜样。

⑦ 关中：古地名。一般指陕西函谷关以西地区，主要包括渭河平原。春秋战国时为秦国故地，包括今西安、宝鸡、咸阳、渭南、铜川五市及杨凌示范

区。东西长约 350 公里，平均海拔约 500 米，西窄东宽，号称"八百里秦川"，是中国最早被称为"金城千里，天府之国"的地方。因此，又称秦中。

⑧ 旧意：南北朝时期人们的习惯用语，相当于用老观点看新事物的意思，如《陈书徐陵传》载，陵乃为书宣示曰："……今衣冠礼乐，日富年华，何可犹作旧意？非理望也。""意"下，程本有"乎"字。

⑨ 明公：古代对有名望、有身份、有地位的人的尊称。公、府、君前加上"明"字，始于汉代，盛于六朝。明，英明、高明的意思。

⑩ 陶朱公：春秋时期越国大夫范蠡，字少伯，楚国宛（今河南南阳）人辅助越王勾践发愤图强，灭吴兴越。后出走游历，定居陶（今山东定陶西北），改名陶朱公，以经商见长，成为富甲一方的大富翁。他的二儿子在楚国杀人被囚，陶朱公就派长子携巨款前去营救。陶朱公长子吝啬钱财，致使二弟被杀。见《史记·越王勾践世家》《史记·货殖列传》《国语·越语下》）。

⑪ 嫌：厌恶，难受。

大　意

最近，我在议曹官署与同僚一起商议朝廷百官的俸禄问题，有一位显贵，也是当世名臣，他对官员待遇拟定过于优厚表示不满。有一两位从前齐朝的士族文学侍从便对这位高官说："现在海内一统，天下太平，我们应该为后人定好一个规矩，以便他们遵循，何必要受以前的关中旧规束缚呢？明公如此吝啬，该不是春秋时期陶朱公的大儿子投胎吧！"说罢，大家哄堂大笑，全然不觉得难堪尴尬，当事人也没在意。

十、对于家人的称呼，要符合规范

昔侯霸①之子孙，称其祖父曰家公②；陈思王称其父曰家父③，母为家母；潘尼④称其祖曰家祖。古人之所行，今人之所笑也。及南北风俗，言其祖及二亲，无云家者。田里猥人⑤，方有此言尔。凡与人言，言己世父⑥，以次第称之，不云家者，以尊于父，不敢家也。凡言姑姊妹女子子⑦：已嫁，则以夫氏称之；在室⑧，则以次第称之。言礼成他族⑨，不得云家也。子孙不得称家者，轻略之也。蔡邕书集，呼其姑女为家姑家姊；班固⑩书集，亦云家孙：今并不行也。

注　释

①侯霸：字君房，河南郡密县（今河南新密东南）人，东汉初年大臣。东汉光武帝时任尚书令，后任大司徒，在梳理前代法令，整齐当朝制度方面，所奏条陈深得皇帝信赖器重，对东汉初年的政权建设多有建树。建武十三年（公元 37）因病去世。事见《后汉书·侯霸传》。

②家公：据《后汉书·王丹传》，侯霸子昱称其父为"家公"。

③陈思王：曹操第三子，字子建（192—232），沛国谯（今安徽省亳州市）人，出生于东武阳（今山东莘县），生前曾为陈王，去世后谥号"思"，因此又称陈思王。魏晋时期著名的文学家、诗人。事见《三国志·魏书·陈思王植传》。曰，程本作"为"。

④潘尼：字正叔（约 250—约 311），荥阳中牟（今河南城关镇大潘庄）人，西晋文学家，官至太常卿。少有才，与叔父潘岳俱以文章知名于世，人们并称"两潘"。潘尼生情恬淡，不争名好利，勤学多著。事迹附于《晋书·潘岳传》。

⑤猥人：猥琐之人，鄙陋之人。也可理解为没有文化的粗人。

⑥世父：伯父。

⑦女子子：女儿。

⑧在室：一般指未出嫁女子为"在室"。

⑨礼成他族：经过婚礼后，嫁到夫家，就成为他族人了。

⑩班固：字孟坚（公元 32—92），扶风安陵（今陕西咸阳东北）人，东汉著名史学家、文学家。班固出身儒学世家，其父班彪、伯父班嗣，皆为当时著名学者。班固自幼好学，博览群书，于儒家经典及历史无不精通。父亲过世后，他在父亲遗著《史记后传》基础上，撰写《汉书》，前后历时二十余年得以完成。班固受大将军窦宪案株连，死于狱中，时年六十一岁。班固一生著述颇丰。作为史学家，《汉书》是继《史记》之后中国古代又一部重要史书，世人并称"马班"；作为辞赋家，班固是"汉赋四大家"之一，《两都赋》开创了京都赋的范例，列入《昭明文选》第一篇；同时，班固还是经学理论家，他编辑撰成的《白虎通义》，集当时经学之大成，使谶纬神学理论化、法典化。

大　意

东汉初年，大司徒侯霸的儿子称自己的父亲为家公；曹魏时，陈思王曹植称自己的父亲为家父，称自己的母亲为家母；西晋才子潘尼称自己的祖父为家祖。古人的这些做法，在今人看来可能觉得好笑，但在他们生活的年代，还真是这样的。现如今，虽然南北方的民风民俗差异很大，但提到自己的祖父以及双亲，还是没有人称为"家某某"的；看来只有那些乡野粗人，才会这么称呼自己的长辈。凡是与人交谈，言及自家伯父，只是按照父辈排行顺序称呼，诸如大伯、二伯、三伯之类即可，而不要冠以"家"字。这是因为伯父比你父亲的年纪要长，而不敢称"家"。但凡涉及你自己的姑姑、姐妹以及自己的女儿辈，只要是出嫁了的，就要以她们夫家的姓氏相称了；但是对于尚未出嫁、待字闺中的女性，则还是要依长幼排行顺序相称。因为女子一旦婚嫁，就是夫家的人了，就不能再称为"家"了，她已由娘家的家族进入到夫家的家族了。而对于自己的子孙，也不可以随意称"家"，因为他们是小字辈，不必突出他们。至于说东汉文学家蔡邕在他的"文集"中称他的姑、姊为家姑、家姊，另一位史学家班固在他的"文集"中也称自己的孙子辈为家孙，确实如此，但这样的称呼如今都不时兴了。

十一、在交往中称呼尊长，要依规矩

凡与人言，称彼祖父母、世父母、父母及长姑[①]，皆加尊字；自叔父母已[②]下，则加贤字：尊卑之差也。王羲之书[③]，称彼之母与自称己母同，不云尊字，今所非也。

注　释

① 长姑：父亲的姐姐。亦称大姑。长，读音同"涨"，大。

② 已：通假字，通"以"。

③ 王羲之：字逸少，东晋时期著名书法家，有"书圣"之称。琅琊（今山东临沂）人，后迁会稽山阴（今浙江绍兴），晚年隐居剡县金庭。历任秘书郎、宁远将军、江州刺史，后为会稽内史，领右将军，故人称"王右军"。王羲之的书法兼善隶、草、楷、行各体，精研体势，心摹手追，博采众长自成一家，

影响深远。其书风平和自然，笔势委婉含蓄，遒美健秀。代表作《兰亭序》被誉为"天下第一行书"。在书法史上，他与其子王献之合称为"二王"。见《晋书·王羲之传》）。

大　意

大凡与人交往，称呼对方的祖父母、伯父母、父母以及长姑，都要在称呼前加上"尊"字；自叔父母以下，则在称呼前面加上"贤"字。这是为了表达尊卑的差别。东晋书法家王羲之在他的书信中，在称呼别人的父母时，与称呼自己的父母一样，在称呼前概无"尊"字，在现在看来，这就不合适了。

十二、待客之道，依礼而行

南人冬至岁首①，不诣②丧家。若不修书，则过节束带③以申慰④。北人至岁之日，重行吊礼。礼无明文，则吾不取。南人宾至不迎，相见捧手而不揖⑤，送客下席⑥而已。北人迎送并至门，相见则揖，皆古之道也，吾善⑦其迎揖。

注　释

①冬至岁首：农历（夏历）二十四节气之一。古人看重冬至节，认为冬至是节气循环的起点。据《史记·律书》："气始于冬至，周而复始。"岁首，一年开始之时的节气，指春节。

②诣：读音同"义"，到……去。

③束带：系腰带。这里是指整理衣服、端庄仪表的意思。束，捆，绑。

④申慰：表达慰问之情。上门慰问，是古代交往礼仪之一。

⑤捧手而不揖：拱手而不作揖。捧，双手相互托着；揖，读音同"一"，拱手行礼，表示客气。

⑥下席：离开座席。这里是指迎客之礼，起身与客人打招呼。

⑦善：用如动词，称赞，赞赏。

大　意

南方人在冬至和春节这两个节日里，待在家里过节，不到办丧事的人家去；如果不写信的话，就等过了这两个节日，再去吊唁祭拜，并向他们的家人送上慰问。我们北方人就不同了，在冬至和春节特别重视吊唁礼。这种做法在礼仪上并无明文规定，因而我觉得不可取。在迎客待客方面，南方和北方也是有差别的。南方人在客人来访时，并不迎至门外，宾主相见时，只是拱拱手，并不俯身，送客时，也只是起身道别而已，虽然不失礼节，但还是简单了一些；而我们北方人在这方面则要烦琐一些，迎客、送客都要到大门口，宾主相见时既拱手又作揖，这些都是古代流传下来的礼节，我还是赞赏这种待客之礼的。

十三、自称其名，是古代遗风，没有什么不好

昔者，王侯自称孤、寡、不穀①。自兹以降，虽孔子圣师，与门人②言皆称名也。后虽有臣、仆之称③，行者盖亦寡焉。江南轻重④，各有谓号⑤，具诸《书仪》⑥。北人多称名者，乃古之遗风，吾善其称名焉。

注　释

①孤、寡、不穀：这些都是古代帝王的自谦之词。穀，读音同"股"，俸禄的意思。典出《荀子·王霸篇》："穀禄莫厚焉。"

②门人：门生，学生。

③臣、仆之称：古代的自谦之称。据南朝史学家裴骃《史记集解》引张晏的说法，汉代以前多以"臣"自谦，汉代以后人多自称"仆"。

④轻重：指对人的轻重。尊者为重，卑者为轻。

⑤谓号：称谓，称号。古人重名尊名，一般不直呼其名，以示敬重，故在名外还有字、号之类的称谓。

⑥《书仪》：古代有关书札体式、典礼仪注的著作，多以《书仪》名书。据《隋书·经籍志》《新五代史》《崇文总目》，著录书目甚多，但多仅存目，正文散佚。今仅存北宋司马光所著《书仪》，据《四库总目提要》，计有凡"《表奏公文私书家书式》一卷、《冠仪》一卷、《婚仪》二卷、《丧仪》六卷"。

大　意

在过去的时候，帝王、诸侯都以孤、寡、不穀自称，但像孔子这样的至圣先师则不是这样的，孔子即便是与自己的学生交谈时，他也直呼自己的名字，并不忌讳什么。后来，虽然有人以臣、仆自谦，但这样使用自谦之词的人，还不是很普遍。在南方，人们不论尊卑贵贱，都还别有称号，关于这些，《书仪》中都有记载。在北方，人们基本上还是以名自称的，这大约是古代遗风，我还是很赞同这样做的。

十四、言及先人，要充满敬意和感恩之情

言及先人，理当感慕。古者之所易，今人之所难。江南人事不获已①，乃陈文墨②，无自言者，一本无此已上十字。须言阀阅③，必以文翰④，罕有面论者。北人无何⑤便尔话说，及相访问。如此之事，不可加于人也。人加诸己，则当避之。名位未高，如为勋贵所逼⑥，隐忍方便⑦，速报取了，勿使⑧一本作"取"。烦重，感辱祖父。若没⑨，言须及者，则敛容肃坐⑩，称大门中⑪，世父、叔父则称从兄弟门中，兄弟则称亡者子某门中，各以其尊卑、轻重，为容色之节，皆变于常。若与君言，虽变于色，犹云亡祖、亡伯、亡叔也。吾见名士，亦有呼其亡兄弟为兄子弟子门中者，亦未为安帖也。北土⑫风俗，一本无"风俗"字。都不行此。太山羊偘⑬，梁初入南。吾近至邺，其兄子肃访偘委曲⑭，吾答之云："卿从门中在梁，如此如此。"肃曰："是我亲第七亡叔，非从也。"祖孝征⑮在坐，先知江南风俗，乃谓之云："贤从弟门中，何故不解？"

注　释：

① 不获已：不得已，感到无奈。时代用语。

② 文墨：即文书辞章。语出《三国志·蜀志·诸葛亮传》："公诚之心，形于文墨。"

③ 阀阅：指古代仕宦人家的功勋、功绩和经历。阀，同"伐"，功劳，典出《左传·庄公二十八年》："且旌君伐。"旌，表彰。在古代社会，仕宦人家门前都有题记功业的柱子，为了标榜世家功勋，将功业张扬于门前，在大门外竖立柱子，题记功业。这表彰世家功勋的立柱，就叫阀阅。这是它的社会意

义与政治意义；另一方面，它也有建筑美学意义。它是装饰于大门之外的构筑物，最早只是两根丈余长的立柱，漆成乌黑色。柱顶以瓦筒之类的物件覆盖。史书上说，"在左曰阀，在右曰阅"。到了宋代，它就演化成"门簪"，就是用六角形、圆形、幽形（数条向内凹的曲面）的短桩，镶嵌在门槛之上。桩周及端部雕有图案。一般官员家用二个，高官的府邸用四个。后来演化成房屋院落之外的大门，是独立的建筑物，也就是用有屋顶的一至三间房屋来做大门。如明代科学家宋应星在《天工开物·漕舫》里介绍："伏狮前为阀阅，后为寝堂。"清朝和邦额在《夜谭随录·赵媒婆》中说："奄至一巨宅，闬闳高峻，阀阅焕然。"都可见其貌。语出《史记·高祖功臣侯者年表》："古者人臣功有五品，以德立宗庙定社稷曰勋，以言曰劳，用力曰功，明其等曰伐，积日曰阅。"

④ 文翰：书信，文札。翰，本指书写用的笔，引申为书信。

⑤ 无何：无由头，无故。

⑥ 勋贵：功勋贵族。南北朝时期的士族，大体是此类人。

⑦ 隐忍方便：先克制住，再随机应变。隐忍，克制忍受；方便，顺势而为。

⑧ 使：程本作"取"。

⑨ 没：读音同"莫"，死亡。

⑩ 敛容肃坐：正襟危坐的样子。敛容，肃静的样子；肃坐，端坐的样子。

⑪ 门中：家中。门，代表家户。

⑫ 北土：指北方地区。

⑬ 太山羊侃：泰山郡人羊侃。太山，即泰山，郡名。始设于秦末楚汉之际，因境内有泰山而得名。治所在博县（今山东泰安东南），北魏时移治博平（今山东泰安东南）。北齐改称东平郡。羊侃，字祖忻（496—549），泰山梁父（今山东泰安东南）人，南北朝时期南梁名将，东汉南阳太守羊续之后，北魏平北将军羊祉之子。羊侃早年在北魏为官，累封至征东大将军、泰山太守，赐爵钜平侯，后率众南归梁朝，多次随军北伐，官至侍中、都官尚书，封高昌县侯。侯景之乱中病死。参见《梁书·羊侃传》。

⑭ 委曲：事情的原委、经过。语出《魏书·后妃传·孝文幽皇后》："然惟小黄门苏兴寿密陈委曲，高祖问其本末，敕以勿泄。"

⑮ 祖孝征：即祖珽，字孝征，范阳狄道（今河北容城县）人。东魏护军将

军祖莹之子。北朝大臣，著名诗人。神情机警，词藻遒逸，少驰令誉，为世所推。初为秘书郎、尚书仪曹郎中，主管仪注。聚敛贪财，骄纵淫逸，迁中书侍郎，出为齐郡太守，入为太常少卿、散骑常侍、假仪同三司。高纬即位，拜秘书监，银青光禄大夫、加开府仪同三司，官至侍中、尚书左仆射，监修国史。后加特进，封燕郡公。不久解职，出为北徐州刺史，死于任上。善音律，医药尤为所长。事见《北齐书·祖珽传》。

大　意

谈到自己的先人，理所当然要对他们充满敬意，并怀有深深的感恩之情。这在古人那里，他们则容易做到；但现在就不是这样了，人们好像很难做到啊。江南人除非在万不得已必须谈到他的家世的时候，才会运用书信的形式介绍一下，他们不会相互当面谈论这方面的事情。在北方就不同了。人们好像有谈论家世的癖好，在一起的时候，没由头的也要扯一扯这方面的问题。像这种谈论家事的事情，无论如何也不要强加于人啊。如果遇到别人一定要与你谈论家世的时候，也要尽量回避它。谈论自己的家世，又有何益？如果自己的名声地位都不高，而又遇到权贵盘问家世，你就要尽量克制忍耐，随机应变。不妨只做些简单交谈，并尽快结束谈话；切不可使这种谈话变得繁复，以免涉及先人，使他们蒙羞。如果自己的祖父、父亲已不在世，在必须提到他们的时候，就要显得肃穆庄重，口称"大门中"；在提及去世的伯父、叔父时，就称"从兄弟门中"；在提到过世的兄弟时，则称堂兄弟为"某某门中"，而且要根据他们生前身份地位的高低来调整自己的表情，总之，表情要有分寸，要与平常有所区别。如果向君王禀报已故的长辈，神情也要有所变化，不过，就称已故的长辈为亡祖、亡父、亡伯、亡叔罢了。我曾遇到过一些名士，也有称已故的兄、弟为侄子"某某门中"的，这样未必妥当。北方地区的风俗，都没有这样称呼的。我姑且讲个故事来加以体会吧。泰山郡有个名叫羊侃的人，在梁朝初年投奔了南方。最近我到邺城，羊侃哥哥的儿子羊肃拜访我，询问他叔叔的一些情况。我回答他说："您的从门中在梁朝的情况如何如何。"羊肃说："他是我嫡亲的第七亡叔，不是堂叔。"说话时，祖孝征也在座。祖孝征早就知道江南的风俗，就对羊肃说道："颜之推指的就是贤从弟门中，您怎么不理解呢？"

十五、姑侄、叔侄，统称为侄，合乎情理

古人皆呼伯父、叔父，而今世多单呼伯、叔。从父①兄弟姊妹已孤②，而对其前，呼其母为伯叔母，此不可避者也。兄弟之子已孤，与他人言，对孤者前，呼为兄子弟子，颇为不忍；北土人多呼为侄。案：《尔雅》《丧服经》《左传》，侄名虽通男女③，并是对姑立称④。晋世已来，始呼叔侄；今呼为侄，于理为胜也。

注　释

① 从父：伯父、叔父的概称。

② 孤：年幼无父。

③《尔雅》《丧服经》《左传》：《尔雅·释亲》说："女子谓晜弟之子为侄。"《尔雅》，《尔雅》是我国最早的一部词典。尔，近也；雅，正也。尔雅，就是符合原意的意思。从书名来看，它是一部以雅言（正言）解释方言，以今语解释古语的专门工具书。关于《尔雅》的作者，历来有多种说法。郑玄（127—200）认为是孔子门人所作，郭璞（276—324）认为始作于周公，张揖（曹魏明帝时期博士）认为是周公所作而后人有所增益，欧阳修（1007—1072）则说是汉儒所作。实际上，《尔雅》并非一人一时之作，在战国时已具雏形，后经秦汉之际学者递相增补而成。《汉书·艺文志》著录《尔雅》为三卷二十篇，其后的传世本为十九篇。全书汇集了古代常用的2000多个词语，是读通古代经典的钥匙。《尔雅》作为语言学与经学史上的名著，历来有经学家、训诂学家为其作注。如三国魏孙炎有《尔雅音义》，晋代郭璞（276—324）有《尔雅注》，宋代邢爵有《尔雅注疏》等。《左传·僖公十四年》说："侄其从姑。"《左传》，又名《春秋左氏传》《左氏春秋》，根据孔子《春秋》编写的编年体巨著，是儒家十三经之一。据《史记·太史公自序》"左丘失明，厥有《国语》"，相传为左丘明所作。《左传》是我国古代较早的史学名著，对研究我国先秦历史具有重要的文献价值；又是我国古代重要的文学名著，许多关于历史人物、重要事件的描述，堪称文学典范。《仪礼·丧服》说："侄者何也？谓吾姑者，吾谓之侄。"《丧服经》是《仪礼》中的《丧服》篇章。《仪礼》是儒家最早的一批经典"六经"之一，又称《礼经》。起源于周公、孔子，成书于战国时期，是关

于我国上古时期礼制的文献汇编。

④ 立：程本、抱经堂本作"之"。

大　意

古时候，人们都称伯父、叔父，而现在，人们更习惯于单称伯、叔。如果堂兄弟早丧父亲，不幸成为孤儿，那么，在他们面前说话的时候，称呼他们的母亲为伯母、叔母，就在所难免了。如果侄儿失去了父亲，那么，你当着他们的面在与人说话时，称他们为兄之子或是弟之子，就显得于心不忍了。在北方，大部分人称兄弟之子为"侄"。以古代的典籍为证：在《尔雅》《丧服经》《左传》中，"侄"的称呼虽然男女都适用，但是，这个称呼具有特定性，只是对于姑姑而言的。晋朝以来，才开始有叔侄的称呼；而现在不分姑侄、叔侄，将他们统统称为"侄"，从情理上说，这样做更恰当一些。

十六、人生自古伤离别

别易会难①，古人所重。江南饯送②，下泣言离。有王子侯③，梁武帝弟，出为东郡④，与武帝别，帝曰："我年已老，与汝分张⑤，甚以⑥一本作'心'字。恻怆。"数行泪下，侯遂密云⑦，赧然而出⑧。坐此被责，飘飘舟渚⑨，一百许日，卒不得去。北间风俗，不屑此事。歧路言离，欢笑分首⑩。然人性自有少涕泪者，肠虽欲绝，目犹烂然⑪。如此之人，不可强责。

注　释

① 别易会难：魏晋之际，一些文人墨客都有类似的说法，典型的如曹丕《燕歌行·其二》中的诗句："别日何易会日难，山川悠远路漫漫。"这或是当时的流行语。

② 饯送：以酒食送别。饯，读音同"见"，古代送别亲友摆上酒食。

③ 王子侯：皇帝、诸侯的儿子被封为侯。据《汉书·王子侯表》，汉武帝采纳主父偃建议，实行"推恩令"，王子被封侯离京，封地经历世代而无。

④ 东郡：都城建康以东的吴郡、会稽郡等。

⑤ 分张：六朝人说分别为"分张"。如南北朝人庾信（513—581）名篇《伤

心赋》写道："兄弟则五郡分张，父子则三州离散。"

⑥ 以：作"心"字。

⑦ 密云：乌云密布而无雨，喻人则为没有泪水的意思。典出《易经·小畜·象》："密云不雨。"形容人强作悲切之状，而无眼泪。象，读音同"团"，判断。

⑧ 赧然：羞愧脸红的样子。赧，读音同"腩"，因惭愧而脸红。

⑨ 渚：读音同"主"，水中的小块陆地，江洲。

⑩ 分首：分手的意思。

⑪ 灿然：目光炯炯有神的样子。典出刘义庆（403—444）《世说新语·容止》："裴令公目王安丰眼灿灿如岩下电。"

大　意

别时容易再聚难。所以，古人十分看重离别之情。江南人在把酒送别时，往往会伤心落泪。梁朝有一位封了侯爵的王子，是梁武帝的弟弟，他在前往都城东边的州郡就职前，就去向梁武帝道别。梁武帝感伤地说："我的年纪大了，身体也衰弱了，今日与你分别，心中非常难过啊！"说着说着，两行眼泪就唰唰落下，令人感动。虽然这位王子侯也有离别的感伤，但就是没有流下伤心的眼泪，因而只好羞愧难地当红着脸蛋离开了皇宫。他因为这件事受到了朝野指责。在他启程出发后，他乘坐的舟船在江中转了一百多天，终于还是没有离开都城去赴任。然而，北方的风俗，并不看重离别，也没有如此悲戚之感。如果是在歧路分别，不仅不会难受，反而会欢笑道别。当然也要看到，有的人天生的泪水少，不轻易流泪。他们即使肝肠寸断，也显得很坚强，目光依然还是炯炯有神的样子，丝毫看不出他们的内心悲伤。对于这样的人，那就无可厚非了。

十七、亲属称呼，不可滥用

凡亲属名称，皆须粉墨①，不可滥也。无风教者，其父已孤②，呼外祖父母与祖父母同，使人为其不喜闻也。虽质于面③，皆当加外以别之；父母之世叔父④，皆当加其次第以别之；父母之世叔母，皆当加其姓以别之；父母之群从世叔父母及从祖父母，皆当加其爵位⑤若姓以别之。河北士人，皆呼外祖父母为家公家母⑥；江南田里闲亦言之。以家代外，非吾所识。

注 释

① 粉墨：粉，白色；墨，黑色。本指黑白分明。这里是仔细分辨的意思。

② 父已孤：父亲失去了他的父亲。

③ 质于面：当面说话。质，对质，对着某人的面问话。

④ 世叔父：世父与叔父的合称。世父，伯父。世父由世子而来，长子为世子，子侄称呼为伯父。

⑤ 爵位：爵号与官位。古代社会，君王依等次授予有功之臣的爵位与官职。如《韩非子·定法》说："官爵之迁，与斩首之功相称也。"

⑥ 家公家母：六朝时期的家庭称谓。见《北齐书·王绰传》："绰兄弟皆呼父为兄兄，呼嫡母为家家。"据清代学者梁章钜（1775—1849）在《称谓录·二》中说："北人称母为家家，故为母之父母为家公家母。"

大 意

凡属亲属的名号称谓，都要仔细分辨，不可随意滥用。那些教养较差的人，在祖父、祖母去世后，就将外祖父、外祖母的称呼与祖父、祖母混为一谈，听了令人感到不快。我认为，就算是当着外祖父、外祖母的面，也应当在他们的称谓上用一个"外"字来加以区别；而称呼父母的伯父、叔父，也都应当明确长幼顺序，并在称呼前以此来加以区分；当然，称呼父亲、母亲的伯母、叔母，都应当在他们的称谓前加上姓氏来予以区分；称呼父亲、母亲的堂伯父、堂伯母、堂叔父、堂叔母以及堂祖父、堂祖母，还都应当加上他们生前的爵位或者姓氏来加以区别。河北地区的士人，都称呼外祖父、外祖母为家公、家母；江南乡间偶尔也有这种称呼。为啥要用"家"字代替"外"字，其中的缘故我就不清楚了。

十八、同族称呼，要随着世代交替而变

凡宗亲世数①，有从父②，有从祖③，有族祖。江南风俗，自兹已往，高秩④者，通呼为尊；同昭穆者⑤，虽百世犹称兄弟；若对他人称之，皆云族人⑥。河北士人，虽三二十世，犹呼为从伯、从叔。梁武帝尝问一中土⑦人，曰："卿北人，何故不知有族？"答曰："骨肉易疏⑧，不忍言族尔。"当时虽为敏对，于礼未通。

注　释

① 宗亲世数：同宗世代。同宗，典出《史记·五宗世家》："同母者为宗亲。"世数，同宗辈分。

② 从父：伯父、叔父的概称。

③ 从祖：祖父的堂伯父、堂叔父的概称。

④ 高秩：高官。秩，本指俸禄，这里是借俸禄的高来说明官位之高。

⑤ 同昭穆：同一个家族始祖。这里是同宗共祖的意思。昭穆，据《周礼·春官·小宗伯》郑玄注："父曰昭，子曰穆。"是指在古代宗法社会，宗庙排位以始祖居中，次以父子为昭穆（居左右）。

⑥ 族人：同族人的省称。

⑦ 中土：中原。

⑧ 疏："疏"的异体字，疏远。

大　意

同宗同祖的辈分，依次有：堂伯父、堂叔父、堂祖父、族祖父。江南的风俗，是从自己的父亲开始，依次向上追溯，对于官位高的，就概称为"尊"，同一位老祖宗而辈分相等的人，即使相隔了上百代，也还称为兄弟。如果是对外人称呼自己同族的人，则称为"族人"。更有甚者，河北地区的士人，即使相隔了二三十代，仍然称为堂伯、堂叔。梁武帝曾经问过一位中原人士，说："你是北方人啊，怎么不知有族人的称呼呢？"中原人回答道："同宗如骨肉，世代久远了，亲情就容易疏远，所以我不忍心用'族人'这个称呼啊。"这个回答在当时虽然不失为机敏，但是，从礼仪上讲，还是说不通的。

十九、已经消亡了的称谓就不要再使用了

吾尝问周弘让①曰："父母中外姊妹②，何以称之?"周曰："亦呼为丈人③。"自古未见丈人之称施于妇人也④。吾亲表所行，若父属者，为某姓姑；母属者，为某姓姨。中外丈人之妇，猥俗呼为丈母⑤，士大夫谓之王母、谢母⑥云。而《陆机集》⑦有《与长沙顾母书》，乃其从叔母也，今所不行。

注　释

①周弘让：南北朝时期陈朝人，汝南安城（今河南汝南东南）人。尚书右仆射周弘正之弟，性情闲素，博学通晓，官至太常卿光禄大夫。事见《陈书·周弘正传》。

②中外姊妹：以父母分，父方为内，母方为外，中表之意。

③丈人：对亲戚长辈的统称。据近代学者吴承仕（1884—1939）的说法，"中外对文……以族亲为内，故以异性为外，其辈行尊于我者，则通谓之丈人。盖晋、宋以来之通语矣。"

④"自古"句：据杨伯峻（1909—1992）教授的研究，此句为作者失察，古时也有称妇人为"丈人"的。

⑤丈母：父辈的妻子。据清代学者钱大昕（1728—1804）在《恒言录·三》中说："是凡丈人行之妇，并称丈母也。"

⑥王母、谢母：这里是虚指。在六朝时期，王谢并为大姓显族。

⑦《陆机集》：西晋文学家陆机的文集。陆机，字士衡（261—303），吴郡吴县（今江苏苏州）人，西晋著名文学家、书法家。出身吴郡陆氏，为孙吴丞相陆逊之孙、大司马陆抗第四子，与其弟陆云合称"二陆"，又与顾荣、陆云并称"洛阳三俊"。陆机"少有奇才，文章冠世"，诗重藻绘排偶，骈文亦佳。与弟陆云俱为西晋著名文学家，被誉为"太康之英"。与潘岳同为西晋诗坛的代表，形成"太康诗风"，世有"潘江陆海"之称。陆机亦善书法，其《平复帖》是中国古代存世最早的名人书法真迹。见《晋书·陆机传》。

大　意

我曾经曾经向太常卿周弘正请教过，"父母的姊妹应该如何称呼啊?"他回

答说，"应该称他们为丈人吧。"我对他的回答，表示怀疑。在我阅读的文献中，没有见过把丈人的称呼用在妇人身上的。我所知道的是，我的亲表们是这样称呼他们父母的姊妹的：如果是父亲的姊妹，就称她们为某姑；如果是母亲家的姊妹，就称她们为某姨。姑舅表亲中长辈的妻子，民间俚称为丈母；而在上流社会，则因其姓氏分别称她们为王母、谢母等等。《陆机集》中有《与长沙顾母书》，其中的顾母，就是陆机的堂叔母。但是，现在已经没有这样的称呼了。

二十、像尊称"祖""家"之类姓氏的人为"公"，容易引起歧义，要慎重

齐朝①士子，皆呼祖仆射②为祖公，全不嫌有所涉③也，乃有对面以相——本作"为"字。戏④者。

注　释

① 齐朝：指北齐。

② 祖仆射：即前文说到的祖珽，字孝征，官拜尚书左仆射。仆射，官名，始设于秦，为侍中、尚书、博士、谒者执事首领。东汉时，尚书仆射为尚书令的副职；汉末设左、右仆射。魏晋以后，令、仆同为宰相之任，有"朝端""朝右"之称。射，读音同"夜"，皇帝身边的射人，小臣。

③ 涉：关涉。这里是指关涉歧义的意思。因祖珽的祖姓与祖父的祖为同一个字，容易误会；如同姓家者，别人不可称之为家公一样。

④ 戏：戏谑，开玩笑。

大　意

北齐朝的士大夫们，都亲切地称尚书左仆射祖珽为"祖公"，他们一点都不介意这样的称呼会牵涉到对自家祖父的称呼；甚至还有人当着祖珽的面，用这种称呼和他开玩笑呢，他们也没觉得有什么忌讳。

二十一、名讳之规，讳名不讳字

古者，名以正体①，字以表德②，名终则讳之③，字乃可以为孙氏④。孔子弟子记事者，皆称仲尼⑤；吕后⑥微时，尝字高祖⑦为季；至汉爰种⑧，字其叔父曰丝⑨；王丹与侯霸子语，字霸为君房⑩。江南至今不讳字也。河北士人全不辨之，名亦呼为字，字固因⑪呼为字。尚书王元景兄弟⑫，皆号名人，其父名云⑬，字罗汉，一皆讳之，其余不足怪也。

注 释

① 正体：端庄礼仪，作为社会规范，人各有姓氏名称。体，通"礼"。

② 表德：表彰德行。南宋诗人陆游在《老学庵笔记·二》中解释说："字所以表其人之德。"

③ "名终"句：语出《左传·桓公六年》："公问名于申儒。对曰：'名有五，有信，有义，有象，有假，有类。以名生为信，以德命为义，以类命为象，取于物为假，取于父为类。不以国，不以官，不以山川，不以隐疾，不以畜牲，不以器币。周人以讳事神，名，终将讳之。故以国则废名，以官则废职，以山川则废主，以畜牲则废祀，以器币则废礼。晋以僖侯废司徒，宋以武公废司空，先君献、武废二山，是以大物不可以命。'"名讳，是这句话简称。人死了，名称就终结了，尊重他，就要避讳他的名称。

④ "字"句：上古时代，姓氏不相同，专用氏来区分同姓的支派。典型的例子，如《左传·隐公八年》所载，公子展之孙"无骇卒。羽父请谥与族。公问族于众仲。众仲对曰：'天子建德，因生以赐姓，胙之土而命之氏。诸侯以字为谥，因以为族。官有世功，则有官族，邑亦如之。'公命以字为展氏。"此句当本此。

⑤ 仲尼：即孔子，名丘，字仲尼。

⑥ 吕后：汉高祖刘邦的妻子，姓吕，名雉，字娥姁（前241—前180），通称吕后，或称汉高后、吕太后等等。单父（今山东单县）人。汉高祖刘邦的皇后（前202年—前195年在位），高祖死后，被尊为皇太后（前195—前180），是中国历史上有记载的第一位皇后和皇太后。同时，吕雉也是秦始皇统一中国之后，第一个临朝称制的女性，被史学家司马迁列入记录皇帝政事的本纪，后

来班固作《汉书》时仍然沿用。她开汉代外戚专权的先河。这里是说，她还没有显贵时，曾以刘邦的字"季"相称。事见《史记·吕太后本纪》《汉书·高后纪》。

⑦高祖：即汉高祖刘邦，字季（前256—前195），沛县（今江苏沛县）丰邑中阳里人，汉朝开国皇帝。典出《史记·高祖本纪》："高祖即自疑，亡匿，隐于芒、砀山泽岩石之间。吕后与人俱求，常得之。高祖怪问之。吕后曰：'季所居上常有云气，故从往常得季。'"

⑧爰种：西汉大臣袁盎之侄。爰盎，字丝（约前200—前150），汉初楚国人，西汉大臣，性刚直，多识见，有才干，以胆识和见解为汉文帝所赏识，后为刺客所杀。

⑨"叔父"句：典出《汉书·爰盎传》：爰盎"徙为吴相。辞行，种谓盎曰：'吴王骄日久，国多奸。今丝欲刻治，彼不上书告君，则利剑刺君矣。南方卑湿，丝能日饮，亡何，说王毋反而已。如此幸得脱。'盎用种之计，吴王厚遇盎。"

⑩"王丹"句：王丹，东汉大臣，字仲回，京兆下邽（今陕西省渭南市临渭区北）人也。西汉哀、平帝时任职州郡，东汉官至太子太傅。典出《后汉书·王丹传》："时大司徒侯霸欲与交友，及丹被征，遣子昱候于道。昱迎拜车下，丹下答之。昱曰：'家公欲与君结交，何为见拜？'丹曰：'君房有是言，丹未之许也。'"

⑪因：抱经堂本无此字，疑为衍文。

⑫王元景兄弟：王元景，即北齐朝王昕，字元景，北海剧今山东寿光南人。幼好学，德业为人所重，官至银青光禄大夫、祠部尚书，史书上说他"有文集二十卷，传于世"。弟王晞，字叔朗，小名沙弥。史书上说他幼而孝谨，勤而好学，仪表堂堂，器宇轩昂，行事有原则。参见《北齐书·王昕王晞传》。

⑬"其父"句：王元景兄弟之父，即北魏大臣王宪（378—466），字显则，北海剧人。祖王猛，为前秦苻坚丞相。父休，河东太守。宪幼孤，随伯父永在邺。苻丕称尊号，复以永为丞相。永为慕容永所杀，宪奔清河，匿于民家。皇始中，舆驾次赵郡之高邑，宪乃归诚。太祖见之，曰："此王猛孙也。"厚礼待之，以为本州中正，领选曹事，兼掌门下。宪子嶷，嶷子云，字罗汉，颇有风尚，官至兖州刺史。参见《魏书·王宪传》。

大 意

古时候，人们取名是为了借它来端正礼仪，表字则是为了借它来彰显道德。人死名终，就要实行名讳，以尊敬先人；但是，他的字却是可以用来作为孙子的氏，以区别同宗支派的。这在古往是有先例可循的。比如，孔子的学生在记录言行时，都用他的字"仲尼"来称他；楚汉之战期间，吕雉曾经使用刘邦的字"季"来称他；到了汉文帝时，爰种以他叔父爰盎的字"丝"来称他；东汉王丹与侯霸的儿子对话时，也用侯霸的字"君房"称他。这在江南，依然如此，人们并不避讳先人的字，经常以字相称。河北地区的士人，因完全弄不明白名与字的差别，他们就混同使用，不管是名还是字，想怎么用就怎么用。譬如，尚书王元景兄弟俩，都是当朝名人，他们的父亲名云，字罗汉，他俩索性将父亲的字与名一道纳入名讳。由此可见，其他人所用的一些名讳，存在种种的混乱，也就不足为奇了。

二十二、治丧时，悲伤程度要因亲缘等级而定

《礼·间传》①云："斩缞②之哭，若往而不反③；齐缞④之哭，若往而反；大功⑤之哭，三曲而偯⑥；小功⑦缌麻⑧，哀容可也：此哀之发于声音也。"《孝经》⑨云："哭不偯。"⑩皆论哭有轻重、质文⑪之声也。礼以哭有言者为号⑫，然则哭亦有辞也。江南丧哭，时有哀诉之言尔。山东⑬重丧⑭，则唯呼苍天，朞功⑮以下，则唯呼痛深，便是号而不哭。

注 释

①《礼·间传》：间传篇主要是讲服丧期间的重要事项。

②斩缞：古代服丧期间五种丧服中最重的一种，服丧三年，子及未嫁女为父母、媳妇为公婆、承重孙为祖父母、妻妾为丈夫，都服斩缞。斩，丧服不缝下边。以粗生麻布制成丧服，衣边及下摆都不缝上。缞，读音同"崔"，用麻布制成的丧服，披在胸前。

③反：通"返"，返回。

④齐缞：古代五种丧服之一，次于斩缞。用熟麻布制成，下边缝上。有服三年的，如子为继母、慈母；有一年的，孙为祖父母、丈夫为妻子；有五个月

的，如为曾祖父母；也有三个月的，如为高祖父母。

⑤ 大功：次于齐缞的丧服，用熟布制成。服丧九个月。堂兄弟、未婚的堂姐妹、已婚的姑、姊妹、侄女及众孙、众子妇、侄妇等之丧，均服大功。已婚女为伯父、叔父、兄弟、侄、未婚姑、姊妹、侄女等服丧，也服大功。

⑥ 三曲而偯：哭声一声三折，尾音犹存。三曲：据东汉学者郑玄对《间传》篇的注释："三曲，一举声而三折也；偯（读音同"以"），声余从容也。"曲，原作"哭"，今据抱经堂本改。

⑦ 小功：次于大功的丧服，以熟布制成，比大功细，比缌麻粗。服丧五个月。凡本宗为曾祖父母、伯叔祖父母、堂伯叔祖父母、未嫁祖姑、堂姑、已嫁堂姊妹，兄弟之妻，从堂兄弟及未嫁从堂姊妹；外亲为外祖父母、母舅、母姨等，均此服。

⑧ 缌麻：次于小功的丧服，五服重最轻的一种。用细麻布制成，服丧三月。凡本宗为高祖父母、曾伯叔祖父母、族伯叔父母、族兄弟以及未嫁族姊妹，外亲为表兄弟、岳父母等，均此服。

⑨ 《孝经》：中国古代儒家最早的一批经典"六经"之一，为孔子及其弟子所作，成书于战国秦汉之际。全书共 18 章。自西汉至魏晋南北朝，注解者上百家。现在流行的版本是唐玄宗李隆基注，宋代邢昺疏。

⑩ 哭不偯：出自《孝经·丧亲章第十八》："子曰：'孝子之丧亲也，哭不偯，礼无容，言不文，服美不安，闻乐不乐，食旨不甘，此哀戚之情也。'"唐玄宗李隆基注曰："气竭而息，声不委曲。"

⑪ 质文：文与质的范畴，出自《论语·雍也篇》："质胜文则野，文胜质则史。文质彬彬，然后君子。"质，朴质，比较原生态，粗犷的意思；文，文雅，比较修饰，雅致的意思。在这里，等同于俗与雅的范畴。

⑫ 号：读音同"毫"，大声哭。

⑬ 山东：据宋元之际学者胡三省（1230—1302）注《资治通鉴·宋纪三》："此山东谓太行、恒山以东，即河北之地。"与前文所言"河北"，是同一个地理意义。

⑭ 重丧：指披戴斩缞丧服的丧事，失去至亲之人为重丧。重，读音同"踵"，与"轻"相对，表示程度之高。

⑮ 朞功：齐缞中为期一年的丧服。朞，读音同"鸡"，也可写作"基"，一

周年。典出《尚书·尧典》："朞，三百有（通"又"）六旬有六日。"一年366天，是就闰年而言；平常年份为365天。功，指大功服丧九个月、小功服丧三个月。

大　意

《礼·间传》说："披戴斩缞丧服的人，他的痛哭悲痛至极，要一声痛哭便像气绝了，没有回声一样；披戴齐缞丧服的人，他的悲泣十分悲伤，要哭得死去活来；披戴大功丧服的人，他的悲伤充分表达出来，哭声要一声三折，抑扬悠长；至于说披戴大功、小功丧服的人，只要在面容上表现出十分沉痛的神情就可以了。这就是人们在居丧时通过不同的悲伤声音所表现出来的不同治丧情况。"《孝经·丧亲章第十八》上说："孝子痛失双亲，要哭得像断了气的那样，哭声中一点余音都没有。"这两本经典的论述，是提醒人们注意，哀哭之声有轻与重、质与文等等不同的区别。丧礼是这样约定俗成的，边痛哭边诉说被称为号哭。看来，哀哭也是可以有言语的。江南人在居丧中号哭，经常是亦哭亦诉；河北地区的人在服重丧时，只是呼天抢地、悲痛欲绝，而在失去一般亲人时，也只是悲痛呼号，极其沉痛，这就是"号而不哭"吧。

二十三、吊唁亲友是不可忽视的礼节

江南凡遭重丧，若相知者，同在城邑，三日不吊则绝之[①]；除丧[②]，虽相遇则避之，怨其不己悯[③]也。有故[④]及道遥[⑤]者，致书[⑥]可也；无书亦如之[⑦]。北俗则不尔。江南凡吊者，主人之外，不识者不执手[⑧]；识轻服[⑨]而不识主人，则不于会所[⑩]而吊，他日修名[⑪]诣[⑫]其家。

注　释

① 吊：吊丧，悼念死者。绝，绝交，断绝往来。

② 除丧：居丧已满，脱掉丧服，换上吉服，过平常生活。

③ 不己悯："不悯己"的倒装句。悯，哀悯。

④ 故：缘由，缘故。这里是指家中有不便前来吊丧的缘由的意思。

⑤ 道遥：路途遥远。这里是指因路途遥远而赶不上丧礼活动的意思。道，路；遥，远。

⑥ 书：书札，信函。这里是写信致意、表示哀悼的意思。

⑦ 亦如之：指如同上文交代的"不吊则绝之"。

⑧ 执手：握手。表示友好的一种礼节。

⑨ 轻服：指五种丧服中较轻的种类，一般指大功以下的丧服。

⑩ 会所：治丧场所，丧礼现场。

⑪ 修名：置备名帖，以作通报姓名之用，相当于当今我们社交所用的"名片"。

⑫ 诣：读音同"义"，从某地到某地的意思。

大　意

在江南地区，凡是遭逢像父母去世这样重丧的人，他的亲戚朋友都要前来表示哀悼。特别是那些住在同一个地方的知己之交，如果在三天内不来吊唁，丧家就要与他断绝交往了。即使是在丧期过后，丧家与此人不期而遇，也会避开他，而不会与他搭理，因为丧家怨恨他的这种不哀悯自己的失礼行为。当然啰，也有另外一种情况。假如人家家中也发生了什么情况而不便前来吊丧，或者是因为路途遥远而赶不上丧礼的时间，那就只要有信札说明，并表达哀悼之情就可以了。但是，倘若不联系，也不用书信表达哀悼之意，丧家也还是要同他绝交的。而北方的风俗就不一样了。在江南地区凡是前来吊丧的人，都只与丧家握手，互不相识的就免了握手礼；如果只是认识丧家的一般亲友而不认识丧主，就不必到灵堂去吊唁了，日后持着名帖到那家去慰问一下就行了。

二十四、在迷信和丧礼之间，宁愿选择丧礼

阴阳说①云："辰为水墓，又为土墓，故不得哭。"②王充《论衡》③云："辰日不哭，哭则重丧。"④今无教⑤者，辰日有丧，不问轻重⑥，举家清谧⑦，不敢发声，以辞吊客。道书⑧又曰："晦⑨歌朔哭，皆当有罪，天夺之算⑩。"丧家朔望⑪，哀感弥深，宁当惜寿，又不哭也，亦不谕⑫。一本无"亦不谕"三字。

注　释

① 阴阳说：阴阳家的说法、理论。阴阳家，春秋战国时期百家学说中的一

派一家，阴阳家提倡阴阳五行（金、木、水、火、土）思想，主张"五德始终""五德转移"学说。《汉书·艺文志》将阴阳列为"九流"之一。古代人们用天干地支纪日计时，阴阳家认为，逢辰时出丧修的墓是水墓，或者是土墓。

②"辰为"三句：或出自于与作者同时期学者萧吉《五行大义》卷二"生死所"，也可能是出自于其他学者之口。

③王充《论衡》：王充（27—约97），东汉唯物主义哲学家，无神论者。字仲任，会稽上虞（今属浙江）人。王充少孤，乡里都称他孝顺。后到京城，进太学学习，拜大学者班彪为师。博览经典而不守章句。历任郡功曹、治中等。后居家专门从事著述。事见《后汉书·王充传》。他是汉代道家思想的重要传承者与发展者。王充思想虽属于道家却与先秦的老庄思想有严格的区别，虽是汉代道家思想的主张者但却与汉初王朝所标榜的"黄老之学"以及西汉末叶民间流行的道教均不同。《论衡》30卷，20余万字，是王充的代表作品，也是中国历史上一部不朽的无神论著作。

④"辰日"两句：出自《论衡·辨祟篇》。辰日治丧不哭之说，从秦汉以至隋唐，一直为丧礼所坚守。辰日，即朔日，阴历的每月初一，这一天日、月交会，古人认为这是阴阳相交，哭则不吉。

⑤无教：是指没有文化、愚昧的意思。

⑥轻重：指五种丧服中的轻与重。

⑦清谧：清静。谧，读音同"密"，安静。

⑧道书：道家书籍。

⑨晦：阴历的每月三十日为晦日。

⑩算：古代的计时单位，十二年为一算。这里是指天命所定、寿命的意思。之，抱经堂本作"其"。

⑪望：阴历每月十五日。

⑫谕：喻，明白。

大　意

阴阳家说："逢辰日出殡建的墓是水墓，又为土墓，因此，不能哭泣。"东汉王充在《论衡》中引述人们的话说："逢辰日治丧就不能哭丧了；如果哭了，就一定会再死人的。"现在真还有一些缺少文化的愚昧人，遇到辰日治丧，也不分是轻丧还是重丧，都统统保持清静，更不敢发出哭声，而且也谢绝了吊丧的宾客。道家书上还说："每逢晦日喜庆唱歌，朔日悲伤哭泣，都是有罪过的，老天爷要削夺他十二年的寿命。"丧家不幸，恰巧遇到了朔日和望日的禁忌，使本来就特别深切的哀伤就更加显得雪上加霜了。难道真的怕遭天谴，只是为了珍惜自己的寿命，就不敢在朔日和望日为了逝去的亲人而悲哭了吗？我真是感到莫名其妙啊！

二十五、抨击迷信活动，理所当然

偏傍之书①，死有归杀②。子孙逃窜，莫肯在家；画瓦书符③，作诸猒胜④；丧出之日，门前然⑤火，户外列灰⑥，被⑦送家鬼⑧，章断⑨注连⑩。凡如此比，不近有情，乃儒雅之罪人，弹议⑪所当加也。

注　释

①偏傍之书：指非正道真理书籍，即"旁门左道之书"。偏，不正，歪斜；傍，读音同"旁"，在侧边。

②归杀：过去人们迷信的说法，死者灵魂回家，危害自家亲人。杀，程本作"煞"。

③画瓦书符：画瓦，在屋顶瓦片上画画以镇邪；书符，在大门上画上驱鬼的符箓。

④猒胜：古代的一种巫术，说是依靠诅咒的魔术，可以降物镇魔。猒，"厌"字的异体。

⑤然：通假字，通"燃"，点燃。门前燃火，为古代江南风俗。

⑥户外列灰：门户外布灰，用来查看死者的魂魄遗迹。

⑦被：读音同"伏"，古代为了除灾祈福的迷信活动。典出《韩非子·说林下》："巫咸虽善祝，不能自被也。"

⑧家鬼：指自家祖考。

⑨章断：向上天上表以求断绝死人的祸殃。

⑩注连：连接不断。注，附着。

⑪弹议：评议。弹，读音同"谈"，批评，抨击。

大 意

有一些旁门左道的迷信书认为，人死之后，他的灵魂还会回家危害自家亲人，成为归杀。家中子孙为了逃避归杀，就谁都不肯留在家里；又说，在瓦片上画画，在大门上画符箓，可以镇邪驱鬼，或者通过念咒语来制服鬼魂；还说，在出殡的那天，门前要点燃火堆，屋外也要撒一些灰，还要举行类似这样的仪式驱走家鬼；向上天捧上奏表，祈求赐福，让天神阻止鬼魂回家害人。我看，诸如此类的做法，都是没有根据的，也不近人情。这些愚昧迷信活动，是文明的敌人，人们批评甚至抨击它，是理所当然的。

二十六、每逢佳节倍思亲，这是人情之常

已孤，而履岁①及长至之节②，无父，拜母、祖父母、世叔父母、姑、兄、姊，则皆泣③；无母，拜父、外祖父母、舅、姨、兄、姊，亦如之。此人情也。

注 释

①履岁：一年之始，农历正月初一为岁首。典出《史记·历书》："先王之正时也，履端于始，举正于中（每个月的中气），归邪（读音同"于"，通"馀"，指闰月）于终。履端于始，序则不愆（读音同"千"，失误）。"

②长至之节：冬至节。早在二千五百多年前的春秋时代，先民已经用土圭观测太阳测定出冬至，时间在每年的阳历12月22日、23日之间，在二十四节气中，冬至节是被先民最早制订出的一个节气节日。典出北魏崔浩《女仪》："近古妇人，常以冬至日上履袜于舅姑，履长至之义也。"（《太平御览》卷二八引）至于唐宋时，以冬至和岁首并重。据南宋孟元老《东京梦华录》载："十一月冬至。京师最重此节，虽至贫者，一年之间，积累假借，至此日更易新衣，备办饮食，享祀先祖。官放关扑，庆祝往来，一如年节。"明、清两代皇帝均有祭天大典，谓之"冬至郊天"。宫内有百官向皇帝呈递贺表的仪式，而且还要互相投刺祝贺，就像元旦一样。但民间并不以冬至为节，不过有些应时应景

的活动。

③ 泣：流泪并伴有低声。

大　意

对于失去了父亲或母亲的人来说，在冬至节和大年初一这两天，有些礼仪还是一定要注意的：如果是父亲不在了，在这两个节日里则要拜见母亲、祖父母、伯叔父母、姑母、兄长、姐姐，拜节时要伤心流泪，表达出对先父的思念之情；如果是母亲不在了，在这两个节日里就要拜见父亲、外祖父母、舅父、姨母、兄长、姐姐，也要伤心流泪，表达出对先母的思念之情。每逢佳节倍思亲，这是人之常情啊！

二十七、裴政知礼守礼，理当受到褒扬

江左朝臣，子孙初释服①，朝见二宫②，皆当泣涕；二宫为之改容。颇有肤色充泽，无哀感者，梁武薄其为人，多被抑退。裴政③出服④，问讯⑤武帝，贬瘦枯槁⑥，涕泗滂沱⑦，武帝目送之曰："裴之礼⑧不死也。"⑨

注　释

① 释服：丧期满后，除去丧服，换上吉服。除丧的意思。典出《史记·孝文本纪》："其令天下吏民，令到出临三日，皆释服。"

② 二宫：指代皇帝和太子。

③ 裴政：字德表，河东闻喜（今属山西）人。自幼聪明，见识广博，记忆力强，从政通达，受到当时人们的称赞。南朝梁豫州刺史裴邃之孙、北徐州刺史裴之礼之子。先为萧梁邵陵王府法曹参军，转起部郎、枝江令。湘东王召为宣惠府记室，除通直散骑侍郎。侯景之乱，加壮武将军，封夷陵侯。征授给事黄门侍郎，加平越中郎将、镇南府长史。入北周后，为员外散骑侍郎，授刑部下大夫，转少司宪。隋受禅，转率更令，加上仪同三司。进散骑常侍，转左庶子，出为襄州总管。卒年八十九。著有《承圣实录》10卷。事见《北史·裴政传》。

④ 出服：与上文"释服"同一个意思。

⑤ 问讯：佛教敬礼法。僧尼拜见师长、尊上合掌曲躬请安。因梁武帝信佛，故裴政向梁武帝行佛教礼法。

⑥ 枯槁：憔悴。典出《战国策·秦策一》："形容枯槁，面目黧黑，状有归色。"槁，读音同"搞"，树木缺枝少叶，显得衰败。

⑦ 涕泗滂沱：形容泪如雨下的样子。典出《诗经·国风·陈风·泽陂》："寤寐无为，涕泗滂沱"。意思是说，我日思夜想地想他（她），想得我难以入睡，不觉得眼泪流得稀里哗啦。涕，眼泪；泗，鼻涕；滂沱，雨大的样子。

⑧ 裴之礼：裴邃之子，字子义，自国子生推第，补邵陵王国左常侍、信威行参军。王为南衮，除长流参军，未行，仍留宿卫，补直阁将军。丁父忧，服阕袭封，因请随军讨寿阳，除云麾将军，迁散骑常侍。又别攻魏广陵城，平之，除信武将军、西豫州刺史，加轻车将军，除黄门侍郎，迁中军宣城王司马。寻为都督北徐、仁、睢三州诸军事、信武将军、北徐州刺史。征太子左卫率，兼卫尉卿，转少府卿。卒，谥曰壮。子政，前文有介绍。

⑨ "裴之礼"句：语出《南史·裴邃传》：裴之礼"母忧居丧，唯食麦饭。邃庙在光宅寺西，堂宇弘敞，松柏郁茂。范云庙在三桥，蓬蒿不翦。梁武帝南郊，顾而叹曰：'范为已死，裴为更生。'"

大　意

南朝大臣的子孙在丧满除服后，都会拜见皇帝和太子，对他们的慰问表示感谢并向他们报告治丧情况。当然，在朝见皇帝和太子的时候，子孙们一般都会怀念先人，伤心流泪；而皇帝和太子也会被他们的哀伤所感动，为之动容。也有一些例外，有的子孙在拜见皇帝和太子时，毫无悲伤表情，好像没发生过什么事情的样子，肤色丰润，这当然就会引起梁武帝反感；梁武帝随后就会将他们的官职折贬，有的甚至放逐到外地去。话说裴政在除去丧服后，按照僧尼的礼仪拜见了梁武帝，他不仅因为守孝用心，而显得瘦削憔悴，而且还面露哀色，在晋见梁武帝时不禁泪流满面。这深深地打动了梁武帝。梁武帝一面目送裴政离开；一面褒奖他说道："裴之礼教育出了一个好儿子，他没有死啊！"

二十八、礼缘人情，恩由义断，切不可因噎废食

二亲既殁①，所居斋寝②，子与妇弗忍入焉。北朝③顿丘④李构⑤母刘氏，夫人亡后，所住之堂，终身锁闭⑥，弗忍开入也。夫人，宋⑦广州刺史⑧纂⑨之孙女，故构犹染江南风教。其父奖⑩，为扬州刺史，镇寿春遇害。构尝与王松年⑪、祖孝征数人同集谈燕⑫。孝征善画，遇有纸笔，图写为人。顷之，因割鹿尾⑬，戏截画人以示构而无他意。构怆然⑭动色，便起就马而去。举坐惊骇，莫测其情。祖君寻悟，方深反侧⑮，当时罕有能感此者。吴郡陆襄⑯，父闲⑰被刑，襄终身布衣蔬饭，虽姜菜有切割，皆不忍食，居家唯以掐摘供厨。江陵姚子笃⑱，母以烧死，终身不忍啖炙⑲。豫章熊康⑳，父以醉而为奴所杀，终身不复尝酒。然礼缘人情，恩由义断，亲以噎死，亦当不可绝食也。一本无"当"字，有"也"字；一本有"当"字，无"也"字。

注 释

① 殁：通假字，通"莫"。死亡。

② 斋寝：斋戒时的居室。

③ 北朝：南北朝时期，北魏、东魏、西魏、北齐、北周先后在中国北方建立的政权，史称北朝（439—581）。北朝与同时期在中国南方建立的先后交替的宋、齐、梁、陈政权，史称南朝（420—589）相对应。

④ 顿丘：郡名，始设于西晋泰始二年（266），治所在顿丘（今河南清丰西南）。北齐废置。

⑤ 李构：字祖基，北齐黎阳人。李平孙，后文提到的将军李奖长子。少以方正见称，袭爵武邑郡公，初任开府参军。东魏武定末为太子中舍人。天宝（550—560）初，降爵为县侯。后迁谯州刺史，终官太府卿。卒后，赠吏部尚书。常以雅道自居，为当时名流所重。事见《北史·李崇传》。构，原承宋淳熙本避南宋高宗讳作小字注"太上御名"，今据程本、抱经堂本改。下同，不再出校。

⑥ 锁闭：用门锁锁住大门。

⑦ 宋：南朝时期宋朝。刘宋创立者为宋武帝刘裕（363—422，字德舆，小名寄奴，生于晋陵郡丹徒县京口里，汉楚元王刘交之后），在420年废晋建宋，

仍以建康（今江苏南京）为都。刘宋经历八帝、六十年，终为南齐所代。

⑧广州刺史：广州，始建于三国时期吴国永安七年（264），治所在番禺（今广东广州）。刺史，始设于西汉武帝时期，职能为监察。东汉末为一州之军政首长，延及南北朝时期，各州设刺史。

⑨纂：字元绩，彭城绥舆里（今江苏徐州）人。南朝宋宗室大臣，长沙悼王刘瑾次子。嗣长沙王之爵位，官至步兵校尉，宋顺帝升明二年（478），去世。萧道成即位，国除。

⑩奖：即李奖，李构之父，李构为其长子。李奖，字道穆，顿丘（今河南清丰县）人。北魏大臣。容貌魁伟，颇有才度。自太尉参军事，官至中书侍郎，兼吏部尚书，出为相州刺史，阿附元叉，削除官爵。起为散骑常侍，迁河南尹。永安二年（529），元颢入洛，以李奖死于难，追赠卫将军、冀州刺史。事见《北史·李奖传》。文中说李奖为扬州刺史，有误。

⑪王松年：北齐大臣。少知名，年轻时做过中级官员。孝昭帝时擢拜给事黄门侍郎，深得信任。武帝时加散骑常侍，"参定律令，前后大事多委焉"。死后赠吏部尚书、并州刺史。事见《北齐书·王松年传》。

⑫"祖孝征"句：祖孝征，即祖珽，已在前注。同集谈燕，大家相聚在一起谈笑、饮宴。燕，通假字，通"宴"，宴会。集，抱经堂本作"席"。

⑬鹿尾：这里是指用于宴席的鹿尾巴。古人作为珍肴入席。据晚唐著名怪志小说家段成式（803—863）在《酉阳杂俎·酒食》中记载："邺中鹿尾，乃酒肴之最。"

⑭怆然：悲伤的样子。

⑮反侧：不安的样子。典出自《诗经·国风·周南·关雎》："悠哉悠哉，辗转反侧。"意思是说，想来想去思不断，翻来覆去难入眠。

⑯吴郡陆襄：吴郡，郡名，东汉永建四年（129），将原属会稽郡的浙江（钱塘江）以西部分设吴郡，治所在原会稽郡的治所吴县（今江苏苏州市姑苏区），而会稽郡仅保留浙江以东部分，徙治山阴（今浙江绍兴市越城区）。陆襄，本名衰，字赵卿，吴县人，后来在朝廷做官时有奏事者误"衰"字为"襄"，梁武帝因赐他改名为襄，字师卿。父亲陆闲，曾在南朝齐扬州府任府吏，永元王遥之乱后被杀。原居吴郡（今江苏苏州一带），梁天监年间（502—519）迁居余干县城东隅。陆襄以仁孝著称于世。陆襄终身蔬食布衣，清贫居官四十五

年。梁天正二年（553），侯景之乱平，梁元帝追赠陆襄为侍中、云麾将军，食邑五百户，后又追封余干县侯。事见《南史·陆襄传》。

⑰　闲：陆襄的父亲。《南史·陆闲传》说他"有风概，与人交不苟合"，官至扬州别驾。

⑱　江陵姚子笃：姚子笃，人名，事迹不详。"陵"，抱经堂本作"宁"。

⑲　啖炙：吃烤肉。啖，读音同"蛋"，吃或给人吃；炙，读音同"至"，烤肉。

⑳　豫章熊康：豫章，楚汉之际置。治南昌县（在今江西省南昌市市区）。汉豫章郡治南昌，辖境大致同今江西省。西汉后期隶属于扬州刺史部。汉末，孙策厘豫章郡置庐陵郡，孙权厘豫章郡置彭泽郡、鄱阳郡。西晋后辖境逐渐缩小。隋唐时改豫章郡为洪州。熊康，人名，事迹不详。

大　意

父母去世后，他们生前斋戒的居室，儿子和儿媳再也不忍心进去了。比如，北朝顿丘郡人李构，他的母亲刘氏去世后，李构就一直将母亲生前的居室锁上，再也不打开，而李构也不忍心开门进屋。刘氏是刘宋朝担任过广州刺史刘篡的孙女。由此看来，李构是受到了江南风俗影响的。李构的父亲李奖，生前曾担任过扬州刺史，他在镇守寿春时被人杀害。有一次，李构与王松年、祖孝征等人聚餐，饮酒叙谈。祖孝征擅长画画。正好他们聚会的地方笔墨纸砚一应俱全，于是，他就画了一个人物像。过了一会儿，祖孝征割下餐盘里的鹿尾，开玩笑地用鹿尾将人像截断，并拿给李构看。其实，祖孝征只是开开玩笑而已，丝毫没有别的意思。但这却不经意地戳到了李构的痛处。于是，惊人的一幕发生了：李构顿时变了一个人似的，脸色大变，悲痛难忍，立马离席，跃马而去。当然所有在场的人都惊诧不已，不知个中原因。祖孝征过了一会儿才醒悟过来，深感不安。但是，当时在场的人由于不知道李构父亲的死因，所以就很难感受到李构的隐痛。再说吴郡的陆襄，因为他的父亲死于斩首，所以，此后陆襄一直都布衣蔬食。即便是姜菜，只要是用刀切过，他就不忍心食用了。平时居家生活，他也只是用指掐手摘菜蔬供厨之用。又比如江陵的姚子笃，因为他母亲是被大火烧死的，所以他终生都不食用烤肉，于心不忍啊。还有豫章郡的熊康，父亲因为酒醉被奴仆杀害，因此，他终生都不饮酒。当然，礼节是根据人的感情需要而约定俗成的，感恩也是依据道义来确定的。由此说来，如果父母是因为吃饭被噎死的，那么，子女总不能就此因噎废食吧！

二十九、将父母的遗物善加保存，留给后世作为纪念

《礼经》：父之遗书，母之杯圈，感其手口之泽，不忍读用①。政②为常所讲习，雠校缮写③，及偏加服用④，有迹可思者尔。若寻常坟典⑤，为生什物⑥，安可悉废之乎？既不读用，无容散逸，唯当缄保⑦，以留后世尔。

注　释

①"《礼经》"句：语出《礼记·玉藻》："父没而不能读父之书，手泽存焉耳；母没而杯圈不能饮焉，口泽志气存焉耳。"孔颖达解释说，"杯圈，妇人所用，故母言杯圈"。泽，津液，如汗水、唾液等等。杯圈，又作"杯棬"，杯盏。圈，未经雕饰的饮器。

②政：通假字，通"正"。

③雠校缮写：雠校，校对文字。清代学者何焯（1661—1722）在《义门读书记·文选》中说："一人刊误为校，二人对校为雠。后人嫌雠字，易其名为校对，对即雠也。"缮写，抄写文章。据唐代文学家曾巩《列女传目录序》："今校雠其八篇及十五篇者已定，可缮写。"

④偏加服用：特别使用过的用具。偏，特别；服用，用具。古人"服"与"用"通用，都是使用的意思。如《易经·系辞》："服牛乘马。"《管子·牧民》："君好（读音同"浩"，欣赏）之，则臣服之。"

⑤坟典：三坟五典的简称，一般指古代书籍。三坟：指上古时代伏羲、神农、黄帝的书；五典：指上古时代少昊、颛顼、高辛、唐、虞的书。典出《左传·昭公十二年》："是能读《三坟》《五典》《八索》《九丘》。"西汉学者孔安国（约前156—前74）在《尚书序》中解释说："《三坟》，言大道也；……《五典》，言常道也。"

⑥什物：生活物件，日常用品。

⑦缄保：封存保护起来。缄，读音同"兼"，封闭。

大　意

《礼经》上说，父亲生前读过的书籍，母亲生前用过的水杯，子女有感于书籍、物件上留有父母生前的气息，就不忍心再拿来使用了。正是因为这些书籍是父亲生前经常阅读、讲习、校对和抄写过的，杯子是母亲生前专用的，上面就留下了他们使用过的痕迹，所以，子女就很容易睹物思情，特别引发对父母的无限思念。倘若只是平常性书籍，一般的生活用品，怎么可以都弃之不用呢？对于父母的遗物，如书、杯之类，既然不再阅读和使用了，又不能让它们随意散失，那就将它们收拾好，保存起来，留给后代作为纪念吧！

三十、死者长已矣，生者须节哀

思鲁等第四舅母亲，吴郡张建女也，有第五妹，三岁丧母。灵床^①上屏风，平生旧物，屋漏沾湿，出暴^②晒之，女子一见，伏床流涕。家人怪其不起，乃往抱持，荐席^③淹渍，精神伤沮，不能饮食。将以问医，医诊脉云："肠断^④矣！"因尔便吐血，数日而亡。中外^⑤怜之，莫不悲叹。

注　释

① 灵床：一般是指亡者入殓前停放尸体的床铺等。语出《后汉书·张奂传》："措尸灵床，幅巾而已。"这里是指供奉亡者灵位的几筵。

② 暴：读音同"瀑"，通假字，通"曝"，晒。

③ 荐席：铺在地上的垫席。古代席地而坐，席在垫上。荐，草席。

④ 肠断：这里是指内心停止运转、气息断绝的意思。

⑤ 中外：里边和外边。中，里面，其中。

大　意

思鲁兄弟他们几个的四舅母，是吴郡张建的亲生女儿，她有个五妹，在三岁的时候她母亲就去世了。她母亲灵床上摆设的屏风，是母亲生前使用过的旧物。因为房屋漏雨，打湿了屏风，就被拿出去曝晒。可那女孩一见屏风，就跑过去伏在灵床上痛哭不已。家里人见她一直不起来，觉得很奇怪，就过去将她抱起，只见垫席已被泪水浸湿。她神情悲伤至极，已经不能饮食了。家人于是就抱起她去就医，医生诊脉后说："这孩子气息断绝，已经没有救了！"她继而口吐鲜血起来，没几天便死了。家里人和乡亲都很怜惜她，说起来没有不悲伤感叹的。

三十一、守礼之道：忌日不乐

《礼》云："忌日不乐。"① 正以感慕罔极②，恻怆无聊，故不接外宾，不理众务尔。必能悲惨自居，何限于深藏也？世人或端坐奥室③，不妨言笑，盛营甘美，厚供斋食④；迫有急卒⑤，密戚至交⑥，尽无相见之理。盖不知礼意乎！

注 释

①忌日不乐：指在父母及其他亲属逝世的日子，禁忌饮酒、作乐等事。《礼记·祭义》："君子有终身之丧，忌日之谓也。"郑玄注："忌日，亲亡之日。"

②罔极：没有边际，不能穷尽。罔，无，没有。语出《诗经·小雅·蓼莪》："欲报之德，昊天罔极。"

③奥室：室内深处。奥，深。

④斋食：斋饭。斋戒时的饮食。

⑤急卒：急促。卒，通假字，通"猝"，仓猝、突然的意思。

⑥至交：交情深厚的朋友。至，极、深。语出三国时期魏国文学家嵇康（224—263）《与吕长悌绝交书》："昔与足下年时相比，以数面相亲。足下笃意，遂成大好，犹是许足下以至交。"

大 意

《礼记》上说："忌日不宴饮作乐。"正是因为对死去的亲人怀有无限的感恩和深深的敬意，充满了哀伤思念，所以在他们的忌日就格外抑郁不乐，没有心思接待宾客，也不处理日常事务。不过，既然自己的确能够做到悲伤自处，那又何必把自己深藏在自家门庭里呢？世上有的人好像端坐在深宅大院之中，深藏不露地过着他们亲人的忌日，但是，仅仅是居处之深，那又何妨他们私底下谈天说地，甚至是消遣美食佳肴，连斋饭也是十分丰盛甘美？可是，他们一旦遇到仓促之事，甚或是最亲至友到访，就难以出门迎宾了吧？这样做，就是因为不懂得礼节的含义吧！

三十二、节日如是父母的忌日，尤当此日感怀父母

魏世①王修②母以社日③亡，来岁④有一本作"一"字，一本只云"来岁社"。社⑤，修感念哀甚，邻里闻之，为之罢社。今二亲丧亡，偶值伏腊⑥分至之节⑦，及月小晦后⑧，忌之日⑨，一本作"外"字。所经此日，犹应感一本作"思"字。慕，异于余辰⑩，不预饮燕⑪、闻声乐及行游也。

注　释

① 魏世：指三国时期的魏朝（220—266），后世史家多称曹魏。延康元年（220），曹丕逼汉献帝"禅让"、正式取代汉王朝，建立曹魏，定都洛阳，至咸熙二年（265），司马炎篡魏，改国号为晋，曹魏灭亡。

② 王修：字叔治，北海郡营陵（在今山东昌乐县东南五十里）人，先后侍奉孔融、袁谭、曹操。为人正直，治理地方时抑制豪强、赏罚分明，深得百姓爱戴，官至大司农郎中令。王修七岁时死了母亲。他的母亲是在社日那一天死的，第二年邻里在社日祭祀祭神，王修因感触而思念母亲，非常悲哀。邻里听到他的哀哭声，因此停止了祭神。魏武帝曹操评价他："君澡身浴德，流声本州，忠能成绩，为世美谈，名实相副，过人甚远。"事见《三国志·魏书·王修传》。

③ 社日：古代人们祭祀社神（土地神）的日子，时间在立春、立秋后的第五个戊日，分别称为春社和秋社。汉代以前只有春社，其后开始有秋社。自宋代起，分别以立春、立秋后的第五个戊日为社日。在社日到来时，民众集会竞技，进行各种类型的作社表演，并集体欢宴，不但表达他们对减少自然灾害、获得丰收的良好祝愿，同时也借以开展娱乐。唐代诗人王驾有《社日》一诗，主要是描绘春社的欢乐场面："鹅湖山下稻粱肥，豚栅鸡栖半掩扉。桑柘影斜春社散，家家扶得醉人归。"

④ 来岁：来年。

⑤ 社："有社"，抱经堂本作"社日"。

⑥伏腊：古代的伏祭和腊祭。伏祭在夏季伏日，夏至后第三个庚日入初伏为伏日，伏祭始于春秋时期秦德公时，伏日有避暑之举，据《艺文类聚·岁时·伏》引《历忌释》："伏者何也，金气伏藏之日也。"又引魏晋时人程晓（约220—264）的诗："平生三伏时，道路无行车。闭门避暑卧，出入不相过。""腊"是古代先民的又一种祭祀仪式，"腊祭"早在先秦以前便已存在，那时的人们在农历一年的最后一个月去野外猎取各种野兽，用于祭祀百神，以祈求来年五谷丰登，家人平安、吉祥，称之为"腊祭"。由于"腊祭"常在十二月举行，故秦汉以后这个月被称为腊月。但当时"腊祭"的日子并不固定，"腊祭"是"择日举行"。到汉代时，"腊祭"中加了"驱傩"的活动，以此祛除邪气。这时"腊祭"也被固定到冬至后第三个戌日。东汉学者许慎（约58—约147）在《说文解字》中解释"腊"字："腊，冬至后三戌，腊祭百神。"到了南北朝时期，据传"腊祭"之神有八神，"腊祭"才被固定到腊月初八这一天，因此有了腊八节以及祭灶节。腊祭是中国古代重要的冬日祭祀，其规模之盛大隆重为一年中之最，据东汉泰山太守应劭（约153—196）所著《风俗通》记载："腊者，猎也。因猎取兽祭先祖，或者腊接也，新故交接，狎猎大祭以报功也。"《诗经·豳风·七月》记载了古代先民腊祭的盛况："朋酒斯享，日杀羔羊，跻彼公堂，称彼兕觥，万寿无疆。"由此可以看出，"腊"就是打猎，用打来的野兽或自家养的家禽进行祭祀，祭祖先，祭百神。直到现在人们还习惯把腊月腌制的猪、牛、羊肉，称为"腊肉"，以备新春之需。

⑦分至之节：指农历二十四节气中的春分节、秋分节和夏至节、冬至节。

⑧月小晦后：南北朝时期，人们除有忌日之外，还有忌月之说。忌月晦前后三日，小月晦廿七、廿八和廿九。

⑨日：王利器整理本作"外"。

⑩余辰：其他时候。辰，日子，时光。

⑪燕：通"宴"。

大　意

曹魏时期魏国人王修的母亲是在社日这天去世的；第二年的社日，是王修母亲去世一年的忌日，王修思念母亲，非常悲痛。王修在这天号啕大哭，惊动了正在进行社日活动的乡邻。王修的孝行感动了乡邻，而乡邻们也果断停止了社日活动。看看如今，有的双亲离世恰好遇到一些诸如伏祭、腊祭、春分、秋分、夏至和冬至的节日，以及忌日前后三天、忌月晦日的前后三天，这些日子虽然都在忌日之外，但每逢这些日子，都还是应该带着一颗思念、感恩和崇敬的心，与其他日子区别开来，特别表现出对父母的感怀超过平常任何时候。怎么做呢？在这些日子里，要尽量做到不参加聚会饮宴、作乐狂欢和外出游玩。

三十三、凡文字与正名相同，就当避讳；同音异字则不必，可不要徒增烦恼啊

刘绍①、缓、绥②兄弟，并为名器③，其父名昭④，一生不为"照"字，唯依《尔雅》"火"傍作"召"尔⑤。然凡文与正讳相犯，当自可避；其有同音异字，不可悉然⑥。劉字之下，即有昭音⑦。吕尚⑧之儿如不为上，赵壹⑨之子傥不作一，便是下笔即妨，是⑩书皆触也。

注　释

① 绍："绦"的异体字，读音同"涛"。

② 绥：专家研究认为，"绥"为版本流传中的衍文，据《梁书·文学》和《南史·刘昭传》，均不载刘昭有子名绥。

③ 名器：名人的意思。古人喻人才为器。

④ 刘昭：字宣卿，平原高唐（今山东禹城西南）人，他小时候很机灵，很早就精通《老子》《庄子》大义。成年后，勤学会写文章，外兄江淹早相称赏。梁天监中，累迁中军临川王记室。集《后汉书》同异以注范晔《后汉书》，世称博悉。卒于剡令。集注《后汉书》一百三十卷，《幼童传》一卷，文集十卷。子绍，字言明，亦好学，通《三礼》，位尚书祠部郎，著《先圣本记》十卷，行于世。绦弟缓，字含度，为湘东王中录事。性虚远，有气调，风流迭宕，名高一府。常说："不须名位，所须衣食。不用身后之誉，唯重目前知见。"参见《南史·刘昭传》。

⑤ "唯依"句：据《荀子·儒效篇》："炤炤兮，其用知之明也。"晚唐学者杨倞在《荀子注》中说："炤与照同。"又，《尔雅·释虫》："萤火即炤。"

⑥ 悉然：都是这个样子。悉，尽是，都。

⑦"劉"句:"劉"字的左下部是个"金"字,加上右部的"刀"字,组成为"釗"字,与"照"同音。

⑧ 吕尚:即姜太公,已在前注。

⑨ 赵壹:本名懿,东汉辞赋家。因《后汉书》作于晋朝,避司马懿名讳,故写作"壹"。嬴姓,赵氏。字元叔,汉阳郡西县(今甘肃陇南礼县)人。他大致生活在汉灵帝时代,即公元168—189年前后。他体貌魁伟,美须眉,恃才傲物。桓、灵之世,屡屡得罪,几至于死。友人救之,遂作《穷鸟赋》答谢友人相助。并作《刺世疾邪赋》抒发愤懑之气。一生著赋、颂、箴、诔、书、论及杂文等16篇,今存5篇。参见《后汉书·文苑列传》。

⑩ 是:凡是的意思。据清代学者刘淇所著《助字辨略》卷三所说:"是书之'是',犹'凡'也,言凡是书札,皆触忌讳也。今谓出处曰是处,犹云到处也。"

大 意

刘缙、刘缓、刘绥他们兄弟仁,都是名人。他们的父亲名昭,他们就一辈子都不写"照"字,以避家讳。他们在涉及这个字的时候,就依照《尔雅》,用火旁的"炤"字来替代。当然,大凡文字与人的正名相同,都要避讳,这是不言而喻的。但是,若是同音异字,那就另当别论,我看是无须避讳的。譬如说,他们姓刘,"劉"字的下半部就含有"昭"的同音字"釗",这不就难办了吗?以此类推,姜太公吕尚的儿子就不能写"上"字,东汉文学家赵壹的儿子就不能写"一"字了。如此看来,下笔即有妨碍,凡是书札都要触犯忌讳了。那可就真是难事了!

三十四、触类酌情,方可免于轻脱

尝有甲设燕席,请乙为宾,而旦① 于公庭② 见乙之子,问之曰:"尊侯③ 早晚顾④ 宅?"乙子称其父已往,时以为笑⑤。如此比例⑥,触类⑦ 慎之,不可陷于轻脱⑧。

注　释

① 旦：天明，引申为早晨。典出《诗经·国风·邶风·匏有苦叶》："雝（读音同"雍"，和悦的样子。）雝鸣雁，旭日始旦。"意思是说，翻飞的大雁在长空鸣叫，火红的旭日在东方破晓。

② 公庭：办公之所。

③ 尊侯：谈话者对对方父亲的尊称。

④ 顾：光顾，拜访。

⑤ 时以为笑：一时把它作为笑谈。以为，以……为。

⑥ 比例："比类"的意思，比照已有的事例类推，即依此类推。

⑦ 触类：接触同类之中的其他事物。语出《易经·系辞上》："引而伸之，触类而长之，天下之事能毕矣。"

⑧ 轻脱：轻薄草率的意思。脱，轻慢。语出《国语·周语中》："无礼则脱，寡谋自陷。"

大　意

曾经有某公安排宴席请客相聚，就请了他的一位好朋友做客。第二天早上上班时，某公见到了这位好朋友的儿子，便问道："你父亲什么时候有空光顾我家啊？"这位好友的儿子就如实回答说，他父亲已经刚刚到访过了。这句回答一时传为笑谈。遇到诸如此类的事情，你们一定要谨慎对待，千万不可陷于轻率啊！

三十五、父母没了，在自己的生日那天，最主要的是感伤和怀念，而不是庆生欢畅

江南风俗，儿生一期①，为制新衣，盥浴②装饰，男则用弓矢纸笔，女则刀尺针缕③，并加饮食之物及珍宝服玩，置之儿前，观其发意④所取，以验贪廉愚智，名之为试儿⑤。亲表聚集，致燕⑥享焉。自兹已后，二亲若在，每至此日，常⑦有酒食之事尔。无教之徒，虽已孤露⑧，其日皆为供顿⑨，酣畅声乐，不知有所感伤。梁孝元帝一本无"帝"字。年少之时，每八月六日载诞之辰⑩，常设斋讲⑪。自阮修容⑫薨殁⑬之后，此事亦绝。

注 释

① 一晬：一周年。这里是一周岁的意思。晬，读音同"鸡"，一周年。

② 盥浴：洗澡。盥，读音同"惯"，洗浴。

③ 针缕：针线。缕，织衣的麻线或丝线。

④ 发意：因……起意。发，兴起于……。

⑤ 试儿：即民俗中的"试周""抓周"。有从小举动看终身的意思。

⑥ 燕：通"宴"。

⑦ 常：程本作"尝"。

⑧ 孤露：孤单而无所庇佑。露，暴露于外。指丧父，或丧母，或父母双亡。

⑨ 供顿：设宴待客。

⑩ 载诞之辰：生日的意思。载，开始。语出《孟子·万章上》："朕载自亳。"诞，出生；辰，时间点。诞之辰，即诞辰，指出生。

⑪ 斋讲：聚众讲读佛法。

⑫ 阮修容：梁武帝的嫔妃，梁元帝的母亲，姓石，本名令嬴，会稽余姚人，天监七年（508）八月生梁元帝，后拜为修容。大同六年（551）六月薨于江州内寝。事见《梁书·皇后传》。修容是皇帝寝宫女官名，为九嫔之一，始置于三国时期的魏朝。

⑬ 薨殁：死亡。薨，读音同"烘"，死，古代专用于侯王之死。

大 意

江南地区有一种风俗，就是小孩周岁时，就给他（她）缝制新衣，为他（她）梳洗打扮。对于男孩，就在他的面前放上弓箭、纸笔；对于女孩，就在她面前摆放刀尺、针线；再加上一些食品、珍玩，观察他们抓到什么物品，以此来判断他们长大后的志向和发展，观察他们的人生走向是清廉还是贪浊，是聪明机巧还是愚蠢笨拙。这被称为"试儿"。在这天，亲戚们都聚在一起，好不欢喜！主人则尽兴招待他们。从此以后，只要双亲健在，每到这天，家长都会设宴聚亲，款待客人。至于那些没什么文化的粗人，尽管或无父，或失母，但一到这天，他们也依然摆席设宴，尽情欢畅，而丝毫没有一丝感伤。梁元帝小的时候，每到八月六日生日这天，都要举行讲佛论法的集会。自从她母亲阮修容去世以后，这个集会就停止不办了，体现了梁元帝对他母亲的不尽思念。

三十六、避讳要近人情，要切合乡风乡俗

人有忧疾，则呼天地、父母，自古而然①。今世讳避，触途急切②。而江东士庶，痛则称祢③。祢是父之庙号④，父在无容⑤称庙，父殁何容辄⑥呼？《苍颉篇》⑦有倄⑧下交反，痛声也。字，训诂云："痛而謑⑨也，謑，火故反。音羽罪反⑩。"今北人痛则呼之。《声类》⑪音于未⑫反，今南人痛或呼之。此二音随其乡俗，并可行也。

注　释

①"人有"句：语出《史记·屈原贾生列传》："'离骚'者，犹离忧也。夫天者，人之始也；父母者，人之本也。人穷则反本，故劳苦倦极，未尝不呼天也；疾痛惨怛，未尝不呼父母也。屈平正道直行，竭忠尽智，以事其君，谗人间之，可谓穷矣。信而见疑，忠而被谤，能无怨乎？屈平之作《离骚》，盖自怨生也。"意思是说，人的本能和本性是，一旦遇到忧患和疾病，就会呼唤天地，向父母倾吐，从来如此。

②"今世"句：据清代学者卢文弨（1717—1795）的解释，"言今世以呼天呼父母为触忌也，盖嫌于有怨恨祝诅之意，故不可也"。触途，所到之处。

③祢：读音同"你"，父庙，在宗庙中所立牌位之称。典出《左传·隐公元年》："惠公者何？隐之考也。"东汉学者何休（129—182）注："生称父，死称考，入庙称祢。"

④庙号：一般来说，庙号是皇帝死后在祖庙中被供奉时所称呼的名号，它起源于重视祭祀与敬拜的商朝。汉朝建立后，皇室承袭了庙号这一制度。但汉朝对于追加庙号一事是极为慎重的，因此不少皇帝都没有庙号。到了魏晋南北朝时期，庙号开始泛滥，出现了史书上所说的"降及曹氏，祖名多滥"的乱象。故而在此时期，庙号也不是皇家的特权和专用品了，用于民间，也就有了作者在本文中"祢是父之庙号"的表述和说法。庙号在这里是指父亲死后进入祖庙后的称谓。

⑤容：容得下，允许的意思。

⑥ 辄：总是。辄呼，动不动就这样称呼，随意而不庄重的意思。

⑦《苍颉篇》：古代识字课本，秦朝丞相李斯始撰。它最初由三篇文字构成，分别是秦代丞相李斯的《苍颉篇》、中车府令赵高的《爰历篇》和太史胡毋敬的《博学篇》，共20章，它是秦始皇统一六国后实行"书同文"的文化成果。习惯上，人们把李斯等人编写的《苍颉篇》原本称为"秦三苍"。汉初，闾里书师合"秦三苍"为一篇，断60字为一章，共55章，合计3300字，仍称《苍颉篇》。汉代学者在此基础上屡有续作，据《汉书·艺文志》记载："至元始中，征天下通小学者以百数，各令记字于庭中。扬雄取其有用者以作《训纂篇》，顺续《苍颉》，又易《苍颉》中重复之字，凡八十九章。臣复续扬雄作十三章，凡一百二章，无复字。六艺群书所载略备矣。"东汉和帝时，郎中贾鲂又将班固所续的13章扩充为34章。晋代的张轨将秦本《苍颉篇》为上篇（凡55章3300字），以扬雄所续《训纂篇》为中篇（凡34章2040字），以班、贾二人所续《滂喜篇》为下篇（凡34章2040字），三篇合为《三苍》，人们习惯上称之为"汉三苍"。经过汉晋世代演变，《苍颉篇》由初最的识字课本发展为一部包含123章、计7380字的大型工具书，后世由此也把它视为字书。《苍颉篇》在流传过程中，还产生了一些释词解义的训释著作，如汉代有扬雄《苍颉训纂》和杜林的《苍颉训纂》《苍颉故》。晋代以后，又有张揖《三苍训故》和郭璞《三苍解诂》，它们都是训释之作。《隋书·经籍志》只著录了郭璞的《三苍》三卷。遗憾的是，《苍颉》一系的字书，在后世都已亡佚。苍颉（读音同"鞋"），传说中造字的先祖，又称苍颉史皇氏。据许慎《说文解字》记载，苍颉是上古传说时代黄帝时期的造字史官，"见鸟兽蹄迒之迹，知分理之可相别异也，初造书契，百工以乂，万品以察"。他在汉字发明过程中起了至关重要的作用，被后世尊为"造字圣人"。苍颉，又写作"仓颉"，《说文解字·叙》："黄帝之史仓颉。"

⑧ 俌：象声词，呼痛声。

⑨ 嘑：通假字，通"呼"，大声呼叫。

⑩ 羽罪反：取首字"羽"之声、次字"罪"之韵和调，反切出该字的读音。反，反切，古人读字注音方法，反切上字与所切之字声母相同，反切下字与所切之字韵母和声调相同。

⑪《声类》：书名，专门研究汉字读音的书籍。据《隋书·经籍志》记载："《声类》十卷，魏左校令李登撰。"李登，三国时期音韵学家，做过曹魏左校

令。根据隋代潘徽《韵纂·序》记载，李登编著的《声类》是我国最早的韵书。《声类》现已失传。唐代封演《闻见记》说："魏时有李登者，撰《声类》十卷，凡一万二千五百二十字，以五声命字，不立诸部。"它书转引《声类》注解字音有采用反切的，例如《汉书·高帝纪》菜字颜师古注："李登、吕忱并音式制反"；也有用直音的，例如颜师古《匡谬正俗》卷七引《声类》《字林》："斡音管"。由于后人对封演《闻见记》所说"不立诸部"的认识不一致，所以对《声类》的编写体例各有各的说法。

⑫ 耒：程本作"来"。读音同"磊"。

大　意

每当人们遭遇忧患、疾病的时候，就会情不自禁地呼天喊地、呼唤父母，这是由人的本性决定的，自古以来就是如此，这是没有什么觉得奇怪的。现在啊，人们关于避讳的规矩很多，以至于连呼喊天地父母也算犯忌了。而在江东地区，上至士大夫、读书人，下到平民百姓，他们悲痛的时候就忍不住叫"祢"。可是，你知道"祢"的来由吗？"祢"是已故父亲的庙号。父亲在世的时候，是没有什么庙号的；只有在死后，进了祖庙才有庙号。即便是在父亲死后，儿子又怎么能随意呼叫父亲的庙号呢？这让我想起两个典故来了。《苍颉篇》有个"倄"字，人们训诂时是这么解释的："这是人们在悲痛难受时的发音，发音是'羽罪反'。"现在北方人在痛苦难受时的呼叫，也是这个声音。而另一本书《声类》则将"倄"字注音为"于耒反"，在南方，人们感到痛苦难耐时，也呼叫这个声音。依我看，这两种发音都是人们依据自己各自地方的乡音，本身没有什么对误分别，当然都还是可行的。

三十七、弹劾别人一定要谨慎从事，弄不好就要成为世代冤家

梁世被系劾① 者，子孙弟侄，皆诣阙② 三日，露跣③ 陈谢；子孙有官，自陈解职。子则草屩④ 麤衣⑤，蓬头垢面⑥，周章⑦ 道路，要候⑧ 执事⑨，叩头流血，申诉冤枉。若配⑩ 徒隶⑪，诸子并立草庵⑫ 于所署门⑬，不敢宁宅⑭，动⑮ 经旬日，官司⑯ 驱遣，然后始退。江南诸宪司⑰ 弹⑱ 人事，事虽不重，而以教义见⑲ 辱者，或被轻系而身死狱户者，皆为死⑳ 一本作"怨"字。

雠,子孙三世不交通㉑矣。到洽㉒为御史中丞,初欲弹刘孝绰㉓,其兄溉㉔先与刘善,苦谏不得,乃诣刘涕泣告别而去。

注　释

① 系劾:囚禁起来,追究罪责。系,捆绑的意思,如《淮南子·精神训》:"系绊其足,以禁其动。"这里指系囚。劾,核实罪行以便定罪。

② 阙:宫门。这里是指朝堂。

③ 露跣:披着头,光着脚。露,披头,因没戴帽子而露出了发髻。跣,读音同"显",光脚,因没穿鞋子而露出了脚。典出《战国策·魏策四》:"布衣之怒,亦免冠徒跣,以头抢地尔。"

④ 草屩:草鞋。屩,读音同"掘",鞋子。

⑤ 麤衣:粗布衣。麤,粗的异体字,粗糙的意思。

⑥ 蓬头垢面:头发散乱,满脸污迹。蓬,像蓬草那样散乱;垢,污秽,脏兮兮的。典出《汉书·王莽传》:"莽侍疾,亲尝药,乱首垢面,不解衣带连月。"

⑦ 周章:徘徊的样子。

⑧ 要候:中途迎候。要,通假字,通"邀",半路拦截。

⑨ 执事:主管。典出《周礼·天官·大宰》:"九曰闲民,无常职,转移执事。"

⑩ 配:发配,流放。

⑪ 徒隶:刑徒,服劳役的犯人。典出司马迁《报任安书》:"当此之时,见狱吏则头抢地,视徒隶则心惕息。"徒,刑徒;隶,差役。

⑫ 草庵:茅草屋。据东汉应劭《风俗通·愆礼》说:"丧者、讼者,露首草舍。"可知打官司的人住在茅棚里,早在东汉就有了。这或许是古代的民风,表示凄惨。

⑬ 署门:官府,衙门。

⑭ 宁宅:安居。宁,程本作"迎"。

⑮ 动:动辄。典出《老子·五十章》:"人之生生,动皆之死地。"

⑯ 官司:官府。

⑰ 宪司:魏晋以来对御史的别称。宪,朝廷派往各地的高级官员,司掌管

事物，这里指掌管地方司法事务。

⑱ 弹：读音同"谈"，弹劾，检举。

⑲ 见：被。表示被动的意思。

⑳ 死：程本、抱经堂本作"怨"字。

㉑ 交通：交往。通，来往交流。

㉒ 到洽：字茂㳂（477—527），彭城郡武原（今江苏邳州市）人。南朝梁大臣，刘宋骠骑将军到彦之曾孙。少有才名，机灵好学，品行笃正。年十八，为南徐州迎西曹行事，转太子舍人，累迁御史中丞，出为寻阳太守。大通元年（527）卒，年五十一，谥号为理。著有文集十一卷。事见《梁书·到洽传》。

㉓ 刘孝绰：字孝绰（481—539），本名冉，小字阿士，彭城（今江苏徐州）人。能文章，善草隶，号"神童"。年十四，即代父起草诏诰。初为著作佐郎，后官秘书丞。后迁廷尉卿。初与到洽友善，同游东宫；后被到洽所劾，免职。后复为秘书监。明人辑有《刘秘书集》。事见《梁书·刘孝绰传》。

㉔ 溉：即到溉，字茂灌（477—548），南朝萧梁大臣、文学家，彭城武原人。少孤贫，聪敏有才学。曾祖到彦之，刘宋建昌县公，谥忠，曾任护军将军，赠骠骑将军；祖父到仲度，到彦之少子，嗣爵建昌县公，是骠骑将军江夏王刘义恭的从事中郎，早卒；父亲到坦，南齐中书郎；弟到洽与之齐名，有子到仲举，南朝陈建昌县侯，官至宰相。

大　意

在梁朝，凡属被囚禁论罪的官吏，他的子孙弟侄们都要连续三天到朝廷谢罪，而且还要披头光脚，一副诚恳赎罪的样子；如果子孙中有做官的，还要主动请求解除官职。他的儿子则穿着粗布衣服、脚踏草鞋，蓬头垢面，惊恐不安地在主事官员上班的路上迎候，又是迎奉，又是叩头，直至头破血流，鲜血直流。他们就是这样地为父亲求情、申冤。如果论罪坐实，他被发配流放到边远地方去做苦役，那么，他的子侄们就会在衙门外搭个草棚栖身，而不敢像平常那样在家中享受安宁的生活。他们这样凄苦地生活，往往一住就是十多天，直到官府将他们的父辈遣送后，他们才会从草棚离开。江南地区有在朝廷担任御史的官员，他们拥有弹劾官员的权力。被弹劾的官员如果问题不是很大、很严重，而在人格和道义上受到了侮辱，或者在关押期间被屈致死，他们之间都会成为冤家对头，子孙三代都不会有任何交往。就说一个故事吧。梁朝的到洽在任御史中丞时，想弹劾刘孝绰。到洽的哥哥到溉，从前与刘孝绰关系很好，就苦劝弟弟莫要如此。但到洽不听，还是将刘孝绰弹劾了。没办法，到溉只好前往刘孝绰家中请罪，挥泪与他告别，黯然离去。

三十八、父有兵祸之灾，人子岂能泰然处之

兵凶战危①，非安全之道。古者，天子丧服②以临师，将军凿凶门而出③。父祖伯叔，若在军阵，贬损自居，不宜奏乐燕会④及婚冠⑤吉庆事也。若居围城之中，憔悴容色，除去饰玩，常为临深履薄⑥之状⑦焉。

注 释

① 兵凶战危：语出《汉书·晁错传》，晁错《言兵事疏》说："虽然，兵，凶器；战，危事也。故以大为小，以彊为弱，在俛昂之间耳。"武器服务于战争，因此是凶器；战争是要导致死伤的，因此是危险的事情。兵，武器，兵器；战，战事，战争。

② 丧服：穿着丧服。

③ 凶门：军营的北门。征战时，由北门发兵，如同办丧事一样，以示必死而战斗到底的决心。典出《淮南子·兵略训》："乃爪鬋，设明衣也，凿凶门而出；乘将军车，载旌旗斧钺，累若不胜；其临敌决战，不顾必死，无有二心。"

④ 燕会：即宴会。

⑤ 冠：冠礼。在古代，有男子二十岁举行成年的礼节，就是在头上结发加冠。典出《礼记·冠义》："古者冠礼筮日筮宾，所以敬冠事。"筮日，选择吉日；筮宾选择参加的大宾。冠，读音同"惯"，戴上帽子。

⑥ 临深履薄：如临深渊，如履薄冰的省略句。深，深渊；薄，薄冰。典出《诗经·小雅·小旻》："不敢暴虎，不敢冯（读音同"凭"，徒步渡河）河。人知其一，莫知其他。战战兢兢，如临深渊，如履薄冰。"意思是说，不能空拳来打虎，不能徒步来渡河。人们只知道这个道理，但对于其他的事理，就常常犯糊涂。

⑦ 状：样子。

大　意

兵者，凶器；战者，危事。这是说武器和战争都是不祥之兆。在古代，天子极其重视兵事，他要穿上丧服亲临军队为将士壮行；将军则要举行出师礼仪，凿凶门而出。如果他的父亲、祖父、伯伯和叔叔不巧都在军营里，那么，他就应该约束自己的言行，小心谨慎，不要参加诸如音乐、宴请、婚礼和冠礼之类充满喜庆的活动，以免乐极生悲；如果长辈不幸被围困在城邑之中，那么，他就应该为此忧心忡忡，面色憔悴，把装饰品和玩赏物扔掉，经常流露出一副战战兢兢，如临深渊、如履薄冰的戒惧谨慎模样，祈祷父亲平安归来。

三十九、父母病，子忧心，求医问药要诚心

父母疾笃①，医虽贱②虽少③，则涕泣而拜④之，以求哀⑤也。梁孝元⑥在江州，尝有不豫⑦，世子⑧方⑨等亲拜中兵参军⑩李猷⑪焉。一本无"焉"字。

注　释

① 疾笃：病重。疾，病；笃，病重，典出《后汉书·宋均传》："天罚有罪，所苦浸笃。"

② 贱：技术低劣，这里指医术不精湛。典出《孟子·滕文公下》："嬖奚反命曰：'天下之贱工也。'"

③ 少：年轻。

④ 拜：致礼。古代一种敬礼的礼节：双膝跪地，两手抱拳成拱状，低头至手。

⑤ 哀：怜悯，同情。

⑥ 梁孝元：即梁元帝。

⑦ 不豫：指皇帝有病不能处理国家政务，讳称"不豫"。语出《礼记·曲礼》引东汉学者班固（32—92）《白虎通》说："天子病曰不豫，言不复豫政也。"

⑧ 世子：在古代宗法社会，家族的嫡长子被称为世子。一般用于皇帝和诸侯的嫡长子，有时也指太子。典出《礼记·文王世子》："文王为世子。"《白虎通·爵》解释说："所以名之为世子何？言欲其世世不绝也，……明当世世父

位也。"

⑨ 方：即梁元帝长子萧方，字实相，擅长绘画，二十二岁时死于战事，谥号忠庄太子；梁元帝即位，改谥号为武烈世子。

⑩ 中兵参军：官名，皇子府官属。据《隋书·百官志》："皇帝皇子府，置功曹史、录事、记室、中兵等参军。"

⑪ 李猷：人物，事迹不详。

大　意

如果父母身患重病，就要及时请医生来诊治。即使医生的医疗水平不怎么高，年纪比较轻，也要以礼相待，以诚恳之心赢得医生的同情。我记得一个故事，是很感人的。梁元帝在江州的时候，曾经病得不行了，世子萧方甚是着急，四处拜访名医，就连中兵参军李猷他也亲自拜访过。

四十、义结金兰，须是志均义敌、令终如始者

四海之人，结为兄弟 ①，亦何容易。必有志均义敌 ②，令终如始 ③ 者，方可议之。一尔 ④ 之后，命子拜伏，呼为丈人 ⑤，申父交 ⑥ 一本作"友"。之敬，身事彼亲，亦宜加礼。比 ⑦ 见北人，甚轻此节，行路相逢，便定昆季 ⑧，望年观貌，不择是非，至 ⑨ 有结父为兄，托子为弟者。

注　释

① "四海之人"两句：语出《论语·颜渊篇》："君子敬而无失，与人恭而有礼，四海之内，皆兄弟也。"

② 志均义敌：志同道合。均，相同。典出《左传·僖公五年》："均服振振，取虢之旂。"敌：正，不偏。典出《左传·桓公八年》："不当王，非敌也。"

③ 令终如始：善始善终，始终如一。

④ 一尔：一旦开始，一旦这样。魏晋南北朝的口头语，据胡三省《资治通鉴注·魏纪一》："一尔，犹言一如此也。"

⑤ 丈人：古代对年长男子的尊称。典出《易经·师》："贞，丈人，吉。"孔颖达疏："丈人，谓严庄尊重之人。"唐代以后，专用于妻父之称。

⑥交：程本、抱经堂本作"友"。

⑦比：接近，靠近，引申为近来的意思。典出《战国策·魏策四》："夫国之所以不可恃者多，……或化于利，比于患。"

⑧昆季：兄弟。长为昆，幼为季。南北朝时期对兄弟的别称，又见《梁书·江革传》："此段雍府妙选英才，文房之职，总卿昆季，可谓驭二龙于长途，骋骐骥于千里。"

⑨至：以至于。

大意

四海之内，结为兄弟，谈何容易！对于结拜为兄弟这件事，我看应该是志同道合而又始终如一的人，才可义结金兰。一旦正式结拜为兄弟后，就要领着自己的儿子伏地对拜，尊称对方为"丈人"，让儿子表达对父亲结拜兄弟的尊敬。对于结拜兄弟的父母，也应该像这样敬爱有加。近来，我看到一些北方人，对于结拜之事是很轻率的。两个人陌路相逢，只是问问年龄，看看相貌，也不思量一下是否妥当，立马就结拜为兄弟。这样，就发生了许多可笑的荒唐事：竟把父辈视为兄长，把侄辈视为弟弟。对此，可要当心啊！

四十一、待人接物，一定要像裴之礼那样彬彬有礼

昔者，周公一沐三握发，一饭三吐餐①，以接白屋之士②，一日所见七十余人③。晋文公④以沐辞竖⑤头须，致有图反之消⑥。门不停宾，古所贵也。失教之家，阍寺⑦无礼，或以主君寝食嗔怒，拒客未通，江南深以为耻。黄门侍郎⑧裴之礼⑨，好待宾客，或有此辈，对宾杖之，僮仆引接，折旋⑩俯仰，莫不肃敬，与主无别。一本"裴之礼，号善为士大夫，有如此辈，对宾杖之。其门生僮仆，接于他人，折旋俯仰，辞色应对，莫不肃敬，与主无别也。"

注释

①"周公"句：形容求贤若渴的迫切之心。语出《史记·鲁周公世家》：周公戒伯禽曰："然我一沐三捉发，一饭三吐哺，起以待士，犹恐失天下之贤人。"沐，洗发；餐，吃饭时口里嚼的食物。

② 白屋之士：指平民。典出《汉书·萧望之传》："今士见者皆先露索挟持，恐非周公相成王躬吐握之礼，致白屋之意。"颜师古（581—645）注曰："白屋，谓白盖之屋，以茅覆之，贱人所居。"

③ "一日"句：典出《荀子·尧问篇》，周公曰："吾所执贽而见者十人，还贽而相见者三十人，貌贽之士者百有余人，欲言而请毕事者千有余人。"又据萧绎（508—555）《金楼子·说番》："周公旦则读书一百篇，夕则见士七十人也。"

④ 晋文公：姬姓，名重耳，晋献公之子，母亲为狐姬。他是春秋时期晋国第二十二任君主，前636—前628年在位。晋文公初为公子时，谦虚而好学，善于结交有才能的人。骊姬之乱时，重耳被迫流亡出走十九年，辗转8个诸侯国，受尽颠沛流离之苦。前636年春，他在秦穆公的支持下回国，杀晋怀公自立；那时，他已62岁高龄。晋文公在位8年期间，任用狐偃、先轸、赵衰、贾佗、魏犨等人，实行通商宽农、明贤良、赏功劳等政策，作三军六卿，使晋国得到发展，实力提升很快；对外联合秦国和齐国伐曹攻卫、救宋服郑，平定周室子带之乱，受到周天子赏赐。前632年，取得城濮（今山东鄄城西南）大捷，打败劲敌楚军；并召集齐、宋等国实现践土（今河南荥阳东北）会盟，成为春秋五霸中继齐国之后的第二位霸主，开创了晋国长达百年的霸业。晋文公文武卓著，与齐桓公并称为"齐桓晋文"。

⑤ 竖：童仆。

⑥ 图反之诮：重耳为公子时，手下有个替他看管财物的人，名叫头须。重耳遭受骊姬之乱，被迫外逃；头须也携巨款逃跑了。不过，头须所携巨款，并不是为了私藏，而是替重耳复国打算。后来由于秦国的帮助，重耳复国成功。于是，头须复又回来求见晋文公。晋文公不想见他，就找了一个不见的理由，推说自己在洗头，不便会客。头须当然明白，这是晋文公不见客的托辞。于是，头须就讲了一番意味深长的话，请侍卫带给晋文公。他说："洗头的时候，要低着头，还要俯下身子，心脏就因此倒过来了；心倒过来了，人的思想也就跟着反过来了，所以，晋文公现在不想接见我了。但是，当初留在国内的人是坚定的国家守卫者，难道与跟随公子在外逃亡并护卫着他的仆人，有什么两样吗？何必要怪罪那些没有跟随公子逃亡而心却留在公子身上的人呢？况且，现在公子复国成功，贵为一国之君，身为国君而仇视普通人，那么，害怕他的人就会越来越多了。他又如何领导好这个国家呢？"侍卫将头须的话带给晋文公

后，晋文公立马热情地接见了头须。这便是"图反之诮"的由来。参见《左传·僖公二十四年》："初，晋侯之竖头须，守藏者也。其出也，窃藏以逃，尽用以求纳之。及入，求见，公辞焉以沐。谓仆人曰：'沐则心覆，心覆则图反，宜吾不得见也。居者为社稷之守，行者为羁绁之仆，其亦可也，何必罪居者？国君而仇匹夫，惧者甚众矣。'仆人以告，公遽见之。"图反，想法颠倒了。诮，讥诮，讽刺。

⑦ 阍寺：阍人和寺人的合称，指富贵人家的守门人。语出《礼记·内则》："深宫固门，阍寺守之。"阍，读音同"昏"，守门人。

⑧ 黄门侍郎：又称黄门郎，秦代初置，即给事于宫门之内的郎官，是皇帝近侍之臣，可传达诏令。汉代以降沿用此官职，秩六百石，掌侍从皇帝，传达诏命。魏、晋、南朝官名前均有"给事"二字。南朝以下因掌管机密文字，职位日渐重要。南朝梁提高品级至十班（班多者贵，最高十八班，下至一班）。北朝亦置，北齐属北下省，秩第四品。隋去"给事"二字。据《隋书·百官志》："门下省置侍中给事、黄门侍郎各四人。"

⑨ 裴之礼：南朝萧梁大臣。前文已注。

⑩ 折旋：古代行礼时弯腰、拱手舞动袖子的样子。典出《韩诗外传》卷一："立则磬折，拱则抱鼓，行步中规，折旋中矩。"

大　意

过去，周公辅成王时，非常勤勉，他洗一次头要停下来三次，用手挽住头发；吃饭的时候，要三次吐出嘴里咀嚼的食物，以便接待来访的贫寒之士。他以谦卑礼贤的态度接待来自各地的人士，一天之间多达七十余人！可是，春秋时期的晋文公却以洗头为托词，拒绝接见他原来的仆从头须，结果落了个"图反之讥"的笑话。门前宾客不断，往来络绎不绝，正是古人所看重的。但是，总有那些没有教养的人家，门仆没有应有的待客礼貌。他们有的借口主人正在酣睡，或者借口主人正在吃饭，甚至连主人正在生气发怒的借口也搬出来了，将来宾拒诸门外，而不向主人通报。南方人认为这样做是很可耻的。我还是欣赏黄门侍郎裴之礼。如果他发现门仆有上述的劣行，他就一定要当着来宾的面杖罚门仆。他们家的规矩很严、礼节周到，僮仆也深受影响。以至于门仆、僮仆在接待客人时，一举一动、言语表情，无不恭敬端庄，与他们家的主人没有两样。这是值得效仿的啊!

慕贤第七

提　要

治国之要，惟在得人。这里的"人"，是人才、贤人、能人、贤能的意思。这是在中国传统农业社会里的千年古训。在人治社会，领导者的才能、道德、操守尤为重要。因此，对于贤人的关注，是古代社会的一个焦点。我们所熟知的古人关于周公的表彰，在于他的治国理政才能，在于他辅政成王、还政于成王的贤德。孔子在《论语·泰伯篇》里所张扬的"至德"，一是针对具体人物的，如周代的泰伯三让天下，如周公辅成王；二是对于道德原则、道德标准而言，强调人要有才，更要有德；在才能与道德之间，立德更重要。这就是人们所说的德才兼备，以德为先的道理。从这个意义上讲，以德率才，可谓至德。在《论语·泰伯篇》中，有一篇世代流传的精彩篇章：舜有臣五人而天下治。武王曰："予有乱（才干的意思）臣十人。"孔子曰："才难，不其然乎！唐虞之际，于斯为盛，有妇人焉，九人而已。三分天下有其二，以服事殷。周之德，其可谓至德也已矣。"上古时代虞舜得到五位贤臣，就把天下治理好了。周武王也赞成人才难得的道理，他说："我有十个协助我治理国家的能人。"对此，孔子评论说："人才难得，难道不是这样的吗？从上古时代的唐尧、虞舜到周武王这个时期，人才算是最为昌盛的了。但是，周武王所说的十个能人当中实际上只有九个人而已，还有一人是妇女，她就是周文王的贤内助。周文王得了天下的三分之二，仍然事奉殷朝，周朝的道德，可以说是最高也最令人敬佩的了。"读书明理。历代史书的载录，反复印证了西汉学者韩婴的告诫："得贤则昌，失贤则亡。"认真总结历史的经验教训，从中汲取智慧的力量，树立知贤、尊贤、敬贤、追贤、成贤的思想很重要。颜之推专设一篇论述"慕贤"，就是这个文化立意和思想内涵。慕贤，就是追慕贤人、景仰贤人、效仿贤人、立志成贤的意思。作者身处动荡剧变的南北朝时期，亲身经历了萧梁、北齐的治乱兴废，他结合古人对于人才在社会历史中具有重要作用的论述，深刻揭示了他所处时代鼎革变迁背后的人才因素。作者认为，历史是治国安邦的明镜，以史为鉴，更须崇尚人才、尊重人才、爱惜人才，发挥人才的巨大作用；批评"贵远贱近，贵古贱今"、以人的社会地位量度人才价值而"用其言，舍其身"的不良倾向；提倡和鼓励后人树立正确的人才观、敬贤观和交友观，不断向历史上和生活中的贤能看齐，以便增长自己的才能，提高自己的道德，为家庭和社会实现更大的人才价值；等等，这些思想既承载历史，内含着丰富的历史文化经验和传统智慧；又透视现实，蕴藏着作者丰富的人生阅历和处世智慧，因此，具有重要的思想价值和启发意义。

本章由七小节构成。其中，前面三节正面立论，专讲自己的观点；后面四节讲故事，两个是梁朝的，两个是齐朝的，这四个故事严格地讲，都算不上历史故事，有的是颜之推所处时代的昨天，刚刚过去，有的则是颜之推同时代的，他亲眼所见、亲耳所听。就说理的三篇而言，作者寓有深意。慕贤的道理，实在太多太多，应该承认，作者一定有很多话要讲，但为了突出重点，突出慕贤的中心思想，作者只是集中论述了交友之道：要积极与优于自己的人交朋友，以便从他们身上吸取智慧和力量；任贤之道：是否任用贤能，是衡量国君贤明与昏庸的分水岭，任贤则国治，用不肖则国乱，这是历史的定律；尊贤之道：要识贤、尊贤、敬贤，对于贤能有一份敬畏的心，有一份爱护的情，不能贪人之功为己力；否则，就要受到良心和道德的谴责。三篇谈话文字简短，但道理周密，且引经据典，使立论十分扎实，道理令人折服。而这三条道理在慕贤中，既具有基础的地位，又相互联系，足以支撑慕贤的知识系统。先说基础地位。所谓慕贤，说到底，就是向贤能学习，向贤能看齐，即孔子所说的"见贤思齐"。作者是从"顶天立地"的视角立论的。所谓顶天，就是贤能切关国家兴亡、民生福祉，用贤则国兴，用贤是民之大幸；反之，则国败民殃。所谓立地，就是针对个人而言，每个人都在其内，"向善之心，人皆有之"，识贤知贤，心向往之。与优秀者交友，进步就大，进步就快，个人的社会价值放大也就更快更多；反之，就慢进，或则不进，甚或退落。这是一条再现实不过的道理，每个人自己都看得到、想得明，而且它与自己的个人利益、家庭甚至是家族利益休戚相关、密不可分。你能不重视这条道理吗？再说相互联系性。在作者看来，要解决知贤敬贤的问题，首先要解决在对待贤人上的道德问题。所以作者认为，在学习贤能的问题上，要明确一个道德标准，就是对待贤能所应有的态度和道德底线：不能掠人之美、贪天之功为己功；否则，就要受到人们的谴责。作者似乎认为，解决了尊贤的道德问题，知贤敬贤也就不存在任何问题了，就迎刃而解了。至于作者讲的四个故事，是为了支撑以上三条道理，把抽象的道理具体化，让人看得到，摸得着，受启发，而不局限于理论的抽象。为了让理论引起人们的共鸣，为人所信服，作者特意找来身边发生的事例，正所谓："殷鉴不远。"或许，他的子侄们也在社会上通过各种途径已经听过这些故事，而经过作者专门这么讲一讲，印象就更深切。当然，从道理上讲，讲身边的故事，即使听者从未听说过，但由于故事与听者的时空不存在距离感、陌生感，所以，听者一听就能懂，就会感到亲切。尽管这四个故事是十分沉重的，都是悲剧性的反面教训，但惟其如此，正好起到警示的教育作用。而这，正是作者所追求的训导作用和指导意义。

一、君子必慎交游

古人云："千载一圣，犹旦暮也；五百年一贤，犹比髆也。"① 言圣贤之难得，疏阔② 如此。傥③ 遭不世④ 明达君子，安可不攀附景仰⑤ 之乎？吾生于乱世，长于戎马，流离播越⑥，闻见已多；所值⑦ 名贤，未尝不神醉魂迷向慕之也⑧。人在少年，神情未定，所与款狎⑨，熏渍陶染⑩，言笑举对⑪，无心于学，潜移暗化⑫，自然似之。何况操履⑬ 艺能，较明⑭ 易习者也。是以与善人居，如入芝兰之室，久而自芳也；与恶人居，如入鲍鱼之肆，久而自臭也⑮。墨翟⑯ 悲于染丝⑰，是之谓⑱ 矣。君子必慎交游焉。孔子曰："无友不如己者。"⑲ 颜⑳、闵㉑ 之徒，何可世得！但优于我，便足贵㉒ 之。

注 释

①"古人云"句：这句话综合了春秋战国时期的文化典籍，如《庄子·齐物论》《吕氏春秋·观世》《战国策·齐策》等书的类似说法。最早的依据当是《孟子·公孙丑下》，孟子曰："五百年必有王者兴，其间必有名世者。由周而来，七百有余岁矣；以其数则过矣，以其时考之则可矣。夫天，未欲平治天下也，如欲平治天下，当今之世，舍我其谁也？吾何为不豫哉？"卢文弨注引《孟子外书·性善辨》说："千年一圣，犹旦暮也。"旦暮，早晚；比髆，肩膀挨着

肩膀。髆，读音同"博"，肩膀。

②疏阔：稀疏的距离，形容隔得远久。

③傥：假如。

④不世：不是每一时代都有的，形容世所罕见。

⑤攀附景仰：跟上去，仰望着。攀附，依附，典出《后汉书·寇恂传》："今闻大司马刘公，伯升母弟，尊贤下士，士多归之，可攀附也。"景仰，崇敬，典出《后汉书·刘恺传》："今恺景仰前修，有伯夷之节，宜蒙矜宥，全期先功。"

⑥流离播越：漂泊失所。流离，流落失散，典出《后汉书·窦融传》："是使疾痌不得遂瘳，幼孤将复流离。"播越，流亡，典出《左传·昭公二十六年》："兹不穀震荡播越，窜在荆蛮。"

⑦值：遇到。

⑧神：程本、抱经堂本作"心"。向慕，心向往之。

⑨款狎：亲密。款，诚恳的样子。狎，亲近的样子。

⑩熏渍陶染：熏陶影响。熏，用香料熏，使之变香；渍，用水浸泡，使之变湿；陶，烧制陶器；染，用颜料染色。陶染，陶冶的意思。

⑪对：程本、抱经堂本作"动"。

⑫潜移暗化：潜移默化的意思。潜，暗中，不见形迹；暗，黑处，不见光亮。

⑬操履：操作驾驭。履，实践，践行。

⑭较明：明显的意思。

⑮"是以"句：语出西汉学者刘向（约前77—前6）《说苑·杂言》，孔子又曰："与善人居，如入兰芷之室，久而不闻其香，则与之化矣；与恶人居，如入鲍鱼之肆，久而不闻其臭，亦与之化矣．故曰：丹之所藏者赤，乌之所藏者黑，君子慎所藏。"是以，所以，因为这，……所以。"以是"的倒装句。芝兰，芝，通"芷"，读音同"止"，白芷，一种香草；兰，也是一种香草。语出屈原《楚辞·九歌·湘夫人》："沅有芷兮澧有兰，思公子兮未敢言。"后以芝兰比喻贤德之人。芳，香气。鲍鱼，用盐腌过的咸鱼，有臭味。肆，商店。

⑯墨翟：即墨子，名翟（读音同"迪"），春秋战国初期宋国人。墨子是宋国贵族目夷的后代，生前担任宋国大夫。墨家学派的创始人，也是春秋战国时

期著名的思想家、教育家、科学家。其弟子根据墨子生平事迹资料，收集其语录，编辑《墨子》一书传世。

⑰ 染丝：指《墨子·染丝》。本篇有这样的记载：子墨子"见染丝者而叹曰：'染于苍则苍，染于黄则黄。所入者变，其色亦变。五入必(必，系物的丝缘)，而已则为五色矣。故染不可不慎也。非独染丝然也，国亦有染。'"本文的意思指此。

⑱ 是之谓：说的是这个意思。是，这；之谓，"谓之"的倒装句。

⑲ "孔子曰"句：语出《论语·学而篇》。友，用如动词，交友。

⑳ 颜：指颜回，字子渊，又称颜渊（前521—前481）。春秋末期鲁国曲阜（今属山东）人。十四岁拜孔子为师，是孔子最得意的学生。在孔门弟子中，孔子对他称赞最多，不仅赞其"好学"，而且还以"仁人"相许。自汉高帝以颜回配享孔子、祀以太牢，三国魏朝正始年间将此举定为制度以来，历代帝王封赠有加，后世尊奉为颜子。

㉑ 闵：指闵损（前536—前487），名损，字子骞，春秋末期鲁国（现鱼台县大闵村）人，孔子高徒，在孔子弟子中以德行与颜回并称，为孔门七十二贤人之一。他为人所称道的主要是他的孝行。明朝编撰《二十四孝图》，将闵子骞孝亲的故事排在第三，使之家喻户晓，成为历史上著名的先贤之一。

㉒ 贵：用如动词，尊敬的意思。

大　意

古人说："一千年诞生一位圣人，时间过得像早晚一样快啊；五百年产生一位贤人，就像人的肩膀挨着肩膀一样多啊。"说的是圣贤难得，每出一位伟大的人物都要间隔如此长的时间。假如你有幸遇上了一位世所罕见的贤人，那你为什么不赶快追随他、仿效他、向他看齐呢？机会难得啊！至于我就倒霉得多了。我不幸生长在乱世之中，兵荒马乱、漂泊流离，这就是我的生活环境。不过，在乱世之中，我的所见所闻也就多得多了。只要是我所遇到的贤人，我没有不醉心仰慕、神迷敬仰他的。人在年轻的时候，性情还没有成熟定型，与贤人在一起亲密无间，即使你无心效仿，但早晚相处，一言一行、一举一动，都会潜移默化地受到影响，贤人的嘉言懿行会使你尽受熏陶，而你根本用不着模仿，就有几分相似了。这当然是实情；何况是生活中的操守、习惯，明摆着是容易学习的东西呢！因此，与那些贤人相处在一起，就如同进入了堆满芝兰香草的房间，久而久之，你就会变得芳香四溢了；反之，如果你与坏人在一起，那可就惨了，好比进入了堆满鲍鱼而臭气熏天的铺房，久而久之，你就会变得浑身奇臭无比。古时墨子体会染丝，颇有感慨，说了一番极富人生哲理的话，值得人们经常回味。有修养的人结交朋友一定要谨慎啊！孔子说过："不要轻易与比不上自己的人交朋友。"说的也是这个道理。当然，像孔子学生中颜渊、闵子骞那样的贤人，一辈子恐怕都难以遇上啊！尽管如此，只要是遇到比自己优秀的人，你就多敬重他就是了！

二、贱贤亡国教训深刻，不可不留心啊

世人多蔽①，贵耳贱目，重遥轻近②。少长周旋③，如有贤哲，每相狎侮④，不加礼敬。他乡异县⑤，微藉风声⑥，延颈企踵⑦，甚于饥渴。校⑧其长短，核其精粗，或能彼不能此矣⑨。一本云："校长短，核其精粗，或彼不能如此矣。"所以鲁人谓孔子为东家丘⑩。昔虞国宫之奇⑪，少长于君，君狎之，不纳其谏，以至亡国，不可不留心也。

注　释

① 蔽：遮掩，这里是指认识问题的片面性。

② 贵耳贱目，重遥轻近：语出东汉张衡（78—约139）《东京赋》："若客所谓，末学肤受，贵耳而贱目者也！苟有胸而无心，不能节之以礼，宜其陋今而荣古矣！"又，《汉书·扬雄传》："凡人贱近而贵远，亲见扬子云禄位容貌不能动人，故轻其书。"陋今荣古、贱近贵远，皆"重遥轻近"本意。意思是说重视听到的而忽视亲眼所见，重视过去的而轻忽当前的。遥，远。

③ 少长周旋：从小到大的交游。少长，读音同"邵涨"，从小开始长大成人；周旋，交往。

④ 狎侮：轻慢戏虐。典出《史记·高祖本纪》："及壮，试为吏，为泗水亭长，廷中吏无所不狎侮，好酒及色。"

⑤ 他乡异县：语出蔡邕《饮马长城窟行》："他乡各异县，展转不可见。"

⑥ 微藉风声：稍稍凭借一些社会名声。藉，读音同"借"，凭借，借助；

风声，如风吹过一样的响声，比喻人的名声。典出《后汉书·隗嚣传》："光武素闻其风声。"

⑦ 延颈企踵：伸长脖子，踮起脚跟向他看齐。语出《汉书·萧望之传》："是以天下之士延颈企踵，争愿自效，以辅高明。"颈，脖子；踵，脚后跟。

⑧ 校：读音同"叫"，比较。

⑨"或"句：程本、抱经堂本无"能"字，"此"上，程本、抱经堂本有"如"字。

⑩ 东家丘：家住东边的丘。直呼孔子之名，有蔑视而不敬重的意思。典出东晋历史学家袁宏（328—376）《后汉纪》卷二三："宋子俊曰：鲁人谓仲尼东家丘，荡荡体大，民不能名。"又见《三国志·魏书·邴原传》裴松之注引《原别传》："松曰：'郑君学览古今，博闻彊识，钩深致远，诚学者之师模也。君乃舍之，蹑屣千里，所谓以郑为东家丘者也。君似不知而曰然者，何？'原曰：'先生之说，诚可谓苦药良针矣；然犹未达仆之微趣也。人各有志，所规不同，故乃有登山而采玉者，有入海而采珠者，岂可谓登山者不知海之深，入海者不知山之高哉！君谓仆以郑为东家丘，君以仆为西家愚夫邪？'"可见，此典为魏晋南北朝人所常用。

⑪"昔虞国宫之奇"句：即假道伐虢、唇亡齿寒的典故。典出《左传·僖公五年》："晋侯复假道于虞以伐虢。宫之奇谏曰：'虢，虞之表也，虢亡，虞必从之。晋不可启，寇不可玩，一之谓甚，其可再乎？谚所谓"辅车相依，唇亡齿寒"者，其虞、虢之谓也。'"公元前655年，晋献公二十二年，晋国在时隔19年后，再次提出向邻国虞国借道，以便攻打虢国。虞国大臣宫之奇以"辅车相依，唇亡齿寒"的道理，劝谏虞国国君拒绝借道。结果，虞国国君不听。晋国军队在借道伐虢后，在班师途中乘机消灭了疏于戒备的虞国。这就是假道伐虢和唇亡齿寒的古训。虞国，也称北虞，周初武王所封诸侯国，姬姓，在今山西省南部夏县和平陆北一带，公元前655年被晋国所灭。宫之奇，春秋时期著名政治家，虞国辛宫里（今山西平陆县张店镇附近）人。他具有战略思维，明于预见性，忠心耿耿辅佐虞国国君，推荐百里奚，共同参与朝政，对外采取联虢拒晋策略，使国家虽小却强。

大 意

世界上的人，往往具有片面性，他们相信听得来的，而不重视亲眼看到的；对地处遥远的人物很看重，而对身边的人物则不那么当回事儿。对于从小就在一起亲密相处、一块儿长大的人，即使其中不乏贤能的人，人们也往往对他熟视无睹，轻侮怠慢，缺少应有的尊敬；而对于异地他乡的人物，这些人只是借助一些社会声誉，就会使得很多人伸长脖子、踮起脚尖，极其尊崇地仰慕他们。其实，仔细地比较一下远近人物的长短优劣，也许远地的人物还比不上身边的人物呢！就说说春秋时期鲁国人是怎样对待孔子的吧。在鲁国，人们不仅不把孔子当圣人不说，反而还用极其轻蔑的语言说孔子是"东家丘"。如果说这对于孔子而言，丝毫无伤毫发的话，那么，在治理国家中，遇到类似的事情可就惨极了。就说春秋时期的虞国吧。虞国贤臣宫之奇自小与国君一块儿玩耍，一起长大成人，宫之奇的年龄比国君还要稍微大些。因为相处时间长了，关系就很亲密了，在治理军国大事时，国君对宫之奇就显得很随便了，也不那么重视宫之奇的劝谏。就拿晋国假道伐虢这件事情说吧，宫之奇看得很准，想得很深，说得也很明白，态度也很恳切，他以"辅车相依，唇亡齿寒"的深刻道理苦谏虞国国君，反对假道晋国，建议加强国防、警惕晋国的虎狼之心。这个建议好哇！可是，国君糊涂就没办法了，他不听宫之奇的意见。当然，可以预见的必然结果就是：亡国。这就是典型的贱贤亡国的教训，不可不留心啊！

三、举头三尺有神明，不可窃人之美、贪天之功

用其言，弃其身，古人所耻[1]。凡有一言一行取于人者，皆显称[2]之，不可窃人之美，以为己力[3]；虽轻虽贱者，必归功[4]焉。窃人之财，刑辟之所处[5]；窃人之美，鬼神之所责[6]。

注　释

①"用其言"句：语出《左传·定公九年》："君子谓子然：'于是不忠。苟有可以加于国家者，弃其邪可也。《静女》之三章，取彤管焉。《竿旄》"何以告之"，取其忠也。故用其道，不弃其人。《诗》云："蔽芾甘棠，勿翦勿伐，召伯所茇。"思其人，犹爱其树，况用其道而不恤其人乎！子然无以劝能矣。'"用，采纳；弃，嫌弃。

②显称：显扬的意思。使之名声张著。

③"不可"句：语出《左传·僖公二十四年》："推曰：'献公之子九人，唯君在矣。惠、怀无亲，外内弃之。天未绝晋，必将有主。主晋祀者，非君而谁？天实置之，而二三子以为己力，不亦诬乎？窃人之财，犹谓之盗，况贪天之功以为己力乎？下义其罪，上赏其奸；上下相蒙，难与处矣！'"窃，偷；美，好东西，典出《韩非子·五蠹》："夫以父母之爱，乡人之行，师长之智，三美加焉，而终不动。"

④ 归：属于，归属。

⑤ 刑辟之所处：刑法处置的对象。刑辟，刑律。典出《左传·昭公六年》："昔先王议事以制，不为刑辟，惧民之有争心也。"辟，读音同"避"，法度。

⑥ 责：责备，责罚。

大 意

采纳了别人的意见，却又嫌弃拿出意见的这个人，这正是古人所羞耻的事。但凡一言一行，取自别人，都应当公开地予以表彰，使更多的人学习、效仿他；而不应当掠人之美，贪天之功为己力；即使人家地位低下、身份卑微，也要明明白白地归功于他。偷窃别人的财物，就一定要受到刑律追究；同样的道理，掠人之美、贪人之功，一定要受到谴责，就是连鬼神也不会放过他的，举头三尺有神明啊！

四、是金子总要闪光

梁孝元①前在荆州②，有丁觇③者，洪亭民尔，颇善属文，殊工草隶。孝元书记，一皆使典④—一本无"典"字。之。军府⑤轻贱，多未之重⑥，耻令子弟以为楷法⑦。时云—一本无"时云"字。⑧："丁君十纸，不敌王君一字。"⑨—一本云"王褒数字"。吾雅爱其手迹，常所宝持。孝元尝遣典籖惠编送文章示萧祭酒⑩，祭酒问云："君王比⑪赐书翰⑫，及写诗笔⑬，殊为佳手，姓名为谁？那得都无声问⑭？"编以实答。子云叹曰："此人后生无比，遂不为世所称，亦是奇事。"于是闻者少⑮复刮目⑯。稍仕至尚书仪曹郎⑰，末为晋安王⑱侍读⑲，随王东下；及西台⑳陷殁，简牍㉑湮散㉒，丁亦寻卒于扬州㉓。前所轻者，后思一纸，不可得矣。

注　释

① 梁孝元：即梁元帝萧绎。已在前注。

② 荆州：今属湖北荆州市。汉武帝元封五年（前106），设立荆州刺史部，汉代皆属南郡。三国时期，魏、蜀、吴三分荆州，后归吴荆州，定治南郡。晋永和八年（352），荆州定治江陵。南北朝时，齐和帝、梁元帝、后梁、萧铣皆以荆州为国都。普通七年（526），孝元帝为荆州刺史。

③ 丁觇：南朝梁、陈之际著名书法家。据唐代书画家张彦远（815—907）《法书要录》记载："丁觇与智永同时人，善隶书，世称丁真永草。"觇，读音同"缠"。

④ 典：主管。

⑤ 军府：将帅的府属，指挥部。孝元帝为荆州刺史时，督荆、湘、郢、益、宁、梁六州军事，兼西中郎将，故称军府。

⑥ 之重：尊重他。"重之"的倒装句。

⑦ 楷法：书法范本。楷，法式，样板；法，法帖，习字帖。

⑧ 时云：一本无"时云"字。当时人们说。

⑨ "丁君"句："君一"，程本、抱经堂本作"褒数"。丁君，指丁觇。王君，指当时人王褒。王褒（约513—576），字子渊，琅琊临沂（今山东临沂）人，南北朝时期著名文学家、书法家。梁元帝时任吏部尚书、左仆射。史书上称他，"识量渊通，志怀沉静。美风仪，善谈笑，博览史传，尤工属文。"《隋书·经籍志》著录有《王褒集》21卷，今已佚；明人辑有《王司空集》收录其诗文。事见《周书·王褒传》。

⑩ "孝元"句：典签，官名，将军府管理文书的官员。南朝宋、齐朝，为监视出任地方各州的刺史和被封为诸侯王的宗室，皇帝往往任用身边亲信担任此职，实际掌管州镇大权，号称"签帅"。梁朝以后废除。签，签的异体字。惠编，人名，事迹不详。萧祭酒，即萧子云（487—549），南朝梁史学家、文学家。字景乔，南兰陵人，官至宗正卿。南齐高帝萧道成之孙，豫章文献王萧嶷第九子，为王褒姑父。从小勤学而有文采。26岁写成《晋书》（今佚），30岁任梁秘书郎，后迁太子舍人，著《东宫新记》。后累迁北中郎外兵参军、晋安王府文学、司徒、主簿和吏部长史兼侍中等职。太清三年（549）三月，台城失守，萧子云东奔晋陵，卒于显灵寺，年六十三。史书上称他"善草、隶书，

为世楷法"，被梁武帝赞为"笔力骏劲，心手相应"。曾担任过国子祭酒，故人称"萧祭酒"。事见《梁书·萧子云传》。祭酒，官名，据《隋书·百官志》："学府有祭酒一人。"汉代始设博士祭酒官职，为博士之首。西晋改设国子祭酒，为国子监主官。

⑪ 比：近，这里是近来的意思。

⑫ 书翰：书信翰墨。翰，长而硬的羽毛。古代以羽毛为笔，所以以翰代指笔。

⑬ 诗笔：诗词、文章。南北朝人以诗、文笔对为时髦。笔，特指散文，典出南朝文论家刘勰（约465年—520）《文心雕龙·总术》："今之常言，有文有笔，以为无韵者笔也，有韵者文也。"

⑭ 声问：即声闻，名声、名誉的意思。典出《韩非子·内储说上》："魏惠王谓卜皮曰：'子闻寡人之声闻亦何如焉？'"也写作"声问"。

⑮ 少：稍微。

⑯ 刮目：擦亮眼睛。刮目相看的省称。典出《三国志·吴书·吕蒙传》裴松之（372—451）注引《江表传》："蒙曰：'士别三日，即更刮目相待。'"刮，擦。

⑰ 尚书仪曹郎：职官名，尚书省的属官。尚书，即尚书省，官署名。始设于东汉，初称尚书台，南北朝时期改称尚书省。尚书省下设各曹官，为处理各自职责的中央行政机构。尚书省有仪曹郎，执掌凶吉礼制。据《隋书·百官志》："尚书省置仪曹、虞曹等郎二十三人。"

⑱ 晋安王：即梁简文帝萧纲（503—551），字世缵，梁武帝萧衍第三子，昭明太子萧统同母弟。萧纲三岁时封晋安王，后来由于长兄萧统早死，他在中大通三年（531）被立为太子。太清三年（549），侯景之乱，梁武帝被囚饿死，萧纲即位，大宝二年（551）为侯景所害。萧纲为南北朝时期的文学家，因其创作风格，形成"宫体"诗派。

⑲ 侍读：官名，负责为帝王、皇子讲学。

⑳ 西台：指江陵。已在前注。

㉑ 简牍：古代书写用的竹简和木片，为未编成册的散片。泛指竹简、木简、竹牍和木牍。简是古代书籍的基本单位，相当于现今的一页。牍，多为木质，与简不同的是它加宽有好几倍，有的宽到6厘米左右，个别的达15厘米以上，呈长方形，故又叫做"方"或"版"。牍多用来书写契约、医方、历谱、

过所（通行证）、书信等。书信多用1尺（汉尺）的牍，所以人们又将书信称为"尺牍"。这里指信札。

㉒ 湮散：淹没散失。

㉓ 扬州：汉武帝时，在全国设十三刺史部，其中有扬州刺史部，东汉时治所在历阳（今安徽和县），汉末年治所迁至寿春（今安徽寿县）、合肥（今安徽合肥市西北）。三国时期魏、吴各置扬州，魏国扬州的治所在寿春，吴国扬州的治所在建业（今江苏南京市）。西晋灭吴后，治所仍在建邺（曾改名建业，后又改名建康，今南京市）。南朝时沿袭。

大　意

梁元帝从前在荆州主持六州军务，他的帐下有个名叫丁觇的人，是洪亭人氏，很会写文章，而且草书和隶书都特别好，因此，孝元帝府中的文书工作，就都由他负责。但是，军府中的人都认为他的地位低下，因而瞧不起他。他们以身份地位裁量人物，不屑于让自己的子弟向他学习书法，因此，当时流传这样一句话："丁君十纸，不敌王君一字。"但是，我就和他们的看法不同。我非常欣赏丁觇的书法，只要有机会，我就将他的书法珍藏起来。一次偶然的机遇，丁君终于被发现了。记得孝元帝曾派典签惠编把文章送给祭酒萧子云看，萧子云问道："君王近来连续赐给我一些书信、诗文拜读，书法真是漂亮极了，那书写者真是一位书法高手啊！可知这人叫什么名字吗？怎么压根儿没有听人说起过他呢？"于是，惠编就将他自己所知道的情况一五一十地告诉了萧子云。祭酒萧子云不禁感慨道："此人后生可畏，在年轻人中可谓凤毛麟角，人中龙凤，他竟然不被世人所赏识，真是一件怪事啊！"萧子云的这番话流传开来后，人们逐渐改变了对丁觇的看法。后来，丁觇的处境也逐渐好了起来，他的官职升迁为尚书仪曹郎，最后还担任了晋安王侍读，随晋安王顺江东去。等到江陵被叛军攻陷后，可怜那些珍贵的文书信札都遭战火摧残，损毁殆尽。更为可惜的是，丁觇不久也在扬州去世了。而那些过去曾经被人轻视的丁觇书法，后来的人再要想得到只字片纸，一睹他的书法风采，竟也不可能了啊！

五、贤能与庸人真有天壤之别

侯景①初入建业②，台门③虽闭，公私草扰④，各不自全。太子左卫率羊侃坐东掖门⑤，部分经略⑥，一宿皆办⑦，遂得百余日抗拒凶逆。于时城内四万许人，王公朝士，不下一百，便是恃⑧侃一人安之，其相去如此。古人云："巢父、许由，让于天下；市道小人，争一钱之利。"⑨亦已悬⑩矣。

注 释

①侯景：字万景(503—552)，北魏怀朔镇(今内蒙古固阳南)鲜卑化羯人。因左足生有肉瘤而行走不稳，但擅长骑射，因此被选为怀朔镇兵，后被提升为功曹史、外兵史等低级官职。北魏末年边镇各胡族群起反抗鲜卑族统治，侯景由此建立功勋。后来，侯景投靠东魏丞相高欢。梁武帝太清元年（547）率部投降梁朝，驻守寿阳，受封河南王。548年9月，侯景发动叛乱，起兵攻梁，史称"侯景之乱"。551年，侯景篡位自立，改国号为"汉"，史称南梁汉帝。其后，江州刺史王僧辩、扬州刺史陈霸先先后率军攻打侯景，而侯景军队一触即溃，侯景被乱军所杀，他的尸体被分成好几份，被人抢食。事见《梁书·侯景传》。

②建业：今江苏南京市。西晋末，因避晋愍帝司马邺名讳，改名建康。南朝各代均以建康为都城。

③台门：皇城门。据南宋学者洪迈（1123—1202）《容斋随笔·续笔卷五·台城少城》解释："晋宋间，谓朝廷禁省为台，故称禁城为台城。"台门，又为禁城之门。

④草扰：慌乱的样子。

⑤太子左卫率羊侃坐东掖门：太子左卫率，官名。秦始设卫率。汉有太子卫率一人，西汉秩千石，东汉四百石，主门卫士。晋初称中卫率，不久分设左、右，各领一军。后增置前、后二率，重置中卫，共五率，秩正五品。南朝省至左、右二率。宋品秩同前。梁为从四品。各有丞，左领七营，右领四营。北魏为左右卫率。陈为正四品。北齐为左右卫率坊，各领骑官备身正副督等员。羊侃，梁朝都官尚书。前文已注。东掖门，台城正南为端门，左右两门为东、西掖门。

⑥ 部分经略：部署处置，筹划实施。部分，部署，典出《后汉书·冯异传》："及破邯郸，乃更部分诸将，各有配隶，军士皆言愿属大树将军。"经略，谋划，典出《左传·昭公七年》："天子经略，诸侯正封，古之制也。"

⑦ 一宿：一夜。宿，读音同"朽"，夜。"皆"，程本作"不"。

⑧ 恃：依赖。典出《楚辞·离骚》："余以兰为可恃兮，羌无实而容长。"

⑨ "古人云"句：巢父，相传为上古传说时代的著名隐士，因巢居树上而得名。唐尧知其贤，传君位于他而不受。许由，相传为上古传说时代的著名隐士，唐尧传君位于他而不受，他逃到箕山下耕种自食其力。唐尧于是又找到他，请他做九州长官，他坚辞不受，又逃到颍水边洗耳朵，意思是说做官的话就会弄脏自己的耳朵。事见西晋学者皇甫谧（215—282）《高士传》。语出三国时期诗人曹植（192—232）《乐府歌》："巢、许蔑四海，商贾争一钱。"《晋书·华谭传》："昔许由、巢父让天子之贵，市道小人争半钱之利：此之相去，何啻九牛毛也！"让，辞让，婉拒。

⑩ 悬：差距大。典出《荀子·天论篇》："君子、小人之所以相悬者，在此耳。"

大　意

侯景叛军刚刚攻入建业城的时候，台城门虽然是紧闭严守的，但是，王室和百姓都已乱作一团，人人自危。这时，只有太子左卫率羊侃坐镇东掖门，筹划部署着防卫事项。他不慌不乱，利利索索，在一夜之间就把城防安排停当，于是就赢得了一百多天抗拒凶恶叛军的宝贵时间。那时，城内尚有四万人左右，其中，王公、大臣不下百余人，幸赖羊侃卓越的领导才能和军士的顽强不屈，他们才得以平安逃过一劫。比较起来，那些惶恐不安的王公大臣与临危不惧的羊侃，竟有天壤之别啊！就像古人所说，"巢父、许由能够推辞天下这样的大利，而市井小民竟为一点蝇头小利争夺不休。"他们之间的差距也实在是太大了哩！

六、贤良之生死，关系国家之存亡

齐文宣帝① 即位数年，便沈湎纵恣② ，略无纲纪③ ；尚能委政尚书令④

杨遵彦⑤，内外清谧，朝野晏如⑥，各得其所，物无异议，终天保⑦之朝。遵彦后为孝昭⑧所戮，刑政于是衰矣。斛律明月⑨，齐朝折冲⑩之臣，无罪被诛，将士解体。周人⑪始有吞齐之志，关中至今誉之。此人用兵，岂止万夫之望⑫而已也！国之存亡，系其生死。

注　释

① 齐文宣帝：即北齐建立者文宣帝高洋（526—559），字子进，北魏怀朔镇人，因生于晋阳，一名晋阳乐。他是东魏权臣高欢次子。出生时有异兆，体貌丑恶不堪，为其母所讨厌。幼时其貌不扬，沉默寡言，看似痴傻，实则大智若愚，聪慧过人，又明静英达，深沉大度，虽常被兄弟玩弄和欺负，但其才能甚得父亲欣赏。武定八年(550)，高洋迫使东魏孝静帝禅位自立，改国号为齐，史称北齐。在位期间，重用汉族官僚杨愔等人，删削律令，并省州郡县，减少冗官，严禁贪污，注意肃清吏治；前后筑北齐长城四千里，置边镇二十五所，屡次打败柔然、突厥、契丹，出击萧齐，拓地至淮南。后期以功业自矜，纵欲酗酒，残暴滥杀，大兴土木，赏费无度，国势遂衰。天保十年（559）病死，终年三十一岁（一说三十四岁），庙号显祖，谥号文宣皇帝。史书上说他"以功业自矜，纵酒肆欲，事极猖狂，昏邪残暴，近世未有"。事见《北齐书·文宣帝纪》。

② 沈湎纵恣：沈湎，沉溺，迷恋其中不能自拔。沈，通假字，通"沉"。纵恣，肆意放纵。

③ 纲纪：规矩法度。语出《诗经·大雅·棫朴》："勉勉我王，纲纪四方。"意思是说，奋发有为的周王啊，统御天下保四方。

④ 尚书令：官名。始于秦，西汉沿置，本为少府的属官，负责管理少府文书和传达命令，汉沿置，职权不大。汉武帝时，为了削弱相权、巩固皇权，从而设内朝官，任用少府尚书处理天下章奏，把它纳入国家政治中枢；朝廷重臣秉其他职权者，以"领尚书事"为名掌实权。西汉成帝时，随着朝廷的政务越来越烦琐，尚书的权力日益庞大，开始实行分曹治事，始置五曹尚书；各曹以尚书令为首，尚书令成为对君主负责执行一切政令的首脑。南北朝时，尚书台改称尚书省，尚书令日益尊贵，成为事实上的宰相。

⑤ 杨遵彦：即杨愔（读音同"因"）（511—560），小名秦王，南北朝时期

北齐宰相，弘农华阴（今陕西华阴）人，北魏司空杨津之子。杨愔幼年时风度深敏，沉默寡言，出入门间从不嬉戏，六岁学史，十一岁便学习《诗》《易》，尤好《左氏春秋》。他成年后，更是言论高雅，风神俊悟，举止可观。时人都认为其将来前程远大。杨愔出身弘农杨氏，因宗族被灭，投奔高欢，并深受重用，由行台郎中累升至吏部尚书，封华阴县侯。后辅佐文宣帝高洋建立北齐，历任尚书右仆射、左仆射、尚书令，晋爵开封王。文宣帝去世后，杨愔辅佐少帝高殷，执掌朝政。乾明元年（560），高演发动政变，将杨愔诛杀，时年五十岁。事见《北齐书·杨愔传》。

⑥晏如：安定的样子。语出《三国志·魏书·陈思王植传》："方今天下一统，九州晏如。"

⑦天保：北齐文宣帝年号，在公元550—559年。

⑧孝昭：即北齐孝昭帝高演（535—561），齐国第三位皇帝。名演，字延安，祖籍渤海调蓨（今河北景县南），齐高祖神武帝高欢的第六子。他自幼英俊过人，很早就有成大器的气量。武明皇太后娄昭君十分喜爱和看重他。他发动政变，废侄子高殷自立，改元为皇建。即位后，厉行改革，政治清明，广收人才，礼贤下士，孝敬母亲。虽然在位只一年多时间，但他作为较多。死时传位于其弟高湛。高演去世时二十七岁，葬于文靖陵，谥号孝昭皇帝，庙号肃宗。参见《北齐书·孝昭帝纪》。孝，原误作"李"，今据抱经堂本改。

⑨斛律明月：即斛律光（515—572），字明月，朔州（今山西朔县）人，高车族，北齐名将。出生将军世家，少年时就精通骑马射箭，而以武艺闻名于世。初任都督，善于骑射，号称"落雕都督"。后拜大将军、太傅、右丞相、左丞相，封咸阳王。他骁勇善战，在与北周近20年的争战中，多次指挥作战，均获胜利。后被谗言所杀。斛律光言语寡少，性格刚正急躁，御下严格，治兵督众，只是依仗威刑。在筑城置戍的劳作中，他常常鞭挞役夫，极其残暴。自少年从军后，不曾违背规章，而使邻敌闻风丧胆。事见《北齐书·斛律光传》。

⑩折冲：用冲车挫败敌军，比喻击退敌军，战胜敌人。典出《汉书·张汤传》："虽不能视事，折冲万里，君先帝大臣，明于治乱。"折，挫败；冲，攻战用的冲车。

⑪周人：指北周朝。北周（557—581）为鲜卑族人宇文觉所建，国号周，

定都长安（今陕西西安市），历五帝，二十五年。西魏恭帝三年（556），掌握西魏实权的宇文泰死后，第三子宇文觉继任大冢宰，自称周公。次年初，他废西魏恭帝自立。史称北周。577年，北周灭北齐，统一北方。公元581年，杨坚受禅代周称帝，改国号为隋，北周亡。

⑫ 万夫之望：万民瞩目，众望所归。语出《易经·系辞下》："君子知微知彰，知柔知刚，万夫之望。"

大 意

北齐文宣帝即位还没几年，就沉湎于酒色，放纵自己的玩好，一点都没有治理国家的规矩和法度。但他总算识人，把朝政委托给尚书令杨遵彦处理。在杨遵彦主政时，内外清净，朝野平安，各得其所，人们没有什么非议。这种安宁的局面一直延续到天保末年。后来，因为政局变化，杨遵彦被孝昭帝杀害了。而齐朝的刑律、政务也因此就衰败下去了。再说武将斛律明月吧。他本是齐朝安邦御敌的名将，却也无辜被杀。从此军中上下军心涣散，武备松弛。北周一看齐朝这个衰败的样子，就有了吞并齐朝的野心和贪欲。虽然斛律明月已经不在多年了，但是，关中一带的老百姓至今依然怀念他，对斛律明月还是赞不绝口哩。斛律明月这个人的确善于调兵遣将，用兵如神，在战场上，他岂止是千军万马的主心骨啊！他的生死，其实关切着国家的存亡呢！

七、齐国败亡，正是从朝廷不信任贤臣张延隽开始的

张延隽① 之为晋州② 行台左丞③，匡维④ 主将，镇抚疆场⑤，储积器用，爱活⑥ 黎民，隐若敌国⑦ 矣。群小⑧ 不得行志，同力迁⑨ 之。既代之后，公私扰乱，周师一举，此镇先平。齐国之亡⑩，一本云"齐亡之迹"。启于是矣。

注 释

① 张延隽：史书无详载。《周书·张元传》有涉及，说张延隽"并以纯正，为乡里所推"。

② 晋州：北魏孝明帝改东雍州为唐州，寻又改为晋州，因晋国以为名也。齐武成帝于此置行台，周武帝平齐，置晋州总管。治所在白马城（今山西临汾

东北）。

③ 行台左丞：官名。东汉以后，中央政务由三公改归台阁，习惯上以中央政府为"台"，魏晋时，凡朝廷派遣大臣外出督军，以行尚书事，谓之行台，设有左右副职，谓之左、右丞。

④ 匡维：匡扶的意思。匡，辅助；维，维护。

⑤ 疆场：边界。语出《诗经·小雅·信南山》："中田有庐，疆场有瓜。"意思是说，在田中搭个茅草棚，看到田埂上长出的瓜儿绿嫩嫩。又《管子·小匡》："审吾疆场，反其侵地，正其封界。"

⑥ 活：使动用词，"使……存活"的意思。

⑦ 隐若敌国：威武雄壮的样子看上去可以与一国匹敌。语出《后汉书·吴汉传》："吴公差强人意，隐若一敌国矣。"隐：威重的样子。敌，匹敌。

⑧ 群小：宵小之徒。典出《汉书·五行志下》："臣闻三代所以丧亡者，皆繇妇人群小，湛湎于酒。"

⑨ 迁：变更，这里是反对以致推倒的意思。

⑩ 国之亡：程本、抱经堂本作"亡之迹"。

大　意

张延隽在晋州担任行台左丞时，尽力辅佐主将，镇守安抚边界，积累储备物质，关心扶持民众生计，使晋州社会安宁，经济富庶，强大得可以和一国相匹敌。当然，晋州毕竟不是一片净土，也有一些卑鄙小人对张延隽恨得要命。因为张延隽在晋州贤明治理，他们就不能为所欲为，于是，他们就串通起来想把张延隽排挤走。没想到，这条毒计居然得逞了。张延隽调离之后，晋州上下顷刻变得乌烟瘴气，社会一片混乱。可就好，北周的军队正瞄准了机会，他们一出兵，晋州城马上就被扫平了。依我看，齐朝的败亡，就是从晋州开始的啊！

颜氏家训卷第三　勉学

勉学第八

提　要

　　学习，是与生俱来的，是与人的生命行程紧密相连的。学习，则放大生命的意义；学习，则催生人生的智慧；学习，则提升人生的价值。自古以来，人们都重视学习，强调学习，并探索学习的形式、方法和意义。从文化史的角度看，我国先哲明确而系统地论述学习，是从孔子开始的。《论语》开篇论学，将"学而篇"列为第一。孔子说，"学而时习之，不亦说乎"；"学而不思则罔，思而不学则殆"；"学也，禄在其中矣"；"学而优则仕，仕而优则学"；"博学而笃志"；"君子学以致其道"等。这些道理传诵千古，道理浅显而深刻。稍后，思想家荀子又专门写下了流传世代的《劝学篇》。"学不可以已。青，取之于蓝，而青于蓝；冰，水为之，而寒于水"；"吾尝终日而思矣，不如须臾之所学也；吾尝跂而望矣，不如登高之博见也"；"君子博学而日参省乎己，则知明而行无过矣"等，这些都是《劝学篇》里激励后学的名言名句。应该说，《颜氏家训·勉学》与"学而篇""劝学篇"一脉相承，是在相同的儒家文化背景、同样的学习价值观、传统的学习共识基础上，讨论学习问题的。所谓勉，就是鼓励的意思；勉学，就是"勉之于学"，鼓励学习、劝导学习、指导学习的意思。在这里，"勉学"既是面向颜氏子孙的，但绝不只是适用于颜家的，它具有普遍性意义。因为"勉学"所讨论的学习意义、学习目的、学习方法、学习态度、学习内容和学风学德等等，可以惠及一代一代好学上进的人。也就是说，世世代代普天之下的人，都可以从"勉学"中得到关于学习的教育意义。与前贤的认识一样，颜之推把学习同人们的生活紧紧联系在一起，认为学习对于人们的生活具有重要作用，因此，他指出，学有益；人们要成就事业，时刻也离不开学习。但毕竟学习也只是人生中的一件重要的事情，因此，作者提醒人们要克服"学习、生活"两张皮现象，要学以致用，形成"学习+"的主动性和好习惯；要使学习产生实效，形成支撑人的发展进步的正能量，因此，作者提出一定要好学、真学、扎实地学，树立克服形式主义、浮在表面的华而不实的学风；虽然学习没有终南捷径可走，但一定要按照学习的正确方法循序渐进，学习与思考相结合，学习与实际生活相结合，因此，作者强调掌握行之有效、正确有用的学习方法，就能够使学习的内容和视野不断扩大，从而使自己终生受益。如果说，"学而篇""劝学篇"更多地是从学习哲学的角度论述了学习的目的、价值和意义，那么，"勉学"则是立足于作者对学习的体验，因而其言论立场是讨论性的，在探讨中努力使人们关心关注学习问题，走进学习的圣殿，享受学习的快乐，从而达到作者所立意的"勉学"目的。

　　本篇由三十小节构成，文字长短不一，但篇篇精彩，名言警句，不绝于耳，世代相传，生生不息；总论古今求学、勤学、苦学、实学、博学、深学、精学、用学和知学典故、故事，寓意深刻，言辞恳切，紧扣"勉学"主题，信息量很大，思想十分深刻，读后催人奋进。本篇的成文风格，一如前文，既有正面立论，理论与实例结合，环环相扣，以理服人，直击求学者心灵深处，给人以强烈的思想震撼；又有靠事实说话，实例解析，娓娓道来，发人深思，充分运用故事、典故和自身经历来揭示深刻道理，言外之意，意蕴悠长。正面立论的篇章，共有十三篇；列举讲述的篇章，计有十七篇。说理篇略少，实例篇略多，看来作者是为了力求生动，避免枯燥。说理与实例结合，说理是为了说明"勉学"的意义和价值，讲故事也是为了突出"勉学"的真义所在，它们相互匹配、相互支撑，有力显示了本篇"勉学"的思想张力。另一方面，作者在论述"勉学"所涉方方面面的时候，十分重视运用辩证法来立论和展开，使文章观点立得住，不偏颇。给人印象尤为深刻的是，作者时时注意提醒人们在读书求学时要注意树立和运用正确的方法论。譬如，学习不是目的，掌握知识，形成本领，解决实际问题，才是最可靠、最有用的学习；学习不是为学而学，而是为了提升人的品性品行、修身立德而学，不是为了会清谈空谈，不是为了显摆知识而凌驾于人之上；学习要养成终生学习的习惯，"东隅已失，桑榆非晚"，要遵循学习规律，循序渐进，终有收获；学习要处理好既要博学，也要精学，既要勤学，还须苦学，既要学习古人，更要学习今人，既要口耳相传，更要眼见心知，既要求知，更要实用；学习要有实事求是、虚怀若谷的老实态度，知之即知之，不知就是不知，不能不知强以为知，误人害己；学习不能拘泥于一家一派之言，而要博采众长，明辨真伪；学习是崇高的精神生活，它比吃、穿、用等物质需求更有意义，因而更为重要，这些是道理也好，是经验之谈也罢，的确是求学探知的一壶香茗，令人清心明目；它是一剂良药，能够根治人们在书山学海中的思想困惑和顽疾。在本篇中，作者对于历代名人名言、名篇名作和俚语谚语烂熟于心、信手拈来，对于一些成语如引锥刺股、挂斧远学、映雪常读、聚萤读书、带经而锄、牧则编蒲、耳学不如实学、手不释卷，以及一些掌故、典故等等的引用借用，都恰到好处，着实为文章增色不少，增添了思想的生动性和感染力，也使所阐述的这些深刻道理入脑入耳，易懂好记。

一、人生在世，犹须勤学

自古明王圣帝，犹须勤学，况凡庶 ① 乎！此事徧于经史，吾亦不能郑重 ②，聊举近世切要，以启寤 ③ 汝尔。士大夫子弟，数岁以上，莫不被教，多者或至《礼》《传》④，少者不失《诗》《论》⑤。及至冠婚 ⑥，体性 ⑦ 稍定；因此天机 ⑧，倍须训诱。有志尚者，遂能磨砺 ⑨，以就素业 ⑩；无履立 ⑪ 者，自兹堕 ⑫ 慢，便为凡人。人生在世，会当 ⑬ 有业。农民则计量耕稼，商贾则讨论货贿 ⑭，工巧则致精器用，伎艺则沈思法术 ⑮，武夫则惯习弓马 ⑯，文士则讲议经书。多见士大夫耻涉 ⑰ 农商，羞务工伎，射则不能穿札 ⑱，笔则缠 ⑲ 记姓名，饱食醉酒，忽忽 ⑳ 无事，以此销日 ㉑，以此终年。或因家世余绪 ㉒，得一阶半级 ㉓，便自为足，全忘修学 ㉔。一本云"便谓为足，安能自苦"。及有吉凶大事，议论得失，蒙然 ㉕ 张口，如坐云雾；公私宴集，谈古赋诗，塞默 ㉖ 低头，欠伸 ㉗ 而已。有识 ㉘ 傍观，代其入地 ㉙。何惜 ㉚ 数年勤学，长受一生愧辱哉！

注　释

① 凡庶：凡夫俗子，一般人，普通人。

② 郑重：反复，频繁。典出《汉书·王莽传中》："然非皇天所以郑重降符命之意，故是日天复决以勉书，又侍郎王盱见人衣白布单衣，赤绣方领，冠小冠，立于王路殿前，谓盱曰：'今日天同色，以天下人民属皇帝。'"颜师古注释说，郑重，频烦的意思。

③ 启寤：通过启发使之明白。启，程本作"终"。寤，通假字，通"悟"，弄明白。

④ 《礼》《传》：《礼》，指儒家经典《礼经》。已在前注。《传》，指《春秋左氏传》《春秋谷梁传》《春秋公羊传》。

⑤ 《诗》《论》：《诗》，指《诗经》，儒家经典。已在前注。《论》，指《论语》，儒家经典。《论语》二十篇，为孔子弟子根据孔子的言行记录，汇编成册，成书于战国秦之际。东汉增列为"六经"之后。

⑥ 冠婚：冠，冠礼，男子二十行冠礼。婚，婚礼。据《礼记·昏义》记载："昏礼者，将合二姓之好，上以事宗庙，而下以继后世也，故君子重之。是以昏礼纳采、问名、纳吉、纳征、请期，皆主人筵几于庙，而拜迎于门外，入揖让而升，听命于庙，所以敬慎重正昏礼也。"古代的婚礼，仪礼完备，隆重端庄，称为"三书六礼"。三书指聘书、礼书和迎亲书；六礼指纳采、问名、纳吉、纳征、请期、亲迎。纳采就是求婚，问名为请教女子的姓名（同姓不婚之故），纳吉为占卜生辰八字是否合适，纳征为交纳彩礼，请期为确定迎亲日期，亲迎为迎接新娘。古人认为黄昏是吉时，所以定在黄昏行娶妻之礼，因此写作昏礼。昏礼在古代"五礼"之中属嘉礼，是继男子的冠礼或女子的笄礼之后的人生第二个标志。

⑦ 体性：体质和性情。

⑧ 天机：自然秉性。语出《庄子·大宗师》："其耆欲深者，其天机浅。"

⑨ 磨砺：磨炼的意思。语出《论衡·率性》："孔子引而教之，渐渍磨砺，阖导牖进，猛气消损，骄节屈折，卒能政事，序在四科。"

⑩ 素业：儒者自称所从事的事业为"素业"，清高脱俗之业。语出南朝梁学者任昉（460—508）《为范尚书让吏部封侯第一表》："臣本自诸生，家承素业，门无富贵，易农而仕。"

⑪ 履立：使自己的言行立得住。指志向、操守。

⑫ 堕：通假字，通"惰"。

⑬ 会当：应该。

⑭ 货贿：财货。语出《周礼·天官·大宰》："商贾阜通货贿。"郑玄注释："金玉曰货，布帛曰贿。"讨，程本作"计"。

⑮ 伎：通假字，通"技"，技艺。沈，通假字，通"沉"，程本作"深"，沉思。

⑯ 弓马：用如动词，射箭、骑马。

⑰ 涉：进入，从事。

⑱ 札：武士铠甲上的叶片，古代革甲叶片一般由七层皮革叠合而成。则，程本作"既"。

⑲ 纔：才的异体字。只，仅仅。

⑳ 忽忽：飘忽不定的样子。语出《昭明文选·宋玉〈高唐赋〉》："悠悠忽忽，怊怅自失。"

㉑ 销日：打发日子，消磨时光的意思。销，抱经堂本作"消"。

㉒ 余绪：祖辈遗留的功业。余，遗留；绪，功业。语出《诗经·大雅·云汉》："周余黎民，靡有孑遗"；《诗经·鲁颂·閟宫》："至于文武，缵太王之绪。"意思是说，王位传到周文王和周武王，他们都继承了太王的理想。

㉓ 一阶半级：一份官职半份品级。阶，官阶；级，官爵的品级。

㉔ "便自"两句：程本作"便谓为足，安能自苦"。

㉕ 蒙然：迷迷糊糊的样子。

㉖ 塞默：形容嘴巴像被东西堵住了，说不出话的样子。塞：用东西赌塞住。默，不说话。

㉗ 欠伸：疲倦时张口打哈欠、举手伸懒腰的样子。

㉘ 有识：有才识，有识见。

㉙ 入地：形容羞愧难当，恨不得钻入地缝的样子。

㉚ 惜：程本作"偕"。

大　意

自古以来，那些贤明的君王尚且勤奋学习，不断提高自己的学识，何况是那些凡夫俗子呢，只怕是更要勤学苦读吧！这个道理和类似的事例，在经书上和史书里都随处可见，我也不必逐一列举，就姑且选一些近来典型的事例，来启发你们吧。士大夫的子弟，长到几岁后，就开始接受教育了。他们中学得快、学得多的人，能够学到《礼经》和《春秋三传》；学得慢的人，也学到了《诗经》和《论语》。等到举行冠礼和婚礼的年龄，身体和性情都已成熟，更要利用成年的优势，加倍地严格要求他们多学习、勤思考，以至于有更多的体会和感悟。他们中间的有志者，能够经受学习的磨炼，最终成就学业；而那些没有明确人生目标的人，就对自己没有什么要求和约束，懒散懈怠，最后成了平庸者。人生在世，一定要有所作为：做农就要会安排农事农时，经商就要会经营买卖，务工就要会制造精巧器物的手艺，从艺就要精于伎艺，从军就要善于骑马射箭，从文就要讲读经典。这就是常言所说的，干一行，爱一行，精通一行。可是，我常常见到一些士大夫，正好相反啊。他们不屑于务农经商，而又缺乏手工技艺；说射箭吧，不能穿透铠甲；说作文吧，只会写写自己的姓名。他们整天吃吃喝喝，浑浑噩噩，就这样日复一日，年复一年，以此终了此生。有的人依靠父辈的功业，获得了一官半职，就算很满足了，全然不知研习学文；他们一旦遇上吉凶大事，议论起得失利弊来，就茫然无知，张口结舌，如坠雾里云中；至于说到参加聚会饮宴，有学识的人讲经论史，赋诗吟诵，那他只有当听众的份，只能在一旁垂首沉默，闭口无聊，间或还有打哈欠、伸懒腰的滑稽动作，而那些有学问的人看在眼里，反倒为他羞愧难当，恨不能钻到地缝里去哩。我就想不明白，这些人当初为什么不能花几年工夫好好学习，何必终生都要饱受这种不学无术的窝囊气呢！

二、学问与专长是立身之本

梁朝全盛之时，贵游①子弟，多无学术，至于谚云："上车不落则著作，体中何如则秘书。"②无不熏衣剃面，傅粉施朱，驾长檐车③，跟高齿屐④，坐棋子方褥⑤，凭斑丝隐囊⑥，列器玩于左右，从容出入，望若神仙。明经求第⑦，则顾人答策⑧；三九公燕⑨，则假手⑩赋诗。当尔之时，亦快士⑪也。及离乱之后，朝市迁革⑫，铨衡选举⑬，非复曩者⑭之亲；当路⑮秉权，不见昔时之党⑯。求诸身而无所得，施之世而无所用。被褐而丧珠⑰，失皮而露质⑱，兀⑲若枯木，泊⑳若穷流，鹿独㉑戎马之间，转死沟壑㉒之际。当尔之时，诚驽材㉓也。有学艺者，触地㉔而安。自荒乱已来，诸见俘虏。虽百世小人㉕，知读《论语》《孝经》者，尚为人师。虽千载冠冕㉖，不晓书记者，莫不耕田养马。以此观之，汝㉗可不自勉耶？若能常保数百卷书，千载终不为小人也。

注 释

① 贵游：没有官职的贵族。

②"上车"句：著作，指著作郎，官名。东汉末始置，属中书省，为编修国史之任。晋惠帝时起，改属秘书监，称大著作郎。南朝末期为贵族子弟初任之官。《晋书·职官志》载："著作郎，周左史之任也……魏明帝太和中，诏置著作郎，于此始有其官，隶书二年，诏曰：'著作旧属中书，而秘书既典文籍，今改中书著作为秘书著作。'于是改隶秘书省。后别自置省而犹隶秘书。著作郎一人，谓之大著作郎，专掌史任，又置佐著作郎八人。于是改隶秘书省。著作郎始到职，必撰名臣传一人。"秘书，指秘书郎，官名。三国魏始置，属秘书省，掌管图书经籍，或称"秘书郎中"。南朝士族子弟以为出身之官。

③ 长檐车：用车幔覆盖整个车身的木车。檐，读音同"言"。

④ 高齿屐：底部装有高齿的木屐。屐，读音同"记"，木屐。此为六朝时尚。《宋书·谢灵运传》："灵运常著木屐，上山则去前齿，下山则去后齿。"

⑤ 棊子方褥：方形的坐褥上织有方格图案。棊，棋的异体字。

⑥ 斑丝隐囊：用杂色丝织成的西瓜枕；斑丝，杂色丝；隐囊俗名西瓜枕，据《资治通鉴·陈纪十》胡三省注："隐囊者，为囊实以细软，执诸坐侧，坐倦则侧身曲肱以隐之。"隐，读音同"印"，倚靠。

⑦ 明经求第：明经，西汉选举官员的科目，始于汉武帝时期，被推举者须精通儒家经学，它为儒生进入仕途提供了渠道，故以"明经"为名。据东汉初卫宏《汉官旧仪》载："刺史举民有茂材，移民丞相，丞相考召，取明经一科，明律令一科，能治剧一科，各一人。"求第，求取功名。第，科考及格以上的等次。

⑧ 顾人答策：雇请人代替应考作答。顾，通假字，通"雇"，雇请。答策：科考的一种方式。应试者根据设问题目写对策。据刘勰《文心雕龙·议对》：

"对策者，应诏而陈政也。"

⑨ 三九公燕：三公九卿的宴席。三九，三公九卿的简称，汉代以后人们对三公九卿的习称。

⑩ 假手：借他人之手来达到自己的目的。典出《国语·晋语一》："钧之死也，无必假手于武王。"

⑪ 快士：能手。快，好。语出《三国志·蜀书·黄权传》："黄公衡，快士也，每坐起，叹述足下，不去口实。"与后文的"驽材"相对。

⑫ 朝市迁革：朝市，形容朝廷热闹得像市镇。迁革，变更。指朝廷改换了门庭，国家灭亡了。

⑬ 铨衡：全用人才，量才授官，指吏部。语出《三国志·魏书·夏侯玄传》："夫官才用人，国之柄也，故铨衡专于台阁，上之分也。"铨，称重量的器具；衡，秤杆，比喻称量。

⑭ 曩者：从前的时候。曩，读音同"囊"，从前。

⑮ 当路：当权、掌权的意思。典出《孟子·公孙丑上》："夫子当路于齐，管仲、晏子之功，可复许乎？"

⑯ 党：同伙。

⑰ 被褐而丧珠：身穿粗布衣服，但丧失了怀中的美玉。"被褐怀珠"典故反用，典出《老子》第七十章："知我者希，则我者贵，是以圣人被褐怀玉。"被，通假字，通"披"，穿衣；褐，粗布衣。珠，美玉，比喻才德。

⑱ 失皮而露质：剥去外皮就露出本相。"羊质虎皮"典故的反用，典出扬雄《法言·吾子》："羊质而虎皮，见草而悦，见豺而战，忘其皮之虎也。"羊虽披上了虎皮，但它的本性不变。

⑲ 兀：茫然无知的样子。兀，读音同"雾"。

⑳ 泊：静默无为的样子。

㉑ 鹿独：当时的方言，流离颠沛的样子。鹿，程本作"孤"。

㉒ 转死沟壑：暴死荒野，流转于沟壑。语出《孟子·梁惠王下》："君之民老弱转乎沟壑。"又，《资治通鉴·汉纪二十三》胡三省引应劭的话："死不能藏，故尸流转在沟壑之中。"沟壑，山沟，溪谷。

㉓ 驽材：蠢材。驽，读音同"奴"，才能低下平庸。

㉔ 触地："触处"的意思，随处随地。

㉕ 小人：相对于官家、贵族而言，指地位低下的人。

㉖ 冠冕：古代官员、君王的帽子，形容身份高贵。借指官位。典出《三国志·魏书·王昶传》："今汝先人，事有冠冕。"冕，大夫以上的贵族所戴的礼帽。

㉗ 汝：程本、抱经堂本作"安"。

大 意

在梁朝全盛的时期，贵族子弟大多不学无术，所以当时在社会上流传着一句谚语："只要上了车不掉下来就可以当著作郎，只要提笔能写身体状况就可以当秘书郎。"这些贵族子弟看上去，一个个都是还光光亮亮的：香草熏衣，修鬓剃面，涂脂抹粉，乘坐长檐车，脚穿高齿屐，座位上铺着织有方格图案的丝绸坐褥，背倚着五彩丝线织成的靠枕，珍奇玩赏摆放在身边，他们悠闲安逸，从容进出，看上去活像下凡的神仙一样神采。但凡到了明经开科考试时，他们就要雇人替考了；参加三公九卿邀集的宴请时，他们就要请枪手替他们作诗咏歌。从表面上看，这个时候，他们俨然是世间名士。但是，篾扎纸糊、装潢门面的东西终究是靠不住的，一旦社会发生急剧变革、国家经历改朝换代、兴废鼎革之后，他们就露出原形，际遇可就惨了。掌握考察选任的官员，再不是他们从前的亲戚了；在朝中执掌生杀予夺大权的大臣，也不再是他们从前的同僚亲近了。这时，这些贵族子弟就算是想自己努力拼一把，也没有任何本钱。他们本想自食其力，但苦于一无所长；他们很想自立于社会，但迫于毫无本事。这就是他们的真实：既没有华丽的外表，也没有什么真才实学，除了曾经是前朝的贵族外，剩下的都是他们的本相；他们呆若木鸡，浅薄得像条即将干涸的溪流，颠沛流离于戎马慌乱之际，辗转暴尸于荒野沟壑之间。此情此景，他们已无任何光华可言了，简直就是一个真真切切的窝囊废！而那些有学问有专长的人，就可随处安身。自从侯景之乱以来，我在被俘人员中发现，一些人虽然世世代代都是平民出身，但只要他们精通了《论语》《孝经》，就可以请为人师了；可是另外一些人呢，你切莫以为他们曾是世代大族出身，就会如何了得，由于他们不读不写，丝毫没有什么本事，结果没有一个不被沦为种地养马的粗人。由此看来，人怎么可以不勤勉学习呢？倘若能够世世代代都保有几百卷书，那么，他家千秋万代都不会沦落在社会最底层，成为下贱卑微人了！

三、父兄不可常依，乡国不可常保，唯读书可以依靠而已

夫明六经之指①，涉百家②之书，纵不能增益德行，敦厉③风俗，犹为一艺，得以自资。父兄不可常依，乡国不可常保，一旦流离，无人庇荫，当自求诸身尔。谚曰："积财千万，不如薄伎④在身。"伎之易习而可贵者，无过读书也。世人不问愚智，皆欲识人之多，见事之广，而不肯读书，是犹求饱而懒营馔⑤，欲暖而惰裁衣也。夫读书之人，自羲、农⑥已来，宇宙之下，凡识几人，凡见几事。生民之成败好恶固⑦不足⑧论，天地所不能藏，鬼神所不能隐也。

注　释

① 六经之指：六部经典的要旨。据《汉书·艺文志》说，儒家"游文于六经之中"。所谓"六经"，是指儒家的六部重要经典：《诗经》《尚书》《礼经》《易经》《乐经》《春秋》。其中，《乐经》早已失传；《礼经》，汉代是指《仪礼》，宋朝以后一般是指《礼记》。

② 百家：指春秋战国时期的诸子百家。

③ 敦厉：敦勉的意思，督促劝勉。敦，督促；厉，通假字，通"励"，勉励。

④ 伎：通假字，通"技"，技艺、技能的意思。

⑤ 营馔：做饭。营，料理；馔，食物，多指美食。

⑥ 羲、农：指上古时代传说人物伏羲、神农。相传伏羲是中华民族人文始祖，是中国古籍中记载的最早的君王，是中国医药鼻祖之一。相传伏羲人首蛇身，与女娲兄妹相婚，生儿育女，他根据天地万物的变化，发明创造了占卜八卦，因创造了文字而结束了盲荒时代"结绳记事"的历史。他又结绳为网，用来捕鸟打猎，并教会了人们渔猎的方法；发明了瑟，创作了曲子。相传伏羲称王一百一十一年以后去世，留下了大量关于伏羲的神话传说。神农即炎帝，是中国上古时期姜姓部落的首领尊称，号神农氏。传说姜姓部落的首领由于懂得用火而得到王位，所以称为炎帝。从神农起姜姓部落共有九代炎帝，神农生帝魁，魁生帝承，承生帝明，明生帝直，直生帝釐，釐生帝哀，哀生帝克，克生帝榆罔，传位五百三十年。最早记载炎帝传说的是《国语·晋语》，据载："昔

少典娶于有蟜氏，生黄帝、炎帝。黄帝以姬水（今陕西武功漆水河）成，炎帝以姜水（今陕西宝鸡清姜河）成。成而异德，故黄帝为姬，炎帝为姜。二帝用师以相济也，异德之故也。"

⑦ 固，本来。

⑧ 不足：不值得，有轻蔑的意思。典出《孟子·公孙丑上》："管仲以其君霸，晏子以其君显，管仲晏子犹不足为与？"

大 意

精通"六经"要旨，涉猎百家著作，纵使不能增益个人德行，敦化民风民俗，但也还算获得了一门专长，可以作为谋生的依靠。人生一辈子，父兄是不可长久依靠的，家乡也是不能长保平安的，一旦遭遇危难，流离异乡，再也没有什么可以依靠的了，就只有凭借自己的力量来保全自己最踏实。俗话说："积财千万，不如薄技在身。"在各种技艺中，最容易上手而且最受世人尊重的，就莫过于读书了。人们不管他是智是愚，总还是希望见多识广，人脉宽广，但如果他就是不肯用心读书，那就没办法了。这就好比是既要吃到饱饭而又不肯做饭、既想穿得暖和而又不想制衣一样愚蠢。读书人有了学问，可神通着哩。从伏羲、神农以来，在这世上，他们知晓了多少人和事、洞察了多少人的成败得失，明晰了多少人的好恶喜怒，在他们面前，这些就都不值一提了；重要的是，就连天地万物间的事理，鬼神神秘的深奥，也都逃不脱他们深邃的思想和敏锐的眼力啊！

四、学习的目的在于多知明达

有客难①主人②曰："吾见强弩长戟③，诛罪④安民，以取公侯者有矣；文义习吏⑤，匡⑥时富国，以取卿相⑦者有矣。学备古今，才兼文武，身无禄位，妻子饥寒者，不可胜数，安足贵学⑧乎？"主人对曰："夫命之穷达⑨，犹金玉木石也。修以学艺，犹磨莹⑩雕刻也。金玉之磨莹，自美其矿璞⑪；木石之段块，自丑其雕刻。安可言木石之雕刻，乃胜金玉之矿璞哉？不得以有学之贫贱，比于无学之富贵也。且负甲为兵，咋⑫笔为吏，身死名灭者如牛毛，角立⑬杰出者如芝草⑭；握素披黄⑮，吟道咏德，苦辛无益者如日蚀，逸乐名利者如⑯秋荼⑰，岂得同年而语⑱矣。且又闻之：生而知之者上，学而知之者次⑲，所以学者，欲其多知明达尔。必有天才，拔群出类⑳，为将则闇㉑与孙武㉒、吴起㉓同术，执政则悬得管仲㉔、子产㉕之教。虽未读书，吾亦谓之学矣㉖。今子即不能然，不师古之踪迹，犹蒙被㉗而卧尔。"

注　释：

① 难：读音同"男"字去声，质问。

② 客难主人：设问自答，一种论述方法。典出《汉书·东方朔传》："朔因著论，设客难己，用位卑以自慰谕。"主人，指作者自己。

③ 强弩长戟：弩，古代兵器，用机械发箭的弓。戟，古代兵器，戈与矛合为一体，形似戈，杀伤力强。有长柄，称为长戟。

④ 诛罪：杀掉罪人。诛，杀；罪，有罪的人。

⑤ 文义习吏：阐释法度，研究治道。文，本意为修饰，这里是阐释的意思；义，通假字，通"仪"，仪制；习，研究；吏，当官之道。吏，程本作"史"。

⑥ 匡：扶正。

⑦ 卿相：指公卿和丞相，比喻高官。

⑧ 贵学：意动用法，"以学为贵"的意思，贵，用如动词，看得很贵重。

⑨ 穷达：窘迫和通达。

⑩ 磨莹：石块通过磨冶变得光亮。莹，磨冶。

⑪ 矿璞：没经冶炼和雕琢的金属和玉石。

⑫ 咋：读音同"泽"，咬。

⑬ 角立：像伸出来的角那样突出。

⑭ 芝草：灵芝草的简称，菌类植物，古人认为是祥瑞草，十分名贵。

⑮ 握素披黄：手握素娟，打开黄卷。古人将文字写在素娟上成书，古代的书有卷轴，以便舒展开来。素、黄，代指书籍。

⑯ 如：程本作"几"。

⑰ 秋荼：因荼草在秋天十分茂盛，并开满白花，故用它来比喻茂盛。荼，开白花的草本植物。

⑱ 同年而语：即成语"同日而语""同日而言"，把两件事或人同等对待。语出《战国策·赵策二》："夫破人之与破于人也，臣人之与臣于人也，岂可同

日而言之哉？"又，《后汉书·朱穆传》："彼与草木俱朽，此与金石相倾，岂得同年而语，并日而谈哉？"

⑲"生而"句：语出《论语·季氏篇》："孔子曰：'生而知之者，上也；学而知之者，次也；困而学之者，又其次也；困而不学，民斯为下矣。'"

⑳拔群出类：指人的品德、才能超出同类之上。典出《梁书·刘显传》："窃痛友人沛国刘显，韫椟艺文，研精覃奥，聪明特达，出类拔群。"

㉑闇："暗"的异体字。

㉒孙武：字长卿，齐国乐安（今山东省广饶县）人，大约活动于公元前6世纪末至前5世纪初。春秋时期著名的军事家、政治家，被尊称兵圣或孙子（孙武子）。他由齐国至吴国，经吴国重臣伍员推举，向吴王阖闾进呈所著兵法十三篇，并被重用为将。他曾率领吴国军队大败楚国军队，占领楚国都城郢城，几近覆亡楚国。所著《孙子兵法》十三篇，为后世兵法家所推崇，被誉为"兵学圣典"，置于"武经七书"之首，在中国乃至世界军事史和哲学史上都具有重要价值，并在政治、经济、军事、文化、哲学等领域被广泛运用；被译为英文、法文、德文、日文，该书成为国际最著名的兵学经典。

㉓吴起：别称吴子（前440—前381），战国初期军事家、改革家，兵家代表人物。卫国左氏（今山东省定陶县，一说山东省曹县东北）人。吴起一生历仕鲁、魏、楚三国，通晓兵家、法家、儒家思想，在内政、军事上都有极高成就。仕鲁时曾击退齐国的入侵；仕魏时屡次破秦，尽得秦国河西之地，成就魏文侯的霸业；仕楚时主持改革，史称"吴起变法"，前381年，楚悼王去世，楚国贵族趁机发动兵变杀害吴起。后世把他和孙武并称为"孙吴"，所著《吴子兵法》与《孙子兵法》合称《孙吴兵法》，是中国古代军事经典。《汉书·艺文志》记载吴起著有《兵法》48篇；现存《吴子兵法》仅有六篇，包括图国、料敌、治兵、论将、应变、励士这些篇目。

㉔管仲：名夷吾，又名敬仲（约前725—前645），春秋时期齐国颍上（今安徽颍上）人，著名的政治家、改革家。少时贫困，曾和鲍叔牙合伙经商。在齐国公子小白（后为齐桓公）与公子纠争夺王位时，帮助助公子纠争位失败，后经鲍叔牙推荐，被齐桓公任为卿，被尊称为"仲父"。管仲执政四十年，在国内厉行改革，国力迅速增强；协助齐桓公以"尊王攘夷"相号召，使齐国成为春秋首霸，史书上称他"九合诸侯，一匡天下"。后世尊称为管子，他的法

家言论主要被辑录在《国语·齐语》中，另有《管子》传于后世。

㉕ 子产：姬姓，氏公孙，名侨，字子产，号成子。出身于郑国贵族，郑国国都（今河南郑州新郑）人，与孔子同时期。郑简公十二年（前 554）为卿，二十三年执政，相郑简公、郑定公两朝计 20 余年，卒于郑定公八年（前 522）。春秋时期著名政治家、改革家。子产的言行事迹，主要载于《左传》《史记》等书籍之中。

㉖ "虽未"句：语出《论语·学而篇》："虽曰未学，吾必谓之学也。"

㉗ 蒙被：蒙在被子里。蒙，覆盖，裹着。

大　意

有人反问我说："我曾看到，有人手持强弩长戟讨伐叛逆，平暴安良，由此取得公侯爵禄、封妻荫子；有人潜心治道，整齐制度，整顿纲纪，匡正时弊，使国富民安，由此官拜卿相、大权在握；而那些博古通今、文才武略的人，却报国无门，身无半职，他们的妻子、儿女更是饥寒交迫，这样的寒士多得数也数不清啊！由此看来，为什么要把读书求知看得那么高、那么重呢？"我回答他说："人的命运是困厄，还是通达，就好比用木石和金玉来分别。勤学苦读，获得知识，提高本领，就好比磨治金玉和雕刻木石一样。金玉通过打磨，就改变了它原来的朴拙而显得亮丽；木石经过雕刻，就去掉了原来的丑陋而变得雅致。但是，怎么能简单地说木石经过雕刻竟然要比矿璞更强呢？所以，我们不能轻易拿有学问却贫寒的人与富贵而浅薄的人相比。如果这样的话，那是没有办法比较的。更何况，身披铠甲的兵士与舞文弄墨的小吏，身死名灭者多如牛毛，数不胜数，而出类拔萃者则又少之又少，如同灵芝那样稀贵；手持书卷，研究学问，传扬道德的人，含辛茹苦，却又一无所得，就像天上的日食那样少见；而那些追名逐利、安逸享乐的人多得如同秋荼，遍地都是，随处可见，但两者又怎么可以相提并论呢？况且我还听说，生而知之者是天才，学而知之者就差一等了。人们之所以要学习，就是为了获得知识，增长才干，变得敏锐通达罢了。倘若世间真有所谓的天才，那就是那些被称为出类拔萃、鹤立鸡群的聪明人，在外领兵打仗则暗合孙子、吴起兵法，在朝堂上执掌政事则直通管仲、子产之谋。这样的人，可能貌似不学，但我还是认为他们是下了功夫读书的，天下真有无师自通、不学自识的人吗？就连孔子这样的圣贤，也是赞成这个道理的啊！现在你既然达不到出类拔萃这样的水平，而又不愿见贤思齐，像古代贤哲那样苦学求知，还好像是蒙在被子里睡大觉，当然就什么也看不到，只能甘为人后了。"

五、既要学时贤，也要学先贤；学习越是广泛，就越是有益

人见邻里亲戚有佳快者①，使子弟慕而学之，不知使学古人，何其蔽②也哉！世人但知跨马被甲，长矟③强弓，便云我能为将；不知明乎天道，辨乎地利④，比量⑤逆顺，鉴达⑥兴亡之妙也。但知承上接下⑦，积财聚谷，便云我能为相；不知敬鬼事神，移风易俗⑧，调节阴阳⑨，荐举贤圣之至⑩也。但知私财不入，公事夙办，便云我能治民；不知诚己刑物⑪，执辔如一本作"生"字。组⑫，反风灭火⑬，化鸱为凤之术也⑭。但知抱令守律，早刑时舍⑮，一本作"晚舍"。便云我能平狱⑯；不知同辕观罪⑰，分剑追财⑱，假言而奸露⑲，不问而情得⑳之察也。爰及农商工贾，厮役奴隶，钓鱼屠肉，饭牛牧羊，皆有先达，可为师表㉑，博学㉒求之，无不利于事也。

注　释

① 佳快者：佳人快士，指优秀人才。

② 蔽：受蒙蔽，犯糊涂。

③ 矟：读音同"硕"，即铄，古代兵器，长矛。东汉末经学家服虔《通俗文》解释："矛丈八者，谓之矟。"矟，原作"矟"，今据王本改。

④ 天道、地利：语出《孙子兵法·计篇》："天者，阴阳寒暑时制也；地者，远近险易广狭死生也。……计利以听，乃为之势以佐其外。"乎，于，对……而言。

⑤ 比量：比较。

⑥ 鉴达：明察通达。

⑦ 承上接下：即"承上启下"的意思。承，承接；接，接续。上下，君王与百姓。

⑧ 移风易俗：转变风气，改变习俗。语出《荀子·乐论篇》："乐者，圣人之所乐也，而可以善民心，其感人深，其移风易俗，故先王导之以礼乐

而民和睦。"

⑨ 调节阴阳：理顺天地、人物的关系。古人以"阴阳"抽象概括世界上、宇宙间对立面的两个方面，如天地、日月、昼夜、炎寒、春秋、夏冬、君臣、夫妻、父子、男女、动静、上下、冷暖、饥饱等，都在其中。语出《汉书·陈平传》："宰相佐天子，理阴阳，调四时，理万物，抚四夷。"

⑩ 至：极，最。

⑪ 刑物：给人做出榜样。刑，通假字，通"型"，范型；物，人物，这里指社会上、人世间。

⑫ 执辔如组：手握马缰就像牵着丝带一样，比喻举重若轻。辔，读音同"配"，马缰绳；组，用丝织成的带子。语出《诗经·国风·邶风·简兮》："有力如虎，执辔如组。"意思是说，表演的动作强劲有力如猛虎，双手紧握缰绳好似丝组。

⑬ 反风灭火：降雨止住刮风，用以灭火。比喻德政。典出《后汉书·儒林传上·刘昆》："诏问昆曰：'前在江陵，反风灭火，后守弘农，虎北渡河，行何德政而致是事？'昆对曰：'偶然耳。'左右皆笑其质讷。帝叹曰：'此乃长者之言也。'"刘昆为江陵令时，县里连年火灾，刘昆对着大火叩头，多能降雨止火。

⑭ 化鸱为凤：将鸱鸟驯化为凤鸟。比喻感化恶人成为好人。鸱，读音同"痴"，猫头鹰，又称鸱枭，古人视为恶鸟。凤，凤鸟，古人视为吉祥鸟。语出《后汉书·循吏传·仇览》："时考城令河内王涣，政尚严猛，闻览以德化人，署为主簿。谓览曰：'主簿闻陈元之过，不罪而化之，得少鹰鹯之志邪？'览曰：'以为鹰鹯不若鸾凤。'"仇览为蒲亭长时，陈元对亲母不孝，仇览到他家喻之祸福，终使陈元感化，成为孝子。乡里以此编为谚语说："父母何在在我庭，化我鸱枭哺所生。"

⑮ 早刑时舍：早上判刑，晚上放人。舍，释放。时舍，程本作"晚舍"。

⑯ 平狱：审理案件。平，用如动词，使之公平；狱，官司。

⑰ 同辕观罪：审理案件时，把罪犯绑在车辕上评定罪恶有无、大小。比喻审案的洞察力强。典出《左传·成公十七年》："郤犨与长鱼矫争田，执而梏之，与其父母妻子同一辕。"西晋学者杜预（222—285）注："系之车辕。"

⑱ 分剑追财：通过追查剑这条线索，断绝案情，以公平公正分配遗产。形容判断力强。典出东汉学者应劭（约153—196）《风俗通》曰："沛郡有富家公，

赀二千馀万。小妇子年裁数岁，顷失其母，又无亲近。其女不贤，公痛困思念，恐争其财，儿必不全。因呼族人为遗令书，悉以财属女。但遗一剑，云：'儿年十五，以还付之。'其后，又不肯与。儿诣郡，自言求剑。时太守、大司空何武也。得其辞，因录女及婿，省其手书，顾谓掾吏曰：'女性强梁，婿复贪鄙，畏贼害其儿，又计小儿正得此，则不能全护，故且俾与女，内实寄之耳。不当以剑与之乎？夫剑者，亦所以决断。限年十五者，智力足以自居。度此女婿必不复还其剑。当问县官，县官或能证察，得以见伸展。此凡庸何能用虑强远如是哉？'悉夺取财以与子，曰：'弊女恶婿，温饱十岁，亦以幸矣。'於是论者乃服。"

⑲ 假言而奸露：凭借编造的一句假话，诱使案犯露出马脚，从而破案。比喻有计谋。北魏中后期时，李崇曾任扬州（今安徽寿县）刺史，寿春县人苟泰有个三岁的儿子，遇强盗时丢失了，数年不知道孩子的下落。后来发现孩子在同县人赵奉伯家里。苟泰以此状告赵奉伯。苟泰与赵奉伯都申言那是自己的儿子，并都有邻居做证。郡、县官员不能决断。李崇说："这容易弄清楚。"令二人与那孩子隔离（拘禁），拘禁过了几十天，然后派人（分别）告诉他二人说："你儿患病，不久前突然死亡，（官府）解除监禁，你可出去办理后事。"苟泰听后放声大哭，悲痛不已；赵奉伯只是叹息，没有特别悲痛之意。李崇分析了解到的情况，就把孩子判给苟泰，追究赵奉伯诈骗罪。赵奉伯于是如实招供："我以前丢失了一个儿子，于是便冒认了这个孩子。"典出《魏书·李崇传》："先是，寿春县人苟泰有子三岁，遇贼亡失，数年不知所在。后见在同县人赵奉伯家，泰以状告。各言己子，并有邻证。郡县不能断。崇曰：'此易知耳。'令二父与儿各在别处，禁经数旬，然后遣人告知之曰：'君儿遇患，向已暴死，有教解禁，可出奔哀也。'苟泰闻既号咷，悲不自胜；奉伯咨嗟而已，殊无痛意。崇察知之，乃以儿还泰，诘奉伯诈状。奉伯乃款引云：'先亡一子，故妄认之。'"

⑳ 不问而情得：用不着仔细审问罪犯，就明了案情。比喻机智。西晋陆云出任浚仪县令时审理杀人犯的故事，典出《晋书·陆云传》：陆云"出补浚仪令。县居都会之要，名为难理。云到官肃然，下不能欺，市无二价。人有见杀者，主名不立，云录其妻，而无所问。十许日遣出，密令人随后，谓曰：'其去不出十里，当有男子候之与语，便缚来。'既而果然。问之具服，云：'与此妻通，

共杀其夫，闻妻得出，欲与语，惮近县，故远相要候。’于是一县称其神明。”

㉑“爰及”句：据清代学者赵曦明的注释："古圣贤如舜、伊尹皆起于耕，后世贤而躬耕者多，不能以遍举。……《左传》载郑商人弦高及贾人之谋出荀莹而不以为德者，皆贤达也。工如齐之斫轮及东郭牙；厮役仆隶如兒宽为诸生都养，王象为人仆隶而私读书；钓鱼屠牛，皆齐太公事；贩牛，宁戚事；卜式、路温舒、张华，皆尝牧羊：史传所载，如此者非一。"爰及，等到；爰，句首语气词。先达，有德行有学问的前辈。

㉒博学：学识渊博，知道得多，了解得广，形容见多识广。语出《礼记·中庸》："博学之，审问之，慎思之，明辨之，笃行之。"又，《北史·韦阆传》："（荣亮）博学有文才，德行仁孝，为时所重。"

大　意

人们看见自己周围有出色的人物，就会让自己的子弟仰慕他，学习他，可是，他们就是不会提醒自己的子弟多向前贤学习。这是多么片面的思想啊！人们只要一看到将军跨骏马，披铠甲，挺长矛，挽强弩，如此威风，就以为自己也可以当上将军。却不知道，将军领兵打仗要懂得天时变化，四季运行，比较利弊；要了解地理大势，路程远近，地势险易；要善于估计形势变化的缘由，洞察国家兴衰的奥妙。他们心里装的知识可真多啊！人们只看到宰相秉承君王的旨意，上下沟通，协调各方，聚集财物，囤积粮食，就以为自己也能当上宰相。殊不知，当宰相要善于敬事鬼神，移风易俗，调理阴阳，举贤荐能。他们心里装的事情可真多啊！人们只看到地方官不敛私财，奉公守职，就认为自己也能当个一官半职。殊不知，当官治民先要修养自己，端庄言行，以身作则，还要举重若轻，消灾除害，以德化民。他们德才兼备，对自己的要求真是很高啊！人们只看到掌管司法诉讼就是按律办事，处理一些狱讼纠纷，认为自己也可以平狱断案了。殊不知，办理司法纠纷还要具备古人"同辕观罪""分剑追财""假言奸露""不问而情得"那样的睿智和妙计。他们的知识真是十分渊博啊！至于说到像农夫、商贾、工匠、差役、僮仆、渔夫、屠夫、牛倌和羊倌之类的人，"英雄不问出身"，他们中间确有一些出类拔萃的人物，既品德好，又有能力，人们也要把他们作为学习的榜样啊！依我看，人们广泛地向各种优秀人物学习，对于自己成长进步、提高处理各种事务的能力，都有百利而无一害呢！

六、通过学习掌握的知识，没有一条是无用的

夫所以读书学问，本欲开心明目①，利于行尔。未知养亲者，欲其观古人之先意承颜②，怡声下气③，不惮劬劳④，以致甘煗⑤，—一本作"旨"。惕然⑥惭惧，起而行之⑦也；未知事君者，欲其观古人之守职无侵⑧，见危授命⑨，不忘箴谏⑩，以利社稷⑪，恻然⑫自念，思欲效之也；素骄奢⑬者，欲其观古人之恭俭节用⑭，卑以自牧⑮，礼为教本，敬者身基⑯，瞿然⑰自失，敛容⑱抑志也；素鄙吝⑲者，欲其观古人之贵义轻财，少私寡欲⑳，忌盈恶满㉑，赒㉒穷恤匮，然悔耻，积而能散㉓也；素暴悍㉔者，欲其观古人之小心黜己㉕，齿弊舌存㉖，含垢藏疾㉗，尊贤容众㉘，苶然㉙沮丧，若不胜衣㉚也；素怯懦㉛者，欲其观古人之达生委命㉜，强毅正直㉝，立言必信㉞，求福不回㉟，勃然㊱奋厉，不可恐慑也。历兹以往，百行皆然，纵不能淳㊲，去泰去甚㊳。学之所知，施无不达。今㊳—一本无"今"字。世人读书者，但能言之，不能行之㊵，忠孝无闻，仁义不足；加以断一条讼，不必得其理；宰千户县㊶，不必理其民；问其造屋，不必知楣㊷横而梲㊸竖也；问其为田，不必知稷早而黍穋㊹—一本作"迟"字。也。吟啸谈谑，讽咏辞赋，事既优闲，材增迂诞㊺，军国经纶㊻，略无施用。故为武人俗吏所共嗤诋㊼，良㊽由是乎！

注　释

① 开心明目：开阔胸襟，张大眼睛。开，使动词，使……打开；明，使……明亮。

② 先意承颜：预先揣摩父母的心意，看父母脸色行事，以讨父母欢心。语出《礼记·祭义》："曾子曰：'君子之所谓孝者，先意承志，谕父母于道。'"另外的说法，"先意承志""先意承志""先意承颜"都是一个意思。

③ 怡声下气：声音柔和，气息顺畅。怡，和悦，下，轻缓而顺畅，恭谦的样子。语出《礼记·内则》："及所，下气怡声，问衣燠寒。"

④ 不惮劬劳：不辞劳苦的意思。惮，害怕。劬劳，劳苦；劬，读音同"渠"，辛劳。语出《诗经·国风·邶风·凯风》："棘心夭夭，母氏劬（读音同"瞿"，劳苦。）劳。"意思是说，枣树的芽心嫩又壮，母亲养儿辛苦忙。又见《诗经·小雅·蓼莪》："哀哀父母，生我劬劳。"意思是说，可怜我的父亲和母亲，

抚养我成长多辛劳！

⑤ 煀：读音同"暖"，暖的异体字，煮烂的意思。程本、抱经堂本作"腰"。

⑥ 惕然：忧惧的样子。语出《吕氏春秋·离俗》："惕然而悟，徒梦也。"

⑦ 起而行之：亲身去践行。起，起身赶快去做。语出《周礼·冬官考工记》第六："国有六职，百工与居一焉。'或坐而论道；或作而行之。'"

⑧ 守职无侵：忠于职守，无所僭越。守，遵循；侵，损害。

⑨ 见危授命：身处危难的时候，可以献出自己的生命。语出《论语·宪问篇》："见利思义，见危授命，久要不忘平生之言，亦可以为成人矣。"授，给予，付与。

⑩ 箴谏：劝告。箴，读音同"真"，规劝；程本、抱经堂本作"诚"。

⑪ 社稷：分别指土地神和谷神，多指代国家。语出《左传·僖公四年》："君惠徼福于敝邑之社稷，辱收寡君，寡君之愿也。"这里的"社稷"是指土地神和谷神；又见《韩非子·难一》："晋阳之事，寡人危，社稷殆矣。"这里"社稷"是指国家。

⑫ 恻然：哀伤的样子。语出王充《论衡·死伪》："文王见官和露，恻然悲痛。"恻，读音同"策"，忧伤而悲痛。

⑬ 骄奢：骄横放纵，奢侈浪费。语出《左传·隐公三年》："骄奢淫泆，所自邪也。"泆，读音同"意"，放纵。

⑭ 恭俭节用：待人恭敬谨慎，约束自己言行；节俭生活，不致浪费。恭俭，语出西汉文学家、史学家司马迁（前145—前90）《报任安书》："分别有让，恭俭下人。"节用，语出《论语·学而篇》："敬事而信，节用而爱人，使民以时。"

⑮ 卑以自牧：谦卑自守的意思。语出《易经·谦·象辞》："谦谦君子，卑以自牧也。"牧，行为。

⑯ 礼为教本，敬者身基：守礼为增进教养的根本，恭谨是立身处世的基础。礼，规范人们言行的礼法，用如动词，守礼；敬，恭敬而谨慎。语出《左传·成公十三年》："礼，身之干也；敬，身之基也。"唐代学者孔颖达注释说："人身以礼、敬为本，必有礼、敬，身乃得存。"

⑰ 瞿然：惊愕的样子。瞿，读音同"据"，瞪眼惊视。语出《汉书·吴王濞传》："胶西王瞿然骇曰：'寡人何敢如是！'"

⑱ 敛容：使脸色严肃起来，表示对人尊重。语出《汉书·霍光传》："光每

朝见，上虚己敛容，礼下之已甚。"

⑲ 鄙吝：鄙陋吝啬，形容过分爱惜钱财而不仗义疏财。

⑳ 少私寡欲：控制自己的私心和欲望，使自己的心性保持在清俭状态。语出《老子》第十九章："少私寡欲。"

㉑ 忌盈恶满：警惕并摈弃贪欲之心。忌，警惕；恶，读音同"勿"，憎恶。盈、满，充实而满的意思，指人的贪念。语出《易经·谦·象辞》："人道恶盈而好谦。"

㉒ 赒：救济穷人。读音同"周"。

㉓ 积而能散：积蓄的财富能够救济穷人。语出《礼记·曲礼上》："积而能散，安安而能迁。"郑玄注释说："谓己有积蓄，见贫穷者则当能散以赒救之。"

㉔ 暴悍：凶猛蛮横。

㉕ 黜己：压制自己暴烈的性情，约束自己的意思。黜，读音同"触"，减少。

㉖ 齿敝舌存：牙齿因为刚硬而缺损，舌头因为柔软而完好。比喻去强则安。典出西汉学者刘向（约公元前77—前6）《说苑·敬慎》老子与常摐的对话："常摐有疾，老子往问焉。张其口而示老子曰：'吾舌存乎？'老子曰：'然。'曰：'吾齿存乎？'老子曰：'亡。'常摐曰：'子知之乎？'老子曰：'夫舌之存也，岂非以其柔耶？齿之亡也，岂非以其刚耶？'"敝，败坏，损伤。

㉗ 含垢藏疾：指包庇坏人坏事。语出《左传·宣公十五年》：晋伯宗引古谚曰："高下在心，川泽纳污，山薮藏疾，瑾瑜匿瑕，国君含垢，天之道也。"

㉘ 尊贤容众：尊敬贤能的人，包容一般人。语出《论语·子张篇》："君子尊贤而容众，嘉善而矜不能。"

㉙ 苶然：疲倦的样子。语出《庄子·齐物论》："苶然疲役而不知其所归，可不哀邪？"苶，读音同"捏"，精神不振。

㉚ 若不胜衣：好像谦恭退让的样子。语出《礼记·檀弓下》："文子其中退然如不胜衣，其言呐呐然如不出其口。"

㉛ 怯懦：胆小怕事的样子。典出《史记·廉颇蔺相如列传》："方蔺相如引璧睨柱，及叱秦王左右，势不过诛，然士或怯懦而不敢发。"

㉜ 达生委命：参透生死，任由命运支配。达，通达；委，交付。语出《庄子·达生》："达生之情者，不务生之所无以为；达命之情者，不务命之所无奈何。"

㉝ 强毅正直：坚强果敢，端正挺立，形容正气凛然。强毅，语出《礼记·儒行》："慎静而尚宽，强毅以与人。"

㉞ 立言必信：说出去的话，一定能够兑现。语出《论语·子路篇》："言必信，行必果。"

㉟ 求福不回：祈求福运但不奸不邪。语出《诗经·大雅·旱麓》："岂弟君子，求福不回。"意思是说，平易和乐的周王啊，不违祖德谋吉祥。岂弟君子：岂弟，读音同"楷啼"，即"恺悌"，和乐平易的意思。君子，指周文王。回，奸邪，不走正道。

㊱ 勃然：兴起的样子。

㊲ 淳：通假字，通"纯"，纯粹。

㊳ 去泰去甚：纠正极端的思想和行为，使之适中。语出《老子》第二十九章："是以圣人去甚，去奢，去泰。"

㊴ 今：如今。

㊵ 但能言之，不能行之：只会说说而已，而不会做。语出司马迁《史记·孙子吴起列传》："语曰：'能行之者，未必能言；能言之者，未必能行。'"

㊶ 宰千户县：治理一个小县。宰，统治，领导。千户县，比喻县的规模小。据《汉书·百官公卿表》，万户为大县，千户为小县。

㊷ 楣：大门上的横梁，也称次梁。

㊸ 棁：读音同"卓"，梁上的短柱。

㊹ 稺："稚"的异体字，幼小。

㊺ 迂诞：迂阔荒诞，不合事理。语出《史记·孝武本纪》："言神事，事如迂诞，积以岁乃可致。"

㊻ 经纶：比喻筹划国家大事。经，理出丝绪；纶，编丝成绳。典出《易经·屯卦·象辞》："云雷屯，君子以经纶。"孔颖达注疏："经谓经纬，纶谓纲纶，言君子法此屯象有为之时，以经纶天下，约束于物。"又，《礼记·中庸》说："惟天下至诚，为能经纶天下之大经，立天下之大本，知天地之化育。"

㊼ 嗤诋：嘲笑毁谤。嗤，读音同"痴"，讥笑；诋，读音同"底"，诋毁，辱骂。

㊽ 良：的确，实在是。

大　意

人们读书求知的目的，无非是为了开阔胸襟，增长见识，提高本领，有利于实际工作罢了。对于那些不知道如何孝敬父母的人，就要让他们好好地向古人学习呢。古人孝顺父母，他们会顺着父母的心意，看父母的脸色行事，对于父母不恰当的言行，他们会和颜悦色地好言相劝，精心细致地为父母烧制可口的饭菜。对照起来，现在那些不孝之子应该感到惭愧啊！那些不知道如何侍奉君王的人，也应该向古人好好学习呢。古人知道忠于职守，维护上司，危急关头不惜献出自己的生命；他们还时刻不忘忠心劝谏君王的职责，总是以天下为己任。现在的一些人对照古人，相差得实在太远了，应该痛心疾首、有所悔悟吧！那些骄横奢侈的人，也要向古人学习呢。古人恭谨俭朴、谦卑自持，以守礼修身为根本、以恭敬处事为基础，一生都始终保持了良好的道德情操。当今的一些人同他们比较起来，应该感到震惊呢！这些人要及时警醒自己的过失，抑制自己的贪欲，约束自己的言行，淡泊宁静地安排自己的生活。那些一向小气吝啬的人，也要向古人学习呢。古人重义轻财，少私寡欲，戒盈恶满，救济穷苦。这些人对照古人，恐怕要红脸汗颜、悔恨自己的过失吧！他们应该把聚集起来的财富，适当地施舍给穷苦人，多做一些扶危济困的善事啊。那些一贯凶猛暴躁的人也要学习古人呢。古人谨慎小心、顾全大局，他们懂得齿亡舌存的道理，宽宏大量、尊贤容众。同古人比起来，这些人就会气焰顿挫、幡然悔悟啊！他们的确要学会谦恭退让的道理呢。那些胆小怯懦的人，也要学习古人啊。古人心胸豁达，乐天认命，强毅正直，言必有信，祈求福运而不奸不邪。同古人相比，这些人只怕要立马奋发振作起来啊！从此就变得不再胆怯畏惧了。由此可见，各种好的品行都是通过各种途径学习、培养起来的。即使这样做，也不见得会十分完美或者理想，但是，起码可以做到摒弃那些极端、过分的言行，而使自己的品行中规中矩、持中平和。在学习过程中获得知识，对于实际生活一定是适用的。但是，还有一类读书人，只知空谈，不切实用，那就很危险了！他们既谈不上忠孝，也欠缺仁义；如果是平狱审案，恐怕也不明了司法程序；如果去治理一个小县，恐怕也不知道如何同老百姓打交道；如果去建造一栋房屋，恐怕也搞不清楚横梁竖枨如何摆放；要他去耕种，恐怕也不知道稷黍孰先孰后。这些人只知道吟诗唱和，谈笑戏谑，悠闲自若，除了增添一些迂阔荒诞的谈资外，对于治国理政、安邦顺民又有什么益处呢？难怪他们时常遭到兵士和胥吏的嘲讽，也的确是事出有因啊！

七、学习不是凌驾于人上的工具，而要有利于增长自己的品行

夫学者，所以求益尔。见人读数十卷书，便自高大，凌忽长者^①，轻慢^②同列^③；人疾^④之如雠敌，恶之如鸱枭^⑤，如此以学自损，不如无学也。

注　释

① 凌忽：欺侮的意思。

② 轻慢：轻视的意思。慢，瞧不上。

③ 同列：同一班列，指地位相等的人。

④ 疾：嫉恨，怨恨。

⑤ 鸱枭：猫头鹰，古人认为是凶鸟。

大　意

学习，是为了获取知识，提升自己的道德和才干，促进自己不断进步。但是，我看到有的人就没有发挥好学习的功效，譬如说，有的人读了几十卷书，便自高自大起来，自以为很了不起，就瞧不起长辈，也把同事不放在眼里。因此，人们嫉恨他就像憎恶仇敌一样，讨厌他就像厌恶猫头鹰一样。如果像他这样，不仅没有学到真才实学，反而有损自己的品行，还不如不学为好呢。

八、学习如同种树，要经历春华秋实的过程

古之学者为己，以补不足也。今之学者为人，但能说之也^①。古之学者为人，行道以利世也。今之学者为己，修身以求进也。夫学者犹种树也^②，春玩其华，秋登其实^③。讲论文章，春华也；修身利行，秋实也。

注　释

①"古之学者"句：古代的学者将学习视为修养自己的阶梯，不断弥补自己的不足；而现在的学者却把学习当成在别人面前炫耀自己的工具，只求能说

会道地吹自己。语出《论语·宪问篇》:"古之学者为己,今之学者为人。"据三国时期魏国学者何晏《论语集解》引西汉学者孔安国说:"为己,履而行之;为人,徒能言。"又,《荀子·劝学篇》说:"古之学者为己,今之学者为人。君子之学也,以美其身;小人之学也,以为禽犊。"

②夫学者犹种树也:学习如同种树一样,要经历春华秋实、循序渐进的过程,最后才能获得累累果实。典出《左传·昭公十八年》:"夫学者,殖也。不学将落,原氏其亡乎!"孔颖达疏注较为贴切:"夫学如殖草木也,不学则才知日退,将如草木之队(通"坠")落枝叶也。"

③春玩其华,秋登其实:春天欣赏草木的花朵,秋天丰收草木的果实。玩,玩赏,欣赏;华,通假字,通"花",开花,花朵;登,本意是成熟,这里是收获的意思。典出《三国志·魏志·邢颙传》:"采庶子之春花,忘家丞之秋实。"

大　意

古人学习是为了自己日精日进,用获得的知识来弥补自己的不足。现在的人却把学习当作向别人显摆学问的工具,只求能说会道,夸夸其谈,炫耀自己。说古人学习是为了别人,就是因为他们通过学习来努力提升自己,以便更好地实现自己的社会理想,凭自己的才干造福社会。说如今人们学习是为了自己,是因为他们把学习当成获取官职权位和爵禄待遇的进身工具。其实,学习就像种树一样,要循序渐进,经历春华秋实的必然过程。而讲习讨论文章,就如同欣赏春华一样;修身养性有利于实际工作,就像收获秋实一样。

九、学习宜早不宜迟,晚年好学也不晚,终生学习尤可贵

人生小幼,精神专利①,长成已②后,思虑散逸,固须早教,勿失机也。吾七岁时,诵③《灵光殿赋》④,至于今日,十年一理,犹不遗忘。二十之外,所诵经书,一月一本有"日"字。废置⑤,便至一本无"至"字。荒芜矣⑥。然人有坎壈⑦,失于盛年,犹当晚学,不可自弃。孔子云:"五十以学《易》,可以无大过矣。"⑧魏武⑨、袁遗⑩,老而弥笃⑪,此皆少学而至老不倦也。曾子⑫七十乃学,名闻天下;荀⑬卿五十始来游学,犹为硕儒;公孙弘四十余方读《春

秋》⑭，以此遂登丞相；朱云亦四十始学《易》《论语》⑮，皇甫谧二十始受《孝经》《论语》⑯，皆终成大儒：此并⑰早迷而晚寤也。世人婚冠未学，便称迟暮⑱，因循⑲面墙⑳，亦为愚尔。幼而学者，如日出之光，老而学者，如秉烛夜行，犹贤乎瞑目而无见者也㉑。

注 释

① 专利：专注利落的意思。

② 已：通假字，通"以"。

③ 诵："诵"下抱经堂本有"鲁"字。

④《灵光殿赋》：据《后汉书·王逸传》："王逸子延寿，字文考，有俊才。少游鲁国，作《灵光殿赋》。……后溺水死，时年二十余。"灵光殿为西汉宗室鲁恭王刘余所建，在今山东省曲阜市东。文章收入《昭明文选》。

⑤ 废置：搁置的意思。

⑥ 荒芜：本指因无人管理杂草丛生的田地。语出《国语·周语下》："田畴荒芜，资用乏匮。"三国时期吴国学者韦昭注："荒，虚也；芜，秽也。"这里是学业荒疏的意思。

⑦ 坎壈：不得志。壈，读音同"览"，困顿。坎壈，也写作"坎廪"。语出《楚辞·九辩》："坎廪兮，贫士失职而志不平。"

⑧"孔子云"句：见《论语·述而篇》："加我数年，五十以学《易》，可以无大过矣。"何晏《论语集解》解释说："《易》穷理尽性，以至于命。年五十而知天命，以知命之年，读至命之书，故可以无大过也。"

⑨ 魏武：即魏武帝曹操（155—220），字孟德，一名吉利，小字阿瞒，沛国谯县(今安徽亳州）人。东汉末年杰出的政治家、军事家、文学家、书法家，三国时期曹魏政权的奠基人。其子曹丕称帝后，追尊为武皇帝，庙号太祖。

⑩ 袁遗：字伯业，东汉末年袁绍（？—202）堂兄。汝南汝阳（今河南省商水西南）人。初为长安令，出任山阳太守，参与征讨董卓联盟。后为袁绍任命扬州刺史，后为袁术所败，败军之际为士卒所杀。

⑪ 老而弥笃：指曹操与袁遗成年后即使在戎马倥偬之际，依然手不释卷，勤学不厌的故事。据《三国志·魏书·武帝纪》注引《魏书》：魏太祖"御军三十余年，手不舍书，昼则讲武策，夜则思经传，登高必赋，及造新诗，被之

管弦，皆成乐章"。曹丕在《典论·自叙》中说他父亲曹操，"雅好诗书文籍，虽在军旅，手不释卷"；太祖称赞袁遗，"长大而能勤学者，惟吾与袁伯业耳"。

⑫ 曾子：名参（读音同"深"）（前505—435），字子舆，鲁国南武城（今山东省嘉祥县满硐乡南武山村）人，春秋时期著名思想家，公元前490年（鲁哀公五年），十六岁的曾参拜孔子为师，成为孔子的早期弟子之一；也是儒家学派的重要代表人物，被后世尊奉为"宗圣"，是配享孔庙的四配之一，享受后世祭祀。后文"七十"当为"十七"之误。

⑬ 荀：名况（约前313—前238），时人尊而号之"卿"，西汉时为避汉宣帝刘询讳，以"孙"通"荀"，故又称孙卿。战国末期赵国猗氏（今山西省安泽县）人，著名思想家，先秦儒家最后一位代表人物。曾两次到当时齐国的文化中心稷下（今山东省临淄）游学，担任过列大夫的祭酒（学宫领袖）。还到过秦国，拜见了秦昭王。后来到楚国，任兰陵（今山东省兰陵）令。著有《荀子》一书。事见《史记·孟子荀卿列传》："荀卿，赵人。年五十，始来游学于齐。"

⑭ "公孙弘"句：公孙弘（前200—前121），名弘，字季，一字次卿（据《西京杂记》），齐地菑川（今山东省寿光南纪台乡）人，西汉武帝时期丞相。其少时为吏，牧豕海上，四十而学《春秋公羊传》，谨养后母。汉武帝时期，先后两次被推举，征为博士。十年之中，从待诏金马门擢升为三公之首，封平津侯。先后被任为左内史（左冯翊）、御史大夫、丞相之职。汉武帝元狩二年（前121），公孙弘于相位逝世，谥献侯。公孙弘是西汉建立以来第一位以丞相封侯者，为西汉后来"以丞相褒侯"开创先例。著有《公孙弘集》十篇，现已失佚。事见《汉书·公孙弘传》。

⑮ "朱云"句：朱云，字游，原居鲁地，后移居平陵。少任侠。年四十，始从博士白子友学《易》，又从萧望之学《论语》。西汉元帝时，与少府五鹿充宗辩论易学，获胜，遂授博士，迁任杜陵令，后为槐里令。为人狂直，多次上书抨击朝廷大臣。汉成帝时，朱云进谏攻击丞相张禹为佞臣，帝怒，欲斩之，他死抱殿槛，结果殿槛被折断。后以左将军辛庆忌死争，遂获赦；皇帝亦下令不换断槛，留下"折槛"典故。此后朱云不复仕，晚年教授生徒，年七十余卒于家中。事见《汉书·朱云传》。

⑯ "皇甫谧"句：皇甫谧（读音同"密"）（215—282），幼名静，字士安，自号玄晏先生。安定郡朝那县（今甘肃省灵台县）人，后徙居新安（今河南省

新安县）。魏晋时期学者、医学家、史学家。年二十，尚不好学，因叔母教诲，始发奋勤学，尤好百家之言。中年钻研医学，尤长针灸。一生勤于著述，虽得风痹疾，犹手不释卷，写作不辍。西晋武帝时累征不就，自表借书，武帝赐书一车。其著作《针灸甲乙经》是我国第一部针灸学的专著。除此之外，他还编撰了《历代帝王世纪》《高士传》《逸士传》《列女传》《元晏先生集》等书。这些书在医学史、文学史上都有很高的文献价值。尤其是《针灸甲乙经》，在针灸学史上被誉为"针灸鼻祖"。事见《晋书·皇甫谧传》。"受"，原作"授"，今据抱经堂本改。

⑰ 并：一并，都。

⑱ 迟暮：暮年，常常用来比喻衰老。语出《楚辞·离骚》："惟草木之零落兮，恐美人之迟暮。"

⑲ 因循：沿袭。语出《汉书·段会宗传》："愿吾子因循旧贯，毋求奇功。"

⑳ 面墙：形容不学习的人就像对着墙站着，一无所见。典出《尚书·周官》："蓄疑败谋，怠忽荒政，不学墙面，莅事惟烦不学墙面，莅事惟烦。"孔安国传："人而不学，其犹正墙面而立，临政事必烦。"孔颖达疏："人而不学，如面向墙无所睹见，以此临事，则惟烦乱不能治理。"后人就用"面墙"比喻不学之人。

㉑"幼而学者"句：少时好学，就像旭日东升时放出的耀眼光芒；年老时学习，就好像手持蜡烛在黑暗里行走，但这也总比那种闭着眼睛什么也看不见的人要强多了。瞑目，闭着眼睛。语出刘向《说苑·建本》："师旷曰：'少而好学，如日出之阳；壮而好学，如日中之光；老而好学，如秉烛之明。秉烛之明，孰与昧行乎？'"

大　意

人在年幼的时候，注意力集中而敏锐；等到长大以后，思想就分散了。因此，要抓住年少好时机，尽早开展教育。回想我七岁的时候，就能背诵王延寿的《灵光殿赋》，直到今天，我依然每隔十年还温习一遍，其中内容都还没有遗忘呢。我二十岁以后所背诵的经书，如果搁置在那里不翻不阅，过一个月就忘得差不多了，可见时常温习也很重要啊！当然还要看到，人总有不得意的时候，如果不幸在青少年时代失去了求学的机会，也仍然要在今后的日子里抓紧时间勤奋学习，决不可自暴自弃。还是孔子说得好："五十岁的时候学习《周易》，就不至于有大的过失了。"东汉末年曹操和袁遗一生征战，仍然手不释卷，到了晚年更加专心学习，这两人都是年少好学，终生坚持的典范。当然也不乏年轻时耽误了学习，到中年以后才幡然醒悟，发愤好学，最后取得成功的例子。曾子七十岁才投身孔子门下开始受业，后来名扬天下；荀子五十岁才游学齐国，最后成为儒学大师；公孙弘四十岁才起步学习《春秋》，后来就是凭着学问被汉武帝拜为丞相，终于以文封侯；汉代的朱云是四十岁才开始学习《周易》和《论语》的，晋朝的皇甫谧也是在二十岁时才开始学习《孝经》和《论语》的，他们后来都成为人们景仰的大学者。人们一般认为，如果到了弱冠和结婚的年龄，还没有开始学习的话，那就已经很晚了，恐怕来不及了，于是，索性就拖延下去，不再关心学习的事情，这就像古人常常讲到的一个典故，对于成年了还不知道学习紧迫的人来说，就好比是对着墙壁站立，什么也看不见一样，这未免也太愚昧了吧！春秋时期晋国有个名叫师旷的著名乐师说得好极了，我不妨再复述给你们听一听："少时好学，就像旭日东升时放出的光芒那样耀眼；年老学习，就好像手持蜡烛在黑暗里行走，但这也总比那种闭着眼睛什么也看不见的人要强多了。"

十、读书能够做到既博学而又精专，那是再好不过了

学之兴废，随世轻重。汉时贤俊，皆以一经弘 ① 圣人之道，上明天时，下该 ② 人事，用此致卿相者多矣。末俗 ③ 已来不复尔，空守章句 ④，但诵师言，施之世务，殆 ⑤ 无一可。故士大夫子弟，皆以博涉为贵，不肯专于经业 ⑥。一本作"专儒"。梁朝皇孙已下，总丱之年 ⑦，必先入学，观其志尚，出身 ⑧ 已后，便从文吏 ⑨，略无卒业者。冠冕为此者，则有何胤 ⑩、刘瓛 ⑪、明山宾 ⑫、周舍 ⑬、朱异 ⑭、周弘正 ⑮、贺琛 ⑯、贺革 ⑰、萧子政 ⑱、刘绰 ⑲ 等，兼通文史，不徒讲说也。洛阳亦闻崔浩 ⑳、张伟 ㉑、刘芳 ㉒，邺下又见邢子才 ㉓：此一本无"此"字。四儒者，虽好经术 ㉔，亦以才博擅名 ㉕。如此诸贤，故为上品 ㉖，以外率多田里间人，音辞鄙陋，风操蚩拙 ㉗，相与专固 ㉘，无所堪能，问一言辄酬 ㉙数百，责其指归 ㉚，或无要会 ㉛。邺下谚云："博士 ㉜买驴，书券 ㉝三纸，未有驴字。"使汝以此为师，令人气塞。孔子曰："学也，禄在其

中矣。"㉞今勤无益之事，恐非业也。夫圣人之书，所以设教，但明练经文，粗通注义，常使言行有得，亦足为人，何必"仲尼居"即须两纸疏义㉟，燕寝㊱讲堂，亦复何在？以此得胜，宁有益乎？光阴可惜，譬诸逝水㊲。当博览机要㊳，以济功业，必能兼美，吾无间焉㊴。

注　释

① 弘：弘扬，发扬光大。

② 该：包括。

③ 末俗：朝代末世的风俗。末，指朝代末期。

④ 章句：文章和句读。古代经学家做学问的方法，剖析章节，研究句法。语出《后汉书·桓谭传》："博学多通，遍习五经，皆诂训大意，不为章句。"

⑤ 殆：读音同"带"，差不多，都。

⑥ 专于经业：程本、抱经堂本作"专儒"。经业，把读经解经作为专门的事业来做。魏晋以后，玄学盛行，成为与传统儒学相分立的流派，南朝齐、梁之际，又分出文、史、玄、儒四科。人们将那些专治儒家经典，即"专于经业"的人，看成儒士。

⑦ 总卝之年：人的童年时代。总卝，在古代，儿童束发分为两髻，形状如角，称为总角。语出《诗经·国风·齐风·甫田》："婉兮娈兮，总角卝兮。"意思是说，小时候长得娇嫩又俊俏，扎好的发结就像一对羊犄角。卝，读音同"贯"，儿童束发分为两髻的样子。

⑧ 出身：委身事君，即出仕，做官。语出《汉书·郅都传》："已背亲而出身，固当奉职，死节官下，终不顾妻子矣。"

⑨ 吏：抱经堂本作"史"。

⑩ 何胤：字子季（446—531），庐江灊（今安徽庐江）人。南朝宋、梁之际学者。少时师从沛国刘瓛受《易》及《礼记》《毛诗》，又入钟山定林寺听僧人讲解佛家经典，都能通晓。后隐居而终。一生注疏有《百法论》一卷、《十二门论》一卷、《周易》一卷，又作《毛诗隐义》十卷、《毛诗总集》六卷、《礼记隐义》二十卷和《礼答问》五十五卷。事见《梁书·何胤传》。"胤"，抱经堂本作"胄"。

⑪ 刘瓛：已在前注。

⑫ 明山宾：南朝梁时人。字孝若，平原鬲（今山东省平原西北）人。七岁能言名理，十三岁博通经传。梁朝建立后，设五经博士，被首选入列，官至东宫学士兼国子祭酒。著有《吉礼仪注》二百二十四卷、《礼仪》二十卷和《孝经丧礼服义》十五卷。事见《梁书·明山宾传》。

⑬ 周舍：南朝梁时人。字升逸（469—524），汝南郡安城（今河南汝南县）人。幼而聪颖，博学多才，尤善礼制，精通义理。官至太子詹事、豫州大中正舍，追赠侍中、护军将军，谥号为简。事见《梁书·周舍传》。

⑭ 朱异：南朝梁时人。字彦和（483—549），吴郡钱塘（今浙江省杭州西）人。年少时好聚众博戏，颇为乡里所患。成年后折节从师，好学上进，遍治《五经》，尤精《礼》《易》。同时，广涉文史百家，兼通杂艺，博弈书算，皆其所长。大同六年（540），朱异在仪贤堂奉敕讲述梁武帝《老子义》，朝士及道俗听众达千余人，成为一时盛事，朱异因此深得朝野道俗的热捧。侯景之乱时，朱异恐愤交加，得疾而卒，赠尚书右仆射。撰有《礼易讲疏》《仪注》及文集百余篇，现已佚。事见《梁书·朱异传》。

⑮ 周弘正：南朝梁、陈之际人。字思行（496—574），汝南安城（今河南省汝南东南）人。幼孤，十岁能通《老子》《周易》；十五岁召补为国子生，仍于国学讲《周易》，诸生传习其义。官至尚书右仆射，死后追赠侍中、中书监，谥号简子。为当世鸿儒，"特善玄言，兼明释典，虽硕学名僧，莫不请质疑滞"。著有《周易讲疏》十六卷、《论语疏》十一卷、《庄子疏》八卷、《老子疏》五卷、《孝经疏》两卷和《文集》二十卷。事见《陈书·周弘正传》。

⑯ 贺琛：南朝梁时人。字国宝，会稽山阴（今浙江省绍兴）人。曾任步兵校尉，云骑将军、中军宣城王长史。侯景之乱时，皇帝留贺琛和司马杨暾镇守京师，但未能守住。最后死于风寒，年六十九岁。由伯父贺场授其儒家经典，一闻便知义理，尤精《三礼》。著有《三礼讲疏》《五经滞义》及诸《仪法》。事见《梁书·贺琛传》。

⑰ 贺革：南朝梁时人。字文明（478—540），贺场子。少时务农，20 岁后方从父受业，通《三礼》，遍治《孝经》《论语》《毛诗》《左传》。初为晋安王国侍郎、兼太学博士。后迁国子博士。于太学讲授，生徒常多至数百人。出为湘东王绎咨议参军，兼江陵令。湘东王于江陵置州学，以革领儒林祭酒，讲授三《礼》，荆楚士人来听讲者甚众。官至南郡太守。事见《梁书·贺革传》。

⑱ 萧子政：南朝梁时人。官至都尚书。据《隋书·经籍志》等，著有《古今篆隶杂字体》《周易义疏》《系辞义疏》。

⑲ 刘绰：已在前注。

⑳ 崔浩：北魏政治家。字伯渊，小名桃简，清河郡东武城（今山东武城县），一说清河郡武城（今河北清河县）人。曾仕北魏道武、明元、太武三帝，官至司徒，是太武帝时期最重要的谋臣之一，常把天道与人事结合起来，加以综合考察，举其大要，用来占卜各种灾祥变异，多有应验；对促进北魏统一北方做出了重要贡献。后死于国史之狱，于太平真君十一年（450）被夷九族。著有《五经注》。事见《魏书·崔浩传》。

㉑ 张伟：北魏人。字仲业，太原中都（今山西省榆林东）人。学通诸经，讲授乡里，受业者常数百人。官至平东将军、营州刺史。事见《魏书·张伟传》。

㉒ 刘芳：北魏人。字伯文，彭城（今江苏省徐州）人。父亡后徙迁北魏。聪敏过人，笃志坟典，昼则佣书以自资给，夜则诵读，终夕不寝。以才思深敏，特精经义，博闻强记，兼览《仓颉》《尔雅》，尤长音训，辨析无疑，深得孝文帝信用。官至中书令、国子祭酒、徐州大中正。享年六十一。著有《后汉书音》《辨类》《毛诗笺音义证》《礼记义证》《周官》《仪礼义证》等。事见《魏书·刘芳传》。

㉓ 邢子才：北齐人，名邵，字才子，河间鄚县（今河北省任丘北）人。十岁便能属文，雅有才思，聪明强记，日诵万余言；后广寻经史，五行俱下，一览便记，无所遗忘。文章典丽，既赡且速。年未二十，名动衣冠。博览坟籍，无不通晓，晚年尤以《五经》章句为要，穷其指要。吉凶礼仪，公私咨禀，质疑去惑，为世指南。每公卿会议，事关典故，援笔立成，证引该洽，帝命朝章，取定俄顷。词致宏远，独步当时，每一文初出，京师为之纸贵，读诵俄遍远近。性情简素，内行修谨，兄弟亲姻之间，称为雍睦；虽望实兼重，不以才位傲物。官至太常卿、中书监，摄国子祭酒。有《文集》三十卷，今散佚。事见《北齐书·邢邵传》。

㉔ 经术：指儒家经学。语出《史记·太史公自序》："仲尼悼礼废乐崩，追脩经术，以达王道。"

㉕ 擅名：独占名誉，享有名望。语出《韩非子·外储说右下》："人主者不

操术，则威势轻而臣擅名。"擅，独揽，独占。

㉖上品：上等。语出《晋书·刘毅传》："是以上品无寒门，下品无势族。"后来，"上品"也用于形容物品的等级、层次高。

㉗蚩拙：笨拙。蚩，呆滞。

㉘专固：专断而固执。

㉙酬：应答。

㉚指归：文章或讲话的宗旨。语出《三国志·吴书·诸葛瑾传》："粗陈指归，如有未合，则舍而及他。"

㉛要会：概要，要领。

㉜博士：古代学官名。始设于战国；秦统一中国，因袭博士制度；西汉时为太常属官，汉文帝时设一经博士，汉武帝时设五经博士；晋设国子博士，南北朝沿袭。据《汉书·百官公卿表》：秦汉时，博士为文官，管古今文书、教化，俸禄六百石，"员多至数十人"。

㉝书券：契约。

㉞"孔子曰"句：见载《论语·卫灵公篇》："耕也，馁在其中矣；学也，禄在其中矣。"

㉟"仲尼居"：《孝经·开宗明义》第一章句首文。疏义：古代经学研究的一种文体，通过注释明确文意。疏，读音同"述"，注释。

㊱燕寝：闲居。燕，通假字，通"宴"，安闲。燕寝，即"宴居"，闲居的意思，悠闲轻松的样子。

㊲光阴可惜，譬诸逝水：光阴易逝，就像流水那么快。典出《论语·泰伯篇》："子在川上曰：'逝者如斯夫！不舍昼夜。'"

㊳机要：精要，指立意精妙。机，事物的关键之处、中枢所在。

㊴吾无间焉：我没有什么好说的了。典出《论语·泰伯篇》："禹，吾无间然矣。"没有什么瑕疵好评论的。

大　意

学习风气的盛衰好坏，往往与社会风气密切相关，它随着世道人心的变化而起伏。就说汉代的那些贤才俊士吧。他们都是通过精通一部经典，弘扬圣人内圣外王之道，上观天象，下察人事，为朝廷提出了很多治理国家的有益建议，因此动辄获得卿相这样的高官厚禄。这样的人和事可就多了。每到王朝兴废变易之际，世风日下，学风也就不再是先前汉代的繁盛景象了。比如，读书人只知空守章句，只会因袭老师的思想，而不知道独立研究，有所创新。如果按照他们这样空洞、教条的学术方法去处理现实生活中的实际问题，恐怕就一无所获了。因此，后世士大夫子弟改变了学术路径，他们崇尚博学，广泛地涉猎各种典籍，而不再选择专攻一经的方法。到了梁朝，自皇孙以下，人们在孩子的童年时期就开始重视他们的教育事项了。在孩子很小的时候，就把小孩送到学堂接受教育，观察并培养他们的志趣爱好；等到他们成年以后，就选择有学问的文官跟随他们学习，但很少有人能够坚持学习到底，大多是半途而废。在我看来，真正做到学习研究与做官理事两兼顾、两不误的人，不过何胤、刘瓛、明山宾、周舍、朱异、周弘正、贺琛、贺革、萧子政、刘绲十人而已。他们善于兼通文史，并不只是按照传统的学术路数讲解一下经典就罢了。我也听说北魏有崔浩、张伟、刘芳，邺下有邢子才，这四位学者虽然也都喜好经术，但他们终究是以博学多才闻名当世啊。像上举这十四位贤才，应该说是当代学术界的一流人物，他们是当代学术、学风走势的风向标。综观天下人物，除此之外，就都是一些俗人了。他们言行粗俗，没有节操；与人相处，固执武断，不能胜任任何一件事情，就连回答问题也不利索，既不能突出主题、切中要害，又言辞累赘、拖泥带水。邺下有句谚语是嘲讽他们的，说得很形象："博士买驴，契约写了三张纸，还没有一字提到'驴'。"如果拜这种人为师，你真会被他这种迂腐而不切实用的学风气死。记得孔子说过："好好学习吧，俸禄都在学习之中啊！"可是，这些人却把精力放在一些毫无益处的事情上，这恐怕不是学术的正路啊！圣贤书籍，都是用来教化百姓的，只要能够熟悉经文，粗通注解，把学习的有益内容用在实际生活当中，运用书本知识提升自己的言行，也就可以立身为人了，何必要把解读"仲尼居"那样的烦琐劲头搬到学习上呢？居然为了解释一个"居"字，整整写满了两张纸，这也太过了啊。至于说这里的"居"字，究竟作何解释为宜，是理解为"闲居"也好，还是理解为"讲堂"也好，我看只要不失大意就行了，争个你输我赢，终无结果，又有何益？古人说得好，光阴易逝，日月如梭，时不我待。应当抓紧时间学习啊，博览群书，掌握精要，成就人生事业。当然，如果能够兼顾博学与精专，做到博约两全，那实在是人生的美事啊。对此，我也就无话可说了。

十一、做学问要有老实的态度，切莫以不知为知

俗间儒士，不涉群书，经纬①之外，义疏而已。吾初入邺，与博陵②崔文彦③交游，尝说《王粲④集》中难郑玄⑤《尚书》事。崔转为诸儒道之，始将发口，悬见排蹙⑥，云："文集止⑦有诗赋铭诔⑧，岂当论经书事乎？且先儒之中，未闻有王粲也。"崔笑而退，竟不以《粲集》示之。魏收⑨之在议曹，与诸博士争宗庙事⑩，引据《汉书》⑪，博士笑曰："未闻《汉书》得证经术。"魏⑫便忿怒，都不复言，取《韦玄成传》⑬，掷之而起。博士一夜共披寻⑭之，达明，乃来谢⑮曰："不谓玄成如此学也。"

注　释

①经纬：经书和纬书。儒家经典，被称为经书；秦汉以后将神学附会儒家经典的书称为纬书，如《三国志·蜀书·谯周传》："治《尚书》，兼通诸经及图、纬。"纬书借助经学及其经书，附会人事吉凶，预言治乱兴衰，宣扬迷信怪诞，兴起于西汉末年，形成了与经书相对应符箓瑞应占验之书：《易》《书》《诗》《礼》《乐》《春秋》《孝经》，被称为"七纬"。盛行于东汉，南朝宋时始禁。

②博陵：郡名，治所在今河北省蠡县南。博陵设郡，始于东汉桓帝延熹元年（158），后有变化；北魏复设博陵郡，隶属于定州。博陵崔氏一向为魏晋南北朝时期的世家大姓。

③崔文彦：人名，事迹不详。

④王粲：字仲宣（177—217），山阳郡高平县（今山东省微山两城镇）人。东汉末年文学家，"建安七子"之一。少有才名，为著名学者蔡邕所赏识。先是前往荆州依靠刘表，客居荆州十余年；建安十三年（208），后归曹操，深得曹氏父子信赖，赐爵关内侯。建安十八年（213），魏国建立，王粲任侍中。建安二十二年，王粲随曹操南征孙权，于北还途中病逝。王粲善属文，其诗赋为建安七子之冠，又与曹植并称"曹王"。著《英雄记》，《三国志·魏书·王粲传》说王粲著诗、赋、论、议近60篇，《隋书·经籍志》著录其文集十一卷，明人张溥辑有《王侍中集》。

⑤郑玄：字康成（127—200），北海高密（今山东省高密）人，东汉末年经学大师。曾入太学攻《京氏易》《公羊春秋》及《三统历》《九章算术》，又

师从张恭祖学《古文尚书》《周礼》和《左传》等，最后师从马融学古文经。游学归里之后，复客耕东莱，聚徒授课，弟子达数千人，家贫好学，终为大儒。党锢之祸时遭禁锢，闭门注疏，潜心著述。以古文经学为主，兼采今文经说，遍注群经，著有《天文七政论》《中候》等书，共百万余言，世称"郑学"，成为汉代经学的集大成者。唐贞观年间，列郑玄于二十二"先师"之列，配享孔庙。宋代被追封为高密伯。事见《后汉书·郑玄传》。难郑玄《尚书》事，见载于南宋王应麟（1223—1296）《困学纪闻》卷二。

⑥悬见排蹙：立马就遭到斥责。悬，通假字，通"旋"，马上；见，被；排蹙，因被摈排而感到不安。蹙，读音同"促"，局促不安。

⑦止：通假字，通"只"。

⑧诗赋铭诔：四种文体。诗，可歌咏，有韵律的短句。赋，散文中有韵律的一种文体，讲究辞藻、对仗和韵律，起源于战国，盛行于南北朝。铭，刻于碑版或器物上的一种文体，简短，有韵，多用于自警或称述祖辈功德。诔，读音同"磊"，追悼死者功德的文体，如悼词。

⑨魏收：字伯起(507—572)，小字佛助，钜鹿下曲阳(今河北省晋州) 人，南北朝时期史学家、文学家。历仕北魏、东魏、北齐三朝。天保二年（551），正式受命撰魏史，魏收与房延祐、辛元植、刁柔、裴昂之、高孝干等"博总斟酌"，撰成《魏书》一百三十篇，记载了鲜卑拓跋部早期至公元550年东魏被北齐取代的历史。书成之后，被指斥为"秽史"。魏收复三易其稿，终于成书。后官至尚书右仆射、太子少傅。死后被追赠为司空、尚书左仆射，谥文贞。参见《北齐书·魏收传》。议曹，已在前注。

⑩争宗庙事：争论涉及宗庙的事情。宗庙，据《国语·鲁语上》说："夫宗庙之有昭穆也，以次世之长幼，而等胄之亲疏也。"它是古代先民为亡灵建立的寄居所。但后世有严格的宗庙制度，庶人不准设庙；天子七庙，诸侯五庙，大夫三庙，士一庙。宗庙的形制、祭祀的仪礼都有严格的规定。争，程本、抱经堂本作"议"。

⑪《汉书》：由东汉时期著名历史学家班固（32—92）编撰，历时二十余年，于章帝建初年间基本修成。是我国第一部纪传体断代史，也是继《史记》之后的又一部重要史书，与《史记》《后汉书》《三国志》并称为"前四史"。主要记述了从西汉高祖元年（前206）至新朝王莽地皇四年（公元23），共

230 年的历史。包括纪十二篇，表八篇，志十篇，传七十篇，共一百篇，分为一百二十卷，共八十万字。

⑫ 魏：抱经堂本作"收"。

⑬《韦玄成传》：即《汉书·韦贤传附子玄成传》。据载，玄成是西汉被称为"邹鲁大儒"韦贤（约前 148—前 67）的小儿子。汉元帝永光年间，代于定国为丞相，议罢郡国庙，又奏议太上皇、孝惠、孝文、孝景庙皆亲尽宜毁，寝园皆无复修。魏收议宗庙事所引典故，据此。

⑭ 披寻：翻阅查找。披，翻阅。

⑮ 谢：道歉的意思。

大 意

一般的读书人，不能博览群书，他们除了阅读经书和纬书之外，顶多也就读一点注释经典的书罢了。有一个例子是我亲身经历过的。话说我初到邺城的时候，与博陵人崔文彦交往，曾与他谈起魏国文学家王粲在文集中说到的诘难郑玄注解《尚书》的事。崔文彦转而又与几位儒士说起此事。可是，还没等崔文彦展开话题，他就遭到了这帮儒士的斥责。几位儒士责难崔文彦说："《王粲集》中只有诗、赋、铭、诔，难道还有论及经典的事吗？"崔文彦只是笑了笑，没有辩驳他们，就离开了。直到最后离开的时候，崔文彦也没有把《王粲集》拿出来给他们看，用以一核真伪。魏收在议曹任职的时候，也遭遇过类似的搞笑。话说魏收曾与几位博士议论宗庙的事情，并引用《汉书》的记载作为依据。那些博士不仅不以为然，反而还取笑魏收说："我们从来没有听说过《汉书》能够拿来作为经术佐证的事例呀！"魏收听后，非常生气。魏收也不屑于与博士们争辩，他拿出《汉书·韦贤玄成传》扔给他们就走了。博士们在一起整整研读了一夜，直到天明的时候才弄明白书中的道理，于是找到魏收道歉，酸溜溜地说道："真没想到韦玄成竟然有这么好的学问啊！"

十二、学就要获取真知，不要陷入清谈

夫老、庄之书①，盖全真②养性，不肯以物累己③也。故藏名柱史，终蹈流沙④，匿迹漆园，卒辞楚相⑤，此任纵之徒⑥尔。何晏⑦、王弼⑧祖

述⑨玄宗⑩，递相夸尚⑪，景附草靡⑫。皆以农、黄之化⑬，在乎己身；周、孔之业⑭，弃之度外。而平叔⑮以党曹爽⑯见诛，触死权⑰之网也；辅嗣以多笑人被疾⑱，陷好胜之阱也⑲；山巨源以蓄积取讥，背多藏厚亡之文也⑳；夏侯玄以才望被戮，无支离拥肿之鉴也㉑；荀奉倩丧妻，神伤而卒，非鼓缶之情也㉒；王夷甫悼子，悲不自胜，异东门之达也㉓；嵇叔夜排俗取祸，岂和光同尘之流也㉔；郭子玄以倾动专势，宁后身外己之风也㉕；阮嗣宗沈酒荒迷，乖畏途相诫之譬也㉖；谢幼舆赃贿黜削，违弃其余鱼之旨也㉗：彼诸人者，并其领袖㉘，玄宗所归。其余桎梏㉙尘滓㉚之中，颠仆㉛名利之下者，岂可备言乎？直取其清谈雅论，辞锋理窟，剖玄析微，妙得入神，宾主往复，娱心悦耳，然而济世成俗，终非急务㉜。一本作"清谈高论，剖玄析微，宾主往复，娱心悦耳，非济世成俗之要也"。洎㉝于梁世，兹风复阐㉞，《庄》《老》《周易》，总谓三玄㉟。武皇、简文㊱，躬自讲论。周弘正㊲奉赞大猷㊳，化行都邑，学徒千余，实为盛美。元帝㊴在江、荆闲，复所爱习，故㊵置学生，亲为教授㊶，废寝忘食㊷，以夜继朝㊸，至乃倦剧㊹愁愤，辄以讲自释。吾时颇预末筵㊺，亲承音旨，性既顽鲁㊻，亦所㊼不好云。

注　释

①老、庄之书：老子和庄子的著作，即《老子》《庄子》。老子，春秋时期著名思想家，道家学派创始人。姓李名耳（约前571—前471），字聃，一字或曰谥伯阳，楚国苦县厉乡曲仁里（今河南省鹿邑东）人。年轻时曾做过周朝管理藏书的官员。后退隐，著有《老子》一书。《老子》，又名《道德经》或《道德真经》。《道德经》共81章，前37章为上篇"道经"，第38章以下为下篇"德经"，道为德之"体"，德乃道之"用"。全书五千多字。《道德经》是后来的称谓。庄子，战国时期著名思想家、文学家，道家学派重要标志性人物，后世将他与老子合称"老庄"。姓庄，名周（约前369—前286），字子休（亦说子沐），宋国蒙（今河南省商丘东北）人，宋国王室之后。庄周因崇尚自由而不应楚威王之聘，生平只做过宋国地方官漆园吏，史称"漆园傲吏"，被誉为地方官吏的楷模。著有《庄子》，以《逍遥游》《齐物论》最为有名。《庄子》，据《汉书·艺文志》著录五十二篇；今本《庄子》三十三篇，其中内篇七、外篇十五和杂篇十一。具有很高的哲学、文学价值。事见《史记·老子韩非列传》。

② 全真：保全人的本性。全，保全，不使之缺损；真，与生俱来的天性。语出《庄子·盗跖》："子之道狂狂汲汲，诈巧虚伪事也，非可以全真也，奚足论哉！"

③ 不肯以物累己：不能因为外在因素束缚自己。语出《庄子》"天道""刻意""秋水"篇中的"无物累""不以物害己"。

④"故藏"句：因此，老子在担任周朝柱下史时，隐姓埋名，最后遁迹逍遥。柱史，柱下史的简称，周朝官名。事见西汉刘向（约前77—前6）《列仙传》，老子西游，游流沙之西化胡，莫知所终。

⑤"匿迹"句：庄子在宋国担任漆园吏时，深居简出，后来还谢绝了楚王邀他担任楚相的延请。漆园，古地名，具体的地望，学术界没有定论。事见《史记·老子韩非列传》，楚威王闻其贤，派使者厚迎之，许以为相。庄周笑曰："……子亟去，无污我。"史，程本作"石"。

⑥ 任纵之徒：听凭自己本性而自由自在之类的人。任纵，放任个性。任，听凭。徒，之类的人，同一类人。

⑦ 何晏：曹魏时期玄学家，开魏晋玄学先河。字平叔（？—249），南阳宛（今河南省南阳）人。其父早逝，曹操纳其母尹氏为妾，何晏随母入曹家，为曹操所宠爱。少年时以才秀知名，喜好老、庄之言，娶曹操女金乡公主。官至吏部尚书。后为司马懿所杀，灭三族。何晏有文集十一卷，著有《论语集解》十卷、《老子道德论》二卷等，《魏诗》收录其五言诗《言志诗》。事见《三国志·魏书·曹真附传》。

⑧ 王弼：魏晋玄学家。字辅嗣（226—249），山阳郡（今河南省焦作）人。曾任尚书郎。少有才名，与何晏、夏侯玄同为其时清谈玄学名流。著作有《老子注》《老子指略》《周易注》《周易略例》。关于易经的注释，注重义理，一扫汉代以来烦琐不实的学风。见《三国志·魏书·钟会附传》。

⑨ 祖述：循祖叙述的意思，遵循前人的思想或行为。语出班固《汉书·艺文志》："祖述尧舜，宪章文武。"祖，效法，尊崇。

⑩ 玄宗：深奥的精义。玄，深奥；宗，主旨，中心思想。这里是指道家思想。

⑪ 递相夸尚：交替进行相互夸耀。递，交替；尚，推崇。

⑫ 景附草靡：如影附形，如草随风。景，通假字，通"影"，人或物的影

子；靡，倒下，扑倒。

⑬ 农、黄之化：神农、黄帝的教化。神农，即炎帝神农氏，炎帝，是上古传说时代姜姓部落的首领尊称，号神农氏，又号魁隗氏、连山氏、列山氏，别号朱襄。传说姜姓部落的首领由于懂得用火而得到王位，所以称为炎帝。相传炎帝牛首人身，亲尝百草，用草药治病；发明刀耕火种，创造了两种翻土农具；教民垦荒，种植粮食作物；领导部落子弟制造出了饮食用的陶器和炊具。黄帝，即黄帝轩辕氏。是上古传说时代部落联盟首领，姬姓，因有土德之瑞，尊称为黄帝。黄帝部落在从姬水向东发展的过程中，继承了神农以来的农业生产经验，将原始农业发展到高度繁荣阶段，使本部落迅速发展壮大。因他发明了轩冕，故称之为轩辕。黄帝和炎帝时期逐渐形成华夏族，因而他们都被视为华夏民族共同的祖先，中国人据此自称为"炎黄子孙"。

⑭ 周、孔之业：周公、孔子奠定的学术事业。

⑮ 平叔：即前注何晏。

⑯ 曹爽：字昭伯，沛国谯县（今安徽亳州）人，曹魏宗室、魏国大司马曹真之子。自少以宗室身份出入宫中，谨慎持重。明帝曹叡即位后，任为散骑侍郎，累迁城门校尉，加散骑常侍，转任武卫将军；曹叡卧病时，拜曹爽为大将军，假节钺，遗诏抚幼主；齐王曹芳即位后，任用私人，专权乱政，侵吞财产，一意孤行出兵伐蜀，造成国内虚耗死伤惨重，起居自比皇帝。249 年，司马懿发动高平陵之变后，因谋反之罪，在朝议后被诛族。参见《三国志·魏书·曹真传》。

⑰ 死权：至死都贪恋权位。权，用如动词，贪权。

⑱ "辅嗣"句：典出西晋何劭（236—301）《王弼传》："弼论道，傅会文辞，不如何晏自然，有所拔得多晏也。颇以所长笑人，故时为士君子所疾。"辅嗣，何晏字。疾，厌恶。

⑲ 陷好胜之阱也：掉进好胜必遇对头的陷阱。典出《孔子家语·观周篇》："强梁者不得其死，好胜者必遇其敌。"语出《老子》第四十二章："强梁者不得其死，吾将以为教父。"

⑳ "山巨源"句：山涛因喜欢积累财富受到人们讥笑，他违背了"过分积累财富就会加倍丧失"的古训。山巨源，即山涛（205—283），字巨源，河内郡怀县（今河南省武陟西）人，魏晋时期名士，"竹林七贤"之一。早孤，家

贫，好老庄学说，与嵇康、阮籍等密切；年四十，始出仕。司马炎代魏称帝时，任山涛为大鸿胪，入为侍中，迁吏部尚书、太子少傅、左仆射等，每选用官吏，皆先秉承晋武帝意旨，且亲作评论，时称"山公启事"。后拜司徒，复固辞，乃归家。谥号康。山涛前后选举百官都选贤用能。著有文集十卷，《全晋文》录文五卷。参见《晋书·山涛传》。山涛以蓄财见讥事，不见载于本传，疑为"竹林七贤"之一的王戎。王戎贪财好蓄，为人所讥，事见《晋书·王戎传》。多藏厚亡，语出《老子》第四十四章："是故甚爱必大费，多藏必厚亡。"

㉑"夏侯玄"句：夏侯玄因才名被杀，是因为违背了"支离身残而长寿"和"树以疙瘩多而躲过斧钺以自存"的古训。夏侯玄（209—254），字太初（一作泰初）。沛国谯（今安徽省亳州）人。曹魏时期玄学家、文学家。少时有名望，仪表出众，时人目之以为"朗朗如日月之入怀"；博学多识，才华出众，尤其精通玄学，被誉为"四聪"之一，是早期的玄学领袖。官至征西将军、太常。后被司马师杀害。据《隋书·经籍志》，玄著有文集三卷（《唐书·经籍志》作二卷）已佚。《乐毅论》，因后来为"书圣"王羲之所书写而传于天下。事见《三国志·魏书·夏侯尚传附传》。支离，残缺不全；典出《庄子》人间篇和逍遥游。支离，《庄子·人间篇》中得故事人物支离疏。"支离疏"是一个残疾人的绰号，此人长得很奇怪，他大概是没有脖子的，两腮贴近肚脐，肩膀长得比头顶还高，五官仰起，两髀同腰相连，长得没有个人形，因身体的缘故他不用服劳役，反而还可以享受赈济，过着衣食无忧的生活。拥肿，即"臃肿"，指树木瘿结过多，不平直挺拔。见《庄子·逍遥游》："惠子谓庄子曰：'吾有大树，人谓之樗。其大本拥肿而不中绳墨，其小枝卷曲而不中规矩。'"

㉒"荀奉倩"句：荀奉倩经历丧妻之痛，随之伤心而死，这就没有庄子在丧妻的时候鼓盆而歌的情致啊。荀奉倩，即荀粲，字奉倩，豫州颍川颍阴县（今河南省许昌）人。曹魏时期著名玄学家，东汉名臣荀彧幼子。性简贵，不能与常人交接，所交皆一时俊杰。幼年聪颖过人；成年后，以善谈玄理名噪一时。娶曹洪之女为妻，生活美满。不料，不久妻子重病不治而亡。荀粲悲痛过度，旋即身亡，年仅二十九岁。成语"荀令伤神"即据此。事见刘义庆（403—444）《世说新语·惑溺》注引《荀粲别传》。鼓缶之情，典出《庄子·至乐》："庄子妻死，惠子吊之，方箕踞鼓盆而歌。"缶，盛酒、水之类的瓦盆子。

㉓"王夷甫"句：王夷甫经受不了痛失幼子的打击，这就不如东门吴旷达。

王夷甫，即西晋大臣王衍（256—311），字夷甫。出身士族，琅琊郡临沂县（今山东省临沂北）人。西晋时期著名清谈家。外表清明俊秀，风姿安详文雅，又喜好老庄学说，当他解读玄理的时候，手里总是拿着一把与手同色的玉拂尘，神态从容潇洒，谈论精辟透彻，为时人所倾慕。当他讲错时，却又随即更改，时人号为"口中雌黄"。官至太尉。后为石勒所杀。善行书，《宣和书谱》有其作品《尊夫人帖》。文中所说，就是"情之所钟"成语的来历。王衍的幼子不幸夭折，名士山简去安慰他。山简见王衍几乎无法控制自己的悲痛之情，就劝道："孩子不过是父母怀抱中的东西，何至于悲痛到这种地步！"王衍说："圣人可以忘掉感情，最下等的人则对感情没有体会。然而最珍重感情的，正是像我们这样的人。"山简很佩服他的话，也为他感到悲痛起来。事见《晋书·王戎附王衍传》。东门之达，典出春秋战国时期学者列御寇的《列子·力命》。魏国有个名叫东门吴的人，他心爱的儿子死了，但他没有表现出哀伤的样子。他的管家很奇怪，就问他不哀伤的道理。东门吴回答道："我没有儿子的时候就不忧伤，现在儿子没了，也就回到了原来样子，有什么好忧伤的呢？"达，豁达的意思。

㉔"嵇叔夜"句：嵇叔夜不能随波逐流招致杀身之祸，他哪是与世沉浮而立于不败的人物呢。嵇叔夜，即曹魏时期玄学家、文学家、音乐家嵇康（224—263），字叔夜。谯国铚县（今安徽省濉溪县）人。为"竹林七贤"之首。年幼丧父，由母亲和兄长抚养成人，后娶曹操曾孙女长乐亭主为妻。官至曹魏中散大夫，世称嵇中散。后因得罪钟会，为其诬陷，而被司马昭处死。好老庄，善文辞，工于诗，风格清峻。懂音乐，会养生，情性高雅。通晓音律，尤爱弹琴，著有音乐理论著作《琴赋》《声无哀乐论》；擅长书法，工于草书，其墨迹被列为草书妙品。著有《嵇康集》传世。事见《晋书·嵇康传》。和光同尘，把光亮与灰尘同样看待，比喻随处而安，不露锋芒。语出《老子》第四章"和其光，同其尘"。

㉕"郭子玄"句：郭象虽有才名，但热心权势，且气焰逼人，一点儿都没有圣人所说的甘于人后、忘却自我的气象。郭子玄，即晋代玄学家郭象（252—312），字子玄，洛阳（今河南省洛阳）人。有才名，好老庄，善清谈。早年不受州郡召，闲居在家，"以文论自娱"；后应召任司徒掾，迁黄门侍郎，"任职当权，熏灼内外"。官至太傅主簿。著有《庄子注》。事见《晋书·郭象传》。专，

程本作"权"。倾动，倾倒的意思，因名声大而被人们倾慕。倾，钦佩。后身外己，将自己置身人后，反倒可以占先；将生命置身度外，反而得以保全。语出《老子》第七章："是以圣人后其身，而身先；外其身，而身存。"

㉖"阮嗣宗"句：阮籍好酒贪杯，醉态迷乱，违背了在险途中应该谨慎小心的古训。阮嗣宗，即阮籍（210—263），魏晋之际诗人。字嗣宗。陈留（今属河南）尉氏人。幼年丧父，由母亲抚养长大，勤学成才。为"竹林七贤"之一。身处魏晋之际险恶的政治环境，常作醉态，以为自保。时常率性独驾，不由路径，车迹所穷，恸哭而返。官至步兵校尉一职，所以后世通常称之为"阮步兵"。事见《晋书·阮籍传》。畏途相戒，语出《庄子·达生》"夫畏涂者，十杀一人，则父子兄弟相戒也。……祍席之上，饮食之间，而不知为之戒者，过也"。成语"视为畏途"据此。父子十人，被强盗打劫，死去一人，他们就应该警惕了，相互提醒，结伴而行。如果人们不警惕祍席之上、饮食之间的细节，就会造成无法弥补的错误。

㉗"谢幼舆"句：谢鲲贪赃枉法被撤职查办，违背了庄子鄙视惠施贪心、弃其馀鱼的警示。谢幼舆，即晋代玄学家谢鲲（281—324），字幼舆，陈郡阳夏（今河南省太康）人，两晋时期名士。出身于陈郡谢氏，弱冠知名。好《老子》《易经》，不循功名，居身于可否之间。早年与王衍、王敦、庾敳、阮修为"四友"，后与阮放、毕卓、羊曼、桓彝、阮孚、胡毋辅之、光逸并称"江左八达"。他在西晋末年曾为东海王司马越参军，后避乱渡江，被王敦辟为长史，封咸亭侯。东晋建立后，多次劝阻王敦的"清君侧"之谋，最终被外放为豫章太守。因官至豫章太守，世称谢豫章。据《隋书·经籍志》记载，谢鲲著有文集六卷。事见《晋书·谢鲲传》。弃其馀鱼，语出刘安（前179—前122）《淮南子·齐俗训》："故惠子从车百乘，以过孟诸，庄子见之，弃其馀鱼。"战国时期梁国宰相惠施路过宋国孟诸湖，随从的车辆多达百余，犹嫌不足；庄子对他贪得无厌的做派十分反感，就扔掉自己仅剩的几条鱼表示鄙视。

㉘领袖：衣领和衣袖，衣服上最容易弄脏之处。语出《后汉书·皇后纪上·明德马皇后》："仓头衣绿褠，领袖正白。"这里是指人中俊杰。语出南朝宋刘义庆《世说新语·赏誉》："胡毋彦国吐佳言如屑，后进领袖。"

㉙桎梏：限制人的脚镣手铐。一般用来指束缚人的言行的东西。典出《吕氏春秋·仲春》："命有司，省囹圄，去桎梏。"

㉚尘滓：尘俗中的污秽物，一般用来形容世间俗务。

㉛颠仆：跌落。仆，向前倒下，一般也指倒下。语出《诗·小雅·宾之初筵》："式勿从谓，无俾大怠。"东汉学者郑玄注释："醉者有过恶，女无就而谓之也，当防护之，无使颠仆至於怠慢也。"

㉜"然而"句："然而济"至"急务"，程本、抱经堂本作"非济世成俗之要也"。

㉝洎：读音同"既"，等到。

㉞阐：打开。

㉟三玄：魏晋时期，名士何晏、王弼、向秀、郭象等人通过注释《老子》《庄子》和《周易》三部经典，发挥了各自的哲学思想，倡导了玄学之风。这三部书就成为那时读书人的时髦和清谈的中心话题。

㊱武皇、简文：分别指梁武帝萧衍和梁简文帝萧纲。据《梁书·武帝纪》：梁武帝"少而笃学，洞达儒学"，著有《周易讲座》《老子讲疏》。《梁书·简文帝纪》记载：简文帝"博综儒书，善言玄理"，著有《老子义》《庄子义》。

㊲周弘正：已在前注。

㊳大猷：大道。语出《诗经·小雅·巧言》："秩秩大猷，圣人莫之。"意思是说，周代的典章制度多么完善啊，都是先王精心制定的。猷，读音同"由"，方略，道术。莫，通"谋"，谋划。

㊴元帝：梁元帝萧绎，即位前曾任荆州刺史多年。

㊵故：程本、抱经堂本作"召"。

㊶教授：讲解知识，传授文化。语出东汉王充《论衡·刺孟》："谓孔子之徒，孟子之辈，教授后生，觉悟玩愚乎？"

㊷废寝忘食：耽搁了睡觉，忘记了吃饭。语出《列子·天瑞》："杞国有人有天地崩坠，身亡所寄，废寝食者。"

㊸以夜继朝：即成语"夜以继日"，语出《庄子·至乐》："夫贵者，夜以继日，思虑善否。"朝，读音同"昭"，早晨。

㊹倦剧：困倦的样子。剧，困苦。

㊺末筵：自谦的说法，坐在讲席的下边。筵，座席。

㊻顽鲁：顽劣无知的样子，语出《论衡·命禄》："或时下愚而千金，顽鲁而典城。"

㊼好：读音同"浩"，喜欢。

大　意

　　老子和庄子的著述，强调的是保全天性，修养品行，不使自己受到外物如名利之类的东西迁延拖累。因为有这样的人生追求，所以老子在担任周朝的柱下史时，就隐姓埋名，消极避世，最后遁迹于沙漠之中；庄子在宋国担任漆园吏时，深居简出，最后谢绝了楚威王邀他担任宰相的延请。这两个人只不过是无拘无束、自由自在的放达之士罢了。后来有曹魏时期的何晏、王弼等人因循前人的学术路径，阐述道家学说，相互推崇表彰，使老庄之学一时成为人们竞相追捧的时髦。由此引起了学风和社会风气的极大变化：时人都以道家之宗炎帝神农和轩辕黄帝的教化来包装自己，人们如影随形、随风而倒般崇尚黄老之说，而将周孔之教置之度外。由此下移，从魏国说到晋朝，像何晏最终被杀，就是因为党附曹爽而触及置人死地的权势落网；像王弼受人嫉恨，就是因为时常讥刺于人而落入了争强好胜受人嫉妒的陷阱；像山涛好货积财而受到世人讥笑，就是因为他违背了"过分积累财富就会加倍丧失"的古训；像夏侯玄因才高名显被杀，是因为违背了"支离身残而长寿"和"树以疙瘩不平而躲过斧钺自存"的处世准则；像荀粲经历丧妻之痛，随之伤心而死，这就因为缺少庄子丧妻时鼓盆而歌的情致啊；像王夷甫经受不了痛失幼子的打击，这就不如东门吴"失子如同无子"那样旷达了；像嵇康刚直疾恶而招钟会构陷，就是因为他不是与世沉浮而立于不败的人物呢；郭象虽有才名，但他心迷权势，气焰逼人，就是因为他一点儿都没有圣人所说的甘于人后、忘却自我的气象啊；像阮籍好酒贪杯，醉态迷乱，这就违背了人在险途自当谨慎小心的古训哩；像谢鲲贪赃枉法被撤职查办，就是因为他违背了庄子鄙视惠施贪心、弃其馀鱼的警示。以上这些人啊，说起他们的姓名来可都是如雷贯耳哩，他们都是那时令人心仪、很有社会影响的玄学领袖。至于那些被名利所束缚、奔波于仕途的俗人，就不值得逐一细说了。这些人所言所行，不过是选取老庄的一些清谈雅论、剖析其中深奥玄妙的义理、宾主装模作样地进行一问一答，只求自己悦耳爽心罢了，哪里会切中济世成俗的要害哩！到了梁朝，这种清谈玄学之风又盛极一时。古代经典《老子》《庄子》《周易》，备受世人青睐，被人们总称为"三玄之书"。就连梁武帝和简文帝都参与其中，倾力研习，邀学设坛，亲自讲经啊。国子监博士周弘正奉旨讲读，门徒多达千人以上，崇玄清谈之风影响整个京城，堪称盛况空前啊！话说梁元帝还是在担任荆州刺史的时候，就很喜欢讲读"三玄之书"，他召集一些急于求知的学生，亲自为他们讲授，真正是废寝忘食、夜以继日呀。他对玄学的专一，达到了心无旁骛的境地，以至于他在极度倦乏或是烦躁苦闷的时候，也拿讲习玄学作为最有效的自我排解。当时我也有幸忝列讲席，亲耳聆听了梁元帝的教诲。只是由于我这个人啊，资质愚钝而又不喜欢玄学清谈，所以也就没见什么收获呢！

十三、孝的品行需要通过学习去充实它

齐孝昭帝 ① 侍娄太后 ② 疾，容色顦顇 ③，服膳 ④ 减损。徐之才 ⑤ 为灸两穴，帝握拳代痛，爪入掌心，血流满手。后既痊愈，帝寻疾 ⑥ 崩，遗诏恨不见太后山陵 ⑦ 之事。其天性至孝如彼，不识忌讳如此，良由无学所为。若见古人之讥，欲母早死而悲哭之 ⑧，则不发此言也。孝为百行之首 ⑨，犹须学以修饰 ⑩ 之，况余事乎！

注　释

① 齐孝昭帝：即北齐皇帝高演（535—561），北朝齐国第三位皇帝，字延安，祖籍渤海调蓨（今河北省景县南），齐高祖神武帝高欢的第六子。幼英俊过人，器识过人，尤受武明皇太后娄昭君喜爱和看重。公元 560 年发动政变，废侄子高殷，自立为帝，改元为皇建。在位一年有余，而多所作为，死时传位于其弟高湛。死后谥号孝昭皇帝，庙号肃宗。事见《北齐书·孝昭帝纪》。

② 娄太后：即北齐武明皇后娄昭君(501—562)，代郡平城(今山西省大同)人，鲜卑族，北魏真定侯娄提孙女，赠司徒娄内干之女，北齐开国皇帝高欢妻子，北齐文宣帝高洋、孝昭帝高演、武成帝高湛生母。平日柔顺勤俭，谦卑自守；处事顾全大局，委曲求全。为先后三位皇帝的太后，被誉为"贤妻良母"。事见《北齐书·神武娄后传》。

③ 容色顦顇：即颜色憔悴。容色，脸色。容，面容；色，脸部表情；顦顇，"憔悴"的异体字，困顿萎靡的样子。语出《史记·屈原贾生列传》："颜色憔悴，形容槁枯。"

④ 膳：饭食，多用于王公贵族进餐及其饭食。

⑤ 徐之才：北朝名医，"以医术为江左所称"，"历事诸帝，以戏狎得宠"，八十而卒。出身医疗世家。先祖徐熙是南朝丹阳（今安徽省当涂）人，人称"东海徐氏"。徐之才是徐文伯之孙，徐雄的第六子，人称徐六。五岁诵孝经，十三岁被召为太学生，后为北朝所俘，官至尚书令，爵至西阳王。北齐武平三年（572）卒，撰有《雷公药对》《徐王八世家传效验方》《徐氏家秘方》等。事见《北齐书·徐之才传》。

⑥ 寻疾：不久，很快。疾，迅速。

⑦ 山陵：君王或君后的坟墓，汉代以后的说法，据北魏学者郦道元（？—527）《水经注·渭水三》："秦名天子冢曰山，汉曰陵，故通曰山陵矣。"

⑧ "若见"句：语出《淮南子·说山训》："东家母死，其子哭之不哀。西家子见之，归为其母曰：'社何爱速死，吾必悲苦社。'夫欲其母之死者。虽死，亦不能悲哭矣。谓学不暇者，暇亦不能学矣。"社，江淮间人称母为社。

⑨ 孝为百行之首：语出东汉郑玄《孝经序》："孝为百行之首。"

⑩ 修饰：本指装饰，这里是丰富提升的意思。

大　意

北齐孝昭帝在他母亲娄太后病重期间，一直侍候在她身边，十分用心，所以累得面色憔悴，饮食大减。名医徐之才用针灸诊治娄太后的两个穴位，孝昭帝心怜母亲疼痛，感到自己也很疼痛一样，不禁两手握拳表达难以忍受。由于用力过大，孝昭帝指甲深陷掌心，致使血流两手。娄太后的病总算好了，但孝昭帝不久就因病去世了。孝昭帝在遗诏中留下了"可惜没有看到修筑母亲陵墓的事"这样的遗憾，他的孝心是令人感动的。从另一方面看，虽然孝昭帝天性如此孝顺，但他毕竟如此不知避讳，这确实是由于没有学问造成的缺憾啊！如果他多读点书，看到古人是如何讥讽那些不肖子盼望母亲早死以便能够痛哭尽孝的记载，可能他就不会在遗诏中留下这样有瑕疵的话了。因此，虽然孝为百行之首，但如果不能通过学习去丰富它、提升它，哪里还能提及别的事情呢！

十四、学习须自励

梁元帝尝为吾说："昔在会稽①，年始十二，便以好学。时又患疥②，手不得拳，膝不得屈。闲斋张葛帏③避蝇独坐，银瓯④贮山阴⑤甜酒，时复进之，以自宽痛⑥。一本作'以宽此痛'。率意自读史书，一日二十卷，既未师受，或不识一字，或不解一语，要自重之，不知猒倦⑦。"帝子⑧之尊，童稚⑨之逸，尚能如此，况其庶士冀以自达者哉？

注　释

① 会稽：郡名，秦朝始置，郡治在吴县（今江苏苏州城区），西晋至南朝末年，会稽郡仅辖今绍兴、宁波一带。南朝时，治所在山阴（今浙江省绍兴）。会，读音同"快"。

② 疥：疥疮，一种皮肤病。

③ 葛帏：用葛布制成的帏帐。葛，植物名，茎皮纤维可制成葛布。

④ 瓯：读音同"欧"，一种盛酒、水的小盆。

⑤ 山阴：山阴始设于秦代，得名于南部的会稽山，为秦汉时期会稽郡的尉治所在；东汉至六朝，为会稽郡的郡治尉治所在。

⑥ 宽：缓解的意思。

⑦ 猒倦：因满足于某人某事而失去了兴趣。猒，读音同"燕"，后写作"厌"。语出东汉学者荀悦《汉纪·武帝纪四》："诸方士后皆无验，上益猒倦，然犹羁縻不绝，冀望其真。"

⑧ 帝子：帝王之子。

⑨ 童稚：小孩的幼稚样子。多指孩童。稚，读音同"至"，幼小。

大　意

梁元帝曾经对我说："从前我在会稽的时候，年纪刚满十二岁，就已经很好学了。那时染上了疥疮，手不能握拳，腿不能弯曲，于是，我就在书房里挂一张葛纱帐，坐在帐子里避开苍蝇干扰，还用小银壶盛满山阴的甜酒，不时喝上几口，用来缓解疼痛。我漫无目的地阅读一些史书，一天能读上二十卷吧。当时也没有老师辅导，如果有一字不识，或是一句话读不懂，都要反复琢磨，自己钻研，可谓不知疲倦啊！"我听了这番话很受感动。梁元帝具有帝王之子的高贵身份，又身处年幼闲逸，尚且能够如此用功学习，更何况是那些指望依靠学习来改变自己命运的普通人，难道不应该更加发奋好学啊！

十五、勤奋和刻苦是成就学业的两大法宝

古人勤学，有握锥投斧①，照雪聚萤②，锄则带经③，牧则编简④，亦云⑤—一本作"为"。勤笃。梁世彭城刘绮⑥，交州刺史勃之孙，早孤家贫，常无灯⑦，折荻⑧尺寸，然明读书。一本云："早孤家贫，灯烛难办，常买荻尺寸，然明读书。"孝元初出会稽⑨，精选寮寀⑩，绮以才华，为国常侍兼记室⑪，殊蒙礼遇，终于金紫光禄大夫⑫。—一本无"大夫"字。义阳朱詹⑬，世居江陵，后出扬都⑭，好学，家贫无资，累日不爨⑮，乃时吞纸以实腹。寒无毡被，抱犬而卧。犬亦饥虚，起行盗食，呼之不至，哀声动邻，犹不废业，卒成⑯大学，一本作"卒成学士"。官至镇南录事参军⑰，为孝元所礼。此乃不可为之事，亦是勤学之一人。东莞臧逢世⑱，年二十余，欲读班固《汉书》，苦假借不久，乃就姊夫刘缓⑲，乞丐⑳客刺㉑或—一本无"或"字。书翰纸末，手写一本，军府㉒服其志尚，卒以《汉书》闻㉓。

注　释

①握锥投斧：指战国时期苏秦"锥刺股"和西汉文党投斧求学的故事。苏秦，战国时期纵横家，字季子，雒阳（今河南省洛阳）人。苏秦师从鬼谷子，学成后，外出游历多年，潦倒而归。随后刻苦攻读《阴符》，一年后游说列国，被燕文公赏识，出使赵国。苏秦到赵国后，提出合纵六国以抗秦的战略思想，并最终组建合纵联盟，任"从约长"，兼佩六国相印，使秦十五年不敢出函谷关。联盟解散后，齐国攻打燕国，苏秦说齐归还燕国城池。后自燕至齐，从事反间活动，被齐国任为客卿，齐国众大夫因争宠派人刺杀，苏秦死前献策诛杀了刺客。《汉书·艺文志》纵横家有《苏子》31篇，早佚。事见《史记·苏秦列传》。据《战国策·秦策》，"苏秦读书欲睡，引锥自刺其股，血流至足。"文党（前156—前101），名党，字仲翁，庐江郡舒县（今安徽省舒城）人，西汉循吏。年少好学，通晓《春秋》，担任郡县小官吏时被考察提拔。汉景帝末年

为蜀郡守，兴教育、举贤能、修水利，政绩卓著。事见《汉书·文党传》。据《庐江七贤传》，文党下定求学的决心，入山取木，与同行的人说，我立志远行求学，如果投斧挂上高木，就成行。果然投中，于是，他到都城长安学经。

②雪照聚萤：指东晋孙康映雪读书和车胤萤火照书的故事。孙康，京兆（今河南省洛阳）人，南朝宋文帝元嘉年间为起部郎，迁征南长史，官至御史大夫。著有文集十卷。据徐坚（659—729）注引《宋齐语》："孙康家贫，常映雪读书，清淡，交游不杂。"孙康幼时酷爱学习，但家贫，没钱购买灯油。冬天的晚上下雪了，他就立即穿好衣服，取出书籍，在雪地上看书，也不感到寒冷。车胤（约333—401），字武子，南平新洲（今湖南省津市）人。自幼聪颖好学，家贫，无油点灯，夏夜就捕捉萤火虫，用以照明读书。官至吏部尚书。后为会稽王世子司马元显逼令自杀。事见《晋书·车胤传》。

③锄则带经：西汉倪宽锄田带经书勤学的故事。倪宽，西汉千乘（今山东省广饶县）人。官至御史大夫，与司马迁等共同制定了"太初历"。据《汉书·倪宽传》出身贫穷，他当雇工时，常带着经书去耕种，休息时就诵读诗书，专心致志。

④牧则编简：西汉路温舒牧羊编草书写的故事。路温舒，字长君，钜鹿（今河北南部）人。举孝廉，官至郡太守。牧羊时，取泽中蒲，截以为牒，编用写书，用功甚勤。见《汉书·路温舒传》。

⑤云：程本、抱经堂本作"为"。

⑥刘绮：人名，事迹不详。

⑦"常无灯"至"然明读书"：程本、抱经堂本作"灯烛难办，常买荻尺寸折之，然明夜读"。

⑧荻：草本植物，生长在大路边和水塘、沟渠边。荻秆可用为造纸和编席。

⑨"孝元"句：孝元帝在做皇帝前，担任过宁远将军、会稽太守。事见《梁书·元帝纪》："（梁武帝）天监十三年（515），封湘东王，邑二千户，初为宁远将军、会稽太守。"

⑩寮案：读音同"聊采"，官舍，指代官员，也用来指同僚或者僚属。

⑪国常侍兼记室：国常侍，官名，即湘东王常侍。据《隋书·百官志》："王国置常侍官。"记室，官名。据《隋书·百官志》："皇子府置中录事、中记

室、中直兵等参军。"负责表、章、杂记草拟。

⑫ 金紫光禄大夫：官名。金紫，金印紫绶的简称。据《汉书·百官公卿表》：秦汉时期，相国、丞相、太尉、大司农、太傅、列侯等皆金印紫绶。魏晋以后，光禄大夫列入金印紫绶行列。

⑬ 义阳朱詹：义阳，郡名，东晋末，治所移至平治（今河南省信阳）。朱詹，人名，事迹不详。

⑭ 扬都：指都城建业。已在前注。

⑮ 爨：读音同"窜"，烧火做饭，也指厨房活计。

⑯ 卒成：终于成就。

⑰ 官至镇南录事参军：当上了镇南将军、湘东王府的录事参军。据《梁书·元帝纪》，梁武帝大同六年（541），梁元帝萧绎任镇南将军、江州刺史，持节督江州诸军事。录事参军，官名，王府、公府及大将军府等机关的属官，掌各曹文书，纠察府事。

⑱ 东莞臧逢世：东莞人臧逢世。东莞，郡名，东汉末置，治所在今山东省沂水东北。臧逢世，南朝梁学者臧彦之子。

⑲ 刘缓：人名，事迹不详。

⑳ 乞丐：乞讨的意思。

㉑ 客刺：名片。古代名片，边幅极长，留有余空，可供书写。

㉒ 军府：大将军府的省称。

㉓ 闻：名声，被人所称道。

大　意

古人勤奋好学，像苏秦以锥刺股驱赶睡意、文党投斧立志远学、孙康映雪读书、车胤聚萤照明、倪宽锄田带经和路温舒牧羊编简的故事，都是激励后学的榜样。当然，像古人这样勤学苦读的例子，现在也有一些。譬如，梁朝时彭城的刘绮，是交州刺史刘勃的孙子，幼年丧父，家境贫苦，连油灯都买不起啊，他就时常买些芦荻，把它们截成一尺多长的秆儿，点燃了作为晚上读书的照明灯。梁元帝起初担任会稽太守的时候，精心挑选了一批僚属，其中就有刘绮。刘绮硬是凭着自己出众的才华，被选为湘东王府的常侍兼记室参军。他很受梁元帝的信任，最后担任了金紫光禄大夫。又如义阳的朱詹，他家祖祖辈辈都居住在江陵，后来才迁到了扬都。他十分好学，但家里实在是太贫寒了，有时一连几天都揭不开锅啊，只能靠着吞嚼废纸充饥填肚。天气寒冷的时候，也没有被子盖，他只好抱着家犬取暖。狗也饿得实在受不了，就跑出去觅食。朱詹唤狗的声音一阵一阵，实在悲哀，常常惊动四邻。即使生活是这样的艰难，但他也没有放弃学业，终于成为学士。后来担任了镇南将军府录事参军，受到梁元帝礼遇。朱詹的经历，可以说是一个传奇，一般人很难忍受啊，他真是苦学上进的楷模。还有一个例子，就是东莞郡臧彦的儿子臧逢世，他在二十多岁的时候，很想学习班固的《汉书》，但他实在买不起这部书啊，借来阅读又不能长久，他就只好另想办法。臧逢世只好向自己的姐夫刘缓讨来一些名片和书信，他就是利用这些名片和信札的边角空处，把《汉书》从头到尾完整地抄写了一部。后来将军府里的人知道了他研习《汉书》的故事，都十分敬佩他这种克服困难的意志和毅力。后来，臧逢世终于以《汉书》专家的身份闻名于世。

十六、学习能够使人养成忠贞不渝的品格

齐有主①—本无"主"字，宦者内参田鹏鸾②，本蛮人③也，年十四五，初为阉寺④，便知好学，怀袖握书，晓夕讽诵⑤。所居卑末⑥，使役苦辛，时伺间隙，周章⑦询请。每至⑧文林馆⑨，气喘汗流，问书之外，不暇他语。及觇⑩古人节义之事，未尝不感激沈吟⑪久之。吾甚怜爱，倍加开奖⑫。后被赏遇⑬，赐名敬宣，位至侍中开府⑭。后一本作"齐"。主⑮之奔青州⑯，遣其西出，参伺⑰动静，为周军所获。问齐王⑱何在？绐⑲云："已去，计当出境。"疑其不信，欧⑳捶服之，每折一支㉑，辞色愈厉，竟断四体㉒而卒。蛮夷童丱㉓，犹能以学着忠诚㉔，一本作"以学成忠"。齐之将相，比敬宣之奴不若㉕也。

注　释

① 主：程本、抱经堂本亦无此字。

② 内参田鹏鸾：太监田鹏鸾。事见《北齐书·傅伏传》《北史·傅伏传》。

③ 蛮人：少数民族人。据郦道元《水经注·淮水注》："魏太和中，蛮田益宗效诚，立东豫州，以益宗为刺史。"据当代学者王利器（1912—1998），推测，田鹏鸾为田益宗宗族。

④ 阉寺：阉人和寺人的合称，后来指宦官。

⑤ 讽诵：背诵和朗读。语出《汉书·陈遵传》："足下讽诵经书，苦身自约，不敢查跌。"讽，背诵，朗读。

⑥ 卑末：卑微的意思。末，卑下。

⑦ 周章：周旋的意思。

⑧ 至：程本作"坐"。

⑨ 文林馆：官署名。据《北史·齐纪下·后主纪》载，北齐后主武平四年（573）置。引文学之士入馆，称为待诏；以李德林、颜之推同判馆事。掌管著作及校理典章，兼训生徒，置学士。

⑩ 觌：读音同"赌"，睹的异体字，看。

⑪ 沈吟：低声吟咏。沈，通假字，通"沉"。

⑫ 倍加开奖：从"年十四五"至本句，《北齐书·傅伏传》关于田鹏鸾的记载出于此。

⑬ 赏遇：获得赏识并得到礼遇。

⑭ 侍中开府：成立侍中府署，备选僚属。汉代只有三公、大将军、将军可以开府；魏晋以后，有增加，定型为"开府仪同三司"（援照三公成例）。侍中，已在前注。

⑮ 后主：北齐后主高纬，已在前注。

⑯ 青州：州名。晋安帝义熙六年（410）刘裕灭南燕，夷广固，筑东阳城，置北青州刺史治于此。北魏献文帝皇兴三年（469）拔东阳城，仍为青州刺史治；孝明帝熙平二年（517）增筑东阳城南郭，即南阳城。北齐文宣帝天保七年（557）迁益都县治于东阳城，移青州府治于南阳城。

⑰ 参伺：窥伺。

⑱ 王：抱经堂本作"主"。

⑲ 绐：读音同"带"，欺骗。

⑳ 欧：通假字，通"殴"，击打的意思。

㉑ 支：通假字，通"肢"，肢体。

㉒ 四体：四肢。语出《论语·微子篇》："四体不勤，五谷不分，孰为夫子？"

㉓ 童丱：儿童束发的两髻。如同前注"总丱"。

㉔ 以学着忠诚：程本、抱经堂本作"以学成忠"。

㉕　若：如、像，比得上。

大　意

话说北齐有个名叫田鹏鸾的宦官，他本是少数民族人。他在十四五岁刚入宫当太监的时候，就很好学。他手不释卷，晨诵晚读。尽管他地位卑下，工作辛苦，但仍然不忘学习，时常利用空隙时间，到处向人求教。给我印象很深的是，他每次到文林馆来，总是跑得气喘吁吁、汗流浃背的。他除了请教书中疑难问题之外，从来没有时间谈及其他事情。每当他读到古人忠义节操的事迹，总是感慨不已。我很欣赏他这种求知精神，对他总是既爱护鼓励，又热情开导。他后来终于得到了皇帝的赏识，被皇帝赐名"敬宣"，官位也上升到侍中开府。北齐后主逃奔青州的时候，派他到西线去侦察北周军队动态；他不幸被周军俘获。周军逼问他后主的下落，他欺骗周军说："已经逃走，估计已经逃出国境了。"周军当然也不信他编造的话，对他严刑拷打，企图使他屈服。但是，田鹏鸾的意志无比坚强，即使打断了他的四肢，他也没有半点畏惧；反倒是每打断一肢，他的语气和脸色就更加坚定一分。最后，他被打断四肢而死，而他也没有说出后主的去向。一个少数民族的孩子，真是不简单啊！他尚且能够通过勤奋学习养成忠贞不渝的品格，何况我们这些长期接受成仁取义教育的人，有什么难以做到的事啊？但是，看看那些北齐的将相，比起这名名叫敬宣的皇家奴仆来，的确还真是差得远呢！

十七、与吃穿比起来，学习追求要更有意义得多

邺平之后，见徙入关①。思鲁尝谓吾曰："朝无禄位，家无积财，当肆②力，以申③供养。每被课笃④，勤劳经史⑤，未知为子，可得安乎？"吾命⑥之曰："子当以养为心，父当以教一本作'学'。为事⑦。一本作'教'。使汝弃学徇财⑧，丰吾衣食，食之安得甘？衣之安得暖？若务⑨先王之道，绍⑩家世之业，藜羹缊褐⑪，我自欲之。"

注　释

①"邺平"句：邺都被北周荡平之后，北齐君臣都被遣送关中。邺，北齐

邺都；见，被；徙，迁移。北齐武平七年（576），周军攻破邺都，北齐君臣被押解到关中长安。参见《北齐书·后主纪》。

② 肆：竭尽。

③ 申：表达。

④ 课笃：检查督促。课，考核；笃，通假字，通"督"，监察。

⑤ 经史：经书和史书。经与史合用，一般指儒家经典和官修史书，即"正史"。

⑥ 命：教导。语出《诗经·大雅·抑》："匪面命之，言提其耳。"

⑦ 以教为事：程本、抱经堂本作"以学为教"。一本作"教"字。

⑧ 徇：通假字，通"殉"，谋求，追求。

⑨ 务：致力于，追求。

⑩ 绍：承续。

⑪ 藜羹缊褐：粗劣的饭菜，粗麻布制成的衣服。藜，藜蒿，一年生草本植物，嫩叶可食，全草可药用，种籽可榨油；羹，菜汤。缊褐，粗麻布制成的短衣。缊，读音同"韵"，乱麻，粗麻。褐，读音同"喝"，粗布或粗布衣服。

大　意

邺都被北周军队攻破后，北齐君臣都被掳到关中去了。那时，思鲁曾对我说："现在，我们在朝廷里没有俸禄了，家里也没有什么积蓄，我应该竭尽全力出去干活，以担负起供养家庭的责任。可是，您现在还时常督促我学习，勉励我致力于经史之学，您可知道我这个做儿子的，能够安心这样吗？"我就教导他说："儿子啊，固然应当把奉养父母的责任放在心上，但是，做父亲的却要时常教导儿子勤勉学习。如果让你放弃学业过早地去谋生养家，即使让我们丰衣足食，那也怎能让我们吃饭觉得甘美、穿衣觉得温暖呢？假使你能致力于先王之道，传承我家祖上的基业，那么，即使让我们吃些粗茶淡饭、穿些粗布衣服，我们也都心甘情愿啊！"

十八、不怕向人讨教，就能知识渊博

《书》曰："好问则裕。"①《礼》云："独学而无友，则孤陋而寡闻。"② 盖须切磋③相起明④也。见有闭门读书，师心自是⑤，稠人广坐，谬误⑥羞—一本有"差失"字，无"羞"字。惭⑦者多矣。《穀梁传》称公子友与莒挐相搏⑧，左右呼曰"孟劳"。"孟劳"者，鲁之宝刀名，亦见《广雅》⑨。近在齐时，有姜仲岳⑩谓："'孟劳'者，—一本无"孟劳者"三字。公子左右⑪，姓孟名劳，多力之人，为国所宝。"与吾苦诤⑫。时清河⑬郡守邢峙⑭，当世硕儒，助吾证之，赧然⑮而伏。又《三辅决录》⑯云："灵帝⑰殿柱题曰：'堂堂乎张，京兆田郎。'"⑱盖引《论语》，偶以四言，目京兆人田凤也。有一才士，乃言："时张京兆及田郎二人，皆堂堂尔。"闻吾此说，初大惊骇，其后寻⑲愧悔焉。江南有一权贵，读误本《蜀都赋》⑳注，解"蹲鸱，芋也"，乃为"羊"字。人馈㉑羊肉，答书云："损惠蹲鸱。"举朝惊骇，不解事义，久后寻迹，方知如此。元氏㉒之世，在洛京㉓时，有一才学重臣，新得《史记音》㉔，而颇纰缪㉕，误反㉖"颛顼"㉗字，顼当为许录反，错作许缘反，遂谓朝士㉘言：—一本作"遂一一谓言"。"从来谬音'专旭'，当音'专翾㉙'尔。"此人先有高名，翕然㉚信行。暮年之后，更有硕儒，苦相究讨，方知误焉。《汉书·王莽赞》㉛云："紫色蛙声，余分闰位。"㉜谓以伪乱真尔。昔吾尝共人㉝谈书，言及王莽形状㉞。有一俊士，自许史学，名价甚高，乃云："王莽非直鸱目虎吻，亦紫色蛙声。"又《礼乐志》云："给太官挏马酒。"㉟李奇注："以马乳为酒也，挏挏乃成。"㊱二字并从手。挏都统反㊲。挏，达孔反。此谓撞捣挺挏之，今为酪酒㊳亦然。向学士又以为种桐时，太官酿马酒乃熟，其孤陋遂至于此。太山羊肃㊴，亦称学问，读潘岳㊵赋"周文弱枝之枣"㊶为杖策之杖；《世本》㊷"容成造历"，以历为碓磨之磨㊸。

注　释

①"《书》曰"句：喜欢请教别人的人，他的知识就丰沛。语出《尚书·商书·仲虺之诰》。虺，读音同"毁"，毒蛇。好，读音同"浩"，喜欢。裕，丰沛。

②"《礼》云"句：语出《礼记·学记》。独，独自，单独；陋，浅薄；寡，少。

③切磋：本指骨角玉石等打磨加工，后指学术、思想交流探讨。切，打磨；磋，磨制。语出《诗经·国风·卫风·淇奥》："有匪君子，如切如磋，如琢如磨。"意思是说，文采风流的君子啊，就像象牙耐切磋，就像美玉经琢磨。后一意，如《管子·弟子》："相切相磋，各长其仪。"

④起明：即"启明"，开明通达。语出《尚书·尧典》："胤子朱，启明。"起，

与"启"通用，同一个意思。

⑤师心自是：自以为是的意思。师心，意动用法，以心为师，只相信自己，不相信别人。自是，"自以为是"的省称，按自己的主观意图办事，不接受别人的意见或建议。语出《孟子·尽心下》："居之似忠信，行之似廉耻，众皆悦之，自以为是，而不可与入尧舜之道。"是，正确，与"错误"相对。

⑥谬误：错误。语出王充《论衡·答佞》："聪明有蔽塞。推行有谬误，今以是者为贤，非者为佞，殆不得之之实乎？"

⑦羞惭：抱经堂本作"差失"。

⑧"《穀梁传》"句：《穀梁传》，《春秋穀梁传》的简称，为《春秋》作注解，为儒家经典之一。传说孔子弟子子夏将这部书的内容口头传给穀梁俶（亦名穀梁赤，字元始），穀梁赤将它写成书记录下来。虽然这部书的口头传说早已有之，但其成书时间是在西汉。《穀梁传》以语录体和对话文体为主，它是研究儒家思想从战国到汉朝之际的重要文献。公子友与莒挐（读音同"举如"）搏斗的事，在鲁僖公元年（公元前659年）。

⑨《广雅》：为三国时期魏国学者张揖所撰。张揖，字稚让，清河（今河北省清河县）人。成书于三国时期魏明帝太和年间（227—232），是我国最早的一部百科词典，也是研究汉魏以前词汇和训诂的重要著作。共收字18150个，是仿照《尔雅》体裁编纂的一部训诂学汇编，相当于《尔雅》的续篇，篇目也分为19类，各篇的名称、顺序，说解的方式，以致全书的体例，都和《尔雅》相同，甚至有些条目的顺序也与《尔雅》相同。

⑩姜仲岳：人名，事迹不详。

⑪左右：身边的人，多指侍从或侍卫。语出《诗·大雅·文王》："文王陟降，在帝左右。"又，《左传·宣公二十年》：楚子"左右曰：'不可许也，得国无赦。'"

⑫诤：通假字，通"争"，争辩。

⑬清河：郡名。汉高帝四年（前203）置，因境内清河流经而得名。北魏仍为郡。北齐移治武城（今河北省清河西北），属司州。

⑭邢峙：字士峻，河间鄚（今河北省任丘）人，少好学，游学燕、赵之间，通《二礼》《左氏春秋》。北齐天保初，郡举孝廉，授四门博士，迁国子助教，以经入授皇太子。皇建初，除清河太守，有惠政，民吏爱之。事见《北齐

书·邢峙传》。

⑮赧然：因羞愧而脸红的样子。

⑯《三辅决录》：东汉赵岐（字邠倾，东汉京兆长陵人，官至太仆）撰，七卷（一作十卷），已佚，今存辑本。三辅，汉初京畿官称为内史，汉景帝二年分置左、右内史和都尉，合称三辅；后改称左冯翊、右扶风、京兆尹，即陕西中部地区。

⑰灵帝：即汉灵帝刘宏（157或156—189），公元168—189年在位。

⑱堂堂乎张，京兆田郎：汉灵帝引用曾子称赞学生子张相貌堂堂的话，评价尚书郎田凤。堂堂乎张，语出《论语·子张篇》："堂堂乎张也，难与并为仁矣。"堂堂，指仪表壮伟的样子。京兆田郎，尚书郎田凤是京兆人。典出赵岐《三辅决录》卷二："长陵田凤，字季宗，为尚书郎，仪貌端正，入奏事，灵帝目送之，因题殿柱曰：'堂堂乎张，京兆田郎。'"后因以"田郎"为称美郎官、侍臣的典故。

⑲寻：不久。

⑳《蜀都赋》：西晋著名文学家左思（约250—305）（字太冲，齐国临淄即今山东淄博人）著有《三都赋》为当时名篇，为人称颂，一时"洛阳纸贵"。其中之一即《蜀都赋》。

㉑馈：读音同"愧"，赠送。

㉒元氏：北魏皇室本为鲜卑族拓跋氏，孝文帝汉化改革后，取元姓。

㉓洛京：京都洛阳的省称。北魏孝文帝太和十八年（494），迁都洛阳。

㉔《史记音》：据《隋书·经籍志》载录，为梁朝轻车都尉参军邹诞生撰，三卷。

㉕纰缪：错误。语出《礼记·大传》："五者（治亲、报功、举贤、使能、存爱）一物纰缪，民莫得其死。"郑玄注："纰缪，犹错也。"

㉖反：古代注音方法，反切。已在前注。

㉗颛顼：读音同"专需"，我国上古传说时代部落联盟首领，"五帝"之一，号高阳氏，黄帝之孙，昌意之子。相传颛顼生于若水，以帝丘(今河南省濮阳)为都城，设五官，制历法（颛顼历），创制九州，谱《承云》曲，是中华人文初祖。见《史记·五帝本纪》等。

㉘谓朝士：程本作"一一谓"。朝士，朝中大臣，泛指中央官员。语出《周

礼·秋官·朝士》："朝士掌建邦外朝之法。"

㉙翾：读音同"宣"。

㉚翕然：一致的样子。语出《汉书·杨敞传》："宫殿之内翕然同声。"

㉛王莽：字巨君（公元前45—公元23）新都哀侯王曼次子、西汉孝元皇后王政君之侄、王永之弟。西汉之后新朝的建立者，即新太祖，也称建兴帝或新帝，公元8—23年在位。王莽篡汉后，宣布推行新政，史称"王莽改制"。王莽复古改制，激化了社会矛盾，爆发了绿林、赤眉农民起义。新莽地皇四年（更始元年，公元23年），绿林军攻入长安，王莽死于乱军之中。

㉜紫色蛙声，余分闰位：颜色不正，声音淫邪；岁月之余，不正之位。紫色，杂色，古人认为是不正之色；蛙声，蛙叫之声，喻指淫声。蛙，"蛙"的异体字。闰位，所居之位来路不正，就像一年中的闰月一样，在正常之外。这句话是喻指王莽代汉，帝位不具有正统性。

㉝共人：与人在一起。共，一道。

㉞王莽形状：《汉书·王莽传中》有载，"莽为人侈口蹷颔，露眼赤精，大声而嘶。长七尺五寸，好厚履高冠，以氂装衣，反膺高视，瞰临左右。是时有用方技待诏黄门者，或问以莽形貌，待诏曰：'莽所谓鸱目虎吻豺狼之声者也，故能食人，亦当为人所食。'"

㉟给太官挏马酒：据《汉书·礼乐志》："师学百四十二人，其七十二人，给太官挏马酒，其七十人可罢。"颜师古注引李奇曰："以马乳为酒，撞挏乃成也。"又曰："挏音动。马酪味如酒，而饮之亦可醉，故呼马酒也。"挏，读音同"动"，用力搅动。

㊱揰挏：读音同"铳动"，上下推动。

㊲统：程本作"抒"，抱经堂本作'孔'。

㊳酪酒：用牛、羊、马等动物乳汁制成的酒。

㊴羊肃：太山巨平人，羊侃侄子。以学尚知名，世宗大将军府东阁祭酒。北齐后主武平年间，入文林馆撰书，不久，出任武德郡守。

㊵潘岳：即西晋文学家潘安（247—300），字安仁，巩县（今河南省巩义）人，潘安之名始于杜甫《花底》诗"恐是潘安县，堪留卫玠车"后世遂以潘安称他。美姿仪，少以才名闻世。"掷果盈车""潘安之貌"成语本此。三十余岁出为河阳县令，令全县种桃花，遂有"河阳一县花"典故。有政绩，担任过著

作郎、给事黄门侍郎等官至。性轻躁，趋于世利。以潘安为首，与石崇、陆机、刘琨、左思并为"贾谧二十四友"。孙秀当政，被夷三族。潘安在文学上长于诗赋，与陆机并称"潘江陆海"，即"陆才如海，潘才如江"。见《晋书·潘岳传》）。

㊶周文弱枝之枣：语出潘岳《闲居赋》："周文弱枝之枣，房陵朱仲之李，靡不毕植。"唐代学者李周翰注："周文王时，有弱枝枣树，味甚美。"

㊷《世本》：先秦时期史官修撰的史书，世是指世系，本则表示起源，主要记载上古帝王、诸侯和卿大夫家族世系传承的史籍。世本一名最初是见于《周礼·春官·小史》中的："掌邦国之志，奠系世，辨昭穆。"其中，系是指天子的帝系，而诸侯的世系则称为世本。《世本》一书直到西汉末时才经刘向校理后定为现名，唐时为避唐太宗李世民讳，又一度改名为《系本》。据《汉书·艺文志》，全书分为《帝系》《王侯世》《卿大夫世》《氏族》《作篇》《居篇》《谥法》等十五篇。商务印书馆在1957年历代八种版本合为《世本八种》出版。

㊸"容成"句：古代有很多通假字，如汉代"歷"与"磨"相通，但有时也不能通用，不能生搬硬套，如律歷的"歷"，就不能通假为"律磨"。碓，读音同"对"，用木头、石墩制成的稻米用具。

大　意

《尚书·商书·仲虺之诰》上说："不断向人求教就会学识渊博。"《礼记·学记》上说："独自学习而缺少交流，就会孤陋寡闻。"说的是啊，学习必须相互切磋，相互启发，经过探讨交流，才能把问题弄清楚。我常常看到有的人只会闭门读书，还自以为是；如果他们在大庭广众之下交流学术，常常就错误百出呢。就拿《穀梁传》上的一个典故来说吧。《穀梁传》记载了公子友与莒挐搏斗的故事，公子友手下的人呼叫"孟劳"。所谓"孟劳"，就是鲁国一种宝刀的称谓，《广雅》上也是这样解释的。最近我在北齐遇到了一位名叫姜仲岳的人，他却是这样理解的："'孟劳'是公子友的随员，姓孟，名劳，是位大力士，鲁国将他当做宝贝。"我不赞同他的说法，他反倒与我争论不休。当时，清河郡守邢峙也在场，他可是那时的大学者啊，幸亏是他帮我证实了关于"孟劳"的真实含义及其称呼，姜仲岳这才红着脸表示服输。再如《三辅决录》上说："汉灵帝宫殿的门柱上题写有'堂堂乎张，京兆田郎'这句话。"这本是借用《论语·子张篇》上的话，并用四言两句一韵的句式，来评价当时京兆人田凤就像孔子的学生子张那样仪表堂堂的。但是，却有这样一位读书人他竟作了如此解释："当时的张京兆和田郎，两人都是仪表堂堂的。"他的句读有问题，我对他进行了纠正。可是，他一听就觉得十分惊讶。过了一会儿，他还是明白过来了，对此感到很羞愧。还有一个例子。江南有位权贵，读了注释有错误的《蜀都赋》，书中将"蹲鸱，芋也"的"芋"错为"羊"字，因此，当他收到朋友送给他的羊肉后，在写信表示感谢时，就说"感谢您赠送我蹲鸱"。这个故事传开后，满朝文武都感到惊讶，不懂得他使用了什么深奥的典故。很久以后，大家终于弄明白是怎么一回事，就把"蹲鸱，羊也"作为笑谈。还是在元魏朝，都城洛阳有位很有学问而又身居要职的大臣，他新得到一部《史记音》，很是高兴。但遗憾的是，这部书的错讹实在是太多了。比如说，书中把"颛顼"的读音就标注错了，本来"顼"字应该读为许录反，但书中错为许缘反。于是，这位朝中重臣就对朝中同僚说："过去人们历来都把'颛顼'读为'专旭'，读错了啊，其实应当读为'专翾'呢！"这位大臣名望素来很高，听他这么一说，大家也就没有什么异议了。直到一年以后，又有一位大学者经过潜心钻研，才知道原来这是一个大大的误会。《汉书·王莽传赞》说："紫色蛙声，余分闰位。"说的是王莽其实就是一个伪君子，他还要假冒好人的意思。以前，我曾经与朋友一起探讨过这篇文章。在谈及王莽的长相时，有位学者自诩为史学知识渊博、名声很大，他竟然是这样理解的："王莽不但长得鹰目虎嘴，而且脸色发紫，声如蛙鸣。"又如《汉书·礼乐志》说："给太官挏马酒。"李奇注释说："以马乳为酒，挏挏乃成。"挏挏两字的偏旁都有一个"手"字，挏挏就是上下撞捣和左右搅拌，现在做酪酒也是这个法子。可是刚才说到的那位老兄却说，李奇注解的意思是，要等到种桐树的时候，太官酿造的马酒才熟。他竟然是如此孤陋寡闻啊！话说太山郡的羊肃，也算得上是有学问的人了。他读潘岳的名篇《闲居赋》中的"周文弱枝之枣"，错把"弱枝"的"枝"当成"杖策"的"杖"；读《世本》中的"容成造历"这句话，又错将"历"字当作"碓磨"的"磨"。这些也都错得太远了啊！

十九、援引典故，一定要眼见心学，不可耳闻口受

谈说制文 ①，援引古昔 ②，必须眼学，勿信耳受 ③。江南闾里 ④ 间，士大夫或不学问，羞为鄙朴，道听塗说 ⑤，强事饰辞：呼征质为周郑 ⑥，谓霍乱为博陆 ⑦，上荆州必称陕西 ⑧，下扬都言去海郡 ⑨，言食则糊口 ⑩，道钱则孔方 ⑪，问移则楚丘 ⑫，论婚则宴尔 ⑬，及王则无不仲宣 ⑭，语刘则无不公干 ⑮。凡有一二百件，传相祖述，寻问莫知源 ⑯ 由，施安时复失 ⑰ 所。庄生有乘时鹊起之说 ⑱，故谢朓 ⑲ 诗曰："鹊起登吴台。" ⑳ 吾有一亲表，作《七夕》诗云："今夜吴台鹊，亦共往 ㉑ 填河 ㉒。"《罗浮山记》㉓ 云："望平地树如荠。"㉔ 故戴暠 ㉕ 诗云："长安树如荠。"㉖ 又邺下有一人《咏树》诗云："遥望长安荠。"㉗ 又尝见谓矜诞 ㉘ 为夸毗 ㉙，呼高年为富有春秋 ㉚，皆耳学 ㉛ 之过也。

注　释

① 制文：作文，写文章。

② 昔：程本作"音"。

③ 必须眼学，勿信耳受：耳闻不如目睹、眼见为实的意思。语出西汉刘向《说苑·政理》："夫耳闻之，不如目见之；目见之，不如足践之。"

④ 闾里：乡间里巷。闾，据东汉许慎《说文解字》，指里门。

⑤ 道听塗说：在路上听来的话，马上就在路上传播出去。塗，"涂"的异体字，通"途"。语出《论语·阳货篇》："道听而塗说，德之弃也。"

⑥ 呼征质为周郑：把索要抵押说成周、郑交换人质。征，索取；质，留作抵押的物品或人物。典出《左传·隐公三年》："周、郑交质。王子狐为质于郑，郑公子忽为质于周。"这里指误用"藏词"修辞手法。

⑦ 谓霍乱为博陆：把霍乱这种疾病当成是说博陆侯霍光。霍乱，中医上的疾病名称，剧烈的上吐下泻病症。博陆，指西汉大臣霍光（？—前68），字子孟，河东平阳（今山西省临汾）人，汉武帝时著名军事家霍去病异母弟，汉昭帝皇后上官氏外祖父，汉宣帝皇后霍成君之父。历经汉武帝、汉昭帝、汉宣帝三朝，官至大司马大将军。期间曾主持废立昌邑王。汉宣帝地节二年（前68），霍光去世，过世后第二年霍家因谋反被族诛。甘露三年（前51），汉宣帝因匈奴归降，回忆往昔辅佐有功之臣，乃令人画十一名功臣图像于麒麟阁

以示纪念和表扬，列霍光为第一；为了对他表示特别尊重，独独不写出霍光全名，只尊称为"大司马、大将军、博陆侯，姓霍氏"。霍光于汉昭帝始元二年被封为博陆侯。参见《汉书·霍光传》等。这里指误用"借代"表述方法。

⑧上荆州必称陕西：上荆州一定说成是去陕西。据《南齐书·州郡志》，"江左大镇，莫过荆、扬。弘农郡陕县，周世二伯总诸侯，周公主陕东，召公主陕西，故称荆州为陕西。"这里指误用"比喻"方法。陕，程本、抱经堂本作"峡"。

⑨下扬都言去海郡：下扬都说成是去海郡。当事人的地理观，认为扬州近海。指生造词汇。"扬"，程本作"杨"。"郡"，抱经堂本作"邦"。

⑩糊口：据许慎《说文解字》，寄食的意思。

⑪孔方：因旧时铜钱外圆内方，中心有方孔，故以此代称，民间俗称"孔方兄"。语出西晋文学家鲁褒《钱神论》："钱之为体，有乾坤之象，内则其方，外则其圆……亲之如兄，字曰'孔方'，失之则贫弱，得之则富昌。"

⑫问移则楚丘：问起迁徙就说楚丘。楚丘，地名，春秋时卫国都邑，今在河南省滑县东。典出《左传·闵公二年》："僖之元年，齐桓公迁邢于夷仪。二年，封卫于楚丘。邢迁如归，卫国忘亡。"指牵强附会，卖弄学问，使人不知所云。

⑬论婚则宴尔：论及婚嫁就说燕尔。宴，通假字，通"燕"。语出《诗经·国风·邶风·谷风》："燕尔新婚，如兄如弟。"意思是说，你们的新婚多么和乐啊，就是亲哥亲妹都不能比拟。燕尔，指新婚安闲快乐。指为了标榜学问，使语义似通非通。

⑭及王则无不仲宣：提到姓王的人没有不说到王粲的。王粲，字仲宣（177—217），山阳郡高平县（今山东省微山两城镇）人。东汉末年文学家，"建安七子"之一。已在前注。

⑮语刘则无不公干：谈到姓刘的就总要提及刘桢。刘桢（186—217），汉魏之际文学家、诗人，字公干，东平宁阳（今山东省宁阳）人，"建安七子"之一。建安年间，刘桢被曹操召为丞相掾属，与魏文帝兄弟几人颇相友善，后因在曹丕席上平视丕妻甄氏，以不敬之罪服劳役，后又免罪署为小吏。建安二十二年（217），与陈琳、徐干、应玚等同染疾疫而亡。《隋书·经籍志》著录有文集四卷、《毛诗义问》10卷，现已佚。明代张溥辑有《刘公干集》，收

入《汉魏六朝百三家集》。事见《三国志·魏书·刘桢传》。

⑯ 源：抱经堂本作"原"。

⑰ 施安：运用，行使。"所"，程本作"于"。

⑱ 庄生有乘时鹊起之说：庄子有"乘时鹊起"的说法。庄生，即庄子。鹊起，像鹊鸟那样飞起。据《太平御览》九二一引《庄子》："故君子之居世也，得时则蚁行，失时则鹊起。"

⑲ 谢朓：南朝齐诗人，字玄晖(464—499)，陈郡阳夏(今河南省太康)人。出身高门士族，与"大谢"谢灵运同族，世称"小谢"。因担任过宣城太守、尚书吏部郎，故又称谢宣城、谢吏部。东昏侯永元元年（499）遭始安王萧遥光诬陷，死于狱中。曾与沈约等共创"永明体"。《隋书·经籍志》有《谢朓集》12卷，《谢朓逸集》1卷，均佚。今存诗二百余首。事见《南齐书·谢朓传》。朓，读音同"窕"。

⑳ 鹊起登吴台：据《昭明文选》录谢朓诗《和伏武昌登孙权故城诗》："鹊起登吴山，凤翔陵楚甸。"有一字之差。

㉑ 共往：抱经堂本作"往共"。

㉒ 填河：据唐末韩鄂《岁华纪丽》引东汉应劭《风俗通》："织女七夕当渡河，使鹊为桥。"这里是指前文的"鹊"作动词用，而后文则用作"名词"，意思就大不一样了。

㉓《罗浮山记》：相传为晋朝学者袁彦伯著。据《太平御览》卷四一引《罗浮山记》，罗浮山为罗山与浮山的合称，在广东增城与博县境。

㉔ 望平地树如荠：从山上向平地望去，地上的树就像一棵一棵荠菜那样小。据《太平御览》卷四一引东晋裴渊《广州记》："山际大树合抱，极目视之，如荠菜在地。"荠，读音同"既"，荠菜。

㉕ 戴暠：南朝梁诗人，事迹不详。暠，读音同"搞"。

㉖ 长安树如荠：诗句出自戴暠《度关山诗》："昔听《陇头吟》，平居已流涕。今上关山望，长安树如荠。"戴暠《度关山诗》收入北宋郭茂倩（1041—1099），所编《乐府诗集》卷二七。长安，今陕西省西安市。

㉗ 长安荠：颜之推在这里指出《咏树》诗用典不当。本来是说"树如荠菜点点"，而这首诗说成了"长安荠菜"，就闹笑话了。

㉘ 矜诞：自大而狂妄。矜，夸耀；诞，夸口。语出《晋书·姚泓载记》："方

当引咎责躬，归罪行间，安敢过自矜诞，以重罪责乎？"

㉙夸毗：通过十分柔顺的样子取悦人。毗，读音同"皮"，迎合，附和。语出《诗经·大雅·板》："天之方懠，无为夸毗。"意思是说，上天愤怒降灾难，你切莫卑躬显奴颜。夸毗，屈己卑身，以柔顺人。

㉚富有春秋：比喻时间还很充裕，一般指年轻人。春秋，一年之春季与秋季，代指岁月。

㉛耳学：通过听来的知识。语出春秋时期辛计然《文子·道德》："故上学以神听，中学以心听，下学以耳听。以耳听者，学在皮肤；以心听者，学在肌肉；以神听者，学在骨髓。故听之不深，即知之不明。"

大　意

不论是与人交谈，还是写文章，引用典故或是古人的例证，都要眼见为实，而不能仅凭道听途说。在江南市井，有些士大夫既不勤学好问，又怕被人视为不学无术，常常把一些口耳相传的东西拿来撑门面，生拉硬扯、故弄玄虚地假装高雅博学。例如，把"征质"说成是周、郑，把霍乱称为"博陆"，上荆州必说成去"陕西"，下扬都则说成去"海郡"，说起吃饭就称"糊口"，提到金钱就称"孔方"，问起迁徙就称"楚丘"，论及婚嫁就说"宴尔"，提到姓王的必称"仲宣"，谈起姓刘的就必提"公干"，如此等等。像这样的说法不下一二百种，士大夫相互影响，前后因循，竟成一时时髦。但要追问起这些说法的缘由，还真没有一个人说得清楚呢。更为可笑的是，在把这些说法当作典故来使用的时候，真是驴唇不对马嘴啊。譬如，庄子有"乘势鹊起"的说法，于是谢朓就在诗中说"鹊起登吴台"。我有一个表亲，更是搞笑，他作了一首《七夕》诗，则说"今夜吴台鹊，亦共往填河"，索性把飞鹊与吴台连在一起合称为"吴台鹊"，让人莫知所云。类似的例子还有，如《罗浮山记》上说，"望平地，树如荠"，于是戴暠的诗就说，"长安树如荠"；邺下有人更是在《咏树》诗中说"遥望长安荠"，他生造了一个"长安荠"的词，简直是不让人懂他说什么啊。我还遇到过简直就是扯淡的事，有人把"矜诞"说成"夸毗"，称"高年"为"富有春秋"，诸如此类，都是因为望文生义、闭眼听闻所致的笑话，哪里与学问挨得上半点边啊！

二十、学习要博采众长

夫文字者，坟籍①根本。世之学徒，多不晓字。读五经②者，是徐邈③而非许慎④；习赋诵者，信褚诠⑤而笑吕忱⑥；明《史记》者，专徐、邹⑦而废篆、籀⑧；学《汉书》者，悦应、苏⑨而略《苍》《雅》⑩。不知书音是其枝叶，小学⑪乃其宗系⑫。至见服虔⑬、张揖⑭音义则贵之，得《通俗》⑮、《广雅》而不屑。一手之中，向背如此，况异代各人乎？世人皆以《通俗文》为服虔造，未知非服虔而轻之，犹谓是服虔而轻之，故此论从俗也。

注　释

① 坟籍：泛指书籍。坟，三坟之书。

② 五经：儒家典籍《诗经》《尚书》《礼记》《周易》《春秋》的合称。温柔宽厚，《诗》教也；疏通知远，《书》教也；广博易良，《乐》教也；洁静精微，《易》教也；恭俭庄敬，《礼》教也；属词比事，《春秋》教也。汉武帝立五经博士，"五经"由此定型。

③ 徐邈：字仙民（343—397），东莞姑幕（今山东诸城西北）人，官至东晋中书侍郎、骁骑将军。著有《正五经音训》《谷梁传注》《五经同异评》等。事见《晋书·徐邈传》。

④ 许慎：字叔重（约58—约147年），汝南召陵县（今河南省漯河市召陵区）人，东汉著名经学家、文字学家。曾任五经博士、校书东观。著作《说文解字》，被称为"许书""许学"。尚有《五经异义》《淮南鸿烈解诂》等书，今散佚。事见《汉书·许慎传》。

⑤ 褚诠：南朝宋、齐、梁时人。据《隋书·经籍志》载："《百赋音》十卷，宋御史褚诠之撰。""梁又有中书舍人褚诠之《集》八卷，《录》一卷，亡。"

⑥ 吕忱：西晋文字学家。字伯雍，任城（今山东省济宁东南）人，著有《字林》七卷，收字12824个，按《说文解字》540部首排列，今佚。笑，程本、抱经堂本作"忽"。

⑦ 徐、邹：即南朝学者徐广和邹诞生。据《汉书·司马相如传》唐初学者（581—645）颜师古注："近代之读相如赋者，多皆改易义文，竞为因说，徐广、邹诞生……之属是也。"又据《隋书·经籍志》：徐广，字野民，刘宋朝中

散大夫，曾撰《史记音义》十二卷。徐，原作"皮"，今据王本改。邹诞生，南朝梁轻车录事参军，曾著《史记音义》三卷。

⑧篆、籀：古代字体。篆，指小篆；籀，读音同"咒"，指大篆。通行于战国、秦代。

⑨应、苏：即东汉学者应劭和曹魏学者苏林。应劭（约153—196），字仲瑗，汝南郡南顿县（今河南省项城市南顿镇）人。劭少年时专心好学，博览多闻。灵帝时（168—188）被举为孝廉。中平六年（189）至兴平元年（194）任泰山郡太守，后依袁绍，卒于邺。应劭博学多识，平生著作11种136卷，著有《汉书集解音义》二十四卷，现存《汉官仪》《风俗通义》等。事见《后汉书·应劭传》。苏林，约公元220年前后在世。字孝友，陈留外黄人。博学，多通古今字指。凡诸书传文间危疑，林皆训释。官至散骑常侍，以老归第。年八十余岁。

⑩《苍》《雅》：即《仓颉篇》和《尔雅》。已在前注。

⑪小学：汉代因儿童入学先学文字，故称文字学为小学。到六朝，小学包括音韵学；到隋唐，小学又涵括训诂学。

⑫宗系：本指世族源流，这里是指学问的根本。

⑬服虔：东汉经学家。字子慎，初名重，又名祇，后更名虔，河南荥阳东北人。少年清苦励志，尝入太学受业，举孝廉，官至尚书侍郎、高平令，汉灵帝中平末，迁九江太守，因故免，病卒。虔少有雅才，善文论，所著赋、碑、诔、书记、连珠、九愤凡十余篇。其经学尤为当世推重，著《春秋左氏解谊》三十一卷（陆德明《经典释文序录》作三十卷），《春秋左氏音》一卷，《通俗文》一卷，《汉书音训》一卷。事见《后汉书·服虔传》。

⑭张揖：古汉语训诂学家，字稚让，东汉清河（今河北省清河）人。曹魏明帝太和年间博士。著《广雅》十卷，18150字，体例篇目仿照《尔雅》，字按意义分类相聚，释义多用同义相释的方法。因博采经书笺注及《三苍》《方言》《说文解字》等书增广补充，故名《广雅》，是研究古代汉语词汇和训诂的重要著作。著《埤苍》三卷，是研究古代语言文字的专著。另著有《古今字诂》。《隋书·经籍志》和《旧唐书·经籍志》并称三卷。《埤苍》和《古今字诂》均已亡佚。

⑮《通俗》：即服虔撰《通俗文》。

大　意

文字，是古代书籍的根本。而世上的读书人，大多不通晓文字：读"五经"的人，褒奖徐邈而贬斥许慎；诵读辞赋的人，信服褚诠之而忽略吕忱；喜爱《史记》的人，只看徐广、邹诞生的音注而忽视先秦篆籀；喜欢《汉书》的人，欣赏应劭、苏林的注释，而不在意《仓颉篇》和《尔雅》。他们不知道语音只是文字的枝叶而已，而字意才是文字的根本呢。以至于有人见到服虔、张揖关于音义的著作就十分重视，而对于同样出自他们之手的《通俗文》和《尔雅》却不屑一顾。对于出自同一作者之手的著作尚且有厚薄之分，何况是对于那些产生于不同时代、出自不同作者之手的著作呢，其不同命运也就可想而知了！

二十一、求学者，贵能广学博闻

夫学者，贵能博闻也。郡国①山川，官位姓族，衣服饮食，器皿②制度，皆欲根寻，得其原本。至于文字，忽不经怀③，己身姓名，多或乖舛④，纵得不误，亦未知所由。近世有人为子制名，兄弟皆山傍立字⑤，而有名峙者⑥；兄弟皆手边⑦立字，而有名機者⑧；兄弟皆水傍立字，而有名凝者。名儒硕学，此例甚多。若有知吾锺之不调⑨，一⑩何可笑。

注　释

①郡国：郡与国的合称。汉高祖既继承了秦代郡县制，又分封功臣和宗亲，推行封分制。郡直属朝廷，国分封诸王、侯。南北朝仍是郡县制与分封制并存。

②器皿：是用以盛装物品或作为摆设的物件的总称，泛指盆、罐、碗、杯、碟等日常用具或玻璃仪器。语出《礼记·礼器》："宫室之量，器皿之度，棺椁之厚，丘封之大，此以大为贵也。"皿，读音同"敏"，碗、碟、杯、盘一类用器的统称。

③经怀：经心。

④乖舛：差错，不齐。舛，读音同"喘"，相违背。语出西晋潘岳《西征赋》："人度量之乖舛，何相越之辽迥。"本篇收入《昭明文选》。

⑤山傍立字：用"山"字偏旁的文字作为人的表字，当时人误以为"山"

字旁为"止"字旁。

⑥名峙者：取名为"峙"的人。据清代学者段玉裁（1735—1815）《说文解字注》："颜（之推）意谓从山之峙不典，不可以命名。"峙，原误作"峙"，今据程本、抱经堂本改。

⑦手边：程本作"木傍"。边，抱经堂本作"傍"。

⑧機：原本、程本作"機"，今据抱经堂本改。《说文解字》中无"機"字，故颜之推讥讽其不规范。

⑨锺之不调：钟声不协调。调，读音同"条"，协调。语出刘安《淮南子·修务训》："昔晋平公令官为钟，钟成而示师旷，师旷曰：'钟音不调。'平公曰：'寡人以示工，工皆以为调。而以为不调，何也？'师旷曰：'使后世无知音者，则已；若有知音者，必知钟之不调。'故师旷之欲善调钟也，以为后之有知音者也。"颜之推借乐工听不出钟声不调的典故来讽刺当时所谓的"名儒硕学"竟然看不出命名上的不妥之处。锺之，程本作"之锺"。

⑩一：副词，竟然，乃是。

大　意

求学者，最为可贵的品质是广学博闻、孜孜不倦。大凡郡国山川、官位姓族、衣服饮食、器皿形制和章法制度，都要寻根究底、追本溯源。可是，有的人对于文字，却是漫不经心啊，就连他们自己的姓氏名字，也往往出错，以至于闹出很多笑话来；纵然是没有出丑，也弄不清楚自己名字的缘由依据。譬如，近世有人为自己的孩子取名：兄弟几人都用"山"字偏旁的字来命名，其中却有以"峙"来取名的；兄弟几个都以"手"字偏旁的字来取名的，其中却又有取名为"機"的；兄弟几个都用"水"字偏旁的字来命名，其中却又有以"凝"字来取名的。像这样好笑的事情，产生于那些自称为"名儒硕学"者身上，还有很多很多。如果这些人知道《淮南子·修务训》记载的晋国乐工能够听出"钟音不调"的典故，就能明白这竟是多么可笑啊！

二十二、学习就是要博求古今

吾尝从齐王幸并州①，自井陉关②入上艾县③，东数十里，有猎闾村。

后百官受马粮，在晋阳^④东百余里亢仇城侧。并不识二所本是何地，博求古今，皆未能晓。及检《字林》《韵集》^⑤，乃知"猎闾"是旧"躐余聚"^⑥，躐音猎也。"亢仇"旧是"馒䬩^⑦亭"，上音武安反，下音仇。悉属上艾。时太原^⑧王劭^⑨欲撰乡邑记注，因此二名闻之，大喜。

注 释

①"齐王"句：齐王，指北齐文宣帝高洋。东魏武定七年（549），高洋被封为齐王。王，抱经堂本作"主"。并州，据《汉书·地理志上》记载，并州为古九州之一。汉武帝元封年间置并州刺史；东汉时，并州始治晋阳（今山西省太原）。又据《隋书·经籍志》："太原郡，后齐并州。"

②井陉关：又名土门关。故址在今河北省井陉北井陉山上。据《吕氏春秋·有始览》，井陉关为古代九塞之一。是从太行山区进入华北平原的关隘。陉，读音同"行"。

③上艾县：西汉建元元年（前140）置，治所在今山西省张庄镇新城村，属并州太原郡。东汉时，上艾县划入冀州的常山国，三国时划并州乐平郡（今山西省昔阳）。386年，北魏统一北方，上艾县改名石艾县。

④晋阳：县名，始建年代不详。北齐时，为别都和实际行政中心。故址在今山西省太原市晋源区。

⑤《字林》《韵集》：据《隋书·经籍志》，《字林》为西晋学者吕忱著，字书，七卷，今佚；《韵集》，吕忱之弟吕静著，韵书，六卷。

⑥躐余聚：村落名，故址在今陕西省平定县境。聚，村落。据《管子·乘马》："方六里命之曰暴，五暴命之曰部，五部命之曰聚。聚者有市，无市则民乏。"躐躐，读音同"列"。

⑦馒䬩：读音同"蛮秋"，古亭名，故址在今山西省平定县境。

⑧太原：秦始皇统一中国后，分天下为三十六郡，设置太原郡，郡治晋阳。

⑨王劭：北齐、隋际人，字君懋，太原晋阳人。以博物为时人所称。隋朝时官至秘书少监。著作有《隋书》80卷、《齐志》20卷、《齐书》纪传100卷、《平贼记》3卷，这些史书成为以后唐代官修《隋书》《北齐书》的主要资料来源之一；另有《读书记》30卷。事见《隋书·王劭传》。劭，原误作"邵"，今

据抱经堂本改。

大　意

我曾随北齐文宣帝巡幸并州，从井陉关进入上艾县，县东几十里有个猎间村。后来，随行百官就在晋阳以东百余里的亢仇城旁为马匹补充饲料。大家只是经过而已，对这两个地方的历史沿革并不清楚，即使查阅了大量资料，也没弄明白是怎么回事呢。等我查阅了《字林》和《韵集》之后，才知道猎间村原来就是以前的矿余聚，亢仇城就是过去的馒飤亭，它们原来就隶属于上艾县。那时，太原的王劭打算撰写《〈乡邑记〉注》，我就将这两个地方的地名变化情况告诉了他，可把他高兴坏了。他真是好学啊！

二十三、广泛阅读才能获得真知

吾初读《庄子》"魂二首"①，《韩非子》②曰："虫有魂者，一身两口，争食相龁，遂相杀也。"③茫然④不识此字何音⑤，逢人辄问，了无解者。案：《尔雅》诸书，蚕蛹名魂，音"溃"。又非二首两口，贪害之物。后见《古今字诂》⑥，此亦古之虺字，积年凝滞⑦，豁然⑧雾解⑨。

注　释

①《庄子》"魂二首"：《庄子》为庄周所著，约成书于先秦时期。《汉书·艺文志》著录五十二篇，今本《庄子》三十三篇。其中内篇七，外篇十五，杂篇十一。所传三十三篇，经晋代学者郭象（252—312）整理，篇目章节与汉代亦有不同。《庄子》具有很高的文学价值。其文想象丰富、气势壮阔，行文汪洋恣肆，瑰丽诡谲，意出尘外，乃先秦典范之作。今本《庄子》无"魂二首"。魂，虺的异体字，读音同"毁"。

②《韩非子》：为战国末期思想家韩非（约前280—前233）著，今存二十卷五十五篇，十余万言，有论说体、辩难体、问答体、经传体、故事体、解注体、上书体等七种文体。《韩非子》阐述法、术、势相结合的法治理论，达到了先秦法家理论的最高水平，为秦统一六国提供了理论依据。

③"虫有"句：语出《韩非子·说林》下篇。今本"魂"写作"虺"。龁，

读音同"何"，咬。

④ 茫然：一无所知的样子。也作"芒然"。语出《庄子·盗跖》："目芒然无见。"

⑤ 音：通假字，通"意"，意思。

⑥ 《古今字诂》：字书。据《隋书·经籍志》，《古今字诂》为曹魏时学者张揖著，三卷。今佚。

⑦ 凝滞：拘泥郁结。语出屈原《楚辞·渔父》："渔父曰：'圣人不凝滞于物，而能与世推移。'"凝，专注；滞，停止。

⑧ 豁然：开朗的样子。豁，读音同"或"，开阔。语出晋末陶渊明（352或 365—427）《桃花源记》："复行数十步，豁然开朗。"

⑨ 雾解：比喻心中的疑问就像雾气那样消散了。语出南朝陈时诗人张正见（？—575）《赋得山卦名》："云归仙井暗，雾解石桥通。影带临峰鹤，形随杂雨风。"

大　意

我首次阅读《庄子》"蚬二首"时，看到韩非子解释说："有一种叫蚬的虫子，身上长了两张嘴巴，为了争抢食物，它们两嘴相咬，以至于自相残杀。"我全然不知此字的意思。于是，见人就问，但是，还是一无所获。经过查考，看到《尔雅》等字书上说，蚕蛹名叫蚆；但蚕蛹并非那种有两颗头长两张嘴的虫子。后来，读到张揖的《古今字诂》，才知道这个"蚬"字，原来是"蚆"的异体字。这样，积压在我胸中多年的疑难问题，一下子就像风吹云散，豁然开朗了。

二十四、读书就要追根溯源，解决实际问题

尝游赵州①，见柏人②城北有一小水，土人亦不知名。后读城南门徐整③碑云："洦④ 流东指。"众皆不识。吾案《说文》⑤，此字古魄字也⑥，洦，浅水貌。此水汉来本无名矣，直以浅貌目之，或当即以洦为名乎。

注 释

① 赵州：州名。南北朝北魏孝昌二年（公元 526）设殷州，治所在广阿（今河北省隆尧城东），北齐天保二年（公元 551），因避太子殷之名讳，改殷州为赵州，赵州名始于此，州治初在广阿，后移平棘。据《北齐书·颜之推传》，北齐武成帝高湛"河清末，被举为赵州功曹参军"。颜氏游赵州，当在此时。

② 柏人：县名。西汉高祖（前 200）时始建柏人县，柏人城位于今河北省邢台市隆尧县城西偏南 12 公里处的双碑乡。

③ 徐整：字文操，豫章（今江西省南昌）人。三国时期官至吴国太常卿。据《隋书》记载，撰有《毛诗谱》，注有《孝经默注》，另著有上古传说时期的《三五历记》《五远历年纪》，这是目前所知记载盘古开天传说的最早著作。南，程本、抱经堂本作"西"。

④ 洦：读音同"破"，浅水的样子。

⑤《说文》：即东汉学者许慎所著《说文解字》。

⑥ 魄：据清代学者段玉裁《说文解字注》，当是"泊"之误。

大 意

我曾宦游赵州，见柏人县城北有一条小河，就连当地土生土长的人也不知其名。后来，我读了城西门外所立三国时期吴国太常卿徐整碑上的碑文，碑文有"洦流东指"这句话。大家都不明白这句话的意思，因为大家都不认识"洦"字。我回来后，查阅了《说文解字》，原来这个"洦"字，就是古代的"泊"字。所谓"洦"，也就是浅水的样子。这条河从汉代以来就一直没有名字，人们平常只是以它的自然面貌"洦"称呼它，即"这条浅水河"或"那条浅水河"来称它。据此，我认为，约定俗成，或许就应该以"洦河"来为它命名吧！

二十五、学习不能跟着感觉走，也不能主观武断

世中书翰，多称勿勿①，相承如此，不知所由，或有妄言此忽忽之残缺②尔。案：《说文》："勿者，州里③所建之旗也，象其柄及三游④之形，所以趣⑤民事。故悤⑥遽⑦者，称为勿勿。"

注 释

① 匆匆：匆忙的意思。

② 残缺：因破损导致不完整。语出《汉书·艺文志》："周室既微，载籍残缺。"

③ 州里：古代二千五百家为州，二十五家为里。泛指乡里。本句见《说文解字》第九下。

④ 游：通假字，通"旒"，古代旌旗下垂的飘带等装饰物。

⑤ 趣：通假字，通"促"，催促。

⑥ 怱：读音同"聪"，匆促。

⑦ 遽：读音同"据"，匆促。

大 意

世人的来往书信，常常写有"匆匆"这个词，并且一代一代地沿袭下来。但是，很多人并不知道运用这个词的缘由。有的人望文生义、主观武断地认为是"怱怱"两字缺损了"心"字部首。我不赞同这种说法。于是，我就查证了《说文解字》。《说文解字》是这样解释的："所谓'勿'，就是乡里所树的旗帜，其字形就像旗杆和三条下垂的飘带。树立这样的旗帜，是为了时时刻刻催促民众抓紧农时农事。所以，人们就将急迫匆忙称为'匆匆'。"

二十六、不懂的问题要穷追不舍，直到弄明白才罢休

吾在益州①，与数人同坐，初晴日晃②，见地上小光，问左右："此是何物？"有一蜀竖③就④视，答曰⑤："是豆逼⑥尔。"相顾愕然⑦，不知所谓。命将取来⑧，乃小豆也。穷访蜀土，呼粒为逼，时莫之解⑨。吾云："《三苍》《说文》，此字白下为匕，皆训粒，《通俗文》音方力反。"众皆欢悟。

注 释

① 益州：元封五年（前106），汉武帝在全国设13刺史部，四川地区为益州部，州治在雒县（今四川省广汉）。三国末年西晋灭蜀汉，分割益州，另置梁州。西晋、东晋和南北朝期间四川地区一直设置益、梁二州。

②晃：读音同"恍"，闪耀。晃，程本作"明"。

③竖：僮仆。

④就：靠近。

⑤曰：程本、抱经堂本作"云"。

⑥豆逼：四川方言，豆粒。

⑦愕然：惊讶的样子。愕，读音同"遏"，吃惊。语出《史记·黥布列传》："楚使者在，方急责英布发兵，舍传舍。随何直入，坐楚使者上坐，曰：'九江王已归汉，楚何以得发兵？'布愕然。"

⑧命将取来：程本、抱经堂本作"命取将来"。

⑨莫之解："莫解之"的倒装句，不理解他的话。

大 意

我在益州的时候，曾经和几位朋友坐在一起闲聊，正好雨后初晴，太阳放亮。我看到地上有一些小小的光亮点，就问边上的人说："这晃亮的是什么东西啊？"有一当地的小童仆应声过来，看了看，回答说："是豆逼。"大家听了，都惊讶地相互看了看，不明白他说什么。我就叫他从地上捡起来，让我看个究竟。我一看，原来只是极为平常的豆粒。因为阳光照耀，所以在地上它也被照出光亮来。明明是"豆粒"，为什么被叫作"豆逼"呢？我问遍了当地人，可是他们都没有作出令人满意的回答。于是，我就说："在《三苍》和《说文解字》中，这个'逼'字，就是'白'下加上一个'匕'字，解释为'粒'，《通俗文》注音为方力反。"经过我这么引经据典地一番解释，大家都明白了地方话有发音的差异，感到很高兴呢。

二十七、探究式学习，就能辨别真伪

懫楚友壻窦如同①，从河州②来，得一青鸟，驯养爱玩，举俗③呼之为鹢④。吾曰："鹢出上党⑤，数曾见之，色并黄黑，无驳杂⑥也。故陈思王⑦《鹢赋》云：'扬玄⑧黄之劲羽。'试检《说文》："鸰音介。雀似鹢而青⑨，出羌中⑩。"《韵集》音介。此疑顿⑪释。

注　释

① 愍楚友婿窦如同：愍楚的连襟窦如同。愍楚，颜之推次子；友婿，姐妹的丈夫互称，即连襟。窦如同，人名，事迹不详。愍，读音同"敏"。

② 河州：州名。十六国时，前凉张骏太元二十一年（344），分凉州地置河州，河州之名自此始。北魏太平真君六年（445），改河州为枹罕镇。隋开皇三年（583），废枹罕郡，枹罕县属河州，州治枹罕（今甘肃省临夏东北）。

③ 俗：程本作"族"。

④ 鶡：读音同"何"，鸟名，又名鶡鸡。大于鸡，黄黑色，头上有毛角如冠，性猛，好斗，攻击性极强。

⑤ 上党：郡名。战国时期韩国始设；秦灭六国后，上党为三十六郡之一，治所在今山西省长治北。据北宋学者高承《事物纪原·虫鱼禽兽·鶡》："上党诸山中多鶡，似雉而大。"

⑥ 驳杂：混杂。驳，杂糅。语出东汉学者桓谭《新论》："三皇以道治，五帝以德化。王道纯粹，其德如彼；霸道驳杂，其功如此。"

⑦ 陈思王：即曹魏诗人曹植，已在前注。曹植著有《鶡赋》，收入《陈思王集》）。

⑧ 玄：黑色。

⑨ 鳱：原误作"鳱"，"介"，原误作"分"；今据抱经堂本改，下文同。

⑩ 羌中：古地名。秦汉时指羌族聚居地区，在今青海、西藏、四川西北部和甘肃西南部一带。

⑪ 顿：立刻。

大　意

愍楚的连襟窦如同从河州回来，并从当地带回一只青色的鸟。窦如同十分喜欢它，时时同它玩赏。家里人都叫这只鸟为"鶡"。我说："鶡生长在上党山里，我多次见过它。它的羽毛全是黄黑色的，没有别的杂色。所以，曹魏大诗人曹植在《鶡赋》中说：'鶡飞起来的时候，首先扬起它那黑黄色的劲翅。'我尝试着查阅了《说文解字》。字典上说：'介加右部首鸟雀与鶡相似，但毛色是青的，生长在羌人聚居区。'"《韵集》认为读音为"介"。经过这样探究，这个问题就马上得到解决了。

二十八、人云亦云的东西，往往是错言错语

梁世有蔡朗父讳纯①，既不涉学，遂呼蓴②为露葵菜③。面墙④之徒，递相仿效⑤。承圣⑥中，遣一士大夫聘⑦齐，齐主客郎李恕⑧问梁使曰："江南有露葵否？"答曰："露葵是蓴，水乡所出。卿今⑨食者，绿葵菜⑩尔。"李亦学问，但不测彼之深浅，乍闻无以覈究⑪。

注　释

① 父：原无此字，今据抱经堂本补。王利器整理本作"者"。

② 蓴："莼"的异体字，野生植物名，莼菜，又名水葵、凫葵，嫩叶可以做汤。

③ 露葵菜：露葵，即冬葵，种菜园中。据明代医学家李时珍（1518—1593）《本草纲目·草五·葵》："古人采葵，必待露解，故曰露葵。今人呼为滑菜。"程本、抱经堂本无"菜"字。

④ 面墙：已在前注。

⑤ 仿效：模仿别人。语出东汉学者王充《论衡·讉时篇》："连相仿效，皆谓之然。"

⑥ 承圣：南朝梁元帝年号。

⑦ 聘：访问。

⑧ 主客郎李恕：主客郎，官名，据《隋书·百官志》，北齐官制，尚书省下设祠部尚书，辖主客郎，"掌诸蕃杂客等事"。李恕，历任北齐尚书郎，以清辞知名。参见《北史·李崇附庶传》。

⑨ 卿今：程本为"注"。

⑩ 绿葵菜：即冬葵。如西晋文学家潘岳《闲居赋》："绿葵含露，白薤负霜。"

⑪ 覈究：亦作"核究，查验"。

大　意

梁朝有位名叫蔡朗的人，讳"莼"，他原本就没什么学问，把莼菜叫做露葵。那些不学无术之徒，也不思量，都跟着他这样把莼菜叫做露葵呢。梁元帝承圣年间，派遣了一位官员访问北齐。北齐的礼宾主持李恕问这位梁朝使节，

说:"江南有露葵吗?"使节回答说:"有啊。露葵就是莼菜,是长在水乡的植物。您今天吃的正是绿葵菜吧!"李恕是位真正有学问的人,只是不摸对方学问的深浅,乍一听这样的回复,一时也无法查考,就这样总算给使节留了一些颜面呢!

二十九、凡事学在先

思鲁等姨夫彭城①刘灵,尝与吾坐,诸子侍②焉。吾问儒行、敏行③曰:"凡字与咨议④名同音者,其数多少,能尽识乎?"答曰:"未之究⑤也,请导示⑥之。"吾曰:"凡如此例,不预研检,忽见不识,误以问人,反为无赖⑦所欺,不容易也。"因为说⑧之,得五十许⑨字。诸刘⑩叹曰:"不意乃尔!"若遂不知,亦为异事⑪。

注　释

① 彭城:县名,又名彭城邑、彭城县,曾为古都涿鹿(即今江苏省徐州)的旧称。公元前221年,秦统一六国,实行郡县制,改彭城邑为彭城县。

② 侍:在尊长之侧陪着。

③ 儒行、敏行:刘灵的儿子。

④ 咨议:官名。咨议参军的省称。据《隋书·百官志》:"皇弟、皇子府置咨议参军。"这里是代指刘灵。刘灵任咨议参军。

⑤ 未之究:"未究之"的倒装句。究,探求。

⑥ 导示:启发指导的意思。

⑦ 无赖:不讲道理的混混。这里是指不学无术而又胡搅蛮缠之人。语出《史记·张释之冯唐列传》:"文帝曰:'吏不当若是耶?尉无赖!'"

⑧ 说:讲解,解释。

⑨ 许:指数量的大概数,大约,大概。

⑩ 诸刘:刘姓诸子。

⑪ 异事:怪事,奇异的事情。语出《韩非子·说难》:"规异事而当,知者揣之外而得之,事泄于外,必以为己也,如此者身危。"

大 意

思鲁他们的姨夫，也就是彭城人刘灵，曾经与我在一起闲聊；他的几个儿子也陪坐在一起。我问陪坐的儒行、敏行说："举凡与你们的父亲即别人称为'刘咨议'的同音字，一共有多少？你们都能认识吗？"他们回答说："我们没有探讨过这个问题，悉听尊教！"我就说道："凡是类似这样的问题，如果事先没有翻阅过字典而有所准备，突然遇到一些不认识的字，慌忙之中又没问对人，反倒会被那些个不学无术而善于狡辩的人所欺骗，因此，不能轻率从事啊！"于是，我给他们作了讲解，告诉他们，这类的同音字大约有五十个。刘灵的儿子们感慨地说："没想到竟然有这么多同音啊！"我想，如果他们对这些同音字一点儿都不了解，这也的确是一件很奇怪的事情啊！

三十、校订书籍，的确不是一件简单容易的事情

校定① 书籍，亦何容易，自扬雄②、刘向③，方称④ 此职尔。观天下书未徧，不得妄下雌黄⑤。或彼以为非，此以为是；或本同末异；或两文皆欠⑥，不可偏信一隅⑦ 也。

注 释

① 校定：也作"校订"。校对文字，纠正错讹。校，读音同"叫"，校对。

② 扬雄：字子云（公元前53—公元18），是继司马相如之后西汉最负盛名的辞赋家。蜀郡成都（今四川省郫县友爱镇）人。少好学，口吃，博览群书，长于辞赋。年四十余，始游京师长安，以文见召，奏《甘泉》《河东》等赋。汉成帝时任给事黄门郎。王莽时任大夫，校书天禄阁。据《隋书·经籍志》有《扬雄集》5卷，已散佚。明代张溥辑有《扬侍郎集》，收入《汉魏六朝百三家集》。今人张震泽校注有《扬雄集校注》。事见《汉书·扬雄传》。

③ 刘向：原名更生（约前77—公元前6），字子政，西汉楚国彭城（今江苏省徐州）人，祖籍秦泗水郡沛县（今江苏省沛县），汉朝宗室，先祖为丰县刘邦异母弟刘交。西汉经学家、目录学家、文学家，其散文主要是奏疏和校雠古书的"叙录"，较有名的是《谏营昌陵疏》和《战国策叙录》。汉宣帝时，为谏大夫。汉元帝时，任宗正。汉成帝时，为光禄大夫，改名为"向"，官至中

垒校尉。曾奉命领校秘书，所撰《别录》，是我国最早的图书版本目录工具书。今存《新序》《说苑》《列女传》《战国策》等书，其著作《五经通义》有清人马国翰辑本，《山海经》系其与其子刘歆共同编订。原有文集，已佚，明人辑为《刘中垒集》。事见《汉书·刘向传》。

④ 称：读音同"衬"，符合，相当。

⑤ 妄下雌黄：即"信口雌黄"。妄，胡乱，随意的样子。雌黄，古人抄书、校书时，涂改文字用橙黄色的颜料。形容乱加窜改，乱下议论。

⑥ 欠：缺。

⑦ 一隅：指一个地方，泛指事物的一个方面。语出《论语·述而篇》："举一隅不以三隅反，则不复也。"

大　意

校订书籍，哪有那么容易啊！只有像西汉扬雄、刘向这样的大学者，才算得上是胜任这项工作的人呢。如果不曾遍读天下书籍，就不能下笔修订书上的文字。因为常常会出现这样一些情况：那个本子认为是错的，而这个本子则又认为是对的；或者是它们的观点大同小异，很难取舍；或者是两种说法都有不足，都不能令人满意。因此，在校订书籍的时候，千万不能偏信某一种说法，而要在多读多思之后，综合比较，最后做出判断。

颜氏家训卷第四　文章、名实、涉务

文章第九

提　要

文章，在中华文明起源和发展中，占有十分重要的地位；在以儒家文化为主导的中华文化语系中，尤其如此。文章也是中华文化文本样式体现的重要形式，对于文化源远流长、历史悠久的民族来讲，从上到下，都十分重视文章、崇尚文章。中华历代名篇，就是文章的重要代表。

文章，就其本意讲，"文"，是指物件上的花纹；"章"，是指事物所彰显的色彩。文章是指自然界中错杂的色彩或花纹。如《墨子·非乐上》："是故子墨子之所以非乐者，非以大钟鸣鼓琴瑟竽笙之声以为不乐也；非以刻镂华文章之色以为不美也。"但在儒家经典中，显然是借用自然界中的华彩点缀，将礼乐制度喻为人类社会的文章。如孔子在《论语·泰伯篇》中说："巍巍乎！其有成功也；焕乎！其有文章。"南宋学者朱熹（1130—1200）在《论语集注》中说："文章，礼乐法度也。"唐代文学家韩愈（768—824）在《读〈礼仪〉》中说："于是孔子曰：'吾从周'，谓其文章之盛也。"近代学者严复（1854—1921）在《原强》中说："其法令文章之事，历变而愈繁。"《论语·公冶长》："子贡曰：'夫子之文章，可得闻也。'"这里是将文章和道德对举而言，道德是内容，文章是形式，道德修养通过一定的文化形式表达、表现出来，如人的仪表、神色、语言、举动等等。子贡所说，就是孔子的道德表现和文化影响。另据《礼记·大传》："考文章，改正朔。"汉代学者郑玄《礼记注》说："文章，礼法也。"清代学者孙希旦（1736—1784）在《礼记集解》中说："文章，谓礼乐制度。"总之，儒家经典将以礼法制度为代表的人类文明比喻为自然界中灿烂的纹饰，将文化视为人类社会最美好的东西。当然，文化它一定是要通过文字表达，才可以世代流传的。因此，文章就指文辞或独立成篇的文字。如司马迁在《史记·儒林列传》中记载公孙弘的话说："臣谨案诏书律令下者，明天人分际，通古今之义，文章尔雅，训辞深厚，恩施甚美。"范晔（398—445）在《后汉书·延笃传》中写道："能著文章，有名京师。"唐代大诗人杜甫（712—770）在《偶题》诗中留有名句："文章千古事，得失寸心知。"这里的"文章"，就是我们今天通用的文字记录或表达思想的篇章。如何使文章担负思想的表达与记录、文化的传承和创新的使命，尤其是体现"文以载道"的文化载体功能，颜之推极为关注和重视。

在本篇中，颜之推对文章的体裁、功用、文风、写作方法、欣赏旨趣和学术批评，做了深入的深刻的论述，是继南朝齐梁之际学者刘勰（约465—520年）的《文心雕龙》之后，又一重要的文论篇章。颜之推既继承了刘勰的文论美学观点，但他又显然地有别于前人：一是立足于教育，出发于教育，收效于教育，因为他立意在指导人们写出"好文章"，因此就有教育的功效；二是强调作文修德，把文德放在十分重要的地位，作为评价文章的根本标准和价值准则，"好文章来源于好思想，好道德催生好文章"，把文章与道德要求联系起来，认为文德体现作者的道德水准，这是十分睿智的；三是突出文章体裁的经学根源，认为文章来源于"五经"，"五经"承载义理，辞章表达义理，因此，文章要符合义理的要求，准确表达义理，这对于弘扬儒家经典和儒家学说起到了十分重要的作用。此外，相对于魏晋南北朝时期铺陈浮华的文风，颜之推主张文章要"易见事，易识字，易诵读"，平白晓畅，因文会意，对于扭转文风时弊，也是有积极意义的。

一、将修身与写作结合起来，避免伤人害己

夫文章者，原出"五经"①：诏、命、策、檄②，生于《书》者也；序、述、论、议③，生于《易》者也；歌、咏、赋、诵④，生于《诗》者也；祭、祀、哀、诔⑤，生于《礼》者也；书、奏、箴、铭⑥，生于《春秋》者也。朝廷宪章⑦，

军旅誓诰⑧，敷显⑨仁义，发明⑩功德，牧民⑪建国，不可暂无⑫。一本作"施用多途"。至于陶冶性灵，从容讽谏，入其滋味，亦乐事也。行有余力，则可习之。然而自古文人，多陷轻薄。屈原⑬露才扬己、显暴君过⑭，宋玉⑮体貌容冶⑯，见遇俳优⑰，东方曼倩⑱滑稽⑲不雅，司马长卿⑳窃赀㉑无操，王褒㉒过章㉓《童约》，扬雄㉔德败《美新》，李陵㉕降辱夷虏，刘歆㉖反覆㉗莽世，傅毅㉘党附权门，班固㉙盗窃父史，赵元叔㉚抗竦㉛过度，冯敬通㉜浮华摈压㉝，马季长㉞佞媚㉟获诮，蔡伯喈㊱同恶㊲受诛，吴质㊳诋忤㊴乡里㊵，曹植㊶悖慢㊷犯法，杜笃㊸乞假㊹无厌，路粹㊺隘狭㊻已甚，陈琳㊼实号粗疏㊽，繁钦㊾性无检格㊿，刘桢(51)屈强输作(52)，王粲(53)率躁见嫌，孔融(54)、祢衡(55)诞傲(56)致殒，杨修(57)、丁廙(58)扇动(59)取毙，阮籍(60)无礼败俗，嵇康(61)凌物凶终，傅玄(62)忿斗免官，孙楚(63)矜夸(64)凌上，陆机(65)犯顺履险，潘岳(66)干没取危，颜延年(67)负气摧黜，谢灵运(68)空疎(69)乱纪，王元长(70)凶贼自贻(71)，谢玄晖(72)侮慢(73)见及。凡此诸人，皆其翘秀(74)者，不能悉纪(75)，大较如此。至于帝王，亦或未免。自昔天子而有才华者，唯汉武(76)、魏太祖(77)、文帝(78)、明帝(79)、宋孝武帝(80)，皆负世议，非懿德(81)之君也。自子游(82)、子夏(83)、荀况(84)、孟轲(85)、枚乘(86)、贾谊(87)、苏武(88)、张衡(89)、左思(90)之俦(91)，有盛名而免过患者，时复闻之，但其损败居多尔。每尝思之，原其所积，文章之体，标举兴会(92)，发引性灵(93)，使人矜伐(94)，故忽于持操，果于进取(95)。今世文士，此患弥(96)切，一事惬当(97)，一句清巧(98)，神厉九霄(99)，志凌千载，自吟自赏，不觉更有傍人。加以砂砾所伤，惨于矛戟(100)；讽刺之祸，速乎风尘；深宜防虑，以保元吉(101)。

注释

① 夫文章者，原出"五经"：语出南朝学者刘勰《文心雕龙·宗经》："故论、说辞、序，则《易》统其首；诏策、章奏，则《书》发其源；赋颂词赞，则《诗》立其本；铭、诔箴祝，则《礼》总其端；纪、传、盟、檄，则《春秋》为根。"

② 诏、命、策、檄：古代的四种政令文体。"诏"以告谕百官，"命"以颁布敕令，"策"以封赠王侯，"檄"以声讨四方。《文心雕龙·诏策》说："命者，使也。秦并天下，改命曰制。汉初定仪则，则命有四品：一曰策书，二曰制书，三曰诏书，四曰戒敕。敕戒州部，诏告百官，制施赦命，策封王侯。"

③ 序、述、论、议：古代述事、议论文体。"序"为书籍或文章的序言，

"述"为记叙人物生平或叙事文体，"论"和"议"为议论文体。

④ 歌、咏、赋、诵：古代诗歌体和韵文体。歌、咏，都指诗歌。据南朝梁梁陈之际学者顾野王（519—581）《玉篇·言部》："咏，长言也，歌也。"赋，有韵文的散文体，铺陈华丽，排比对仗，使用韵文，经典掌故交错其间。《文心雕龙·诠赋》："赋者，铺也。铺采摛文，体物写志也。""诵"为赞颂文体。《文心雕龙·颂赞》："颂者，容也，所以美盛德而述形容也。""诵"，程本、抱经堂本作"颂"。

⑤ 祭、祀、哀、诔：祭，祭文。祀，郊庙祭祀乐歌。哀，哀辞，悼念死者，追述生平。诔，哀悼死者的文章。《文心雕龙·诔碑》："诔者，累也，累其德行，旌之不朽也。"

⑥ 书、奏、箴、铭：书，古代大臣向朝廷呈递的书简。《文心雕龙·书记》："书者，舒也，舒布其言，陈之简牍，取象于《夬》（读音同"怪"），贵在明决而已。"奏，古代大臣向朝廷呈献的奏章。《文心雕龙·奏启》："奏者，进也，言敷于下，情进于上也。"铭，铭文，表达赞颂或者警醒的文字。《文心雕龙·铭箴》："铭者，名也，观器必也正名，审用贵乎盛德。"箴，箴文，用于规劝人的文字。《文心雕龙·铭箴》："箴者，针也，所以攻疾防患，喻针石也。"

⑦ 宪章：典章制度。语出《后汉书·赵熹传》："皇太子与东海王等杂止同席，宪章无序。"

⑧ 誓诰：军事命令。誓，誓约；诰，告诫。语出《礼记·曲礼》："约信曰誓。"又据孔安国《尚书正义·甘誓》："马融云：'军旅曰誓，会同曰诰。'诰、誓俱是号令之辞，意小异耳。"

⑨ 敷显：阐发宣扬。敷，阐述。

⑩ 发明：表达。语出《史记·儒林列传》："善著书、书奏，敏于文，口不能发明也。"

⑪ 牧民：治理百姓。语出《管子·牧民》："凡有地牧民者，务在四时，守在仓廪。"牧，古代统治者特指对老百姓的统治。

⑫ 不可暂无：程本、抱经堂本作"施用多途"。

⑬ 屈原：芈姓，屈氏，名平，字原（前340—前278），战国时期楚国诗人。生于楚国丹阳（今湖北省秭归，另说今河南省西峡），楚武王熊通之子屈瑕的后代。中国历史上第一位伟大的爱国诗人、中国浪漫主义文学的奠基人，被誉

为"中华诗祖""辞赋之祖";"楚辞"的创立者和代表者,标志中国诗歌进入了一个由集体歌唱到个人独创的新时代。主要作品有《离骚》《九歌》《九章》《天问》等。《楚辞》与《诗经》并称"风骚",对后世诗歌产生了深远影响。见《史记·屈原贾生列传》。

⑭ 露才扬己:显露自己的才华,抬高自己。语出于班固《〈离骚〉序》:"今若屈原,露才扬己,竞乎危国群小之间,以离谗贼。"

⑮ 宋玉:又名子渊(约前298—约前222),战国时期鄢(今湖北省宜城)人,楚国文学家。所作辞赋甚多,流传作品有《九辩》《风赋》《高唐赋》《登徒子好色赋》等。《汉书·艺文志》录有赋16篇。成语"下里巴人""阳春白雪""曲高和寡"出自于他的作品,"登徒子""宋玉东墙"的典故也因他而流传开来。见东晋学者习凿齿《襄阳耆旧记》。

⑯ 容冶:容貌美艳。相传宋玉为战国时期的美男子,被誉为中国古代"四大美男"之一。语出宋玉《登徒子好色赋》:"此郊之姝,华色含光,体美容冶,不待饰装。"冶,艳丽。

⑰ 俳优:古代以乐舞谐戏娱人的艺人。俳,读音同"排",滑稽幽默。

⑱ 东方曼倩:即西汉文学家东方朔。本姓张,字曼倩,平原郡厌次县(今山东省德州市乐陵县)人。汉武帝时,东方朔上书自荐,诏拜为郎。后任常侍郎、太中大夫等职。性格诙谐,言辞敏捷,滑稽多智,常在武帝前谈笑取乐;曾言政治得失,陈农战强国之计,但不被用。东方朔一生著述甚丰,著名的有《答客难》《非有先生论》等。明人张溥汇编有《东方太中集》。见《汉书·东方朔传》。

⑲ 滑稽:比喻能言善辩,对答如流。语出《史记·滑稽列传》:"滑稽多辩,数使诸侯,未尝屈辱。"滑,读音同"古"。

⑳ 司马长卿:即西汉文学家司马相如。已在前注。这里的"无操",是指司马相如与临邛富翁卓王孙之女卓文君私奔,并分得其财的典故。见《汉书·司马相如传》。

㉑ 赀:通假字,通"资",资财,钱财。

㉒ 王褒:字子渊,别称王子渊(前90—前51),蜀资中(今四川省资阳市雁江区昆仑乡墨池坝)人。西汉著名辞赋家,与扬雄并称"渊云"。王褒一生留下了《洞箫赋》等辞赋16篇、《桐柏真人王君外传》1卷。明人辑有《王

谏议集》11篇。少孤，家贫，事母至孝，以耕读为本。以才名被汉宣帝召见。官至谏议大夫。后文《童约》，六百余字，为王褒消遣家奴便了的信手文笔。见《汉书·王褒传》。

㉓ 章：通假字，通"彰"，显露。

㉔ 扬雄：西汉文学家。已在前注。著有《剧秦美新》，否定秦朝而歌颂新朝王莽。王莽时，扬雄任大夫，此文有拍马屁嫌疑。王莽垮台后，本文被后世讥为"失德"之作。

㉕ 李陵：字少卿，汉武帝时将领，陇西成纪（今甘肃省天水市秦安县）人。西汉名将李广之孙。善骑射，爱士卒，颇有美名。天汉二年（前99）奉汉武帝之命出征匈奴，率五千步兵与八万匈奴战于浚稽山，最后因寡不敌众兵败被俘。史记《汉书·李陵传》。

㉖ 刘歆：字子骏，汉高祖刘邦宗亲，经学家刘向之子。曾改名刘秀。因曾任中垒校尉，故又别称刘中垒。西汉后期著名学者，古文经学的开创者。少年时通习今文《诗》《书》，后又治今文《易》和《谷梁春秋》等。以通经学、善属文为汉成帝召见，待诏宦者署，为黄门郎。刘向死后，子承父业。汉哀帝时，负责总校群书，在刘向所撰《别录》基础上，修订了中国历史上第一部图书分类目录《七略》。他既在儒学上有很高造诣，也在校勘学、天文历法学、历史学、诗等方面都卓然成家，所编制《三统历谱》被认为是世界上最早的天文年历。此外，他还在圆周率计算上很有贡献，是第一个不沿用"周三径一"的中国人，并核定该常数为3.15471，只略微差了0.0131。官至右曹太中大夫，后因谋诛王莽事败自杀。事见《汉书·刘歆传》。

㉗ 反覆：变化无常，本文是指政治立场。语出《诗·小雅·小明》："岂不怀归，畏此反覆。"南宋学者朱熹在《〈诗经〉集传》中解释说："反覆，倾侧无常之意也。"

㉘ 傅毅：东汉辞赋家。字武仲，扶风茂陵（今陕西省兴平东北）人。明帝永平中，在平陵习章句之学，作《迪志诗》自勉并以明志。作《七激》以讽谏明帝求贤不诚。章帝时，与班固同为兰台令史，拜郎中，典校书籍。作《显宗颂》10篇，文名显于朝廷。曾依附外戚大将军窦宪为司马。早卒。事见《后汉书·傅毅传》。

㉙ 班固：东汉史学家。已在前注。班固父亲班彪因修史被人告发，被下

狱。因其子班超上书强辩获释。后班固获准续修父亲未完史书，历时二十余年；后由其妹班昭等续成。事见《后汉书·班固传》。后世有"盗窃父史"之说，如西晋学者杨泉在《物理论》中说："班固《汉书》，因父得成。"东汉学者仲长统（179—220）曾为班固辩诬。

㉚赵元叔：即东汉学者赵壹。前文已注。

㉛抗竦：高傲的意思。抗，抬起头；竦，读音同"怂"，伸长脖子，提起脚跟站着。

㉜冯敬通：东汉学者、辞赋家。字敬通，京兆杜陵(今陕西省西安市东南)人，幼有奇才，二十岁而博通群书。曾为义军更始帝部下，后降刘秀，不被重用，出为曲阳县令。任职司隶从事，因得罪免官，归里自保。汉光武帝建武末年曾上疏自陈，求官不得，故作《显志赋》以自励。赋中多用典故，骈偶对仗，用前代名人的遭际，抒发自己失官的感慨和愤懑。时人认为他"文过其实"，所以受到压制而不被重用。著有赋、诔、铭、说、策等50篇；《隋书·经籍志》有《冯衍集》5卷，已佚；明代张溥辑有《冯曲阳集》，收入《汉魏六朝百三家集》。见《后汉书·冯衍传》。

㉝摈压：受到排斥和压制。摈，排斥。语出东汉学者桓谭《新论·琴道》："摈压穷巷，不交四邻。"

㉞马季长：即东汉经学家马融。马融（79—166），字季长。扶风茂陵（今陕西兴平东北）人。东汉名将马援的侄孙。历任校书郎、郡功曹、议郎、大将军从事中郎及武都、南郡太守等职，后因得罪大将军梁冀而被剃发流放，途中自杀未遂，得以免罪召还。再任议郎，在东观校勘儒学典籍，后因病离职。延熹九年（166）去世，高寿八十八岁。唐代时配享孔子，宋代被追封为扶风伯。马融曾献媚外戚梁冀，为时人所羞。见《后汉书·马融传》。

㉟佞媚：谄媚的意思。语出《礼记·曲礼上》"礼不妄说人"，东汉学者郑玄《礼记注》："为近佞媚也。"

㊱蔡伯喈：即东汉学者蔡邕。前文已注。蔡邕曾为奸臣董卓所用；司徒王允诛董卓时，蔡邕感慨叹息，被王允治罪，后死于狱中。见《后汉书·蔡邕传》。

㊲同恶：一同受到憎恶。恶，读音同"务"，憎恶。

㊳吴质：三国时期魏国文学家。字季重（177—230），兖州济阴（今山东

省定陶西北)人。官至振威将军，假节都督河北诸军事，入为侍中，封列侯。以才为曹丕所重。为曹丕立为太子出谋划策，立下大功；与司马懿、陈群、朱铄一起被称为曹丕的"四友"。为人放荡不羁，怙威肆行，卒后被谥为"丑侯"。其子吴应数次上疏申辩，高贵乡公正元年间改谥为"威侯"。事见《三国志·魏书·王粲传附传》，南朝刘宋史学家裴松之（372—451）注云："始质为单家，少游遨贵戚间，盖不与乡里相沉浮，故虽已出官，本国犹不与之士名。"

㊴ 诋忤：抵冒的意思。诋，通假字，通"抵"，触犯；忤，抵触。"忤"，程本作"诃"。

㊵ 乡里：所居之地。语出《周礼·地官·遗人》："掌邦之委积以待惠施，乡里之委积以恤民之囏阨。"郑玄《周礼注》："乡里，乡所居也。"

㊶ 曹植：字子建，三国时期魏国文学家。前文已注。曹植本封陈王，因醉酒悖慢，贬为安乡侯。事见《三国志·魏书·陈思王植传》。

㊷ 悖慢：亦作"悖嫚""悖谩"，违逆不敬的意思。语出《汉书·孝成许皇后传》："长书有悖慢，发觉。"悖，违反。

㊸ 杜笃：东汉文学家。字季雅，京兆杜陵(今陕西省西安)人。学识渊博，但不拘小节，不为乡里所重，因事在京入狱。狱中写诔文颂扬开国功臣大司马吴汉功业，受到光武帝赏识，后获释出狱。建初三年（78），以从事郎中随车骑将军马防与西羌作战阵亡。著有《明世论》15篇，今佚。著赋、诔、吊、书、赞、七言、女诫及杂文共18篇，今存《论都赋》《吊比干文》等10余篇，以《论都赋》流传最广。见《后汉书·杜笃传》。

㊹ 乞假：求情请托。语出《礼记·内则》："外内不共井，不共湢浴，不通席寝，不用乞假。"假，请托。

㊺ 路粹：汉末文士。字文蔚，陈留(今河南省开封东南)人，少学於蔡邕。汉献帝初平中，随车驾至三辅。建安初，以高才与京兆严象擢拜尚书郎。后为军谋祭酒，与陈琳、阮瑀等典记室。及孔融有过，太祖使粹为奏，致融罪被诛。人睹粹所作，无不嘉其才而畏其笔。至十九年，粹转为秘书令，从大军至汉中，违禁被诛。见《三国志·魏书·王粲传》注。

㊻ 隘狭：指心胸狭窄，气量狭小等。语出《荀子·修身篇》："狭隘褊小，则廓之以广大。"

㊼ 陈琳：东汉末年著名文学家，"建安七子"之一。字孔璋，广陵射阳(今

江苏省扬州）人。生年约与孔融相当。汉灵帝末年，任大将军何进主簿。何进为宦官所杀后，为避董卓之难而逃冀州，入袁绍幕府。袁绍败后，为曹军所俘。曹操爱其才而不咎，署为司空军谋祭酒，与阮瑀同管记室。后又为丞相门下督。建安二十二年（217），与刘桢、应玚、徐乾等同染疫疾而亡。据《隋书·经籍志》载，陈琳原有文集10卷，今佚。明代张溥辑有《陈记室集》，收入《汉魏六朝百三家集》中。事见《三国志·魏书·陈琳传》。

㊽粗疎：即“粗疏”，粗心草率，不精细的意思。

㊾繁钦：汉末文学家。字休伯，东汉颍川（今河南省禹县）人。曾任丞相曹操主簿，善写诗赋、文章，世所知名。有文集十卷。今存《繁休伯集》，辑一本一卷。繁，读音同“婆”。事见《三国志·魏书·王粲传》注。

㊿检格：规矩，法度。语出东汉学者高诱《〈吕氏春秋〉序》：“以忠义为品式，以公方为检格。”

(51)刘桢：汉末名士，“建安七子”之一。字公干（186—217），东平宁阳（今山东省宁阳县）人，博学有才，警悟辩捷，以文学见贵。建安年间，刘桢被曹操召为丞相掾属；与魏文帝兄弟几人颇相友善，后因在曹丕席上平视丕妻甄氏，获大不敬罪，服劳役，后降为小吏。建安二十二年（217），与陈琳、徐乾、应玚等染疾而亡。据《隋书·经籍志》，著有文集4卷、《毛诗义问》10卷，今佚。明代张溥辑有《刘公干集》，收入《汉魏六朝百三家集》中。见《三国志·魏书·刘桢传》。

(52)屈强输作：倔强不屈，降罪被罚苦役。屈强，即“倔强”。输作，罚做苦役。语出汉末学者蔡邕《上汉书十志疏》：“顾念元初中故尚书郎张俊坐漏泄事，当复重刑，已出毂门，复听读鞫，诏书驰救，一等输作左校。”

(53)王粲：汉末文学家。前文已注。据《三国志·魏书·杜袭传》：“王粲性躁竞。”率躁，草率急躁的意思。

(54)孔融：汉末文学家，“建安七子”之一。字文举（153—208），鲁国（今山东省曲阜）人。孔子第19世孙。少有异才，勤奋好学，与平原陶丘洪、陈留边让并称俊秀。汉献帝即位后任北军中侯、虎贲中郎将、北海相，时称孔北海。在任六年，修城邑，立学校，举贤才，表儒术，经刘备表荐兼领青州刺史。建安元年(196)，袁谭攻北海，孔融与其激战数月，最终败逃山东。不久，被朝廷征为将作大匠，迁少府，又任太中大夫。性好宾客，喜抨议时政，言辞激烈，后触怒曹操被杀。《隋书·经籍志》载《孔融集》9卷，已佚。今存为明、清人辑本，以明人张溥辑《汉魏六朝百三家集·孔少府集》1卷为有名。参见《后汉书·孔融传》。

(55) 祢衡：字正平（173—198），平原郡（今山东省德州临邑德平镇）人。恃才傲物，与孔融交好。孔融著《荐祢衡表》，向曹操推荐，但祢衡称病不去；曹操封为鼓手，以此羞辱祢衡，却反被祢衡裸身击鼓蒙羞。后祢衡又骂曹操，曹操就把他遣送给刘表；祢衡对刘表也很轻慢；刘表又把他送给江夏太守黄祖。最后因与黄祖言语冲突被杀。后来，黄祖对杀害祢衡一事感到十分后悔，便予以厚葬。参见《后汉书·祢衡传》。

(56) 诞傲：狂放傲慢。诞，虚妄。

(57) 杨修：字德祖（175—219），弘农华阴（今陕西省华阴）人。为人好学，有俊才，汉献帝建安年间被举孝廉，除郎中，任丞相曹操府主簿，“总知外内，事皆称意”。后为曹操所杀。杨修一生著作颇丰，文集今佚。著有赋、颂、碑、赞、诗、哀辞、表、记、书凡十五篇。今存作品数篇，其中有《答临淄侯笺》《节游赋》《神女赋》《孔雀赋》等。参见《三国志·魏书·陈思王植传》注。

(58) 丁廙：汉末文学家。字敬礼，沛郡治（今安徽濉溪）人。少有才姿，博学治问。初辟公府。汉献帝建安年间为黄门侍郎。与临菑侯曹植友善，尝劝太祖立为太子。太祖虽深善其言，卒未纳用。及文帝即王位，乃假故杀之，并灭其男口。有文集二卷传世。见《三国志·魏书·陈思王植传》注。

(59) 扇动：煽动，鼓动。语出《后汉书·袁绍传》：“贼害忠德，扇动奸党。”

(60) 阮籍：三国时期魏国文学家，“竹林七贤”之一。前文已注。阮籍的母亲死了，他还与人下棋不止；别人来家吊丧，他醉酒直视。这在当时都是不合理法的行为。所以，颜之推说他“无礼败俗”。事见《三国志·魏书·阮籍传》。

(61) 嵇康：三国时期魏国文学家。前文已注。崇尚老庄，思想放荡，不满掌权的司马氏；司马氏的亲信钟会（225—264）看他，颇为失礼，后被钟会谗言所杀。见《三国志·魏书·嵇康传》。

(62) 傅玄：西晋学者。字休奕（217—278），北地郡泥阳县（今陕西省铜川耀州区东南）人。幼年随父逃难河南。专心诵学，性格刚劲。举孝廉，太尉辟，都不至。州里举为秀才，除任郎中。官至太仆、司隶校尉。提出过有名的“五条政见”。傅玄与散骑常侍皇甫陶曾共掌谏职；傅玄荐皇甫陶，后皇甫陶每每与傅相左，竟致争言喧哗，为有司所奏，二人均被免。傅玄死后追封清泉侯。参见《晋书·傅玄传》。

㉖孙楚：西晋文学家。字子荆，太原中都（今山西省平遥县西北）人。出身于官宦世家，史称其"才藻卓绝，爽迈不群"。少时向往隐居，对当时才俊王济说"当枕石漱流"，不小心说成了"漱石枕流"。王济反问："流可枕，石可漱乎？"孙楚说："所以枕流，欲洗其耳；所以漱石，欲砺其齿。"身为中正的王济描述孙楚为"天材英博，亮拔不群"，为镇东将军石苞的参军。晋惠帝初为冯翊太守。有才学，却恃才凌傲。晋惠帝元康三年（293）卒于任上。著有文集六卷。事见《晋书·孙楚传》。

㉗矜夸：炫耀自夸。矜，自傲。

㉘陆机：西晋文学家。前文已注。曾为赵王司马伦的僚属，因卷入诸王之乱，被谗害。

㉙潘岳：西晋文学家。前文已注。据《晋书·潘岳传》载：性轻躁，趋世利。他的母亲曾教训他："尔当知足，而干没不已乎？"不听，最终为赵王司马伦杀害。干没，侥幸取利，侵占公物。

㉚颜延年：南朝宋文学家颜延之。字延年（384—456），琅琊临沂（今山东省临沂）人。出身官宦世家。少孤贫，居陋室；好读书，阅广博；文章之美，名冠当时。与谢灵运并称"颜谢"。嗜酒，疏诞不精，三十不娶。恃才自傲，常不为权贵所容，屡被贬黜。因遭刘宋宗室、重臣刘义康（409—451）、刘湛等忌恨，出为永嘉太守。怨作《五君咏》，更为刘义康不满。后"屏居不与人间事者七年"。事见《南史·颜延之传》。

㉛谢灵运：南北朝时期文学家、旅行家。原名公义（385—433），字灵运，小名客儿，世称谢客，以字行于世。祖籍陈郡阳夏（今河南省太康县），生于会稽始宁（今绍兴市上虞区）。出身陈郡谢氏，为东晋名将谢玄之孙、秘书郎谢瑍之子。东晋时世袭为康乐公，世称谢康乐。刘宋代晋后，降封康乐侯，官至临川内史，常游历四方而不理公务，元嘉十年（433）以"叛逆"罪被杀。谢灵运少即好学，博览群书，工诗善文，其诗与颜延之齐名，并称"颜谢"，开创了中国文学史上的山水诗派；他还兼通史学，擅书法，曾翻译外来佛经，并奉诏撰《晋书》。明人辑有《谢康乐集》。参见《宋书·谢灵运传》。

㉜空疏：空放粗略。语出《宋书·武三王义真传》："义真曰：'灵运空疏，

颜之隘薄，魏文帝云鲜能以名节自立者，但性情所得，未能忘于悟赏，故与之游耳。'"

⑦⓪王元长：南朝齐文学家。即王融（466—493），字元长，琅琊临沂（今山东临沂）人。出身东晋王氏士族。自幼聪慧过人，博涉古籍，富有文才，与萧衍、沈约、谢朓、萧琛、范云、任昉、陆倕为"竟陵八友"之一。年少举秀才，入竟陵王萧子良幕，极受赏识。萧子良和郁林王萧昭业争夺帝位失败，王融因依附子良而下狱，被孔稚圭奏劾，赐死。官至太子舍人。史书上说他"文辞辩捷，尤善仓卒属缀，有所造作，援笔可待"。事见《南齐书·王融传》。

⑦①自贻：自我招致。自己造成的，怨不得别人。贻，留下，引申为"招致"的意思。

⑦②谢玄晖：南朝齐时文学家。即谢朓（读音同"窕"）（464—499），字玄晖，出身高门士族，与"大谢"谢灵运同族，世称"小谢"。前文已注。因轻视朝中权臣江祏，颇多嘲弄，终被江祏陷害，死于狱中。事见《南齐书·谢朓传》。

⑦③悔慢：懊悔。"悔"，抱经堂本作"侮"。

⑦④翘秀：翘楚秀出，高出众人。

⑦⑤纪：通假字，通"记"，记载。

⑦⑥汉武：即汉武帝刘彻（前156—前87），西汉第七位皇帝，在位五十四年。在位期间，在各个领域均有建树：政治上，在朝廷设置中朝，在地方设置刺史，开创了选人用人的察举制，采纳主父偃的建议，颁行推恩令，解决王国势力，并将盐铁和铸币权收归中央。文化上，采纳董仲舒建议，"罢黜百家，独尊儒术"，结束了先秦以来"师异道，人异论，百家殊方"的局面。疆域上，攘夷拓土、国威远扬，东并朝鲜、南吞百越、西征大宛、北破匈奴，奠定了大汉国土基本范围，开创了汉武盛世的局面。此外，开辟丝绸之路、建立年号、颁布太初历、兴建太学等举措，亦影响深远。但在位后期穷兵黩武，造成国库空虚，地方暴乱不已；又酿成巫蛊之祸，错伤太子，为其整体评价留下了负面影响。不过，晚年能幡然醒悟，下轮台罪己之诏，使之得以善始善终，成为一位伟大的政治家、战略家。事见《汉书·武帝纪》。

⑦⑦魏太祖：即魏国开创者曹操（155—220），字孟德，一名吉利，小字阿瞒，沛国谯县（今安徽省亳州）人。东汉末年杰出的政治家、军事家、文学家、书法家。东汉末年，军阀混战，曹操以汉天子的名义征讨四方，对内消灭二

袁、吕布、刘表、马超、韩遂等割据势力，对外降服南匈奴、乌桓、鲜卑等，统一了中国北方，并实行一系列政策恢复经济生产和社会秩序，奠定了曹魏立国的基础。曹操精兵法，著有《曹操兵法》；善诗歌，留下了多篇气魄雄伟，慷慨悲凉的诗篇；散文亦清峻练达，开启了"建安文学"，史称"建安风骨"，鲁迅（1881—1936）评价其为"改造文章的祖师"。曹操还擅长书法，尤工章草，唐朝张怀瓘在《书断》中评其为"妙品"。但曹操生性多疑，杀伐过差。参见《三国志·魏书·武帝操》。

㊲ 文帝：即魏文帝曹丕（187—226），字子桓，三国时期著名的政治家、文学家，曹魏开国皇帝，220—226 年在位。魏武帝曹操长子。曹丕文武双全，八岁能提笔为文，善骑射，好击剑，博览古今经传，通晓诸子百家学说。220年正月，曹操病逝，曹丕继任丞相、魏王。随后，曹丕受禅登基，以魏代汉，结束了汉朝四百多年的统治。参见《三国志·魏书·文帝丕》。

㊳ 明帝：即魏明帝曹叡（204—239），字元仲，魏文帝曹丕长子，三国时期曹魏第二位皇帝，226—239 年在位。曹叡能诗文，与曹操、曹丕并称魏氏"三祖"，但文学成就不及曹操、曹丕。原有文集，现已散佚。后人辑其散文二卷、乐府诗十余首。事见《三国志·魏书·明帝叡》。

㊵ 宋孝武帝：即南朝宋第五位皇帝刘骏（430—464），字休龙，小字道民，宋文帝刘义隆第三子。初封武陵王，素不得宠，屡镇外州。453 年，太子刘劭弑宋文帝之后，刘骏亲率大军讨伐，击溃刘劭，夺取皇位，年号"孝建""大明"，史称孝武帝。长于诗文，有《乐府诗集》《玉台新咏》《丁督护歌》等，荒淫无度。参见《宋书·孝武帝本纪》。

㊶ 懿德：美好的品德令人敬仰。语出《诗·大雅·烝民》："天生烝民，有物有则。民之秉彝，好是懿德。"

㊷ 子游：姓言，名偃，字子游，亦称"言游""叔氏"，春秋末吴国人，与子夏、子张齐名，孔子的著名弟子，"孔门十哲"之一，南方孔子学说的传播者。曾为武城宰（县令）。参见《史记·仲尼弟子列传》。

㊸ 子夏：即卜商，字子夏，"孔门十哲"之一，性格阴郁勇武，以"文学"著称，曾为莒父宰。孔子死后，子夏到魏国西河教学。李悝、吴起都是他的弟子，魏文侯尊以为师。参见《史记·仲尼弟子列传》。

㊹ 荀况：战国末期学者、思想家。前文已注。

⑧⑤孟轲：即孟子（约前372—约前289），名轲，或字子舆，邹（今山东省邹城市）人。战国时期伟大的思想家、教育家，儒家学派的代表人物。后世将他与孔子并称"孔孟"。今有《孟子》传世。事见《史记·孟子荀卿列传》。

⑧⑥枚乘：西汉辞赋家。字叔，淮阴（今江苏省淮安）人。初为吴王刘濞郎中，因在七国之乱前后两次上谏吴王而显名，后拜在梁孝王帐下，汉景帝下召升枚乘为弘农都尉。《汉书·艺文志》著录"枚乘赋九篇"，今有《七发》传世。事见《汉书·枚乘传》。

⑧⑦贾谊：西汉政治家、文学家。史称贾生（前200—前168），洛阳（今河南省洛阳东）人。少有才名，以善文为郡人所称。文帝时任博士，迁太中大夫，因受大臣周勃、灌婴排挤，谪为长沙王太傅，故后世亦称贾长沙、贾太傅。三年后被召回长安，为梁怀王太傅。梁怀王坠马而死，贾谊深自歉疚，抑郁而亡。著作主要有散文和辞赋，鲁迅称之为"西汉鸿文"，今有代表作《过秦论》《论积贮疏》《陈政事疏》等传世。其辞赋皆为骚体，形式趋于散体化，是汉赋发展的先声，以《吊屈原赋》《鵩鸟赋》最为著名。参见《史记·屈原贾生列传》。

⑧⑧苏武：字子卿（前140—前60），杜陵（今陕西省西安）人，代郡太守苏建之子。初为汉武帝时郎官。天汉元年（前100）奉命以中郎将持节出使匈奴，被扣留十九年，持节不屈。至始元六年（前81），终于获释回汉。苏武去世后，汉宣帝将其列为麒麟阁十一功臣之一，以彰显其节操。从而留下"苏武牧羊"的成语。参见《汉书·苏武传》。

⑧⑨张衡：字平子（78—139），南阳西鄂（今河南省南阳市石桥镇）人，与司马相如、扬雄、班固并称汉赋"四大家"。东汉时期伟大的天文学家、数学家、发明家、地理学家、文学家。在东汉历任郎中、太史令、侍中、河间相、尚书等。北宋时被追封为西鄂伯。在天文学方面著有《灵宪》《浑仪图注》等，数学著作有《算罔论》，文学作品以《二京赋》《归田赋》等为代表。《隋书·经籍志》有《张衡集》14卷，已佚。明人张溥编有《张河间集》，收入《汉魏六朝百三家集》。发明了浑天仪、地动仪，他是东汉中期浑天说的代表人物之一，被后人誉为"木圣"（科圣）。见《后汉书·张衡传》。

⑨⑩左思：字太冲（约250—305），齐国临淄（今山东省淄博）人。西晋著名文学家，其《三都赋》颇受当时称颂，成语"洛阳纸贵"据此。左思自幼其

貌不扬，却才华出众。晋武帝时，因妹左棻被选入宫，举家迁居洛阳，任秘书郎。晋惠帝时，依附权贵贾谧，为文人集团"金谷二十四友"之一。永康元年（300），因贾谧被诛，遂退居宜春里，专心著述。后移居冀州，病逝。参见《晋书·左思传》。

㉑俦：读音同"绸"，同一类人。

㉒标举兴会：形容文章情致高超。标举，高超；兴会，情趣、兴致。语出《宋书·谢灵运传论》："灵运之兴会标举，延年之体裁明密，并方轨前秀，垂范后昆。"

㉓性灵：指人的精神、性情、情感，即内心世界。语出《晋书·乐志上》："夫性灵之表，不知所以发于咏歌；感动之端，不知所以关于手足。"

㉔矜伐：恃才夸功。语出《三国志·魏志·邓艾传》："艾深自矜伐，谓蜀士大夫曰：'诸君赖遭某，故得有今日耳；若遇吴汉之徒，已殄灭矣。'"伐，夸耀。

㉕进取：努力上进，力图有所作为的意思。语出《论语·子路篇》："狂者进取，狷者有所不为也。"

㉖弥：更加，越来越。

㉗惬当：恰如其分。惬，读音同"怯"，惬意，满足；当，恰当。

㉘清巧：清新精巧，指文章的布局谋篇和遣词造句很用心思。

㉙九霄：指天的极高远之处。传说天有九重，又叫九重霄，即赤霄、碧霄、青霄、玄霄、绛霄、黅霄、紫霄、练霄、缙霄。"九霄"中的"九"字，表示极多。语出东晋道家学者葛洪（284—364）《抱朴子·畅玄》："其高则冠盖乎九霄，其旷则笼罩乎八隅。"

⑩⑩"加以"句：语出《荀子·荣辱篇》："伤人之言，深于矛戟。"砂砾，本指泥土中的砂和砾石的混合物，这里借指语言。

⑩①元吉：大吉，洪福的意思。语出《易经·坤卦》："黄裳元吉。"孔颖达疏："元，大也。以其德能如此，故得大吉也。"东汉张衡《东京赋》里诗句："神歆馨而顾德，祚灵主以元吉。"

大　意

我们所说的文章，是从"五经"里衍生出来的文字。譬如，诏、命、策、檄，是从《书经》里产生的；序、述、论、议，是从《易经》里产生的；歌、咏、赋、诵，是从《诗经》里产生的；祭、祀、哀、诔，是从《礼经》里产生的；书、奏、箴、铭，是从《春秋》里产生的。朝廷制定制度，军队发布命令，张扬仁义，彰显功德，治理百姓，封邦建国，文章的用途可多呢。至于通过文章陶冶性情，或婉言相劝，或品味奥妙，的确也是一种乐事啊！劳作之余，学习文章方面的知识，对于做好文章，是很有益处的。不过，自古以来，陷于轻薄的文人墨客，史不绝书，教训深刻：譬如，屈原才华横溢，极力表现自己，过分暴露君王过失，受到排挤；宋玉宣称自己是个美男子，只不过得到了俳优的待遇；东方朔油嘴滑舌，雅致不够，司马相如巧取资财，操守欠缺；王褒的过失，在《童约》里显露无遗；扬雄的品德极差，在《剧秦美新》里得到体现；李陵辱没家风，叛降匈奴；刘歆首鼠两端，摇摆反复；傅毅结党豪门，依附权贵；班固不劳而获，徒有虚名；赵壹恃才傲物，桀骜不驯；冯衍华而不实，反招排抑；马融谄媚权贵，招致讥诮；蔡邕党同奸恶，招致杀身；吴质怙威肆行，触怒乡里；曹植傲慢无礼，触犯国法；杜笃请托谋利，贪得无厌；路粹心胸狭窄，置人死地；陈琳粗鲁草率；繁钦不讲规矩；刘桢太过倔强，被罚苦役；王粲情性急躁，遭人厌恶；孔融、祢衡狂傲不羁，终致杀身；杨修、丁廙煽动宗亲，自取灭亡；阮籍败坏礼俗；嵇康盛气凌人，不得善终；傅玄负气争吵，免官去职；孙楚傲慢自负，得罪上司；陆机舍正取险，令人叹息；潘岳徼幸取利，不听劝阻；颜延之意气用事，屡遭贬斥；谢灵运放纵粗疏，违乱法纪；王融为非作歹，自作自受；谢朓悔慢别人，自寻死路。上述诸人，都是历代文坛的佼佼者，不能逐一予以评述，大概就是这些吧！至于说到历代帝王，大多也不能免俗，也有这样或那样一些缺陷呢。自古以来，身为天子而又颇有文采的，只有汉武帝、魏太祖、魏文帝、魏明帝和宋孝武帝等等数人，但他们还是遭到世人讽议，不是具备美德的人君啊！至于像子游、子夏、荀况、孟轲、枚乘、贾谊、苏武、张衡、左思之类的文人，既享有盛名，又能免却过错，有时也能听到人们有这样的议论，但是，他们中间经历这样或者那样的损毁，还是占大多数哩。因此，我常常思考这个问题，他们何以有这样或那样的得失遗憾？探究文人积久成性的原因，原来，文章的作用就在于立意高远，揭示人的兴味感受，抒发人的内心世界。但在另一方面，由于文章能够充分地表现自我，张扬个性，夸耀才华，因此，又容易使人恃才不羁，放松自我修养和约束，虽敢于进取，而不知退守。现在的文人，这种毛病表现得更加突出啊！假如一个典故用得恰如其分，一句话说得清新精巧，他就会心冲九霄，意凌千载，自我吟咏，自我陶醉，全然不知世上还有他人了。加上文章还可以对人产生一些伤害，对于受伤者而言，这种伤痛恐怕比遭受矛戟刺伤还要难受呢，所以因文章讥刺而招来的大祸，远远要比吹沙走石来得快啊！对于作者来说，应该特别留意文章的效果，预防文章立意和语言运用，不要使文章走错方向，以保自己平安无忧吧！

二、人贵有自见之明，切忌流布丑拙，自欺欺人

学问有利钝①，文章有巧拙②。钝学累功，不妨精熟。拙文研思，终归蚩鄙③。但成学士，自足为人。必乏天才④，勿强操笔也。吾见世人，至无才思，自谓清华⑤，流布丑拙，亦以⑥众矣，江南号为詅痴符反正痴符⑦。近在并州，有一士族，好为可笑诗赋，诮擎⑧上音宪，相呼诱也。下音瞥。邢、魏诸公⑨，众共嘲弄，虚相赞说⑩，便击牛酾⑪酒，招延⑫声誉。其妻，明鉴⑬妇人也，泣而谏之。此人叹曰："才华不为妻子所容，何况行路⑭！"至死不觉。自见之谓明⑮，此诚难也！

注 释

① 利钝：指思维的敏捷与迟钝差异。语出南朝梁刘勰《文心雕龙·养气》："且夫思有利钝，时有通塞。"

② 巧拙：只文章构思的精巧与笨拙之分。语出三国时期魏曹丕《典论·论文》："至于引气不齐，巧拙有素，虽在父兄，不能以移子弟。"

③ 蚩鄙：丑陋。蚩，丑。

④ 天才：天赋的才能，包括高于常人的创造力、想象力、灵感等。语意出自《易传·系辞下》："有天道焉，有人道焉，有地道焉。兼三才而两之，故六。六者非它也，三才之道也。"语出《三国志·蜀志·周群传》："时州后部司马蜀郡张裕亦晓占候，而天才过群。"

⑤ 清华：指文章清丽华美。

⑥ 以：通假字，通"已"，易经。

⑦ 訹痴符：古代人的方言。是说没有才华而又要卖弄学问、浮夸学识。訹，卖弄。

⑧ 诮擿：用言语戏弄人。诮，读音同"窍"，戏弄；擿，"撇"的异体字，指努嘴巴，挑逗人。

⑨ 邢、魏诸公：指北齐学者邢邵、魏收。邢邵，少以才名，后为高官而不自傲，为那时无神论思想家。前文已注。魏收，字伯起（507—572），小字佛助，巨鹿下曲阳（今河北晋州）人，南北朝时期史学家、文学家。与温子升、邢邵并称"北地三才子"。著有《魏书》。事见《北史·魏收传》。

⑩ 赞说：称赞。

⑪ 酾：读音同"施"，斟酒。

⑫ 招延：求取。语出司马迁《史记·梁孝王世家》："招延四方豪杰，自山以东游说之士，莫不毕至。"

⑬ 明鉴：洞察明判，古代称颂人有见识、有眼力。

⑭ 行路：走在路上的人，比喻与自己不相干的人。语出《后汉书·党锢传·范滂》："行路闻之，莫不流涕。"

⑮ 自见之谓明：语出《韩非子·喻老》："故知之难，不在见人，在自见。故曰：'自见之谓明。'"自己认识自己才算是明白人。

大　意

做学问有快慢之分，写文章有巧拙之别。迟钝的人做学问，只要专心用功，也可以达到精深熟练的程度；愚笨的人写文章，即使深钻勤思，也还是免不了文显丑拙的情况。当然，我并不主张以文章的水平高低来衡量一个人；只要他能成为饱学之士，就足以立身为人了。如果自己天赋不足，就不要在写作上勉为其难。我看到过有的人的确没有才思，却自以为文章清丽华美，自鸣得意，还让这种丑陋之作四处流传。这样的文人，着实还不算少呢！在江南一带，人们称这种人为"訹痴符"。最近，在并州有一位士族，他喜欢写一些可笑的诗赋，竟然不知天高地厚地与当代大儒邢邵、魏收调侃，结果遭到大家齐声嘲弄；倘若有人假意奉承他，他就非常高兴地宰牛请酒，热热闹闹地款待人家，以此求取更多的赞誉和更高的名声。但他的妻子却是一位明白事理的贤内助，每见如此，就苦心规劝他，有时竟至声泪俱下。此公于是叹息说："我的才华竟然得不到妻儿认可，何况是那些素昧平生的人呢？"他至死也不明白，其实问题就出在自己身上。客观地、正确地认识自己的优势和不足，做一个知己知彼的明白人，这的确是很难的呀！

三、学写文章要谋定而后动，不要指望一鸣惊人

学为文章，先谋 ① 亲友，得其评裁 ②，知可施行 ③，一本无此四字。然后出手；慎勿师心自任 ④，取笑旁人也。自古执笔为文者，何可胜 ⑤ 言。然至于宏丽精华，不过数十篇尔。但使不失体裁，辞意可观，便 ⑥ 称才士，要 ⑦ 动俗盖世，亦俟河之清 ⑧ 乎！

注　释

① 谋：咨询。

② 评裁：品评裁断。语出《晋书·王羲之传》："然古人处闾阎行阵之间，尚或干时谋国，评裁者不以为讥，况厕大臣末行，岂可默而不言哉！""裁"，程本作"论者"。

③ 方可施行：才可实行。施行：实行，执行。语出《荀子·性恶篇》："故坐而言之，起而可设，张而可施行。"

④ 师心自任：固执己见，自以为是。

⑤ 胜：读音同"生"，尽，完全。

⑥ 便：程本作"遂"。

⑦ 要："要"下，程本、抱经堂本有"须"字。

⑧ 俟河之清：等到黄河变得清澈。俟，读音同"四"，等到。河，指黄河。河之清，古人的比喻，认为看到黄河清澈是不可能的事情。语出《后汉书·赵壹传》："河清不可俟，人命不可延。"

大　意

学写文章，先要预设计划，并向亲戚朋友请教，在充分吸收他们评议的意见后，觉得酝酿成熟了，然后才将文章写出来。千万不要自以为是，由着性子硬着头皮写作；否则，这样闭门造车会遭人取笑的。自古以来，那些文章高

手，哪里说得完啊！要说到出自他们之手的经典文章，气势恢宏、华丽精美、思想精深，也没有太多，不过数十篇罢了。只要写的文章合乎章法，立意尚可，就可以称作"才士"了。果真想超拔古人，使自己的文章惊世骇俗、震动文坛，那也是过高的奇想，恐怕只有等到黄河水变得清澈透亮的时候才有可能做到吧！

四、写文章要遵守道德底线，做到言出己意

不屈二姓①，夷、齐之节②也；何事非君，伊、箕之义③也。自春秋④已来，家有奔亡，国有吞灭，君臣固无常分⑤矣。然而，君子之交，绝无恶声，一旦屈膝而事人，岂以存亡而改虑？陈孔璋⑥居袁裁书⑦，则呼操为豺狼；在魏制檄，则目绍为蛇虺⑧。在时君所命，不得自专，然亦文人之巨患也，当务从容消息⑨之。

注　释

①二姓：指改朝换代后的新的国姓。语出《汉书·龚胜传》："今年老矣，旦暮入地，谊岂以一身事二姓，下见故主哉？"

②夷、齐之节：伯夷、叔齐不食周粟的节操。伯夷和叔齐，是商末孤竹君之子，墨胎氏。周武王灭商后，他们齿食周粟，逃到首阳山中，宁愿饿死。事见《孟子·万章下》《史记·伯夷列传》。

③伊、箕之义：伊尹、箕子不事暴君的道德。伊尹，伊姓，名挚，小名阿衡（前1649—前1549），"尹"不是名字，而是"右相"的意思。伊尹历事商朝商汤、外丙、仲壬、太甲、沃丁五代五十余年，为商朝强盛立下汗马功劳。他"以鼎调羹""调和五味"的理论来治理天下，这就是老子所说的"治大国若烹小鲜"的思想来源。据《史记·殷本纪》记载，他一度事于暴君夏桀，后离开。《孟子·公孙丑上》说："何事非君，何使非民，治亦进，乱亦进，伊尹也。"东汉学者赵岐《〈孟子〉注》说："伊尹曰：'事其非君，何伤也；使其非民，何伤也。要欲为天理物，冀德行道而已矣。'"箕子，箕子，名胥余，殷商末期人，出身王族，商纣王的伯父，官至太师，封于箕。在商周鼎革之际，因其道之不得行，其志之不得遂，"违衰殷之运，走之朝鲜"。据《史记·宋微子世家》

记载："纣为淫佚，箕子谏不听，人或曰：'可以去矣。'箕子曰：'为人臣谏不听而去，是彰君之恶，而自悦于民，吾不忍为也。'乃被发佯狂而为奴。"《论语·微子篇》说："微子去之，箕子为之奴，比干谏而死，殷有三仁焉。"箕子与微子、比干，在殷商末年齐名，并称为"殷末三仁"。

④春秋：指春秋时期。历代史学家依据《春秋》这部经典的时段，借用书名作为这个历史时期的名称。春秋时期开始于公元前770年（周平王元年），即周平王东迁东周开始的这一年，止于公元前476年（周敬王四十四年）战国前夕，总共295年。

⑤常分：定分。语出三国时期魏国学者王弼（226—249）《周易略例》："故位无常分，事无常所，非可以阴阳定也。"

⑥陈孔璋：即三国时期魏国文学家陈琳，字孔璋。"建安七子"之一。前文已注。

⑦袁裁书：替袁绍写文件。袁，指汉末袁绍。裁，剪裁，引申为写作。书，文件，文章。这里是指陈琳为袁绍起草了《为袁绍檄豫州》的典故。文中云："操豺狼野心，潜包祸谋，乃欲挠折栋梁，孤弱汉室。"

⑧虵虺：蛇类，比喻凶残狠毒。虵，"蛇"的异体字。"目"，程本作"自"。

⑨消息：斟酌。当时人用语。

大　意

不屈身侍奉另一个朝廷，这是商周之际伯夷、叔齐的节操；坚守臣子的本分，这是伊尹、箕子的道德。从春秋时期以来，卿大夫之家有奔窜逃亡的，诸侯国有被灭吞没的，君臣之间就没有什么固定的名分了。虽然君子之间绝交了，也不使用恶言恶语，但是，一旦被迫屈事另外的君主，怎么可能因为故主的存亡而改变自己的态度呢？汉末陈琳当初在袁绍手下制作通告，就称曹操为"豺狼"；可是他后来投奔曹操了，在曹操麾下起草檄文，就反称袁绍为"蛇蝎"。这当然都不是出自于自己的本意，是受当时君王左右的结果。没有自己的主见，受人左右，为人当"枪手"、做"文胆"，这就是文人的大毛病呢。凡属想写文章的人，应该静下心来把文人的这一毛病想清楚啊！

五、不能轻视年少之作

或问扬雄曰："吾子少而好赋？"雄曰："然。童子雕虫篆刻，壮士不为也。"① 余窃非之曰：虞舜歌《南风》② 之诗，周公作《鸱鸮》③ 之咏，吉甫、史克《雅》《颂》之美者④，未闻皆在幼年累德也。孔子曰："不学《诗》，无以言。"⑤"自卫返鲁，乐正，《雅》《颂》各得其所。"⑥ 大明孝道，引《诗》证之。扬雄安敢忽之也？若论"诗人之赋丽以则，辞人之赋丽以淫"⑦，但知变之而已，又未知雄自为壮夫何如也？著《剧秦美新》⑧，妄投于阁⑨，周章怖慑⑩，不达天命，童子之为尔。桓谭⑪ 以胜老子，葛洪⑫ 以方⑬ 仲尼⑭，使人叹息。此人⑮ 直以晓算术，解阴阳⑯，故著《太玄经》⑰，为数子所惑尔。其遗言余行，孙卿⑱、屈原之不及，安敢望大圣⑲ 之清尘⑳？且《太玄》今竟何用乎？不啻覆酱㉑ 而已。

注　释

①"或问"句：语出西汉学者扬雄（前53—18）《法言·吾子》。雕虫篆刻，虫为"虫书"，秦书八体之一；刻为刻符，秦书八体之一。这两种书体，是西汉学童所必备的小技。费力多而实用少。比喻微不足道的技艺。成语"雕虫小技"据此。"士"，程本、抱经堂本作"夫"。

②《南风》：乐曲名，相传为虞舜所作。据《孔子家语·辩乐解》："昔者，舜弹五弦之琴，造《南风》之诗。其诗曰：'南风之薰兮，可以解吾民之愠兮；南风之时兮，可以阜吾民之财兮。'"

③《鸱鸮》：《诗经·豳风》中的篇章。诗中假鸱鸮的口气，诉说困境。据《诗序》说："《鸱鸮》，周公救难也。成王未知周公之志，公乃为诗以遗（读音同"未"，赠送的意思）王。"

④"吉甫"句：吉甫，即尹吉甫，周宣王时大臣。前文已注。史克，诗人，事迹不详。据《诗序》说："《大雅》《嵩高》《烝民》《韩奕》，皆尹吉甫美宣王之诗；《駉》，颂僖公也，僖公能遵伯禽之法，鲁人尊之，于是季孙行父请命于周，而史克作是颂。"

⑤"孔子曰"句：语出《论语·季氏篇》。

⑥"自卫"句：语出《论语·子罕篇》："吾自卫反于鲁，然后乐正，《雅》《颂》

各得其所。"《史记·孔子世家》说，《诗》"三百五篇，孔子皆弦歌之，以求和《韶》《武》《雅》《颂》之音，礼乐至此可得而述"。

⑦ "诗人"句：语出扬雄《法言·吾子》。淫，过分无度。

⑧《剧秦美新》：扬雄著，贬斥秦朝，歌颂新朝的作品。收入《昭明文选》。

⑨ 妄投于阁：据《汉书·扬雄传》："王莽时，刘歆、甄丰皆为上公，莽既以符命自立，即位之后欲绝其原以神前事，而丰子寻、歆子棻复献之。莽诛丰父子，投棻四裔，辞所连及，便收不请。时雄校书天禄阁上，治狱使者来，欲收雄，雄恐不能自免，乃从阁上自投下，几死。莽闻之曰：'雄素不与事，何故在此？'间请问其故，乃刘棻尝从雄学作奇字，雄不知情。有诏勿问。然京师为之语曰：'惟寂寞，自投阁；爱清静，作符命。'"京师俚语讽雄，据其《解嘲》中语："惟寂惟寞，守德之宅；爱清爱静，神游之庭。"

⑩ 怖慑：恐惧。语出《后汉书·郭玉传》："夫贵者处尊高以临臣，臣怀怖慑以承之，其为疗也有四难焉。"

⑪ 桓谭：原作"袁亮"，今据程本、抱经堂本改。字君山（前23前后——公元56前后），东汉经学家、琴师、天文学家。沛国相（今安徽省淮北市）人。十七岁入朝，历事西汉、王莽新朝、东汉三朝，官至郡丞。好音律，善鼓琴；博学通识，遍习五经。著有《新论》二十九篇。据《隋书·经籍志》著录为十七卷，宋时亡佚。今有清人孙冯翼、严可均两种辑本。还写有"赋、诔、书、奏，凡二十六篇"。事见《后汉书·桓谭传》。桓谭认为扬雄必胜老子的典故，载录于《汉书·扬雄传》："时大司空王邑、纳言严尤闻雄死，谓桓谭曰：'子常称扬雄书，岂能传于后世乎？'谭曰：'必传。顾君与谭不及见也。凡人贱近而贵远，亲见扬子云禄位容貌不能动人，故轻其书。昔老聃著虚无之言两篇，薄仁义，非礼学，然后世好之者尚以为过于《五经》，自汉文、景之君及司马迁皆有是言。今扬子之书文义至深，而论不诡于圣人，若使遭遇时君，更阅贤知，为所称善，则必度越诸子矣。'诸儒或讥以为雄非圣人而作经，犹春秋吴楚之君僭号称王，盖诛绝之罪也。自雄之没至今四十余年，其《法言》大行，而《玄》终不显，然篇籍具存。"

⑫ 葛洪：字稚川（284—364），东晋道士、炼丹家、医药学家。自号抱朴子，汉丹阳句容（今江苏省句容县）人。曾受封为关内侯，后隐居罗浮山炼丹。一生著作宏富，自谓有《抱朴子》内篇二十卷、外篇五十卷，《碑颂诗赋》

一百卷，《军书檄移章表笺记》三十卷，《神仙传》十卷，《隐逸传》十卷；又抄五经七史百家之言、兵事方技短杂奇要三百一十卷。另有《金匮药方》百卷，《肘后备急方》四卷。多亡佚。参见《晋书·葛洪传》。葛洪自比孔子的典故，见《抱朴子外篇·尚博》："是以仲尼不见重于当时，《太玄》见蚩薄于比肩也。"

⑬ 方：比之于。

⑭ 仲尼：即孔子。

⑮ 此人：指扬雄。

⑯ 阴阳：指阴阳家及其著述。

⑰ 《太玄经》：也称《扬子太玄经》，简称《太玄》《玄经》。扬雄著。《太玄经》模仿《周易》体裁而成。分一玄、三方、九州、二十七部、八十一家、七百二十九赞，以模仿《周易》之两仪、四象、八卦、六十四重卦、三百八十四爻。其赞辞，相当于《周易》之爻辞。该书将老子道学中的"玄"作为最高范畴，以玄为中心构筑了宇宙生成图式，并探索事物发展规律，是老子道学在汉朝的继承和发展。《新唐书·艺文志》作十二卷，《文献通考》作十卷。

⑱ 孙卿：即荀子。

⑲ 大圣：德高行美的圣人。

⑳ 清尘：车后扬起的尘埃。也用作对尊贵者的敬称。清，敬词。语出《汉书·司马相如传下》："犯属车之清尘。"唐代学者颜师古注："尘，谓行而起尘也；言清者，尊贵之意也。"

㉑ 酱：这里是指装酱油的罐子。"酱"下，程本、抱经堂本有"瓿"字。

大　意

有人问扬雄道："您小时候就喜欢写诗作赋吗？"扬雄回答说："是的。那不过是像小孩子初学时的雕琢虫书、篆写刻符的伎俩罢了，成年人就不屑于干这个活了。"我自己是不赞成这种说法的：上古时虞舜所作的《南风》，周公所作的《鸱鸮》，尹吉甫和史克各有收入《诗经》之《雅》《颂》中的善美篇章，就是没听说过这些作品因为是他们年少所作而缺少了什么。孔子说："不学习《诗经》，就不会擅长言辞。"又说："我从卫国回到鲁国，对《诗经》的乐章进行了整理，使《雅》乐、《颂》乐各得其所。"孔子向学生宣讲孝道，常常引用《诗经》来印证它。唉，扬雄怎么能忽视这些呢？如果就他所说"古代诗人的赋华丽而合乎规则，后代辞人的赋华丽而浮艳铺张"，这只不过是表明他能够明辨两者的差异而已，却不能说明他自己成年以后当该如何了。关于他啊，他在王莽篡汉时写了《剧秦美新》迎奉新朝，但又稀里糊涂地卷入了刘歆献符瑞案，他慌慌张张从天禄阁上跳下来，险些要了老命，他不能通达天命，明达事理，这才真是小孩子做派啊！桓谭认为扬雄超过了老子，葛洪将扬雄比之于孔子，这种荒唐的评价只能让人扼腕叹息啊！这个扬雄只不过是通晓算法术数，懂得阴阳之学，并写了一本《太玄经》罢了，那几个人就被他迷惑了。他的所言所行，就连荀子、屈原都赶不上，遑论企望古圣项背？况且《太玄经》究竟说了些什么？在今天又有何用？只不过相当于酱油缸上盖子的作用罢了，此外还可见比它更重要的作用吗？

六、文章既要像花儿那样美丽，也要像松树那样苍劲

齐世有席毗①者，清干之士，官至行台尚书②，嗤鄙文学，嘲刘逖③云："君辈辞藻④，譬若朝菌⑤，须臾之玩⑥，非宏才也。岂比吾徒千丈松树⑦，常有风霜，不可凋悴⑧矣！"刘应之曰："既有寒木，又发春华，何如也？"席笑曰："可哉！"

注　释

① 席毗：北齐大将，事迹散见于同僚人物传记中。

② 行台尚书：官职名。地方军政大员，不常设。据唐代学者杜佑（735—812）《通典·职官·尚书上·行台省》："北齐行台兼统民事，……其尚书丞郎皆随时权制。"

③ 刘逖：北朝北齐诗人，字子长（525—573）。彭城（今江苏省徐州）人。早年好游猎，后发愤读书，"留心文藻，颇工诗"。北齐文宣帝初年，为定陶令。废帝时曾奉命使梁。武成帝时，又再次为聘陈使主。曾任中书侍郎、给事黄门侍郎、仁州刺史等职。后为散骑常侍，待诏文林馆。因与崔季舒等人劝阻后主去晋阳，被权贵所杀。原有诗文三十卷，多佚。今存诗四首，今人逯钦立辑入《先秦汉魏晋南北朝诗》。参见《北齐书·刘逖传》。

④ 君辈辞藻：君辈，你们这类人；辞藻，美妙的词汇。"辈"，原作"辇"，

今据程本、抱经堂本改。

⑤朝菌：指某些朝生暮死的菌类植物，借喻生命极为短暂。朝，读音同"招"，清晨。典出《庄子集释》卷一《内篇·逍遥游》："朝菌不知晦朔，蟪蛄不知春秋。"意思是说，清晨的菌类不能懂得什么是晦朔，寒蝉也不会懂得什么是一年的时光。"朝菌"，程本、抱经堂本作"荣华"。

⑥须臾之翫：可供短暂玩赏。须臾：一会儿，形容时间短暂。语出《荀子·劝学篇》："吾尝终日而思矣，不如须臾之所学也。"；翫，"玩"的异体字，把玩，玩赏。

⑦"吾徒"句：我们这些人。"千"，程本作"十"。

⑧凋悴：衰败。悴，读音同"翠"，衰弱。

大　意

齐朝有位名叫席毗的人，是位精明能干人，他的官职做到尚书行台。但他轻视文学，有一次，他嘲笑刘逖说："你们这些文人的辞藻，就好比是早开晚谢的花儿一样，只能供人玩赏片刻，终究不是栋梁之材；怎能与我们这些人相比呢，我们这些人啊好比是千丈松树，虽经历风霜也不改其苍劲啊！"刘逖回答道："既做耐寒的劲松，又做春天的花朵，你看怎么样啊？"席毗笑着说："能够两者兼而有之，那当然好啊！"

七、写文章要能收放自如

凡为文章，犹乘骐骥①，虽有逸气②，当以衔策③制之，勿使流乱轨躅④，放意⑤填坑岸也。

注　释

①骐骥：千里马。语出《荀子·劝学篇》："骐骥一跃，不能十步；驽马十驾，功在不舍。""犹"下，程本、抱经堂本有"人"字。

②逸气：良马奔跑的气势。这里是指文章的俊逸之气。语出三国时魏国曹丕《与吴质书》："公干（刘桢）有逸气，但未遒耳。"

③衔策：御马的工具。衔，横在马口中备抽勒的铁；策，程本、抱经堂本

作"勒",套在马头上带嚼口的龙头。比喻文章应有节奏，有收有放，达到收放自如的状态。

④ 流乱轨躅：搅乱了轨迹。流乱，散乱；轨躅，车轮碾过之痕迹。语出西晋文学家左思《蜀都赋》："外则轨躅八达，里闸对出。"引申为规矩。轨，车；躅，读音同"竹"，痕迹。

⑤ 放意：恣意纵情，得意忘形的样子。语出《文子·自然》："至于神和，游于心手之间，放意、写神、论变，而形于弦者，父不能以教子，子亦不能受之于父，此不传之道也。"

大 意

大凡书写文章，好比是骑手骑着千里马。良马虽有奔腾豪迈的气概，但还是要靠骑手有效地驾驭它，不能使骏马放任奔驰，跑乱了套；否则，得意忘形，恣意奔跑，就会马失前蹄，栽到深壑大坑里去了啊！

八、要敢于改革文风时弊

文章当以理致①为心肾，气调②为筋骨，事义③为皮肤，华丽④为冠冕。今世相承，趋末弃本，率多浮艳⑤。辞与理竞，辞胜而理伏；事与才争，事繁而才损。放逸者流宕而忘归⑥，穿凿⑦者补缀而不足。时俗如此，安能独违？但务去泰去甚⑧尔，必有盛才重誉。改革⑨体裁⑩者，实吾所希。

注 释

① 理致：义理情致，指文章的思想主题和情感表达。语出南朝宋学者刘义庆（403—444）《世说新语·文学》："裴徐理前语，理致甚微，四坐咨嗟称快。"

② 气调：气韵格调。指文学作品所蕴含作者的道德修养和文学素养。调，读音同"掉"，格调。

③ 事义：用典喻理。语出南朝梁文学批评家钟嵘《诗品·总论》："词既失高，则宜加事义，虽谢天才，且表学问，亦一理乎！"

④ 华丽：指用词美丽而有光彩。语出东汉史学家荀悦（148—209）《申鉴·时事》："不求无益之物，不蓄难得之货，节华丽之饰，退利进之路，则民

俗清。"

⑤浮艳：指文章华而不实。艳，"艳"的异体字。语出三国时期魏国曹操《宣示孔融罪状令》："太中大夫孔融既伏其罪矣，然世人多采其虚名，少于核实，见融浮艳，好作变异，眩其诳诈，不复察其乱俗也。"

⑥"放逸"句：豪放不羁者行文飘逸，但却偏离了文章的主旨。放逸，豪放不羁；流宕，不受约束。语出《后汉书·方术传序》："意者多迷其统，取遣颇偏，甚有虽流宕过诞亦失也。"颜之推所斥为当时行文时弊，可见之于南朝梁简文帝《诫当阳公大心书》："立身先须谨慎，文章且须放荡。"（唐欧阳询（557—641）主编《艺文类聚》二十五卷）宕，通假字，通"荡"，放纵。

⑦穿凿：牵合其意，强求其通，穿凿附会的意思。语出班固《汉书·礼乐志》："以意穿凿，各取一切。"

⑧去泰去甚：适可而止，不可过分。去，除掉；泰、甚，过分。语出《老子》第二十九章："是以圣人去甚、去奢、去泰。"又《韩非子·扬权》："故去甚去泰，身乃无害。"

⑨改革：改变旧的、不合理的部分，使之更合理、更完善。语出《后汉书·黄琼传》："覆试之作，将以澄洗清浊，覆实虚滥，不宜改革。"

⑩体裁：指诗文的文风、辞藻。语出《宋书·谢灵运传论》："爰逮宋氏，颜谢腾声。灵运之兴会标举，延年之体裁明密，并方轨前秀，垂范后昆。"

大　意

写文章，要以义理情致为心肾，以气韵才调为筋骨，以用典列举为皮肤，以华丽辞藻为冠冕。现在，人们在文章写作上前后因袭，相互模仿，大抵趋末弃本，过于浮华。文辞与义理相冲突，文辞优美掩埋了文章义理；资料与才思相抵触，资料繁杂损害了才思发挥；豪放不羁者行文飘逸，但却偏离了文章的主旨；穿凿附会者虽会罗列资料，但文理不足。现在的文风如此，人们在写作时怎能违背这种时尚？当然，每个时代都有那个时代的文风，只要不过分偏离文章的写作要求就行了。倘若真有一位才华横溢、名声显赫的人敢于站出来，倡导并率先革除文风的时弊，那真是我所期待的啊！

九、兼顾古今文章的优点，不可偏废

古人之文，宏材逸气①，体度风格②，去今实远，但缉缀疏朴③，未为密致④尔。今世音律谐靡⑤，章句偶对，讳避精详，贤于往昔多矣。宜以古之制裁⑥为本，今之辞调⑦为末，并须两存，不可偏弃也。

注　释

① 宏材逸气：取材宏伟，气势豪迈。宏，大。

② 体度风格：行文的法则和格调。体度，规格。语出东晋学者葛洪《抱朴子·行品》："据体度以动静，每清详而无悔者，重人也。"风格，气度和品格，指文章则为精神风貌和格调。语出东晋学者袁宏《后汉纪·桓帝纪上》："膺风格秀整，高自标特，欲以天下风教是非为己任。"体，规则，格式。

③ 缉缀疏朴：文字组织的疏略朴质。缉缀，连接拼合。缀，读音同"坠"，连接。

④ 密致：细密。语出西汉学者陆贾《新语·资质》："夫楩柟豫章，天下之名木……精捍直理，密致博通，虫蝎不能穿，水湿不能伤。"

⑤ 谐靡：和谐美妙。

⑥ 制裁：文章的体裁式样。剪裁的式样。语出范晔《后汉书·南蛮传·西南夷》："好五色衣服，制裁皆有尾形。"

⑦ 辞调：诗文的声韵。

大　意

古人的文章，取材宏伟，气势豪迈，就连行文的法则和气象，都比现在强多了。只是古人的文章在材料组织上稍显疏略朴拙，不够细致缜密啊。如今的文章倒是音律和谐美妙，词句骈偶对仗工整，避讳周密详细，这的确比过去强多了。我看应当以古人写作的原则、体裁为根本，以今人的文辞、音律为依据，两者兼顾起来，都不要偏废啊！

十、文章要典雅纯正，能够流传后世

吾家世①文章，甚为典正②，不从流俗③。梁孝元在蕃邸④时，撰《西府新文》⑤，纪⑥无一篇见录者，亦以不偶于世，无郑、卫之音⑦故也。有诗、赋、铭、诔、书、表、启、疏二十卷，吾兄弟始在草土⑧，并未得编次⑨，便遭火荡尽，竟不传于世。衔酷茹恨⑩，彻⑪于心髓！操行见于《梁史·文士传》及孝元《怀旧志》⑫。

注　释

① 世：世世代代的意思，表示远久。

② 典正：典雅纯正。

③ 流俗：世俗，多含贬义。语出《礼记·射义》："幼壮孝弟，耆耋好礼，不从流俗，脩身以俟死者，不在此位也。"

④ 蕃邸：指梁元帝为湘东王时的住所。蕃，通假字，通"藩"。

⑤《西府新文》：据《隋书·经籍志》："《西府新文》，十一卷，并录，梁萧淑撰。"萧淑事迹附于《梁书·萧介传》。

⑥ 纪："纪"，程本作"史记"。通假字，通"记"，记载。

⑦ 郑、卫之音：春秋时期郑国与卫国的民间音乐，与雅乐有很大不同，表现为"靡靡之音"。孔子在《论语·卫灵公篇》中说："郑声淫，佞人殆。"这里是指浮华艳丽的文风。

⑧ 在草土：指居丧。据《资治通鉴》卷二六三胡三省注："居丧者寝苫枕块，故曰草土。"苫，读音同"山"，草垫子。睡在草垫子上，头枕在土块上。这是古代为父母守丧的礼节。土，程本作"上"。

⑨ 编次：按次序编排，编辑整理的意思。语出《史记·孔子世家》："追迹三代之礼，序《书传》，上纪唐虞之际，下至秦缪，编次其事。"

⑩ 衔酷茹恨：心怀惨痛，气忍痛恨。衔、茹，含在嘴里，忍着的意思；酷、恨，惨痛的意思。

⑪ 彻：通达，透彻的意思。

⑫"操行"句：颜之推之父颜协（一作颜勰，字子和）传见《梁书·文学下》。《梁史》，南朝梁、陈之际学者许亨（517—570）著，《隋书·经籍志》著

录五十三卷。《怀旧志》，梁元帝撰，《隋书·经籍志》著录九卷。

大 意

我们家祖传的文章，可以说达到了典雅纯正的高水平，不随世俗。梁元帝为东湘王时，编辑《西府新文》，我家竟没有一篇入选啊！这是因为我家的文章没有浮华艳丽的文风，不能迎合时人口味的缘故。我家的文章按文体，计有诗、赋、铭、诔、书、表、启、疏八个类别，总共二十卷。那时，我们兄弟正在居丧，也就未能将它们及时整理，不幸恰好遭遇了一场大火，都被大火烧光了，以致它们不能流传于世啊！这是令我最为心痛难受的事情。我们家先人的操守品行见载于《梁史·文士传》，以及梁元帝的《怀旧志》，这对我们家来说，真是莫大的荣耀啊！

十一、文章要遵循"三易"原则，力求平白易懂

沈隐侯①曰："文章当从三易：易见事，一也；易识字，二也；易读诵，三也。"邢子才②常曰：沈侯③文章，用事不使人觉，若胸臆④语也。"深以此服之。祖孝徵⑤亦尝谓吾曰："沈诗⑥云：'崖倾护石髓⑦。'此岂似用事耶？"

注 释

①沈隐侯：即南朝梁史学家、文学家沈约。字休文（441—513），吴兴武康（今浙江省湖州德清）人。出身于门阀士族家庭，史称"江东之豪，莫强周、沈"，可见其家族社会地位显赫。祖父沈林子，宋征虏将军。父亲沈璞，南朝宋淮南太守，于宋文帝元嘉末年被诛。沈约孤贫流离，笃志好学，博通群籍，擅长诗文。历仕宋、齐、梁三朝。曾任宋记室参军、尚书度支郎。著有《晋书》一百一十卷，《宋书》一百卷，《齐纪》二十卷，《高祖纪》十四卷，《迩言》十卷，《谥例》十卷，《宋文章志》三十卷，文集一百卷，并撰《四声谱》。作品除《宋书》外，多已亡佚。明人张溥在《汉魏六朝百三名家集》中辑有《沈隐侯集》。另有赋《高松赋》《丽人赋》，诗歌《悼亡诗》等。梁武帝萧衍先封他为建昌县侯；晚年与梁武帝有隙，死后改封为隐侯。事见《梁书·沈约传》。

②邢子才：即北朝学者邢邵。前文已注。

③ 沈侯：即沈隐侯沈约。

④ 胸臆：内心所藏。语出春秋战国之际学者列御寇《列子·汤问》："推於御也，齐辑乎辔衔之际，而急缓乎唇吻之和，正度乎胸臆之中，而执节乎掌握之间。"

⑤ 祖孝徵：即北朝魏齐之际诗人祖珽。前文已注。

⑥ 沈诗：指沈约的诗作。

⑦ 石髓：也称"玉髓"，一种矿物质，石英的隐晶质亚种之一。由石间汁液凝固而成，常呈钟乳状、葡萄状。可入药用，味甘，性温，无毒，主治寒热、身体瘦弱面色不好、集聚、心腹胀满、食欲不消、皮肤枯槁、小便数疾、痞块、腹内肠鸣、脚痛、腰疼冷、宜寒瘦人等。如《晋书·嵇康传》记载：嵇康"遇王烈，共入山。烈尝得石髓如饴，即自服半，余半与康，皆凝而为石"。

大　意

沈约说："文章应该遵循'三易'原则，一是用典易懂，二是文字易识，三是文章易诵。"邢邵常说："沈约的文章用典录事使人不易察觉，就好像直抒胸臆一般。"我因此由衷地敬佩他。祖孝徵也曾对我说过："沈约的诗说'岩倾护石髓'，这哪里像是在用典啊？"

十二、对作者评价的态度，体现了对文章的看法

邢子才、魏收俱有重名①，时俗准的②，以为师匠。邢赏服沈约而轻任昉③，魏④爱慕任昉而毁沈约，每于谈燕⑤，辞色⑥以之。邺下纷纭，各为朋党⑦。祖孝征尝谓吾曰："任、沈之是非，乃邢、魏之优劣也。"

注　释

① 重名：很高的名望，很大的名声。

② 准的：标准。的，"地"，箭靶的中心，目标的意思。

③ 任昉：字彦升(460—508)，小字阿堆，乐安郡博昌(今山东省寿光)人。南朝著名文学家、地理学家、藏书家，"竟陵八友"之一。幼而聪敏，早称神悟。初为奉朝请，举兖州秀才，拜太学博士。善属文，有才名，与沈约并称

"任笔沈诗"。历宋、齐、梁三朝，梁武帝时，官至义兴太守。死后追赠太常，谥号为敬。参见《梁书·任昉传》。

④ 魏："魏"下，抱经堂本有"收"字。

⑤ 谈燕：闲谈。

⑥ 辞色：言辞和神色。语出《后汉书·陆续传》："续虽见考苦毒，而辞色慷慨。"

⑦ 朋党：同类的人以恶相济而结成的集团也指政治宗派之间的相互倾轧。语出《战国策·赵策二》："臣闻明王绝疑去谗，屏流言之迹，塞朋党之门。""为"，程本、抱经堂本作"有"。

大　意

邢邵和魏收都是北朝魏齐之际的著名文章家。当时，文坛把他们的文章视为范文和经典，奉之为巨匠宗师。邢邵钦佩沈约而轻忽任昉，魏收敬佩任昉而忽视沈约。他们相聚在一起饮宴闲聊时，常常为沈约和任昉别有高下的问题，争论得不可交开，好不热闹啊！邺下人士对此也是各说各话，莫衷一是，因为他们各有各的粉丝，意见就很难统一了。不过，祖孝徵就此曾对我评论过，他说道："关于沈约、任昉两人的文章孰好孰坏的争论，实际上就反映了邢邵和魏收两人的文章优劣倾向。"我看他的话很有见地啊！

十三、用典要细加斟酌，以免不当引起误解

《吴均①集》有《破镜赋》。昔者，邑号朝歌②，颜渊③不舍；里名胜母，曾参敛襟④：盖忌夫恶名之伤实也。破镜乃凶逆之兽，事见《汉书》，为文幸⑤避此名也。比世往往见有和⑥人诗者，题云敬同。《孝经》云"资于事父以事君而敬同"⑦，不可轻言也。梁世费旭诗云："不知是耶非。"⑧殷澐⑨诗云："飙飏云母舟。"简文⑩曰："旭既不识其父，澐又飙扬其母。"此虽悉古事，不可用也。世人或有引《诗》"伐鼓渊渊"者⑪，《宋书》已有屡游之诮⑫。如此流比⑬，幸须避之。北面⑭事亲，别舅摘《渭阳》之咏⑭；堂上养老，送兄赋桓山之悲⑮：皆大失也。举此一隅，触塗⑯宜慎。

注　释

①吴均：南朝梁文学家。字叔庠（469—520），吴兴故鄣（今浙江省安吉）人。历南朝宋、齐、梁三朝。官至梁奉朝请。吴均好学有俊才，其诗文清新，多为反映社会现实之作，深受沈约的称赞。其文工于写景，诗文自成一家，常描写山水景物，称为"吴均体"，开创一代诗风。据《隋书·经籍志》，吴均著有《齐春秋》三十卷、注《后汉书》九十卷、《吴均集》二十卷等，皆已亡佚。事见《梁书·吴均传》。破镜，据《汉书·郊祀志》注，为一种食父的凶猛野兽。

②朝歌：地名，商纣王的别都，故址在今河南省鹤壁市淇县。朝，读音同"招"。

③颜渊：以"好学"和"德行"著称。孔子弟子，孔门贤人。字子渊（前521—前481），春秋末期鲁国曲阜（今山东省曲阜）人。十四岁拜孔子为师，此后终生师事之，是孔子最得意的门生。事见《论语·雍也篇》《史记·仲尼弟子列传》等。

④曾参：即孔子弟子曾子，以"孝行"著称。前文已注。敛襟：提起前襟，止步不前的样子。

⑤幸：希望。

⑥和：读音同"贺"，唱和，步别人诗词格律或者内容写一首。

⑦"资于"句：语出《孝经·士章》。意思是说，侍奉君王和侍奉父母一样，都要充满敬意。

⑧费旭：或为南朝梁人费昶，诗人，江夏(今湖北省武昌）人。《隋书·经籍志》载录"费昶集"三卷。据《南史·费昶传》："昶善为乐府，又作《鼓吹曲》。武帝重之。"《乐府诗集》卷十七收录梁费昶《巫山高》，诗云："彼美岩之曲，宁知心是非。"当出此句。耶，与"爷"谐音。以耶指称父，是南朝的俗称，古《木兰诗》有"卷卷有耶名"的诗句。

⑨殷澐：疑为殷芸，字灌蔬，陈郡长平（今河南西华东北）人，曾为昭明太子侍读。勤学，博洽，善文。参见《梁书·殷蔬传》。

⑩简文：即南朝梁简文帝。

⑪"伐鼓渊渊"句：出自于《诗经·小雅·采芑》："伐鼓渊渊，振旅阗阗。"意思是说，鼓声咚咚震天响，军容整齐王师样。渊渊，击鼓声。振，振奋。阗阗，军队整齐步伐的行进声。"有"下，程本、抱经堂本有"文章"二字。

⑫ 流比：同类比照类推。

⑬ 北面：面向北。在古代，臣拜君，卑拜尊，都是面北行礼。

⑭"别舅"句：《渭阳》，是秦康公念母诗。康公为太子时，送文公于渭水之阳，并赠诗，念母之不见，见舅如见母。这是形容丧母者见舅如见母，而母健在，与舅舅分别时吟咏此诗，则不妥。

⑮"送兄"句：典出《孔子家语·颜回》，颜回善闻桓山哀鸟悲哭之声。桓山之悲，喻父死卖子，母子分离，故母声鸣其悲。而送兄引用桓山之事，则不妥。

⑯ 触涂：各处。涂，也写作"途"，道路。

大 意

《吴均集》中有篇《破镜赋》。从前，有个城邑名叫朝歌，颜渊就因这个地名触动他的悲伤而不在此地歇脚；有个乡里名叫胜母，曾子途经此地，整整衣襟就走开了：这大概是因为他们忌讳不好听的名字有损所指之地的缘故吧！"破镜"是一种凶猛逆乱的野兽，《汉书》上对它有所记载，希望你们在作文时避免使用这类名称。近世往往看到有人唱和别人的诗作，在和诗的题目上写有"敬同"二字，可是《孝经》里说："像侍奉父母那样去侍奉君王，恭敬之心是相同的。"可见，"敬同"之类的话不可随便滥说。梁朝费昶的诗写道："不知是耶非。"殷澐的诗写道："飘飏云母舟。"简文帝读后说："费昶既不认识他的父亲，殷澐又让他母亲四处飘荡。"这些虽然都是往事，但现在最好也不要用这类话，以免徒生人们误解。有人在文章中引用《诗经》里"伐鼓渊渊"这句诗，《宋书》对这种不知反语的人予以讥诮。诸如此类的词句，希望你们尽量避免使用，不致落人笑话啊！母亲尚健，在与舅舅话别时却尽情吟唱《渭阳》；老父尚健，送别兄长时却以"桓山之鸟"的典故来表达自己难舍难分之情，这些都是令人啼笑皆非的过失呢！举这些例子提示你们，希望你们触类旁通，在写文章时一定要时时谨慎，不要随意用词用典啊！

十四、请人批评文章，就能使文章越改越好

江南文制①，欲人弹射②，知有病累，随即改之，陈王得之于丁廙也③。

山东④风俗，不通击难。吾初入邺，遂尝以忤人⑤，至今为悔，汝曹必无轻议也。

注　释

① 文制：写文章的意思。制，制作。

② 弹射：批评。语出《三国志·蜀书·孟光传》："吾好直言，无所回避，每弹射利病，为世人所讥嫌。"

③ "陈王"句：典出三国时期魏国陈思王曹植《与杨德祖书》（收入《昭明文选》卷四十二）："世人之著述，不能无病。仆常好人讥弹其文，有不善者，应时改定。昔丁敬礼常作小文，使仆润饰之，仆自以才不过若人，辞不为也。敬礼谓仆：卿何所疑难，文之佳恶，吾自得之，后世谁相知定吾文者邪？吾常叹此达言，以为美谈。"意思是说：世人著述，不可能没有一点儿毛病的。我曾经喜欢他人给自己的文章挑刺，如有不妥之处，就立即予以改正。从前，丁廙（字敬礼）经常写些小文章请我润色，但总是推辞，因为我自认为才能比不上他。丁廙就对我说："你有什么好顾虑的呢？文章好坏的名声，由我承担，后世人有谁知道我的文章请他人帮助修改过？"我经常感叹这句富有哲理的话，并认为这是一段美谈。

④ 山东：指太行山以东地区。前文已注。

⑤ 尝以忤人：曾经因为批评别人的文章而得罪人。忤，得罪，冒犯。"以"下，程本、抱经堂本有"此"字。

大　意

江南人写文章，总是希望别人给予批评指摘，以便发现缺点和不足，及时予以改正。魏国的陈思王曹植就是从丁廙那里受到了启发，于是，他对自己的文章也抱有虚怀的态度。但是，北方一带的文风就不同了，他们写的文章不兴请人提意见，以便修改的。我刚到邺都的时候，就因为不了解此地的文风，贸然评议别人的文章，因此得罪了作者啊。到现在为止，我还为此事经常后悔呢。有鉴于此，希望你们引以为戒，千万不要轻易评论别人的文章啊！

十五、用典要准确，泛化就会闹笑话

凡代人为文，皆作彼语，理宜然矣。至于哀伤凶祸之辞，不可辄代。蔡邕为胡金盈作《母灵表颂》①曰："悲母氏之不永，然委我而凤丧。"又为胡颢作其父铭曰："葬我考议郎君。"②《袁三公颂》曰："猗欤我祖，出自有妫。"③王粲为潘文则《思亲诗》云："躬此劳瘁，鞠予小人。庶我显妣，克保遐年。"④而并载乎邕、粲之集，此例甚众。古人之所行，今世以为讳也。陈思王《武帝诔》，遂深永蛰之思⑤；潘岳《悼亡赋》，乃怆手泽之遗⑥。是方父于虫，譬妇为考也⑦。蔡邕《杨秉碑》云："统大麓之重。"⑧潘尼《赠卢景宣诗》云："九五思飞龙。"⑨孙楚《王骠骑诔》云："奄忽登遐。"⑩陆机《父诔》云："亿兆宅心，敦叙百揆。"⑪《姊诔》云："倪天之和。"⑫今为此言，则朝廷之罪人也。王粲《赠杨德祖诗》云："我君饯之，其乐泄泄。"⑬不可妄施人子，况储君⑭乎？

注 释

①"蔡邕"句：蔡邕，汉末文学家。前文已注。胡金盈，东汉名臣、学者胡广（91—172）之女。灵表，文体名。

② 胡颢：东汉大臣、学者胡广之子，名宁。考：亡父称"考"。议郎，官职名。据《汉书·百官公卿表上》，秦置，西汉沿置，属于光禄勋，秩比六百石，与中郎相同。东汉时一般郎官均受五官中郎将、左右中郎将管辖，议郎亦属例外。其官秩也提高到六百石，并得参预朝政。

③ 猗欤：感叹词，表示赞美。语出《诗经·周颂·潜》："猗与漆沮，潜有多鱼。"意思是说，多么美好的漆水和沮水啊，好多种鱼在此繁衍生息。猗与，赞叹词；漆沮，今陕西渭河以北的两条河流。郑玄注："猗与，叹美之言也。"有妫：有妫氏。据《左传·昭公八年》杜预注："胡公满，遂之后也，事周武王，赐姓曰妫，封诸陈。"

④"王粲"句：（177—217），字仲宣。山阳郡高平县（今山东微山县两城镇）人，出身东汉公卿世家。东汉末年文学家，与时人孔融、徐乾、陈琳、阮瑀、应场、刘桢并称"建安七子"南朝梁文学评论家刘勰在《文心雕龙·才略》中赞誉他为"七子之冠冕"。王粲少有才名，《三国志·魏书··王粲传》说他博闻强记，常常过目不忘；写起文章来，总是一挥而就，从来不用修改。建安

十八年(213)，魏国建立，王粲任侍中。建安二十二年，王粲随曹操南征孙权，于北还途中病逝，终年四十一岁。王粲善文，尤擅诗赋，与曹植并称"曹王"，最为传诵的是他作于客居荆州时期的《登楼赋》。《隋书·经籍志》著录其文集十一卷。明人张溥辑有《王侍中集》。当代中华书局出版有俞绍初校点的《王粲集》，存诗23首。劳瘁：因过度辛劳导致体弱。语出《诗·小雅·蓼莪》："哀哀父母，生我劳瘁。"鞠：抚养。显妣：对亡母的尊称。遐年：高寿，这里是永远的意思。

⑤陈思王：即曹植。诔：读音同"磊"，追述死者的功德，表示哀悼和敬意。《武帝诔》作于曹操下葬后不久，唐代欧阳询《艺文类聚·十三》收录。永蛰：长眠于地下的意思。语出《武帝诔》："潜闼一扃，尊灵永蛰。"意思是说，随着墓门关上的那一刻开始，我敬爱的父亲就永远长眠于地下了。扃，读音同"驷"，关闭的意思。蛰，读音同"哲"，动物冬眠，蛰伏起来。

⑥潘岳：即西晋文学家潘安，"太康文学"的代表性作家。《悼亡赋》是继潘安悼念亡妻杨容姬的《悼亡诗》三首之后的续作，也可称为姊妹篇。杨氏是西晋荆州刺史、书法家杨肇的女儿。潘岳十二岁时与她订婚，结婚之后，大约共同生活了二十四个年头。杨氏卒于公元298年（晋惠帝元康八年）。潘岳夫妇感情很好，杨氏亡后，潘岳写了一些悼亡诗赋，除《悼亡诗》三首和《悼亡赋》之外，还有《哀永逝文》等，表现了诗人与妻子的深厚感情。在这些悼亡诗赋中，《悼亡诗》三首和《悼亡赋》都堪称杰作，尤其是《悼亡诗》第一首尤为有名，传诵不衰。该赋收入《艺文类聚》三十四。手泽：手上的汗渍。典出《礼记·玉藻》："父没而不能读父之书，手泽存焉尔。"后世多指先辈的遗物。这里是作者讥讽潘安用典不准。怆：读音同"创"，悲伤。

⑦方：比拟。后文的"譬"，也是这个意思。"譬"，程本、抱经堂本作"匹"；"为"，程本、抱经堂本作"于"。

⑧杨秉：字叔节（92—165）。弘农郡华阴县（今陕西省华阴市）人。东汉中期名臣，太尉杨震之子。他死后，汉桓帝在皇陵附近特赐墓地来陪陵安葬，蔡邕作《太尉杨秉碑》。统大麓：总理天下事务。统，总揽。大麓，总管政务。典出《尚书·舜典》："纳于大麓，烈风雷雨弗迷。"指天子命大事，命诸侯，致天下之事，使大录之。据汉代大儒郑玄，本此仅用于天子。麓，通"录"。

⑨潘尼《赠卢景宣诗》：收入《艺文类聚》二十九，无此句。九五，指"九五

之尊"，君王位。典出《易经·乾卦》："九五，飞龙在天，利见大人。""九五"为卦爻名，九为阳爻，五为第五爻。后世以"九五"指帝王位。飞龙：特指帝王将兴。

⑩"孙楚"句：《隋书·经籍志》著录其《孙楚集》六卷。奄忽，快速的样子；登遐，人死了的委婉说法，典出《墨子·节葬下》："秦之西，有仪渠之国者，其亲戚死，聚柴薪而焚之，熏上，谓之登遐。"古时特指帝王死去。

⑪"陆机"句：据《晋书·陆机传》载，陆机所作诗、赋、文章，共300多篇，今存诗107首，文127篇（包括残篇）。原有文集四十七卷，《隋书·经籍志》著录《陆机集》十四卷，均佚。后南宋徐民臆发现遗文10卷，与陆云集合辑为《晋二俊文集》，明代陆元大据以翻刻，即今通行本《陆士衡集》。明人张溥《汉魏六朝百三名家集》中辑有《陆平原集》。《全晋文》卷九六至九九收录其作品，逯钦立《秦汉魏晋南北朝诗》收辑其诗篇。中华书局1982年出版金涛声校点的《陆机集》，今人刘运好著有《陆士衡文集校注》。亿兆，亿万，指很多人；宅心，指人心聚拢在一起，陆机在《高祖功臣颂》中有"万邦宅心，骏民效足"的句子。敦叙，敦序的意思，和睦顺从，典出《史记·夏本纪》："敦序九族，众明高义"；百揆，总领百官的首长，典出《尚书·周官》："唐虞稽古，建官惟百，内有百揆四岳，外有州牧侯伯。"这里是指百官。

⑫《姊诔》：现代学者王利器疑为《妹诔》。据《诗经·大雅·大明》："大邦有子，俔天之妹。"意思是说，大国养育的女子，就好比是天上的仙子一般。后世以俔天指皇后或公主。俔，读音同"欠"，好比。

⑬"我君"句：饯，设酒宴送行，饯行；泄泄，多音字，读音同"意义"，高兴欢乐的样子。典出《左传·隐公元年》："公入而赋：'大隧之中，其乐也融融。'姜出而赋：'大隧之外，其乐也泄泄。'"

⑭储君：指王位继承人，如王储、太子。王粲诗中所指应该是曹丕。"其乐泄泄"的典故是郑庄公与其母姜氏母子重归于好，这是特指，而王粲泛用，因此作者认为不妥。

大　意

大凡替人写文章，都要使用当事人的语气，应该是这个理吧。至于文章要表达一些哀伤凶祸的话语，就不可随便与人代笔了。这是有不少教训的，即使是一时名人也不能幸免。譬如，东汉文学家蔡邕为胡金盈代写《母灵表颂》，其中写道："哀伤母亲命短，就这样抛下我走了。"他还为胡颢代写其父的墓志铭，其中写道："安葬我的亡父议郎君。"还有《袁三公颂》，其中写道："血统高贵啊！我的祖先出自有妫氏啊！"汉魏文学家王粲为潘文则写《思亲诗》，写出了这样的诗句："您如此操劳辛苦，将我养大；诚望我敬爱的亡母啊，能够安眠九泉！"以上这些诗文，都收集在蔡邕和王粲的文集中，你们可以翻翻看。这样的毛病还可以列举很多。要知道，文章中的这些说法，放在现在来看，是犯了很大的忌讳的！又比如，陈思王曹植在《武帝诔》中，用"永蛰"这个词来表达自己对亡父曹操的深切怀念；西晋诗人潘安在《悼亡诗》中，用"手泽"这个词来抒发自己对亡妻睹物思情的悲伤。前者将父亲比作永远冬眠的昆虫，后者则将亡妻等同于亡父了。更有甚者，蔡邕在《杨秉碑》中说："担负总理天下政务的重任"；潘尼在《赠卢景宣诗》中说："看到帝王的宝座，就想到必有王者兴。"孙楚在《王骠骑诔》中说："很急速地去世了。"陆机在《父诔》中说："天下万民的心都一致地向着您，百官都忠实地顺从着您。"而在《姊诔》中则说道："真像上天赋予的和乐。"这些话，要是放在现在，简直是弥天反话，朝廷立马要治重罪了！还有一个值得说说的案例。王粲的《赠杨德祖诗》说道："您设宴送别，欢快之情简直就是'其乐泄泄'！"要知道，"其乐泄泄"这个典故来自君王之口，是不可泛用的。这样有特别语境的话，一定不可以用在寻常百姓身上，何况是君王对太子说的话呢，一般人就更不可以随便使用了！

十六、挽歌自有体例，不可随意违背

挽歌①辞者，或云古者《虞殡》之歌②，或云出自田横之客③，皆为生者悼往告哀之意。陆平原④多为死人自叹之言，诗格既无此例，又乖⑤制作大意。

注　释

①挽歌：人死时的哀歌。古人哀悼死者所唱之歌。后世泛指对死者悼念的诗歌或哀叹旧物灭亡的文辞。范晔《后汉书·五行志一》说："挽歌，执绋（读音同"伏"，下葬时牵引棺柩入墓穴的绳子，古时人们送葬要执绋。）相偶和之

者。"

②《虞殡》之歌：送葬的哀歌。据《左传·哀公十一年》记载："公孙夏命其徒歌《虞殡》。"

③田横之客：田横家的食客、门客。田横，齐国贵族，齐王田儋（读音同"单"）的堂弟。秦末狄县（今山东省高青东南）人。秦朝末年，田横随堂兄田儋起义，重建齐国。曾在楚汉战争中自立为齐王，后为刘邦汉军所破，投奔彭越。汉兴，率五百余徒众逃亡海岛。汉高祖刘邦担心他继续反抗，就派人去召他进京，许以官爵，但田横不愿对汉称臣，于是在途中的尸乡驿站与他随行的两名门客自杀。海岛众徒，闻讯也随之自杀。田横留下了复辟齐国、烹杀郦生、逃亡海岛、守义不辱的感人故事。事见《史记·田儋列传第三十四》。清代学者赵曦明引崔豹《古今注》："《薤（读音同"泄"）露》《蒿里》，并丧歌也。田横自杀，门人伤之，为作悲歌，言人命如薤上之露，易晞灭也；亦谓人死魂魄归乎蒿里，故有二章。至李延年乃分为二曲，《薤露》送王公贵人，《蒿里》送士大夫庶人，使挽枢者歌之，世呼为挽歌。"南宋学者王应麟在《困学纪闻·评诗》中有不同说法，认为："《左传》有《虞殡》，《庄子》有《绋讴》，挽歌非始于田横之客。"

④陆平原：即西晋诗人陆机。他曾任平原内史，故有此称。古人避免直呼其名，以示尊敬。据清代学者赵曦明说："陆机《挽歌》诗三首，不全为死人自叹之言，惟中一首云：'广宵何寥廓，大暮安可晨？人往有反岁，我行无归年！'乃自叹之辞。"

⑤乖：违背。"大"，程本、抱经堂本作"本"。

大　意

挽歌的兴起，有人说起始于古代的《虞殡》之歌，也有人说出自汉初田横的门客。虽然各持己见，但有一点是肯定的：挽歌是生者用来追悼死者以表达哀伤之意的一种文体。虽然西晋作家陆机写了几首挽歌诗，诗中有一些作者自叹的话，但这只是一种另外的个案，也没有主流代表性啊，更何况自古以来挽歌诗就是一种生者追悼死者的文体，它的本意并不是自己哀伤自己的！

十七、文各有体，各有规范

凡诗人之作，刺箴美颂①，各有源流，未尝混杂，善恶同篇②也。陆机为《齐讴篇》③，前叙山川、物产、风教④之盛，后章忽鄙山川之情，疏失厥体⑤。其为《吴趋行》⑥，何不陈子光⑦、夫差⑧乎？《京洛行》⑨，何⑩不述赧王⑪、灵帝⑫乎？

注　释

①刺箴美颂：分为讽刺的、告诫的、赞美的和颂扬的四种形式。箴，读音同"真"，文章的一种体例，以规劝、告诫为主要内容。起源很早，在汉代以前就有。如班固《汉书·扬雄传赞》说："箴莫善于《虞箴》（据《左传·襄公四年》，古代虞人为戒田猎而作箴谏之辞），作《州箴》。"

②同篇：放在同一篇文章里。同，用如动词，"使……同类"的意思。

③《齐讴篇》：又名《齐讴行》，收入《乐府诗集》卷六四。

④风教：文化教化、影响作用。风、教，教化的意思。

⑤疏失：失误。疏，"疏"的异体字，疏忽大意的意思。

⑥《吴趋行》：收入《乐府诗集》卷六四。《文选·吴趋行》刘良注："此曲，吴人歌其土风也。"

⑦子光：春秋时期吴王阖闾，名光。他派专诸刺杀吴王僚而自立为王。在位期间，灭徐破楚，曾一度攻占楚国都城郢（今湖北江陵西北），成为春秋时期的强国。后被越王勾践打败，重伤而亡。

⑧夫差：春秋时期吴国国君，阖闾之子。阖闾死后，夫差继位，打败越国，为父复仇。后又北上伐齐，与晋国争霸。越国乘虚而入，攻打越国，夫差自杀，吴国被灭。

⑨《京洛行》：《乐府诗集》卷三九的《煌煌京洛行》，收录魏文帝以下四首，无陆机之作。

⑩何："何"，程本作"祠"，抱经堂本作"胡"。

⑪赧王：即周赧王。姬姓，名延，亦称王赧（读音同"腩"），周慎靓王之子，东周第25位君主，也是东周最后一位君主，前315—前256年在位，共59年。前256年，周赧王崩，宣告东周覆灭。七年后，秦庄襄王灭东周国。

周赧王在位时期，周王室的影响力仅限于首都洛邑（今河南洛阳）王畿附近。

⑫ 灵帝：即汉灵帝刘宏。

大 意

大凡诗作，有讽刺的、有告诫的、有赞美的、有歌颂的等等各种文体，每种文体都各有源流，但从来没见将褒贬不同内容混杂在同一诗篇里的诗歌。但是，陆机作《齐讴行》可是个例外。这篇诗歌的前半部叙述山川、物产、风俗、文教的兴盛，后半部却忽然笔锋一转，流露出鄙视这些山川物产的情感。这也太违背诗歌的体裁了！但他作《吴趋行》，为何不写写吴王阖闾、夫差的事情呢？他写《京洛行》，为何不说说周赧王、汉灵帝的那些事呢？

十八、用典切忌不明原意，以讹传讹

自古宏才博学，用事① 误者有矣。百家杂说②，或有不同，书傥③ 湮灭，后人不见，故未敢轻议之。今指知决纰缪者④，略举一两端以为诫云。《诗》云："有鷕雉鸣。"又曰："雄鸣求其牡。"⑤ 毛《传》亦曰⑥："鷕，雌雉声。"又云："雉之朝鸲，尚求其雌。"⑦ 郑玄注《月令》⑧ 亦云："雊，雄雉鸣。"⑨ 潘岳赋曰："雉鷕鷕以朝雊。"⑩ 是则混杂其雄雌矣。《诗》云："孔怀兄弟。"⑪ 孔，甚也；怀，思也，言甚可思也。陆机《与长沙顾母书》，述从祖弟士璜死，乃言："痛心拔脑⑫，有如孔怀。"心既痛矣，即为甚思，何故方言有如也？观其此意，当谓亲兄弟为孔怀。《诗》云："父母孔迩。"⑬ 而呼二亲为孔迩，于义通乎？《异物志》⑭ 云："拥剑⑮ 状如蟹，但一螯偏大尔。"何逊⑯ 诗云："跃鱼如拥剑。"是不分鱼蟹也。《汉书》："御史府中列柏树，常有野鸟数千，栖宿其上，晨去暮来，号朝夕鸟。"⑰ 而文士往往误作乌鸢⑱ 用之。《抱朴子》⑲ 说，项曼都诈称得仙⑳，自云："仙人以流霞一杯，与我饮之，辄不饥渴。"㉑ 而简文㉒ 诗云："霞流抱朴椀㉓。"亦犹郭象以惠施之辨㉔ 为庄周㉕ 言也。《后汉书》："囚司徒崔烈以银铛锒。"㉖ 上音"狼"，下音"当"。银铛，大锁也，世间多误作金银字。武烈太子㉗ 亦是数千卷学士，尝作诗云："银锒三公脚，刀撞仆射头。"为俗所误。

注 释

① 用事：这里指写文章用典。

② 百家杂说：各种流派的学说。语出《荀子·解蔽篇》："今诸侯异政，百家异说，则必或是或非，或治或乱。"司马迁在《太史公自序》中表述为"百家杂语"。

③ 傥：读音同"躺"，或许、可能的意思。

④ 纰缪：读音同"披谬"，错误。

⑤"《诗》云"句：两句分别出自《诗经·国风·邶风·匏有苦叶》和《诗经·小雅·小弁》。鷕：读音同"咬"，雌野鸡鸣叫。雉：读音同"治"，野鸡。牡：雄野鸡。

⑥"毛《传》"句：毛《传》，《毛诗诂训传》的简称，为汉代学者训释《诗经》的作品。《汉书·艺文志》著录三十卷，只说著者为毛公，未著其名。东汉学者郑玄认为作者为大毛公，即毛亨（生卒不详，战国末年鲁国人，今山东曲阜一带）；也有学者认为是小毛公，即毛苌（生卒不详，西汉赵人，今河北省邯郸市鸡泽县）。还有一种说法是，毛亨注疏训释，毛苌充实增益，实际上是两人接续合作的成果。毛《传》保留先秦学者研究《诗经》的观点，是后世研究《诗经》的重要依据。

⑦"又云"句：诗出自《诗经·小雅·小弁》。鸲，读音同"够"，与下文"雊"同，野鸡鸣叫。

⑧《月令》：即《礼记·月令》篇。

⑨"亦云"句：见《礼记·月令》冬季之月注。郑注《月令》本无"雄"字，疑颜之推所见古本有"雄"字。

⑩ 朝：读音同"招"，早上。

⑪"《诗》云"句：语出《诗经·小雅·常棣》，原诗句为："死丧之威，兄弟孔怀。"意思是说，生老病死最为可怕，只有兄弟相互关心。

⑫ 脑：原作"恼"，今据抱经堂本改。

⑬《诗》云"句：语出《诗经·国风·周南·汝坟》："虽则如毁，父母孔迩。"意思是说，虽然商纣王的暴政如火烧艰难，但幸得能够与父母生活在一起共度时艰。孔，很；毁，烈火熊熊；迩，近。

⑭《异物志》：东汉议郎杨孚撰，《隋书·经籍志》著录一卷。《异物志》成

书于公元 2 世纪初，是记录我国岭南陆产、水产的种类与岭南植物学、动物学和矿物学的第一手材料，是我国第一部地区性的记录动植物情况的书籍。它在岭南文化史上占有重要的学术地位。

⑮拥剑：似蟹而小的一种海生物，学名蟛蚏。据西晋学者崔豹《古今注》："蟛蚏，不蟹也，生海边，食土，一名长卿。其有一螯偏大，谓之拥剑。"

⑯何逊：南朝齐、梁文学家，生卒不详。字仲言，东海郯（今山东兰陵长城镇）人，侨居丹徒。诗为其时文化名人沈约所欣赏。曾任尚书水部郎，除仁威庐陵王萧续记室。后人因此称为"何记室"或"何水部"。其诗文与同时刘孝绰齐名，世称"何刘"。又因诗与阴铿颇似，世号"阴何"。因其际遇坎坷，何诗多艰辛之词，诗作多有不平之鸣。事见《梁书·何逊传》。今存诗 110 余首，多为赠答、纪行之作，擅长抒情写景，往往物我相融、人景合一，常常寓目即书，用词极为精妙，格调清新婉转，为后世杜甫所推崇。何逊身后由其同时人王僧孺编订集八卷，《隋书·经籍志》著录为七卷。明人辑有何水部集一卷。现有中华书局出版的《何逊集》。其《渡连圻》二首有"鱼游若拥剑，猿挂似悬瓜"诗句。

⑰"《汉书》"句：出自《汉书·朱博传》。

⑱乌鸢：乌鸦和老鹰。鸢，读音同"渊"，老鹰。此处乌鸟之辩，历代学者都有分歧，尚无定论。

⑲《抱朴子》：东晋葛洪（284—364）所撰，分为内、外篇。抱朴是道教术语，源于《老子》所谓："见素抱朴，少私寡欲。"今存"内篇"20，论述神仙、炼丹、符箓等事，"外篇"50，论述"时政得失，人事臧否"。"外篇"中的《钧世》《尚博》《辞义》《文行》等篇还涉及文学理论批评的内容。全书总结了魏晋以来神仙家的理论，确立了道教神仙理论体系，并继承了历史上的炼丹理论，可谓集魏晋炼丹术之大成。

⑳"项曼都"句：项曼都遇仙人事，见王充（27—约97，会稽上虞人）《论衡·道虚》。

㉑"仙人"句：见《抱朴子·祛惑》。"流霞一杯"是项曼都的话，不是葛洪说的。这里，颜之推讥讽梁简文帝不知此典，才写出了如此不通的诗句。

㉒简文：即梁简文帝。

㉓朴椀：木碗。朴，木质的。椀，"碗"的异体字。

㉔ 郭象：西晋哲学家，《晋书》有传。惠施之辩：即庄子和惠施的"濠梁之辩"，或称"名实之辩"。事见《庄子·天下》篇："庄子与惠子游于濠梁之上。庄子曰：'倏鱼出游从容，是鱼之乐也。'惠子曰：'子非鱼，安知鱼之乐？'庄子曰：'子非我，安知我不知鱼之乐？'惠子曰：'我非子，固不知子矣；子固非鱼也，子之不知鱼之乐全矣！'庄子曰：'请循其本。子曰"汝安知鱼乐"云者，既已知吾知之而问我。我知之濠上也。'"惠施，生活于公元前390—前317年，姓惠，名施，又称惠子。战国中期宋国商丘（今河南商丘）人。著名政治家、哲学家，他是名家学派的开创者和主要代表人物，也是道家庄子的至交好友。惠施还是合纵抗秦最主要的组织人和支持者。

㉕ 庄周：即庄子。

㉖ "《后汉书》"句：见《后汉书·崔骃传附崔烈传》。崔烈，崔骃堂弟。锒铛，读音同"郎当"，铁锁链。因锒、银字形相近易误，以致将锒铛锁误成银锁。锁，"锁"的异体字。

㉗ 武烈太子：即梁元帝长子，名方等，字实相。侯景之乱时，其父萧绎与河东王萧誉、岳阳王萧詧（"察"的异体字）冲突，遂派方等南伐长沙，兵败而死。后萧绎称帝，追谥方等为武烈太子。参见《南史卷》五四《武烈世子方等传》。

大 意

自古以来的那些学识渊博、才华横溢的文章大家，写起文章来任凭才思泉涌，而使用起典故来，往往也会出一些差错，这是常有的事情。诸子百家，流派众多，学说纷繁，其间的记载、说法和见解各异，可想而知。倘若有些书或是记载失传了，后人就无从得知其中奥妙，因此，我常常对一些学问不敢妄加议论，以免闹出笑话。现在我就举几个铁定是错讹其间的例子，与大家一起共勉吧。

先说说野鸡雌雄鸣叫之分吧。《诗经·邶风·匏有苦叶》上说："有鷕雉鸣。"《诗经·小雅·小弁》上又说："雉鸣求其牡。"《毛诗诂训传》也说："鷕，是雌雉的鸣叫声。"《诗经·小雅·小弁》上还说："雉之朝鸲，尚求其雌。"郑玄所著《礼记·月令》冬季之月注也说："雊，是雄雉的鸣叫声。"而潘岳的赋文却说："雉鷕鷕以朝雊。"这就混淆了野鸡雌雄鸣叫的区别。

再说说"孔怀"的意思吧。《诗经·小雅·常棣》上说："兄弟孔怀。"孔，是非常的意思；怀，是思念的意思。孔怀，是说兄弟俩虽然不在一处，但彼此十分想念，说明兄弟俩感情真切。而陆机在《与长沙顾母书》中，写到堂弟陆士璜之死时，则是这样说的："痛心拔脑，有如孔怀。"既然是痛心已极，当然是非常想念亡故的兄弟，后句说"有如"，是打个比方，就是把"孔怀"理解成一个人了，即"亲兄弟"。按他的说法，我们再看看《诗经·国风·周南·汝坟》上说："父母孔迩。"如果按照陆机的理解，就是将父母称为"孔迩"，但这在语义上说得通吗？

再举个"拥剑"的例子吧。《异物志》上说："拥剑的形状就像一只螃蟹，只不过是有一只螯比螃蟹的要大一些罢了。"而何逊在诗中是这样打比方的："鱼跳跃起来简直就像拥剑一样。"这就是鱼蟹不分了。

再看看人们是如何鸟、乌不分的？《汉书·朱博传》上有这样一段话："御史府中生长着一排一排的柏树，时常有数千只野鸟栖息在树丛中。它们早上飞走了，傍晚又飞回来，人们将它们称为'朝夕鸟'。"但是，一些文人在写作时往往将"鸟"字误当成"乌鸢"的"乌"字来使用。这就差得太远了。

再讨论一个"流霞"的例子。《抱朴子·祛惑》上记载了一个故事，说的是项曼都谎称遇到了仙人，还自言自语地说："仙人拿出一杯'流霞'给我喝，我就不再有饥渴的感觉了。"可是，梁简文帝在诗中却是这样说的："霞流抱朴椀。"这就像玄学家郭象一样，错将惠庄之辩中惠施的话当成庄子的话了。

最后讨论一个锒、银不分的例子。《后汉书·崔骃传》上说："囚禁司徒崔烈，用的是一把锒铛锁。"所谓锒铛，就是一把大的铁锁链。但世人多把"锒铛"的"锒"字错当成"金银"的"银"字。这就闹笑话了。梁朝的武烈太子方等也算是一位饱学之士了，他曾在一首诗中说道："银锁三公的脚，刀撞仆射的头。"

以上这些例子，都是未明就里、胡乱引用而导致的失误啊！

十九、文章涉及地理知识，一定要准确无误

文章地理，必须惬当①。梁简文《雁门太守行》②乃云："鹅军攻日逐，燕骑荡康居，大宛归善马，小月送降书。"③萧子晖《陇头水》④云："天寒陇水急，散漫俱分泻，北注徂黄龙，东流会白马。"⑤ 此亦明珠之颣⑥，美玉之瑕，宜慎之。

注　释

①惬当：恰如其分。惬，读音同"妾"，恰当、合适的意思。

②《雁门太守行》：乐府《瑟调曲》名。王利器认为，本诗为南朝梁人褚翔所作，不是简文帝的作品。褚翔（505—548），南朝梁大臣。字世举，阳翟（今河南禹州）人。初任秘书郎，累迁太子舍人、宣城王主簿，官至吏部尚书。该诗收入《乐府诗集》卷三九，除首句"戎军攻日逐"与本文有差异外，其余三句完全一样。雁门，郡名，战国时期赵国始置。辖境在今山西省北部。

③"鹅军"句：鹅，古代军阵名。日逐，匈奴日逐王，官名。骑，读音同"既"，骑兵。康居，古代西域国名，地域在今俄国巴尔喀什湖和咸海之间。大宛，古代西域国名，地域在哈萨克斯坦费尔干纳盆地一带，以产汗血马闻名于世。归，通"馈"，赠送。小月（读音同"肉"），即小月氏（读音同"之"），西域国名。秦汉之际游牧于敦煌以西祁连山一带，汉文帝时遭到匈奴攻击，大部分西迁，称为大月氏，一小部分进一步深入祁连山区，与羌人杂居，称为小月氏。从雁门到大宛，直线距离三千多公里，路途遥远，所以，颜之推认为诗中所描写的战事战况无论如何都是不可能的。

④萧子晖《陇头水》：萧子晖，南朝梁文学家，生卒年不详，字景光，南兰陵（今江苏常州）人。南齐高帝萧道成之孙，豫章文献王萧嶷之子。《梁书》有传。代表作品有《冬草赋》，《隋书·经籍志》著录《萧子晖集》九卷。《陇头水》，也作《陇头流水歌》，乐府《鼓角横吹曲》名。

⑤"天寒"句：陇水，河流名。源出陇山，因此得名。北魏郦道元《水经注·渭水一》："渭水又东与新阳崖水合，即陇水也。东北出陇山，其水西流。"陇水由多段河流相聚而成。徂，读音同"促"，入、到的意思。黄龙，即黄龙城，在今辽宁省朝阳境内。白马，这里是指今河南省浚县境内的白马津，还有一说是指汉代西南夷的白马氏。文中的意思是，三个地名不同方位各异，相距遥远，汪子晖诗中所表述的地理知识是不准确的。

⑥颣：读音同"类"，丝上的小结点，显得凸凹不平。这里是瑕疵的意思。

大　意

　　文章大凡涉及地理知识，如地名、方位、物产等等，都一定要准确无误。梁简文帝有这么一首诗《雁门太守行》，竟然这样说："鹅军攻日逐，燕骑荡康居，大宛归善马，小月送降书。"诗是明显地夸张过分了，天南地北，东西远隔，纯然不可能有这样的战事战况啊！而萧子晖的《陇头水》诗也犯了类似的错误，他的诗是这样写的："天寒陇水急，散漫俱分泻，北注徂黄龙，东流会白马。"要知道，陇水在西北，黄龙城在东北，白马津在中原，根本不能把它们扯在一起啊！虽然诗写得很好，这些失误可能只是明珠上的暗点、美玉上的瑕疵，虽然微不足道，但是也要尽量避免哩，如果没有这些毛病，那该是多好的诗歌啊！

二十、对于文学作品，要从表现手法入手理解其意境

　　王籍①《入若耶溪》②诗云："蝉噪林愈静，鸟鸣山更幽。"江南以为文外断绝③，物无异议。简文④吟咏，不能忘之。孝元⑤讽味，以为不可复得。至《怀旧志》载于《籍传》⑥。范阳卢询祖⑦，邺下才俊，乃言："此不成语，何事于能？"魏收⑧亦然其论。《诗》云："萧萧马鸣，悠悠旆旌。"⑨毛《传》曰："言不諠哗也。"吾每叹此解有情致⑩，籍诗生于此意尔。

注　释

　　①王籍：生卒年不详，字文海，琅琊临沂（今山东临沂市北）人。南朝梁诗人。出身世族高门，祖父王远，南朝宋时为光禄勋；父僧祐，为南朝齐骁骑将军，在王氏支庶中，家世不算显赫。他在仕途上并不得意，在梁朝只是做过一些中级职务的官，但在诗作上却是大放异彩，凭借一首《入若耶溪》，而享誉文坛。《南史·王籍传》称"时人咸谓康乐之有王籍，如仲尼之有丘明，老聃之有庄周。"

　　②《入若耶溪》：王籍的成名诗作。全诗八句："艅艎何泛泛，空水共悠悠。阴霞生远岫，阳景逐回流。蝉噪林愈静，鸟鸣山更幽。此地动归念，长年悲倦游。"这里只录了其中第五、六句。此诗是他在担任湘东王府谘议参军时，随府至会稽，游若耶溪而作。若耶溪：今名平水江，是浙江绍兴境内的一条著名溪流。溪畔青山叠翠，溪内流泉澄碧，两岸风光如画。相传若耶溪有七十二条

支流，自平水而北，会三十六条溪流之水，流经龙舌，汇于禹陵，然后又分为两股，一支西折经稽山桥注入鉴湖，一脉继续北向出三江闸入海，全长百里。若耶溪的源头在若耶山，山下有一汪深潭，据说就是郦道元《水经注》中的"樵岘麻潭"。

③ 断绝：绝无仅有，绝妙至极。

④ 简文：即梁简文帝萧纲。

⑤ 孝元：即梁元帝萧绎。

⑥ 《籍传》：即《怀旧志·王籍传》。

⑦ 范阳卢询祖：范阳，今河北涿县一带。卢询祖，生卒不详，北齐作家，袭祖爵大夏男，举秀才入京，文章华靡，为一时才俊。

⑧ 魏收：南北朝时期史学家、文学家。参见《北齐书·魏收传》。

⑨ "《诗》云"句：出自《诗经·小雅·车攻》。萧萧，马鸣之声。悠悠，闲暇的样子。旆旌，读音同"配经"，旗帜的总称。"萧萧马鸣，悠悠旆旌。"前句是写静中有动，周围都是安静的，却有马叫声；后句是写动中有静，整个队伍在凯旋，可是军旗飘扬得那么安静祥和。这是对比的写法。

⑩ 情致：发自内心的情趣和情感。

大 意

王籍在他的成名诗作《入若耶溪》中写道："蝉噪林愈静，鸟鸣山更幽。"南方人对这两句诗推崇备至，认为是诗歌中的绝唱。大家对这个评价没有异议。简文帝吟唱之后，久久不能忘怀；梁元帝也经常品味它，认为是一首不可多得的佳作，以至于在编写《怀旧志》时，也不忘记将这首诗收录在《王籍传》之中，以便人们随时欣赏。说到范阳人卢询祖，他可是邺下的文学才俊啊。可是，他对这两句诗是有不同看法的。他说："这两句诗，几乎不成其为诗句，怎么能说充分地显露了他的才华？"无独有偶，文学家魏收也赞同这个说法。值得注意的是，《诗经·小雅·车攻》上说："萧萧马鸣，悠悠旆旌。"《毛诗诂训传》解释说："诗句所描述的，是没有喧闹嘈杂的情景。"我时常赞叹这种理解别有情致，它进入了诗人的内心世界。如果这样看的话，王籍的这首诗就是从《诗经》的表现手法上和诗歌意境中生发的，即是写出了真情实感啊！

二十一、欣赏诗歌，就是要读懂诗歌的萧散

兰陵萧悫①，梁室上黄侯之子，工于篇什②。尝有《秋诗》云："芙蓉露下落，杨柳月中疏。"时人未之赏③也。吾爱其萧散④，宛然⑤在目。颍川荀仲举⑥、琅琊诸葛汉⑦亦以为尔。而卢思道⑧之徒，雅⑨所不惬。

注 释

① 兰陵萧悫：兰陵，地名，在今山东邹城一带。萧悫，北齐诗人，字仁祖，梁朝宗室上黄侯萧晔之子，历周入隋，官至记室参军。他的诗以《秋思》最为著名，全诗八句："清波收潦日，华林鸣籁初。芙蓉露下落，杨柳月中疏。燕帏绌绮被，赵带流黄裾。相思阻音息，结梦感离居。"其中"芙蓉露下落，杨柳月中疏"二句，流传至今。《北齐书·文苑传》有传，说道："曾秋夜赋诗，其两句云'芙蓉露下落，杨柳月中疏'，为知音所赏。"据《隋书·经籍志》载，原有集九卷，今佚。今存诗17首，散见于《初学记》《文苑英华》《乐府诗集》等书，均被逯钦立辑入《先秦汉魏晋南北朝诗》。悫，读音同"雀"。

② 篇什：《诗经》的《雅》《颂》以十篇为一什。后用"篇什"指诗篇。

③ 未之赏："未赏之"的倒装句。不怎么欣赏它的意思。

④ 萧散：风格自然洒脱。

⑤ 宛然：清晰依旧的样子。

⑥ 颍川荀仲举：颍川，今河南省许昌一带。荀仲举，字高士，生卒不详。本仕梁，为南沙令；后被北齐所俘，仕北齐。参见《北齐书·文苑传》。

⑦ 诸葛汉：本名颍，字汉，建康（今江苏省南京市）人，北齐文人，生卒不详。参见《北齐书·文苑传》。

⑧ 卢思道：生卒不详，字子行，历北齐、北周和隋朝。少好学，擅写诗，其诗纤艳。参见《北史》《隋书》本传。

⑨ 雅：平日里，一向就。

大 意

兰陵的萧悫，是梁朝宗室上黄侯萧晔的儿子，擅长写诗。他写有一首《秋思》，诗中写道："芙蓉露下落，杨柳月中疏。"当时人们并不欣赏它。但是，

我就很喜欢这首诗，尤其是欣赏它的自然洒脱、空远清新，诗中所描写的景象时常一幕一幕清晰地展现在我的眼前。不只是我怀有这份热爱的情愫，就连颍川的荀仲举和琅琊的诸葛汉，他们也和我一样，对这首诗怀有相同的情感和看法。可是，不知怎的，范阳的卢思道他们，一向就不喜欢这首诗啊。

二十二、即使才高八斗，也要学会谦让

何逊诗实为清巧①，多形似②之言。扬都论者③，恨其每病苦辛，饶贫寒气，不及刘孝绰之雍容也④。虽然，刘甚忌之，平生诵何诗，常云："'蘧居响北阙'⑤，撎撎呼麦反。⑥不道⑦车。"又撰《诗苑》⑧，止取何两篇，时人讥其不广。刘孝绰当时既有重名，无所与让⑨。唯服谢朓，常以谢诗置几案闲，动静辄讽味。简文爱陶渊明文，亦复如此。江南语曰："梁有三何，子朗最多。"三何⑩者，逊及思澄、子朗也。子朗信饶⑪清巧。思澄游庐山，每有佳篇，亦为冠绝⑫。

注　释

①清巧：清新奇巧。指诗歌创作的方法和思想主题不落俗套，有所创新。

②形似：与"神似"对应，如东晋顾恺之（348—409）所谓，"以形写神"（《摹拓妙法》），对外形的生动准确描述。

③扬都：即建康，南北朝时期称建康为扬都。

④"不及"句：刘孝绰，南朝梁文学家、书法家。雍容，本指人的仪态举止文雅大方，如《史记·司马相如列传》："相如之临邛，从车骑，雍容闲雅其都。"这里是指诗歌的洒脱雅致的气派。

⑤蘧居响北阙：典出刘向《列女传·卫灵夫人》："卫灵公之夫人也。灵公与夫人夜坐，闻车声辚辚，至阙而止。过阙复有声。公问夫人曰：'知此谓谁？'夫人曰：'此必蘧伯玉也。'公曰：'何以知之？'夫人曰：'妾闻礼，下公门，式路马，所以广敬也。夫忠臣与孝子，不为昭昭信节，不为冥冥堕行。蘧伯玉，卫之贤大夫也。仁而有智，敬于事上。此其人必不以暗昧废礼，是以知之。'公使视之，果伯玉也。"这也是成语"不欺暗室"的由来。蘧，指卫国大夫蘧伯玉。北阙，北门前的通道。阙，读音同"雀"，古代王宫门前两边的建

筑物，左右各一，中间为通道。居，通"车"，马车。何逊在《早朝车中听望》有此一句，刘孝绰讥讽为无礼之车，实际上是借此讥讽何逊的诗作。

⑥ 撞撞：读音同"货货"，乖戾，不合常情的怪异举动。

⑦ 不道：不符合礼制。

⑧ 《诗苑》：今佚（读音同"意"，散佚）。

⑨ 让：儒家的道德范畴，不争，忍让。

⑩ 三何：何逊、何思澄、何子朗。他们三人都是南朝梁诗人，同为东海（今山东省郯城。郯，读音同"谈"）人。何思澄，字元静，少勤学，工文辞，以《游庐山诗》为有名；何子朗，字世明，早有才思，工清言，史载："时人又语云：'东海三何，子朗最多。'"参见《梁书·文学传》。

⑪ 信饶：实在饱满，这里是指文章感情充沛的意思。信，语言真实；饶，饱满。

⑫ 冠绝：出类拔萃。冠，位居第一；绝，超过。

大 意

何逊写的诗歌啊，的确是清新精巧，有很多活泼传神的诗句呢。但扬都一带的评论者却不那么欣赏，批评得多，肯定得少。他们认为，何逊的诗作常忧人世艰辛，多了一些哀怜萧瑟之气，不像刘孝绰写的诗那样洒脱大气。即使如此，刘孝绰也还是很妒忌何逊啊，他时常拿何逊的两句诗来说事，何逊在《早朝车中听望》中说"蘧居响北阙，撞撞不道车"，刘孝绰就讥讽何逊不懂历史，丑化了卫国贤臣蘧伯玉。刘孝绰在编纂《诗苑》时，有意打压何逊，只选何诗两首，结果呢，当时人们都讥讽刘孝绰气量狭小，不能容人。刘孝绰在当时的文坛，可谓是已负盛名，但他对当时的一派人物都毫无谦让可言，他只是敬佩前代作家谢朓，经常将谢朓的诗作放在书案上，动辄吟诵欣赏，奉为经典。而梁简文帝则喜爱陶渊明的诗歌，也常常是这样。但民间却不买他们的账！江南流行着一句顺口溜，却最能反映实情，他们是这么说的："梁有三何，子朗最多。"意思说，在梁朝有"三何"名声最响，其中以何子朗最为突出。他们说的"三何"，就是包括了何逊，还有何思澄、何子朗。何子朗的诗歌感情充沛，情绪饱满，给人以真情实感的享受；何思澄常游庐山，每有佳作，堪称出类拔萃呢。

名实第十

提　要

名与实，是一对高度抽象的哲学范畴，是指事物的名称和具体存在，一般适用于形式和内容的关系。名，是指对某一特定对象物的指称，它依据于对象物的具体存在和实在内容。如老子所谓："名可名，非常名。"（《道德经》第一章）是指名实相副。实，是指某一对象物具体而丰富的实在和内容，它依据于自身的发展、变化规律和存在条件，具有无限多样性。如墨子所谓"实，荣也。"（《墨子·经上》）它是指具体存在的丰富性表现。名实关系问题，是中国哲学的一对传统命题，是中国先民对事物由内到外或由外到内观察的智慧体现，它产生并形成很早，在周代到春秋时期就形成为一个非常突出的话语形态。据《国语·晋语》记载"叔向问贫"的故事，春秋晋国大夫羊舌肹（读音同"西"，字叔向）与晋国上卿韩宣子(名起)讨论贫穷问题，其中有一句对话，韩宣子说道："吾有卿之名，而无其实，无以从二三子，吾是以忧。"意思是说，我有上卿的名义，而无上卿的实惠，也没有足够的财物来惠待诸位，这就是我发愁的问题。在这里，他们就是使用名与实这对哲学概念来讨论问题的。在南北朝时期，随着魏晋玄学之风的弥漫，学者、文人和士大夫都以"辩"为乐，淘醉于"玄"，玄之又玄，自然离不开"名"与"实"这个哲学话题。如南北朝时期与颜之推同时期的北齐文学家刘昼（514—565）提出"名以订实，实为名源"，发展了孔子的"正名"思想，主张做到"实由名辩"，而"不使名害于实，实隐于名"。经历南北朝时期思想界关于名实关系辩论，后来由关于名实关系的一般认识论延伸到处理名实关系的方法论。在这一时期，颜之推的认识，是有巨大贡献的。颜之推对名实关系结合家庭生活的具体问题，主要是从方法论上开展讨论的。

颜之推讨论名实关系问题，与同时代的思想家不同。颜之推是从具体的问题讨论着手，而不是就哲学问题进行纯粹理论的分析。颜之推这就使名实问题的认识更加具体化、生活化和形象化，使一个充满"玄辩"的问题变得亲切、生动起来，就如同亲朋之间"聊家常"一样，于朴素之中见大道理。

俗话说："雁过留声，人过留名。"人是有人文关怀和文化自觉的高等动物，辨是非，明荣耻，守大德，循人道，是做人的底线和准则。因此又说："君子爱名。"作为一个社会的人，名声有两种：一种是好名声即"善名"；另一种是坏名声，即"恶名"。坏名声来自于恶德怀行，这就没有什么好讨论的了。至于在社会上博得好名声，又有两种情况，这就是颜之推在文中重点关注并加以讨论的：一是好名声来自于自己的品德、才识和进取，这就是后世所说的"名至实归"，名实相配，这是值得提倡的；二是"虚名"，因"好名"，甚至是"贪名好利"而"耍心眼""用手段"，这样获得的名声是"有水分"的，是不实在的，是不值得肯定的，因此不应提倡。在颜之推看来，人在社会生活中，"名"随"实"起，"实"为"名"基。如果重名爱名，就要从实实在在这个根本抓起；反之，如果"浮华虚称""立足虚基""誉显诺亏""借力博名""伪情博名"等等，一旦为世人所识，就反倒会自取其辱、声名狼藉。颜之推提醒人们，赢得名声没有什么捷径可走，只有不断加强道德修养，只有老老实实、实实在在地做人，好名声才会如影随形而至，这就是他在开篇所说的"德艺周厚，则名必善焉"，而在结尾处，他又强调道："夫修善立名者，亦犹筑室树果，生则获其利，死则遗其泽。世之汲汲者，不达此意，若其与魂爽俱升，松柏偕茂者，惑矣哉！"这些话，可谓至理名言，值得人们在处理名实关系问题时，经常警醒，千万不要误入歧途，误人害己。

一、德艺周厚，名必善焉

名之与实①，犹形之与影也②。德艺周厚③，则名必善焉④；容色姝丽⑤，则影必美焉。今⑥不修身而求令名⑦于世者，犹貌甚恶而责妍影于镜也⑧。上士忘名，中士立名，下士窃名⑨。忘名者，体道合德，享鬼神之福佑⑩，非所以求名也；立名者，修身慎行，惧荣观⑪之不显，非所以让名也⑫；窃名者，厚貌深奸，干浮华之虚称⑬，非所以得名也。

注　释

① 名、实：中国哲学范畴中的专用名词。名，是指事物的指称；实，是指事物的具体内容。这里是指人的名声和作为。

②　形、影：中国哲学的专用名词。形，是指事物的本来状态；影，是指事物的外在影像。如《道德经》第四十一章所谓："大象无形"；如《荀子·礼论篇》："事死如事生，事亡如事存，状乎无形影，然而成文。"都是关于形、影的哲学运用。这里是指人的身体和身影。

③　德艺周厚：德周艺厚，品德和本领都很厚实。周厚，深厚。周，环绕的意思。

④　名必善焉：他在当地的名声就一定很好。焉，指示代词，在……地方。

⑤　姝丽：美丽姣好。语出《后汉书·皇后纪上·和熹邓皇后》："后长七尺二寸，姿颜姝丽，绝异于众。"

⑥　令：倘若，假使。

⑦　令名：令誉的意思，即美名、好名声。语出《左传·襄公二十四年》："侨闻君子长国家者，非无贿之患，而无令名之难。"

⑧　妍影：美好的影像。妍，读音同"言"，美好。

⑨　"上士"句：上士、中士、下士，分别指上等人、一般人和下等人。忘名，不追慕名声。忘，本为遗漏的意思，这里是指舍弃，不当一回事。立名，树立名声。窃名，窃取名声，假名声。这里是在使用古典说理，如《庄子·逍遥游》说："圣人无名"；《庄子·天运篇》又说："老子曰：'名，公器也，不可多取。'"屈原《离骚》："老冉冉其将至兮，惧修名之不立。"

⑩　福佑：赐福保佑。佑，通"祐"。语出东汉王充《论衡·祸虚》："世谓受福祐者，既以为行善所致；又谓被祸害者，为恶所得。""福佑"与"祸害"相对应。

⑪　荣观：荣誉。

⑫　让名：谦让名声，不使名声过高。让，谦让。

⑬　"干"句：干，读音同"甘"，求取。这里是指尽力谋求，极力得到。浮华，表面上的华丽。语出王充《论衡·自纪》："其文盛，其辩争，浮华虚伪之语，莫不澄定。"虚称，空名，指名不副实。

大　意

事物的名称相对于它自身的实际而言，好比是人自身的形体相对于身体的影像一样，可以说是如影随形啊。德才兼备的人，他的名声就一定是美好的；容颜姣好的人，他的影像就一定是美丽的。可是，现在有些人心术不正，既不注重加强品德修养和本事淬炼，却又想获得美名传扬。这就好比是一个相貌丑陋的人，却要企望镜子里出现一张俊美的影像，那是多么荒唐可笑啊。上等人不追慕声名远播，中等人不急切于树立声望，只有下等人才会窃取名声以行其私呢。不追慕名声的贤能之士，因为他们的言行合乎大道，符合美德，所以连鬼神也要赐福保佑他们，他们的美名是靠自己踏实地修炼而获得的，因而没有半点投机取巧的成分；而那些刻意追求名声的人，虽然能够做到修身养性、谨言慎行，但还是经常担心自己不能获得美名，当有那么一天美名飘然而至的时候，他们更是不会谦让的；至于那些在意名声，着意窃取名声的人，他们往往是道貌岸然，大奸似忠，他们的注意力全在自己如何博取名声、如何因高知名度获得相应的利益上，即使他们这样挖空心思追逐名利，终究也还是"竹篮打水一场空"，他们决不可能获得真正的美名呢！

二、君子立己，宛如立于山巅、行于川谷，知所敬畏

人足所履①，不过数寸，然而咫尺之途②，必颠蹶③于崖岸；拱把之梁④，每沈溺⑤于川谷者，何哉？为其傍无余地故也。君子之立己，抑亦如之⑥。至诚之言，人未能信；至洁⑦之行，物或致疑：皆由言行声名无余地也。吾每为人所毁，常以此自责。若能开方轨之路⑧，广造舟之航⑨，则仲由之证鼎⑩，一本作"言信"。重于登坛之盟⑪，赵熹之降城⑫，贤于折冲之将⑬矣。

注　释

①履：踏步。

②咫尺：比喻长度很短，这里是狭窄的意思。语出《韩非子·外储说左上》："用咫尺之木，不费一朝之事。"咫，读音同"只"，长度单位，古代的周朝以八寸为一咫，相当于现在市尺制六寸二分二厘。

③颠蹶：摔倒。颠，由高处摔下；蹶，读音同"决"，在平地上跌倒。语出《荀子·大略篇》："礼者，人之所履也，失所履，必颠蹶陷溺。"

④拱把之梁：独木桥。拱把，双手合围之木。拱，双手合抱谓之"拱"；只手把握谓之"把"，程本作"抱"。拱把，语出《孟子·告子上》："拱把之桐梓，人苟欲生之，皆知所以养之者。"梁，桥。

⑤ 沈溺：沉溺，落入水中被淹死。沈，通"沉"。

⑥ 抑亦如之：大概也就是这样吧。抑，或许，大概；如之，如此，像这样。

⑦ 洁：高洁的品行。

⑧ 方轨之路：平坦的大路。方轨，两车并行。典出《史记·苏秦列传》："车不得方轨，骑不得比行。"方，并行的两车。

⑨ 造舟：在船上架起木板，搭建浮桥。典出《诗经·大雅·大明》："造舟为梁，不显其光。"意思是说，与人方便，凡事留有余地。表明以光明开阔的胸襟待人。

⑩ 仲由之证鼎：像孔子学生子路一样，言必有信，就可以不用起誓了。仲由，孔子学生子路。证鼎，面对鼎发誓。"证鼎"，程本、抱经堂本作"言信"。典出《左传·哀公十四年》："小邾射以句绎来奔，曰：'季路要我，吾无盟矣。'使子路，子路辞。季康子使冉有谓之曰：'千乘之国，不信其盟，而信子之言，子何辱焉？'对曰：'鲁有事于小邾，不敢问故，死其城下可也。彼不臣而济其言，是义之也。由弗能。'"意思是说，小邾国的使臣射为贡献句绎而出使鲁国，说道："如果派子路和我口头约定，那就不用起誓了。"鲁国于是派子路去，但子路却推辞了。鲁国执政官季康子就派冉有（孔子学生）去请子路，说道："学长啊，中等国的盟誓他们信不过，反而相信您的话，您是一言九鼎的人，出使一趟，对您有什么觉得屈辱呢？"子路回答说："如果是鲁国与小邾国发生战争，我就不敢询问其中是非曲直，即使是以此殉职，我也在所不辞。如果是小邾国不尊臣道，就算是派我出使小邾国，这反倒是满足了他的不合理要求，把不正义的行为当成理所当然的了。无论如何，我子路是不会这样办事的。"

⑪ 登坛之盟：设坛会盟诸侯，这是古礼。

⑫ 赵熹之降城：指东汉将军赵熹劝降敌城的故事。典出《后汉书·赵熹传》："舞阴大姓李氏拥城不下，更始遣柱天将军李宝降之，不肯。云：'闻宛之赵氏有孤孙熹，信义著名，愿得降之。'更始乃征熹。熹年未二十，既引见，即除为郎中，行偏将军事，使诣舞阴，而李氏遂降。"意思是说，更始帝即位，舞阴县城大姓李氏拥城不降。更始帝派遣柱天将军李宝去招降李氏，李氏不肯，说："听说宛人赵氏有孤孙赵熹，信守节义，非常著名，愿向他投降。"更始帝就征召赵熹。赵熹当时还不到二十岁，皇帝召见后，即任命他为郎中，代理偏将军事务，让他到舞阴，李氏果然向他投降了。

⑬ 折冲之将：克敌制胜的猛将。语出《汉书·张汤传》："虽不能视事，折冲万里，君先帝大臣，明于治乱。"折冲，打败敌人。

大 意

人的脚所踩踏的地方，确实不过方寸之间。但是，当他走在狭窄的路上，譬如行走在咫尺见方的悬崖边，或者是独木桥上，一不留神儿，就会翻落下去，造成人身伤害啊。这是为什么呢？原因很简单，因为他所过之地狭窄难行啊。君子立身行事，情况也和这种情况差不多吧！最真诚的话语，人们往往不会相信；最纯洁的行为，人们往往还会怀疑他的动机。这是因为言行出于至诚至善，就没有余地了。每当我受到别人误解，甚至是诋毁的时候，我就时常用这类道理来反省自己，而不是一味地责怪别人。如果能开辟出两车并行的大道，架设两船并行的浮桥，那么就能像孔子学生子路一样，言必信，行必果，胜过设坛盟誓；就会像汉末赵熹将军一样，靠诚信的魅力劝敌投降献城，比战场上杀敌获胜的将军还要威风得多呢。

三、真伪缘起于内心，言行表达其心思

吾见世人，清名登而金贝①入，信誉显而然诺②亏，不知后之矛戟③，毁前之干橹也④。虙子贱⑤云："诚于此者形于彼。"⑥人之虚实、真伪在乎心，无不见乎迹，但察之未熟⑦尔。一为察之所鉴，巧伪不如拙诚，承之以羞⑧大矣。伯石让卿⑨，王莽辞政⑩，当于尔时，自以巧密。后人书之，留传万代，可为骨寒毛竖也。近有大贵，以孝著声⑪。前后居丧，哀毁瘠制⑫，亦足以高于人矣。而尝于苦块之中⑬。以巴豆⑭涂脸，遂使成疮，表哭泣之过。左右童竖⑮，不能掩之，益使外人谓其居处饮食，皆为不信。以一伪丧百诚者⑯，乃贪名不已故也。

注 释

① 金贝：金钱和宝贝，泛指财富。典出《汉书·食货志》："金刀龟贝，所以通有无也。"

② 然诺：允诺，许诺。

③之矛戟：之，到。矛，长柄顶端有铁尖头用以刺杀的一种古代兵器。戟，是矛与戈合体的一种古代兵器，具有直刺、旁击和横钩等功能。矛戟，泛指兵器。语出《诗经·国风·秦风·无衣》："王于兴师，修我矛戟，与子偕作。"意思是说，武王兴兵去征讨，赶紧修整戈和矛，仇报杀敌同目标！

④干橹：指小、大盾牌。干，读音同"甘"，古代用于护身的兵器，小盾牌。如《诗经·大雅·公刘》记载："思戢用光弓矢斯张。干戈戚扬，爰方启行。"意思是说，团结起来争荣光，张弓带箭齐武装。盾戈斧钺握在手，不失戎机奔远方。橹，古代用于防止兵器对攻的大盾牌。如《韩非子·难二》的记载："赵简子围魏之郭郭，犀楯犀橹，立于矢石之所不及。"

⑤虙子贱：一作宓子贱，名不齐，字子贱，春秋时期鲁国人，有才智，以仁爱知名。据《史记·仲尼弟子列传》："孔子谓：'子贱，君子哉！鲁无君子，斯焉取斯？'子贱为单父宰，反命于孔子，曰：'此国有贤不齐者五人，教不齐所以治者。'孔子曰：'惜哉！不齐所治者小；所治者大，则庶几矣。'"曾为单父宰，弹琴而治，为后世儒家所称道。参见《吕氏春秋·察贤》。孔子弟子"七十二贤徒"之一。虙、宓，读音同"扶"。

⑥"诚于"句：语出《吕氏春秋·具备》："三年，巫马旗短褐衣弊裘，而往观化于亶父，见夜渔者，得而舍之。巫马旗问焉，曰：'渔为得也，今子得而舍之，何也？'对曰：'宓子不欲人之取小鱼也。所舍者，小鱼也。'巫马旗归，告孔子曰：'宓子之德至矣！使小民暗行，若有严刑于旁。敢问宓子何以至于此？'孔子曰：'丘尝与之言曰："诚乎此者刑乎彼。"宓子必行此术于亶父也。'夫宓子之得行此术也，鲁君后得之也。鲁君后得之者，宓子先有其备也。先有其备，岂遽必哉？此鲁君之贤也。"这是古代有名的"宓子贱治亶父"的故事，意思是强调以德治民，不要过分迷信严刑峻法的作用。形，通"刑"。

⑦熟：深知，透彻了解。

⑧承之以羞：语出《易经·恒》："象曰：九二：悔亡，能久中也。九三：不恒其德，或承之羞，贞吝。"意思是说，如果不能持之以恒地坚守道德，反复无常，接下来就会蒙受羞辱。

⑨伯石让卿：指春秋时期郑国国君派太史任命伯石为卿，伯石假意拒绝，如此三次之后才接受任命的事情。典出《左传·襄公三十三年》："伯有既死，使太史命伯石为卿，辞。太史退，则请命焉。覆命之，又辞。如是三，乃受策

入拜。子产是以恶其为人也，使次己位。"本文意在贬斥虚情假意的做派。

⑩ 王莽辞政：指西汉末年王莽曾两次辞谢大司马，要求"乞骸骨"(退休)，表示自己不想做官、淡泊功名的事情。但事实上，王莽却在不久后代汉自立，建立新朝。说明此前的表露只是假意，是一种帝王权术而已。典出《汉书·王莽传》。

⑪ 以孝著声：因为孝顺获得了很高的名声。"以孝"，程本作"孝悌"，抱经堂本作"以孝悌"。著，显著，突出。

⑫ 踰制：超越制度规定，越轨的意思。踰，读音同"鱼"，通"逾"，逾越，超出范围。

⑬ 尝于苫块之中：严格遵循居丧守孝的礼节，睡在草垫上，头枕着土块，思念父辈养育艰难之恩。于，程本作"以"。苫，读音同"三"，草垫子；块，土块。

⑭ 巴豆：据李时珍《本草纲目》记载，产于古时巴地（今四川一带），有剧毒。

⑮ 童竖：本意是指未成年的宦官。晋代以后，语义泛华。这里是指家庭童仆。

⑯ 丧：丧失。这里是失去、丢失的意思。

大 意

我细细观察发现，如今一些人的致富门道是先激扬名声而后谋取利益；一旦清名显赫了，他就可获得丰厚的物质财富了；一旦信誉远播了，他就将诚实守信、一诺千金忘于脑后了。他们不懂得矛、盾相克的道理啊！你不守承诺，就像身后的矛立马刺穿了身上的盾呢。孔子弟子在亶父这个地方治理得很好，他的经验是德治。他说过一句很著名的话："诚实于内，就能外化于行。"真伪缘起于内心，言行表达心思，这是万古不变的道理。但是，人们往往对于这个道理却重视不够，以至于体悟不深。只要你用心观察生活，就可以发现：那些精心伪装的面孔，总是胜不过那些看起来很质朴的诚实呢！因为一旦戳穿了那些人的百般伪装，他们就会承受十分难堪的羞辱。聪明人谁会自取其辱呢！春秋时期郑国伯石三次假意推让卿位，西汉末年王莽两次假意辞让大司马，他们在当时伪装得真是精巧，简直是"表演大师"啊！后人把他们当时的伪装、表演完整地记录下来，现在我们读起来都深受震撼，时常毛骨悚然，寒彻周身。他们的伪装，还会随着典籍传承而万世流传呢。最近有一位显贵，以孝闻名，前后两次服丧都超过了礼制，其悲伤的程度简直是无以复加，可以说谁都赶不上他的孝行。但是，他真实的情况却是这样的：他在守孝期间，把含有剧毒的巴豆敷在脸上，使脸上长疮，让别人误以为他号哭过度而泪水伤脸。这种做派并没有瞒住身边的童仆，他们把他的这种伪装讲了出去，使人们对他在守孝期间的居处饮食都产生了很大怀疑。这就危及他做人的道德底线了。因此我说，因为一次作伪而失去百诚的名声，都是因为对于名声贪得无厌造成的啊！

四、虚名之下，其实难副

有一士族①，读书不过二三百卷，天才钝拙②，而家世殷厚③，雅④自矜持，多以酒犊⑤珍玩交诸名士，甘⑥其饵者，递共⑦吹嘘。朝廷以为文华⑧，亦常出境聘⑨。东莱王韩晋明⑩笃好文学，疑彼制作，多非机杼⑪，遂设宴言，面相讨试尔⑫。竟日⑬欢谐，辞人⑭满席，属⑮音赋韵，命笔为诗，彼造次⑯即成，了非向韵⑰。众客各自沈吟，遂无觉者。韩退叹曰："果如所量！"韩又尝问曰："玉珽杼上终葵首⑱，当作何形？"乃答云："珽头曲圜⑲，势如葵叶⑳尔。"韩既有学，忍笑为吾说之。

注　释

① 士族：南北朝时期的高门贵族，以姓氏为社会身份和地位的区别，享有政治、经济特权，时人所谓"上品无寒门，下品无士族"。

② 钝拙：反应迟钝，行事愚笨。钝，迟钝；拙，笨。

③ 殷厚：富足。

④ 雅：向来，素来。

⑤ 酒犊：酒水、牛肉。

⑥ 甘：使……甘，感觉到甜美。

⑦ 递共：递，交相，竞相；共，程本作"相"。

⑧ 文华：文采。语出：《后汉书·班彪传论》："班彪以通儒之才，……敷文华以纬国典，守贱薄而无闷容。"这里指有才华的人。

⑨"亦"句：常，通"尝"，程本、抱经堂本作"尝"；聘，出使修睦，做外交官的意思，这里是指萧梁、北齐修睦。

⑩东莱王韩晋明：韩晋明，北齐韩轨之子，据《北齐书·韩轨转》记载："晋明有侠气，诸勋贵子孙中最留心学问。"韩晋明继承其父爵位，为东莱王。

⑪机杼：文章创作中的精心构思和精彩布局。语出《魏书·祖莹传》："文章须自出机杼，成一家风骨，何能共人同生活也。"

⑫尔：程本、抱经堂本无。

⑬竟日：一整天。竟，从头到尾。

⑭辞人：善于辞章的人。这里是指文人。

⑮属：读音同"主"，连接的意思。

⑯造次：仓促之间。语出《论语·里仁篇》："君子无终食之间违仁，造次必于是，颠沛必于是。"

⑰了非向韵：全然不是先前的韵致。了，全然，完全；向，先前，从前。

⑱"玉珽"句：玉珽：玉笏，古代天子手持的玉制手板。据许慎《说文解字·玉部》载："珽，大圭，长三尺，杼上，终葵首。"珽，读音同"挺"。杼，用刀削。终葵，本是殷商时期巫师所戴的方形尖顶面具，后世将尖状锤击工具称为终葵，这里是指两字的合音，前字的声母合上后字的韵母为"锥"，指锥形。首，头。

⑲曲圜：弯曲如环。圜，读音同"环"，环绕。

⑳葵叶：终葵的叶子。终葵，一种植物，叶圆而剡上，形如椎。这里的意思是说，士族答非所问，连当时人将锥体物称为终葵都不懂，就以实物"葵叶"作答，不免闹笑话。

大 意

有一位士族，读书不超过两三百卷，还天生愚钝，可真不是个读书的料呢；不过，他家家道殷实，积资深厚。他时常装扮成憨厚老实的样子，经常宰牛备酒，摆设珍玩，邀集天下名士笼络他们。这些人酒足饭饱，得了好处之后，就竞相吹捧这名士族。这下，他的名声就起来了，朝廷也真以为他有真才实学，也还破格使用他办理过外交事务。东莱王韩晋明一向喜好文学，对这位士族的才学及其作品产生了怀疑。于是，就设酒摆宴，举行文学聚会，并对他进行检测。好热闹啊！整整一整天呢，文人满座，欢声笑语，时而连音和韵，时而挥毫作诗，时而相互研讨，气氛和乐。其中，这位士族很快就写出了一篇诗作，但全然没有先前作品的韵致。来宾们都在琢磨自己的作品，谁也没有关注到这位士族的诗作前后风格、水平有多大反差。倒是这位精明的王爷韩晋明一下子就看出了其间端倪。王爷离开座席感叹道："果真是我所料想的那个样子啊！不学无术，浪得虚名。"王爷还当面试探过他，问道："玉珽杼上终葵首，应当是一个什么样子啊？"这位士族仅就"葵"字的字面意思回答，说道："玉珽的上部弯曲如环，那样子如同葵叶吧。"怎么是这个意思呢？王爷问的是玉珽的上头被削成锥体状，故意不说锥体，而是用文人圈里的雅语"终葵"来说事，试看他入门没有。韩晋明虽世袭王爷，但人家是个有学问的人，他是能够赏鉴出水平高低的呀。这是韩晋明忍笑着向我讲的一个真实故事，很有教育意义呢！

五、靠真才实学赢得社会声誉，才会赢得社会尊敬

治点①子弟文章，以为声价②，大弊事③也。一则不可常继，终露其情；二则学者有凭④，益不精励⑤。

注 释

① 治点：修饰润色。治，修理；点，润饰。

② 声价：名声和社会地位。语出东汉应劭《风俗通·十反·聘士彭城姜肱》："吾以虚获实，蕴藉声价。盛明之际，尚不委质，况今政在家哉！"

③ 大弊事：十分坏的事情。大，程本作"太"，十分，极其；弊，不好的，有害的，弊病、弊端的意思。

④ 凭：依靠。

⑤ 精励：兢兢业业，勤勉奋发。这里是努力上进的意思。也可写作"精厉"。语出范晔《后汉书·朱浮传》载："是以博举明经，唯贤是登，学者精励，远近同慕。"

大 意

通过精心修改自家子弟的文章，达到抬高其声誉和社会地位的目的，这是一件很坏的事情啊！为什么这么说呢？一是这种事情不可持续，总有一天会大白于天下；二是初学者因此有所依靠，产生惰性，就会更加懈怠，而不会奋发上进了。这有什么好啊！

六、获得好名声容易，保持好名声难

邺下有一少年，出为襄国令①，颇自勉笃。公事经怀②，每加抚恤③，以求声誉。凡遣兵役，握手送离，或赉梨枣饼饵④，人人赠别，云："上命相烦，情所不忍。道路饥渴，以此见思。"民庶称之⑤，不容于口⑥。及迁为泗州别驾⑦，此费日广，不可常周⑧。一有伪情，触涂⑨难继，功绩遂损败矣⑩。

注 释

① 襄国令：襄国县令。襄国，当时属襄国郡，在今河北省邢台西南。

② 经怀：放在心上，仔细筹划。怀，心里。

③ 抚恤：安抚体贴。恤，读音同"序"，顾念体贴。

④ "或"句：赉，把东西送给人家，馈赠物品，读音同"基"。饵，糕饼一类的食品。

⑤ 民庶称之：民庶，老百姓。语出《管子·国蓄》："人君铸钱立币，民庶之通施也。"庶，平民百姓。称，夸奖，称道。

⑥ 不容于口：赞不绝口。语出《史记·袁盎晁错列传》："（梁王）曾使人刺盎，刺者至关中，问袁盎，诸君誉之皆不容口。"容：盛受，装得下。

⑦ 泗州别驾：泗州，地名，在今江苏宿迁东南；别驾，官名，相当于州一级下属的佐史。据唐代学者杜佑（735—812）《通典·职官》：别驾，"从刺史行部，别乘一乘传车，故谓之别驾。"

⑧ 周：周到，细致。

⑨ 触涂：各处，出处。涂，通"途"，道路。

⑩ 损败：毁坏。程本作"败损"。

大　意

话说邺下有位年轻后生，被选拔为襄国县令，表现得十分勤勉敬业呢。他所经办的事情，无不用心筹划，尽力办妥。他常常慰问下属，抚慰百姓，救济贫病，博得了很好的声誉。譬如，大凡抽派兵役，他都执手相送，有时甚至带些水果、糕点食品，逐一分送他们。他说的话也很感人："真是难为大家啊！上级的任务不能不执行，各位舍家为国，克服各自困难，真是麻烦大家了！从我个人的感情来看，我是于心不忍的。这点水果、糕点，请大家带上在路上充饥解渴，也就此表达我的一点心意吧！"老百姓无不为之感动，对他也是赞不绝口。可是，等他晋升为泗州别驾以后，由于工作面更大了，像这类的费用用度很大，就难以面面俱到了。可见，由面窄点少到面广点多，只要你稍有疏漏，顾此失彼，就会被人指责为"矫情伪饰"，过去的名声就会被毁于一旦了。对此，应该想明白啊！

七、修善立名，泽惠后人

或问曰："夫神灭形消①，遗声余价，亦犹蝉壳蚬皮，兽远音"航"。鸟迹②尔。何预③于死者，而圣人以为名教④乎？"对曰："劝⑤也，劝其立名，则获其实。且劝一伯夷⑥，而千万人立清风矣；劝一季札⑦，而千万人立仁风矣；劝一柳下惠⑧，而千万人立贞风矣；劝一史鱼⑨，而千万人立直风矣。故圣人欲其鱼鳞凤翼⑩，杂沓参差⑪，不绝于世，岂不弘⑫哉？四海悠悠，皆慕名者，盖因其情而致其善尔。抑又论之，祖考⑬之嘉名美誉⑭，亦子孙之冕服⑮墙宇也。自古及今，获其庇荫⑯者亦众矣。夫修善立名者，亦犹筑室树果，生则获其利，死则遗其泽。世之汲汲者⑰，不达此意，若其与魂爽⑱俱升，松柏偕茂者⑲，惑矣哉！"

注　释

① 神灭形消：指死亡，人死灵魂熄灭，身体消亡。神，指人的精神、灵魂；形，指人的肉体、身体。在南北朝时期，"神灭"与"神不灭"两种观点尖锐对立，讨论热烈。

② 兽远鸟迹：野兽留下的脚印，飞鸟留下的印迹。远，读音同"航"，野

兽留下的行迹。

③预：通"与"，关涉的意思。

④名教：先秦儒家的"正名"说，被后世统治者定位"因名而异"的礼教和"合乎名分"等级的社会管理。

⑤劝：鼓励，勉励。

⑥伯夷：商末贤士。《孟子·万章下》记载了孟子对伯夷的很高评价，即"伯夷之风"："伯夷，目不视恶色，耳不听恶声。非其君，不事；非其民，不使。治则进，乱则退。横政之所出，横民之所止，不忍居也。思与乡人处，如以朝衣朝冠，坐于涂炭也。当纣之时，居北海之滨，以待天下之清也。故闻伯夷之风者，顽夫廉，懦夫有立志。"意思是说，伯夷这个人啊，有自己的风格和气派。譬如说，他的眼睛从来不看丑陋的事物，耳朵也从来不听邪恶的声音。对他而言，如果不是他心中理想的君主，他是不会屈身侍奉的；如果不是他心中认定的百姓，他也是不会理会他们的。他思量着，天下太平就出来做官，天下混乱就隐退不出。他既不会前往施行暴政的国家，也不会住在暴民横行的地方。他认为，和没有教养的野民相处，就好比是穿着上朝的礼服、戴着上朝礼帽，却坐在泥团或炭灰之上一样可笑。在殷纣王暴虐统治的时候，他就隐居在渤海之滨，以静待变，期盼太平盛世来临。因此，目睹过伯夷风范的人，一定会改变自己，即使是贪得无厌的人也会变得廉洁起来，即使是再懦弱的人会变得意志坚定。

⑦季札：姬姓，寿氏，名札（前576—前484），又称公子札、延陵季子、延州来季子、季子，春秋时吴王寿梦第四子，封于延陵（今江苏常州），后又封州来。有贤名。多次推让君位。参见《史记·吴太伯世家》。

⑧柳下惠：鲁国大夫。姓展，名获，字禽，食邑在柳下，死后谥惠，后世多称为柳下惠。孟子对他有很高评价，称为"柳下惠之风"，据《孟子·万章下》说："柳下惠不羞污君，不辞小官。进不隐贤，必以其道。遗佚而不怨，厄穷而不悯。与乡人处，由由然不忍去也。'尔为尔，我为我，虽袒裼裸裎于我侧，尔焉能浼我哉？'故闻柳下惠之风者，鄙夫宽，薄夫敦。"意思是说，柳下惠不以侍奉恶君为耻，也不因官小而弃。他做官能够充分施展自己的才能，坚持按照自己的原则办事。他即使不被重用也不怨恨，即使陷于穷困也不忧愁。如果与没有教养的野人相处，他也能照样生活。他说过："你是你，我是我，就算

你赤身裸体待在我旁边，难道诱惑得了我吗？"因此，见识过柳下惠风范的人，狭窄的心胸也会变得宽阔起来，刻薄的行事也会变得厚道起来。

⑨ 史鱼：春秋时期卫国大夫。名佗，字子鱼，也称史鳅（读音同"秋"）。卫灵公时任祝史，负责卫国对社稷神的祭祀，故称祝佗。吴国的季札经过卫国时，称赞史鱼为卫国君子、柱石之臣。为人正直，敢于直谏。他临死时嘱咐儿子不要按规定治丧（即史鱼遗言"死不当治丧正堂，殡我于室足矣"），要求国君贬斥小人弥子瑕，任用贤能蘧伯玉。后人称为"尸谏"。孔子高度评价史鱼说："子曰：'直哉！史鱼！邦有道，如矢；邦无道，如矢。'"（《论语·卫灵公篇》）

⑩ 鱼鳞凤翼：鱼身上长出鳞，凤展开翅膀。这里是比喻各色各类人才。

⑪ 杂沓参差：杂乱不齐。参差：读音同"岑刺"，高低、长短等不一。

⑫ 弘：广大，指气势、气象。

⑬ 祖考：祖先。语出《诗·小雅·信南山》："祭以清酒，从以骍牡，享于祖考。"

⑭ 嘉名美誉：美好的名声。"嘉名"与"美誉"是同义词反复。嘉名，本意是好名字，或者好名称，引申为好名声。语出《楚辞·离骚》："皇览揆余于初度兮，肇锡余以嘉名。名余曰正则兮，字余曰灵均。"

⑮ 冕服：古代朝廷举行仪式时帝王、诸侯以及卿大夫穿戴的礼服礼帽。语出《国语·周语上》："太宰以王命命冕服，内史赞之。"

⑯ 庇荫：本义是指遮蔽阳光的参天大树，后来延伸为庇护子孙的意思。语出《国语·晋语九》："木有枝叶，犹庇荫人，而况君子之学乎？"

⑰ 世之汲汲者：世上那些急功近利的人。汲汲：急切的样子。语出《礼记·问丧》："其送往也，望望然，汲汲然，如有追而弗及也。"之，程本、抱经堂本作"人"。

⑱ 魄爽：魂魄。语出《左传·昭公二十五年》："心之精爽，是谓魂魄。"爽，指依附于形体的精神，也就是人们平常所说的"魄"。

⑲ 偕：旧读"街"，通"皆"，共同的意思。

大　意

有人曾经问我："在人死之后，其灵魂和肉体就一块消失了，他留下的名声和影响也不过就像蝉壳、蛇皮、兽印和鸟迹罢了，这跟死人还有什么关系呢？古来圣贤为何还要以此作为正名定分的教化依据呢？"我回答道："圣贤用心良苦啊！他们是为了借用那些死者的英名和业绩来勉励后人啊！他们希望大家好好做人，修德善为，扬名立万，名副其实。更何况，褒扬一个伯夷，就会有千千万万个像伯夷那样的人树立清正之风；褒扬一个季札，就会有千千万万个像季札一样的人树立仁德之风；褒扬一个柳下惠，就会有千千万万个像柳下惠一样的人树立坚贞之风；褒扬一个史鱼，就会有千千万万个像史鱼一样的人树立正直之风。这就是圣人教化的初衷，希望社会上涌现各种各样出类拔萃的人物。这样的理想，难道不是立意宏远吗？普天之下，四海之内，人们都羡慕嘉名美誉，也都致力于自己所仰慕的那种类型而努力追求呢。退一步讲，祖先的美名也是后世子孙的精神财富啊！从古到今，后人受到先辈美德美名庇佑激励，真是多不胜数啊！修德行善，美名传扬，也就像盖房子、种果树一样。人活着的时候，收获房子、果树的好处；人死了，便是将房子、果树留给后人的恩泽。可叹的是，世上那些急功近利的人，就是不懂这得些深刻的道理啊！假使人的名声能够随着灵魂一道升天，还像松树和柏树一样相伴常青，那就让人觉得奇怪了。有这种想法的人，真是糊涂啊！"

涉务第十一

提　要

涉务，就是要"食人间烟火"，"接地气""做人事"，实实在在地生活，善于处理实际事务。本章的指向性很明确，不尚空谈，鼓励实务。

在作者所处的时代，社会上出现两种流弊：一是玄学空谈之风盛行，对于讲经论道，人们趋之若鹜，夸夸其谈，借以博得风雅，沽名钓誉。实际上，这些都只是空洞无物的辩论，有的甚至是耗时费日、永无解证的诡辩。流风所及，人们以清谈、辩论为乐事。他们所谈所论之事，全然偏离治国理政、修身齐家、能抓会干这些社会政治、经济、军事、社会事务。更是偏离了先秦儒家所倡导的"修身、齐家、治国、平天下"的人生主张和"内圣外王"的人格模式，空洞无物。作者对这种时弊进行尖锐的揭露："世中文学之士，品藻古今，若指诸掌，及有试用，多无所堪。"这些人的脸谱，就是"会说不会做""眼高手低""中看不中用"。颜之推无情地抨击他们是"清谈的高手"，却是"办事的低能儿"："居承平之世，不知有丧乱之祸；处廊庙之下，不知有战阵之急；保俸禄之资，不知有耕稼之苦；肆吏民之上，不知有劳役之勤。"一个社会，知识分子、士大夫都是如此，这就多危险啊！社会没有思想活力，没有实践张力，贵虚轻实，只说不做，这个社会就只剩一张"会说话"的臭皮囊了。二是奢靡浮华之风盛行，特别是那时的士族贵族，纵情声色犬马，沉溺酒池歌舞，一个个峨冠博带、涂脂抹粉、高靴大马、锦绣熏衣，刻意潇洒，践踏财富，他们养尊处优、四体不勤、五谷不分，全然不知民生之艰！他们完全背离了先秦儒家主张的"节简、亲民、自强"修养，成为腐朽之尤。作者对此进行了深刻揭露："梁世士大夫，皆尚褒衣博带，大冠高履，出则车舆，入则扶侍，郊郭之内，无乘马者。"并予坚决地批判："江南朝士，因晋中兴，南渡江，卒为羁旅，至今八九世，未有力田，悉资俸禄而食尔。假令有者，皆信僮仆为之，未尝目观起一墢土，耘一株苗；不知几月当下，几月当收，安识世闲余务乎？故治官则不了，营家则不办，皆优闲之过也。"他们简直就是社会体内的"寄生虫"了！社会体内的寄生虫多了，社会就是病态的了。作者对当时社会这两种流弊的无情揭露和深刻鞭挞，既是教育子孙，引以为鉴；同时，这也是作者自己对当时社会看法的真心流露，为我们提供了一份了解当时社会的宝贵资料。

作者在谈话中，使用了夹叙夹议、有破有立的立论方法。夹叙夹议，就是一边讲故事，娓娓道来，使用典型的、有代表性的事例，作为立论的依据。他使所讲道理真实可靠、亲切可信；有破有立，就是旗帜鲜明地反对自己所批判的弥漫于读书人、士大夫、贵族集团身上的流弊积弊，并指出自己主张的思想和观点，彰显了自己追求真理、同情民生、立人做人的风骨。作者的主张围绕成人立人的本性，具有浓郁的中国传统人学立场：一是做人就要勤学苦练一门本事，发挥自己的长处、特点，把该做的事情做好；二是做人就要适应社会、关切社会，把自己的事情做好；三是要关注民生，懂得农业生产、关心农业生产，"贵谷，务本之道也"，"民以食为天"，农业是生存之道、立国之本。这些看法，既是对中国知识分子忧国忧民、修己立身、积极入世优良传统的继承发扬，又具有在当时激浊扬清、明辨是非的积极意义。即使是在今天，这些论述也是有重要借鉴价值的。

一、人性有长短厚薄，关键在于胜任自己的本职工作

士 ① 君子之处世，贵能有益于物尔 ②。不徒高谈虚论 ③，左琴右书 ④，以费人君禄位也。国之用材，大较 ⑤ 不过六事：一则朝廷之臣，取其鉴达治体 ⑥，经纶博雅 ⑦；二则文史之臣，取其著述宪章，不忘前古 ⑧；三则军旅之臣，取其断决有谋，强干 ⑨ 习事；四则蕃屏之臣，取其明练 ⑩ 风俗，清白爱民；五则使命之臣，取其识变从宜，不辱君命 ⑪；六则兴造之臣 ⑫，取其程功 ⑬ 节费，开悟 ⑭ 有术。此则皆勤学守行 ⑮ 者所能办也。人性 ⑯ 有长短，岂责具美于六涂哉 ⑰？但当皆晓指趣 ⑱，能守 ⑲ 一职，便无愧 ⑳ 尔。

注 释

① 士：程本作"夫"。

② "贵"句：贵，用如动词，以……为宝贵；物，这里泛指人和事。

③ 高谈虚论：高深空洞、不切实际的议论。语出《六韬·上贤》："不图大事，贪利而动，以高谈虚论，说于人主，王者慎勿使。"

④ 左琴右书：古代文人雅士以琴、棋、书、画、梅、兰、菊、竹为风雅，以显示自己不俗的品位，其中又以抚琴和书法为代表。古代礼仪，左为上，右为次。书，书法及其作品。

⑤ 大较：大体上，大概。较，略，大略。

⑥ 鉴达治体：洞悉国家治理的原则和走向。鉴，明察；达，通晓；体，本体和根本。

⑦ 经纶博雅：经纶，本意为整理丝线和编丝结绳，这里是指谋划国家大事。语出《易经·屯》："云雷屯，君子以经纶。"博雅，学识渊博，品行端正。语出《后汉书·杜林传》："博雅多通，称为任职相。"

⑧ 前古：前人和古人。时间上有远、近差别。

⑨ 强干：精明干练。

⑩ 明练：熟悉，通晓。语出陈寿（233—297）《三国志·魏志·田豫传论》："田豫居身清白，规略明练。"

⑪ 不辱君命：语出《论语·子路篇》："始于四方，不辱君命。"圆满完成出使的任务，为君王赢得尊严。

⑫兴造之臣：与前文讲到的朝廷之臣、文史之臣、军旅之臣、藩屏之臣、使命之臣共计六个类别，即六种类型的政治精英：在朝廷服务君王参与决策的执政大臣、在君王身边起草文书编订文献的文化大臣、统领军事指挥作战的军事大臣、治理地方事务护卫中央的地方大臣、出使国外办理外交事务的外务大臣和管理大型建设项目的技术大臣。藩屏，本义是指屏障的意思。后来引申为拱卫中心的意思，如《左传·定公四年》："选建明德，以藩屏周。"语出《诗经·大雅·板》："价人维藩，大师维垣，大邦维屏，大宗维翰。"意思是说，武士好比是篱樊，民众好像是城垣。大国好比是屏障，宗族就是强栋梁。价人，善人。价通"介"，善的意思。藩，篱笆。大师，大众。垣，墙。大邦，大诸侯国。大宗，天子宗族。翰，栋梁。

⑬程功：考核功效。程，计核，考量。语出《礼记·儒行》："儒有内称不辟亲，外举不辟怨，程功积事，推贤而进达之。"

⑭开悟：使心蒙开窍，开启。语出《史记·商君列传》："吾说公以帝道，其志不开悟矣。"悟，程本、抱经堂本作"略"。

⑮守行：保持良好的品行。语出《吕氏春秋·高义》："今可得其国，恐亏其不义而辞之，可谓能守行矣。"

⑯人性：人的天资、潜能、情感等。语出《孟子·告子上》："人性之无分于善不善也，犹水之无分于东西也。"

⑰"岂"句：责，苛求；具，完备；美，才华；涂，通"途"，路径，这里是门类的意思，即文中"六途"。

⑱指趣：通"旨趣"，大意。语出东汉学者荀悦（148—209）《汉纪·成帝纪二》："孔子既殁，后世诸子各著篇章，欲崇广道艺，成一家之说，旨趣不同，故分为九家。"

⑲守：胜任，称职。

⑳媿：同"愧"，惭愧，羞愧。

大　意

君子立身处事，贵在有益于社会。他们不应该只是高谈阔论，左琴右书，附弄风雅，白白地耗费朝廷的俸禄和尸位素餐地占有社会地位啊！朝廷任用官员，大抵上是以下六种类型的人吧：一是在朝廷的执政大臣，他们通晓治国方略，坚守政治原则，靠他们渊博的学识和高尚的品德协助皇帝处理国家大事；二是在朝的文化大臣，他们精通国家制度、法令的变迁，懂得历代治乱规律，协助皇帝起草重要文件；三是统领军队的军事大臣，他们威武严正，多谋善断，能够确保国家安全；五是执掌一方的地方大臣，他们通晓地方风俗民情，清正廉洁，勤政爱民，地方治理有序安定；四是办理外事的外交大臣，他们忠于朝廷，善于随机应变，因事制宜，不辱君命；五是建造基础设施的技术大臣，他们具有丰富的专业知识和业务技能，精打细算，严格管理，工程项目质量完好。以上这些人都经过了实践的千锤百炼，既勤政务实，而又具有丰富经验，并不是一般的饱学之士所能够做得到的呢！人的天资千差万别，不能强求一律，更不能要求所有人都具备这六种才能啊。在我看来，只要人们踏踏实实，多学多干，掌握了某一方面的知识，能够胜任自己的本职工作，就能问心无愧了。

二、学贵实用，经世应务而已

吾见世中文学之士，品藻古今 ①，若指诸掌 ②，及有试用，多无所堪 ③。居承平之世 ④，不知有丧乱之祸；处廊庙 ⑤ 之下，不知有战阵 ⑥ 之急；保俸禄之资 ⑦，不知有耕稼之苦；肆 ⑧ 吏民之上，不知有劳役之勤 ⑨：故难可以应世经务 ⑩ 也。晋朝南渡 ⑪，优借士族 ⑫。故江南冠带 ⑬，有才干者，擢为令仆已下尚书郎中书舍人已上 ⑭，典掌 ⑮ 机要。其余文义之士 ⑯，多迂诞 ⑰ 浮华，不涉世务；纤微 ⑱ 过失，又惜行捶楚 ⑲，所以处于清高 ⑳，盖护 ㉑ 其短也。至于台阁令史 ㉒，主书监帅 ㉓，诸王簽省 ㉔，并晓习吏用 ㉕，济办时须 ㉖，纵有小人之态，皆可鞭杖肃督，故多见委使，盖用其长也。人每不自量，举世怨梁武帝父子 ㉗ 爱小人而疏士大夫，此亦眼不能见其睫尔。

注 释

① 品藻：评议好坏，评定等次。语出《汉书·扬雄传下》："爰及名将尊卑之条，称述品藻。"藻，读音同"早"，词藻，文章。

② 若指诸掌：就像指出手掌中把玩的东西那样，表示轻而易举。指，指示，指向；掌，手掌。语出《论语·八佾篇》："或问禘之说。子曰：'不知也，

知其说者之于天下也，其如示诸斯乎。'指其掌。"

③堪：胜任，承担。

④承平之世：承续太平的时代。

⑤廊庙：殿下屋和太庙。指朝廷。语出《国语·越语下》："谋之廊庙，失之中原，其可乎？王姑勿许也。"程本、抱经堂本作"庙堂"。

⑥战阵：排兵布阵，指打仗。语出《左传·成公七年》："教吴乘车，教之战陈，教之叛楚。"

⑦资：供给。

⑧肆：放纵而行，恣意而为。

⑨勤：辛劳。

⑩应世经务：待人接物，处理事务。应，对接，适应；经，经略，处理。亦称"经世应务"，语出《后汉书·西羌传论》："贪其暂安之执，信其驯服之情；计日用之权宜，忘经世之远略，岂夫识微者之为乎？"《史记·太史公自序》："与时迁移，应物变化。"

⑪晋朝南渡：建武元年，公元317年，西晋灭亡，司马睿带领西晋宗室贵族南渡长江，并在建康（今江苏南京）建立东晋政权，史称"晋室南渡"。

⑫优借：即"优假"，优待的意思。语出《后汉书·刘恺传》："久之，章和中，有司奏请绝恺国，肃宗美其义，特优假之。"

⑬冠带：头上戴的帽子和腰间的束带，这里是指当时的士族贵族和高官的着装。语出《礼记·内则》："冠带垢，和灰请漱。"

⑭"擢"句：擢，读音同"酌"，提拔。令仆：尚书令和尚书仆射（读音同"夜"），据《汉书·百官公卿表》，西汉成帝时设五尚书分曹办事，相当于五部，最高长官为尚书令；设副职一人为仆射，地位仅次于尚书令。魏晋南北朝时期，尚书省总理朝政，尚书令、左右仆射署理丞相之职。尚书郎：尚书省属官，负责文书工作。据《晋书·职官志》："尚书郎主作文书起草。"南朝梁时，尚书省分设二十二曹，每曹长官为郎官，总称为中书郎，地位显要。中书舍人：三国魏时设置中书省，下属中书通事舍人，负责宣传诏令事物。两晋、南朝沿袭不改，至梁时直接简称为中书舍人，负责起草文书诏令，参与机要，行政权力上升，地位日益重要。

⑮典掌：掌管。语出西晋学者、教育家虞溥《江表传》："权为吴王，初置

节度官，使典掌军粮，非汉制也。"

⑯ 文义之士：文学侍从一类的文职散官。

⑰ 迂诞：说话迂阔荒诞、不合事理。语出《史记·孝武本纪》："言神事，事如迂诞，积以岁乃可致。"

⑱ 纤微：细微、细小。语出西汉学者韩婴《韩诗外传》卷九："患生于忿怒，祸起于纤微。"

⑲ 惜行捶楚：舍不得用荆条抽打。惜，舍不得；捶，鞭打棒击；楚，生长于南方的一种落叶灌木，又称"荆"。东晋时，有对郎官进行体罚的规定，自南朝齐始废止。

⑳ 清高：指位高权重。高，程本作"名"。

㉑ 盖：大概。程本、抱经堂本作"益"。

㉒ 台阁令史：尚书台的令史，长官既要文书，次于郎官。

㉓ 主书监帅：尚书省下属的主书和监帅。主书是掌管机要文书的官吏，监帅地位更次之。

㉔ 诸王籤省：各藩王的签帅和省事。签帅由朝廷委派典签佐佑，实为监督藩王言行，品秩不高，权力不小；省事是在藩王身边侍从的小官。籤，"签"的异体字。

㉕ 吏用：管理的事务。用，用途、用处。

㉖ 济办时须：成功处理急需办理的事务。济办，成功地办妥事务。济，成功。时须，表示时间紧促。须，一会儿。

㉗ 梁武帝父子：梁武帝萧衍及其子梁简文帝萧纲、梁元帝萧绎。

㉘ 眼不能见其睫：眼睛能看到远处，却看不见眼睫毛。睫，眼睫毛。

大　意

我看到世上一些文人墨客，评论古今人物、裁量历代得失，劲头很足，好像是指点掌中之物一般简单。一旦让他们去处理一点实务，大多束手无策。他们都是一群眼高手低之徒啊！他们生活在社会长期安定的和平时代，歌舞升平，就不知道国破流离的祸害；他们在朝为官，风光无限，就很难想象战争攻伐的惨烈；他们享受着高官厚禄的待遇，衣食无忧，就更难体会农民种地的艰辛；他们过着统治者高高在上的生活，也就无从知晓老百姓劳役之苦了。如此这般，他们怎能适应社会变化，并随机应变，把事情办好呢！晋室南渡之后，朝廷更加优待士族，江南上流社会中有才干的人得到提拔，获得尚书令、尚书仆射以下，尚书郎、中书舍人以上的高级职位，成为掌管朝廷机要的新贵。其余的文职官员，大多是迂阔之士，没有实际工作经验，说话做事不着边际，因此，他们在工作中常有过失。即使如此，大概是为了掩饰他们的缺点，保全它们身居高位的颜面，又不忍对他们进行杖责。但至于尚书台令史、主书、监帅，各藩王的签帅、省事等这样中低级官员，就没有这么幸运了。即使他们都是通晓公务的官吏，善于处理紧急公务，但也不乏表现不良的言行，这就逃不脱鞭挞杖责的严苛督查了。为什么这样呢？我估计，这大概是用人用其所长吧！人们常常不能自我思量，总是苛责于人，所以，当时全社会都在抱怨梁武帝父子，责怪他们喜欢小人、疏远君子。这其中的道理，也就和人们的眼睛只看得到远方，却看不见自己的眼睫毛一样，值得思考啊！

三、个人可以虚弱到"指马为虎"，但世风一定要刚健向上

梁世士大夫，皆尚褒衣博带^①，大冠高履^②，出则车舆^③，入则扶侍，郊郭^④之内，无乘马者。周弘正为宣城王^⑤所爱，给一果下马^⑥，常服御之，举朝以为放达^⑦。至乃尚书^⑧郎乘马，则纠劾^⑨之。及侯景之乱^⑩，肤脆骨柔，不堪行步；体羸^⑪气弱，不耐寒暑；坐死仓猝者，往往而然。建康令王复，性既儒雅^⑫，未尝乘骑，见马嘶歕陆梁^⑬，莫不震慑，乃谓人曰："正是虎，何故名为马乎？"其风俗至此^⑭。一本无自"建康令王复"已下一段。

注　释

①"皆"句：尚，崇尚，推崇；褒衣博带，穿着宽松的袍子，系着宽大的带子，像古代儒生的打扮。褒，衣襟宽大的样子。

② 高履：高齿屐。履，鞋子。

③ 车舆：指车轿。语出《管子·禁藏》："故圣人之制事也，能节宫室，适车舆以实藏，则国必富，位必尊。"舆，车厢（箱）。

④ 郊郭：亦称"郊廓"，城市及其周边近郊，泛指城邑。语出南北朝谢灵运的《山居赋》："谢丽塔于郊郭，殊世间于城傍。"郭，外城墙。

⑤ 宣城王：梁简文帝嫡长子萧大器。简文帝即位后被立为太子，武帝中大通三年（531）封为宣城王。

⑥ 果下马：一种矮小的马，用于果园劳作之便，适于在果树下行走。这种马，毛褐色，高约三尺，长三尺七寸，体重只有一百多斤，但可拉一千二百至一千五百斤重的货物。南朝时士族贵族乘果下马引为时髦。

⑦ 放达：言行舒展，不受约束。语出葛洪《抱朴子·疾谬》："才不逸伦，强为放达。"

⑧ 书：原作"马"，今据程本、抱经堂本改。

⑨ 纠劾：检举弹劾。《晋书·周处传》："凡所纠劾，不避宠戚。"语出纠，"纠"的异体字；劾，读音同"喝"。

⑩ 侯景之乱：公元548年，侯景发动叛乱，起兵攻梁，史称"侯景之乱"。大宝三年（552），侯景所据建康城被梁将王僧辩、陈霸先攻破，在出逃中被乱军所杀。

⑪ 羸：读音同"雷"，瘦弱。

⑫ 儒雅：风度翩翩，温文尔雅。语出《汉书·公孙弘等传赞》："汉之得人，於兹为盛。儒雅则公孙弘、董仲舒、倪宽；笃行则不建、不庆。"

⑬ 嘶歕陆梁：嘶歕，嘶叫喷气。歕，"喷"的异体字。陆梁，跳跃，腾跃。语出《后汉书·马融传》："狗马角逐，鹰鹯竞鸷，骁骑旁佐，轻车横厉，相与陆梁，聿皇于中原。"

⑭ "其"句："建康令王复"至"其风俗至此"，程本无。一本无自"建康令王复"以下一段。

大　意

梁朝的士大夫啊，都喜欢穿宽大的衣服、系宽大的衣带，戴高帽子，穿高木屐，出门就要坐车，回到家里就要人服侍。城郊以内，再也没有骑马的人了。周弘正被宣城王所宠爱，就获赐一匹果下马，他喜欢常常骑着它四处显摆，满朝人都认为他放纵自己的行为，丝毫都不收敛。以至于连带尚书郎他们骑马，也受到了弹劾。到侯景之乱时，这些士大夫肌肤娇嫩、筋骨脆柔、步行困难、体弱气短，连严寒酷暑的交替都不能忍受呢！当社会动乱发生后，只能坐以待毙的，往往就是这种人了。建康县令王复，性情儒雅，却不曾骑过马，听到马匹嘶叫、看到马匹跳跃，总是显得担惊受怕的样子。他还时常对人抱怨说："这明明是只老虎，为何称它为马匹呢？"那时的风气竟然到了这般田地啊！

四、贵谷务本，食为民天；不知农事之艰，何以知家事国事之难？

古人欲知稼穑①之艰难，斯盖贵谷务本之道②也。夫食为民天③，民非食不生矣。三日不粒，父子不能相存。耕种之，耨锄之④，刈获之⑤，载积⑥之，打拂之⑦，簸扬之⑧，凡几涉手而入仓廪⑨，安可轻农事而贵末业哉？江南朝士，因晋中兴⑩，南渡江，卒为羁旅⑪，至今八九世，未有力田⑫，悉资俸禄而食尔。假令有者，皆信⑬僮仆为之，未尝目观起一墢土⑭，耘⑮一株苗；不知几月当下⑯，几月当收，安识世闲余务乎？故治官则不了⑰，营家则不办，皆优闲⑱之过也。

注 释

① 稼穑：播种和收获，泛指农事。穑，读音同"瑟"，收获谷物。语出《诗经·国风·魏风·伐檀》："不稼不穑，胡取禾三百廛（读音同"缠"，古代一户人家所占有的房地）兮？"意思是说，你不种不收坐着等，凭啥粮租收不完？又见《尚书·无逸》："先知稼穑之艰难。"

② 务本之道：专注本业的正道。本，指以农立身，将农业视为本业；与"末"相对，末业，指商业。务，致力于，专注于。务本，语出《论语·学而篇》："君子务本，本立而道生。"

③ 食为民天：吃饭是老百姓的命根子。食，饮食，粮食，吃饭；天，赖以依靠的根本，舍此无他。

④ 耨锄：读音同"耗除"，除去田地杂草。耨，通"薅"，除杂草；锄，通"锄"，用锄除草。

⑤ 刈获：收获。刈，读音同"意"，收割。

⑥ 载积：盛放，堆积。载，读音同"在"，盛放在一起。

⑦ 打拂：用连枷击禾，使谷粒脱落。拂，打击。

⑧簸扬：通过簸箕、鼓风机等扬弃空壳、杂物、古糠等。簸，读音同"跛"，用簸（读音同"擘"）箕上下抖动，通过风力扬去杂物和谷糠。语出《诗经·小雅·大东》："维南有箕，不可以簸扬。"意思是说，南方箕星是簸箕样，就是不能簸米糠。箕，箕星由四星组成，形如簸箕。

⑨仓廪：储藏谷米的房屋。语出《墨子·非乐上》："士君子……以实仓廪府库，此其分事也。"廪，读音同"懔"，粮仓。

⑩中兴：指家庭、国家中途振兴，多指国家；由衰落转为兴盛。语出《诗经·大雅·烝民序》："任贤使能，周室中兴焉。"

⑪羁旅：客居他乡的人。语出《左传·庄公二十二年》："齐侯使敬仲为卿，辞曰：'羁旅之臣……敢辱高位？'"羁，寄托；旅，客人。

⑫力田：用心农活，也泛指勤于农事。《战国策·秦策五》："今力田疾作，不得煖衣馀食。"

⑬信：任凭。

⑭一墢土：古时耕田翻出的厚、宽一市尺的泥土。墢，读音同"拔"，耕地时翻起的土块。语出《国语·周语上》："王耕一墢，班三之，庶民终于千田。"

⑮耘：除草。

⑯下：下种的意思。

⑰治官不了：管事的官员不了解。治官，处理政务的人；不了，不知晓。

⑱优闲：安逸，安闲。

大　意

古人总想知道耕种收割的艰辛，这大概是为了体现重视农业、以食为天的良苦用心吧！粮食是老百姓的命根子，他们如果没有粮食，就根本无法生活下去。假使三天不吃饭，那么，就算是父子之间也都无法相依为命，何况是他人呢。生产粮食，一般要经历耕田、播种、除草、收割、装运、堆积、脱粒和扬晒等一套工序后，才能将粮食储藏起来。每粒粮食都来之不易啊，怎么可以忽视农业生产，反倒重视工商业呢？在江南为官的士大夫们，因东晋的兴起而渡江南下，最终客居下来，至今恐怕也有八九代人了吧。但他们还没有过种田的经历，不曾尝过生产粮食的滋味儿，都是靠朝廷的俸禄生活。其中不乏也有人占有一些田土，但他们都不是自己耕种，而是转给家丁、童仆耕种呢。他们听凭家丁、童仆打理农活，未曾亲眼看过怎么耕田、怎么种苗、怎么锄草？更不知道干活的农时，几月当下种？几月该收割？如此这般，他们又怎能了解社会上的其他事务呢！因此我说：他们做官不会处理政务，居家不善治家，这都是由于过惯了悠闲生活的过错啊！

五、恶德之人，能避他多远就避多远

世有痴人①，不识仁义②，不知富贵并由天命③。为子娶妇，恨其生资不足，倚作舅姑之大④，蛇虺⑤其性，恶口加诬⑥，不识忌讳⑦，骂辱妇之父母，却成教妇不孝己身⑧，不顾他恨。但怜己之子女，不爱其妇⑨。如此之人，阴纪其过⑩，鬼夺其算⑪，不得与为邻⑫，何况交结⑬乎？避之哉！避之哉！此段一本见此篇，一本见《归心》篇后。

注　释

① 痴人：糊涂人。痴，无知，呆傻。"世有痴人"以下一段，一本见此篇，一本见《归心》篇后；程本、抱经堂本载于《归心》篇篇末。

② 仁义：儒家的重要道德规范。仁，仁爱，人与人相亲相爱。语出《论语·颜渊篇》：子曰，仁者"爱人"。义，正直，合乎正义的言行和事物。语出《论语·述而篇》："子曰：'不义而富且贵，于我如浮云。'"仁义为儒家道德之首，孔子、孟子将仁义的价值与生命的意义联系在一起，孔子说道："杀身成仁"（《论语·卫灵公篇》）；孟子说道："舍生取义"（《孟子·告子上》）如《礼记·丧服四制》的解释："恩者仁也，理者义也。"

③ 富贵并由天命：语出《论语·颜渊篇》："生死有命，富贵在天。"这是孔门儒家先天的生命观和由命运决定的富贵观。

④ "为子"句：生资，嫁妆；舅姑，公爹公婆。"大"，程本、抱经堂本作"尊"。

⑤ 蛇虺：毒蛇，色如泥土，俗称土虺子。虺，读音同"毁"，土虺蛇。

⑥ 恶口加诬：恶口，出口很重，恶毒的语言。语出《汉书·王尊传》："恶口不信，好以刀笔陷人于法。"诬，构陷，诽谤。"恶"，程本、抱经堂本作"毒"。

⑦忌讳：避忌，顾忌。语出《老子》第五十七章："天下多忌讳，而民弥贫。"

⑧"却成"句："却成教妇"，程本作"云教以妇道"。

⑨"其妇"：程本、抱经堂本作"己之儿妇"。

⑩阴：指划界之外的阴曹地府。

⑪算：上天派定的人的阳寿。

⑫"不得"：程本、抱经堂本作"慎不可"。

⑬交结：相互联络，使彼此关系密切。语出荀悦《汉纪·成帝纪三》："莽遂交结将相卿大夫，救赡名士，赈於宾客，家无余财。""何况交结乎？避之哉！避之哉！"程本作"不可与为援宜远之哉"。"避之哉"，抱经堂本不重文。

大　意

世上总有那么一些傻瓜蛋子呢，他们根本上就不懂得仁义为何物，又哪里知道人生富贵是由老天爷派定的啊！他们为儿子娶媳妇，常常嫌弃儿媳妇家的嫁妆不够丰富，就仗着自己是公爹公婆的地位，流露出毒蛇一样的本性，对儿媳妇百般刁难，不惜人身辱骂，甚至是超越底线，不顾忌讳，谩骂儿媳妇的父母。这样如何不积怨甚深？反倒是使儿媳妇更加不会孝顺自己，恐怕还会因为怨恨而埋下家庭不和的祸根呢！这种人极端自私，只知道疼爱自己的子女，全然不懂得爱护自己的儿媳妇，难道儿媳妇就不是你家里的一员吗？像这种人，就算是阴曹地府也不会放过他的，要将他的罪恶原原本本地记录下来，让恶鬼剥夺他的阳寿。这就是糟蹋人所应该付出的代价啊！你们一定要注意啊，千万不要与这种人做邻居，更不要与这种频频交往，结成朋友！能够避开这种人，就一定要尽量避开他啊！

颜氏家训卷第五
省事、止足、诚兵、养生、归心

省事第十二

提　要

名与实，避不开立身行事；经世应务，就是做人做事。人生在世，就是做人做事。如何做事的问题，搁在颜之推心里还是蛮重要的。在前面的篇章中，讨论"名实"问题，颜之推对此稍有涉及；在上篇"涉务"中，颜之推专门讨论了重视实学、会办实事的门径。从问题的逻辑推进来看，一要重视实实在在的内容，正视问题，解决问题；二要善于学习，勇于实践，学会做人做事。那么，接下来就应该讨论办事效率问题了。一般来说，聪明人做事，就是思考如何以最少的劳动投入获得最大的预期，我们称之为"事半功倍"。在颜之推的思想里，这就叫做"省事"。

"省事"，并不是颜之推所处时代的新词，也不是颜之推生造的一个词，而是一个已有固定内涵的老词，并具有深厚的文化意义。从"省事"的词根"省"来看，它由来已久，原本就因使用的场域而具有以下三个近似的意思：一是减少，即由多到少，如《荀子·富国篇》说："轻田野之税，平关市之征，省商贾之数"；二是节约，降低成本，减少损耗，如《国语·晋语四》所说："懋穑劝分，省用足财"；三是精简，删繁就简，如《吕氏春秋·知度》所说："知百官之要，故事省而国治也。"至于"省"特定地与"事"组合起来，对"事"就有了限定和约定了，如西汉刘安所著的《淮南子·泰族训》说："省事之本，在于节用。"省事，就是与费事、多事、贪事、揽事相对应，讲的就是简简单单、直截了当解决问题，也就是节俭省力、经济实惠的方式。如果把事搞复杂了，从低处说，是增加成本，多费力气，事倍功半；从高处讲，也可能把小事变大事，把大事变难事，使难事成祸事，最后收不了场，接不了账。

从以上讨论"省"和"省事"的词义来看，颜之推就是要结合词义告诉人们一些生活道理：一是强调和坚持省事的原则。在多与少、繁与简、单一与冗杂等之间做出节简、节省和精简的选择，立足于办事的效率优化原则、专注成事原则，即"省其异端"。二是提供一种对待事情、处理事情的处世哲学和方法论。经历急剧的改朝换代和频繁的社会动荡，历经宦海沉浮，对社会、对人事、对人际关系，颜之推又多了几分自己的考量。与人相处，自持自重，不免显得保守退防，但也不失庄重稳重，这是处理复杂关系最有效的防守；与人相交，不掺合别人的事，不议论别人的事，独立于是非之外，超然自处，埋头做好自己的事，这也不失为除防范、防守之外，又能积极入世的人生智慧。人生的经验，往往来自于经历以后的理性总结。否则，古往今来，人们为何总是不无沧桑感地感慨说：事非经历不知难！看来，颜之推不仅知道世道人生之难，而且还知晓难在何处哇！总之，不多事、不好事、不揽事，专注于自己的事、尽心尽力办好自己的事，就是一种自我负责、明哲保身的人生态度或人生哲学，即"多为少喜，不如执一"。以颜之推的阅历和经验来看，他重视的是踏踏实实干好自己的事、干好分内的事、干自己有把握的事，尽量不要多管闲事；好事多事就会自找麻烦，有时会招来杀身之祸。三是对于阅历不深的年轻人，特别是他们所关注的学识、名利等问题，颜之推作了重点示范性指导，告诫他们"徒求无益""好名多受辱"。在颜之推看来，学问如同做事，贵在专一，贵在坚持，贪多求快，一定收效甚微；名利之心，人皆有之，但获得名利，一定要符合正道，切不可用旁门左道去钻营，即使侥幸获得荣誉利益，结果也是损名毁誉；与人相处，切不可随意评论别人的事情，妄加评议，简直就是自找麻烦。颜之推的这些提醒、忠告，是有智慧含量的，也是值得借鉴的。

一、多为少善，不如执一

铭金人云①："无多言，多言多败；无多事，多事多患。"②至哉斯戒也！能走者，夺其翼；善飞者，减其指；有角者，无上齿；丰后者，无前足③：盖天道④不使物有兼焉也。古人云："多为少善，不如熟一⑤。鼯鼠五能，不成伎术⑥。"近世有两人⑦，朗悟士⑧也，性多营综⑨，略无成名，经不足以待问，史不足以讨论，文章无可传于集録⑩，书迹未堪以留爱玩⑪，卜筮射六得三⑫，医药治十差五，音乐在数十人下，弓矢在千百人中⑬，天文、画绘、棋博⑭，鲜卑语、胡书⑮，煎胡桃油⑯，炼锡为银，如此之类，略得梗概，皆不通熟⑰。惜乎！以彼神明⑱，若省其异端⑲，当精妙⑳也。

注　释：

① 铭金人：将格言刻在金人身上，作为座右铭。铭，铭刻格言；金人，用金属塑造的人体，俗称金属人。这里是指周朝太庙右阶前的金人铭。

②"无多言"句：见西汉学者刘向所编《说苑·敬慎》：孔子至周，观于太庙，看见有个三缄其口的铜人立于前，背上镌刻有醒目的铭文："古之慎言人也，戒之哉！戒之哉！无多言，言多多败；无多事，事多多患。"

③"能走"句：语出《汉书·董仲舒传》："夫天亦有所分予，予之齿者去其角，傅其翼者两其足。"《大戴礼·易本命》："四足者无羽翼，戴角者无上齿，无角者膏而无前齿，有角者脂而无后齿。"指，当为"趾"。丰后，指后肢发达。丰，本义是丰满的意思。

④ 天道：自然规律。

⑤ 多为少善，不如熟一：兴趣很广，成就很少，就是因为做事不专一的缘故。"熟"，程本、抱经堂本作"执"。熟，稔（读音同"任"）熟，熟中生巧。

⑥ 鼯鼠五能，不成伎术：比喻技能虽多而不精，没有实用。语出《荀子·劝学篇》："螣（读音同"腾"，俗称"飞蛇"）蛇无足而飞，梧鼠五技而穷。"鼯鼠，又称"梧鼠""五伎鼠"，形大于鼠，头似兔，居于土穴或树孔之中。据许慎《说文解字》，此鼠"能飞不能过屋，能缘不能穷木，能游不能渡谷，能穴不能掩身，能走不能先人"。伎，通"技"，技能。

⑦ 两人："两人"何所指，学术界有争论，意见不一致。

⑧ 朗悟：亦作"朗寤"，聪颖敏悟的意思。语出《晋书·温羡传》："羡少以朗寤见称，齐王攸辟为掾，迁尚书郎。"

⑨ 营综：经营研治。东晋书法家王羲之的《又遗殷浩书》："知安西败丧，公私愦恨，不能须臾去怀，以区区江左，所营综如此，天下寒心，固已久矣。"

⑩集録：古人在学问、创作上有一定成就后，就将作品选辑成册，以文会友，相互切磋。作品集就称为"集录。"録，"录"的异体字，收集成册。

⑪书迹：书法留下的墨迹，指书法。书，用毛笔写字，书法。

⑫卜筮：古代预测吉凶时的工具，用龟甲称卜，用蓍草称筮（读音同"是"），合称卜筮。据《易经·系辞上》解释："以制器者尚其象，以卜筮者尚其占。"又，《礼记·曲礼上》的解释："龟为卜，策为筮。卜筮者，先圣王之所以使民信时日、敬鬼神、畏法令也；所以使民决嫌疑，定犹舆与也。"射，猜度（读音同"夺"）。

⑬弓矢：弓箭。《易经·系辞下》："弓矢者器也，射之者人也。"这里是指武艺。

⑭棊博：即"棋博"，围棋和六博。

⑮胡书：一般指少数民族语言文字，这里特指鲜卑族文字。"胡书"，程本、抱经堂本无。

⑯胡桃油：涂料，当时流行的一种绘画材料。据《北齐书·祖珽传》："珽善为胡桃油以涂画。"

⑰通熟：知晓并熟练掌握工艺。

⑱神明：人的精神和智慧。语出《荀子·劝学篇》："积善成德，而神明自得，圣心备焉。"《荀子·解蔽篇》又说："心者，形之君也，而神明之主也。"

⑲异端：古代儒家称其他学说、学派为异端。语出《论语·为政篇》："子曰：'攻乎异端，斯害也已。'"这里的意思更宽一点，除了儒家学说、思想外，还包括儒家所批判、排斥的技艺。

⑳精妙：精致美妙。语出《吕氏春秋·本味》："鼎中之变，精妙微纤，口弗能言，志不能喻。"

大　意

古代周朝太庙前立有一铜人，铜人的背上刻有一段铭文，时时提醒人们，注意自己的嘴和手："不要多说话，言多必失；不要多揽事，事多必败！"这段训诫简直说得太好啦！大千世界，万事万物，自然规律总是公平的。擅长奔跑的物种，它就没有翅膀；擅长飞行的物种，它就没有前趾；头上赋予了双角的物种，它的嘴里就没有上齿；后肢发达的物种，它前肢的能力就比较弱小。这就是自然法则的高明之处，不让任何一个物种兼备所有功能，处于超强地位啊。古人曾经总结道："做得多，而做得好的少；要想做得好，除非集中精力用心做好一件事。如同俗话所说，鼯鼠五能，无一专长。"这让我想起了前朝的两位能人，他们可是聪明透顶的人物啊！他们兴趣广泛，涉猎广博，但却没有一样取得足以让人称道的成就呢。在经学方面，他们经不起人家提问；在史学方面，他们不足以与同行讨论；在文章方面，他们不够结集流布；在书画方面，他们的作品不值得人们收藏欣赏；他们为人卜筮，六次仅中其三；他们号脉问诊，十人仅痊愈其五；他们的音乐水平，排在数十人之后；至于说他们的射箭能力，就与常人无差了。还有譬如天文、绘画、棋博、鲜卑族的语言文字、煎胡桃油、炼锡为银等等方面，他们都只是了解其中一些常识、知道工艺流程的一些梗概，都还达不到精通熟练的程度。可惜啊，以他们的天资条件和内在灵气，如果能够舍弃一些不能发挥自己特长的爱好、避免一些影响自己注意力和精力的琐务及其外在打扰，我相信，他们在学问和技艺上就可以达到炉火纯青的地步呢！

二、上书言事，胸怀国家，切莫暗藏私利

上书陈事①，起自战国，逮于两汉，风流②弥广。原其体度③：攻人主之长短，谏诤④之徒也；讦⑤群臣之得失，讼诉⑥之类也；陈国家之利害，对策⑦之伍也；带私情之与夺，游说之俦也⑧。总此四涂⑨，贾诚以求位⑩，鬻⑪言以干禄⑫。或无丝毫⑬之益，而有不省⑭之困，幸而感悟⑮人主，为时所纳，初获不赀⑯之赏，终陷不测之诛，则严助⑰、朱买臣⑱、吾丘寿王⑲、主父偃⑳之类甚众。良史所书，盖取其狂狷一介㉑，论政得失尔，非士君子守法度者所为也。今世所睹，怀瑾瑜㉒而握兰桂㉓者，悉耻为之。守门诣阙㉔，献书言计，率多空薄㉕，高自矜夸，无经略㉖之大体，咸粃糠㉗之微事，十条之中，一不足采，纵合时务，已漏先觉，非谓不知，但患知而不行尔。或被发奸私，面相酬证㉘，事途回冗㉙，翻惧愆尤㉚。人主外护声教㉛，脱㉜加含养㉝，此乃佞幸㉞之徒，不足与比肩㉟也。

注 释

① 上书陈事：向君主进呈书面意见。向君主写信报告事情，并表明自己的态度和想法。这在古代，是大臣与君王交流的一种通行方式。上书，臣子给君王写信报告事项、汇报思想。语出《战国策·齐策一》："（齐威王）乃下令：'群臣吏民，能面刺寡人之过者，受上赏；上书谏寡人者，受中赏；能谤议於市朝，闻寡人之耳者，受下赏。'"陈事：下级向上级报告事务。陈，陈述，逐一道来。语出《韩非子·二柄》："为人臣者，陈事而言，君以其言授之事。"

② 风流：流风，遗风，风气。语出《汉书·赵充国辛庆忌等传赞》："其风声气俗自古而然，今之歌谣慷慨，风流犹存耳。"

③ 体度：体制、格局。这里是指文章的体裁和作者所要表达的思想。语出晋葛洪《抱朴子·行品》："据体度以动静，每清详而无悔者，重人也。"按照刘勰《文心雕龙·章表》的说法，这类文章分为四种体裁，因体裁表达相应的思想："章以谢恩，奏以按劾，表以陈请，议以执异。"

④ 谏诤：直言规劝，以促使改正失误。语出《韩诗外传》卷一〇："言文王咨嗟，痛殷商无辅弼谏诤之臣而亡天下矣。"

⑤ 讦：读音同"洁"，攻人之短或揭人阴私之谋。

⑥ 讼诉：也写作"讼愬"，诉讼的意思。语出沈约（441—513）《宋书·良吏传·江秉之》："政事繁扰，讼诉殷积。"

⑦ 对策：根据君王的征询提出自己的看法，即策对。如《文心雕龙·议对》的解释："对策者，应诏而陈政也。"

⑧ 游说之俦：专于游说各方的人。游说，读音同"由税"，战国时期的谋士、客卿，各自怀揣自己的政治、经济、军事和外交立场和攻伐方案，周游列国，或合纵，或连横，以此获得国君青睐，获得高官厚爵。如荀悦《汉纪·孝武纪》："饰辩辞，设诈谋，驰逐于天下，以要时势者，谓之游说。"俦，读音同"仇"，辈，同类，这类人。

⑨ 涂：通"途"。

⑩ 贾诚：兜售、显耀自己的忠诚。贾，读音同"古"，买卖，这里是炫耀的意思。诚，因避隋文帝父亲杨忠名讳改"忠"为"诚"。

⑪ 鬻：读音同"预"，卖。

⑫ 干禄：追求仕进和禄位。古代称钻营当官、谋求地位为"干禄"。语出

《论语·为政篇》："子张学干禄。"干，读音同"甘"，追求；禄，官吏的俸给。

⑬ 丝毫：极其细微。南北朝人说的"丝毫"与前人说的"秋毫"（如《孟子·梁惠王上》："明足以察秋毫之末，而不见舆薪，则王许之乎？"）是一个意思。这是语言的变化，语义没变。丝，原作"私"，今据程本、抱经堂本改。

⑭ 不省：不被理解。省，读音同"醒"，了解，知道。

⑮ 感悟：因受感动而醒悟。语出《史记·管晏列传》："夫子既已感寤而赎我，是知己；知己而无礼，固不如在缧绁之中。"

⑯ 不赀：无法计算。赀，读音同"资"，计算，估量。

⑰ 严助：西汉会稽吴县（今江苏苏州一带）人，本名庄助，西汉辞赋家。汉武帝初，因举贤良对策，被擢为中大夫，数次与朝臣辩论义理。后迁为会稽太守。因淮南王刘安谋反案受到牵连，被杀。参见《汉书·严助传》。

⑱ 朱买臣：西汉会稽吴县人，字翁子。幼家贫，靠卖柴为生。后受严助推荐，汉武帝拔为中大夫，累至主爵都尉，位列九卿。因淮南王刘安案受株连，被杀。参见《汉书·朱买臣传》。

⑲ 吾丘寿王：西汉赵国（今河北省邯郸一带）人，因善于下棋被朝廷发现，任为待诏，令随董仲舒学习《春秋》。汉武帝时，官至光禄大夫侍中。因犯法被诛。以擅长赋文知名，著有《吾丘寿王赋》十五篇。参见《汉书·吾丘寿王传》。

⑳ 主父偃：西汉临淄（今山东省临淄一带）人。幼贫，好学。汉武帝元光元年（前134），主父偃在京城直接上书汉武帝刘彻，当天就被召见，与徐乐、严安等同时拜为郎中。不久又迁为谒者、中郎、中大夫，一年中四次获得提升，得到武帝宠信。他向汉武帝提出了"大一统"的政治主张和打击地方势力、限制豪强的建议。后受齐王自杀牵连，被族诛。参见《汉书·主父偃传》。

㉑ 狂狷一介：指积极进取洁身自好的人。狂狷，为人志向高远而又拘谨自守。语出《论语·子路篇》："子曰：'不得中行而与之，必也狂狷乎！狂者进取，狷者有所不为也。'"一介，耿直。语出《尚书·秦誓》："如有一介臣，断断猗无他伎。"

㉒ 瑾瑜：美玉，多以此比喻人的品德才能俱佳。语出《左传·宣公十五年》："谚曰：'高下在心，川泽纳污，山薮藏疾，瑾瑜匿瑕。'"

㉓ 兰桂：香草和兰花。以此比喻贤才君子。

㉔ 阙：门的两旁筑有高台，这种高台就称为"阙"。

㉕ 空薄：空疏浅薄。据《三国志·吴志·吴主传》："此言之诚，有如大江。"裴松之注引三国魏鱼豢《魏略》："权本性空薄，文武不昭。"薄，读音同"雹"，与"厚实"相对。

㉖ 经略：经营。语出《左传·昭公七年》："天子经略，诸侯正封，古之制也。"杜预注："经营天下，略有四海，故曰经略。"

㉗ 粃糠：秕谷和谷皮。比喻一些无关紧要的琐碎事儿（东西）。"粃糠"，程本作"糠粃"。

㉘ 酬证：对质，对证。酬，应答。

㉙ 回冗：反复，变化不定。

㉚ 愆尤：罪过。愆，读音同"千"，过失。语出张衡的《东京赋》："卒无补於风规，只以昭其愆尤。"

㉛ 声教：声威教化。语出《尚书·禹贡》："东渐于海西，被于流沙，朔南暨声教，讫于四海。"

㉜ 脱：倘若，假使。

㉝ 含养：包容培育的意思。语出《后汉书·郎顗传》："流宽大之泽，垂仁厚之德，顺助元气，含养庶类。"

㉞ 侥幸：意外幸免灾祸，意外获得幸运。语出王符《潜夫论·述赦》："或抱罪之家，侥幸蒙恩，故宣此言，以自悦喜。"

㉟ 比肩：并肩，为伍。语出《淮南子·说山训》："三人比肩，不能外出户。"

大 意

向君王上陈奏折，为朝廷分忧担责，这一政治项目起源于战国时期；延续到汉代的时候，上书言事、出谋献策，就已经成为一种广泛的政治风气了。我考察了一下，奏折的体裁和作者的立场大体上分为以下几类：一是指出君王的缺点和不足，并进行规劝，属于直言进谏类型；二是针砭大臣的过失，揭露他们的不轨行为，属于告发检举类型；三是为国家发展提出自己的见解，指明治国理政的利害关键，属于对策建议类型；四是为了实现自己的政治抱负和实现自己的政治价值，游说于朝廷上下，属于政治说客类型。将以上四种类型进行归纳，我看它们都有一个共同点：就是用自己对国家对朝廷的忠心、忠诚和忠勇，去赢得君王的肯定，从而获得高官厚禄。当然，也有一些意外。比如说，有的奏折不仅没有受到君王重视和采纳，反而还因此招来烦恼，这就毫无利益可言了；有的起初被君王赏识，意见建议被君王采纳，并受到君王信任，也就得到了丰厚的政治回报，但是，好景不长，最后他们还是遭到政治清算，并为此付出了生命的代价，像西汉有名的大臣如严助、朱买臣、吾丘寿王、主父偃等等，不幸者还真不算少哇！优秀的史学家所记载的那些人和事，只是选取正直耿介、洁身自好的代表性人物，敢于评论时政的得失罢了。而这些人的言行，并不是那些品德高尚、遵法守纪的人所应该效法的呢。在当代，我看到了一些德高才优的人，都耻于这样做。而那些守候在宫门之外，奔走于朝野之间，想方设法呈递奏折上书言事的人，大多是一些志大才疏、自吹自擂之辈，他们并没有什么治理国家的精思深策，所说的尽是一些不足道论的琐碎小事，十条意见中也没有一条可供采纳的真知灼见。纵然是有些见解切中时务，但也是拾人牙慧，一些前贤先哲早就认识到了，时君也并不是毫无察觉，只是苦于一时难以解决啊！有的人上书被人指责心术不正、奸诈谋私，为了揭穿图谋，还不得不找人当面对质，事情迂回曲折，是非惊心动魄，有时当事人自己也十分担心自己的身家性命，唯恐获罪追究。君王为了兼顾朝廷体制威严，有时也对这些人包涵宽容，不去认真计较，但这也只是一种侥幸啊！而那些贤能之士，又有谁会甘冒如此凶险去与他们为伍呢？

三、依规履职，思不出位

谏诤之徒[1]，以正人君之失尔。必在得言之地，当尽匡赞[2]之规，不容苟免偷安[3]，垂头塞耳[4]。至于就养有方[5]，思不出位[6]，干非其任，斯则罪人。故《表记》[7]云："事君，远而谏，则谄也；近而不谏，则尸利[8]也。"《论语》曰："未信而谏，人以为谤己也。"[9]

注　释

①谏诤：直言规劝，使之改正过失。诤，直述批评意见，规劝人改正错误。

② 匡赞：匡正过失，辅佐事业。匡，纠正；赞，襄助。

③ 苟免偷安：苟免，丧失原则迁就，免予危难。语出《礼记·曲礼上》："临财毋苟得，临难毋苟免。"偷安，不顾即将到来的危险，享受安逸生活。语出《史记·秦始皇本纪》："小人乘非位，莫不悦忽失守，偷安日日。"

④ 垂头塞耳：低头不看，装聋不闻。指装聋作哑，不管不问。语出《后汉书·殇帝纪》："刺史垂头塞耳，阿私下比，'不畏于天，不愧于人'。"

⑤ 就养有方：侍奉君王依照制度规章。就养，侍奉；方，准则。语出《礼记·檀弓上》："事君有犯而无隐，左右就养有方，服勤至死，方丧三年。"

⑥ 思不出位：思考问题不超出自己的角色地位，比喻说话做事安分守己。语出《易经·艮》："《象》曰：兼山艮，君子以思不出其位。"又，《论语·宪问篇》："曾子曰：君子思不出其位。""思"，程本作"恖"。

⑦《表记》：《礼记》篇名。

⑧ 尸利：个人私利。尸，占据官位，却不做事。

⑨"未信"句：语出《论语·子张篇》，原文为："君子信而后劳其民；未信，则以为厉己也。信而后谏；未信，则以为谤己也。"

大　意

在朝堂之上直言进谏的那些人，就是为了国家的利益，敢于站出来指出君王的过失，并予以规劝。作为言官，就是要在该说话的时候，一定要敢于说话，尽到自己纠正君王过失、辅佐君王事业的职责；一定不能装聋作哑，尸位素餐，无所事事。至于说到臣子侍奉君王，就一定要谨守君臣之道，按章依规，竭尽忠诚，千万不能越位思考问题，做了别人的事，荒了自己的田；倘若插手别人职权范围的事情，就更不容许了；否则，这样做必然会受到朝廷的惩处。所以，《礼记·表记》里说："侍奉君王，如果关系疏远，却要去直言进谏，这简直就是献媚；如果关系亲密，却三缄其口，不闻不问，这就是占着茅坑不拉屎的'活死人'啊！"而《论语·子张篇》里也说得很好，"还没有得到君王的信任，你却要批评规劝他，君王就会误会你，别人也会认为你是在有意和君王过不去，刻意谤毁他。"这些话，都值得人们好好体会啊！

四、时运不到，徒求无益；不如守道崇德，静待际遇到来

君子当守道崇德①，蓄价待时②，爵禄不登，信③由天命。须求趋竞④，不顾羞惭⑤，比较材能，斟量功伐⑥，厉色扬声⑦，东怨西怒。或有劫持宰相瑕疵，而获酬谢⑧；或有諠聒时人视听⑨，求见发遣⑩。以此得官，谓为才力⑪，何异盗食致饱、窃衣取温哉！世见躁竞⑫得官者，便为⑬"弗索何获"。不知时运之来，不然⑭亦至也。见静退未遇者，便为"弗为胡成"。不知风云⑮不与，徒求无益也。凡不求而自得，求而不得者，焉可胜算⑯乎！

注　释

① 守道崇德：坚守做人的准则，推崇高尚的品德。守道，语出《左传·昭公二十年》："守道不如守官，君子韪之。"崇德，《尚书·武成》："惇信明义，崇德报功，垂拱而天下治。"

② 蓄价待时：蓄养声价，等待时日。

③ 信：的确，确实。

④ 须求趋竞：奔走钻营，索求名利。须，求的意思。趋竞，追求名利。

⑤ 羞惭：感到羞耻和惭愧。

⑥ 斟量攻伐：计算功劳。斟量，估量、计量的意思。攻伐，即伐功，夸耀功绩。语出《史记·太史公自序》："奉法循理之吏，不伐功矜能，百姓无称，亦无过行。"

⑦ 厉色扬声：脸色严厉，声音急躁。厉色，语出《汉书·王莽传上》："盱衡厉色，振扬武怒。"扬声，声音大。语出《晏子春秋·谏上二二》："汤皙而长，颐以髯，兑上丰下，倨身而扬声。"

⑧ 酬谢：通过馈赠礼物等方式表达谢意。语出《宋书·范晔传》："尝有病，因法静尼就熙先乞治，为合汤一剂，耀疾即损。耀自往酬谢，因成周旋。"

⑨ 諠聒：刺耳的喧闹声。语出晋朝文学家郭璞（276—324）《江赋》："千类万声，自相喧聒。"諠，同"喧"；聒，读音同"锅"，令人难受的吵闹声。

⑩ 发遣：派出去，这里是派出去做官的意思。《东观汉记·张歆传》："有报父仇贼自出，歆召囚诣合。曰：'欲自受其辞。'既入，解械饮食之，便发遣，

遂弃官亡命。"

⑪才力：才华能力。语出司马迁《报任安书》："所以自惟，上之不能纳忠效信，有奇策才力之誉。"

⑫躁竞：为了早日实现进取的目标而拼命争竞。语出三国魏嵇康（224—263）《养生论》："今以躁竞之心，涉希静之涂。"

⑬为：抱经堂本作"谓"。下文亦如此。

⑭然：抱经堂本作"求"。

⑮风云：指时运、际遇，典出《易经·乾》："云从龙，风从虎，圣人作而万物覩。"语出荀悦《汉纪·高祖纪赞》："高祖起于布衣之中，奋剑而取天下，不由唐虞之禅，不阶汤武之王，龙行虎变，率从风云，征乱伐暴，廓清帝宇。"

⑯胜算：周密制胜的算计。语出东汉文学家蔡邕（133—192）的《京兆樊惠渠颂》："昔日卤田，化为甘壤，粳黍稼穑之所入不可胜算。"

大　意

君子应当遵循正道，推崇善德，不断地提高自己的声望，静静地等待时机来临。就算是不能得到朝廷的官爵俸禄，那也要听天由命啊！倘若一定要去钻营取巧，那就是不顾羞耻，恬不要脸了。对此，我还能说什么呢！此外，还有一些可耻的行为可以说一说：为了谋官谋职，有的人和别人较量才能高下，极尽抬高自己、打击对手之能事，为了争功，不惜撕破脸皮吵闹，甚至东家怨、西家怪；有的人不惜抓住宰相的小辫子敲竹杠，即使得不到官职，也可以得到一些酬谢；有的人大造声势，混淆视听，以求获得官位，并被立马外放出去；他们通过一些歪门邪道获得了一官半职，还居然说是依靠自己的真才实学获得的，这实际上与盗取食物填肚、窃取衣物保暖又有什么两样啊！人们看到那些急功近利、不择手段谋官邀爵的人实现了自己的目的，还会说："如果不去努力追逐，那怎么会如愿以偿呢？"唉！糊涂啊，殊不知时机来了，就算你不去积极求官，官职也不会跑掉啊！还有人看到那些性格恬静、千寻退让的人没有获得任用，也会说："你不去积极争取，怎么会得到官职呢？"唉！昏话啊，殊不知时机不成熟，纵使追求也是枉然啊！类似这种不求自得的人，或者求而不得的人，又怎么算得过来呢！

五、从来私欲是陷阱，纵然得逞也是空

齐之季世①，多以财货托附外家②，谊动女谒③。拜守宰者④，印组光华⑤，车骑辉赫⑥，荣兼九族，取贵一时。而为执政所患，随而伺察⑦，既以利得⑧，必以利治；微染风尘⑨，便乖⑩肃正，坑穽⑪殊深，疮痏⑫未复；纵得免死，莫不破家；然后噬脐⑬，亦复何及。吾自南及北，未尝一言与时人论身分也，不能通达⑭，亦无尤⑮焉。

注　释

① 季世：末世。语出《左传·昭公三年》："叔向曰：'齐其何如？'晏子曰：'此季世也，吾弗知。齐其为陈氏矣！'……叔向曰：'然，虽吾公室，今亦季世也。'"季，朝代的末尾。

② 外家：女子出嫁后的娘家。这里是指皇室外戚。语出《史记·吕太后本纪》："吕氏以外家恶而几危宗庙，乱功臣。"

③ 女谒：请托皇帝身边的女宠。谒，请托。《韩非子·诡使》："近习女谒并行，百官主爵迁人，用事者过矣。"

④ 守宰：地方行政长官。语出《后汉书·朱浮传》："守宰数见换易，迎新相代，疲劳道路。"

⑤ 印组光华：系官印的丝带十分抢眼。印组，印绶。光华，光辉闪耀。语出《尚书大传·虞夏传》："日月光华，旦复旦兮。"

⑥ 辉赫：声势浩大，显赫排场的样子。赫，显著。

⑦ 伺察：观察，窥测。语出《三国志·魏志·曹爽传》："（司马懿）奏爽曰：'……臣辄力疾，将兵屯洛水浮桥，伺察非常。'"

⑧ 利得：程本作"得利"。

⑨ 风尘：世俗的庸杂琐事。

⑩ 乖：违背。

⑪ 坑穽：害人的陷阱。语出东汉陈琳《为袁绍檄豫州》："罾缴充蹊，坑穽塞路；举手挂网罗，动足触机陷。"穽，"阱"的异体字。

⑫ 疮痏：因创伤留下的疤痕。时常比喻民生凋敝苦痛。西汉哲学家焦赣《易林·噬嗑之益》："斧斤所斫，疮痏不息。"痏，读音同"伟"，创痕。

⑬ 噬脐：自啮腹脐，比喻后悔不及。典出《春秋左传·庄公六年》："亡邓国者，必此人也。若不早图，后君噬齐。"

⑭ 通达：本指道路、沟渠畅通，后指仕途亨通显达。语出应劭《风俗通·声音·琴》："如有所穷困，其道闭塞，不得施行，及有所通达而用事，则著之于琴，以抒其意，以示后人。"

⑮ 尤：抱怨。

大　意

北齐的末世，很多人都去用丰厚的财物巴结皇室外戚，通过宫中得宠的女子去请托权贵，甚至是皇上。他们很会来势，成天琢磨着如何走后门，通捷径。一旦得逞，他们就被朝廷任命为地方行政长官，那官印绶带啊，无比光鲜耀眼。他们出入的车骑威风赫赫，排场引人注目，荣耀惠及九族，富贵盛极一时。但是，这类事情也常常让最高统治者忧虑，随之而来的是他们遭到朝廷的跟踪查访，以防他们图谋不轨。他们既然为了获得私利敢于铤而走险，也必然为此付出必要的代价。如果他们稍有背离国家的体制法度之举，以权谋私，违法乱纪，就会受到严惩。私欲的陷阱很深啊，落下的伤疤永远都不可能平复，纵然是最后侥幸免予一死，但是，却没有不落得个倾家荡产、身败名裂下场的。到那时，他们无论如何忏悔反省，想要跳出私欲的陷阱，都已经为时晚矣！这就像一个人想要咬断自己的脐带一样，怎么能办得到呢？真可谓是追悔莫及啊！我从南方来到北方，继续为朝廷服务，在同僚之中，从来没有谈起过我的经历以及社会地位。即使今后不能亨通显达，我也没有什么怨言呢！

六、肠不可冷，腹不可热，以仁义为节制

王子晋①云："佐饔得尝，佐斗得伤。"②此言为善则预③，为恶则去，不欲党人④非义之事也。凡损于物，皆无与焉。然而穷鸟入怀⑤，仁人所悯。况死士⑥归我，当弃之乎？伍员⑦之托渔舟，季布⑧之入广柳，孔融⑨之藏张俭，孙嵩⑩之匿赵岐，前代之所贵，而吾之所行也。以此得罪，甘心瞑目⑪。至如郭解⑫之代人报雠，灌夫⑬之横怒求地，游侠⑭之徒，非君子之所为也。如有逆乱之行，得罪于君亲⑮者，亦⑯不足恤焉。亲友之迫危难

也，家财己力，当无所吝。若横生图计 ⑰，无理请谒，非吾教也。墨翟之徒，世谓热腹 ⑱；杨朱 ⑲ 之侣，世谓冷肠。肠不可冷，腹不可热，当以仁义为节文 ⑳ 尔。

注 释

① 王子晋：即王子乔，周灵王时太子。他从小就是个非常聪明而有胆识的孩子。周灵王二十二年，王子晋游于伊水和洛水，遇到道士浮丘公，随上嵩山修道。据说几十年后的七月七日，他在缑山（今河南省偃师）驾鹤升天。

②"佐饔"句：语出《国语·周语下》，"太子晋谏灵王壅谷水"。饔，读音同"庸"，烹调菜肴。

③ 预：通"与"，参加。后文的"去"，意思相对，离开。

④ 党人：为了私利而拉帮结伙，形成团伙。党，同伙的人，这里用如动词，拉人入伙的意思。

⑤ 穷鸟入怀：比喻因处境困顿而投入别人的怀抱。语出《三国志·魏志·邴原传》："政窘急，往投原。"裴松之注引《魏氏春秋》："政投原曰：'穷鸟入怀。'原曰：'安知斯怀之可入邪？'"穷，处于困境。

⑥ 死士：敢于献出生命的人，不怕死的勇士。语出《左传·定公十四年》："句践患吴之整也，使死士再，禽焉，不动。"

⑦ 伍员：字子胥（？—前484），春秋时期楚国人，吴国大夫，封于申地，故又称申胥。历史上杰出的政治家、军事家。"伍员托渔舟"的典故，见于《史记·伍子胥列传》：楚平王冤杀伍员之父伍奢、其兄伍尚之后，还在追杀伍员。伍员在逃亡吴国的路上，前有大江阻隔，后有楚国追兵，情况万分危急，伍员命悬一线。事有凑巧，这时正有一渔翁赶上前来，拔刀相助，急忙送伍员过江，度过伍员一场劫难。伍员平安之后，当即解下名贵佩剑送给渔翁，说道："这只佩剑可值百金，您就收好了。"渔翁却说："哪里，哪里！根据楚国追捕伍员的法令，捕到伍员可赏粟五万石，拜上卿执圭，其价值岂止白金啊！"渔翁不接受伍员馈赠，表明自己搭救伍员只是义举而已。

⑧ 季布：楚国人，楚汉战争中，为项羽多次力挫刘邦。刘邦获胜后，便通缉捉拿季布。后因夏侯婴说情，刘邦最后赦免不咎，拜为郎中。汉惠帝时，拜为中郎将；文帝时，任河东郡守。季布为人耿直豪爽，好打抱不平，言必守

信，时人谚语说："黄金百斤，不如得季布一诺。""季布入广柳"的故事，见于《史记·季布列传》《史记·游侠列传》：汉初，刘邦悬赏捉拿季布，缉捕令说，有敢于私藏季布者，论罪灭族。季布惶惶然，东躲西藏。有一天，跑到了濮阳一户周姓人家。周氏说："情况甚急，官兵马上就要搜到我家了。如果你听从我的计策，就可以确保平安；如果不听，我就自尽。"季布答了周氏所言，周氏说出了他的计谋。周氏将季布装扮成一个奴隶，剃其发，戴颈箍，穿粗衣，放置在一个大丧车里，卖给鲁国大侠朱家。朱家知其身份，就将季布安置在农田耕种。随后，朱家连忙跑到洛阳去请托汝阴侯夏侯婴，由夏侯婴出面游说刘邦赦免季布。季布得免，并任郎中。广柳，一种丧车。用于运载棺椁。

⑨孔融：字文举（153—208），鲁国人。东汉末年文学家，"建安七子"之一，孔子第十九世孙，是太山都尉孔宙之子。家学渊源深厚，少有才名，与平原陶丘洪、陈留边让并称"俊秀"。汉献帝即位后，任北军中侯、虎贲中郎将、北海相，时人称为"孔北海"。性豪爽，喜宾客，好议政，言辞激，后触怒曹操被杀。孔融一生，不仅留有精彩的文学作品如《郡国姓名离合诗》；而且还有一系列感人的成语故事，如孔融让梨、一门争义、刚直不阿、忘年之交、杀宥之三、覆巢之下安有完卵等等，影响深远。"孔融藏张俭"的故事，见于《后汉书·孔融列传》：东汉末年，名士张俭为宦官侯览所忌恨。侯览密令各州郡捉拿张俭。张俭四处逃匿。因张俭与孔融之兄孔褒相好，情急之下，张俭逃入孔家。其时，孔褒外出不在，令张俭甚是为难。孔融当时只有十六岁。他坚决将张俭留下，藏匿起来。孔融的洞察力和义举令张俭大为感动。后来事发，孔家被追究，其母、其兄和孔融争相抵罪，最后孔褒被杀，令人感佩。

⑩孙嵩：字宾硕（？—195），青州北海国安丘（今山东省潍坊安丘一带）人，曹操起兵时，孙嵩曾嘲笑他鲁莽。孙嵩二十多岁时，因救助赵岐一举成名。后官至青州刺史。"孙嵩匿赵岐"的故事，参见《后汉书·赵岐列传》：汉桓帝时，宦官唐衡的哥哥唐玹做了京兆虎牙都尉，时人认为是凭关系获得职务的，这就为世人所不齿。赵岐及其堂兄言辞尤为激烈，因此得罪了唐家兄弟。后来唐玹官拜京兆尹，就借故斩杀了赵岐家属及其族人，赵岐侥幸逃脱后，改名换姓，亡命天涯。在赵岐流浪到安丘的时候，孙嵩不过二十多岁。但孙嵩慧眼识珠，不怕惹祸，毅然将赵岐请到家中，帮助赵岐度过劫难。

⑪瞑目：闭上眼睛，多指人死。语出《后汉书·马媛传》："常恐不得死国

事，今获所愿，甘心瞑目。"瞑，读音同"名"，闭眼。

⑫ 郭解：西汉时期著名的游侠。字翁伯，河内轵（今河南省济源东南）人。其父行侠，在汉武帝时被诛。他个子矮小，不善言辞，却敢于出头，为人义气，明于事理，名噪一时。是西汉武帝时代有名的大侠，后被杀。时人谚语说他："人貌荣名，岂有既乎！"意思是说，他其貌不扬，却名声很好，为人仰慕，难道人的相貌与美名有一定的关系吗！司马迁称他"天下无贤与不肖，知与不知，皆慕其声，言侠者皆引以为名"。解，读音同"谢"。"郭解代人报仇"的故事，见于《史记·游侠列传》：郭解姐姐的儿子逼人喝酒，为人所杀。其姐凉尸不敛，羞辱郭解，逼他为外甥报仇。郭解派人找到仇人藏匿之所，后来仇人前来自首。郭解了解到事情原委后，认为是外甥挑衅犯事，死所当然。在安葬外甥后，宽恕了仇人。雠，"仇"的异体字。

⑬ 灌夫：西汉大臣。字仲孺（？—前131），颍川郡颍阴（今河南省许昌一带）人。本姓张，因父亲张孟曾为颍阴侯灌婴家臣，赐姓灌。为人刚强直爽，好发酒疯。景帝时人因战功任中郎将；武帝时先后任淮阳太守、太仆，位列九卿，燕国宰相。后被诛。颍川儿歌为其鸣不平，歌云："颍水清，灌氏宁；颍水浊，灌氏族。""灌夫横怒求地"的故事，见于《史记·魏其武安侯列传》：汉武帝时，武安侯丞相田蚡派管家讨要魏其侯窦婴的城南之地。灌夫与魏其侯交好，为其出头，因此得罪了田蚡。后来，田蚡借故诛杀了窦婴、灌夫全家。

⑭ 游侠：古代将豪爽结交、轻生重义、救急解难的人称为游侠。语出《韩非子·五蠹》："废敬上畏法之民，而养游侠私剑之属。"司马迁首度为历史上著名的游侠立传，《史记集解》引用荀悦的话解释说："尚意气，作威福，结私交，以立强于世者，谓之游侠。"

⑮ 君亲：君王与父母，一般特指君王。语出西汉李陵《答苏武书》："违弃君亲之恩，长为蛮夷之域，伤已。"

⑯ 亦：程本、抱经堂本作"又"。

⑰ 图计：计谋，谋划。语出《汉书·霍光传》："光乃引延年给事中，阴与车骑将军张安世图计。"

⑱ 热腹：热心肠。墨家学派主张"非攻""兼相爱""交相利""节简""薄葬"，反对儒家学说的"爱有等差""名分等级"思想，同情弱者、地位低下人、低贱者的地位和处境，主张加以改变，反对贵族、官僚垄断权势、铺张浪费。

所以被当时人称为"热腹"。

⑲ 杨朱：生卒不详，一说魏国人，一说秦国人，战国时期著名思想家、哲学家，杨朱学派的创始人。杨朱主张"贵己""重生""人人不损一毫""拔一毛以利天下，不为也""全性保真，不以物累我"的思想，其核心思想是"为我"，即以"我"为中心。所以，人们称杨朱学派为"冷肠"。他的见解散见于其他先秦经典著作《列子》《庄子》《孟子》《韩非子》《吕氏春秋》等之中。在战国时期，杨朱学派有很大影响，出现了"天下之言不归杨则归墨"的思想现象。

⑳ 节文：节制人的情感、言行，使之有度。语出《礼记·檀弓下》："辟踊，哀之至也。有算，为之节文也。"唐代学者孔颖达解释说："男踊女辟是哀痛之至极也，若不裁限，恐伤其性，故辟踊有算为准节文章。"辟踊，顿胸捶足的样子；算，同"算"。

大 意

东周王子晋曾说："你帮助人家烹调，就能尝到美味佳肴；你参与打架斗殴，就会落得个遍体鳞伤。"这话是说，君子成人之美，不成人之恶，更不要结党营私。总而言之，凡是对人有损害的事情，都不要参加为好啊！对于无处栖身的小鸟突然飞入人的怀抱，都会受到那些满怀仁德之心的人怜惜，更何况是能够舍生取义的人来投奔我，我怎能忍心舍弃他啊！好比战国时期的伍员渔舟托命、汉初季布躲入广柳、汉末孔融藏匿张俭、孙松收留赵岐一样，这些既是被前代高度肯定的义举，也是我大力推崇的勇为。既然是我认为值得去做的事情，即使要为此付出代价，我也心甘情愿，无所畏惧，死可瞑目。至于像西汉郭解替人报仇、灌夫怒责田蚡索要田产那样的事情，我看这些只是游侠一类的人应有的行为，并不是君子之行啊！如果是犯上作乱，受到君王的严厉责罚，那就更不值得同情了。迫于亲友危难，果断伸以援手，不惜钱财、竭尽能力帮助，这些都是人情之常；如果有人投机取巧，节外生枝，无理请托，那就应该坚决地予以拒绝，我可没有教你们怜悯他啊！像墨翟一类的人，世人称他们为"热心肠"，而杨朱一类的人，世人则称他们为"冷心肠"。这虽然都有一定的道理，但我的意见是：肠不可冷，腹不可热，我们的行为都应当合乎仁义的道德准则，有所节制，不可太过呢！

七、凡事量力而行，好名终为所累

前在修文令曹①，有山东学士与关中太史竞历②，凡十余人，纷纭③累岁，内史牒付议官平之④。吾执论⑤曰："大抵诸儒所争，四分并减分两家尔⑥。历象⑦之要，可以晷景⑧测之。今验其分至薄蚀⑨，则四分疏而减分密。疏者，则称政令有宽猛⑩，运行致盈缩⑪，非算之失也；密者，则云日月有迟速，以术求之，预知其度⑫，无灾祥⑬也。用疏，则藏奸而不信；用密，则任数⑭而违经。且议官所知，不能精于讼者，以浅裁深，安有肯服？既非格令⑮所司，幸勿当也。"举曹贵贱，咸以为然。有一礼官，耻为此让⑯，苦欲留连⑰，强加考核。机杼既薄，无以测量，还复采访讼人，窥望长短，朝夕聚议，寒暑烦劳，背春涉冬，竟无予夺⑱，怨诮⑲滋生，然而退，终为内史所迫：此好名之辱也⑳！一本"此好名好事之为也"。

注 释

① 修文令曹：官署名，也称"文林馆"。这里是指作者自己在修文殿编纂御览之事。具体时间，学术界有分歧。

② 竞历：争论历法。据《隋书·百官志下》，秘书省掌历法诸事；据《隋书·律历志》，武平七年（576），董峻、郑元伟立议非难天保历事，称"争论未定"，与文中所言"竟无予夺"相合。

③ 纷纭：言论多而杂。语出刘向《九叹》："肠纷纭以缭转兮，涕渐渐其若屑。"

④ 内史：官名，始设于西汉初年，魏晋南北朝沿袭，其职位与郡守同等。北周时仿《周礼》设春官府，置内史中大夫，参与朝议。隋朝改设内史省，中书令改称内史令，相当于前朝宰相一职。牒：有品级的公文。

⑤ 执论：在讨论问题时提出异议，或者坚持自己的主张。执，执意，坚持。

⑥ 四分、减分：四分，指"四分历法"。早在战国时期，科学家就发现太阳每运行一个周期，也就是地球围绕太阳运转一周的时间，需要365天余四分之一天，形成了黄帝、颛顼、夏、殷、周、鲁六家历法。秦始皇用比较合理的颛顼历，汉武帝废而不用。因为多余的四分之一时间随着时间的推移，与实

际生活误差越来越大。太初元年（前 104），汉武帝宣布使用新历，即太初历。这是当时世界上最为先进的历法，科学认识到 135 个月中有 23 次日食的现象，是天体运行的自然规律，是合理的自然现象。但随后又产生了新的问题，阴历每月的天数为 29.53086 日，阳历每年的天数为 365.2502 日，这两个数字比四分历相差还要大。东汉灵帝熹平四年（175），宗诚根据 135 个月中有 23 次日食的现象，上书建议把每年每月超出的时间减去。宗诚的历算方法，就是颜之推在这里所说的"减分"。到南朝刘宋时期，科学家祖冲之综合前代科学积累，制成了更为先进的历法，即"大明历"，测定每年的时间为 365.24281418 日，与近代科学测定的天数仅差毫厘，不到 50 秒；测定的月球围绕地球运转一周时间，与近代科学所测的差距就更小了，还不到一秒的时间。

⑦ 历象：推算观测天体的运行。概念出自《尚书·尧典》："乃命羲和，钦若昊天，历象日月星辰，敬授人时。"

⑧ 晷景：日晷仪上的太阳光投影，即日影。语出《史记·天官书》："冬至短极……兰根出，泉水跃，略以知日至，要决晷景。"晷，读音同"轨"，测定日影以定时间的仪器。景，通"影"，影子，投影。

⑨ 分至薄蚀：分至，指农历的四个重要时间节点：春分、秋分、夏至、冬至。薄蚀，指日食、月食。薄，据《汉书·天文志》注："日、月无光曰薄。"

⑩ 宽猛：政治的宽松与严苛。语出《左传·昭公二十年》："政宽则民慢，慢则纠之以猛；猛则民残，残则施之以宽。宽以济猛，猛以济宽，政是以和。"

⑪ 盈缩：伸曲，进退。语出《战国策·秦策三》："进退、盈缩、变化，圣人之常道也。"运用于天象，如《汉书·天文志》所说：岁星"超舍而前为赢，退舍为缩"。也称"赢缩"。

⑫ 度：日月星辰运行的度次。

⑬ 灾祥：指吉凶灾变的征兆。《尚书·咸有一德》："惟吉凶不僭在人，惟天降灾祥在德。"孔颖达解释："指其已然，则为吉凶；言其征兆，则曰灾祥。"古人容易将天象的变化如日食、月食，以及引起的自然突变如风暴、地震等联系起来，认为是人间的灾祥征兆。

⑭ 数：计算。

⑮ 格令：律令，法令。

⑯ 让：辞让，退让。程本作"议"。

⑰ 留连：不愿意离开。语出三国魏曹丕的诗歌《燕歌行》之二："飞鸟晨鸣声可怜，留连顾怀不自存。"

⑱ 予夺：裁决。语出《管子·七法》："予夺也，险易也，利害也，开闭也，杀生也，谓之决塞。"予，程本作"与"。

⑲ 怨诮：怨刺的意思，如《汉书·礼乐志》所言："周道始缺，怨刺之诗起。"怨愤讥刺。语出《韩非子·外储说左上》："人为婴儿也，父母养之简，子长而怨。子盛壮成人，其供养薄，父母怒而诮之。"诮，责备。

⑳ 名："名"下，程本有"好事"二字。

大 意

从前我在修文令曹工作时，朝廷里发生了山东学士与关中太史争论历法的事，参与者不下十余人，旷日持久，延及数年，依然是纷纷攘攘，不能形成一致意见。这样下去，内史当然不干了，就将这个问题发给令曹裁定。当时我参与其中，在讨论时，我就提出意见说："各位所论，不外乎历法的四分与减分两种。历象的关键问题，就是依据日晷仪来检测。现在通过检测春分、秋分、夏至和冬至以及日食、月食的情况来看，四分历明显要疏略一些，而减分历则要周密一些。主张疏略一派的意见认为，政令尚有宽猛之别，自然天体运行处在不断变化之中，天道有自己的赢缩之分，这不能算是观测的失误；而主张周密的一派则认为，日月运行的速度有快有慢，只要通过正确的方法来运算，就可以精确计算其运行规律，天体运行是客观的自然现象，与人们常说的灾祥征兆毫无关系。我认为，如果采用比较疏略的四分历，就会掩盖问题，造成不准确的毛病；但如果采用比较精密的历法，又会使人们觉得依赖运算而违背生活常理。何况参与裁定的人所掌握的情况，并不比争论双方所占有的资料更加翔实啊！如果以非专业的知识去裁定一个非常专业的问题，那怎么可能让双方信服呢？既然不是国家法令赋予我们的职权，最好不要去轻易裁定它吧。"令曹上下，所有人等，没有不赞成我意见的人。但有一位礼官，他还不想打退堂鼓，还想把这件苦差事硬撑下去，于是就加强了对争论双方观点的验核。但他的才学又不足以支撑他做这么专业的工作，只得反反复复地采访争论双方当事人，并亲自察看日晷、观测天象，想从中找出一个解决问题的可靠方案。殊不知，其结果却是整日整夜地聚在一起争论不休，如此一年，历经夏冬，顶着酷暑严寒，既烦琐，又劳累，还是得不出有效的结论。于是，各方反弹的意见都来了，既是埋怨，又是讥刺，弄得这位礼官还真下不了台啊！后来，这位礼官自收残局，请求收场，还落得内史追究，算是了结了这场争论。这就是争强好胜、争当出头鸟惹来的羞辱啊！

止足第十三

提　要

古人的生活经验以及对自己的认识，随着经验的积累越来越丰富，越来越清晰。所谓"知人容易知己难，知不足容易知足难"，就是不易之理。人与人相处，对方的优点和缺点慢慢都会暴露出来，只有时间的早晚，没有程度和准确性的差异。这就是"路遥知马力，日久见人心"的道理。这是自己与他人之间，由内向外的知性与理性维度。反过来看，自己如何认识自己呢？恐怕不像自己认识熟人、朋友、亲人那般容易。否则，北宋文豪苏东坡何以有"不识庐山真面目，只缘身在此山中"的感叹？人世之中，最难的还是自己和自己相处啊！《增广贤文》里说："当局者迷，旁观者清。"就是讲的人有"心迷"，自己内心的较量，往往受"心魔"所困，容易迷失自我，所以，古人又说："人贵有自知之明。"因为人在很多时候，很难有自知之明，容易被表象所迷惑，容易被假象所误导，容易被乱象所左右。人是社会环境的产物，再高明的人，也难以避免社会的影响。有人听几句好话，就容易飘飘然，把吹捧的话当成真的自我了，就如乡间俚语所说："别人把秤一抬，你就不知道自己有几斤几两了。"倘若取得一点小成绩，就骄傲自满了，真以为自己就是"上帝下凡""天之骄子"，真是"盖世英雄，不可一世了"。如果有权了，就觉得可以"赢者通吃"，就要"高高在上"。如果有钱了，就要"有钱能使鬼推磨"，花天酒地，纸醉金迷，铺张浪费；如果有地位了，就要前呼后拥，一言九鼎，"唯我独尊"。凡此等等，都是缺乏对自己的正确认识，缺少自我反省精神，"错把外物当故乡"的迷失。由此可见，知所不足，知所足，做到"知足常乐""知足不辱"，既是生活的经验，更是生活的常识。唯独是经验，历史老人时常给我们教导，时时向我们提醒；而对于这个常识，人们又常常容易忽视、淡忘，以至于上演了多少"马失前蹄""一失足成千古恨"的悲剧啊！可见，重提这至为宝贵的经验，回归这难能可贵的常识，是多么重要啊！

颜之推在本章专论"止足"，就是有意提醒人们重视对"知不足"与"知足"的关注，特别是要认识"足"，自觉做到"知足"。止足，止于满足，也就是知足的意思。止足也好，知足也罢，前者重行，后者重知，都是一个意思，就是要在思想上知满足，在行动上不作过分的企求。知足，语出老子《道德经》第三十三章："知足者富，强行者有志，不知其所者久，死而不亡者寿。"又说："祸莫大于不知足，咎莫大于欲得，故知足之足，常足矣。"（四十六章）意思是说，知道满足的人，就可以达到富足的地步；不知足，就会为贪欲所毁。所谓"虚则盈，满则亏"。西汉刘向在《列女传·王章妻女》中，进一步举例解释说："人当知足，独不念牛衣中流涕时耶？"这正是在生活常识上强调的。颜之推所论，正是承续和发扬了前贤的思想，并结合自己的经历，有他自己深刻的体验。

颜之推首先在哲学和人生观层面立论，认为宇宙之大，尚有终极；但人就不同了，"心比天大"，欲望无限，膨胀起来就无边无际，失控以后，那就很危险了。以此，他提出人对自己的欲望要设个限度，知道满足；要建立节制机制，减少欲望。这就在理论上说清楚了"涨欲"的风险和"减欲""止足"的益处。这就是颜之推强调"止足""无贪"祖训的理论基础。也从理论的深度和历史的厚度增强了"止足"的说理性和正确性。颜之推强调指出，对于财富、地位、权势，即便是居家生活也好，如果欲望膨胀，不知节制，不知满足，也会走向追求的反面，招来灾祸，有钱变没钱，有权变无权，有地位还会丧失掉。这就是他要表达的"天地鬼神之道，皆恶满盈。谦虚冲损，可以免害"这个中心思想。颜之推还结合自己的宦海经历提示子孙说："免耻辱，无倾危。"可谓字字千钧，具有永恒的意义！

一、欲不可纵，志不可满

《礼》云："欲不可纵，志不可满。"① 宇宙可臻 ② 其极，情性不知其穷，唯在少欲知足 ③，为立涯限 ④ 尔。先祖靖侯 ⑤ 戒子侄曰："汝家书生门户，世无富贵。自今仕宦，不可过二千石 ⑥，婚姻勿贪势家。"⑦ 吾终身服膺 ⑧，以为名言也。

注 释

①"《礼》云"句：语出《礼记·曲礼上》："傲不可长，欲不可纵，志不可满，乐不可极。"

② 臻：读音同"真"，达到。

③ 足：程本作"止"。

④ 涯限：限度。语出南朝梁诗人王僧孺（465—522）《为韦雍州致仕表》："一旦攀附，遂无涯限。"涯，边际。

⑤ 先祖靖侯：颜之推九世祖颜含被封西平县侯，谥号为靖侯。

⑥ 二千石：汉代的俸禄制度规定，郡守每年的俸禄为两千石粮食。以后以"两千石"俸禄代指太守一级的官阶。

⑦"戒子侄"句：事见《晋书·颜含传》，桓温（312—373）求婚姻，因其盛满不许，恐罪及姻党。于是有本文这番话，有预防极盛而衰，凡事留有余地的意味。

⑧ 服膺：铭记在心，表示信服。语出《礼记·中庸》："得一善，则拳拳服膺而弗失之矣。"南宋学者朱熹（1130—1200）《集注》："服，犹著也；膺，胸也。奉持而著之心胸之间，言能守也。"

大 意

《礼记·曲礼上》说："人不能放纵自己的欲望，要求也不要达到极点。人生总是有所欠缺的好啊。"宇宙是可以登峰造极的，而人的天性却是没有尽头的呢，只要你放出了欲望这只魔兽，你就难以控制住它了。因此，正确的做法应该是：减少自己的欲望，凡事都要为自己立个限度，节制自己的欲念。先祖靖侯曾告诫子侄说得极好："你们的家世是读书人家，历代都没有大富大贵之人。从今以后，做官就不要奢望做到两千石一级的高官，对于男女婚姻之事，也不要贪求与有权势的大户人家结亲，以免卷入政治是非啊！"我一辈子都信奉这句话，并牢记在心，今天把它作为至理名言讲给你们听，就是希望你们把他作为我们家的家训世代流传下去吧！

二、虚心谦卑，可以免害

天地鬼神之道，皆恶满盈①。谦虚冲损②，可以免害。人生衣趣③以覆寒露，食趣以塞饥乏④尔。形骸⑤之内，尚不得奢靡⑥，己身之外，而欲穷骄泰⑦耶？周穆王⑧、秦始皇⑨、汉武帝⑩，富有四海，贵为天子⑪，不知纪极⑫，犹自败累⑬，况士庶乎？常以为二十口家，奴婢盛多，不可出二十人，良田十顷，堂室⑭才蔽风雨，车马仅代杖策⑮，蓄财数万，以拟吉凶急速⑯。不啻此者，皆以义散之；不至此者，勿非道⑰求之。

注　释

①"天地"句：语出《易经·谦卦·象传》："天道亏盈而益谦，地道变盈流谦，鬼神害盈福谦，人道恶盈好谦。"恶，读音同"务"，厌恶。

②谦虚冲损：虚心淡泊的意思。谦虚，虚心，与"自满"相对。语出《诗经·小雅·角弓》："莫肯下遗，式居娄骄。"东汉学者郑玄的注释："今王不以善政启小人之心，则无肯谦虚以礼相卑下，先人后己，用此居处，敛其骄慢之过者。"下遗，处事谦虚，卑下待人。冲损，淡泊自抑。语出《晋书·姚兴载记上》："方当廓靖江吴，告成中岳，岂宜过垂冲损，违皇天之眷命乎！"

③趣：读音同"趋"，仅仅是，只是。

④饥乏：饥饿困乏。语出《史记·平准书》："其明年，山东被水菑，民多饥乏。"

⑤形骸：古时候将人的身体称为"形骸"。语出《庄子·天地》："汝方将忘汝神气，堕汝形骸，而庶几乎？"骸，读音同"孩"，身体。

⑥奢靡：生活奢侈，挥霍浪费。语出《汉书·地理志下》："嫁取送死奢靡。"靡，浪费。

⑦骄泰：骄纵恣意。语出《礼记·大学》："是故君子有大道，必忠信以得之，骄泰以失之。"泰，骄纵傲慢的意思。

⑧周穆王：西周第五位君主，姬姓，名满（约前1054—前949），在位55年，是西周在位时间最长的君王。周穆王在中国古代史上是最具传奇色彩的君王之一，世称"穆天子"。据西晋荀勖（？—289）校订的《穆天子传》记叙其西游的故事，传说他西行作乐，引起西戎的反叛。周穆王时作《吕刑》，是中

国流传至今的最早法典。

⑨ 秦始皇：战国时期秦庄襄王之子。嬴姓，名政（前259—前210年）。出生于赵国都城邯郸，十三岁继承王位，三十九岁称皇帝，成为中国历史上的第一个皇帝，在位三十七年。他是中国历史上著名的政治家、战略家、军事家。他结束了长期混战的春秋战国时期，实现国家统一，建立了首个多民族中央集权的专制主义国家，他采用的"皇帝"称号与皇帝制度，延续了两千多年。司马迁在《史记·李斯列传》中说："明法度，定律令，皆以始皇起。"秦始皇统一中国后的一系列政治、经济、文化、军事制度，在很长时间都影响了中国历史发展，因此，他被明代思想家李贽（1527—1602）赞誉为"千古一帝"；近代学者梁启超（1873—1929）在《战国载记》中说："秦始皇宁为中国之雄，求诸世界，见亦罕矣。其武功焜耀众所共知不必论，其政治所设施，多有皋牢百代之概。"事见《史记·秦始皇本纪》。

⑩ 汉武帝：西汉第七位皇帝，刘姓，名彻（前156—前87），著名的政治家、战略家、改革家、辞赋家。他十六岁登基，在位54年。汉武帝时期，他在政治、经济、军事、文化、社会等各方面都有深刻的变革，创造了汉代的鼎盛时期。他开疆拓土、首设年号、开拓丝绸之路、实行盐铁专卖、国家掌控货币、晚年下"轮台罪已诏"等等，都对中国历史发展产生了深刻影响。唐太宗（598—649）将他与秦始皇并列为历史上伟大的皇帝。事见《史记·今上本纪》和《汉书·武帝纪》。

⑪ 天子：天神之子。古代天命观认为，君王是天命所归，是天神委派管理人间事务的人，君权神授。语出《诗经·大雅·江汉》："明明天子，令闻不已。"意思是说，天子勤勉而圣明，美好声誉天下扬。又，《史记·五帝本纪》："于是帝尧老，命舜摄行天子之政，以观天命。"

⑫ 纪极：极限。语出《左传·文公十八年》："聚敛积实，不知纪极。"

⑬ 败累：衰败的样子。累，读音同"磊"，堆积，这里是多的意思。

⑭ 堂室：厅堂和内室。语出《论语·先进篇》："由也升堂矣，未入于室也。"南朝梁代学者皇侃（488—545）在《注疏》中说："窗、户之外曰堂，窗、户之内曰室。"也泛指房屋。

⑮ 杖策：柱杖。语出三国魏朝曹植的诗歌《苦思行》："策杖从我游，教我要忘言。"策，拐杖。

⑯吉凶：指家庭婚丧之事。语出《周礼·春官·天府》："凡吉凶之事，祖庙之中，沃盥（读音同"贯"），执烛。"郑玄注释："吉事，四时祭也；凶事，后王丧。"

⑰非道：不正当的手段，不合道义的做法。语出《尚书·太甲下》："有言逆于汝心，必求诸道；有言逊于汝志，必求诸非道。"

大　意

《易经》很早就揭示了一条真理，人们都厌恶过于饱满、过于充盈，只有虚怀谦卑，才能避免灾祸，确保平安。人生在世，生活其实是件很简单的事情：穿衣，不过是为了避免袒露，并抵御严寒罢了；吃饭，也只是为了填饱肚子，解除饥饿而已。身体的自身需要其实并不奢侈，除此之外，还有必要追求奢华铺张、极尽浪费之事吗？古代的周穆王、秦始皇和汉武帝了不起啊！他们富有四海，贵为天子，却不知满足，尚且因为不知节制自己的欲望而造成很多损失和伤痛，何况是我们这些凡夫俗子啊！我总是这样认为：一户二十口人的家庭，再怎么说也不要超过二十个奴婢，良田也不要多过十顷，房屋也只要能够遮风挡雨就行了，车马也就能够代替手杖之用就可以了。当然，家里必要具有数万钱的积蓄，作为婚丧嫁娶的用项和急用之需。超过了这个数目，我看就要拿出来仗义疏财，多为社会做些好事；如果实在没有这个数目，也不要使用不当方法去求取，做事还是要量力而行，也不能打肿脸充胖子啊！

三、职不求高，安稳就好

仕宦①称泰，不过处在中品②，前望五十人，后顾五十人，足以免耻辱，无倾危③也。高此者，便当罢谢④，偃仰私庭⑤。吾近为黄门郎⑥，已可收退，当时羁旅，惧罹谤讟⑦，思为此计，仅未暇尔。自丧乱⑧已来，见因托风云，徼幸⑨富贵，旦执机权⑩，夜填坑谷⑪，朔欢卓、郑⑫，晦泣颜、原⑬者，非十人五人也。慎之哉！慎之哉！

注　释

①仕宦：出仕为官。语出《史记·鲁仲连邹阳列传》："鲁仲连者，齐人也。好奇伟俶傥之画策，而不肯仕宦任职，好持高节。游于赵。"宦，做官。泰，

平安。

②中品：中等品级的官职。品，官阶，做官的等级。从三国时期的魏国开始，皇帝将官职分为九品。

③倾危：倾覆。语出西汉政论家贾谊（前200—前168）的《新书·过秦下》："借使秦王论上世之事，并殷周之迹，以御其政，后虽有淫骄之主，犹未有倾危之患也。"倾，欲倒。

④罢谢：辞官不做。罢，免职；谢，辞谢，推脱。

⑤偃仰私庭：偃仰：安居，将息。偃，向后倒；仰，脸向上。语出《诗经·小雅·北山》："或栖迟偃仰，或王事鞅掌。"意思是说，有人安闲又逍遥，有人辛劳累弯腰。鞅掌，劳苦不堪的样子。私庭：私家。语出西晋诗人左思（约250—305）的《蜀都赋》："公擅山川，货殖私庭。"

⑥黄门郎：官名，全称为给事黄门侍郎。东汉始设，侍从皇帝，传听发布。南朝后参与机密，虽然只有六百石的俸禄，但因为在皇帝身边，所以很有权势。据《隋书·百官志上》记载，梁朝官制规定："门下省，置侍中、给事黄门侍郎各四人"；《百官志中》记载，北齐官制规定："门下省，掌献纳谏正及司进御之职。侍中、给事黄门侍郎各六人。"

⑦谤讟：谤毁。语出《左传·昭公元年》："民无谤讟，诸侯无怨。"又，《左传·昭公十二年》："暴虐淫从，肆行非度，无所还忌，不思谤讟，不惮鬼神。"讟，读音同"读"，出言诽谤，内心怨恨。

⑧丧乱：社会动荡，局势混乱。尤其指战乱。语出《诗经·大雅·桑柔》："天降丧乱，灭我立王。"意思是说，动乱丧亡从天而降，大概是要灭亡我们的君王吧！立王，指在位的周厉王。立，同"位"。又，《诗经·大雅·云汉》："天降丧乱，饥馑荐臻。"意思是说，上天不幸降丧乱，饥饿灾荒总不断。丧，逃亡。荐，屡屡。臻，至。

⑨微幸：意外避免或意外获得。语出《国语·晋语二》："人实有之，我以微幸，人孰信我？"

⑩机权：枢密机要大权。语出三国魏玄学家夏侯玄（209—254）《时事议》："机权多门，是纷乱之原也。"

⑪坑谷：深坑幽谷。语出东晋葛洪（284—364）的《抱朴子·登涉》："入山而无术，必有患害……或令人迷惑狂走，堕落坑谷。"填：程本作"损"。

⑫ 朔欢卓、郑：开始的时候就像卓氏、郑氏发了大财那样高兴。朔，农历每月初一，也指初始、开始。卓，卓氏，战国时期商人，他的祖先是赵国人，秦灭赵，卓氏被流放到蜀郡临邛，因采矿而致巨富，"拟于人君"；程，程郑氏，汉初商人，其祖先在秦始皇时被迫由太行山以东迁入蜀郡临邛，也因为经营冶铁而成巨富。参见《史记·货殖列传》《汉书·货殖传·蜀卓氏·程郑氏》。

⑬ 晦泣颜、原：晦泣：最后悲惨戚戚。晦，农历每月最后一天，也指最后的意思。颜，颜回，孔子弟子，家贫。原，原宪（前515—?），字子思，春秋末期宋国人，孔子弟子。家贫，清高，耿介。孔子为鲁司寇时，他做过孔子的管家，孔子给他九百斛的薪俸，原宪坚辞不受；孔子死后，原宪隐居卫国于草泽中，茅屋瓦牖，过着清苦生活。后世将他列为"孔门七十二贤"。

大　意

做官追求安稳，就要处在中等的位次，这就好比站队的队列一样，在自己的前面有五十人，在自己的后面也有五十人。这样才可以避免受辱啊，也没有倾覆之险呢！官职高于中品，就要果断地谢绝，安心在家休憩。说说我自己做官的感受吧！我近来担任了门下省的给事黄门侍郎，已经可以考虑后退了。无奈客居他乡，担心遭到物议谤毁，反生事端，也就勉强当着，只要有适当的机会，我就会拿定主意辞掉。自从战乱发生以来，我时常看到一些人乘机得势，侥幸富贵，早上还大权在握，扬扬得意，可是晚上就跌落下来，葬身山谷；有的人月初的时候高兴得像卓氏、程郑氏发了大财那样合不拢嘴，可是月底就悲苦得像颜回、原宪那样清贫无奈。像这类的人和事，我所亲历的又何止五十人啊！你们可要谨慎小心，千万要谨慎啊！

诫兵第十四

提　要

本章标题十分醒目，"诫兵"，就是鲜明地表达，在涉及军事的问题上有话要说，要提醒值得子孙注意的重大事项，并就其中关节点予以告诫。不可否认，术业有专攻。文人论兵，无异于纸上谈兵，隔靴搔痒。因为中国的兵学起源很早，分科独立很早，在春秋时期就形成了很有影响的兵家学派，在"百家争鸣"中占有十分重要的地位；延及后世，知兵论兵，史不绝书。据班固《汉书·艺文志》介绍："兵家者，盖出古司马之职，王官之武备也。《洪范》八政，八曰师。孔子曰为国者'足兵足食'，'以不教民战者，是谓弃之'，明兵之重也。《易》曰'古者弦木为弧，剡木为矢，弧矢之利，以威天下'，其用上矣。后世燿金为刃，割革为甲，器械甚备。下及汤武受命，以师克难而济百姓，……汉兴，张良、韩信序次兵法，凡百八十二家，删取其要，定著三十五家。……至于孝成，命任宏论次兵书为四种。"这一点，对于学富五车的颜之推来说，显然是十分清楚的。颜之推当然会"妙手藏拙"，决不会"以己之短，较人之长"。他在这里并没有滔滔宏论，只是用了短短三小节，讲述了三个问题，也就是结合家族史展示他自己对于军事、战争的底线思维：一是后世子孙该不该择业军事？二是能不能"有枪便成山大王"？三是怎么看待战争以及当兵这个职业？换言之，战争和当兵打仗对于人来说，将意味着什么？在这三个问题上，颜之推无疑是有话语权的。

古人对于"兵"的认识很早，也很清晰。一是指武器。如《荀子·议兵篇》说："古之兵，戈、矛、弓、矢而已。"当然，制作兵器，就是用来动武的，既可进攻，也可自卫，做到克敌制胜。二是指军队这个行业、士兵这个职业。如《管子·权修》说："万乘之国，兵不可以无主。"古往今来，国家及其最高统治者没有不重视军队的，也没有不重视士兵的。三是指战争攻伐、军事事务。中国古代兵圣孙武在《孙子兵法·计》中说："兵者，国之大事也。"战争既要伤人、死人，又要殃及平民，影响社会安定，即"兵祸"；更为严重者，决定国家存亡。因此，国防、军事在国家生活中占有十分重要的地位。政治家不懂得这一点，就不是合格的政治家；军事家不懂得这一点，就是一个莽夫。四是指军事学，军事理论研究。如《战国策·秦策二》所论："公不论兵，必大困。"行动的清醒，行为的自觉，来自于理论的明白，理论的自觉。没有理性的力量，人们就不能插上智慧的翅膀，就会盲人骑瞎马，碰得头破血出。在军事问题上，成败事关国家危亡、民族兴衰、社会治乱、个人身家性命，尤其要有清醒的认识和深刻的学理探究。颜之推虽然不是作为一位军事家，或者是军事理论家，甚或是一位老兵来识兵言兵的，他说自己只是一介文弱书生，因为对军事问题的重视，因为对子孙的关心，因为对家族兴旺发达的责任，所以，就必须向后人有所交代和叮嘱。

颜之推立论的中心思想是，切不可妄做武夫，也不可好武逞强，更不可耀武扬威。颜之推具有深厚的历史感，他首先回顾了家族史，从历史的眼光来看，颜家以儒雅立身，并不适合行伍之事，因此希望后世子孙引为鉴镜，"置之于心，志之志之！"就是要将它搁在心上，牢记不忘。也就是把它作为世代遵循的家训，一代一代认真地执行下去。要记住什么道理呢，恐怕就是敬畏之心，死生之地，如《尉缭子·武议》所言："故兵者，凶器也；争者，逆德也；将者，死官也。故不得已而用之。"难怪唐代李白（701—762）在《战城南》诗中有这样的慨叹："乃知兵者是凶器，圣人不得已而用之。"颜之推具有敏锐的是非正义感，从正反两个方面来看，正确对待战争、军事等问题，人们就不会走错人生的道路，对国家、社会，对家庭都可以做一个有益的人；如果他想错了、看错了，特别是干错了，在和平年代带头聚徒邀众、犯上作乱，在乱世反复无常、出头好事，就会祸国殃民，招来杀身之祸，遗臭万年，使家族蒙羞。颜之推具有深刻的哲学思辨，批评"拿起武器就是兵"的错误认识，认为合格的士兵应该是拿得起武器、读了很多书并具有独立思考能力、愿意投身行伍具有社会责任感的人；否则，他就是一介武夫，就是一个"饭囊酒瓮"。这些思想既继承了兵家前贤对战争、军事等问题的看法，又具有突出的语境特征，具有家庭、家族针对性，也发展了前人对这些问题的认识，具有积极的启发性。

一、成仁成圣，不在勇力

颜氏之先，本乎邹、鲁①，或分入齐②，世以儒雅为业③，偏在书记④。仲尼门徒，升堂者七十有二⑤，颜氏居八人⑥焉。秦、汉、魏、晋，下逮齐、梁，未有用兵以取达⑦者。春秋之世，颜高、颜鸣、颜息、颜羽之徒⑧，皆一斗夫⑨尔。齐有颜涿聚⑩，赵有颜冣⑪，或作"聚"。汉末有颜良⑫，宋有颜延之⑬，并处将军之任，竟以颠覆。汉郎颜驷⑭，自称好武，更无事迹。颜忠⑮以党楚王受诛，颜俊⑯以据武威见杀，得姓已来，无清操⑰者，唯此二人，皆罹祸败。顷世⑱乱离，衣冠之士⑲，虽无身手⑳，或聚徒众，违弃素业，徼幸战功。吾既羸薄，仰惟㉑前代，故寘心㉒于此，子孙志之。孔子力翘门关㉓，不以力闻，此圣证㉔也。吾见今世士大夫，才有气干㉕，便倚赖之，不能被甲执兵㉖，以卫社稷；但微行险服㉗，逞弄拳擎㉘，大则陷危亡，小则贻耻辱，遂无免者。

注　释

①邹、鲁：春秋战国时期的诸侯国，地处以现今曲阜市为中心的山东西南一带。儒家学说发源于此，繁盛于此。孔子为春秋时期鲁国人，孟子为战国时期邹国人。据近代学者陈直（1901—1980）的《颜氏家训注补正》研究，颜真卿《家庙碑铭》比本文叙述得更为清楚："系我宗，郳颜公，子封兒郳，鲁附庸。"

②齐：春秋时期的齐国，在今山东省中北部，为吕氏齐国，齐桓公为春秋首霸。战国时期齐国，为田氏齐国，是秦国统一最后被灭的国家。

③以儒雅为业：指从事儒学事业。儒雅，这里是指儒术，即先秦儒家的学说、原则、思想及其文教活动。

④书记：文字书写，载记。语出《史记·大宛列传》："安息在大月氏西，可数千里……画革旁行，以为书记。"

⑤"升堂"句：升堂：受业的一个层次。先入门，再升堂，最后入室，表示循序渐进，由粗到精，由浅入深的阶段性过程。语出《论语·先进篇》："由也升堂矣，未入于室也。"表示学问拿得出手，上得了厅堂。后世以此作为评价人的学问深浅大小的尺度。据《史记·仲尼弟子列传》和《孔子家语》记载，入室弟子为七十七人。但《史记·孔子世家》、西汉循吏文翁（前187—前110）《孔庙图》《礼殿图》《后汉书·蔡邕传》洪都画像、郦道元（472—527）《水经注》八汉鲁峻冢壁像等作七十二人。也有概称七十人的说法，如《孟子》《吕氏春秋》《淮南子》等。但后世均用"七十二人说"，形成了"孔子三千弟子，七十二贤人"的成语，固化下来。

⑥八人：据《史记·仲尼弟子列传》记载并综合其他史料，孔门颜氏有名录者，共八人：颜回、颜无繇、颜幸、颜高、颜祖、颜之仆、颜哙和颜何。

⑦取达：获得晋升的通道，借此飞黄腾达。达，得志、显贵的意思。

⑧颜高、颜鸣、颜息、颜羽之徒：颜高等四人，都为鲁国人，曾参与鲁齐之战。事情分别见于《左传·定公八年》《左传·昭公二十六年》《左传·定公

六年》《左传·哀公十一年》。

⑨斗夫：武夫。

⑩颜涿聚：春秋时期齐国人，死于战事，参见《左传·哀公二十七年》《韩非子·十过》。

⑪颜冣：战国时期赵将。秦灭赵，被俘。参见《史记·赵世家》《战国策·赵策下》。"冣"，"最"的异体字，《史记》写作"聚"、《战国策》写作"最"。

⑫颜良：琅琊临沂(今山东临沂)人，汉末袁绍麾下大将，建安五年(200)被关羽斩杀。事见《三国志·袁绍传》。

⑬颜延之：南朝宋临沂人，曾任步兵校尉。文章有盛名，与当时谢灵运并世齐名。事见《宋书·颜延之传》。据清代学者钱大昕（1728—1804）考证，事本在东晋末，而见载于《宋书》，颜之推依《宋书》记载而误以为宋。

⑭颜驷：西汉人，据成书于汉末的《汉武故事》，颜驷经历汉文帝、汉景帝和汉武帝三朝，均生不逢时，不得提拔。汉文帝好武，而颜驷为郎官，不得遇；汉景帝好美，而此时颜驷已老，不得遇；汉武帝继位，雄姿英发，好少，颜驷又难遇。他的这番话感动了汉武帝，终被提拔为会稽都尉。

⑮颜忠：东汉人。永平十三年（70）十二月，楚王英与颜忠造作图书，图谋造反。后，事发，楚王英自杀，颜忠等被株连杀。事见《后汉书·天文志中》《后汉书·楚王英传》等。

⑯颜俊：东汉末人。汉献帝建安二十四年（219），"是时，武威颜俊、张掖何鸾、酒泉黄华、西平麹演等并举郡反，自号将军，更相攻击"。颜俊后为何鸾所杀。事见《三国志·魏志·张既传》。

⑰清操：高尚的节操。语出《后汉书·尹勋传》："宗族多居贵位者，而勋独持清操，不以地执尚人。"

⑱顷世：近世。顷，读音同"请"，近来，不久前。

⑲衣冠之士：专指穿礼服的人，一般有社会地位的人才穿礼服。代指士大夫。

⑳身手：技艺，本事。

㉑惟：思考。

㉒寘心：寘怀，放在心上，不能忘怀的意思。寘，读音同"填"，填塞，充满。

㉓孔子力翘门关：据《左传·襄公十年》，此事系孔子父亲叔梁纥所为。而《吕氏春秋·慎大览·慎大》《淮南子·主术》《论衡·效力》《列子·说符》等以讹传讹，误认为是孔子之力。门关，古代城门之上的悬门。翘，举起。

㉔圣证：三国时期魏国经学家王肃（195—256）著有《圣证论》，用圣人孔子的话来论证经学分歧。这里也是用孔子经历过的事来证论。

㉕气干：气魄和才干，这里是指武艺。语出《宋书·垣护之传》："护之少倜傥，不拘小节，形状短陋，而气干强果。"

㉖被甲执兵：穿着铠甲，手拿兵器。指全副武装，准备战斗。被，通"披"；兵，兵器。语出荀悦《汉纪·高祖纪》："臣等被甲执兵，多者百余战。"

㉗微行险服：改变穿着，诡异行动。微行，易服出行，显得行为诡秘。语出《史记·秦始皇本纪》："始皇为微行咸阳。"险服，异服，改变穿着。

㉘拳掔：拳头和腕力。掔，读音同"万"，同"腕"，手腕。

大　意

颜氏的祖先，本来居住在春秋时期的邹鲁一带，战国时期又有一支搬到了齐国。他们世世代代都从事着文教清雅之业，这些在文献里都有着广泛的记录，可不是我胡编滥造的啊！在孔子弟子里面，进入"七十二贤徒"行列的颜氏先人就有八人之多呢！经历秦汉、魏晋，直到齐梁，颜氏家族中还没有通过带兵打仗达到显贵地位的。在春秋时期，颜高、颜鸣、颜息、颜羽他们这些人，都只是一介武夫而已。至于说齐国有颜涿聚，赵国有颜最，汉末有颜良，晋末有颜延，都曾担任过将军职务，但最终都以此倾败，没有什么可圈可点之处。而西汉的郎官颜驷，自称好武，更未见他立过什么奇功；东汉颜忠勾结楚王英图谋不轨被诛，颜俊因在武威拥兵闹事而被朝廷斩杀。自从颜氏取得姓氏以来，毁掉节操清誉的，就只有他们这两个人。他们都受到了严惩，教训深刻啊！南朝以来，战乱频仍，士大夫和贵族子弟虽然没有勇力，更谈不上有什么武艺，可是，他们却丢掉了一贯从事的文教清雅之业，也爱上了聚徒集众、舞刀弄枪的行当，想侥幸获得功名。我清楚地知道，自己身单力薄，又时常想起自己先祖中好兵致祸的教训，因此，更加热爱我亦官亦读的事业，就连半点投身行伍的杂念都没有。这条道路还是很宽广的，子孙们要牢牢地记住啊！孔子力大气勇，可以把城门上的悬门顶起来，但是，他并不是凭借勇力闻名天下啊！这就是他作为圣人，留给我们永恒的榜样啊！依我看来，现如今的一些士大夫，稍稍有点力气和气魄的人，他们不是想着国家安危，敢于披坚执锐，而是想着依仗这点胆气勇力来成就一点事业，于是，易服诡行，卖弄拳脚，炫耀武力。我看呐，他们迟早会得到应有教训的，重则身陷危亡、身败名裂，轻则自取其辱、自毁家业。他们这样折腾，怎么可能幸免啊！

二、谋不足运筹帷幄，才不堪治国安邦，蠢蠢欲动，君子耻之

国之兴亡，兵之胜败，博学所至，幸讨论①之。入帷幄②之中，参庙堂③之上，不能为主画规④，以谋社稷，君子所耻也。然而每见文士，颇读兵书，微有经略，若居承平之世，睥睨宫闱⑤，幸灾乐祸⑥，为逆乱⑦，诖误⑧善良；如在兵革⑨之时，构扇⑩反复，纵横说诱⑪，不识存亡⑫，强相扶戴⑬：此皆陷身灭族之本也。诚之哉！诚之哉！

注 释

① 讨论：探讨研究并加以评论。语出《论语·宪问篇》："为命，裨谌草创之，世叔讨论之。"何晏《论语集解》引东汉学者马融（79—166）曰："讨，治也。裨谌既造谋，世叔复治而论之，详而审之也。"

② 帷幄：将帅的幕府、军帐。语出《史记·太史公自序》："运筹帷幄之中，制胜于无形。"

③ 庙堂：太庙的明堂。多指古代帝王祭祀、议事的地方。语出《庄子·在宥》："故贤者伏处大山嵁岩之下，而万乘之君忧栗乎庙堂之上。"

④ 画规：谋划的意思。

⑤ 睥睨宫闱：睥睨，窥伺。读音同"譬腻"。宫闱，指帝王后宫。语出《宋书·周朗传》："宫中朝制一衣，庶家晚已裁学。侈丽之原，实先宫闱。"

⑥ 幸灾乐祸：不怀好意，在别人遇到灾祸时感到高兴。语出于《左传·僖公十四年》："背施无亲，幸灾不仁。"又，《左传·庄公二十年》："今王子颓歌舞不倦，乐祸也。"

⑦ 逆乱：叛变生乱，犯上作乱。语出《管子·霸言》："攻逆乱之国，赏有功之劳，封贤圣之德，明一人之行，而百姓定矣。"

⑧ 诖误：连累，祸害。语出《战国策·韩策一》："夫不顾社稷之长利，而听须臾之说，诖误人主者，无过于此者矣。"诖，读音同"卦"，贻误。

⑨ 兵革：指因战争引起的动乱。语出指战争。《诗·郑风·野有蔓草序》："君之泽不下流，民穷于兵革。"兵，兵器；革，用皮革做的甲胄。

⑩ 构扇：制造谣言，煽动舆论。据《梁书·敬帝纪论》："我生不辰，载离多难，桀逆构扇，巨猾滔天。"

⑪ 说诱：劝诱。语出东汉学者桓谭《新论》："於是伟日夜说诱之，卖田宅以供美食衣服。"

⑫ 存亡：灭亡。语出《国语·郑语》："凡周存亡，不三稔矣！君若欲避其难，其速规所矣，时至而求用，恐无及也。"

⑬ 扶戴：拥立，拥戴。

大 意

有关国家的兴亡、战争的胜负这些重大问题，学识达到了一定的广博、深厚程度，希望你们予以关注，并加以探讨。运筹于帷幄之中，议政于朝堂之上，如果不能为君王进献良策，起到安邦定国的积极作用，这对立志于修身治国的人来说，就是十分耻辱的事情啊！但是，在现实生活中，我就常常看到一些文人，略微读了几本兵书，稍微懂得一点谋略，倘若他们生活在太平盛世，就会窥伺宫廷，一旦朝廷有事，他们就幸灾乐祸，带头犯上作乱，不惜贻祸平民百姓；倘若他们生活在动荡年代，就能煽动社会舆论，勾结不法分子，反复无常，到处游说，拉拢诱骗，不识时务，妄行拥戴之事。要知道，这可都是杀身灭族的大罪啊！你们一定要警惕，一定要警惕啊！

三、妄称武夫，无异于"饭囊酒瓮"

习五兵①，便骑乘②，正可称武夫尔③。今世士大夫，但不读书，即自称武夫儿，乃饭囊酒瓮④也。

注 释

① 习五兵：熟练掌握五种兵器。习，通晓。五兵，有不同的说法。据《周

礼·夏官·司兵》"掌五兵五盾"东汉学者郑玄注，车之五兵，戈、殳、戟、酋矛、夷矛；据《穀梁传·庄公二十五年》："天子救日，置五麾，陈五兵五鼓。"东晋经学家范宁注，五兵指矛、戟、钺、楯、弓矢；《汉书·吾丘寿王传》"古者作五兵"，唐代学者颜师古注，五兵，指矛、戟、弓、剑、戈。

②便：擅长。骑乘，程本、抱经堂本作"乘骑"。

③"正可"句：正，程本作"上"。武夫，武士，勇士。语出《诗·周南·兔罝》："赳赳武夫，公侯干城。"

④饭囊酒瓮：比喻只会吃饭喝酒、没有实用的人。后世的成语"酒囊饭袋"出自于此。囊，有底的袋子；瓮，盛酒的陶罐。

大　意

熟练地掌握五种兵器，擅长骑马，通晓驾车，这样的人才称得上是武夫啊！如今一些士大夫啊，只要是不肯用心读书的，就大言不惭地自称武夫。这样的人，无异是酒囊饭袋啊！

养生第十五

提　要

养生，在中国人的生命体验和社会生活中，由来已久，形成了一种丰富的生活经验和独特的养生文化，它在中国优秀传统文化体系中，占有十分重要的地位。孔孟儒家十分重视养生，形成了修德养气，重在内修的养生文化。孔子强调孝悌忠信、礼义廉耻、仁爱和平、立己立人的忠恕之道，是生命内在的力量，即道德的力量、文化的力量。修德，就能提升人，就能放大人的生命价值。修德就是养生。孟子将它称为"养浩然之气"（《孟子·公孙丑上》），浩然正气激荡人的生命力，放大人的生命价值。而外在的养生，纯粹只是一种生命存在，即活着的生活体验。尽管孔子在生活细节上，有"食不厌精，脍不厌细""食不语，寝不言""席不正，不坐"等等精妙的看法（《论语·乡党篇》），但这都是服从于或体现着修德养气的。如果没有德、气之率，养生都是空的，当然也是没有任何意义的。显然，孔孟儒家谈养生，都是立足于生命意义和价值的。老庄道家也十分重视养生，形成了具有深厚底蕴的养生学，它的价值追求是生命自身的"长生不老"和"得道成仙"。老子在《道德经》中，多处论述养生，集中起来，主要强调顺应自然，人与自然和谐；少私寡欲，知足常乐；静虚自持，以静致正。庄子则重视生命的自然属性，形成生死合一的生命哲学和养生文化。特别是道家的炼丹术、修道术成为生命体悟的技术表现和方法印象。虽然先秦儒家与道家都对养生有哲学与方法论的认知，不无存在差异，但对于尊重生命、善待生命、养生保健、放大生命意义和价值，在这一点上却是一致的。因此，颜之推论养生，就不能不站在中国传统文化的脉络上展开，就不能不继承和光大中华优秀的养生文化。这就是颜之推论养生的文化基础，也是他所谈所论具有强大感召力的源泉所在，这也是他引述前贤论述的文化依据。

在颜之推的养生视野里，作为文化的养生，是历史的，他继承了儒家、道家对养生的深刻论述；作为价值意义和人生存在的养生，它是现实的，是生活的，也是积极的，他旗帜鲜明地批判庸俗的生死观，"为了活着而活着，生有何益"；提倡严肃的、正义的生死观，"为了人的尊严而死，为了家、为了国而死，死有何惧"。因此，颜之推的养生观，具有三个层次：一是立足于生命的自然法则，保养身体；二是立足于生命的社会意义，通过提升个体的道德、品格、气韵达到健康的身体、积极的生活、有意义的生命这一人生目标；三是立足于人生观和价值观，把养生与生死融为一体，使身体的意义与生命的价值相辅相成。依此认识颜之推的养生观，他在以下方面提出了具有较高价值的、很有影响的养生论：第一，人不可尽得道、尽成仙，但是，科学养生，珍爱身体、珍惜生命，延年益寿，是可以实现的。第二，养生之法，关键是把握身体和生命生物属性与社会属性，加强内修与外修，就能做到善养身体、善待生命。饮食起居、热冷风霜、医药调理、欲望意念等等，都是养生必须妥善处理的要素；而依赖炼丹，迷信得道，这种养生之法很容易使人误入歧途。第三，要将养生与生命价值联系起来，不可为生而养生，"生不可不惜，不可苟惜"。只有将家国情怀、正气浩然放在首位，积极养生、认真保健、追求身体与生命长久，才是有意义的；如果贪生怕死，养生就没有任何意义了，生命也就没有任何价值了。这些看法，对于人们思考身体与生命的意义价值、生活的目标与意义、人生观与生死观，都是有积极意义的。

一、得道成仙，可遇而不可求；科学养生，就可延年益寿

神仙之事[①]，未可全诬[②]；但性命[③]在天，或难锺值[④]。人生居世，触途牵絷[⑤]。幼少之日，既有供养之勤；成立之年，便增妻孥[⑥]之累。衣食资须[⑦]，公私驱役[⑧]，而望遁迹[⑨]山林，超然尘滓[⑩]，千万不遇一尔[⑪]。加以金玉[⑫]之费，炉器所须，益非贫士所办。学若[⑬]牛毛，成如麟角。华山[⑭]之下，白骨如莽[⑮]，何有可遂之理？考之内教[⑯]，纵使得仙，终当有死，不能出世，不愿汝曹专精于此。若其爱养神明[⑰]，调护气息，慎节起卧，均适暄寒[⑱]，禁忌[⑲]食饮，将饵[⑳]药物，遂其所禀[㉑]，不为夭折者[㉒]，吾无间然[㉓]。诸药饵法，不废世务也。庾肩吾[㉔]常服槐实，年七十余，目看细字，须发犹黑。邺中朝士，有单服杏仁、枸杞、黄精、术煎一本有"车前"字。者[㉕]，得益者甚多，不能一一[㉖]说尔。一本无此六字。吾尝患齿，摇动欲落，饮食热冷，皆苦疼痛。见《抱朴子》牢齿之法，早朝建齿三百下为良[㉗]，行之数日，即便平愈，今恒持之。此辈小术，无损于事，亦可修也。凡诸[㉘]饵药，陶隐居[㉙]《太清方》中总录甚备，但须精审[㉚]，不可轻脱[㉛]。近有王爱州[㉜]在邺，学服松脂[㉝]，不得节度，肠塞而死，为药所误者甚多。

注　释

① 神仙：中国神话里的人物，通过修炼，精神和肉体都超凡脱俗，长生不老，具有神的地位。在中国文化体系中，儒家讲修德成君子（仁），佛家讲修行成佛，道家讲修炼成仙。

② 诬：虚妄不实的假话。

③ 性命：指万物的天赋和禀受。语出《易经·乾》："乾道变化，各正性命。"唐代学者孔颖达说："性者，天生之质，若刚柔迟速之别；命者，人所禀受，若贵贱夭寿之属也。"南宋学者朱熹说："物所受为性，天所赋为命。"

④ 锺值：恰巧碰上。程本、抱经堂本作"种植"。

⑤ 牵絷：牵绊，牵扯。絷，读音同"执"，用绳索绊住。

⑥ 妻孥：妻儿的泛称，也写作"妻帑"。孥，读音同"奴"，儿女。语出《诗经·小雅·常棣》："宜尔室家，乐尔妻帑。"意思是说，家庭和乐才兴亡，妻子儿女喜洋洋。

⑦ 资须：生活必需品。

⑧ 驱役：驱使，役使。语出东汉王充《论衡·对作》："《六略》之书，万三千篇，增善消恶，割截横拓，驱役游慢，期便道善，归正道焉。"驱役，程本作"劳役"。

⑨ 遁迹：隐迹，隐居。语出《晋书·文苑传·李充》："政异徵辞，拔本塞源，遁迹永日，寻响穷年，刻意离性而失其常然。"

⑩ 超然尘滓：超脱于凡俗之外。超然，超脱凡俗的样子。语出《道德经》第二十六章："虽有荣观，燕处超然。"尘滓，世间琐务。滓，读音同"子"，沉淀的杂质。

⑪ 遇：程本作"过"。

⑫ 金玉：珍宝的总称。语出《左传·襄公五年》："无藏金玉，无重器备。"这里是指道士炼丹所需的黄金、玉石、丹砂等物。

⑬ 若：程本、抱经堂本作"如"。

⑭ 华山：在今陕西省东部。古代传说为仙人居住之所。华，读音同"化"。

⑮ 白骨如莽：人死之后剩下的白骨，就像茂密的草丛。比喻死人之多。莽，茂密的草丛。语出东晋葛洪《抱朴子·登涉》："凡为道合药及避乱隐居者，莫不入山。然不知入山法者，多遇祸害。故谚有之曰：'太华之下，白骨狼籍。'"

⑯ 内教：指佛教。在南北朝时期，信佛的人称儒学为外教，称佛教为内教。如南朝梁沈绩《梁武帝〈立神明成佛义记〉序》："绩早念身空，栖心内教，每餐法音，用忘寝疾。"

⑰ 神明：神灵。语出《易经·系辞下》："阴阳合德，而刚柔有体，以体天地之变，以通神明之德。"孔颖达注疏："万物变化，或生或成，是神明之德。"

⑱ 暄寒：寒暑，冷暖。语出《梁书·王僧孺传》："近别之后，将隔暄寒，思子为劳。"程本、抱经堂本作"寒暄"。暄：温暖。

⑲ 禁忌：避免食用某种食饮品。

⑳ 将饵：送服。将，送。

㉑ 禀：赐予，授予。

㉒ 夭折：早死，短命。语出《荀子·荣辱篇》："乐易者常寿长，忧险者常夭折。"

㉓ 无间然：没有什么好指责的。语出《论语·泰伯篇》："禹，吾无间然。"

间，读音同"见"，缝隙。

㉔庾肩吾：南朝梁代文学家、书法家。字子慎（487—551），梁简文帝萧纲初封晋安王，庾肩吾为晋安国常侍；历任云麾参军，并兼记室参军。简文帝萧纲继位后，以庾肩吾为度支尚书。后遭侯景之乱，转赴江陵，投奔萧绎，封武康县侯。未几死。《梁书》《南史》有传。《隋书·经籍志》载有《梁度支尚书庾肩吾集》10卷，明代张溥辑有《庾度支集》，收入《汉魏六朝百三家集》。槐实，槐树的果实，能入药。据汉末《名医别录》（有人说作者为陶弘景）："槐实味酸咸，久服，名目益气，头不白，延年。"

㉕杏仁、枸杞、黄精、术煎：均为中药名。"术煎"，程本作"木车前"，抱经堂本作"术车前"。

㉖一一：逐一展开的意思。

㉗《抱朴子》句：见《抱朴子·杂应》："或问坚齿之道。抱朴子曰：'能养以花池，浸以醴液，清晨健齿三百过者，永不动摇。'"建，程本、抱经堂本作"叩"。

㉘诸：程本、抱经堂本作"欲"。

㉙陶隐居：即陶弘景。南朝齐、梁间道士、道教思想家、医学家，炼丹家、文学家，字通明(456—536)，自号华阳居士，丹阳秣陵(今江苏南京）人，卒谥贞白先生。齐时，遍历名山，寻访仙药；梁时，梁武帝礼聘不至，却每每向其请教朝廷大事，时人称为"山中宰相"。他的文章《答谢中书书》为传世之作，选入当代中学课本，文中名句"山川之美，古来共谈。高峰入云，清流见底"；"晓雾将歇，猿鸟乱鸣，夕日欲颓，沉鳞竞跃"经久传诵。著有《本草经集注》七卷，所载药物凡七百三十种，对后世本草学发展有很大影响。另著有《真诰》，是道家重要典籍之一。参见《南史·陶弘景传》。《太清方》，据《隋书·经籍志》："《太清草木集要》二卷，陶隐居撰。"近代史学家陈直解释说，道家传说居住地有上清、太清、玉清。这就是医方命名的依据。

㉚精审：精确实在。语出《晋书·裴秀传》："虽有粗形，皆不精审，不可依据。"

㉛轻脱：态度轻佻。语出《左传·僖公三十三年》："轻则寡谋，无礼则脱。"西晋学者杜预（222—285）注释："脱，易也。"脱，程本作"服"。

㉜王爱州：事迹不详。

㉝松脂：由松类树干分泌出的树脂，树木生理活动的产物，在空气中呈黏滞液或块状固体，含松香和松节油。也称松香、松膏、松胶、松液、松肪。明朝李时珍《本草纲目》载："久服，轻身，不老延年。"

大　意

修道成仙的事啊，也不能说全是假的；只不过人的禀赋是先天注定的，修道成仙的这种好事，一般人就很难碰得到了。人生在世，很难做到潇洒自由，时时处处都难免有所羁绊掣肘。小时候啊，父母辛勤养家不易；成家立业以后，就有了妻儿的拖累；既要为吃饭穿衣操劳，又要为工作生计奔走。在这种情况下，即使有人想超凡脱俗，归隐山林，而实际上恐怕在千万人中也难遇到一个呢！更何况即使你迈出了隐居修炼的第一步，后面你还要购置炼丹的金银、玉石原料，准备炼丹炉具等必需品，这笔费用可不是一般的人所能承担得起的啊。学仙求道者多如牛毛，而成功者少如麟角。君不见，华山脚下，白骨如莽，哪里有人轻而易举得遂心愿啊！我查阅了佛教经典，佛典说道，即便是人们得道成仙了，最后也还是要死的。人最终也逃不出尘世的羁绊。看来这就是人的宿命啊！我不希望你们专心于修道成仙这类事情呢！如果你们能够爱惜身体，护养精神，调养气息，节制起居，寒热适当，饮食合理，适当地服用保健药品，就能够身强体健、精力充沛了，只有健康的体魄才能延年益寿，达到天年，而不至于夭折呢。这样的话，我就放心了，我还有什么可以担心的啊！保健、进药，是一定要掌握其中道理的，这些都不影响日常事务。你看庾肩吾，他经常服用槐实，即使到了七十岁的高龄，依然发黑目明，就连小字也都看得清清楚楚呢。至于邺城的官员，他们各自从杏仁、枸杞、黄精、车前、白术等药物中，得到了健康的益处，我就不逐一展开说了。就单说我的故事吧！我曾经患牙病，牙齿松动得快要掉下来了，饮食热冷都会刺激牙疼，很难受啊。后来，我查阅了《抱朴子》中的固齿之法，说是清早起床后，扣齿三百下就有疗效了。我依照此方，每日坚持，几天下来，牙病果然好了。直到现在，我依然坚持这样做。这类简单的健身方法，对日常工作丝毫都没有什么妨碍，我看还是可以多学学、多试试的呢。对于服用药物，陶弘景隐士的《太清方》说得很清楚了，只要精心选择，就不会复错药啊。当然也有轻率的例子。最近听说有一位名叫王爱州的人，服用松脂，但没有掌握正确服用的方法，结果肠梗而死，真是可惜啊！像这类被药物害了性命的事例，还有很多呢。因此，既要吃保健药物，又要掌握正确的食用方法，这可是十分重要的啊！

二、养生必须内外兼修

夫养生①者，先须虑祸，全身保性，有此生然后养之，勿徒养其无生也。单豹②养于内而丧外，张毅③养于外而丧内，前贤所戒也。嵇康著《养生》之论，而以傲物受刑；石崇④冀服饵之征，一本作"延年"。而以贪溺⑤取祸，往世⑥之所迷也。

注　释

①养生：保养身心，使之长寿。语出《庄子·养生主》："文惠君曰：'善哉！吾闻庖丁之言，得养生焉。'"

②单豹：典出《庄子·达生》："善养者如牧羊，视其后者而鞭之。""鲁有单豹者，岩居而水饮，不与民共利，行年七十而犹有婴儿之色，不幸遇饿虎，饿虎杀而食之。"又见于《淮南子·人间训》。

③张毅：典出《庄子·达生》："有张毅者，高门县薄，无不走也，行年四十而有内热之病以死。豹养其内而虎食其外，毅养其外而病攻其内。此二子者，皆不鞭其后者也。"

④石崇：西晋时期文学家、富豪，"金谷二十四友"之一，大司马石苞第六子。字季伦（249—300），小名齐奴，渤海南皮（今河北省南皮县东北）人。石崇早年担任过修武县令、城阳太守、散骑侍郎、黄门郎中低级官职。后获封安阳乡侯，累官至南中郎将、荆州刺史、南蛮校尉、鹰扬将军等，在任上劫掠往来富商，因而致富，富敌王侯。"石崇斗富"是那个时代的一个符号。后任徐州刺史、卫尉等职。贾后专权时，石崇阿附外戚贾谧。永康元年（300），贾后等为赵王司马伦所杀，司马伦党羽孙秀向石崇索要其宠妾绿珠不果，因而诬陷其为乱党，遭夷三族。晋惠帝复位后，以九卿礼安葬石崇。参见《晋书·石苞传》）。

⑤贪溺：贪财好色，而不自省。

⑥往世：过去，从前。语出《庄子·人间世》："来世不可待，往世不可追也。"

大　意

重视养生的人，首先应该考虑避免灾祸啊。保全生命，是养生的前提；连命都没有了，保养那副躯体岂不是徒劳无益吗？从前有个叫单豹的隐士，他倒是注意保养身体，可是被老虎吃掉了；还有一个叫张毅的人，为官处事，处处小心，他是给活活累死了的啊。前者是注意保养内心的，活了七十岁还红光满面，只是死于外在因素；后者倒是注意外在的灾祸因素，可是忽视了内在保养，暴病早逝。这些都是先贤引以为戒的案例啊！嵇康不可谓不懂得养生，他还写了《养生》的论著，但由于为人清高而被杀；石崇经常吃保健药物，但因贪财好色而丧命。这些都是前人的一些教训啊，对于我们来说，可是一面明镜啊！

三、生不可不惜，不可苟惜

夫生，不可不惜，不可苟惜。涉险畏之途，干祸难 ① 之事，贪欲以伤生，谗慝而致死 ②，此君子之所惜哉！行诚孝 ③ 而见贼，履仁义而得罪，丧身以全家，泯躯 ④ 而济国，君子不咎也！自乱离已来，吾见名臣贤士 ⑤，临难求生，终为不救，徒取窘辱 ⑥，令人愤懑 ⑦。侯景之乱，王公将相，多被戮辱 ⑧，妃主姬妾 ⑨，略无全者。唯吴郡太守张嵊 ⑩，建义 ⑪ 不捷，为贼所害，辞色不挠 ⑫。及鄱阳王世子谢夫人 ⑬，登屋诟怒 ⑭，见射而毙。夫人，谢遵女也。何贤智操行 ⑮ 若此之难？婢妾 ⑯ 引决 ⑰ 若此之易？悲夫！

注　释

① 祸难：灾祸。语出《左传·襄公三十年》："国之祸难，谁知所敝。"难，读音同"男"的去声。

② 谗慝：邪恶奸佞。语出《左传·成公七年》："尔以谗慝贪惏事君，而多杀不辜。"慝，读音同"特"，邪恶。

③ 诚孝：忠孝的意思。诚，讳隋文帝杨坚父亲杨忠之名改。

④ 泯躯：亡身的意思。泯，灭。

⑤ 名臣贤士：泛指德才兼备的贤达人物。名臣，贤能的、有口碑的大臣。语出《史记·张释之冯唐列传》："张廷尉方今天下名臣。"贤士，有道德、有

学问、有才能、有使命感的人，符合儒家的"君子"品格。语出《国语·齐语》："奉之以车马衣裘，多其资币，使周游于四方，以号召天下之贤士。"

⑥ 窘辱：陷于窘境，遭受凌辱。语出《史记·留侯世家》："雍齿与我有故，数尝窘辱我。"窘，难堪，尴尬。

⑦ 愤懑：愤慨。语出司马迁《报任少卿书》："恐卒然不可为讳，是仆终已不得舒愤懑以晓左右。"懑，读音同"闷"，心烦意闷。

⑧ 戮辱：因遭受杀戮而受到污辱。语出《韩非子·难言》："然则虽贤圣不能逃死亡避戮辱者，何也？"

⑨ 妃主姬妾：妃，皇帝的小老婆，太子、王侯的妻子；主，公主；姬，诸侯（王侯）的小老婆；妾，正室之外男子另娶的女人，俗称小老婆。

⑩ 张嵊：南朝梁代大臣，镇北将军张稷之子。字四山（483—548），吴郡吴县（今苏州）人。年少时就端庄儒雅，有志向和节操，擅于清谈。举秀才，起家秘书郎，官至寻阳太守、吴兴太守。太清二年（548），侯景围京城建康，张嵊遣弟张伊率郡兵数千人赴援。后为侯景所害，子弟同遇害者十余人，时年六十二。贼平，世祖萧绎追赠侍中、中卫将军、开府仪同三司，谥曰忠贞。事见《梁书·张嵊传》。嵊，读音同"胜"。

⑪ 建义：指兴义军、举义旗，维护正义。文中指张嵊组织族人起兵勤王之事。

⑫ 不挠：不被折服，很顽强的样子。语出《荀子·荣辱篇》："重死，持义而不挠，是士君子之勇也。"挠，使弯曲，屈服。

⑬ 鄱阳王世子谢夫人：南朝梁代萧嗣的妻子。侯景之乱时，贼兵攻晋熙城甚急。城中粮尽，士兵饥乏，颇有破城之险。萧嗣持剑宣示："今之战，何有退乎？此萧嗣效命死节之秋也。"在战中被流矢射中牺牲。事见《梁书·鄱阳王恢传》。

⑭ 诟怒：怒骂。诟，读音同"构"，辱骂。

⑮ 贤智操行：贤智，贤德机智。语出《韩非子·难势》："由此观之，贤智未足以服众，而势位足以诎贤者也。"操行，操守、品行。语出《史记·伯夷列传》："操行不轨，专犯忌讳，而终身逸乐，富厚累世不绝。"

⑯ 婢妾：妾的意思。语出《礼记·檀弓下》："如我死，则必大为我棺，使吾二婢女夹我。"婢，读音同"闭"，婢女，一般指女仆。

⑰引决：自尽。语出司马迁《报任少卿书》："及罪至罔加，不能引决自裁。"唐人李周翰注："言不能引志决列以自裁毁。"

大　意

生命这个东西啊，既不可不珍惜，也不可无原则地保全。那些铤而走险、不计祸福的行为，都是因为贪恋财色、放纵欲望造成的啊！因贪欲伤身、奸邪丢命，这些都是君子所惋惜的事情。至于说因为言行忠孝而被攻击，因为担当仁义而获罪，舍身保家，捐躯救国，这恰恰是君子无怨无悔、大力提倡的忠义之举啊！自从战乱流离以来，我见过一些所谓的名臣贤士，他们面对突然降临的重大变故和社会危难，不是积极应对，而是苟且偷生，最终不仅没有挽救自己，反而处境窘迫，招致羞辱，件件在在，真是令人愤慨！侯景之乱时，一些王侯将相，大多被杀受辱，至于说到他们的家属，那些嫔妃、公主、姬妾，几乎没有幸免于难的。只有吴郡太守张嵊临危不惧，发动族人，兴兵勤王。虽然最后失败，张嵊及其族人被叛贼所害，但他在临行前的语言行色之中表现出的大义凛然、浩然正气、不屈不挠，真是值得人们敬佩啊！还有鄱阳王孙子萧嗣的妻子谢夫人，与她的丈夫一并合力守城，抵抗叛贼，在她丈夫牺牲后，毅然登上城楼，怒斥叛军，直到中箭而死。这位谢夫人，就是谢遵的女儿啊！为什么那些所谓的名臣贤士要做到危难知节、坚贞不屈、舍生取义，就这么艰难啊？而那些弱女子却敢于杀身成仁、慷慨赴义，竟又如此了然？每每念及，真是感慨万千啊！

归心第十六

提　要

心，是一个极其复杂的东西。心，既指人的心理活动，也指人的精神、意志、品德、理想、情操和情怀，还指人对自己、社会和自然的认识，由此确立人的人生观、世界观和价值观。本篇用十一个章节讨论"心"的问题，大体上是指后面两种层面的内容。因此，这里所谓的归心，是指人要有自己的价值观、要有自己的行为取向和人生态度，只有这样，心才会安定下来。心安才能神安，神安才能身安，古人所讲的"安身立命"，道理源出于安心，即颜之推所说的"归心"。归心论，放在中国传统文化关于成人立身知识系统里，实在是博大精深，奥妙无穷。

归心，是一个关于人生的哲学概念，在颜之推的时代，已经不是一个新词，而是一个由来已久、内涵丰富、早已定型的思想范畴，具有宏观和微观两个理论层面。儒家讲归心，如《论语·尧曰篇》所说："兴灭国，继绝世，举逸民，天下之民归心焉。"法家也讲归心，如《商君书·农战》所说："圣人知治国之要，故令归心于农。"纵横家也讲归心，据《史记·鲁仲连邹阳列传》记载："国敝而祸多，民无所归心。"这里都是就治国平天下的大道理而言，统治者要使老百姓安心归附，过上生产有序、身心安定的生活。如果是讲到个人的精神世界，归心就是指个人有自己的精神家园和精神追求，不迷茫，不流俗，不随波逐流，形成自己的人生理想、信念、意志、品格和情操，具有自己所操守的世界观、人生观和价值观的坚定性。颜之推在文中所探讨的，显然是指后者。

颜之推所处的南北朝时期，是中国历史上一个特殊的时代。其时，改朝换代频繁，动乱时间长于安定时间，大量而频仍的人口流动和反复无常的社会动荡引发全国规模的民族大融合，社会阶层崩析重组，不断变化；在思想上，这又是一个开放、活跃的时代，除了传统的儒家思想继续成为统治者的主导思想和主流意识形态之外，道家思想活跃起来，东汉时传入的佛教在此时也得到迅速发展。不仅如此，思想还呈现出一个相互渗透、相互激荡、相互影响的态势，儒家、道家和佛家思想的融汇、整合，也起自于此时。"归心"篇为我们保存了一份十分完整、鲜活、生动的思想文化资料个案。受到这种时代潮流和思想资源影响，颜之推在阐明自己的世界观、人生观和价值观的时候，当然会具有思想的多样性，从而打下了儒家、道家和佛家的鲜明烙印。这就不难理解，颜之推的人生主张是向善的。他主张扬善弃恶，强调善恶有因，善恶有报，即"善恶之行，祸福所归"，人要有善德，更要有善为。他对佛教是宽容的，是持倾向性意见的，反对质疑佛教和诋毁佛教。他认为，佛教和儒家学说，并不矛盾，"内外两教，本为一体，渐极为异，深浅不同"，他主张在信仰佛教的同时，不要忘记了我们固有的、源远流长的文化，如周孔之教、道家修炼，认为它们都可以相互依存、相互补充，人生可以得以增长修养、提升境界，从而使人生尽量完美无憾。因此，围绕着这一思想主题，在第十一章节中，颜之推列举了生活中他所知道的逸闻趣事，劝人心有信仰、行有善举，尽量积德行善，免遭报应。从当代知识水准的视角来看，其中有些例证的可信性当然是缺乏科学基础的；但是，从作者的人生观、价值观的"劝善扬善"角度来看，还是有积极的人生价值和社会意义的。

一、因果轮回，信而有征，不可轻慢

三世①之事，信而有征。家世业此②，勿轻慢也。其间妙旨③，具④诸经论，不复于此少能赞述⑤，但惧汝曹犹未牢固⑥，略动劝诱⑦尔。

注　释

①三世：佛教的因果轮回，过去世、现在世和将来世，形成前后因果链。人生一辈子，都要经历三世轮回的报应，形成一个人的生命周期。世，迁流、变化的意思。

②家世业此：程本作"家业归心"，抱经堂本作"家世归心"。家世，本指世袭的门第，或家族的世袭，这里是指先代以来。语出《史记·蒙恬列传》："始皇二十六年，蒙恬因家世得为秦将，攻齐，大破之，拜为内史。"页此，以此为业。业，用如动词，操业，这里是指皈依佛教，信佛礼佛。

③妙旨：精妙深远的思想。语出《艺文类聚》卷五七引东汉辞赋家傅毅《七激》："达牺农之妙旨，照虞夏之典坟。"旨，程本作"音"。

④具：陈述，展开。

⑤赞述：表达赞美的话。语出东汉学者班固《高祖泗水亭碑铭》："叙将十八，赞述股肱。"

⑥牢固：既坚固而又结实。《三国志·吴志·陆抗传》："吾宁弃江陵而赴西陵，况江陵牢固乎？"

⑦劝诱：鼓励诱导。动，程本、抱经堂本作"重"。

大　意

佛教所说的关于过去、现在和将来因果轮回之事，是确实可靠的，你们就不要怀疑了；我家世代笃信佛教，对于信佛敬佛这桩事，你们千万不要马虎啊！佛教精妙深刻的思想，都详细地表述在佛教典籍上，就不用我在此用什么赞美的语言来介绍了。我只是担心你们对佛教的信仰还不那么坚定、牢固，所以就专门地稍稍进行一番劝勉罢了！

二、内外两教，本为一体

原夫四尘五荫①，剖析形有②；六舟三驾③，运载群生④。万行归空，千门入善⑤，辩才智惠⑥，岂徒七经⑦、百氏⑧之博哉？明非尧、舜、周、孔所及也。内外两教⑨，本为一体，渐极为异⑩，深浅不同。内典初门⑪，设五种禁⑫；外典仁、义、礼、智、信，皆与之符。仁者，不杀之禁也；义者，不盗之禁也；礼者，不邪之禁也；智者，不淫之禁也；信者，不妄⑬之禁也。至如畋狩军旅⑭，燕享刑罚，固⑮民之性，不可卒除，就为之节，使不淫滥尔。归周、孔而背释宗⑯，何其迷也！

注 释

① 原夫四尘五荫：原，推究，考究。夫，语气词。四尘，佛教将世俗的色、香、味、触称为"四尘"。据唐朝中期被翻译成汉文的《楞严经》说："我今观此，浮根四尘，祗在我面，如是识心，实居身内。"五荫，也就是佛教讲的"五蕴"：人本身并非实体，只是由色、受、想、行、识五要素聚合而成的一个肉身而已。色，指组成身体的物质，即人的肉体。佛教认为，世界万物都由地、水、火、风这四种物质构成，人的肉体概莫能外。这四种元素具有各自的性能：地性坚，水性湿，火性暖，风性动，所以又称"四大"。人的皮肉筋骨属地性，精血口味属水性，体温暖气属火性，呼吸运动属风性。"四大"和合，就形成人的身体。受，指人因感官引起的苦、乐、喜、忧等情感。想，指人的心理活动，诸如意念、欲望等。行，指人有意志的行动。识，指人对万事万物的认识，是一种主观的意识体验活动。"五荫"说是关于人的肉体不是一个物质实体的学说，认为人活着，只是五荫聚合的体现；人死了，五荫俱散。人无论是活着，还是死去，都是一场空。因此，空是人身（人生）的本质。
② 形有：指一切客观存在。形，看得见的事物；有，看不见的事物，如空

气、声音、香味等等，虽然人们看不到它，但它却是存在的实在。

③ 六舟三驾：六舟，佛教亦称"六度"。指人由痛苦的此岸世界过渡到极乐的彼岸世界的六种方法和途径：布施（檀那）、持戒（尸那）、忍辱（羼提）、精进(毗梨耶)、禅定(禅那)、智慧(般若)。认为只有"普度众生""救苦救难"，才能真正解脱个人。这是大乘教的主要内容。三驾，佛教亦称"三乘"，三辆车子的意思。据《法华经》（南朝宋、梁有注疏本），佛教以养车喻声闻乘，以鹿车喻缘觉乘，以牛车喻菩萨乘。通过这三种方法引导众生脱离苦海。佛教将宇宙间有情识的和了悟得道的生命体分为十类，将觉悟程度最高的分为四类，称为"四圣"。"四圣"由高到低依次是：佛、菩萨、觉缘和声闻。他们的觉悟程度虽不一致，但他们都已大彻大悟，超脱了生死轮回的人生苦海，达到了圣者的地步，所以将此觉悟者称为"四圣"。

④ 群生：百姓，这里泛指信徒。语出《国语·周语下》："仪之于民，而度之于群生。"

⑤ "万行"句：佛家认为，人的肉身是五荫和合，本质是空的；世间万事万物是四大和合，也是空的，即"四大皆空"。所以说，"万行归空"。佛教劝人修行，有种种法门，通过积善可以超度自己，所以说"千门入善"。语出《仁王经》（首译于西晋泰始三年，即 267 年，译者为竺法护）："若菩萨摩诃萨住千佛刹，作忉利天，修千法名门，说十善道，化一切众生。"

⑥ 智惠：即智慧。惠，通"慧"。

⑦ 七经：指七部儒家经典：《诗》《尚书》《仪礼》《周易》《乐》《春秋》《论语》。先秦时为六经，西汉以后加《论语》为七经。

⑧ 百氏：指先秦诸子百家。诸子百家是春秋战国时期学术流派的总称。据《汉书·艺文志》记载，有名号的流派一共 189 家，著作一共 4324 篇。《隋书·经籍志》《四库全书总目》等则说"诸子百家"实有上千家。但从实际来看，流传较广、影响较大者，不过几十家而已。著名的有：阴阳家、儒家、墨家、名家、法家、道家、纵横家、杂家、农家、小说家等十家。后世除去小说家，称为"九流"，即九个流派的意思。此外，还有兵家、医家等等。诸子有：老子、孔子、管子、晏子、孙子、范蠡、扁鹊、尹文、列子、庄子、田骈、黄老、杨子、邓析、公孙龙子、惠子、鬼谷子、张仪、苏秦、孙膑、庞涓、孟子、墨子、告子、商鞅、申不害、慎子、许行、邹衍、荀子、韩非子、吕不韦等 32 人。

⑨　内外两教：指儒学和佛教。儒学是先秦时期内生的，由著名思想家孔子所创立，是中国本土的学问，因此称为"内教"；佛教产生于尼泊尔，由域外传至国内，因此称为"外教"。

⑩　渐极为异：在修悟儒学与佛教的过程中，由于中土与西域的地域差异，人们的参悟、理解有不同的方式方法，但追求的认真虔诚态度却是一样的。对此句，学术界有不同理解。渐，渐入，指佛教；极，宗极，指儒学。

⑪　内典：指佛家经典，因为佛法是追求内修的学问。如《南史·何风传》所说："入钟山定林寺，听内典，其业皆通。"

⑫　五种禁：佛教五戒。即：不杀生、不盗窃、不淫邪、不妄语、不饮酒。参见魏收（505—572）《魏书·释老志》："又有五戒：去杀、盗、淫、妄言、饮酒。大意与仁、义、礼、智、信同，名为异耳。"

⑬　不妄：不妄言，不说假话的意思。

⑭　畋狩军旅：畋狩，打猎的意思。语出《晋书·乐志下》："（傅玄）改《临高台》为《夏苗田》，言大晋畋狩顺时，为苗除害也。"畋，读音同"田"，打猎。军旅，指军事活动。语出《周礼·地官·小司徒》："五人为伍，五伍为两，四两为卒，五卒为旅，五旅为师，五师为军，以起军旅，以作田役。"

⑮　固：宋刻《续家训》作"因"。

⑯　释宗：指佛教创立者释迦牟尼(梵文为Śākyamuni，约前624—前544年，另说为前564—前484年），原名悉达多·乔达摩。古印度释迦族人，生于古印度迦毗罗卫国（今尼泊尔南部）。成佛后被称为释迦牟尼，尊称为佛陀，大彻大悟之人的意思。

大　意

佛教推究"四尘""五荫"之理，探索世间万事万物的奥妙；它用"六舟""三驾"的修行之法，普度众生脱离苦海；佛教的"万行归空""千门入善"的法理和门径，使众生皈依空门，使信众归于善道，极具辩才和智慧，怎么能说只有儒家的"七经"或者诸子百家之学才算学识渊博啊！佛教的至高境界和修为门径，显然不是唐尧、虞舜、周公和孔子所比得上的啊！佛教和儒学，都讲修身修心、积善成德，本来就是互通相连的，本质上也没有什么差异。如果硬要将它们区别一下，我看就是在悟道和修身上各有不同的方式和方法，人生的境界也各有深浅不同。佛经上设有"五戒"，儒家强调仁、义、礼、智、信"五德"，我看它们所蕴含的道理完全是吻合的。儒家所说的"仁"，相当于佛教的"不杀戒"；儒家所说的"义"，相当于佛教的"不盗戒"；儒家所说的"礼"，相当于佛教的"不淫戒"；儒家所说的"智"，相当于佛教的"不饮酒戒"；儒家所说的"信"，相当于佛教的"不欺戒"。至于像狩猎、作战、宴请、刑罚等等之类，这些原本就人类的天性使然，怎么可能一下子都能禁止、清除掉啊！我看，只要能够对它们加以合理的节制，使它们在社会生活中尽量不产生副作用就行啦！由此说来，一些人只尊崇周孔之教，却背离佛教教义，就显得多么糊涂啊！

三、人们对未知的指责，多是来自于误解

俗之谤者，大抵有五：其一，以世界外事及神化无方①为迂诞也；其二，以吉凶祸福或未报应②为欺诳③也；其三，以僧尼④行业多不精纯⑤为奸慝⑥也；其四，以縻费⑦金宝减耗课役⑧为损国也；其五，以纵有因缘⑨如报善恶，安能辛苦⑩今日之甲利后世之乙乎为异人⑪也。今并释之于下⑫云。

注　释

①　神化无方：出神入化，没有边际的意思。神化，出神入化，语出《易经·系辞下》："神而化之，使民宜之。"方，边际。

②　报应：佛教的善恶因果循环，行善得善果，作恶得恶果。佛家的因果报应说用于世俗，如东晋袁宏《后汉纪·明帝纪下》说："生时所行善恶，皆有报应。"

③　欺诳，用蛊惑的语言，欺骗别人。语出东晋葛洪《抱朴子·勤求》："每见此曹欺诳天下以规世利者，迟速皆受殃罚。"诳，迷惑人，欺骗人。

④　僧尼：佛教修行的和尚、尼姑的统称。语出魏收《魏书·释老志》："僧尼之法，不得为俗人所使。若有犯者，还配本属。"

⑤　精纯，明净纯洁的意思。语出西汉刘向（约前77—前6）《列女传·梁寡高行》："高行处梁，贞专精纯，不贪行贵，务在一信。"

⑥　奸慝，奸诈邪恶的人。语出《尚书·周官》："司寇掌邦禁，诘奸慝，刑

暴乱。"慝，读音同"特"，邪恶。

⑦ 縻费：浪费。縻，通"靡"。语出《荀子·君道篇》："故天子诸侯无靡费之用，士大夫无流淫之行。"

⑧ 课役：政府向老百姓征用的赋税徭役。据《旧唐书·职官志二》："凡役赋之制有四：一曰租，二曰调，三曰役，四曰课。"

⑨ 因缘：佛教用语，将事物产生、变化和消亡的主要条件称为"因"，起辅助作用的次要条件称为"缘"。语出《四十二章经》（传入中国的第一部佛教经典，东汉迦叶摩腾、竺法兰译）一十三："沙门问佛，以何因缘，得知宿命，会其至道？"前缘相生，成为因；现相助成，成为缘。

⑩ 辛苦：本意是指味道辛辣而苦，比喻经历艰难困苦。这里用如动词，使……劳累。语出《逸周书·酆保》："商为无道，弃德刑范，欺侮群臣，辛苦百姓，忍辱诸侯。"

⑪ 异人：不同的两个人。这里是说前后的甲、乙两个人各不相干。

⑫ 释之于下：在下面的文字中详细解释。释，解说，阐述。

大　意

世俗对佛教的诋毁，大致有如下五条：一是说，佛教所讲的现实世界以外的事情，以及佛法无边的说法，是荒诞不经之谈；二是说佛教所说的人世间的吉凶祸福未必就那么灵验，善恶因果报应只是骗人的把戏；三是说，在佛教的和尚、尼姑这类行业中，他（她）们的品行大多不清不白、业务大多半生不熟，寺庙和尼姑庵就是藏污纳垢之所；四是说，建立寺庙、尼姑庵耗费了大量的黄金珠宝，僧尼既不交租，也不服役，严重损害了国家利益；五是说，即使有前世今生、来生来世的因缘和因果报应存在，又怎能使今天为生活所累的某甲去为来生来世的某乙积累功德、获得福报呢？他们可是不同世代的两个人啊！现在，我就将以上责难，在下文中逐一解释吧。

四、岂可以人情常理去判明宇宙广大

释一曰：夫遥大之物，宁可度量①？今人所知，莫着②天地。天为积气，地为积块，日为阳精，月为阴精，星为万物之精，儒家所③安也。星有坠落，乃为石矣。精若是石，不得有光，性又质重，何所系属？一星之径，大者百里，一宿④首尾，相去数万；百里之物，数万相连，阔狭从⑤斜，常不盈缩。又星与日月，形色同尔，但以大小为其等差，然而日月又当石也。石既牢密，乌兔⑥焉容？石在气中，岂能独运？日月星辰，若皆是气，气体轻浮，当与天合，往来环转，不得错违⑦，其间迟疾⑧，理宜一等。何故日月五星⑨、二十八宿⑩，各有度数⑪，移动不均？宁当气坠，忽变为石？地既滓浊⑫，法应沈厚⑬，凿土得泉，乃浮水上，积水之下，复有何物？江河百谷，从何处生？东流到海，何为不溢？归塘尾闾⑭，渫⑮何所到？沃焦⑯之石，何气所然⑰？潮汐⑱去还，谁所节度？天汉悬指⑲，那不散落？水性就下，何故上腾？天地初开，便有星宿，九州⑳岛未划，列国未分，翦疆区野㉑，若为躔次㉒，封建㉓已来，谁所制割？国有增减，星无进退，灾祥祸福，就中不差。干象㉔之大，列星之伙，何为分野㉕，止系中国㉖？昂为旄头，匈奴之次㉗；西胡㉘、东越㉙，雕题、交阯㉚，独弃之乎？以此而求，迄无了者，岂得以人事寻常，抑必宇宙外也？

注 释

① 度量：计量长短、容器的标准和依据。《周礼·夏官·合方氏》："同其数器，壹其度量。"郑玄注："尺丈釜钟不得有大小。"

② 着：程本、抱经堂本作"若"。

③ 安：设置的理论解说。

④ 宿：指天上的二十八个星宿。读音同"秀"。

⑤ 从：通"纵"，与"横"相对。

⑥ 乌兔：据《山海经》，古代神话传说日中有乌，月中有兔。乌，又名三足乌。如王充《论衡·说日》说："日中有三足乌，月中有兔、蟾蜍。"可为佐证。

⑦ 错违：有误差。语出《后汉书·爰延传》："臣闻天子……意有邪僻，则暑度错违。"

⑧ 迟疾：或快或慢，或早或晚。语出《后汉书·律历志中》："月行当有迟疾，不必在牵牛、东井、娄、角之间。"

⑨ 五星：天上的金星、木星、水星、火星、土星。

⑩ 二十八宿：古代天文学家为了观测日月、五星运行而划分的二十八个星

区。二八星宿之说，最早见于《周礼·考工记》：东方七宿：角、亢、氐、房、心、尾、箕；北方七宿：逗、牛、女、虚、危、室、壁；西方七宿：奎、娄、胃、昴、毕、觜、参（读音同"深"）；南方七宿：井、鬼、柳、星、张、翼、轸。

⑪ 度数：古代天文学计量日月星辰的标准和单位。据《汉书·律历志》：金星、水星皆日行一度，木星日行一千七百二十八分度之一百四十五，土星日行四千三百二十分度之一百四十五，火星日行一万三千八百二十四分度之七千三百五十五。二十八星宿黄赤道度也各不相同。

⑫ 滓浊：污秽、污浊的意思。语出西晋文学家孙楚的《井赋》："苦行潦之滓浊，靡清流以自娱。"（唐欧阳询等编：《艺文类聚》卷九）

⑬ 沈厚：深沉而又厚重。语出《晋书·陈骞传》："骞沉厚有智谋。"沈，通"沉"。

⑭ 归塘尾闾：归塘，神话传说。典出《列子·汤问》，渤海之东几亿万里的地方，有一个海中深谷，是一个无底深壑。即便是大地上所有的河水、天上银河里的水，都不能将它灌满，"而无增无减焉"。尾闾，神话传说。典出《庄子·秋水》：天下所有的水，即便是都流入大海，总也不能将大海灌满。这是因为有个叫"尾闾"的地方，把多余的海水都流泄了，"尾闾泄之，不知何时已而不虚"。

⑮ 渫：读音同"谢"，泄漏，水流不止。

⑯ 沃焦：也称"沃燋"。古代传说中东海南部的大石山。东晋文学家郭璞（276—324）《江赋》："出信阳而长迈，淙大壑与沃焦。"唐李善注引《玄中记》："天下之大者，东海之沃焦焉，水灌之而不已。沃焦，山名也，在东海南方三万里。"又，三国魏朝嵇康《养生论》："或益之以畎浍，而泄之以尾闾。"李善注引西晋史学家司马彪的话："一名沃燋……在扶桑之东，有一石，方圆四万里，厚四万里，海水注者无不燋尽，故名沃燋。"

⑰ 然：通"燃"，烧。

⑱ 潮汐：沿海地区的一种自然现象。海水在月球和太阳引潮力作用下产生周期性运动，呈现与海面垂直方向的涨落现象。习惯上，为了表示生潮的时刻，把发生在早晨的高潮称为潮，把发生在晚上的高潮称为汐。

⑲ 天汉悬指：天汉，天上的银河。语出《晋书·天文志上》："天汉起东方，经尾箕之间，谓之汉津。"悬指，定向悬挂在空中。

⑳ 九州：我国古代最早的行政区划。据《尚书·禹贡》：九州为"冀、兖、青、徐、扬、荆、豫、梁、雍"。

㉑ 翦疆区野：划分疆界，区分地理。区野，古代星象家将地上的地区与天上的星宿对应起来，进行地理划分。如《史记·天官书》记载：角、亢、氐：兖州；房、心：豫州；尾、箕：幽州；斗：江、湖；牵牛、婺女：扬州；虚、危：青州；营室至东壁：并州；奎、娄、胃：徐州；昴、毕：冀州；觜觿（读音同"西"）、参（读音同"深"）：益州；东井、舆鬼：雍州；柳、七星、张：三河；翼、轸：荆州。天上的星象变化，可以预测对应区域人间的吉凶祸福。翦，本义是斩断，这里是划分的意思。

㉒ 躔次：日月星辰在运行轨道上的位次。语出东汉蔡邕《独断》："京师天子之畿内千里，象日月，日月躔次千里。"躔，读音同"缠"，日月星辰运行时在太空经历的某一区域。

㉓ 封建：指周代裂土分封、封邦建国。语出《诗经·颂·商颂·殷武》："命于下国，封建厥福。"意思是说，殷王命令各封国，谨守封疆福无边。命，教令。下国，商代的各封国，诸侯国。封建，封邦建国。如《左传·僖公二十四年》和《史记·三王世家》的解释，比较贴切："昔周公吊二叔之不咸，故封建亲戚，以蕃屏周"；"昔五帝异制，周爵五等，春秋三等，皆因时而序尊卑。高皇帝拨乱世反诸正，昭至德，定海内，封建诸侯，爵位二等"。

㉔ 干象：天象所反映的人事。干，干预；象，天象。

㉕ 分野：与天上十二星宿对应的人间区域上下相应，各有分属。星位之别为分星，地理之异为分野。语出《国语·周语下》："岁之所在，则我有周之分野也。"三国时期吴国学者韦昭（204—273）注释说："岁星在鹑火。鹑火，周分野也，岁星所在，利以伐之也。"

㉖ 中国：指古代中原地区。语出《诗经·大雅·民劳》："惠此中国，以绥四方。"意思是说，天子之民享恩惠，四方诸侯才安稳。惠，福惠。绥，安抚四方诸侯确保国家稳定。以星宿对应人间区域的"中国"概念，见于《史记·天官书》："仲冬冬至，晨出郊东方，与尾、箕、斗、牵牛俱西，为中国。"

㉗ "昴"句：昴为二十八星宿之一。语出《史记·天官书》："昴为旄头，胡（匈奴）星也。"匈奴，据《史记·匈奴列传》记载，匈奴，其先祖为夏后氏之苗裔，曰淳维。唐虞以上有山戎、猃狁、荤粥，居于北蛮，随畜牧而转

移。匈奴是秦末汉初称雄中原以北的一支强大游牧民族。

㉘西胡：匈奴以西西域各族的总称。中原华夏人将匈奴称为"胡人"。因地域区位，又将西域各族统称为"西胡人"。西汉时仅指葱岭以东，东汉起亦兼指葱岭西各族。其中较著名的城国、游牧部落和民族有鄯善（原名楼兰）、车师（原名姑师）、龟兹、于阗、焉耆（亦作乌夷、乌耆、阿耆尼等）、疏勒（唐称去沙、伽师祇离）、姑墨、大宛、蒲类、狐胡（亦作孤胡）、乌孙、大小月支等。均以从事游牧为主。《后汉书·西域传赞》："邈矣西胡，天之外区。土物琛丽，人性淫虚。不率华礼，莫有典书。若微神道，何恤何拘。"

㉙东越：也称"东瓯"。古部落名。古代越人的一支，分布在今浙江省东南部、福建省北部一带。东越部落是东越国（前334—前220）的前身。汉武帝元鼎六年（前111）东越王馀善反，被其部属所杀。部分族人被迫迁入江淮地区。参见《史记·东越列传》。

㉚雕题、交阯：古代五岭以南的少数民族及其区域。《后汉书·南蛮传》说："《礼记》（《礼记·王制》）称，'南方曰蛮、雕题、交阯'。其俗男女同川而浴，故曰交阯。"雕，刻的意思；题，额头的意思。雕题，含有纹身的意思。

大　意

我对第一种责难的回答是：人世间极其遥远、极其庞大的东西，你怎么去计量它啊！现在人们所了解、所熟悉的事物，最大的莫过于天地了。天由各种云气凝结而成，地由各种泥石聚集而成，太阳是阳气的精华，月亮是阴气的精华，星辰是宇宙万物的精华，这套学说是由儒家所设计的。天上的星星坠落下来，便成了石块；如果所说的精华是一块石头，那它就不会光芒四射，而它的质量却是沉重的，人们不禁要问：它是依靠什么力量才得以高悬在天空之中的呢？一颗星辰的直径，大的约有一百里长，星座与星座之间，相隔何止万里之遥！直径长达百里的物体，在几万里的空间连成一片，是何等壮观啊！它们之间距离的宽窄、纵横展开的秩序，都成为常态，有自己的规律支配，而没有随意的伸展或缩短异动，这的确不简单啊！再者，日月星辰，它们的形体、颜色相似，只是存在着大小不同的差别，这样看来，太阳和月亮还是石头吗？石头的内部组织既是精密的，它的结构又是牢固的物体，那么，三足乌和玉兔又怎么能够容身其中呢？石头飘浮在大气之中，又怎么能自行运转啊！反过来说，日月星辰倘若是气体，而气是轻浮的，那它就应该与天上的大气相融合，来回循环运转，就不应该是相互交叉的，况且它们的运转速度，也应该是相等的，那为什么日月、五星和二十八宿各自运转的角度不同，速度也不一样呢？难道是气体突然掉落在大地上，突然变成石头了吗？大地既然是由实物聚集而成，按理说就它就应该是沉重而厚实的，但是，往地下挖掘就能得到泉水，这说明大地是浮现在水上的；那么，大地之下的积水下面，又有一些什么东西呢？长江、黄河以及众多的河流，到底是从哪里产生的啊？流水向东归大海，大海中的水为何从不溢出来啊？据说大海里多余的水都由"归塘""尾闾"泄流而去，那么，"归塘""尾闾"的海水究竟流向何方？如果说，海水被沃焦山的石头给烧掉了，那么，这石头又是由什么气体变成的啊？还有潮汐的涨落，又是谁在控制它啊？银河高悬天空，为什么不散落下来啊？按理说，水性是向下流的，为什么像银河的水反而是向上升腾呢？天地初开的时候，就有星宿，那时天下的九州还没有划分呀，诸侯列国也还没有分封呢，彼此的疆界是如何依据星辰的方位和运行的轨道来确定的呢？自从西周封邦建国以来，各个封国的命运又是由谁主宰的？后来，诸侯国有增无减，可是，天上的星宿却并无变化，而地上依然发生吉凶祸福，这些在星宿中也没得到反映呀；天象宏大，星辰众多，为什么地上与天上星宿划分相对应的诸侯国或州郡区域，只限于中原地区？二十八宿中的"昴宿"，被称为"旄头"，对应的地域是匈奴，但是，难道西胡、东越、雕题和交阯就恰恰被老天爷遗忘了，没有与它们相对应的分星吗？诸如此类的问题，有人总在探求，但一直没有最终答案。所以说，怎么能按寻常人的道理，去判定广袤宇宙之外的复杂事物啊！

五、凡人之信，唯耳与目

凡人之信，唯耳与目。耳目之外，咸致疑焉。儒家说天，自有数义①。或浑或盖②，乍宣乍安③。斗极所周④，管维所属⑤。若所亲见，不容不同。若所测量，宁足依据？何故信凡人之臆说⑥，迷大圣⑦之妙旨，而欲必无恒沙⑧世界、微尘数劫⑨也？而邹衍⑩亦有九州岛之谈。山中人不信有鱼大如木，海上人不信有木大如鱼；汉武不信弦胶⑪，魏文不信火布⑫；胡人见锦⑬，不信有虫食树吐丝所成；昔在江南，不信有千人毡帐⑭；及来河北，不信

有二万斛 ⑮ 船：皆实验也。

注　释

① 数义：几种说法，几层意思。

② 或浑或盖：有的持浑天说，有的则持盖天说。浑，浑天说。古代人们对宇宙的一种认识，认为天地关系好像蛋壳包着蛋黄那样；天的形体浑圆如弹丸，天上的日月星辰以及整个天体每天都环绕南北两极从东到西不停地运转。这就是天体以地球为中心旋转的理论，即"地心说"。盖，盖天说。也是古代先民的宇宙观，认为天在上，地在下，天圆似张开的一把伞，地方是似一副展开的棋盘，如《敕勒歌》所谓"天似穹庐，笼盖四野"，太阳的东升西没，是地球离太阳运转的远近位置所致，并不是太阳沉入了地下。

③ 乍宣乍安：一会儿相信宣夜说，一会儿又信服宣安说。乍，忽然，一会儿。宣，宣夜说。古代先民的一种宇宙观，认为天体没有形质，气体构成宇宙，一眼望去，日月星辰飘浮在浩瀚的虚空之中，无边无际，无根无系，其动与静，完全依赖气的作用。安，安天说，也是古代先民的一种宇宙观。据《晋书·天文志》："成帝咸康中，会稽虞喜因宣夜之说作《安天论》。"虞喜（281—356），字仲宁，余姚人。出身仕宦之家，少立操行，博学好古，尤喜天文历算，举贤良，征为博士。咸和五年（330），根据冬至日恒星的中天观测，发现岁差，认为太阳从第一年冬至到第二年冬至向西移过原先位置，推算出每50年退一度（现代测定为71年8个月）。这一发现对以后的天文学颇有影响，南朝宋大明六年（462）祖冲之制《大明历》开创中国天文学史新纪元，即应用"岁差"因素。咸康年间，虞喜根据宣夜说著《安天论》，主张天高无穷，在上常安不动，日月星辰各自运行，以批驳浑天说、盖天说。另著有《毛诗释》《尚书释问》等10余种。

④ 斗极所周：斗柄带动整个天体运转的情况。斗，北斗星；极，终端。斗极，斗柄的意思，斗柄是整个天体运转之轴。周，旋转。古人认为，北斗带动天体运转，是因为从斗的中心到上天的八级，有八根大绳系着，如东汉天文学家张衡（78—139）所说："八极之维，径二亿三万二千三百里。"（《灵宪》）

⑤ 管维所属：斗柄绳连接的位置。斗枢。管，通"幹"，北斗七星之柄；维，纲；属，读音同"主"，连接。

⑥ 臆说：主观推断。语出南朝宋裴骃《〈史记〉集解·序》："未详则阙，弗敢臆说。"

⑦ 大圣：指佛教创始人释迦牟尼。

⑧ 恒沙："恒河沙数"的略称。佛教认为，宇宙星空里的世界是很多的，就像恒河里的沙子那样数不胜数。语出《金刚经》（鸠摩罗什译，402 年）："是诸恒河所有沙数，佛世界如是，宁为多不？"恒，恒河，南亚大河，发源于喜马拉雅山南麓，全长 2700 公里，在印度境内长 2071 公里。恒河流经印度，进入孟加拉国，最后注入孟加拉湾。恒河流域不仅是印度文明的重要发源地，而且更是佛教兴起的地方，至今留有大量佛教圣地遗存。

⑨ 微尘数劫：像微尘数量那样多的劫难。微尘，极细微的物质。数，比喻多。劫，劫波、劫难，佛教专有概念。古印度传说，世界经历若干万年便毁灭一次，然后再重新开始，循环往复。佛教以天地的形成到毁灭（一生一灭）为"一劫"。佛教认为，如果人们用力去磨"三千大千"世界的土，更把这些土都磨为尘埃，世界所遭受的"劫"要比这些微尘数的总和还要多得多。文中所说的"微尘劫数"，就是这个意思。

⑩ 邹衍：战国末期齐国人，生年不详，大约活了七十多岁，是阴阳家的主要代表人物、五行说的创始人。他的主要思想是五行说、"五德终始"说和"大九州"说。他还是齐国稷下学宫继孟子之后又一位重要的著名学者，因他"尽言天事"，在当时，人们称他"谈天衍"，故又称邹子。司马迁在《史记·孟子荀卿列传》中说他著作"《终始》《大圣》之篇十余万言"，另有一本《主运》；班固在《汉书·艺文志》中，罗列其著《邹子》49 篇和《邹子终始》56 篇。邹衍说："所谓中国者，于天下乃八十一分居其一分耳。中国名曰赤县神州。赤县神州内自有九州，禹之序九州是也，不得为州数，中国外如赤县神州者九，乃所谓九州也。于是有裨海环之，人民禽兽莫能相通者，如一区中者，乃为州。如此者九，乃有大瀛海环其外，天地之际焉。"

⑪ 汉武不信弦胶：汉武帝天汉三年（前 98），西方某国使臣向汉武帝敬献了灵胶四两。汉武帝接纳后，也没有将它特别当一回事，就存放在外库了。汉武帝更没有将这位使臣放在心上，以致使臣长期滞留未归。过了好久的一天，汉武帝在华林苑狩猎，弓弩突然断了，侍臣一时不知如何是好。好在那位使臣正好也在随行之列，于是又奉上灵胶一份，并用口水将灵胶化开，使断弦胶

合。汉武帝对此很是惊讶，命令几个武士分列两边对着拉弦，体验胶合后的弩弦张力，结果，武士们拉了一整天也没将弩弦拉断。这说明胶合后的弩弦强劲如初。事见西汉文学家东方朔（前154—前93）的《十洲记》，又见于西晋小说家张华（232—300）的《博物志》。

⑫　魏文不信火布：据南朝宋代史学家裴松之（372—451）《三国志》注引《搜神记》，在汉代，西域就向内地敬献过火浣布。以后有很长时间停止了献布活动，所以在三国时，便有人怀疑火浣布的存在。魏文帝曹丕认为，火性酷烈，将布放在火中浣洗是不可能的；他将自己的认识写进了所著《典论》之中。又据《三国志·魏志·少帝纪》，魏明帝时，西域又献火浣布，景初三年（239年）还将这种火浣布在百官前表演。魏文，魏文帝曹丕；火布，浣火布，据《列子·汤问》："火浣之布，浣之必没于火；布则火色，垢则布色；出火而振之，皓然疑乎雪。"

⑬　锦：有彩色花纹的丝织品。

⑭　毡帐：毡制的帐篷，北方游牧民族的居室。毡，读音同"沾"，用兽毛制成的防寒用品和垫衬材料；帐，用布或其他材料做成用于遮蔽的物品。

⑮　斛：读音同"胡"，容量单位，南宋以前，十斗为一斛。

大　意

大凡人们所相信的事物，都是依靠耳闻目睹的。除此之外，一般都会产生疑惑吧！儒家的宇宙观，本来就有几家不同的说法：或者是"浑天说"，或者是"盖天说"；一会儿是"宣夜说"，一会儿又是"安天说"。此外还有一种说法，北斗七星围绕北极星旋转，就是以斗枢为转轴的。总之，没有定见。如果是论者亲眼所见，说法就不可能有如此大的差异；如果是论者亲自进行了测量，那么，我们就可以从中选择一种可靠的依据。我们为何要相信这些人的主观推测，而质疑大圣释迦牟尼的精妙教义呢？为什么就轻易认定不会有像恒河里的沙子那样多的世界啊，更何况，生死轮回，万劫不复啊！况且，中国古代阴阳家邹衍也有大九州之说呢！人们总有违背常识产生偏见的时候：山里人从来不相信有像大树一样大的海鱼；而海上的人呢，从来也不相信有大鱼那么大的树木。正像从前汉武帝不相信有黏合弩弦的灵胶、魏文帝不相信西域有浣火布一样啊！这也正像北方胡人看见彩锦，不相信它是由蚕虫吃了桑叶吐丝织成的；

南方人不相信北方有可容千人的毛毡帐篷，而北方人不相信南方有能装两万斛的大船一样。他们只相信眼见为实的东西。但是，这些恰恰都是被确证了的事实啊，在你没有见到之前，你可不能否认它的存在呢！

六、人力尚且无比精彩，佛法岂可低估

世有祝师①及诸幻术②，犹能履火蹈刃③，种瓜移井④，倏忽⑤之间，十变五化⑥。人力所为，尚能如此，何况神通感应⑦，不可思量⑧，千里宝幢⑨，百由旬⑩座，化成净土⑪，踊出妙塔⑫乎？

注 释

① 祝师：主掌祭祀的法师。祝，主掌祭祀并祷告神灵的人。语出《诗经·小雅·楚茨》："祝祭于祊，祀事孔明。"意思是说，祖庙祭祀告祖先，礼仪完备又周详。祊，读音同"崩"，宗庙、祠堂内设立祭坛的地方。孔，很。明，完备。《汉书·郊祀志下》解释说："使先圣之后，能知山川，敬于礼仪，明神之事者以为祝。"

② 幻术：古代的魔术，方士、术士用来迷惑人的法术，一般使用沉香、朱砂、檀香、曼陀罗花粉配制成药，点燃后对别人产生幻觉，还有用催眠术让别人产生幻觉。

③ 履火蹈刃：民间俗称"大把戏"的节目，魏晋以后，西域魔术传至东土，各类"大把戏"在民间很活跃。其时的诗歌如张衡的《西京赋》、小说如《搜神记》、史籍如《汉书·张衡传》都有记载。类似本文的记载，见于葛洪《抱朴子·对俗》："变形易貌，吞刀吐火"；"瓜果结实于须臾，鱼龙灟灟于盘盂"。刃，这里泛指刀剑。

④ 种瓜移井：据《洛阳伽蓝记·景乐寺》（东魏杨炫之著，成书于东魏武定五年，即547年）："寺中杂技，剥驴投井，掷枣种瓜，须臾之间，皆得食之。"伽蓝，梵文音译"僧伽蓝摩"的省称，寺院的意思。伽，读音同"茄"。

⑤ 倏忽：形容时间很短，突然间。语出《战国策·楚策四》："（黄雀）昼游乎茂树，夕调乎酸醎，倏忽之间，坠于公子之手。"倏，读音同"书"，迅疾，形容飞快。

⑥ 十变五化：形容变化多端，相当于后来的成语"千变万化"。十、五，虚指，形容多的意思。

⑦ 神通感应：神通，佛教术语，根据古印度梵文意译，指自己的心念不动却能通晓事物变化，并能察觉他众之心而不被感染。《菩萨璎珞经》（后秦释竺佛念译）描述菩萨神通：能观一切六道诸有心念而不染称作天眼通，能知何心念是善是恶有何果报，亦即能闻解诸佛度众生之法称作天耳通；《楞严经》则说：天眼通、天耳通、他心通、神足通、漏尽通。神，心念；通，通达。

⑧ 思量：思考，揣度。语出《晋书·王豹传》："得前后白事，具意，辄别思量也。"

⑨ 宝幢：用宝珠装饰的幢竿。幢，读音同"床"，经幢，写在长圆筒形绸伞上的经文，称为"经幢"；刻有佛号或经咒的石柱，称为"石幢"。这里是指寺院。

⑩ 由旬：梵文音译，也作逾阇那、逾缮那、瑜膳那、俞旬、由延等。古印度的长度单位，一般指公牛挂轭行走一天的里程。

⑪ 净土：佛教术语，指清净的地方，没有染污的庄严世界。在汉传佛教中，专指阿弥陀佛的西方净土，即极乐世界。

⑫ 踊出妙塔：语出《妙法莲华经见宝塔品》第十一："尔时，佛前有七宝塔，高五百由寻，纵广二百五十由寻，从地涌出，种种宝物而庄校之。"塔，佛塔。

大　意

世间的法术师以及通晓各种幻术的人，都能穿火圈、踩刀刃、种瓜即种即收、将生驴肉投井即熟，转瞬之间，千变万化，令人目不暇接。人力的所作所为，尚能如此超凡入化，何况是佛教神通广大，具有超人的感化之力，自然是不可想象啊！至于说高达千里的经幢、广达数千里的莲花宝座、庄严洁净的极乐世界，从地上涌现的座座高大宝塔，哪一样不是法力一刹那间变换出来的，这还用质疑吗？

七、善恶之行，祸福所归，立身之理

释二曰：夫信谤之征，有如影响①。耳闻眼见，其事已多。或乃精诚不深②，业缘未感③。时傥差阑④，终当获报尔。善恶之行，祸福所归。九流百氏，皆同此论，岂独释典为虚妄⑤乎？项橐⑥、颜回之短折，原宪、伯夷之冻馁，盗跖⑦、庄蹻之福寿⑧，齐景⑨、桓魋⑩之富强⑪，若引之先业，冀以后生，更为通尔。如以行善而偶锺⑫祸报，为恶而傥值⑬福征，便生怨尤⑭，即为欺诡，则亦尧、舜之云虚，周、孔之不实也，又欲安所依信而立身乎？

注　释

① 影响：影子和回声，"如影随形，随响应声"，形容反应、回应迅速。语出《尚书·大禹谟》："惠迪吉，从逆凶，惟影响。"

② 精诚：真心实意，比喻真诚的程度。语出《庄子·渔父》："真者，精诚之至也，不精不诚，不能动人。"精，纯一的意思。

③ 业缘：佛教指人的身、口、意三个方面的因缘和果报。业，佛教名词，梵文的音译，指身、口、意"三业"。三业分为善、不善、非善非不善三种，一切众生的境遇和生死，都是由前世业缘所决定的。

④ 差阑：早晚的差别，或迟或早。阑，迟、晚。

⑤ 虚妄：不着边际的事和话。语出东汉王充《论衡·书虚》："世信虚妄之书，以为载于竹帛上者，皆贤圣所传，无不然之事，故信而是之，讽而读之。睹真是之传与虚妄之书相违，则并谓短书，不可信用。"

⑥ 项橐：春秋时期鲁国人，少有智慧，十岁而亡，留下了"车让城"的经典故事，使孔子受到教益。据《战国策·秦策》："项橐七岁而为孔子师。"

⑦ 盗跖：据《庄子·盗跖》《荀子·不苟篇》《史记·伯夷列传》等记载，跖为春秋末期奴隶起义领袖，相传行事暴戾，"横行天下"，"竟以寿终"。"盗"，是当时统治者对他的污名。

⑧ 庄蹻：战国时期楚将，楚顷襄王时率军通过黔中向西南进兵，一路过关斩将，直抵滇池。后因黔中被秦军攻占，遂在滇称王，号"庄王"。事见东晋史学家常璩（约291—361）的《华阳国志·南中志》。

⑨ 齐景：齐景公，姜姓，吕氏，名杵臼，春秋时期齐国国君，在位五十八年（前547—前490），在位期间治国比较稳定。《论语·季氏篇》对他的评价："齐景公有马千驷，死之日，民无德而称焉。"

⑩ 桓魋：又称向魋（读音同"颓"），春秋时期宋国人，官至司马，宋景公的嬖臣、男宠。

⑪ 富强：指国家财力富足，力量强大。语出《管子·形势解》："主之所以为功者，富强也。故国富兵强，则诸侯服其政，邻敌畏其威。"

⑫ 锺：聚集。

⑬ 值：遇到。与前文的"锺"是一个意思。

⑭ 生怨尤：生，程本作"可"。怨尤，责怪别人，"怨天尤人"的意思。语出《论语·宪问篇》："不怨天，不尤人，下学而上达。"

大　意

我对第二种责难的回答是：不论是信奉佛教，还是谤毁佛教的议论，就像如影随形、如声回响一样；我耳闻目睹这样的事情，已经很多了。至于佛教的因果报应之说，虽然在有的人身上还没有得到应验，这或许是当事者的诚心还不足够，因缘不到，报应就推迟了。尽管人的报应或迟或早，但是，每个人的业报注定是要到来的啊！一个人的善行、恶行，必将得到相应的福祸报应。我国古代的九流和先秦百家学说都持祸福报应的观点，而佛家经典也是这样认为的，难道就只佛家的观点是歪理邪说吗？过去的项橐、颜回短命夭亡，伯夷、原宪忍饥受冻，盗跖、庄蹻得以寿终，齐景公、桓魋国强家富，如果把这些都看成是他们前辈的功德或者恶行，回报在后代人身上，道理或许就更有说服力些；否则，还能做怎样的理解呢？人们如果因为行善而偶得恶报，因为行恶而反得到善报，就对因果报应之说产生怨责，甚至认为因果报应之说是骗人之谈；那么，我就要质疑唐尧、虞舜事迹的真实性，就要否认周公、孔子贤德的可靠性。如果真是这样，那又有什么人、什么事是真实可信的呢？人们又依据什么原则、信念来立身处世啊？

八、以宽容心看待僧尼缺点

释三曰：开辟①已来，不善人多而善人少，何由悉责其精絜②乎？见有名僧高行，弃而不说；若睹凡僧流俗③，便生非毁。且学者之不勤，岂教者之为过？俗僧之学经律④，何异士人之学《诗》《礼》？以《诗》《礼》之教，格朝廷之人⑤，略无全行者；以经律之禁，格出家之辈，而独责无犯哉？且阙⑥行之臣，犹求禄位；毁禁之侣，何惭供养乎⑦？其于戒行，自当有犯。一披法服，已堕僧数⑧，岁中所计，斋讲诵持⑨，比诸白衣⑩，犹不啻山海⑪也。

注　释

① 开辟：开天辟地的意思。神话故事，盘古开天地，自有人类社会以来。语出西汉文学家扬雄（前53—18）《法言·寡见》："所谓观，观德也。如观兵，开辟以来，未有秦也。"

② 精絜：精洁，精粹纯洁。絜，读音同"接"，通"洁"。语出《国语·周语上》："国之将兴，其君齐明、衷正、精洁、惠和，其德足以昭其馨香，其惠足以同其民人。"

③ 流俗：指品行平庸粗俗。语出东晋葛洪《抱朴子·博喻》："英儒硕生，不饰细辩于浅近之徒；达人伟士，不变皎察于流俗之中。"

④ 经律：指佛教的经文戒律。

⑤ 格：本意是指射箭的靶子，标的的意思，引申为衡量、要求。

⑥ 阙：通"缺"，缺少。

⑦ 供养：佛教里俗众或寺庙为僧尼提供生活奉养，即提供斋品。语义与界外"为……提供侍养物资"一样。语出《战国策·韩策二》："臣有老母，家贫，客游以为狗屠，可旦夕得甘脆以养亲。亲供养备，义不敢当仲子之赐。"

⑧ 数：数列，行列。

⑨ 斋讲诵持：僧尼的功课：吃斋，讲经，念佛，持戒。

⑩ 白衣：当时佛教徒穿着为黑衣，佛教徒以此区别俗家人为白衣（穿白衣服的人）。这里是指平民。

⑪ 山海：用如动词，像山那样高，像海那样深。

大　意

我对第三种责难的回答是：自从盘古开天地，三皇五帝到如今，在人类中还是坏人多、好人少啊！这是一般的定律，由此可见，怎么可以要求每一个僧尼都是纯洁明亮的人呢？现在暂且撇开那些大德高僧不说，单说人们习惯于病诟抨击一般僧人身上毛病的现象吧。的确，很多僧尼身上都有这样或那样的缺点、弱点，但是，对于问题却要这要看待：就像老师和学生的关系一样，学习者不勤奋努力，难道是施教者的过错吗？僧尼学习佛教经典和戒规，与俗家学习《诗经》《礼记》有什么不同啊？如果人们用儒家经典阐释的道理去衡量、品评朝廷的官员，可以说，他们也不能完全做到儒家的要求呢。同样的道理，用佛教的经义教规去考量、评议僧尼，哪里能够要求他们做得十全十美啊！更何况，那些品行不端、才能不足的朝臣官吏，常常热衷于投机专营、升官晋爵，丝毫都没有一点羞耻之心，而我们为什么对于那些犯禁的僧侣，硬是没有一点宽容之心呢？按照常理来说，有戒规，当然就有犯戒的人，我看，对此不必大惊小怪，大可以平常心看待啊。我还是认为，人们一旦进入寺院，披上袈裟，接受剃度，成为僧侣一员，年复一年吃斋念佛、讲经持戒，相对于那些俗众来说，他们德行的差别真可以用山的高低、海的深浅来衡量啊！

九、诚臣徇主而弃亲，孝子安家而忘国，各有其行，实难两全

释四曰：内教多途，出家自是其一法尔。若能诚孝在心，仁惠 ① 为本，须达 ②、流水 ③ 不必剃落须发，岂令罄井田 ④ 而起塔庙，穷编户 ⑤ 以为僧尼也？皆由为政 ⑥ 不能节之，遂使非法之寺，妨民稼穑，无业之僧，失国赋算 ⑦，非大觉 ⑧ 之本旨也。抑又论之：求道者，身计也；惜费者，国谋也。身计国谋，不可两遂。诚臣徇主而弃亲，孝子安家而忘国，各有行也。儒有不屈王侯高尚其事，隐有让王辞相避世山林，安可计其赋役以为罪人？若能偕化黔首 ⑨，悉入道场 ⑩，如妙乐之世 ⑪，穰佉之国 ⑫，则有自然稻米、无尽宝藏，安求田蚕之利乎？

注 释

① 仁惠：仁慈柔和。语出《史记·律书》："今陛下仁惠抚百姓。"

② 须达：即须达长者。佛教经典记载的著名行善人士。参见《经律异相》（南朝梁代宝唱法师编撰）、《须达经》（南朝齐印度三藏求那毗地译）和《四十二章经》（东汉迦叶摩腾、竺法兰译）。

③ 流水：即流水长者。参见《金光明经》卷四："流水长者见涸池中有十千鱼，遂将二十大象，载皮囊，盛河水置池中。又为称祝宝胜佛名。后十

年，鱼同日升忉利天，是诸天子。"

④ 井田：古时周代具有一定规划的方块田。语出《春秋谷梁传·宣公十五年》："古者三百步为里，名曰井田。"这里泛指田地。

⑤ 编户：古代编入户籍被官府管理的平民。语出《史记·货殖列传·序》："夫千乘之王，万家之侯，百室之君，尚犹患贫，而况匹夫编户之民乎！"

⑥ 为政：从政，治理国家、管理百姓。语出《论语·为政篇》："为政以德，譬如北辰居其所，而众星共之。"

⑦ 赋算：指按人丁计算的赋税。《汉书·贡禹传》："禹以为古民亡赋算口钱，起武帝征伐四夷，重赋於民，民产子三岁则出口钱，故民重困。"算，古代计算税额的单位。"失"，程本、抱经堂本作"空"。

⑧ 大觉：释迦牟尼成佛后称呼为"大觉者"，如《阿育王经》（南朝梁僧伽婆罗译）："如来大觉於菩提树下觉诸法。"后世以"大觉"代指佛教。语出南朝宋谢灵运《佛赞》说："惟此大觉，因心则灵。"

⑨ 黔首：头戴黑头巾的人，先秦特指平民。语出《吕氏春秋·孝行览·慎人》："事利黔首，水潦山泽之湛滞壅塞可通者，禹尽为之。"

⑩ 道场：佛教诵经礼拜的场所。这里是指寺院。

⑪ 妙乐之世：即佛家所说的"极乐世界"。

⑫ 儴佉：梵语的汉译，印度古代神话中国王名，即转轮王。据《佛说弥勒大成佛经》（东晋鸠摩罗什译）："其国尔时有转轮圣王名儴佉，有四种兵，不以威武，治四天下。"儴，抱经堂本作"禳"。

大 意

我对第四种责难的回答是：信奉佛教的修行方法很多，出家修行只是其中的一种途径罢了。如若将忠孝放在心上，将仁惠视为立身之本，像古代的须达长者、流水长者一样立身行善，也就无须剃度为僧了。这样的话，哪里还用得着毁田修庙、建寺立塔，动员编户居民都去做和尚、尼姑啊！至于那些不法寺院，妨碍农事，还有一些无良僧尼，白白地享受斋供，大量浪费国家赋税收入，这些都是当政者管理不善，不能很好地节制佛教发展的恶果，怎么能责怪佛教呢？何况这更不是佛教的本意啊！我再强调一下：那些信奉佛教的人，他们只是为着自己修行打算；而爱惜资财，那才是国家要考虑的问题。这两者各有立场，很难两全其美啊！这就像忠臣为国尽忠就必须牺牲小家一样，就像孝子为了孝敬父母而不能兼顾国家需要一样，两者各有不同的道德要求和行为准则啊！儒家有不屈身王侯而清高立身者，隐士有不食君王俸禄而避居山林者，难道由于他们的逃避而使国家减少了赋役，就要将他们定为国家的罪人吗？如果能够感化百姓都信奉佛教，皈依佛门，就像生活在佛经所说的极乐世界里，远离战乱，没有杀戮，那么，自然就生产出无穷甜美的稻米、获得取之不尽的宝藏，哪里还用得着千方百计地去追求种田养蚕的收益啊！

十、治家欲一家之庆，治国欲一国之良

释五曰：形体 ① 虽死，精神 ② 犹存。人生在世，望于后身 ③，似不相属。及其殁后，则与前身犹老少朝夕 ④ 而。世有神魂 ⑤，示现梦想 ⑥，或降僮妾，或感妻孥，求索 ⑦ 饮食，征须 ⑧ 福佑，亦为不少矣。今人贫贱疾苦，莫不怨尤前世不修功业。以此而论，安可不为之作地 ⑨ 乎？夫有子孙，自是天地闲一苍生 ⑩ 尔。何预身事？而乃爱护，遗其基址 ⑪，况于己之神爽 ⑫，顿欲弃之哉？凡夫蒙蔽 ⑬，不见未来 ⑭，故言彼生与今非一体尔。若有天眼 ⑮，鉴其念念随灭，生生不断 ⑯，岂可不怖畏耶？又君子处世，贵能克己复礼 ⑰，济时益物。治家者，欲一家之庆 ⑱；治国者，欲一国之良 ⑲。仆妾臣民，与身竟何亲也，而为勤苦修德乎？亦是尧、舜、周、孔，虚失愉乐尔。一人修道，济度 ⑳ 几许苍生？免脱几身罪累 ㉑？幸熟思之！汝曹若观 ㉒ 俗计，树立门户，不弃妻子，未能出家 ㉓，但当兼修戒行，留心诵读，以为来世津梁 ㉔。人身难得，勿虚过也。

注　释

① 形体：指人的身体。语出《庄子·达生》："齐七日，辄然忘吾有四枝形体也。"

② 精神：相对于人的身体而言，指人的灵魂。语出《吕氏春秋·尽数》："圣人察阴阳之宜，辨万物之利，以便生，故精神安乎形，而年寿得长焉。"

③ 后身：佛教学说认为，人死后要转世投胎，还有生命。所以将死前称为"前生"，将转生称为"后身"。

④犹老少朝夕：就像人有老年和幼年的联系、时间有早上和晚上的联系一样。"犹"上，程本、抱经堂本有"似"字。

⑤神魂：程本、抱经堂本作"魂神"。心魄的意思。

⑥示现梦想：灵魂出现在生者梦中，俗称"托梦"。示现，佛教术语，菩萨因循机缘而现种种化身，这里引申为灵魂显现。语出《华严经·十地品》："（世尊）勤行不息，善能示现种种神通。"梦想，梦中怀想。语出西汉辞赋家司马相如的《长门赋》："忽寝寐而梦想兮，魄若君之在旁。"

⑦求索：乞求，讨要。语出《楚辞·离骚》："众皆竞进以贪婪兮，凭不厌乎求索。"

⑧征须：求取。

⑨作地：做些打算。这可能是当时的方言。

⑩苍生：百姓。语出东汉史岑《出师颂》："苍生更始，朔风变律。"《文选》刘良注："苍生，百姓也。"

⑪基址：基业的意思。

⑫神爽：心神。爽，精魄。

⑬蒙蔽：愚昧无知。语出《三国志·魏志·文帝纪》裴松之注引汉刘艾《献帝传》："臣以蒙蔽，德非二圣，猥当天统，不敢闻命。"

⑭未来：佛教术语，人死后还有转生之世，即来生来世。语出《魏书·释老志》："浮屠正号曰佛佗……凡其经旨，大抵言生生之类，皆因行业而起。有过去、当今、未来，历三世，识神常不灭。凡为善恶，必有报应。"

⑮天眼：佛教术语。佛教所说五眼之一，又称天趣眼，能透视六道、远近、上下、前后、内外及未来等。《金刚经》说："如来有天眼者。"《大智度论》（东晋鸠摩罗什译）卷五解释说："於眼，得色界四大造清净色，是名天眼。天眼所见，自地及下地六道中众生诸物，若近，若远，若麁（"粗"的异体字），若细，诸色无不能照。"

⑯生生不断：佛教认为，生命不灭，生死轮回，永无了结。

⑰克己复礼：先秦儒家的学说，指做人要有修养，要能克制自己的欲望，使自己的言行符合礼仪的规范和要求。语出《论语·颜渊篇》："克己复礼为仁，一日克己复礼，天下归仁焉。"

⑱庆：善美的意思，引申为幸福美满。典出《易经·坤·文言》："积善之

家，必有余庆；积不善之家，必有余殃。"

⑲　良：善良和悦的意思，与前文的"庆"相对应，近义词。典出《论语·学而篇》："夫子温、良、恭、俭、让以得之。"

⑳　济度：佛教术语，救济众生、脱离苦海的意思。语出《法华经·方便品》："终不以小乘济度众生。"度，通"渡"，像渡河一样，由此岸到彼岸。

㉑　罪累：罪过。语出《后汉书·邓骘传》："终不敢横受爵土，以增罪累。"

㉒　观：顾虑。

㉓　出家：指脱离亲人和家庭这样的世俗世界，到寺院里做尼姑、和尚，按照佛教的教义和戒规生活。语出《维摩经·方便品》(东晋鸠摩罗什译)曰："维摩诘言：然汝等便发阿耨多罗三藐三菩提心是即出家。"

㉔　津梁：桥梁，引申为途径。语出《国语·晋语二》："岂谓君无有，亦为君之东游津梁之上，无有难急也。"

大　意

我对第五种责难的回答是：人的身体虽然死了，可是灵魂不灭啊。人活着的时候，想知道自己来生来世的模样，似乎是不可能的事情。但是，等到人死之后，灵魂一下子就活跃起来了，人的前世与来生的关系，就像人生的少年与老年、时间的早上和晚上那样联系紧密。世上总有逝者的灵魂会在活人的梦里出现，有的托梦于妻子儿女，有的则托梦于童仆婢女，或向他们乞讨饮食，或向他们祈求福佑，这样的事例还真不少啊！现在的人未尝没有贫贱疾苦的，他们总是埋怨自己前世没有修足功德。从这些现象来看，人们怎能不为自己的来生来世做些安排呢！至于各家各户都有子孙，他们不过是天地人间的一介生命而已，老人何须去为子孙的生计徒增烦恼啊。爱子之心，人皆有之。人死之后，要将自己平生积累的基业交给他们，为什么不考虑自己的灵魂将要飘向何方呢？在一般人那里，由于蒙昧未开，所以就无法预知来生来世，从来不把今生与来世联系起来。假使给他一副天眼，让他看到人的生死转世，难道他对于生命还没有敬畏之情吗？再说，君子处事，最可贵的就是像孔子所提倡的那样，做到"克己复礼"，济时救世，乐善好施，为人公益。其实，佛教的教义又何尝不是这样呢？治家的人，就是希望家族兴旺、幸福美满；治国的人，就是希望国家安定、百姓康乐。至于说仆人、婢女、臣僚和民众，与我自己的修为又有什么相干呢？这也如同古圣唐尧、虞舜、周公、孔子一样，为了他人的幸福，白白地丧失了自己很多的人生乐趣。一人修道，可以济度几个生命啊！也能免除自己几世的罪过啊！我希望你们能好好考虑这个问题。你们若要顾及世俗生计，自立门户，不忍心抛妻弃子而剃度出家，但一定要生活中兼及修行，留心诵经念佛，以便为自己的来生来世搭建幸福的桥梁。人生宝贵，你们一定不要虚度啊！

十一、好杀之人，临死报验，子孙殃祸

儒家君子，尚离庖厨，见其生不忍其死，闻其声不食其肉①。高柴②、折像③，未知内教，皆能不杀，此乃仁者自然用心。含生④之徒，莫不爱命，去杀之事，必勉行之。好杀之人，临死报验⑤，子孙殃祸，其数甚多，不能悉録尔，且示数条于末。

梁世有人，常以鸡卵白和沐⑥，云使发光，每沐辄破二三十枚。临死，发中但闻啾啾数千鸡雏⑦声。

江陵刘氏，以卖鳝羹为业。后生一儿，头俱⑧是鳝，自颈⑨已下，方为人尔。

王克⑩为永嘉郡守，有人⑪饷羊，集宾欲燕。而羊绳解，来投一客，先跪两拜，便入衣中。此客竟不言之，固无救请。须臾，宰羊为炙⑫，先行至客。一脔⑬入口，便下皮内，周行偏体，痛楚号叫⑭。方复说之，遂作羊鸣而死。

梁孝元在江州时，有人为望蔡⑮县令，经刘敬躬乱⑯，县廨⑰被焚，寄寺而住。民将牛酒作礼，县令以牛系刹柱⑱，屏除形像⑲，铺设床坐，于堂上接宾。未杀之顷，牛解，径来至阶而拜，县令大笑，命左右宰之。饮噉⑳醉饱，便卧檐下。投㉑醒而觉体痒，爬搔隐疹㉒，因尔成癞㉓，十许年死。

杨思达为西阳郡㉔守，值侯景乱，时复旱俭㉕，饥民盗田中麦。思达遣一部曲㉖守视，所得盗者，辄截手擎㉗，凡戮十余人。部曲后生一男，自然无手。

齐有一奉朝请㉘，家甚豪侈，非手杀牛，噉之不美。年三十许，病笃，大见牛来，举体如被刀刺，叫呼而终。

江陵高伟，随吾入齐，凡数年，向幽州淀㉙中捕鱼。后病，每见群鱼啮之而死。

注　释

①"儒家君子"句：语出《孟子·梁惠王上》："君子之于禽兽也，见其生，不忍见其死；闻其声，不忍食其肉，是以君子远庖厨也。"庖厨，厨房的意思。庖，读音同"刨"，厨房。

②高柴：孔子弟子，春秋时人。据《孔子弟子·弟子行》："高柴启蛰不杀，方长不折。"

③折像：东汉末人，道家，字伯式，广汉雒（今四川省广汉北）人。出身于仕宦人家，少有仁心，精通京房易学，好黄老之言，仗义疏财，死时家无余资。据《后汉书·方术传》："折像幼有仁心，不杀昆虫，不折萌芽。"

④含生：内含生命之物。

⑤报验：报应灵验。

⑥和沐：掺和着洗头。和，读音同"获"，掺杂；沐，洗头。

⑦鸡雏：小鸡。雏，读音同"除"，小鸡。

⑧俱：程本、抱经堂本无。

⑨颈：原作"胫"，今据程本、抱经堂本改。脖子。

⑩王克：南朝梁、陈时人。事散见于《南史·王彧传》《北周书·王褒传》《北周书·庾信传》。

⑪饷：读音同"响"，赠送。

⑫炙：读音同"治"，烤熟的肉。

⑬脔：读音同"峦"，切成小块的肉。

⑭号叫：大声哭叫。语出《晋书·刘元海载记》："七岁遭母忧，擗踊号叫，哀感旁邻。"号，读音如"嚎"。

⑮望蔡：据《宋书·州郡志二》："（望蔡县），汉灵帝中平中，汝南上蔡民分徙此地，立县名曰上蔡，晋武帝太康元年（208）更名。"

⑯刘敬躬乱：梁武帝大同八年（542），安城郡农民刘敬躬率领农民起义，后被擒，"送京师，斩于建康市"。参见《梁书·武帝纪下》。

⑰县廨：县衙。廨，读音同"谢"，官署，衙门办公的地方。

⑱ 刹柱：寺前的幡竿。刹，寺庙。

⑲ 形像：指佛像。

⑳ 噉：读音同"但"，给人吃食物的意思。

㉑ 投：程本、抱经堂本作"稍"。

㉒ 隐疹：一种长小疙瘩的皮肤病。

㉓ 癞：恶疮。

㉔ 西阳郡：东晋时设，治所在今湖北省黄冈东。

㉕ 旱俭：旱灾的意思。俭，岁歉。

㉖ 部曲：家丁，私家武装。语出《三国志·魏志·邓艾传》："孙权已没，大臣未附，吴名宗大族，皆有部曲。"

㉗ 掔：读音同"万"，手腕。

㉘ 奉朝请：据《周礼·大宗伯》，古代诸侯朝见天子的礼仪，春季称为"朝"（读音同"晁"），秋季称为"请"，合称为"春朝秋请"。汉代给退养大臣、勋贵、皇室以及外戚一个"奉朝请"名义，使之参政。晋代以奉车、驸马、骑都尉三都尉为"奉朝请"。南朝从宋代起用以安置闲散官员。

㉙ 淀：浅水湖泊。

大　意

被儒家称为君子的人，他们都能远离厨房啊，因为他们喜欢看到牲畜活蹦乱跳的样子，不忍心看到它们被活活地杀死的样子；听到牲畜被屠宰时的惨叫声，他们就更不忍心吃它们的肉了。像高柴、折像这两人，他们并不懂得佛教，尚且能够做到"不杀生"，可见，仁德、慈悲是人固有的本性。有生命的物体，没有不爱惜自己生命的。人们同情共感生命，就要努力"去杀"，珍爱生命吧！希望你们一定要做到这一点呢！喜欢杀生的人，临死时会遭到报应的，子孙也要跟着遭殃呐。这样的例子多得很呐，我不能将它们逐一记录下来，姑且就列举几条，放在文末吧。

譬如梁朝有一个人，经常用鸡蛋清和在水中洗发，说是这样做能够使头发增加光泽。结果，每洗一次发，就要用去二三十个鸡蛋啊。待他临死之时，就从头发里不断传出小鸡的啾啾叫声。

譬如江陵有个刘姓人，以卖鳝鱼汤为生。他后来生了一个小孩，头像鳝鱼，颈部以下才是人形模样。

譬如梁代王克担任永嘉太守时，有人送了一只羊给他，他就邀宾宴客。那只羊挣断了绳索，跑到一位宾客面前，跪下后先是拜了两拜，然后就钻入客人的怀抱。那位客人竟然没有对人说，也没有为这只羊向主人求情。不一会儿，这只羊就被宰杀了，并做成了羊肉汤。主人将羊肉汤送给宾客吃，这位客人先夹了一小块羊肉，可是，羊肉刚一入口，他便觉得羊肉窜入自己的皮内，在自己浑身上下乱窜不止，使他疼痛难受，哀嚎不止。直到这时，他才向人们说出羊向他求救的事情。说完这件事，他发出几许羊叫声便死去了。

譬如梁元帝在江州的时候，有个人在望蔡县当县令。不巧的是，他遭遇了刘敬躬之乱，县衙被烧毁，不得已，他便寄住在寺庙里。老百姓牵着牛、抬着酒来慰劳他。县令将牛系在幡柱上，搬开佛像，摆上板凳，在佛堂上招待客人。在准备杀牛的时候，牛却挣脱了绳子，直奔堂前向县令跪拜。县令大笑之后，便命令人将牛宰杀。县令酒足饭饱之后，就躺在屋檐下睡着了。醒来之后，他感到身上很痒，便不停地用手抓痒，最后将小疙瘩抓成了恶疮。十几年后，县令便病死了。

譬如杨思达在西阳郡任太守的时候，正好遇上侯景之乱，当时又逢旱灾。老百姓哪里承受得了啊！饥饿的老百姓纷纷跑到官地里偷麦子吃。杨思达便派出一名部曲看护麦地。这名部曲但凡抓到偷麦子的人，就要剁掉人家的手腕。如此这般，总计有十多人啊。后来，这名部曲成家了，生了一个儿子，可是，婴儿天生就没有手啊！

譬如齐朝有一位奉朝请，政治地位很高，家里的摆设也很气派奢华。这个人有个癖好，如果不是自己亲手宰杀的牛，他吃起牛肉来，就觉得不那么有滋有味。可惜的是，他在三十多岁时，就得了重病，临死之际，他清清楚楚地看到牛向他冲来，自己全身疼得像刀刺一样。最后，他在疼痛的喊叫中死去了。

譬如江陵的高伟，他是随我来到北齐的，有几年的时间，他经常到幽州淀中捕鱼。后来他病了，经常看到有成群的鱼儿咬他。他就是在鱼儿的撕咬之中死去的。

颜氏家训卷第六　书证

书证第十七

提　要

本篇书证，是颜之推对自己阅读文献经典存疑之处所作的考证，共计四十七个章节。在四十七章节中，依次涉及《诗经》8篇，《礼记》3篇，《春秋左氏传》2篇，《尚书》1篇，《六韬》1篇，《易经》1篇，《汉书》5篇，《史记》4篇，《后汉书》4篇，《三国志》1篇，《三辅决录》1篇，《晋中兴书》1篇，《古乐府》2篇，《通俗文》1篇，《山海经》1篇，《东宫旧事》2篇，《尔雅》1篇，其他不著书名者，为典故、名物，当然考释典故最后也还是回到了典籍之中。可见，文中所考证的字、词、音、意，以及人物称谓、名称、典故的由来，都算是比较常见的。一是出自于经典，如《诗》《书》《礼》《易》等，这是儒家经典，既是统治阶级意识形态的基础，也是面向大众的，更是古代读书人的"日课"书目；二是出自于文史书籍，属名著系列，如《左传》《史记》《汉书》《后汉书》《三国志》《古乐府》等，其中的《左传》和"前四史"至今都还被誉为文史名著。由此看来，文中讨论的问题，在今天看来可能是生僻的，但在当时，应该是常见的，所以文中作者透露了信息，说是对"或问"（有人问）的回答。总之，不管是就文字本身来说，还是涉及名物训诂，本篇讨论的都是一些专门的学术问题，具有较高的学术价值。

在古代，小学（包括文字学、音韵学、训诂学、校勘学等）被视为学问学术的基础，治学的入门门径，学问由字、词、音、意（义）入手，触类旁通。颜之推在书中专列"书证"一卷，也有对小学重视的意思，倡导治学从基础和基本功开始。这在当代还是有重要学术意义的。

由于作者涉猎文献很广，学术视野开阔，所以在考证中，本篇涉及校勘文字、分辨伪书、辨音识字、考释名物、考述字体源流、鉴定版本优劣，按照现代学者饶宗颐（1917—2018）的说法，考证之学，非学问渊博者，不能为之。著名历史学家范文澜（1893—1969）在《中国通史简编》中，评价颜之推说：他"是当时南北两朝最通博最有思想的学者，经历南北两朝，深知南北政治、俗尚的弊病，洞悉南学北学的短长。当时所有大小知识，他几乎都钻研过，并且提出自己的见解"。这个评价是很中肯的。在本篇中，学术识见，的确要有丰富知识支撑，宏观的为"大知识"，微观的为"小知识"，颜之推极精妙、很精细地将"大小知识"精致地结合在一起。譬如关于"参差荇菜"的解释，就是立足于个案，进行南北地域比较得出的认识；关于"五更"的解释，运用了天文学的知识；关于郭秃子的说法由来解说，诙谐幽默，知识与学理结合精当。总之，运用宏观知识，不忘细致入微；讨论细小问题，善于小中见大。不管他在考证中的具体意见如何，有的还可以再商讨，但撇开具体问题的具体意见，颜之推的学术思想与方法对于后世学术产生了深刻影响。这是不容低估的。

一、将"荇菜"当作"苋菜"，也太可笑了些

《诗》云："参差荇菜。"①《尔雅》云："荇，接余也。"②字或为莕③。先儒解释皆云："水草，圆叶细茎，随水浅深。"今是水悉有之，黄花似莼④。江南俗亦呼为猪莼，或呼为荇菜。刘芳具有注释⑤。而河北俗人多不识之，博士皆以参差者是苋菜⑥，呼人苋⑦为人荇⑧，亦可笑之甚。

注　释

①"《诗》云"句：语出《诗经·国风·周南·关雎》："参差荇菜，左右流之。"意思是说，长长短短的荇菜，左边右边不停采。参差，读音同"篸刺"，长短、高矮不齐的样子。荇菜，一种浅水性植物，茎细长、柔软，多分枝，匍匐生长，节上生根，漂浮于水面或生长于泥土之中。叶片似睡莲，鲜黄色花朵挺出水面，花多且花期长，长相小巧别致。荇，读音同"性"。流，顺着水流采摘。
②"《尔雅》云"句：语出《尔雅·释草》："莕，接余，其叶苻。"据贾思勰《齐

民要术》引《诗经义疏》："接余，其叶白，茎紫赤，正圆，径寸余，浮在水上，根在水底，茎与水深浅等，大如钗股，上青下白，以苦酒浸之为菹，脆美，可案酒，其华蒲黄色。""接"，程本作"荐"。

③荐：通"荇"。

④䓎：读音同"破"，睡莲科，水生宿根草本植物，茎和叶背有胶状透明物，夏天开花，小花暗红色。春夏时节，嫩叶可食用。江南人家多作猪饲料。荇菜与猪䓎形似而异。

⑤"刘芳"句：指后魏太常卿刘芳所著《毛诗笺音证》十卷。《隋书·经籍志》收目。

⑥苋菜：苋科，草本植物。据北宋苏颂（1020—1101）等编撰的《本草图经》记载："苋有六种，有人苋、赤苋、白苋、紫苋、马苋、五色苋。入药者人、百二苋。"苋，读音同"现"。

⑦人苋：苋菜的一种，别名血见愁、海蚌念珠、叶里藏珠。性凉，味苦、涩口，可入药用。夏、秋季采割，除去杂质，晒干。功效为清热解毒，利湿，收敛止血。

⑧人荐：人荐菜，俗称假苋菜、野苋菜。野苋菜为苋科，一年生草本植物。苋的茎叶、嫩苗和嫩茎叶可食用。分布于我国南北各地，生于田野、路旁。夏、秋采收全草或根，鲜用或晒干；秋季果熟时采收种子，可入药用。

大 意

《诗经》上说："参差荇菜。"《尔雅》解释说："荇，就是接余。"荇，或许写作"荐"吧。前代学者的解释是：荇是一种水草，叶儿圆，茎儿细，茎的长短取决于水的深浅。现在凡有水的地方，都长着荇菜。而那种开着黄花的䓎菜，江南民间就称之为"猪䓎"，或者叫做"荐菜"。对此，刘芳在他的著作里有详细的解释哩。但在河北一带，粗鄙乡野之人一般不认识它啊！那些被称为"博士"的人，常常将长得长短不齐的荇菜称为"苋菜"，把"人苋"称为"人荐"，这也太可笑了吧！

二、把"龙葵"当作"苦菜"，是一个极大的误解

《诗》云："谁谓荼苦？"①《礼》云："苦菜秀。"②《尔雅》《毛诗传》并以

荼苦菜也 ③。案：《易统通卦验玄图》曰 ④："苦菜，生于寒秋，更冬历春，得夏乃成。"今中原苦菜则如此也。一名游冬 ⑤，叶似苦苣 ⑥ 而细，摘断有白汁，花黄似菊。江南别有苦菜，叶似酸浆 ⑦，其花或紫或白，子大如珠，熟时或赤或黑，此菜可以释劳。案：郭璞注《尔雅》⑧："此乃蘵黄蒢也。今河北谓之龙葵。"⑨ 梁世讲《礼》者，以此当苦菜，既无宿根，至春子方生尔，亦大误也。又高诱 ⑩ 注《吕氏春秋》曰："荣而不实曰英。"⑪ 苦菜当言英，益知非龙葵也。

注　释

①"《诗》云"句：语出《诗经·国风·邶风·谷风》："谁谓荼苦，其甘如荠。"意思是说，谁说苦菜味最苦，在我嘴中甜如荠。荼苦，艰苦。荼，苦菜名。

②"《礼》云"：语出《礼记·月令》："蝼蝈鸣，蚯蚓出，王瓜生，苦菜秀。"

③"《尔雅》"句：语出《尔雅·释草》："荼，苦菜。"

④《易统通卦验玄图》：作者不详。《隋书·经籍志》收目，一卷。

⑤ 游冬：据《尔雅·释草》："游冬，苦菜也。"

⑥ 苦苣：味苦，性寒。又名变色山苦菜。多年生草本植物。根茎柔弱，平生。春、夏季采收，洗净，鲜用或晒干。分布于我国东北及南部各地。

⑦ 酸浆：即酸浆草。草本植物，一年生或多年生。茎挺直，不分枝，叶互生，叶边有不规则缺刻，夏秋开花，花冠呈乳白色，果实呈橘红色。据《尔雅·释草》："今酸浆草，江东直呼曰苦蔵（读音同"真"）。"

⑧"郭璞"句：郭璞，字景纯(276—324)，河东郡闻喜县(今山西省闻喜县)人。两晋时期著名文学家、学者。西晋末年，郭璞为宣城太守殷佑参军。晋元帝时拜著作佐郎，与王隐共撰《晋史》。后为大将军王敦记室参军，以卜筮不吉劝阻王敦谋反而遇害。王敦之乱平定后，追赠弘农太守。宋徽宗时追封闻喜伯，元顺帝时加封灵应侯。文学以《游仙诗》十四首和《江赋》有名；是两晋时代最著名的术士和风水师，传说擅长预卜先知和诸多奇异的方术。好古文、奇字，精天文、历算、卜筮，长于赋文，尤以"游仙诗"名重其时。曾为《尔雅》《方言》《山海经》《穆天子传》《葬经》作注，今传于世，明人辑有《郭弘农集》。事见《晋书·郭璞传》。

⑨"此乃"句：蘵，读音同"执"。据《尔雅·释草》："蘵，黄蒢（读音同"除"）。"郭璞注："蘵草，叶似酸浆，花小而白，中心黄，江东以作菹食。"龙

葵，茄科，一年生草本植物。茎挺直，多枝，叶互生，近全绿，夏季开花，花小而白，有四至十朵聚生成伞状花序，果实球形，紫黑色。

⑩高诱：东汉涿郡涿县（今河北涿州市）人。建安十年（205）任司空掾，旋任东郡濮阳（今属河北）令，后迁监河东。所著《孟子章句》（今佚）、《孝经注》（今佚）、《战国策注》（今残）及《淮南子注》（存本与许慎注相杂）、《吕氏春秋注》等。《隋书·经籍志》载："《吕氏春秋》二十六卷，秦相吕不韦撰，高诱注。"

⑪"荣"句：原文为："不荣而实曰秀，荣而不实曰英。"荣，草木开花称为"荣"；秀，谷物类植物抽穗开花；英，只开花不结果称为"英"。

大　意

《诗经》上说："谁谓荼苦？"《礼记》上也说："苦菜秀。"《尔雅》《诗经毛传》都认为，荼是苦菜。案：《易统通卦验玄图》说："苦菜生于寒秋，长于冬春，到了夏天才成熟。"现在中原生长的苦菜就是这个样子。苦菜又名"游冬"，叶子像苦苣，但要比苦苣细小一点，掐断它就有白色的液汁流出来，它开的花是黄色的，就像菊花一样。在江南，另有一种苦菜，叶子就像酸浆草，所开的花有紫色的，有白色的，果实大得像珠子，有红色的，也有黑色的。这种苦菜有药用价值，可以解除人的疲劳。案：郭璞《尔雅注》说："这就是蘵，也就是黄蒢。在河北一带被称为龙葵。"在梁代，讲习《礼记》的人，把它当作中原地区的苦菜。可是，它既没有经历冬季的宿根，又是到了春天靠种子发芽，如果把龙葵称为苦菜，也是一个极大的误解。另外，高诱注《吕氏春秋》，他说："只开花，不结果的就称为'英'。"由此看来，苦菜就是"英"，更加确认苦菜不是龙葵啊！

三、将"有杕之杜"的"杕"字读写成"夷狄"的"狄"字，就大错特错了

《诗》云："有杕之杜。"①江南本并木傍施大。传曰："杕，独貌也。"②徐仙民音徒计反③。《说文》曰："杕，树貌也。"在木部。《韵集》④音次第之第，而河北本皆为"夷狄"之"狄"，读亦如字，此大误也。

注　释

①"《诗》云"句：分别见于《诗经·国风·唐风·杕杜》《诗经·国风·唐风·有杕之杜》《诗经·小雅·杕杜》。有，形容词前的虚词，无实际意义；杕，读音同"地"，孤零零的样子；杜，树名棠梨树。

②"《传》曰"句：《诗经毛传》本作"杕，特貌"。颜之推"训'特'为'独'"，所说不确。

③"徐仙民"句：徐仙民，即徐邈，字仙民。据《隋书·经籍志》记载，徐邈著《毛诗音》二卷。徒计反，训音法，"徒"字的声母加上"计"字的韵母，读为去声。

④《韵集》：晋朝吕静编著，六卷，今已失传。

大　意

《诗经》上说："有杕之杜。"江南流传的各种《诗经》版本都将"杕"字写成：在"木"字旁加上一个"大"字。《诗经毛传》说："杕，孤独落寞的样子。"徐仙民注音为，徒计反。《说文解字》则解释说："杕，树木独立挺拔的样子。"这个字在本书的《木部》。《韵集》注音为"次第"的"第"。但是，在河北一带流行的《诗经》版本，都将"杕"字写成了"夷狄"的"狄"字，读法也与"狄"字相同。这就大错特错了啊！

四、把"骊骊牡马"中的"牡马"理解为"牧马"，意思就错得远了

《诗》云："骊骊牡马。"①江南书皆作"牝牡"之"牡"，河北本悉为"放牧"之"牧"。邺下博士见难云："《骊颂》既美僖公牧于骊野之事②，何限騲騭③乎？"余答曰："案《毛传》云④：'骊骊，良马腹干肥张⑤也。'其下又云：'诸侯六闲⑥四种，有良马、戎马、田马、驽马⑦。'若作放牧之意，通于牝牡⑧，则不容限在良马独得骊骊之称。良马，天子以驾玉辂⑨，诸侯以充朝聘⑩郊祀⑪，必无騲也。《周礼·圉人》职：'良马，匹一人；驽马，丽一人。'⑫圉人所养，亦非騲也。颂人⑬举其强骏者言之，于义为得也。《易》云：'良马逐逐。'⑭《左传》云：'以其良马二。'⑮亦精骏之称，非通语也。今以《诗传》良马，通于牧騲⑯，恐失毛生⑰之意，且不见刘芳义证⑱乎？"

注　释

①"《诗》云"句：诗句见于《诗经·颂·鲁颂·駉》："駉駉骐牡马，在坰之野。"意思是说，这群高大健壮的马啊，放牧在广阔的草原上。駉，读音同"扃"，马肥壮的样子。牡马：公马。牡，雄性牲畜。坰，读音同"扃"，遥远。

②"《駉颂》"句：《毛诗序》认为，《駉》这首诗是歌颂鲁僖公的："僖公能尊伯禽之法，俭以足用，宽以爱民，务农重谷，牧于坰野，鲁人尊之。于是季孙行父请命于周，而史克作是颂。"季孙行父，即季文子，春秋时期鲁国的正卿，公元前601—前568年执政。史克，鲁国史官。据晚晴学者王先谦(1842—1917)考证，作者当为奚斯。坰，读音同"窘"的平声，遥远的郊野。"駉"，程本、抱经堂本作"坰"。

③騲騭：母马和公马。騲，读音同"草"；騭，读音同"至"。

④传：程本作"诗"。

⑤肥张：肥壮的样子。

⑥闲：特指马厩。《周礼·夏官·校人》："天子十有二闲，马六种。邦国六闲，马四种。"

⑦驽马：劣马。驽，读音同"奴"，马的质性钝劣。语出《荀子·劝学篇》："驽马十驾，功在不舍。"

⑧牝牡：母马。牝，读音同"聘"，雌性牲畜。语出《列子·说符》中的成语"牝牡骊黄"。

⑨玉辂：古代帝王乘坐的车驾，以玉为饰。语出《淮南子·俶真训》："目观玉辂琬象之状，耳听白雪清角之声，不能以乱其神。"高诱注："玉辂，王者所乘，有琬琰象牙之饰。"辂，读音同"路"，古代车名。

⑩朝聘：古代诸侯亲自或自己派使臣朝见天子，始于周代，盛行于春秋。据《礼记·王制》："诸侯之於天子也，比年一小聘，三年一大聘，五年一朝。"郑玄注："比年，每岁也。小聘，使大夫；大聘，使卿；朝，则君自行。然此大聘与朝，晋文霸时所制也。"又，《礼记·昏义》说："夫礼始于冠，本于昏，重於丧祭，尊於朝聘。"《左传·昭公三年》载："昔文襄之霸也，其务不烦诸侯，令诸侯三岁而聘，五岁而朝，有事而会，不协而盟。"孔颖达疏："此说文襄之霸，令诸侯朝聘霸主大国之法也。"

⑪郊祀：古代君王在郊外祭祀天地，南郊祭天，北郊祭地。郊谓大祀，祀

为群祀。如《汉书·郊祀志下》说:"帝王之事莫大乎承天之序,承天之序莫重于郊祀……祭天于南郊,就阳之义也;瘗地于北郊,即阴之象也。"

⑫"《周礼》"句:查《周礼·夏官·圉人》无此文,当是作者误记。圉人,养马人。在周代是官职名,掌管养马。圉,读音同"余",养马的意思。丽,成对、一双的意思。

⑬颂人:指《诗经》里作这首诗的人。因此诗为颂歌,所以称作者为"颂人"。写颂歌的人的意思。

⑭"《易》云"句:今本《易经·大畜》写作:"九三,良马逐,利艰贞。"意思是驾驭的良马相互有所追逐。历代学者对"良马逐"解释多相抵牾,其中一种就是文中的"良马逐逐"。

⑮"《左传》云"句:见《左传·宣公十二年》:"赵旃以其良马二济其兄与叔父,以他马反。遇敌不能去,弃车而走林。"

⑯牧騲:这里意在强调"骊骊牡马"中的"牡",不能用作"牧"。因为《毛诗》解释"骊骊"为良马;《周礼》中的"良马"是指诸侯使用的四匹马之一,强健壮美,有专门用途,其中没有母马。

⑰毛生:即《诗经毛传》十卷的作者毛苌。据《史记·儒林列传》唐代学者司马贞的《史记索隐》解释:"自汉代以来,儒者皆号生。"

⑱义证:指刘芳所著《毛诗笺音义证》。《魏书·刘芳传》本作"《毛诗笺音义证》",而《隋书·经籍志》写作《毛诗笺音证》,少一"义"字。

大 意

《诗经》上说:"骊骊牡马。"江南流行的《诗经》版本都将"牡马"写作"牝牡"的"牡"字,可是,流行于河北一带的《诗经》版本则将"牡"字写作"放牧"的"牧"字。邺下的博士曾经诘难我说:"《骊颂》既然是赞美鲁僖公在远郊放牧的事迹,为何在乎是公马,还是母马呢?"我回答说:"我查阅过相应的历史文献,《毛传》上说:'骊骊,是指良马膘肥体壮的样子。'它的下文还说:'诸侯有六个马厩,蓄养四种马匹:良马、战马、耕马、驽马。'如果将诗中"牡"理解为'放牧'的意思,那么,用于赞美公马、母马都说得通,其语义就不仅仅局限于'良马'了。至于说'良马',是有特定含义的。天子出行,使用良马驾驭玉车;诸侯也用良马朝觐天子或是到近郊祭祀天地。《周礼·圉人》说:

'养良马，一人一匹；养劣马，一人两匹。'圉人所养的良马，也不是母马。诗人用'骊骃'形容那些强健壮美的马匹来表达诗意，在语义上是贴切的。而《周易》上说：'良马逐逐。'《左传》上也说：'用良马二匹。'正是对健壮马匹的描述，有特指的意思，这就不是在一般意义上描写'良马'的用语了。如今有些学者把《毛传》上的'良马'扯到'放牧'，是'公马还是母马'上，这就违背了《毛传》作者毛苌的本意了；再说，难道没有注意到刘芳在《毛诗笺音义证》里对此所作的解释吗？"

五、把《礼记》里"荔挺出"的"荔挺"当作草名，是错误的；如果把它当作"马苋"，就更错了

《月令》云："荔挺出。"① 郑玄注云："荔挺，马薤 ② 也。"《说文》云："荔，似蒲而小，根可为刷。"《广雅》云："马薤，荔也。"《通俗文》亦云："马蔺。"③《易统通卦验玄图》云："荔挺不出，则国多火灾。"蔡邕《月令章句》云："荔似挺。"④ 高诱注《吕氏春秋》云："荔草挺出也。"⑤ 然则《月令注》荔挺为草名，误矣 ⑥。河北平泽率生之，江东颇有此物，人或种于阶庭 ⑦，但呼为旱蒲，故不识马薤。讲《礼》者乃以为马苋，马苋堪食，亦名豚耳，俗曰马齿 ⑧。江陵尝有一僧，面形上广下狭。刘缓 ⑨ 幼子民誉，年始数岁，俊悟 ⑩ 善体物，见此僧云："面似马苋。"其伯父 ⑪ 缘因呼为荔挺法师。缓亲讲《礼》名儒，尚误如此。

注 释

①"《月令》云"句：见《礼记·月令·仲冬》："仲冬时节，芸始生，荔挺出。"

② 马薤：又名荔实、马兰子、马棟子等，多年生草本植物。气味、果实甘、平、无毒。可入药用。主治寒疝诸疾、喉痹、水痢、肠风下血、小便不通、痈疽等。薤，读音同"泄"。

③ 马蔺：又名马莲、马兰、马兰花、旱蒲、马韭等，多年生密丛草本植物。根、茎、叶粗壮，须根稠密发达，呈伞状分布。花为浅蓝色、蓝色或蓝紫色，花被上有较深色的条纹；果实为不规则的多面体，呈棕褐色，略有光泽。生长于荒地、路旁、山坡草地，尤在过度放牧的盐碱化草场上生长为多。

④ 荔似挺：历代学者认为，此处"似"语意不明，应与"以""已"通。后世《本草图经》（北宋苏颂编著，全书 21 卷，详析植物的类别形态）引作"荔已挺出"，近于原意。

⑤ "高诱注"句：见于《吕氏春秋·仲冬纪》："芸始生，荔挺出，蚯蚓结，麋角解，水泉动。"

⑥ "然则"句：作者认为郑玄将"荔挺"解释为草名是错误的，但后世学者对此有不同意见，认为郑玄所言是因循前人的研究，并非主观臆说。

⑦ 阶庭：住宅大门台阶前的庭院。语出《三国志·魏志·管辂传》："后卒无患"裴松之注引三国魏管辰《管辂别传》："昔高宗之鼎，非雉所雊，殷之阶庭，非木所生。"

⑧ 马齿：马齿苋，苋菜的一种。俗名马苋、豚耳，名异而实一。

⑨ 刘缓：南朝梁人，《风操第六》提及此人。

⑩ 悟：原作"晤"，今据程本改。

⑪ "其伯父"句："缘"上，程本有"刘"字。

大 意

《礼记·月令》上说："荔挺出。"郑玄注释说："荔挺，就是马薤。"《说文解字》则说："荔，类似蒲草，但比蒲草小一些，草根可以做成刷子。"《广雅》还说："马薤，就是荔。"服虔的《通俗文》又把它说成是马兰。《易统通卦验玄图》说："如果荔草的茎长不出来，国家就会多发火灾。"蔡邕的《月令章句》说："荔草是以它的茎冒出地面才生长起来的。"高诱注释《吕氏春秋》说："荔草的茎生长出来了。"这样看来，郑玄的《月令注》所作的解释，说"荔挺"是草名就是一个错误的说法了。河北地区一些平缓的水泽里，生长着这种草；江东地区到处都长着这种草，有的人家通常把它种在院子里，称之为"旱蒲"，只是不知道它的名字叫"马薤"罢了。而一些讲解《月令》的学者，竟把"马薤"当作"马苋"，更是错了。马苋能够食用，也称"豚耳"，民间称为"马齿苋"。江陵曾有一位僧人，脸型上宽下窄，刘缓的小儿子刘民誉，小小几岁的年纪，却聪颖敏捷，善于描绘事物的形状，他一见到这位僧人，就说道："你的面相就像马苋。"他的伯父刘滔因此就称呼这位僧人为"荔挺法师"。刘滔是讲授《礼记》的大学者，误解竟然也到了如此地步啊！

六、"将其来施施"的"施施"复写或是单写，是有差别的

《诗》云："将其来施施。"①《毛传》云："施施，难进之意。"郑笺云："施施，舒行貌也。"②《韩诗》亦重为"施施"③。河北《毛诗》皆云"施施"。江南旧本，悉单为"施"，俗遂是之，恐为少误④。

注　释

①"《诗》云"句：语出《诗经·国风·王风·丘中有麻》："彼留子嗟，将其来施施。"意思是说，就等那个小伙刘子嗟，盼他能来帮我忙。留，"刘"姓借字。子嗟，人名。将，读音同"枪"，请求、希望的意思。施施，施予帮助、与人方便的意思。

②"郑笺云"句：今本郑《笺》写作："施施，舒行伺间独来见己之貌。"依照郑玄的解释，施施，就是希望小伙子悄悄来相会的意思。

③"《韩诗》"句：《韩诗》，指《韩诗外传》，今文《诗经》流派之一，汉初燕（今属河北）人韩婴撰。韩婴为文帝时博士，景帝时官至常山王刘舜太傅。武帝时，与董仲舒辩论，敢于坚持己见。擅长《诗经》，兼治《易经》，是西汉"韩诗学"的创始人。其《诗》语与齐、鲁大不相同，他推测《诗》之意，杂引《春秋》或古事，不与经义比附，与周秦诸子大相径庭，皆引《诗》证事，而非引事明《诗》。燕、赵言《诗》，皆以韩婴为本。韩婴的主要贡献是继承和发扬了儒家思想，他直接承袭荀子，但又尊崇孟子，以"法先王"代替"法后王"，以"人性善"代替"人性恶"，融合了儒家内部两派观点的激烈交锋。《汉书·艺文志》记载：《易》类有《韩氏》二篇，《诗》类有《韩故》36卷，《韩内传》四卷、《韩外传》六卷、《韩说》四十一卷。西晋时，《韩诗》有诗无传；南宋以后，仅存《韩诗外传》。清代学者赵怀玉（1747—1823）辑《韩诗内传》佚文；马国翰（1794—1832）《玉函山房辑佚书》辑有《韩诗故》二卷、《韩诗内传》一卷、《韩诗说》一卷。重，读音同"虫"，叠用的意思。

④"江南旧本"句：作者认为，江南旧本中"施"单用，"将其来施"，是错误的。后世学者不太赞成颜之推的这种说法。"为"，程本、抱经堂本作"有"。

大　意

《诗经》上说："将其来施施。"《毛传》上说："施施，难以行进的意思。"郑玄《诗笺》说："施施，行进舒缓的样子。"《韩诗外传》中也是重叠使用"施施"的。流行于河北一带的《诗经》版本都是写作"施施"。但是，流行于江南一带的《诗经》版本，全是单写一个"施"字，学问浅陋的人也都认可它了，这恐怕是个小错误。

七、"兴云祁祁"中的"云"字，该是民间抄写错了吧

《诗》云："有渰萋萋，兴云祁祁。"① 《诗》："兴雨祁祁。"注云："'兴雨'如字，本作'兴云'，非。"《毛传》云："渰，阴云貌。萋萋，云行貌。祁祁，徐貌也。"笺② 云："古者，阴阳和，风雨时，其来祁祁然，不暴疾也。"③ 案：渰已是阴云④，何劳复云"兴云祁祁"耶？"云"当为"雨"，俗写误尔。班固《灵台》诗云："三光宣精，五行布序，习习祥风，祁祁甘雨。"⑤ 此其证也⑥。

注　释

① "《诗》云"句：语出《诗经·小雅·大田》。渰，读音同"眼"，云兴起的样子；萋萋，云涌动的样子；祁祁，慢慢移动的样子。另本作"兴雨祈祈"。注云："'兴雨'如字，本作'兴云'，非。"

② 笺：指郑玄《诗笺》。

③ "古者"句：时，按时；暴疾，迅疾，形容快。

④ "渰已是"句：渰，《毛传》用作形容词；作者用作名词，指阴云。他们分歧的焦点在于此。

⑤ "班固"句：三光，指日、月、星辰所放之光；五行，指金、木、水、火、土相生相克；序，时节；习习，通"飒飒"，读音同"沙沙"，大风刮起时的声音，飒飒作响；祥风，和风；甘雨，及时雨。

⑥ "此其"句：清代学者如臧琳（1650—1713）《经义杂记》、段玉裁（1735—1815）《〈说文解字〉注》、陈奂（1786—1863）《诗毛氏传疏》等对此有不同意见，认为这是颜之推自己的主观推断，论据并不充分；当代学者王利器（1912—1998）在《〈颜氏家训〉集解》认为清代学者的研究"甚是"。

大 意

《诗经》上说："有渰萋萋，兴云祁祁。"《毛传》说："渰，乌云兴起的样子；萋萋，乌云飘动的样子；祁祁，缓慢移动的样子。"郑《笺》说："在古代，阴阳协和，风雨顺时，风行雨下，徐徐飘落，不急不猛。"据我的研究，"渰"，已是"阴云兴起"的意思，又何必再说"兴云祁祁"呢？"云"字应当写作"雨"字，民间流传的本子是抄写之误吧？而班固的《灵台》诗说："日、月、星辰，散发着自己的光芒，金、木、水、火、土，运行有序，祥风飒飒，甘霖降临。"这正是应该将"云"写作"雨"的一条证据吧！

八、"定犹豫"的"犹豫"，词意起自野兽"犹"的迟疑不定

《礼》云："定犹豫，决嫌疑。"①《离骚》曰："心犹豫而狐疑。"先儒未有释者②。案：《尸子》曰③："五尺犬为犹。"《说文》云："陇西谓犬子为犹。"吾以为人将④犬行，犬好豫⑤在人前，待人不得，又来迎候，如此往还，至于终日，斯乃豫之所以为未定也，故称"犹豫"。或以《尔雅》曰："犹如麂，善登木。"⑥犹，兽名也。既闻人声，乃豫缘木，如此上下，故称"犹豫"⑦。狐之为兽，又多猜疑，故听河冰无流水声，然后敢渡⑧。今俗云："狐疑虎卜⑨。"则其义也。

注 释

①"《礼》云"句：今本《礼记·曲礼上》："决嫌疑，定犹与。"犹与，通"犹豫"，唐代学者陆德明（约550—630）《经典释文》："与，音预。本亦作豫。"犹豫，迟疑不决。语出《楚辞·离骚》："心犹豫而狐疑兮，欲自适而不可。"嫌疑，疑惑难辨的事理。语出《墨子·小取》："处利害，决嫌疑。"又，《楚辞·九章·惜往日》："奉先功以照下兮，明法度之嫌疑。"南宋大儒朱熹（1130—1200）《楚辞集注》："嫌疑，谓事有同异而可疑者也。"

②者：程本作"书"。

③《尸子》：《汉书·艺文志》载："《尸子》二十篇。名佼，鲁人，秦相商君师之，鞅死，佼逃入蜀。"另据《隋书·经籍志》："《尸子》，二十卷，秦相卫鞅上客尸佼撰。"已佚。另说尸子为魏国曲沃（今山西曲沃）人。

④ 将：读音同"酱"，带领，这里是牵着的意思，指牵狗。

⑤ 好豫：好，读音同"浩"，喜欢；豫，预备。

⑥ "或以"句：语出《尔雅·释兽》。《广韵·去声》：音"救"，与"犹豫"的"犹"不同音。

⑦ "故称"句：后世学者对颜之推的说法并不赞成。如南宋学者王观国在《学林》九中的辨析；所谓犹图者，图谋之未定也。"不悟《尔雅·释言》自有犹图之训，而乃引《释兽》'犹如麂'以训之，误矣。"

⑧ "狐之"句：据郦道元《水经注·河水一》注引《述征记》曰："盟津……比淮、济为阔，寒则冰厚数丈，冰始合，车马不敢过，要须狐行，云此物善听，冰下无水乃过，人见狐行，方渡。"

⑨ 虎卜：据《太平御览》卷七二六引西晋张华（232—300）《博物志》："虎知冲破，又能画地卜。今人有画物上下者，推其奇偶，谓之虎卜。"又，清代学者赵曦明《〈颜氏家训〉注》引明代文学家王稚登（1535—1612）《虎苑》："虎知冲破，每行以爪画地卜食，观奇偶而行。今人画地卜，曰：虎卜。"

大　意

《礼记》上说："定犹豫，决嫌疑。"《离骚》说："心犹豫而狐疑。"前代学者没有对"犹豫"作出解释。我对此进行过研究：据《尸子》说："五尺犬为犹。"《说文解字》说："陇西谓犬子为犹。"我认为，人们出行时，有时候牵着狗外出，而狗就喜欢跑在主人的前头，等到主人还没有赶上时，它又回头跑来迎候主人，如此这般往返，直至到达目的地。这就是"豫"具有"迟疑不定"含义的缘起，所以就称为"犹豫"。或者如《尔雅》所说："犹如麂，善登木。"犹，是一种野兽的名称，它一听到人声，就很机警地攀爬上树，像这样上上下下地张望人的动静，迟疑不决，所以称为"犹豫"。狐，也是一种野兽，它也是经常猜疑不定，在严冬时节过河，总要听听冰下没有流水的声音之后，才敢渡河而去。如今有一句俗语，说道："像狐那样多疑，像虎那样卜步。"说的就是这个意思啊！

九、把"齐侯痎"中的"痎"字当作"疥"，是一种主观推断

《左传》曰："齐侯痎，遂痁。"①《说文》云："痎，二日一发之疟。痁，有热疟也。"案：齐侯之病，本是间日一发②，渐加重乎，故为诸侯忧也。今北方犹呼痎疟音皆，而③世间传本多以痎为疥，杜征南④亦无解释，徐仙民音介。俗儒就为通⑤云："病疥，令人恶寒，变而成痁。"此臆说也。疥癣小疾，何足可论，宁有患疥转作疟乎⑥？

注 释

①"《左传》曰"句：见《左传·昭公二十年》："齐侯痎，遂痁，期而不瘳。"今本《左传》《说文解字·广部》所引，作"疥"字。唐代学者孔颖达《〈春秋左传〉正义》："后魏之世，尝使李绘聘梁。梁人袁狎与绘言及《春秋》，说此事云：'疥当为痎……'狎之所言，梁王之说也。"又，陆德明《经典释文》："齐侯疥，旧音戒，梁元帝音该，依字则当作'痎'。……痎又音皆，后学之徒，佥（读音同"千"，都的意思）以疥字为误。"颜之推此论，源于南朝梁元帝。齐侯，齐景公。痎，读音同"皆"，隔日发作的疟疾，病情较轻；疥，疥疮，一种皮肤病；痁，读音同"山"，疟疾，俗称"打摆子"，发热，病势较重。

②间日一发：隔一天发作。颜之推误会了《说文解字》的意思。

③而：程本作"在"。

④杜征南：即杜预，字元凯(222—285)，京兆杜陵(今陕西西安东南)人，政治家、军事家和经学家，灭吴统一战争的统帅之一。曾任西晋征南大将军，以官职代称，是一种尊称。杜预著有《春秋左氏经传集解》三十卷，这是《左传》注疏流传至今最早的一种，被收入《十三经注疏》中。据《隋书·经籍志》，杜预还著有《春秋左氏传音》三卷，《春秋左氏传评》二卷，《春秋释例》十五卷，《律本》二十卷，《杂律》七卷，《丧服要集》二卷，《女记》十卷和《文集》十八卷。另有《春秋长历》等。参见《晋书·杜预传》。

⑤通：解说。

⑥"此臆说"句：后世学者对此有不同意见。陆德明《经典释文》援引《左传》成例，认为"痎"为"疥"是。清代学者臧琳、段玉裁、郝懿行（1757—1825）等均认为应为"疥"。臧琳《经义杂记》十六说得明白："汉、晋以及唐

初皆作'疥'矣"，"颜氏误从梁主（即梁元帝）说，私改为'痎'，误矣"。

大　意

《左传》上说："齐侯痎，遂痁。"《说文解字》说："痎，间隔两天发作一次的疟疾；痁，发热的疟疾。"在我看来，齐景公所得的病，本是隔日发作一次的疟疾，病情逐渐加重，所以成了诸侯心中的忧患。现在北方还将疟疾称为痎疟，"痎"字读音为"皆"。但世间流传的《左传》刻本，大多将"痎"字写成了"疥"字。杜预没有解释它，徐仙民注音为"介"，学问浅陋的人就依此解释说："得了疥癣，令人恶（读音同"务"）寒，病情加重就变成了疟疾。"这纯属是主观判断、毫无依据的说法。疥癣这种小病，有什么值得谈论的？难道还有得了疥疮而转换成疟疾的吗？

十、将古书中的"景"字改写成东晋才有的"影"字，实在是错了

《尚书》曰："惟景响。"①《周礼》云："土圭测景，景朝景夕。"②《孟子》曰："图景失形。"③《庄子》云："罔两问景。"④ 如此等字，皆当为"光景"之"景"。凡阴景者，因光而生，故即为景⑤。《淮南子》呼为"景柱"，《广雅》云："晷柱挂景。"⑥ 并是也。至晋世葛洪《字苑》，傍始加彡⑦，音杉。音于景反。而世间辄改治《尚书》《周礼》《庄》《孟》从葛洪字，甚为失矣。

注　释

①"《尚书》云"句：见《尚书·大禹谟》："从逆凶，惟影响。"意思是说，吉凶之报，就像影随其形，响应其声。景，"影"的古字，物的影子。

②"《周礼》云"句：见《周礼·地官·大司徒》："以土圭之法测土深，正日景以求地中。日南则景短，多暑；日北则景长，多寒；日东则景夕，多风；日西则景朝，多阴。"土圭，又名圭表，古代测日影的工具。圭，读音同"归"，平放的尺，尺的南北端各有垂直的标杆（标尺）。深，衡量日影的长短。《周礼·地官》："日至景尺有五寸，谓之地中。"郑玄注："景短于土圭，谓之日南，是地于日为近南也；景长于土圭，谓之日北，是地于日为近北也；东于土圭，谓之日东，是地于日为近东也；西于土圭，谓之日西，是地于日为近西也。如

是，则寒暑阴风偏而不和，是未得其所求。"景朝景夕，指太阳偏西和太阳尚未当顶。朝，读音同"招"。

③"《孟子》曰"句：见《孟子外书·孝经第三》："传言失指，图景失形，言治者尚核实。"图景失形，意思是说画下影子就改变了原有的形体。清代学者孙志祖（1737—1801）在《读书脞录》中存疑，说道："词旨深陋，通儒疑之。"

④"《庄子》云"句：见《庄子·齐物论》："众罔两问于景曰：'若向也俯而今也仰，向也括撮而今也被发，向也坐而今也起，向也行而今也止，何也？'"（很多微影问影子说："你原来是俯着的，现在却仰着了；你原来是束发的，现在却披发了；你原来是坐着的，现在却站起来了；你原来是走动的，现在却停下来了。为什么你总是变化的啊？"）罔两，影子之外的微阴，即影子的影子。

⑤故即为景："即"下，程本、抱经堂本有"谓"。

⑥"《广雅》云"句：见《广雅·释天》："晷柱，景也。"清代学者赵曦明怀疑"挂"字为衍文。景柱，即影柱，测量日影定时的表柱；晷柱，即晷表，日晷上测量日影的标杆。

⑦"至晋世"句：《字苑》，《要用字苑》的简称，葛洪著，一卷，今佚。彡，读音同"杉"，象形字，指毛长。清代学者段玉裁认为，"影"字的出现，并不始于东晋葛洪，西汉即有此字。

大　意

《尚书》上说："惟景响。"《周礼》说："土圭测景，景朝景夕。"《孟子外书》说："图景失形。"《庄子》说："罔两问景。"像这些书里写的"影"字，都应该写作"光景"的"景"字。但凡阴影，都是由于光的作用而形成的，所以就称之为"景"。《淮南子》称为"景柱"，而《广雅》说："晷柱景柱。"都是这样写的啊！直到东晋葛洪著作《字苑》，才在"景"字旁边，加上了"彡"字，合字而成一个新字"影"呢，注音于为景反。可是，人们却随意将《尚书》《周礼》《庄子》《孟子外书》等书中的"景"字改写成葛洪《字苑》中"影"字，这就大错特错了。

十一、以"陈"写作"阵"为例，不应据今字追改古籍书写

太公《六韬》有天陈、地陈、人陈、云鸟之陈。①《论语》曰："卫灵公问陈于孔子。②"《左传》："为鱼丽之陈。"③俗本多作阜傍④"车乘"之"车"。按诸"陈队"⑤，并作"陈郑"之"陈"。夫行陈之义，取于陈列尔，此六书为假借也⑥。《苍》《雅》及近世字书⑦，皆无别字，唯王羲之《小学章》⑧，独阜傍作车，纵复俗行⑨，不宜追改《六韬》《论语》《左传》也。

注　释

①"太公"句：太公，姜太公吕尚，西周武王时丞相。《六韬》，古代兵书。《隋书·经籍志》载："太公《六韬》五卷，《文韬》《武韬》《龙韬》《豹韬》《犬韬》。"战国时人托名姜太公所作。陈，通"阵"，打仗时军队的布置格局。

②"《论语》"曰句：见《论语·卫灵公篇》："卫灵公问陈于孔子。孔子对曰：'俎豆之事，则尝闻之矣。军旅之事，未之学也。'"

③"《左传》"句：见《左传·桓公五年》：郑国以"曼伯为右拒，祭仲足为左拒，原繁、高渠弥以中军奉公为鱼丽之陈。先偏后伍，伍承弥缝。战于繻葛。"杜预注："《司马法》：'车战二十五乘为偏，以车居前，以伍次之，承偏之隙而弥缝阙漏也。五人为伍，此盖鱼丽阵法。'"郑国的军队一军五偏，一偏五队，一队五车，五偏五方为一方阵，以偏师居前，让伍队在后跟随，弥补空隙。这样的编队如鱼队，故名鱼丽之阵。这是先秦战争史上，最早在具体战役中使用阵法的文献记载。这种鱼丽阵法最突出的特点是，在车战中尽量发挥步兵的作用，先以战车冲阵，步兵环绕战车疏散队形，做到弥补战车运动的缝隙，确保有效地杀伤敌人。丽，读音同"离"，通"罹"，遭遇。鱼丽，指在流水的下游口设置捕鱼网具，使鱼游入而不得出，遭遇困局。以此作为战阵名，是形象的比喻。

④阜傍：即汉字部首"阝"，在左边。

⑤陈队：本指"行队"，陈，通"阵"。队，程本作"字"。

⑥"夫行陈"句：行陈，军队的行列。语出《吕氏春秋·简选》："离散系絫，可以胜人之行陈整齐。"行，读音同"航"。陈列，即"阵列"。六书，古人分析汉字的造字方法，归纳总结出如下六种条例：象形、指事、会意、形声、转注、假借。这里说的"假借"，正是其中之一。许慎《说文解字·十五上》："《周礼》八岁入小学，保氏教国子，先以六书。一曰指事：指事者，视而可识，察而可见，'上、下'是也。二曰象形：象形者，画成其物，随体诘诎，'日、月'

是也。三曰形声：形声者，以事为名，取譬相成，'江、河'是也。四曰会意：会意者，比类合谊，以见指挠，'武、信'是也。五曰转注：转注者，建类一首，同意相受，'考、老'是也。六曰假借：假借者，本无其字，依声托事，'令、长'是也。"假借的意思是说，有些词有音无字，只能借用同音字来表示，但含义还是它原有的，只是"借字"而已。

⑦《苍》《雅》：《苍颉篇》和《尔雅》的省称。

⑧"唯王羲之"句：据《隋书·经籍志》载："《小学篇》一卷，晋下邳内史王羲撰。"后世学者多认为将"王羲"写成"王羲之"为谬改，依据是王羲之为会稽内史，非为下邳内史。但《北史·任城王云传》写作"王羲之《小学篇》"，亦有后世学者认为不可排斥《隋书·经籍志》错录。"之"，抱经堂本无。

⑨ 俗行：指民间刊行的俗本。俗本，即没有经过科学校订的印本。这里强调的意思是，就像前文所讲的"影"字，并不始于《要用字苑》一样；"阵"字也不一定起于《小学章》，还须留心察考。

大　意

在姜太公的《六韬》中，说到了天陈、地陈、人陈、云陈和鸟陈。《论语》有卫灵公向孔子请教战陈的记载。《左传》上有"摆列鱼丽之陈"的话语。一般流行的印本大多是将以上所见的"陈"字，写作"阜"旁加上"车乘"的"车"，变成"阵"字。据我查考相关文献，用以表示军队列阵的"阵"字，都应该写作陈国郑国的"陈"字呢！行阵的意思，本来是从陈列之意取用过来的，也就是六书所说的"假借法"。在《苍颉篇》《尔雅》以及近代的字书中，关于"陈"字，都没有别的写法啊。只是在王羲之的《小学章》中，将"陈"字写作"阵"字，即在"阜"旁加上"车"字。就算是如今人们跟随俗本，将"陈"写作"阵"，也不应该以此由今追古，擅改《六韬》《论语》《左传》等古籍的书写吧！

十二、将"丛木"的"丛"改写成"寂"字，就显得穿凿附会了

《诗》云："黄鸟于飞，集于灌木。"①《传》云："灌木，丛木也。"此乃《尔雅》之文②，故李巡③注曰："木丛生曰灌。"《尔雅》末章又云："木族生为灌。"族，亦丛聚也。所以江南《诗》古本，皆为"丛聚"之"丛"，而古"丛"字

似"寂"④字，近世儒生，因改为"寂"，解云："木之寂高长者。"案：众家《尔雅》及解《诗》无言此者，唯周续之⑤《毛诗注音》为徂会反，又音⑥祖会反，刘昌宗⑦《诗注音》为在公反，又狙⑧会反：皆为穿凿⑨，失《尔雅》训也⑩。

注　释

①"《诗》云"句：见于《诗经·国风·周南·葛覃》："黄鸟于飞，集于灌木，其鸣喈喈（读音同"街"，形容风速快）。"意思是赞美黄鹂鸟自由飞翔：黄鹂鸟啊上下在飞翔，飞落栖息在灌木上，鸣叫婉转声是那样的清丽。黄鸟，另一说为黄雀。

②"《传》云"句：见于《尔雅·释木》。

③李巡：汝南汝阳（今河南省汝阳县一带）人，东汉末年宦官。当时在东汉宫中，李巡与济阴丁肃、下邳徐衍、南阳郭耽、北海赵祐等五人都因为清廉忠正被士人所称赞。事见《后汉书·宦者列传》和《后汉书·吕强传》。据《隋书·经籍志》载："梁有汉刘歆、犍为文学、中黄门李巡《尔雅》各三卷，亡。"

④寂："最"的异体字。

⑤周续之：字道祖（377—423），雁门广武（今山西省代县）人。好《老子》《周易》，兼通儒、道、释三家之学，而以老庄为主。与刘鳞之、陶潜俱不应徵，在南朝刘宋朝谓之"寻阳三隐"。刘裕称帝后，为周续之在东城外设立书馆，招集门徒使之教学。他还亲自到学馆中向周续之请教《礼记》中的"傲不可长""与我九龄""射于园"的义理所在。周续之逐一为刘宋武帝作了精辟讲解。他学识渊博，时人称为"名通"。著有《嵇康高士传注》3卷、《公羊传注》《礼论》《毛诗六义》等，今佚。事见《宋书·隐逸传》。

⑥"又音"句："又音祖会反"，程本、抱经堂本无，疑似衍文。

⑦刘昌宗：刘氏为东晋人氏。著有《毛诗音》《左传音》《周礼音》《仪礼音》和《礼记音》等。《隋书·经籍志》著录《礼音》三卷、《仪礼音》一卷。

⑧狙：程本、抱经堂本作"祖"。

⑨穿凿：牵强附会的意思。语出《汉书·礼乐志》："以意穿凿，各取一切。"

⑩"失《尔雅》"句：意思是说，将"丛"解释为"木之最高长者"，偏离了《尔雅》的理解。训，训释、解释。

大 意

《诗经》上说："黄鸟于飞，集于灌木。"《毛传》说："灌木，就是树木丛生的意思。"这是根据《尔雅》的理解，所以，李巡注释说："树木丛生，就称为灌。"《尔雅》的最后一章又说："木族生为灌。"族，也就是"丛聚"的意思。因此，江南刻印的《诗经》古本都写作"丛聚"的"丛"。而古"丛"字很像"冣"字，近代的读书人就此将"丛"改写为"冣"了，并解释为"灌木，就是长得冣高的树木"。据查，各家《尔雅注》和《诗经》注本都没有这样的说法。只有周续之的《毛诗注音》标为徂会反（zuì，四声），刘昌宗的《诗经注音》标为在公反（cóng，二声），又徂会反。这些解释都是牵强附会的说法，背离了《尔雅》的解释啊！

十三、将古籍中的"也"字随意删减或添加，都是十分愚蠢的

"也"，是语已及助句之辞①，文籍备有之矣。河北经传，悉略此字，其间字有不可得无者，至如"伯也执殳"②，"于旅也语"③，"回也屡空"④，"风，风也，教也"⑤，及《诗传》云："不戢，戢也；不傩，傩也。"⑥"不多，多也。"⑦如斯之类，傥削此文，颇成废阙⑧。《诗》言："青青子衿。"⑨《传》曰："青衿，青领也，学子之服。"按：古者，斜领下连于衿，故谓领为衿。孙炎⑩、郭璞⑪注《尔雅》，曹大家注《列女传》⑫，并云："衿，交领也。"邺下《诗》本既无"也"字，群儒因谬说云："青衿、青领，是衣两处之名，皆以青为饰。"用释"青青"二字，其失大矣！又有俗学，闻经传中时须"也"字⑬，辄以意加之，每不得所，益成可笑⑭！

注 释

①"是语已"句：语已辞，语尾词，起到煞句的作用。已，完了、结束的意思。助句辞，即语助词，虚词，起到表达语气的作用。

②"伯也"句：见于《诗经·卫风·伯兮》："伯也执殳，为王前驱。"意思是说，我的丈夫手执长殳，当上了君王的前锋。伯，古代妻子对丈夫的爱称；殳，读音同"书"，古代兵器。象形字，形似杖，长一丈有二，头上有木刃，八棱而尖。

③"于旅"句：见于《仪礼·乡射礼》："古者于旅也语。"意思是说，古人在礼成乐备之后才可以相互言语。旅，次第、程序的意思，指行礼的仪式；语，小声说话。

④"回也"句：见于《论语·先进篇》："子曰：'回也其庶乎，屡空。赐不受命而货殖焉，亿则屡中。'"回，孔子弟子颜回。意思是：孔子说："颜回呀，君子的修养已经差不多了吧，可是，他却常常陷于贫困之中。而子贡呢，他却不依靠俸禄供给，另谋生路。子贡由于善于经营货殖，所以经常能够驾驭市场的物价波动，获得丰厚的收益啊。"

⑤"风"句：见于《毛诗序》："风，风也，教也；风以动之，教以化之。"孔颖达《毛诗正义》："微动若风，言出而过改，犹风行而草偃，故曰风。""风教"包括两方面含义：一是指诗人所创作的诗歌，对人们起到感化教育的作用。如《毛诗序》所说："是以一国之事系一人之本谓之风。"《毛诗正义》也说："诗人览一国之意以为己心，故一国之事系此一人使言之也。但所言者，直是诸侯之政，行风化于一国。"诗人创作的诗歌一定会在社会生活中起到教化作用，这是不以人的意志为转移的。二是指统治阶级的"以上示下"的教化意义，如《毛诗序》所说："上以风化下。"即人们常说的，言语千遍，不如示范一次。以上率下，榜样的力量是无穷的。原文句中第一个"风"，是"风、雅、颂"的"风"，为《诗经》的十五国风，《诗经》"六艺"之一；第二个"风"，是讽训的意思，诗歌所产生的教化作用。

⑥"《诗传》云"句：见于《诗经·小雅·桑扈》毛传的释文。不，虚词，无实际意义；戢，读音同"及"，通"辑"，和睦、平和的意思；傩，读音同"挪"，举止有节、有礼貌的意思。不戢不傩，性子平和友善，为人有礼有节。

⑦"不多"句：《诗经·大雅·卷阿》"矢诗不多，维以遂歌"的毛传释文。矢，发出，指吟诗；不，虚词；遂，对答。

⑧废阙：缺漏，残缺不全。阙，读音同"雀"，亏损。

⑨"《诗言》"句：见于《诗经·国风·郑风·子衿》："青青子衿，悠悠我心。"意思是说，穿着学生装的好青年啊，我在心里总是不住地将你思念。青，即青色，纯绿色；子衿，古代指穿青领衣服的学生。衿，古代制衣服的交领，也称为"襟"。

⑩孙炎：字叔然，乐安（今山东省博兴县）人。三国时期魏国经学家。他

一生治学不仕，是魏晋之际著名的经学大儒。曾受业于郑玄，时人称为"东州大儒"。著有《周易·春秋例》《毛诗注》《礼记注》《春秋三传注》《国语注》《尚书注》，尤以《尔雅音义》影响为大。《尔雅音义》虽已失传，但《经典释文》《集韵》《初学记》《晋书音义》《诗经正义》《文选》李善注和《太平御览》等曾征引其反切一百多例，具有较高的学术价值，通过这些逸文，研究者可以观察到汉末语音的一些端倪。事见《三国志·魏书·王朗传》。

⑪郭璞：两晋时期著名文学家、学者。

⑫"曹大家"句：曹大家，对西汉文学家班昭的尊称。家，通"姑"。班昭，西汉史学家、文学家班固之妹，又名姬（约45—约117），字惠班，扶风安陵（今陕西咸阳东北）人，史学家、文学家。十四岁嫁同郡曹世叔为妻。班昭博学高才，其兄班固著《汉书》，未竟而卒，班昭奉旨入东观藏书阁，续写《汉书》。其后汉和帝多次召班昭入宫，并让皇后和贵人视其为老师，号"大家"，故后世亦称之为"曹大家"。邓太后临朝称制后，曾参与政事。班昭存世作品有七篇，《东征赋》和《女诫》等很有影响，为传世之作。参见《后汉书·列女传》。《列女传》，西汉经学家刘向（约前77—前6）撰。据《隋书·经籍志》载："《列女传》十五卷，刘向撰，曹大家注。"但班昭注本早已失传。《列女传》是一部介绍中国古代妇女行为的书，在中国古代妇女史上占有很重要的地位。全书分为七卷，一共记叙了105名妇女的故事。七卷分别是：母仪传、贤明传、仁智传、贞顺传、节义传、辩通传和孽嬖传。这也是一部劝谏皇帝、嫔妃及外戚的书，作者的写作意图是"王教由内及外，自近者始"。该书对后世影响很大，有一些故事流传至今，如"孟母三迁"的故事即出自该书。

⑬"又有"句：这句话是作者讽刺学问浅陋者（俗学）随意增减原书文字，改变原意，破坏原书完整性，导致后人产生阅读误解的行为。这里既是在批评治学草率的学风，又是在提醒人们一定要尊重原著、尊重原著作者、尊重后学。"成"，原作"诚"，今据抱经堂本改。

大　意

"也"字，是一个语尾词，或者用作语助词。在文献典籍中，我们经常能够见到这个字。可是，如今在河北地区流传的经典及其注疏的版本，就全部省略了这个"也"字。值得注意的是，在经典中，有些句子中的"也"字，是一定不能省略的啊！比如，"伯也执殳"，"于旅也语"，"回也屡空"，"风，风也，教也"，以及《毛诗传》说："不戢，戢也；不傩，傩也。""不多，多也。"等等之类的句子，假使删去"也"字，它们就成了残缺不全的句子，我们也就无法理解这些句子所要表达的意思了。《诗经》上说："青青子衿。"《毛传》解释说："青衿，青领也，学子之服。"按我的理解，在古代，衣服的斜领下连着衣襟，所以将领子称为"衿"。看看孙炎、郭璞为《尔雅》所作的注释，还有班昭为《列女传》所作的注解，就十分清楚了。他们都说："衿，交领也。"可如今，在邺下《诗经》的印本里，已经没有"也"字了。一些才疏学浅的儒生根据这个版本，错误地解释说："青衿、青领，是衣服的两个组成部位的名称。这两个部分，都是用青色来装饰的。"他们把"青青"拆开来硬生生地作这样的理解，所犯的错误实在是令人无法容忍啊！又有一些不学无术的庸人，听说经典及其注疏中"也"字必不可少，往往就凭着自己的理解和判断随意加上"也"字，这就常常不得要领、适得其反。弄巧反拙的做法，这就更加可笑啊！

十四、署名"蜀才"的《周易》注本，作者就是范长生嘛

《易》有蜀才注①，江南学士遂不知是何人。王俭②《四部目录》，不言姓名，题云："王弼后人。"③谢炅④、夏侯该⑤，一本"该"字下注云：五代和宫傅凝本作"谚"、作"咏"，未定。并读数千卷书，皆疑是谯周⑥。而《李蜀书》，一名《汉之书》⑦，云："姓范名长生⑧，自称蜀才。"南方以晋家渡江⑨后，北间传记，皆名为伪书，不贵省读⑩，故不见也。

注 释

①"《易》有"句：据《隋书·经籍志》载："《周易》十卷，蜀才注。"蜀才，史传无考，年籍未详。

② 王俭：南朝齐人，字仲宝，祖籍琅琊临沂（今山东省临沂市一带）人，目录学家。历任萧齐侍中、尚书令等职。幼好学，通儒家经典，尤擅礼学、目录学，仿西汉刘歆《七略》体例，作《七志》，又撰《宋元徽四部书目》（《四部目录》）。事见《南齐书》《南史》本传。

③ 王弼：三国时期魏国玄学家。

④ 谢炅：一作谢吴。南朝梁人，曾任中书郎，著有《梁书》《梁皇帝实录》等。

⑤ 夏侯该：一作夏侯咏。南朝梁人，著有《汉书音》《四声韵略》等。

⑥ 谯周：字允南（201—270），巴西西充国（今四川省西充一带）人，三国时期蜀汉学者、官员。出身于书香人家。幼年丧父，受家学熏陶，自幼勤奋好学，饱读经书，知晓天文，是蜀地名儒之一。曾任蜀汉中散大夫、光禄大夫；因劝刘禅投降，被魏国封为阳城亭侯，迁骑都尉、散骑常侍；司马炎称帝之初，病故。门下有陈寿、罗宪等学生；谯周生前撰写学术著作多种，计百余篇。《隋书·经籍志》著录《论语注》十卷、《三巴记》一卷、《谯子法训》八卷、《古史考》二十五卷和《五经然否论》五卷等五种。其中，《论语注》和《三巴记》两书，今不存；其他书仅存后人辑本。参见《三国志·蜀志·谯周传》。

⑦ "而《李蜀书》"句：据《隋书·经籍志》："《汉之书》十卷，常璩撰。"在《唐书·艺文志》中，《蜀李书》与《汉之书》并有著录；而唐代学者刘知幾（661—721）《史通·古今正史》则说，"常璩撰《汉书》十卷，后入晋秘阁，改为《蜀李书》"，是一书两名。

⑧ 长生：又名延九、重九，或名文（一作支），字元寿（218—318），别号蜀才，十六国时成汉道士，涪陵丹兴（今四川省黔江一带）人。精通天文、术数，博学多艺，居于青城山（今四川省都江堰市境内），为天师道首领，拥有部曲千余家。李雄建立成汉政权，拜为宰相，加号"四时八节天地太师"，尊称为"范贤"，封西山侯，免征其部曲的军粮，转由他本人征收。范长生修道长寿，传说他活了一百三十多岁。著有《道德经注》《周易注》等。参见《晋书·李特载记》《华阳国志》《魏书·李雄传》等。

⑨ 晋家南渡：即"晋室南渡"，指西晋灭亡后，司马睿率西晋贵族南渡长江，在建康建立东晋政权（317）。"家"，程本无。

⑩ 省读：阅读。语出《三国志·吴志·韦曜传》："因撰此书，实欲表上，惧有误谬，数数省读，不觉点污。"省，读音同"醒"，查看、审察的意思。

大　意

《周易》有蜀才的注本，江南的读书人竟然不知道蜀才是谁啊！在王俭的《四部目录》中，没有注明著作者的姓名，只是说："王弼的后人。"谢炅、夏侯该都是饱读上千卷著作的人呢，他们很怀疑这个说法，于是就推测作者当为谯周；而《李蜀书》（又名《汉之书》）上说："姓范名长生，自号蜀才。"南方自晋室南渡之后，将北方的典籍都称为"伪书"，不肯仔细阅读，所以就没有见到这条记载啊！

十五、将"搟"字写作"撋甲"的"撋"字，是错误的

《礼·王制》云："羸股肱。"[1] 郑注云："谓搟衣出其臂胫。"[2] 今书皆作"撋甲"之"撋"[3]。国子博士萧该[4] 云："撋，当作'搟'，音宣，撋是穿着之名，非出臂之义。"案《字林》[5]，萧读是，徐爰[6] 音患，非也。

注 释

①《礼·王制》云"句：原文是："凡执技论力，适四方，羸股肱，决射御。"孔颖达疏："言此既无道艺，惟论力以事上，故适往四方境界之外，则使之搟露臂胫，角材力，决射御胜负，见勇武。"羸，"裸"的异体，裸露。股肱，大腿和胳膊的上部。语出《尚书·说命下》："股肱惟人，良臣惟圣。"孔传："手足具乃成人，有良臣乃成圣。"

②"郑注云"句：搟，读音同"宣"，捋起；臂胫，胳膊和小腿。

③撋：读音同"换"，穿。

④萧该：隋朝人，南朝梁鄱阳王萧恢之孙。祖籍南兰陵（今江苏省常州西北），通《诗》《书》《春秋》《礼记》大义，尤精《汉书》。江陵陷落后，被押送长安。隋初被封为山阴县公，拜国子博士。著有《汉书音义》《文选音义》等。参见《隋书·儒林传》。

⑤《字林》：字书，字典。据《隋书·经籍志》，《字林》七卷，晋吕忱撰。该书收字12824个，比《说文解字》多3000多字，学术界高度重视其学术价值，认为是上承《说文解字》，下启《玉篇》的一部重要字书，在我国文字史上具有重要地位。后佚。

⑥徐爰：南朝宋人，曾任刘宋朝中散大夫。据《隋书·经籍志》，著有《礼记音》二卷。

大 意

《礼·王制》说："赢股肱。"郑注说："说的是将起衣服，伸出手臂和腿子。"如今人们都将"捋"字写作"攥甲"的"攥"字。国子博士萧该说："攥，当作'捋'，音'宣'，攥是指穿着衣服的称谓，并不是伸出手臂的意思。"检索《字林》就可发现，萧该的读音是正确的；而徐爰将它读作"患"音，则是错误的呢！

十六、《汉书》上"田肎"的"肎"字，准确无误

《汉书》"田肎贺上"①，江南本皆作"宵"字。沛国刘显②博览经籍，偏精班《汉》，梁代谓之"《汉》圣"。显子臻③，不坠家业，读班史④，呼为"田肎"。梁元帝尝问之，答曰："此无义可求，但臣家旧本以雌黄改'宵'为'肎'。"⑤元帝无以难之⑥。吾至江北，见本为"肎"。

注 释

①"《汉书》"句：见《汉书·高帝纪》六年（前201）："田肎贺上曰：'甚善，陛下得韩信，又治秦中。秦，形胜之国也，带河阻山，县隔千里，持戟百万，秦得百二焉。地势便利，其以下兵于诸侯，譬犹居高屋之上建瓴水也。夫齐，东有琅琊、即墨之饶，南有泰山之固，西有浊河之限，北有勃海之利，地方二千里，持戟百万，县隔千里之外，齐得十二焉，此东西秦也。非亲子弟，莫可使王齐者。'"《汉书》，又称《前汉书》，是中国历史上第一部纪传体断代史。由东汉著名史学家班固（32—92）撰，前后历时二十余年，在建初年中基本修成时，班固就去世了。《汉书》最后成书于汉和帝时期，前后历时近四十年。班固世代为望族，家多藏书，其父班彪（3—54）为当世儒学大家，采集前史遗事，旁观异闻，作《史记后传》六十五篇。班固承继父志，"亨笃志于博学，以著述为业"，撰述《汉书》。其书"八表"和《天文志》，分别由其妹班昭及马续（伏波将军马援侄孙，著名经学家马融之弟）共同续成，故《汉书》前后历经四人之手完成。班昭是"二十四史"中唯一的女作者。《汉书》是继《史记》之后我国古代又一部重要史书，与《史记》《后汉书》《三国志》并称为"前四史"。《汉书》主要记述了上起西汉高祖元年（前206），下至新朝王莽地皇四年（23）共230年的历史，包括本纪十二，表八，志十，传七十，共一百篇，

后人分为一百二十卷，全书八十万字。《汉书》语言庄严工整，多用排偶，遣辞典雅，行文远奥，有重要的文学价值。《汉书》开创了我国断代纪传表志体史书，奠定了王朝官修正史的体例。我国纪史的方式自《汉书》起始，历代都仿其体例，官修纪传体断代史。肎，"肯"的异体字。

②刘显：南朝梁沛国相（今安徽省濉溪西北）人。字嗣芳（481—543），历任尚书仪曹郎、步兵校尉、中书侍郎、尚书左丞，出为浔阳太守，除邵陵王平西府咨议参军，加戎昭将军。幼聪敏，当世号为神童。博学多才，精通经典，尤擅《汉书》，名重当时。著有《汉书音》及诗歌多篇。事见《梁书·刘显传》《南史·刘显传》。

③显子臻：据史载，"显有三子：莠，荏，臻。臻早著名。"刘臻以《汉书》《后汉书》精研知名于世。事见《北史·文苑》《隋书·文学》。

④班史：即班固《汉书》。

⑤雌黄：呈柠檬黄色的矿物石，古人用以涂改文字。见北宋沈括（1031—1095）《梦溪笔谈·故事一》的解释："馆阁新书净本有误书处，以雌黄涂之。尝校改字之法：刮洗则伤纸，纸贴之又易脱，粉涂之则字不没，吐数遍方能漫灭。惟雌黄一漫则灭，仍久而不脱。古人谓之铅黄，盖用之有素矣。"成语"信口雌黄"由此而来。

⑥难：读音为四声，诘难、辩驳的意思。

大　意

《汉书》上记载："田肎恭贺皇上说。"江南流行的《汉书》印本都把"肎"字写作"宵"字。沛国人刘显博览经书，尤其精通班固的《汉书》，梁代学者称他为"《汉书》王"。刘显的儿子刘臻，继承家学，他读《汉书》时，将"田宵"读成"田肎"。梁元帝为此专门问他，为何如此读音？他回答说："这没有什么道理可说，只是因为我家所藏的旧本《汉书》用雌黄改'宵'为'肎'，所以我就这样读。"梁元帝再没有办法问倒他。我来到江北之后，看到江北流传的《汉书》本子，本来就是写作"田肎"的，心里一下子踏实了许多。

十七、不能把"紫色蛙声"这样的形象比喻，错当成人物写实

《汉书·王莽赞》云："紫色蛙声，余分闰位。"盖谓非玄黄之色①，不中律吕②之音也。近有学士名问③甚高，遂云："王莽非直鸢髆虎视④，而复紫色声。"亦为误矣⑤。

注　释

① 玄黄：《易经·坤》：玄为天色，黄为地色。即天地之色。古代人们的衣服以青、黄为正色。

② 律吕：古代音乐术语。在古代十二律中，分为六律、六吕：六阳律为律，六阴律为吕。这里是指雅正的音乐。

③ 名问：名誉声闻。问，通"闻"。语出《韩非子·亡徵》："不以功伐课试，而好以名问举错，羁旅起贵，以陵故常者，可亡也。"

④ 非直鸢髆虎视：不只是像老鹰那样上耸肩膀，像老虎那样眈眈送目。非直，不只是；鸢髆，鸢，读音同"渊"，老鹰；髆，通"膊"，肩膀；虎视，像老虎那样看着。鸢髆虎视，前文（"勉学篇"）写作"鸱目虎吻"，是一个意思，古人喻指贪婪无厌之相。源于《国语·晋语八》："叔鱼生，其母视之，曰：'是虎目而豕喙，鸢肩而牛腹，谿壑可盈，是不可餍也，必以贿死。'遂不视。"韦昭注："虎视眈眈，豕喙长而锐。"

⑤ "亦为"句：意思是说，把形象的比喻，当作写实，这就错了。

大　意

《汉书·王莽传赞》上说："紫色蛙声，余分闰位。"大概是说王莽代汉而立，不合玄黄正色，不符律吕正声，德不配位，不具有帝王正统。而近代有位学者，虽然名望很高，但对这段文字的解释竟然是："王莽不仅像老鹰一样长着一双凶狠的耸肩，而且也像老虎一样瞪着一双可怕的双眼，而且他还穿着紫色衣服，发出青蛙一样的叫声。"这位老兄把《汉书》上对王莽的形象比喻，当作人物写实来看，这就搞错了啊！

十八、谚曰："书三写，鱼成鲁，帝成虎。"

简策字①，竹下施"朿"②，七赐反。末代隶书③似"杞宋"之"宋"。亦有竹下遂为"夹"者，犹如"刺"字④之傍应为朿，今亦作"夹"。徐仙民《春秋》《礼》音⑤，遂以"筴"为正字，以"策"为音，殊为颠倒。《史记》又作"悉"字误而为"述"，作"妬"字误而为"姤"⑥。裴⑦、徐⑧、邹⑨皆以"悉"字音"述"，以"妬"字音"姤"。既尔⑩，亦可以亥为豕字音，以帝为虎字音乎⑪？

注　释

① 简策字：策，本作"册"字，通"策"，借字会意。简策，连编成册的竹简。

② 朿：木芒。后世写作"刺"。

③ 隶书：字体，始于秦代，由秦人程邈所创。程邈被囚于云阳狱中，沦为皂隶，隶书因此得名。隶书由篆书体简化而成，使篆体的圆专变成方折，具有鲜明的棱角审美感，在汉字发展史上具有里程碑意义，为行书、楷书、草书等字体的发展奠定了基础。隶书兴盛于汉魏。

④ 字：原误作"史"，今据程本、抱经堂本改。

⑤ "徐仙民"句：据《隋书·经籍志》："《春秋左氏传音》三卷，《礼记音》三卷，并徐邈撰。"

⑥ "作"句：妬，"妒"的异体字；姤，《周易》的卦名。

⑦ 裴：原误作"衮"，今据抱经堂本改。指裴骃，字龙驹，河东闻喜（今山西省闻喜县）人，南朝刘宋时期《史记》研究专家，著有《史记集解》，是现存最早的《史记》注本，与唐司马贞（679—732）《史记索隐》、张守节（主要生活于开元时代）《史记正义》合称"《史记》三家注"。

⑧ 徐：指徐广，字野民（352—425），东莞姑幕（今山东省莒县）人，南朝刘宋时期学者，徐邈之弟，徐广一生好学，到老依然手不释卷。著有《史记音义》十二卷等。

⑨ 邹：指邹诞生，南朝齐梁时期学者，做过梁朝轻车录事，著有《史记音义》三卷。据《隋书·经籍志》记载："《史记》八十卷，宋南中郎外兵参军裴

骃注。《史记音义》十二卷，宋中散大夫徐野民撰。《史记音》三卷，梁轻车录事参军邹诞生撰。”

⑩ 既尔：既然如此。

⑪“则亦”句：指书籍刻本在流传过程中因字形相近而讹误。典出《孔子家语·七十二弟子解》：“(子夏) 尝反卫，见读史志者云：‘晋师伐秦，三豕渡河。’子夏曰：‘非也，己亥耳。’读史志者问诸晋史，果曰己亥。”葛洪《抱朴子·遐览》：“谚曰：‘书三写，鱼成鲁，帝成虎。’”“亦”上，抱经堂本有“则”字。

大 意

简策的“策”字，本来是“竹”字头下加一个“朿”字，后代的隶书，将它写得很像杞国、宋国的“宋”字，也有的竟然在“竹”字头下加上一个“夹”字的 (筴)，就像“刺”字左边偏旁本应为“朿”，如今人们硬是将它写作“夹”一样哩。徐仙民的《春秋左氏传音》《礼记音》就把“筴”字当作正字，而将“策”字作为其读音，这就正好弄反啦。《史记》又将“悉”字误写为“述”字，将“妬”字误成“姤”字。裴骃、徐广和邹诞生他们都用“悉”字作“述”字注音，用“妬”字作“姤”字注音。既然这样，那不也可以用“亥”字为“豕”字注音，用“帝”字为“虎”字注音吗？

十九、“伏羲氏”的“伏”字，可与“虙”通，但不可与“宓”通

张揖云：“虙，今伏羲氏也。”① 孟康《汉书古文注》亦云②：“虙，今伏。”而皇甫谧③云：“伏羲，或谓之宓羲。”按诸经史纬候④，遂无宓羲之号。虙字从虍，音呼。宓字从宀，音绵。下俱为必，末世传写，遂误以虙为宓，而《帝王世纪》因误更立名尔。何以验之？孔子弟子虙子贱⑤，为单父⑥宰，即虙羲之后，俗字亦为宓，或复加山。今兖州永昌郡城，旧单父地也，东门有子贱碑，汉世所立，乃云：“济南伏生⑦，即子贱之后。”是知虙之与伏，古来通字，误以为宓，较可知矣⑧。

注 释

①“张揖云”句：张揖：三国时期魏国博士，著作今存《广雅》十卷，

18150 字。虙，读音同"扶"，姓氏。

②孟康：三国时期安平（今河北省邢台市广宗县一带）人，字公休。著名学者，孟子十八世孙。曾任魏国散骑侍郎、典农校尉、渤海太守、中书令、给事中、中书监等，封为广陵亭侯。精通地理、天文、小学，著有《汉书音义》《老子注》二卷。事见《三国志·魏书·杜恕传》注引《魏略》。

③皇甫谧：魏晋时期学者、医学家、史学家。

④纬候：指纬书和候书。纬书，相对于儒家经书而言，是秦汉时期神学附会儒家经义的迷信书；候书，是秦汉时期方术士按照天候变化预测人间吉凶的占验书。

⑤虙子贱：《史记·仲尼弟子列传》说子贱小孔子三十岁，《孔子家语》则说小孔子四十九岁。

⑥单父：地名，春秋时期鲁国辖地，在今山东省单县附近。单，读音同"善"。

⑦伏生：一作"伏胜"，字子贱（前260—前161），秦末博士，济南（今山东省滨州市邹平县）人。秦时焚书，于壁中藏《尚书》，汉初，仅存二十九篇，以教齐鲁之间。文帝时求能治《尚书》者，以伏生年九十余老不能行，乃使晁错往受之。今文《尚书》学者，皆出其门。开创《尚书》今文学派，现存《尚书》28 篇，相传由他传授而存。参见《汉书·儒林传》。

⑧"是知"句：颜之推认为，"虙"与"伏"通，而不得与"宓"通，后世学者据《管子·轻重戊》、屈原《离骚》《楚辞》、扬雄《法言》、曹植《洛神赋》等文献，认为三字可通用。

大　意

张揖说："虙，就是我们现在所说的伏羲氏吧。"孟康的《汉书古文注》也说："虙，就是我们写作的'伏'字。"而皇甫谧则说："伏羲，有人说称为宓羲。"据我查考经典、史书、纬书和候书各种文献，竟然没有见到"宓羲"的名号啊。"虙"字从"虍"，读音为"呼"；"宓"字从"宀"，读音为"绵"。它们的下面都有一个"必"字。后人传抄，就误将"虙"字写作"宓"字，因此皇甫谧在《帝王世纪》中就将"虙羲"这个名字错写成"宓羲"了。凭什么来验证我的这个说法呢？孔子弟子虙子贱曾任单父宰，他就是虙羲氏的后代，俗字也写作

"宓",或者还在底下加上一个"山"字（密）。如今的兖州永昌郡城，就是从前单父的旧址，城东门有《子贱碑》，碑是在西汉时竖立的，上面书写着："济南人伏生，就是子贱的后人。"由此可见，"虙"与"伏"，自古以来就是通用的，但如果将它写作"宓"字，那就犯错了。

二十、"宁为鸡口，无为牛后"应当是"宁为鸡尸，无为牛从"

《太史公记》^①曰："宁为鸡口，无为牛后。"^② 此是删《战国策》尔^③。按：延笃^④《战国策音义》曰："尸，鸡中之主。从，牛子。"^⑤ 然则"口"当为"尸"，"后"当为"从"，俗写误也^⑥。

注 释

①《太史公记》：即《史记》，本名《太史公书》，魏晋南北朝人习惯称之为《太史公记》。清代学者俞正燮（1775—1840）在《癸巳类稿·太史公释名》中说："《史记》本名《太史公书》。题太史以见职守，而复题曰公，古人著书称子，汉时称生称公也。"

②"曰"句：见于《史记·苏秦列传》，张守节《〈史记〉正义》说："鸡口虽小犹进食，牛后虽大，乃出粪也。"源于《战国策·韩策一》："臣（苏秦）闻鄙语曰：'宁为鸡口，无为牛后。'今大王西面交臂而臣事秦，何以异于牛后？夫以大王之贤，挟强韩之兵，而有牛后之名，臣窃为大王羞之。"意思是，宁愿做小而洁的鸡嘴，也不愿做大而臭的牛屁眼。比喻宁居小者之头，不为大者之尾。牛后，牛屁眼。

③"此是"句：删，删减多余的文字；《战国策》，又称《国策》，是一部国别体史学著作。记载了西周、东周及秦、齐、楚、赵、魏、韩、燕、宋、卫、中山各国之事，记事年代起于战国初年，止于秦灭六国，约有240年的历史。分为12策33卷共497篇，主要记述了战国时期的游说之士的政治主张和言行策略，也可说是游说之士的实战演习手册，也是研究战国历史的重要典籍。《战国策》一书的思想倾向，因其与儒家正统思想相悖，受到历代学者的贬斥。该书作者并非一人，成书并非一时。西汉学者刘向编订为三十三篇，书名亦为刘向所拟定。

④ 延笃：东汉儒生。字叔坚（？—167 年），南阳郡犫县人，师从大儒马融（79—166），精通儒家经传及百家之言，善写文章，闻名京师。历任侍中、左冯翊、京兆尹，官声很好；因得罪大将军梁冀，称病辞官，晚年以教书维持生计。事见《后汉书·延笃传》。据《隋书·经籍志》载，延笃著有《战国策论》一卷，不见《战国策音义》。

⑤ "尸"句：《史记·苏秦列传》司马贞《〈史记〉索隐》引《战国策》延笃注说："尸，鸡中主也；从，谓牛子也。言宁为鸡中之主，不为牛之从后也。"后世有学者认为，"口"字为"尸"字之误，"后"字为"从"字之误（古字"從"与"後"字形相近）。

⑥ "然则"句：颜之推因延笃注文推断："宁为鸡口，无为牛后。"当为"宁为鸡尸，无为牛从。"尸为主，主将众；从为辅，从于主。后世学者对此有不同看法，认为"口"与"后"韵协，而汉语是很重视韵协顺口的。

大　意

《史记》上说："宁为鸡口，无为牛后。"这是删减《战国策》上的文字罢了。在我看来，延笃的《战国策音义》说"尸，就是鸡的首领的意思，具有主动性；从，就是牛崽的意思，具有被动性。"这样说来，文中的"口"就当作"尸"，"后"当作"从"。由此可见，是俗本抄写错了啊！

二十一、将《史记》中的"伎痒"写作"徘徊"或"彷徨"，都是为俗本所误

应劭《风俗通》① 云："《太史公记》②：'高渐离③ 变名易姓，为人庸保④，匿作于宋子⑤，久之，作苦，闻其家堂客有击筑⑥，伎痒，不能无出言。'"案：伎痒⑦ 者，怀其伎而腹痒也。是以潘岳《射雉赋》⑧ 亦云："徒心烦而伎痒。"今《史记》并作"俳佪"⑨，或作"彷徨不能无出言"，是为俗传写误尔。

注　释

① 《风俗通》：即《风俗通义》。据《隋书·经籍志》著录三十一卷，今存十卷。该书主要考论名物、评议风俗。引文见《风俗通·声音》。

②《太史公记》：引文见《史记·刺客列传》。

③ 高渐离：战国时期燕国人，乐师，善击筑（一种古乐器）。燕太子丹派荆轲刺秦王，易水相送，高渐离击筑送行，慷慨激越，悲壮感人。燕亡秦兴，高渐离改姓易名，为人佣保，被秦始皇派人熏瞎眼睛，被迫为始皇击筑；后藏铅于筑内，以筑刺杀始皇，不中，被杀。事见《史记·刺客列传》。

④ 庸保：佣保，被人雇佣，靠出卖自己的劳动力获得报酬。庸，通"佣"。语出《后汉书·张酺传》："盗徒皆饥寒佣保，何足穷其法乎！"

⑤ 宋子，县名，在今河北省巨鹿县一带。

⑥ 筑：古代一种击弦乐器，形状似琴，十三根弦，弦下有柱。演奏时，左手按弦的一端，右手执竹尺击弦发音。起源于楚地，其声悲亢而激越，在先秦时期广为流传。自宋代以后失传。1993 年，考古学家在湖南省长沙市河西西汉王后渔阳墓中发现了实物，这在当时被文物界称为新中国建国以来乐器考古的首次重大发现。学术界也称这件渔阳筑为"天下第一筑"。"堂客有"，程本、抱经堂本作"堂上有客"。

⑦ 伎痒：亦作"技懂""技养""技痒"。形容擅长某种技艺的人，一遇到机会就急欲表现的样子。语出潘岳《射雉赋》："屏发布而累息，徒心烦而技懂。"徐爰注："有技艺欲逞，曰：技懂也。"伎，通"技"，技艺。

⑧《射雉赋》：今存《昭明文选》。

⑨"今《史记》"句：今本《史记·刺客列传》写作"徬徨不能去，每出言曰"。徘徊，犹"彷徨"，游移不定的样子。语出《汉书·高后纪》："产不知禄已去北军，入未央宫欲为乱。殿门弗内，徘徊往来。"唐初学者颜师古（581—645，颜之推孙）注曰："徘徊犹仿偟，不进之意也。"晋初文学家向秀的《思旧赋》："惟古昔以怀今兮，心徘徊以踌躇。"

大 意

应劭《风俗通》上说："《太史公记》：'高渐离变名易姓，为人庸保，匿作于宋子，久之，作苦，闻其家堂客有击筑，伎痒，不能无出言。'"据我的研究，所谓伎痒，就是擅长某种技艺，如同腹痒难忍，急于表现出来的样子。所以，文学家潘岳在《射雉赋》中也说："徒心烦而伎痒。"现在流行的《史记》版本都写作"徘徊"，有的则写作"彷徨不能无出言"，这是为俗本所误啊！

二十二、太史公所说"妬媚"的"媚"字，应为"媢"字

太史公论英布曰①："祸之兴自爱姬，生于妬媚，以至灭国。"② 又《汉书·外戚传》亦云："成结宠妾妬媚之诛。"③ 此二"媚"，并当作"媢"，"媢"亦妬也，义见《礼记》《三苍》④。且《五宗世家》亦云："常山宪王后妬媢。"⑤ 王充《论衡》云⑥："妬夫媢妇生，则忿怒斗讼。"益知"媢"是"妬"之别名。原⑦ 英布之诛，为意⑧ 贲音肥。赫尔，不得言"媚"。

注　释

①"太史公"句：太史公，即司马迁，字子长，夏阳（今陕西省韩城南）人。西汉时期伟大的史学家、文学家、思想家。早年受学于大儒孔安国（孔子十二世孙）、董仲舒（前179—前104），游历各地名山大川，考察社会风俗人情，采集历史传说故事。初任郎中，奉使西南。元封三年（前108）任太史令，继承其父司马谈之业，著述历史。天汉二年（公元前99），因替李陵（前134—前74）辩败罹受宫刑；太始元年（前96），汉武帝改元大赦天下，司马迁获释，并任中书令，继续著史，最终在病逝前完成所著《太史公书》（《史记》）。被后世尊称为太史公。英布，秦末汉初名将。六县（今安徽省六安）人，因受秦律被黥（读音同"情"，墨刑），又称黥布。初属项梁，后为项羽（前232—前202）帐下将领，被封九江王。后叛楚归汉。汉朝建立后，被封为淮南王，与韩信（约前231—前196）、彭越并称汉初三大名将。汉十一年（前196）起兵反汉，因谋反罪被杀。事见《史记·黥布列传》。

②"祸之"句：今本《史记·黥布列传》为："祸之兴自爱姬殖，妒媢生患，竟以灭国！"这是说英布谋反被诛的起因。英布欲反之时，其爱姬生病，与中大夫贲赫饮于医家。英布"疑其与乱"，欲捕贲赫。赫至长安告发英布欲反之事。朝廷追查此事，英布族赫家，发兵反，终至兵败被诛。妬，"妒"的异体字；媢，读音同"冒"，嫉妒的意思。

③"成结"句：语出《汉书·外戚传下·孝成赵皇后传》议郎耿育上疏言："诬污先帝倾惑之过，成结宠妾妒媢之诛，甚失贤圣远见之明，逆负先帝忧国之意。"所言为西汉成帝皇后赵飞燕事。赵氏姐妹专宠后宫十余年，却无子嗣。成帝薨，司隶解光奏言赵氏尽杀后宫诸子恶事，不得哀帝追究。平帝即位，赵

氏废为庶人，自杀。

④《三苍》：古代字书。即秦本《苍颉篇》（凡55章，3300字）、《训纂篇》（凡34章2040字）和《滂喜篇》（凡34章2040字）合为《三苍》。

⑤常山宪王：即西汉景帝少子刘舜。西汉孝景帝刘启第14子，谥为常山宪王（前152—前113）。因得汉景帝最为宠爱，平日骄纵怠惰，多有淫乱之事，屡犯法禁，却受庇佑而赦免。王宫多纳妃，遭到王后嫉恨。王病，太子及王后不常伺候，事被告，王后及太子被废。汉武帝元鼎二年（前114）去世。参见《史记·五宗世家》。

⑥"王充"句：见王充（27—97）《论衡·论死》："妒夫媢妻，同室而处，淫乱失行，忿怒斗讼。"

⑦原：推究起因，察考源头。

⑧意：猜忌的意思。

大 意

太史公在评论英布时说："祸之兴自爱姬，生于妒媢，以至灭国。"又见《汉书·外戚传》也说："成结宠妾妒媢之诛。"这两句话中的"媢"字，都应当写作"媢"字。媢，就是"妒"的意思。这个理解，来自于《礼记》《三苍》。何况，《史记·五宗世家》也说："常山宪王后妒媢。"王充的《论衡·论死》说："妒夫媢妇生，则忿怒斗讼。"据此，则更可见"媢"是"妒"的别称啊。推究英布被杀的起因，则是由于他自己猜疑贲赫而引起的，根本不能说是"媢"所导致的呢！

二十三、《史记》中"隗林"的"林"字，应为"隗状"的"状"字

《史记·始皇本纪》："二十八年①，丞相隗林、丞相王绾等议于海上②。"诸本皆作"山林"之"林"。开皇二年③五月，长安民掘得秦时铁称权④，旁有铜涂镌铭二所。其一所曰："廿六年，皇帝尽并兼天下诸侯⑤，黔首大安，立号为皇帝，乃诏丞相状、绾，灋⑥度量剒⑦音则。不壹歉⑧疑者，皆明壹⑨之。"凡四十字。其一所曰："元年，制诏丞相斯、去疾⑩，灋度量，尽始皇帝为之，皆□刻辞焉⑪。今袭号而刻辞，不称始皇帝，其于久远也，如后嗣

为之者，不称成功盛德，刻此诏左，使毋疑。"凡五十八字，一字磨灭，见有五十七字，了了分明。其书兼为古隶⑫，余被敕写读之，与内史令李德林对⑬，见此称权，今在官库。其"丞相状"字，乃为"状貌"之"状"，犭旁作犬，则知俗作"隗林"非也，当为"隗状"尔。

注　释

① 二十八年：即秦始皇二十八年，公元前 219 年。

②"丞相"句：隗林，一称隗状。战国末期楚国人。秦统一中国后官至丞相，在政治上多所作为。隗，读音同"尾"。王绾，秦初丞相，参与了秦初建皇帝封号、郡县制设立等重大决策。绾，读音同"晚"。海上，东海之滨，秦始皇统一中国，版图东到大海。

③ 开皇二年：公元 582 年。开皇，隋文帝杨坚（541—604）的年号（581—600）。

④"长安民"句：长安，隋朝都城，今陕西省西安市。称，通"秤"。权，秤砣。

⑤ 并兼：兼并的意思。语出《墨子·天志下》："今天下之诸侯，将犹皆侵凌攻伐兼并。"

⑥ 灋："法"的古字。

⑦ 剈："则"的异体字。

⑧ 歉：当为"嫌"字。

⑨ 壹："壹"的异体字。

⑩"制诏"句：制诏，皇帝的诏令。《史记·秦始皇本纪》："命为制，令为诏，天子自称曰朕。"唐代文学家元稹（779—831）在《制诰序》中解释说："制诏本于《书》，《书》之诰命、训誓，皆一时之约束也。"《书》，即儒家经典《尚书》。斯，即丞相李斯（约前 284—前 208），字通古。战国末期楚国上蔡（今河南省驻马店上蔡县）人。秦代著名的政治家、文学家和书法家。李斯早年为郡小吏，后从荀子（约前 313—前 238）学帝王之术，学成入秦。初被吕不韦（前 292—前 235）任为郎官。后劝说秦王政消灭诸侯、成就帝业，被任为长史，后又任其为客卿。秦始皇统一中国后，任左丞相。写成政论名篇《谏逐客书》，建议废"逐客令"，设立郡县制，都被采纳。秦二世二年为赵高所害，腰

斩弃世，夷灭三族。去疾，即冯去疾，任秦国右丞相。当时，秦国以右为尊。秦二世二年恐被迫害，自杀。

⑪"皆"句："皆"下，抱经堂本注"沈氏空一格"。程本此处不空格。

⑫ 古隶：秦汉之际的隶书，以别于魏晋以后盛行的隶书。

⑬ 内史令李德林：内史令，隋朝官名。隋文帝改中书省为内史省，置监、令各一人。稍后设令两人，为左、右令，担宰相之职。李德林，字公辅(530—590)，赵郡博陵安平（今河北省安平县一带）人。小时候就有神童之称，十六岁的时候就以孝闻名天下。善作文，所撰文集，勒成八十卷，遭乱多亡佚，仅存五十卷。北齐时撰《齐史》二十七卷，入隋又奉诏续修《齐史》，未成，后由其子李百药（564—648）续成之。北齐天保中，举秀才。累官至散骑侍郎，典机密；北周武帝时，授内史上士。隋文帝时，授内史令，爵郡公。后出为怀州刺史。开皇十年(590)卒，谥文。史书上说他"美容仪，善谈吐"。参见《隋书·李德林传》。

大 意

《史记·秦始皇本纪》上说："始皇二十八年，丞相隗林、王绾等人，在东海之滨议事。"各种钞本都将"隗林"的"林"字，写作"山林"的"林"字。隋文帝开皇二年五月，长安的老百姓挖到秦代的铁制秤砣，秤砣的外表有两处铜板刻字的铭文。其中一块上是这样记载的："始皇廿六年，皇帝尽灭六国，统一中国，百姓过上了安定的社会生活。于是，皇帝就确定了'始皇帝'的尊号，并下诏命令丞相隗状、王绾，制定全国统一规范的度、量、衡标准，来匡正从前混乱的社会秩序，人们由此明确了标准，在社会交往中遵循统一的准则。"原文一共有四十个字。另一块上则是这样记载的："始皇元年，皇帝下诏命令丞相李斯、冯去疾统一规范国家的度、量、衡标准。这些都是始皇的作为，对此，都有铭文予以记载。如今，对皇上都用'始皇帝'的尊号来称呼他，而原有的铭文则没有使用这一尊称。这对于后人来说，就不易区别是哪朝哪代何人所为了。好像不是始皇帝的贡献，而是后继者的作为，这与始皇帝的首创之功是不相匹配的。所以，镌刻这段铭文于左，使后人不再生疑。"原文共有五十八个字，其中被磨灭一字，剩余五十七个字，文字清楚明白，内容很好辨识。这些文字，都是用秦代隶书写成的，并不是后代字体。我接受皇帝的命令，描摹抄写这些铭文，并与内史令李德林校对，因此有机会见到这块铁秤砣。这块铁秤砣如今收藏在官库里，一般人是不容易见到它的。铭文中的"丞相状"的"状"字，就是"状貌"的"状"，在"丬"旁加上一个"犬"字。由此看来，通常所写"隗林"的"林"字，是错误的，纠正过来，应该是"隗状"的"状"字。

二十四、将"褆福"的"褆"字，写作"提挈"的"提"字，就错啦

《汉书》云"中外褆福"①，字当从示。褆，安也，音"匙匕"之"匙"②，义见《苍》《雅》《方言》③。河北学士皆云如此，而江南书本多误从手，属文者对耦④，并为提挈⑤之意，恐为误也。

注　释

①"《汉书》云"句：语出《汉书·司马相如传下》："遐迩一体，中外褆福，不亦康乎？"颜师古注："褆，安也。"褆，多音字，读音同"提"，安宁的意思。

②"音"句：颜之推的意思是，褆，读音为"匙"。

③《方言》：书名全称为《輶轩使者绝代语释别国方言》，西汉文学家扬雄（前53—18）著，词典，原书十五卷，今本十三卷。体例仿照《尔雅》，类集古今各地同义词语，注明词语的适用范围，是研究古代词语发展的重要资料，具有很高的学术价值。

④ 对耦：通"对偶"，指作文时使用对偶句的写作方法和修辞运用。对偶句，就是把意思相近或相反的两个句子或词组对称地排列在一起。这种修辞方法的最大特点和优势是：对偶句形式工整、文字匀称，而且节奏鲜明，音调和谐，便于记忆和传诵；对偶句前后呼应，互相映衬，对比鲜明，语言凝练，能增强语言的表现力，使读者留下深刻的印象。对偶大概可以分为三种：一是正对，即正相关关系。如《易经·乾文言》："同声相应，同气相求。"二是反对，即反向相关关系。如《诗经·小雅·采薇》："昔我往矣，杨柳依依；今我来思，雨雪霏霏。"三是串对，又叫连对、流水对，即承接性相关关系，是指前后两个句子在意义上有连贯、因果、条件、转折等关系。如《诗经·郑风·风雨》：

"风雨如晦，鸡鸣不已。"对偶从形式上可分为两种：一是严式对偶，要求上下两句字数相等，结构相同，词性相对，平仄相对，不重复用字；二是宽式对偶，对严式对偶的要素要求只是部分达到，并不那么严格。

⑤ 提挈：用手提着。语出《礼记·王制》："轻任并，重任分，斑白不提挈。"挈，读音同"妾"，用手提着的意思。

大 意

《汉书》上说："中外禔福"，"禔"字的偏旁应该是"示"。"禔"是安好的意思，读音同"匙匕"的"匙"，字义的解释可见《三苍》《尔雅》《方言》这三本工具书。河北的学者都是这样认为的。而江南一带的《汉书》钞本基本上都误为"手"旁，人们写文章时习惯上将同义词配对成偶，都将它用作"提挈"的意思，这恐怕就错啦！

二十五、将"禁中"改称"省中"，因为"禁"与"省"意思相通

或问："《汉书注》'为元后父名禁，改禁中为省中'①，何故以'省'代'禁'？"答曰："案《周礼·宫正》：'掌王宫之戒令纠禁。'②郑注云：'纠，犹割也、察也。'一本无"犹割也"三字。李登③云：'省，察也。'张揖云：'省，今省詧也。'④然则小井、所领二反，并得训察。其处既常有禁卫省察，故以'省'代'禁'。詧，古'察'字也。"

注 释

① "为元后"句：见《汉书·昭帝纪》："帝姊鄂邑公主，益汤沐邑，为长公主，共养省中。"伏俨（东汉琅琊人，字景弘，著有《汉书纠谬》。）注引蔡邕《独断》文："禁中者，门户有禁，非侍御者不得入，故曰禁中。孝元皇后父大司马阳平侯名禁，当时避之，故曰省中。"这里指汉代避元皇后父亲的名讳，改"禁中"为"省中"。禁中、省中，都是指宫禁之中。

② 纠禁："纠"同"纠"，贾公彦（生卒不详，唐代学者）疏："有过失者，已发则纠而割察之，其未发，则禁之也。"后世写作"纠禁"，如《后汉书·张衡传》："此皆欺世罔俗，以昧执位，情伪较然，莫之纠禁。"

③ 李登：三国时期魏国人。据《隋书·经籍志》："《声类》十卷，魏左校令李登撰。"《声类》是我国古代第一部韵书，今佚。

④"张揖"句：据清代学者段玉裁（1735—1815）的考证，或出自作者的《古今字诂》，已佚，仅存辑本。督："察"的异体字。省察合并成词，由来已久，如《楚辞·九章·惜往日》："弗省察而按实兮，听谗人之虚辞。"审察的意思。

大　意

有人问道："《汉书注》说：'因为汉元帝的皇后之父名字叫禁，因此，为避名讳，就将禁中改称省中。'为何要用'省'字代替'禁'字呢？"我回答说："根据《周礼·宫正》：'掌王宫之戒令纠禁。'郑玄注解说：'纠，犹如宰割、督察的意思。'李登说：'省，就是察看的意思。'张揖说：'省，今省督的意思。'这样的话，'省'的读音就是小井反或所领反，都有'察看'的意思。像宫中那样的地方，既然总有禁卫巡察，所以就用'省'代替'禁'了。督，就是古代的'察'字。"

二十六、《后汉书》上"四姓小侯"的"小侯"，与《礼记》说"庶方小侯"的"小侯"，是一样的意思

《汉·明帝纪》："为四姓小侯立学。"① 按：桓帝加元服②，又赐四姓③ 及梁、邓小侯帛，是知皆外戚④ 也。明帝时，外戚有⑤ 樊氏、郭氏、阴氏、马氏，为四姓。谓之小侯者，或以年小获封，故须立学尔；或以侍祠猥朝⑥，侯非列侯⑦，故曰小侯⑧。《礼》云"庶方小侯"⑨，则其义也。

注　释

①"《汉·明帝纪》"句：语出《后汉书·明帝纪》："是岁，大有年。为四姓小侯开立学校，置'五经'师。"袁宏《汉纪》曰："永平中崇尚儒学，自皇太子、诸王侯及功臣子弟，莫不受经。又为外戚樊氏、郭氏、殷氏、马氏诸子弟立学，号四姓小侯，置'五经'师。以非列侯，故曰小侯。《礼记》曰：'庶方小侯。'亦其义也。"小侯，古代指功臣或者外戚封侯子弟。

②"桓帝加元服"句：桓帝，即汉桓帝刘志（132—167），字意，生于蠡吾

(今河北省博野县），汉章帝刘炟曾孙，河间孝王刘开之孙，蠡吾侯刘翼之子。东汉第十位皇帝。在位二十一年，前十三年基本上是傀儡皇帝；后八年有所作为，史称"三断大狱，一除内嬖，再诛外臣"。所谓"三断大狱"：一是诛灭梁冀，二是废免邓氏，三是禁锢党人；"一除内嬖"，是指抑制宦官；"再诛外臣"，则是指诛杀南阳太守成瑶和太原太守刘质。元服，冠冕。颜师古注疏："元者，首也；冠者，首之所著，故曰元服。"古代称行冠冕礼为加元服。

③"又赐四姓"句：梁，指顺烈梁皇后。邓，指和熹邓皇后。参见《后汉书·皇后纪》。

④ 外戚：古代指帝王的母族和妻族。也称"外家""戚畹"。自《汉书》始，官修史书为外戚列传。

⑤"外戚有"句：樊氏，指樊宏之族，世祖舅族。樊宏，字靡卿，东汉南阳湖阳（今河南省唐河县）人。汉光武帝之舅。东汉建武元年（25），拜光禄大夫，位特进，次三公。五年（29），封长罗侯。十五年（39），定封寿张侯。谥号恭侯。史书上说他"谦柔畏慎，不求苟进"；曾留下遗书《戒子言》，要求朝廷薄葬。参见《后汉书·樊宏传》。郭氏，指汉光武帝郭皇后亲族。殷氏，指汉光烈殷皇后亲族。马氏，指汉明德马皇后亲族。

⑥ 侍祠猥朝：即侍祠侯和猥朝侯。汉代制度规定：王子封为侯者，称为诸侯；群臣异姓因功勋封侯者，称为彻侯；皇帝赐特进者，位在三公之下，称为朝侯；位列九卿之下，仅侍祠而无朝位者，称为侍祠侯；非朝侯侍祠，而以下土小国或以肺腑宿亲，如公主子孙，或奉先侯坟墓在京师者，随时会见，称为猥诸侯。猥，卑下。

⑦ 列侯：汉代爵位名，即彻侯，因避汉武帝刘彻名讳，改称列侯，又称通侯。一般是功勋极高的异姓侯王。

⑧ 小侯：这里是指很小年纪就获侯位者，仅仅从年龄上讲。

⑨"《礼》云"句：见《礼记·曲礼下》："庶方小侯，自称曰孤。诸侯与民言，自称曰寡人。其在凶服，曰适子孤。"

大 意

《后汉书·明帝纪》上说："为四姓小侯立学。"据记载，汉桓帝行冠冕礼，曾赐予四姓及梁、邓两家小侯一些丝帛。由此可知，受赐的这些人都是外戚。

汉明帝时，外戚有樊氏、郭氏、殷氏和马氏四家，这就是文中所说的"四姓"。称他们为"小侯"，或者是因为他们小小年纪就受封，所以要为他们设立学校，使他们受到教育；或者是因为他们只是位列侍祠侯和猥朝侯，并不是属于功勋卓著的列侯，所以叫做"小侯"。《礼记·曲礼下》上说："庶方小侯。"就是这个意思吧！

二十七、《后汉书》"鳝鱼"的"鳝"字，通假为"鳣鲔"的"鳣"字，由来已久

《后汉书》云："鹳雀衔三鳝音善。鱼。"① 多假借为"鳣鲔"② 之"鳣"，俗之学士因谓之为鳣鱼。案：魏武《四时食制》："鳣鱼大如五斗奁，长一丈。"③ 郭璞注《尔雅》："鳣长二三丈。"安有鹳雀能胜一者，况三乎？鳣又纯灰色，无文章④ 也。鳝鱼长者不过三尺，大者不过三指，黄地黑文，故都讲云："她鳝，卿大夫服之象也。"⑤《续汉书》⑥ 及《搜神记》⑦ 亦说此事，皆作"鳝"字。孙卿云"鱼鳖鳅鳣"⑧ 及《韩非》⑨、《说苑》⑩ 皆曰"鳣似她，蚕似蠋"⑪，并作"鳣"字。假⑫"鳣"为"鳝"，其来久矣。

注 释

①"《后汉书》云"句：见《后汉书·杨震传》："后有冠雀衔三鳣鱼，飞集讲堂前，都讲取鱼进曰：'蛇鳣者，卿大夫服之象也。数三者，法三台也。先生自此升矣。'"鹳雀，一种水鸟。鹳，读音同"冠"。鳝，同"鳝"，鱼名。据《淮南子·说林》："今鳝之与蛇，蚕之与蠋（读音同"主"一种蛾蝶类的幼虫。），状相类而爱憎异。"

② 鳣鲔：读音同"善伟"。语出《诗经·颂·周颂·潜》："有鳣有鲔，鲦鲿鰋鲤。"鳣，多音字，读"善"，即黄鳝鱼。如《韩非子·内储说上》："妇人拾蚕，渔者握鳝，利之所在，则忘其所恶。"鳣读"詹"，即鲟鱼的一种。据《诗经·小雅·四月》："匪鳣匪鲔，潜逃于渊。"据《尔雅·释鱼》郭璞注："鳣，大鱼，似鲟而短鼻，口在颔下，体有邪行甲，无鳞，肉黄。大者长二三丈。今江东呼为黄鱼。"鲦，读音同"条"，鲦鱼，又名白鲦；鲿，读音同"尝"，鲿鱼，又名黄鲿鱼、黄颊鱼；鰋，读音同"匽"，鰋鱼；鲤，鲤鱼。

③"魏武"句：魏武，人名，不详。《四时食制》，书名，据清代学者卢文弨（1717—1795）校勘《颜氏家训》说："魏武《食制》，唐人类书多引之，而《隋制》《唐志》皆不载；《唐志》有赵武《四时食法》一卷，非此书。"奁，读音同"连"，古代盛梳妆用品的匣子。泛指盛物的器具。

④ 文章：错杂的色彩或花纹。语出《墨子·非乐上》："是故子墨子之所以非乐者，非以大钟鸣鼓琴瑟竽笙之声以为不乐也；非以刻镂华文章之色以为不美也。"

⑤"都讲"句：都讲，古代主持学校的学官。"虵鳣"句，语出《后汉书·杨震传》。虵，"蛇"的异体字。

⑥《续汉书》：作者为司马彪，西晋宗室、史学家。字绍统，河内温县（今河南省温县）人，晋宣帝司马懿六弟中郎司马进之孙、高阳王司马睦长子。年少时勤奋好学，孜孜不倦，但轻薄好色，因而丧失了继承权。此后致力于学业，博览群书，因而著述颇丰。注释《庄子注》21卷，《兵记》20卷，撰写《九州春秋》；研究百家史书，网罗历史遗迹，上自东汉光武帝刘秀，下至汉献帝刘协，共二百年，十二代王朝，前后贯通，作纪、志、传共八十篇，定名为《续汉书》。其中八志因为补入范晔《后汉书》之中而保留下来。这八志是：《律历志》《礼仪志》《祭祀志》《天文志》《五行志》《郡国志》《百官志》《舆服志》。参见《晋书·司马彪传》。

⑦《搜神记》：志怪体书。东晋文学家、史学家干宝著，三十卷，今佚。该书在中国小说史上有着极其深远的影响，被称作"中国志怪小说的鼻祖"。

⑧"孙卿云"句：孙卿，即战国时期著名思想家荀况。语出《荀子·富国篇》："鼋鼍、鱼鳖、鳅鳝以时别，一而成群，然后飞鸟凫雁若烟海，然后昆虫万物主其间，可以相食养者不可胜数也。"鳅，读音同"秋"，鳅鱼的总称。

⑨《韩非》：即《韩非子》，二十卷，战国时期法家重要文献，著名思想家韩非子（约前280—233）著。该书由五十五篇单篇论文合集而成，论述了法家法、术、势思想，强调以法治国，以利用人，对秦汉以后中国政治思想产生了重大影响。

⑩《说苑》：又名《新苑》，古代杂史小说集，西汉学者刘向（前77—前6）编撰，成书于鸿嘉四年（前17）。该书按各类记述春秋战国至汉代的遗闻轶事，每类之前列总说事，后加按语。其中以记述诸子言行为主，不少篇章多有关于

治国安民、家国兴亡的哲理格言，体现了儒家哲学思想、政治理想和伦理观念。该书取材广泛，具有重要的史料价值。原书二十卷，后仅存五卷；经北宋文学家曾巩（1019—1083）搜辑，复编为二十卷，每卷拟有标目。

⑪"皆曰"句：见《韩非子·内储说上》。

⑫假：读音同"甲"，借，凭借。

大　意

《后汉书》上说："鹤雀衔着三条鳝鱼。""鳝"字多通假"鳣鲔"的"鳣"字。学养一般的人，就将它称为"鳣鱼"。这是大可推究的：魏武的《四时食制》记载："鳣鱼大得如同五斗奁，可以装进五斗米呢；它可不短啊，有一丈多长。"郭璞的《〈尔雅〉注》又说："鳣鱼长有二三丈吧。"哪有小小的鹤雀能够衔得动鳣鱼的，更何况是一口衔三条啊！鳣鱼身上没有花纹，通体纯灰色。而鳝鱼呢，身长不过三尺，大的粗不过三指，黄底色，黑花纹，所以人们常说："蛇鳝是士大夫衣服的象征。"《续汉书》和《搜神记》也说到这件事，都写作"鳝"字。荀卿说："鱼、鳖、鳅、鳣"，《韩非子》《说苑》都说："鳣似蛇，蚕似蜀。"都是写作"鳣"字的。可见，将"鳣"通假为"鳝"，由来已久啊！

二十八、将《后汉书》"宁见乳虎穴"的"穴"字，写成"六七"的"六"字，明显是错了

《后汉书》：酷吏樊晔①，为天水郡守，凉州为之歌曰："宁见乳虎穴，不入晔城寺。"②而江南书本"穴"皆误作"六"。学士因循，迷而不寤③。夫虎豹穴居，事之较者④，所以班超云："不探虎穴，安得虎子？"⑤宁当论其六七耶？

注　释

①《后汉书》句：参见《后汉书·酷吏传·樊晔传》。樊晔，字仲华，东汉时期南阳郡新野县人。建武初年，征召任侍御史，升河东都尉，诛讨大姓马适匡等人，盗贼肃清，政治清明。几年之后，升任扬州牧，任职十多年"教民耕田种树理家之理"，因犯法降任枳（读音同"指"）县长。后为天水太守，为政

严猛，喜好申不害、韩非学说，善恶能够当机立断。任职十四年，死在任上。为政刚正，"吏人惧之"。酷吏，指用严酷的手段进行政治统治的官员。语出《史记·酷吏列传》："高后时，酷吏独有侯封，刻轹（读音同'丽'，搏击、打击的意思。）宗室，侵辱功臣。"司马迁始为酷吏列传。

②"为天水郡守"句：天水郡，汉武帝时设，治所在平襄（今甘肃省通渭西北）；东汉永平十七年（74）改为汉阳郡，移至冀县（今甘肃省甘谷东南）。三国时期魏国复改名为天水郡。凉州，治所在陇县（今甘肃省张家川回族自治县一带）。乳虎穴，正在哺乳幼虎的虎穴。这里是比喻凶猛，哺乳期的老虎因为护崽，凶猛超乎寻常。晔城，抱经堂本作"冀府"。当为天水郡治所。寺，指官署。"宁见"歌，原文为："游子常贫苦，力子天所富。宁见乳虎穴，不入冀府寺。"这里是形容樊晔为政比母虎还要凶狠。

③迷而不寤：即"执迷不悟"，迷惑其中，不能觉悟。语出《梁书·武帝纪上》："若执迷不悟，距逆王师，大众一临，刑兹罔赦，所谓火烈高原，芝兰同泯。"寤，通"悟"，觉悟，明白事理。

④较者：较然，明显的样子。语出《史记·刺客列传》："此其义或成或不成，然其立意较然，不欺其志，名垂后世，岂妄也哉！"较，读音同"叫"，明摆着，就是这样。

⑤"班超云"句：语出《后汉书·班超传》："超曰：'不入虎穴，不得虎子。当今之计，独有因夜以火攻虏，使彼不知我多少，必大震怖，可殄尽矣。灭此虏，则鄯善破胆，功成事立矣。'"班超，东汉时期军事家、外交家。字仲升（32—102），扶风安陵（今陕西省咸阳东北）人。史学家班固之弟。"为人有大志，不修细节。"少时豪言："小子安知壮士志哉！"流传千古。公元73年，随窦固（？—88）出击北匈奴获胜。后奉汉明帝之命出使西域，帮助西域各族摆脱匈奴统治，使"丝绸之路"复又畅通如旧。被任命为西域都护。在西域活动三十一年，使西域与内地的联系日益密切、牢固。

大 意

《后汉书》上说：酷吏樊晔任天水郡郡守，凉州人为他编了一首歌谣，唱道："宁愿看见母虎的洞穴，也不要进冀府的官署。"但是，在江南流行的各种钞本都将"穴"字错成了"六"字。读书人沿袭了这一误写，迷惑其中，不能自省。老虎和豹子在洞穴中生活，这是明摆着的事实，所以，班超说道："不探虎穴，安得虎子？"难道他讨论的是要到洞穴中看看究竟：是六只虎，还是七只虎不成吗？

二十九、"风吹削肺"的"肺"字，不能当"脯"或"哺"字用

《后汉书·杨由传》云："风吹削肺。"① 此是削札牍之柿尔②。古者书误则削之，故《左传》云"削而投之"是也③。或即谓札④为削。王褒⑤《僮约》曰："书削代牍。"苏竟书云："昔以摩研编削之才。"⑥ 皆其证也。《诗》云："伐木浒浒。"⑦《毛传》云："浒浒，柿貌也。"史家假借为"肝肺"字，俗本因是悉作"脯腊"之"脯"⑧，或为"反哺"之"哺"字⑨。学士因解云："削哺，是屏障⑩之名。"既无证据，亦为妄矣！此是风角占候尔⑪。《风角书》⑫曰："庶人风⑬者，拂地扬尘转削⑭。"若是屏障，何由可转也？

注　释

①"《后汉书·杨由传》"句：见《后汉书·方术列传·杨由传》："又有风吹削哺，太守以问由。由对曰：'方当有荐木实者，其色赤黄。'顷之，五官掾献橘数包。"杨由，字哀侯，东汉蜀郡成都人，好方术，"其言多验"，著书十余篇，名为《其平》。削肺，削札牍时的碎片。今本作"削哺"。

②"此是"句：削，指札牍和删削文字。柿，读音同"废"，通前文的"肺"，木皮，这里是指用木片制作的简牍。

③"《左传》云"句：见《左传·襄公二十七年》："宋左师请赏，曰：'请免死之邑。'公与之邑六十。以示子罕，子罕曰：'凡诸侯小国，晋、楚所以兵威之。畏而后上下慈和，慈和而后能安靖其国家，以事大国，所以存也。无威则骄，骄则乱生，乱生必灭，所以亡也。天生五材，民并用之，废一不可，谁能去兵？兵之设久矣，所以威不轨而昭文德也。圣人以兴，乱人以废，废兴存亡昏明之术，皆兵之由也，而子求去之，不亦诬乎！以诬道蔽诸侯，罪莫大焉。纵无大讨，而又求赏，无厌之甚也。'削而投之。左师辞邑。"这里讲的是宋国的左师辞谢封赏城邑的故事，子罕表示赞同，于是，就把封赏文件上的字削去后扔在地上。

④札：古人写字用的小木片。如《晏子春秋·外篇上》描述："拥札搢笔，

给事宫殿中右陛之下。"

⑤王褒：西汉辞赋家。

⑥"苏竟书云"句：苏竟（前40—30），字伯况，扶风平陵（今陕西省咸阳西北）人。《易》学博士，善图纬，通百家之学。汉光武帝时，官至待中，后以病免。传世作品有《记梅篇》。苏竟书，指苏竟给刘龚（刘歆侄子）写的信。其时，延岑的护军邓仲况拥兵为寇，刘龚为其主谋，苏竟修书劝诫。苏竟当时正在南阳，于是写信给刘龚，通过讲解图谶，验证变异，让其分辨善恶，决定去就，从而劝他暗中与南阳郡刘太守共同谋划背弃延岑，投降汉朝。同时，苏竟还写信给邓仲况，劝他看清形势，弃暗投明。邓仲况和刘龚受到感召，都投降了汉朝。参见《后汉书·苏竟传》。摩研，研究、切磋的意思，指提笔书写。编削，编次木札，编纂书籍的意思。

⑦"《诗》云"句：见《诗经·小雅·伐木》："伐木许许，酾酒有藇。"意思是说，伐木之声呼呼响，新滤的美酒飘着香。"浒浒"，今本作"许许"，指锯木发出的呼呼响声；酾（读音同"诗"）酒，滤酒；藇，读音同"序"，即"藇藇"，形容美酒。

⑧脯腊：脯（读音同"府"）和腊都是干肉。

⑨"或为"句：反哺，雏鸟长大后，衔食侍养其母。语出《后汉书·赵典传》："且乌鸟反哺报德，况于士乎？"哺，《后汉书·方术列传·杨由传》写作"哺"字。

⑩屏障：像屏风那样遮挡。语出《晋书·阮籍传》："籍乘驴到郡，坏府舍屏鄣，使内外相望，法令清简。"

⑪"此是"句：风角，等待四方四隅的风起之后，占卜吉凶。据《后汉书·郎颛（读音同"己"）传》注："风角，谓候四方四隅之风，以占吉凶也。"占候，根据天象的变化预测人间的吉凶。

⑫《风角书》：方术类书籍。据《隋书·经籍志》："《风角书》，梁书十卷。"

⑬庶人风：占候术语，指常人之风。

⑭转削：吹转木屑。

大　意

《后汉书·杨由传》上说："风吹削肺。"这个"肺"字，就是刀削札牍时撒下的"柿"。在古代，人们写错了字，就用刀子在简牍上刮掉它。所以《左传》上说："削而投之。"这里的"削"，就是"用刀刮"的意思。有的人称"札"为"削"，西汉王褒在《僮约》一文中说："书削代牍。"这就是明证。苏竟给刘龚写的信上说："昔以摩研编削之才。"这些都是实实在在的证据。《诗经》上说："伐木浒浒。"毛《传》说："浒浒，木屑的样子。"史家们假借"柿"为"肝肺"的"肺"字，世间流传的俗本据此全都写成"脯腊"的"脯"字，有的还写作"反哺"的"哺"字。研究者解释说："削哺，是屏障的名称。"这种说法既无根据，也太拍脑袋了啊！《杨由传》上的这句话，其实是讲方术风角占候的。《风角书》上说："常人之风，轻拂地面，飞扬尘土，吹转木屑。"可见，如若"削肺"是指"屏风"，风怎么可以吹转它呀！

三十、《三辅决录》上"蒜果"的"果"字，通"颗"，而不能当"裹"字用

《三辅决录》云："前队大夫范仲公，盐豉蒜果共一筩。"①"果"当作"魏颗②"之"颗"。北土通呼物一由③，改为一颗，蒜颗是俗间常语尔。故陈思王《鹞雀赋》曰④："头如果蒜，目似擘⑤椒。"又《道经》云："合口诵经声璨璨，眼中泪出珠子碨。"⑥其字虽异，其音与义颇同。江南但呼为"蒜符"⑦，不知谓为"颗"。学士相承，读为"裹结"之"裹"，言盐与蒜共一苞裹，内筩中尔。《正史削繁音义》又音蒜颗为苦戈反⑧，皆失也。

注　释

①"《三辅决录》云"句：《三辅决录》，东汉赵岐著。前队，西汉王莽时行政区划名，南阳郡。队，通"遂"。据《汉书·地理志》："南阳郡，（王）莽曰前队。"又据北宋《太平御览》九七七引《三辅决录》："平陵范氏，南陵旧语曰：'前队大夫范仲公，盐豉蒜果共一筒。'言其廉洁也。"豉，读音同"齿"，用熟的黄豆或黑豆经发酵后制成的一种调料。箇，同"筒"。

②魏颗：姬姓，令狐氏，名颗，因令狐氏出于魏氏，故多称魏颗，史称令狐文子。春秋时期晋国魏武子的儿子，为人明礼敦厚，任晋国将军之职，曾虏获秦国猛将杜回，为晋国立下战功。魏颗的后代以祖上封地为姓，称令狐氏。

至今流传有"魏颗结草"的故事。事见《左传·宣公十五年》。颗，读音同"课"，土块。

③ 由：同"块"，土块。据清代学者郝懿行（1757—1825）的研究："呼块为颗，北人通语也。颗与块一声之转。""土"，程本作"士"。

④"故陈思王"句：陈思王，三国时期魏国文学家曹植。《鹞雀赋》，亦作《雀鹞赋》。今存于唐代文学家欧阳询等编《艺文类聚》卷九十一。

⑤ 擘：读音同"掰"，剖开。

⑥"又《道经》云"：《道经》，即《老子化胡经》。西晋惠帝时（290—306），天师道祭酒王浮每与沙门帛远争邪正，遂作《化胡经》一卷，记述老子入天竺变化为佛陀，教化胡人之事。后人陆续增编为 10 卷，使之成为道教优于佛教的依据之一，以显示道教地位于佛教之上。由此引起了道佛之间的激烈冲突。璨，通"琐"，玉件发出的碎杂声。璨璨，形容声音清脆。碌，同"颗"。

⑦ 蒜符：近代学者吴承仕（1884—1939）研究认为，"符"为误字。

⑧《正史削繁音义》：据《隋书·经籍志》："《正史削繁音义》九十四卷，阮孝绪撰。"阮孝绪（479—536），南朝齐、梁间学者、目录学家。字士宗，陈留尉氏（今河南省尉氏县）人。少聪颖，遍读"五经"。曾广泛搜集宋、齐以来王公搢绅所藏图书的目录及遗文隐记，将当时四万余卷图书分为"经典""记传""子兵""文集""术伎""佛法""仙道"七个部类，撰成《七录》，对前代目录学成就进行了一次学术总结。参见《梁书·阮孝绪传》。

大　意

《三辅决录》上说："前队大夫范仲公，盐豉蒜果共一筒。""果"字，当作"魏颗"的"颗"字。北方地区普遍将"一块"之物，说成是"一颗"之物，"蒜颗"就是民间的日常用语。所以，陈思王在《鹞雀赋》中就留下了这样的句子："头如果蒜，目似擘椒。"另外，《道经》上也说："合口诵经声璨璨，眼中泪出珠子碌。""颗"与"碌"虽然字形不同，但字音与字义却颇为相近。江南一带只是称呼为"蒜符"，不说"蒜颗"。而学人陈陈相因，前后沿袭，将"颗"读成"裹结"的"裹"，说是将盐与蒜放在一起包裹，纳入竹筒之中存放起来。而《正史削繁音义》又标注"蒜颗"的"颗"音为苦戈反，都失其原意，因而是错误的啊！

三十一、"弊刕之民"的"刕"字，无论是生造字，还是借用字，总该读为九伪反

有人访吾曰："《魏志》蒋济上书云'弊刕之民'[①]，是何字也？"余应之曰："意为刕，即是刏倦之刏尔[②]。《要用字苑》云：'刏，音九伪反。'字亦见《广苍》《广雅》及《陈思王集》。张揖、吕忱并云：'支傍作刀剑之刀，亦是剞[③]字。'不知蒋氏自造支傍作筋力之力，或借剞字，终当音九伪反。"

注　释

①"《魏志》"句：《魏志》，即陈寿著《三国志·魏书》。蒋济（188—249），字子通，楚国平阿（今安徽省怀远县）人。三国时期魏国大臣，历仕曹操、曹丕、曹睿、曹芳四朝。蒋济曾在汉末任九江郡吏、扬州别驾。后被曹操任为丹阳太守，升丞相府主簿、西曹属，成为曹操的心腹谋士。魏文帝即位后，任右中郎将。魏明帝时任中护军，封侯关内。景初年间担任护军将军、散骑常侍等职。曹芳时，转任领军将军，封昌陵亭侯，又代司马懿为太尉。正始十年（249），蒋济随司马懿参与高平陵政变后，晋都乡侯，同年卒，谥景侯。善军事，喜饮酒。主要作品有《万机论》。参见《三国志·魏书·蒋济传》。弊刕之民，语出蒋济的奏疏："弊刕之民，儻有水旱，百万之众，不为国用。"刕，读音同"贵"，筋疲力尽的意思。

②"即是"句："即"，原误作"郎"，今据程本、抱经堂本改。刏：多音字，读音同"轨"。积累的意思。

③剞：读音同"鸡"，雕刻用的曲刀。

大　意

有人向我请教说："《三国志·魏书》上记载蒋济上书，有这么一句话：'弊刕之民'。'刕'，是个什么字啊？"我向他解释说："我认为，'刕'字当为'刏倦'的'刏'字。前代学者张揖、吕忱都说：'支旁加上刀剑的刀，也就是剞字。'但不知蒋济用支旁加筋力的'力'字，是不是自己生造的一个字，或许就是借用的'剞'字？不管怎么说，'刕'字总该读为九伪反（guǐ）为好。"

三十二、将"蹹伯"的"蹹"字，写成"黵"字就会语意不明

《晋中兴书》："太山羊曼，常颓纵任侠，饮酒诞节，兖州号为'蹹伯'。"① 此字皆无音训②。梁孝元帝尝谓吾曰："由来不识，唯张简宪见教③，呼为'噤 羹'之'噤'④。自尔便遵承之⑤，亦不知所出。"简宪是湘州刺史张缵谥也，江南号为硕学⑥。案：法盛世代殊近⑦，当是耆老⑧相传。俗间又有蹹蹹音沓。语，盖无所不施⑨、无所不容之意也。顾野王《玉篇》误为黑傍沓⑩，顾虽博物⑪，犹出简宪、孝元之下，而二人皆云重边。吾所见数本，并无作黑者。重沓是多饶积厚之意⑫，从黑更无义旨⑬。

注　释

①"《晋中兴书》"句：《晋中兴书》，纪传体史书，记述东晋兴亡，被后世列为"十八家晋史"之一；南朝宋人何法盛撰，《隋书·经籍志》著录七十八卷。何法盛，官至湘东太守。羊曼，东晋中兴名臣之一。字祖延（274—328），泰山南城人。历任东晋黄门侍郎、尚书吏部郎、晋陵太守，因渎职免。咸和三年（328），苏峻叛乱，加任前将军，率领文武官员守云龙门，率众不走，被苏峻杀害，时年五十五岁。事见《晋书·羊曼传》。颓纵，行为放纵，不拘礼法。语出《世说新语·雅量》第二十："过江初，拜官舆饰供馔。羊曼拜丹阳尹，客来早者，并得佳设，日晏渐罄，不复及精，随客早晚，不问贵贱。"南朝梁刘孝标（463—521，刘峻，字孝标，南朝梁人，学者、文学家）注："曼颓纵宏任，饮酒诞节，与陈留阮放等号兖州八达。"任侠，指重然诺，讲义气，扶危济困的行为。语出《史记·季布栾布列传》："季布者，楚人也。为气任侠，有名於楚。"诞节，放纵不羁，节外生枝。语出《汉书·叙传下》："陈汤诞节。"颜师古注："诞节，言其放纵不拘也。"蹹伯，为人放达、好打抱不平的意思。蹹，读音同"踏"，累积。据《晋书·羊曼传》：羊曼为人放纵不拘，喜好饮酒。和当时温峤、庾亮、阮放、桓彝等志同道合者相处友善，同为中兴名士。当时州里称陈留阮放为宏伯，高平郗鉴为方伯，泰山胡毋辅之为达伯，济阴卞壶为裁伯，陈留蔡谟为朗伯，阮孚为诞伯，高平刘绥为委伯，而称羊曼为蹹伯，并将这八个人，号为兖州八伯，大概是效仿古时候的"八俊"吧。

②皆："皆"，程本作"更"。

③ 张简宪：即张缵（499—549），字伯绪，南朝梁藏书家。范阳方城（今河北固安南）人，少好学，常昼夜披读，晚年嗜好聚书，积图书有数万卷之多。年十一，尚武帝第四女富阳公主，拜驸马都尉，封利亭侯。后为岳阳王詧所害。梁元帝萧绎即位，赠侍中中卫将军、开府仪同三司，谥为简宪。著有文集二十卷（《隋书·经籍志》作十一卷）。参见《梁书·张缅传》。

④ 噍羹：指喝菜汤对菜蔬不加咀嚼，一并吞下。噍，读音同"踏"，不加咀嚼地吞咽。

⑤ 遵承：遵从的意思。语出《后汉书·东平宪王苍传》："惟陛下审览虞帝优养母弟，遵承旧典，终卒厚恩。"

⑥ 硕学：指学问渊博的人。语出《后汉书·儒林传论》："夫书理无二，义归有宗，而硕学之徒，莫之或徙，故通人鄙其固焉。"硕，大。

⑦ 法盛：即何法盛。

⑧ 耆老：古时六十曰耆，七十曰老，统指六七十岁的老人。语出《礼记·王制》："养耆老以致孝，恤孤独以逮不足。"耆，读音同"齐"。

⑨ 施：加，施加。"施"，原误作"见"，今据程本、抱经堂本改。

⑩ 顾野王：原名顾体伦（519—581），字希冯，吴郡吴县（今江苏苏州）人。南朝梁、陈时期训诂学家、史学家。历梁朝武帝大同四年太学博士，陈朝国子博士、黄门侍郎、光禄大夫，博通经史，擅长书画。死后赠秘书监、右卫将军。因仰慕西汉冯野王，更名为顾野王，希望自己取得像冯野王一样的文学成就。长期居于亭林（今属上海市金山区），人称顾亭林。著述甚丰，涉及文学、文字学、方志、史学等多方面。其所著《玉篇》，体例模仿《说文解字》，分五百四十二部，收字16907个，字下注反切，引证群书训诂、疏证甚详，在后世影响很大。今存三十卷，为残本；编纂的《舆地志》，是一部全国性总志。另著有《符瑞图》《顾氏谱传》《分野枢要》《玄象表》及志怪小说《续洞冥记》等；另撰《通史要略》《国史纪传》等，未竟而卒。事见《陈书》《南史》本传。清初思想家顾炎武，号亭林而称顾亭林，亦追慕先人之意。

⑪ 博物：指通晓众物、见多识广。语出西汉桓宽《盐铁论·杂论》："桑大夫据当世，合时变，推道术，尚权利，辟略小辩，虽非正法，然巨儒宿学，恶然大能自解，可谓博物通士矣。"

⑫ "重沓"句：饶：富足。积厚，积累得深厚。语出《荀子·礼论篇》："故

有天下者事七世，有一国者事五世，有五乘之地者事三世，有三乘之地者事二世，持手而食者不得立宗庙，所以别积厚者流泽广，积薄者流泽狭也。"

⑬义旨：文章的意思和宗旨。语出王充《论衡·超奇》："杼其义旨，损益其文句，而以上书奏记，或兴论立说，结连篇章者，文人鸿儒也。"

大　意

《晋中兴书》上说："太山人羊曼，经常豪放不羁，行侠仗义，好饮酒，爱管事，兖州人称他为'䳿伯'。"文中的"䳿"字，还没有学者注释过。梁元帝曾对我说："我从来不认识这个字啊。只有张简宪曾给我说起过，这个字应当读作'噎羹'的'噎'。从此以后，我一直都遵循他的说法这样发音。但还是不知道这样发音的依据啊。"张简宪，是湘州刺史张缵的谥号。江南人都称赞他学问渊博。据我的研究，何法盛生活的年代，距离我们今天很近，"䳿"字当是老一代读书人传教下来的；而民间也有"䳿䳿"这个词语，大概是无所不施、无所不容的意思。顾野王的《玉篇》误认为，这个字是"黑"字旁加上"沓"（黪）。顾氏虽然博学多才，但在我看来，他的水平却在张简宪、孝元帝之下，因为他们二人都认为这个字的偏旁应该是"重"字边。我见过几种《晋中兴书》的钞本，这个字都没有被写作"黑"字边的。重沓（䳿）是众多积厚的意思，如若偏旁从"黑"，这个字在文中就不能表达出什么意思了。

三十三、"丈人且安坐"中的"丈"，疑为"大"字，两字是很容易讹误的

《古乐府》歌词，先述三子，次及三妇，妇是对舅姑之称。其末章云："丈人且安坐，调弦未遽央。"①古者，子妇供事舅姑，旦夕在侧，与儿女无异，故有此言。丈人亦长老之目，今世俗犹呼其祖考为先亡丈人。又疑"丈"当为②"大"，北间风俗，妇呼舅为大人公。"丈"之与"大"，易与误尔。近代文士，颇作《三妇诗》，乃为匹嫡并耦己之群妻之意，又加郑、卫之辞③，大雅④君子，何其谬乎？

注 释

①"其末章云"句：出自《乐府·清词曲·相逢行》最后两行。全诗三十句，共一百五十句，描写富贵人家的种种享受，特别是酒宴上的娱乐感受："相逢狭路间，道隘不容车。不知何年少？夹毂问君家。君家诚易知，易知复难忘；黄金为君门，白玉为君堂。堂上置樽酒，作使邯郸倡。中庭生桂树，华灯何煌煌。兄弟两三人，中子为侍郎；五日一来归，道上自生光；黄金络马头，观者盈道傍。入门时左顾，但见双鸳鸯；鸳鸯七十二，罗列自成行。音声何噰噰(噰噰)，鹤鸣东西厢。大妇织绮罗，中妇织流黄；小妇无所为，挟瑟上高堂：'丈人且安坐，调丝方未央。'"丈人，儿媳对公婆的尊称。东汉学者王充的《论衡·气寿篇》说："尊翁妪为丈人。"未央，未尽，指弦未调好。或写作"未遽央"。

② 为：程本、抱经堂本作"作"。

③ 郑、卫之辞：指春秋时期郑国、卫国的民间歌词。孔子有"郑声淫"之说（《论语·卫灵公篇》），后世以此指"靡靡之音"。

④ 大雅：指德高才大者。语出西汉文学家班固《西都赋》："大雅宏达，于兹为群。"唐代学者李善注："大雅，谓有大雅之才者。《诗》有《大雅》，故以立称焉。"

大 意

《乐府·清词曲·相逢行》的歌词，首先叙述了一个家庭的三个儿子，其次述及三个儿媳。媳妇是相对于公婆而言的称谓。歌词的最后一章说道："老三的媳妇没事可做，就拿着一把琴瑟去堂屋。老人在屋内安坐后，她便开始调弦准备弹奏美妙的乐曲了。"在古时候，儿媳侍奉公婆，早晚都在身旁，与子女没有分别。所以才有这句歌词。"丈人"一词，是对长者的尊称。但现在，在习惯上把已故的祖、父辈也称为"丈人"。因此，我怀疑这个"丈"字应该是"大"字。在北方，媳妇称公公为"大人公"，这是一种习俗。"丈"与"大"，很容易写错啊！近代以来，学者文人，有不少人写有《三妇诗》，表达自己与妻子及其群妾相处的一些事儿，其中还有一些类似郑、卫的淫乐之辞。唉，那些所谓的"正人君子"，是何等荒谬啊！

三十四、"吹扊扅"的"吹"字，应当是"炊"字，两字互通

《古乐府》歌百里奚词①曰："百里奚，五羊皮。忆别时，烹伏雌，吹扊扅。今日富贵，忘我为！"②"吹"当作"炊煮"之"炊③"。案：蔡邕《月令章句》④曰："键，关牡也⑤，所以止扉⑥，或谓之剡移⑦。"然则当时贫困，并以门牡木作薪炊尔。《声类》⑧作"扊扅"，又或作"扂"⑨。

注 释

①歌百里奚词：据北宋文学家黄庭坚（号山谷，1045—1105）《戏书秦少游壁诗》任渊（约1090—1164）注引，作《百里奚妻辞》。百里奚，春秋时期秦国大夫、著名政治家。复姓百里，名奚，字里。原为虞国大夫，虞国亡，为晋国俘虏，作为陪嫁臣隶送入秦国。由秦逃楚，为楚得。秦穆公闻其贤能，令人以五张公黑羊皮将其赎回，用为大夫，称为"五羖（读音同"古"，黑色的公羊）大夫"。后与秦国名臣蹇（读音同"减"，跛脚的意思）叔等辅佐秦穆公成就霸业。参见《史记·秦本纪》。

②"百里奚"句：据《乐府题解》引《风俗通》："百里奚为秦相，堂上乐作，所赁浣妇，自言知音。呼之，搏髀援琴抚弦而歌者三。问之，乃其故妻，还为夫妇也。"这段词为其首章："百里奚，五羊皮。忆别时，烹伏雌，炊扊扅，今日富贵忘我为。百里奚，初娶我时五羊皮。临当别时烹乳鸡，今适富贵忘我为。百里奚，百里奚，母已死，葬南溪。坟以瓦，覆以柴，舂黄藜。搤伏鸡。西入秦，五羖皮，今日富贵捐我为。"伏雌，母鸡的意思。扊扅，读音同"眼易"，门闩。为，表示感叹的语尾语气词。

③吹：通"炊"。《荀子·仲尼篇》："可炊而傹也。"唐代学者杨倞的《荀子注》说："炊与吹同。"

④《月令章句》：东汉蔡邕撰，十二卷。《隋书·经籍志》著录。今佚，仅存后世辑本。

⑤关牡：门闩。

⑥所："所"上，原衍"牡"字，今据程本、抱经堂本删。

⑦剡移：即"扊扅"。

⑧《声类》：三国时期魏国学者李登撰，十卷。《隋书·经籍志》著录。今

佚，仅存后世辑本。

⑨ 居：读音同"店"，门闩。

大　意

《古乐府》中歌咏百里奚的歌词是这样的："百里奚，五羊皮。忆别时，烹伏雌，吹扊扅。今日富贵，忘我为！""吹"字，应当是"炊煮"的"炊"字。我查阅过蔡邕的《月令章句》，他说："键，就是门闩，是用来关门的横木，有人又称作'剡移'。"由此可见，百里奚当时很贫困，把门闩当作烧柴用了。《声类》写作"扊扅"的"扊"，又有人写作"门居"的"居"字。

三十五、关于《通俗文》的作者问题，还真难判定

《通俗文》①，世间题云"河南服虔字子慎造"。虔既是汉人，其《叙》乃引苏林、张揖，苏、张皆是魏人，且郑玄以前，全不解反语②，《通俗》反音，甚会③ 近俗。阮孝绪又云："李虔④ 所造。"河北此书，家藏一本，遂无作李虔者。《晋中经簿》⑤ 及《七志》⑥，并无其目，竟不得知谁制。然其文义允惬⑦，实是高才。殷仲堪⑧《常用字训》，亦引服虔《俗说》，今复无此书，未知即是《通俗文》，为当有异⑨？近代或更有服虔乎？不能明⑩ 也。

注　释

① 《通俗文》：训释经典工具书，东汉经学家服虔撰。

② 反语：注释文字读音的"反切"法。

③ 会：程本作"为"。

④ 李虔：据《昭明文选·李令伯〈陈情事表〉》李注引《华阳国志》："李密，一名虔。"《晋书》本传有此记叙。《旧唐书》《新唐书》载，李虔著有《续通俗文》二卷。

⑤ 《晋中经簿》：著作目录书，又名《中经新簿》，西晋学者荀勖撰。此书以三国时期魏国学者郑默（213—280）《中经》为依据，是一部综合性的国家藏书目录，全书 16 卷，收书 1885 部 20935 卷，分甲、乙、丙、丁四部，依次对应后来的经、史、子、集，与后来的经、史、子、集次序略异。甲为六艺，

小学；乙为诸子，兵书，兵家，数术；丙为史记，旧事，皇览簿；丁为诗赋，图赞，汲冢书。本书的体例不仅逐一注明书名、卷数和作者，而且还有相应简略的说明。特别是注明图书存亡，对于察考图书存佚、流传并借此进行察考图书真伪具有重要学术价值，也开启后来目录述著存亡的先例。

⑥《七志》：目录学著作，南北朝时期齐朝王俭（452—489）撰，共三十卷。著见《隋书·经籍志》，今佚。该书是仿西汉刘歆《七略》体例而编制的一部图书目录分类著作，分图书为经典、诸子、文翰、军书、阴阳、术艺、图谱七类；另附道、佛各一类。经典志记六艺、小学、史书、杂传；诸子志记古今诸子；文翰志记诗赋；军书志记兵书；阴阳志记阴阳图纬；术艺志记方技；图谱志记地域及图书。它将世俗书和宗教书编为一录，迄于王俭，这在中国图书目录史上还是第一次尝试，因此，被后世认为是中国古代传录体目录的典型代表。

⑦ 允惬：妥当的意思。

⑧ 殷仲堪：陈郡长平（今河南省西华）人，东晋末年重要的政治、军事人物，官至荆州刺史。曾两度响应王恭讨伐朝臣；在王恭死后，与桓玄、杨佺期结盟对抗朝廷，逼令朝廷屈服。后来却遭桓玄袭击，逼令自杀。为人节俭，好学、勤于著述。著见《隋书·经籍志》九十五卷，今佚。事见《晋书》本传。所著《常用字训》，梁末佚失。

⑨ 为：抑或的意思。

⑩ 不能明：指《通俗文》原书不存，仅有辑本，或残存于其他著作如《汉书注》，不能详究。

大 意

关于《通俗文》这本书，世间的本子题署为："河南服虔（字子慎）著。"服虔既然是东汉时期人，而书中的《叙》却引用了苏林、张揖的话，可是苏、张却是三国时期魏国人。这就在时间上先后倒置啦。何况在东汉学者郑玄之前，学术界都是不明了反切的啊！《通俗文》的反切注音，非常符合近世以来的通用之法，这就更为奇怪了。而阮孝绪又说，此书的作者是李虔。这本书在河北地区，家家都有藏本，但是，竟然没有一本书上题作李虔撰哩。《晋中经簿》以及《七志》，算是很权威的著作了，它们都没有为本书列目，以至于没有办法判定本书的真实作者了。然而本书文义妥帖恰当，要说作者，的确是一位才高八斗的大学者啊。殷仲堪的《常用字训》也引用了服虔的《俗说》，但现在《俗说》已经失传了，人们再也看不到它了。不知道《俗说》是否就是《通俗文》？抑或两者原本就不是一码事儿，各是各书啊？难道近世另有一位名叫服虔的学者吗？这个问题就无法弄清楚了啊！

三十六、读书须注意，很多古籍里有后人窜入的文字，切不可当成原书原作啊

或问："《山海经》夏禹及益所记①，而有长沙、零陵、桂阳、诸暨②，如此郡县不少，以为何也？"答曰："史之阙文③，为日久矣。加复秦人灭学④，董卓焚书⑤，典籍错乱，非止于此。譬犹《本草》⑥神农所述，而有豫章、朱崖、赵国、常山、奉高、真定、临淄、冯翊等郡县名⑦，出诸药物；《尔雅》周公所作，而云'张仲孝友'⑧；仲尼修《春秋》，而《经》书'孔丘卒'⑨；《世本》左丘明所书⑩，此说出皇甫谧《帝王世纪》⑪。而有燕王喜⑫、汉高祖⑬；《汲冢琐语》⑭，乃载《秦望碑》⑮；《苍颉篇》李斯所造，而云'汉兼天下，海内并厕⑯，豨黥韩覆⑰，畔讨灭残'⑱；一本作"戚姎"。《列仙传》刘向所造⑲，而赞云"七十四人出佛经"；《列女传》亦向所造⑳，其子歆又作《颂》，终于赵悼后㉑，而传有更始韩夫人㉒、明德马后㉓及梁夫人嫕㉔：皆由后人所羼㉕，非本文也。"

注　释

①"《山海经》"句：《山海经》，古代地理著作，十八篇。作者不详，据学者研究，大抵上始于战国时期，秦汉之际不断有人增益、完善成书。共有藏山经五篇、海外经四篇、海内经五篇、大荒经四篇。《汉书·艺文志》作十三篇，未计入晚出的大荒经和海内经。《山海经》主要是民间传说中的地理知识，包括山川、道里、民族、物产、药物、祭祀、巫医等，它保存了包括夸父逐日、女娲补天、精卫填海、大禹治水等不少脍炙人口的远古神话传说和寓言故事，是一部典型的荒诞不经的奇书。夏禹，上古时代夏后氏部落首领，又称大禹，因治水有功，被舜立为继承人，成为部落联盟首领。益，即伯益，古代嬴姓各族的祖先，因助大禹治水有功，被定为继承人。相传大禹死后，与大禹的儿子

启发生争斗，被启所杀。另一说，因伯益辞让，夏启继立。

②"而有长沙"句：长沙、零陵、桂阳、诸暨皆为郡名，先后设置于秦汉之际。据《汉书·地理志》，长沙、零陵、诸暨三郡为秦始皇置，而桂阳郡则为汉高祖置。

③阙文：缺漏的文字。阙，通"缺"。语出《论语·卫灵公篇》："子曰：'吾犹及史之阙文也。'"南朝宋时裴骃《史记集解》："包曰：'古之良史，于书有疑则阙之，以待知者。'"

④秦人灭学：指发生在公元前213年和公元前212年焚毁书籍、坑杀"犯禁者四百六十余人"的事件。"焚书坑儒"之事，见《史记·秦始皇本纪》。

⑤董卓焚书：董卓挟持汉献帝迁都长安时，为了防止官员和老百姓逃回故都洛阳，就将整个洛阳城以及附近二百里内的宫殿、宗庙、府库等大批建筑物全部焚火烧毁。连带大量珍贵书籍毁于一旦。昔日兴盛繁华的洛阳城，迅即变成一片废墟，凄凉惨景令人顿首痛惜。参见《后汉书·董卓传》。董卓，字仲颖，凉州陇西临洮（今甘肃省岷县）人，东汉末年的西凉军阀和汉献帝时的权臣。

⑥《本草》：《神农本草经》的简称，秦汉时人假托神农氏所作，作者不详。原书已佚失，因后世本草书籍引用而得以保存大量内容。现有明清时期学者辑本，记载草药三百六十五种。神农，即神农氏，被世人尊称为"药祖""五谷先帝""神农大帝""地皇"等。华夏太古三皇之一，传说为农业和医药的发明者。很多学者倾向于神农氏就是炎帝。

⑦"而有豫章"句：豫章、朱崖、赵国、常山、奉高、真定、临淄、冯翊（读音同"平意"），均为秦汉时期的郡县名，见《汉书·地理志》。

⑧"张仲孝友"句：语出《诗经·小雅·六月》最末句："侯谁在矣？张仲孝友。"意思是说，出席酒宴的还有谁？孝友张仲他在场。侯，发音语气词。张仲，周宣王时期的大臣（与周公时相距已上百年之远），事迹已不可考。孝友，指孝于亲、友于弟的善美品德。

⑨《经》：这里是指《春秋左氏传》。据王观国(南宋初学者)《学林》二："《公羊经》止获麟，《左氏经》止孔丘卒。""皆鲁史记之文，孔子弟子欲记孔子卒之年，故录以续孔子所修之《经》也。"《春秋》经为孔子所作，当然不可能记录孔子卒年。《春秋·哀公十六年》记载孔子之卒，当为后人窜入，不是原文。

⑩《世本》：据学者研究，作者为战国时期的史官，而非左丘明。《汉书·艺文志》记载："《世本》十五篇，古史官记黄帝以来讫春秋时诸侯大夫。"原书已佚失，今存有后世辑本《世本八种》。关于《世本》的作者，颜之推认为是左丘明，所据为西晋学者皇甫谧（215—282）的《帝王世纪》。而清代学者秦嘉谟的考辨，最有代表性，他说："《世本》乃周时史官相承著录之书，刘向《别录》《周官》郑注已明言之，故有燕王喜耳。若汉高祖乃汉人补录系代，非原文也。以《世本》为左丘明所作，亦自颜书始发之。其实，《汉书·司马迁传》《后汉书·班彪传》中，未之明言。"文中的"颜书"，即指此文。

⑪《帝王世纪》：魏晋学者皇甫谧著，是一部专述帝王世系、年代及事迹的史书，所述时间上起三皇，下迄汉魏，内容多采自经传、图纬及诸子杂书，著录了许多连《史记》《汉书》《后汉书》等经典史书都阙而不备的历史资料，分星野、考都邑、叙垦田、计户口，清代学者宋翔凤（1779—1860）在《帝王世纪集校序》中，高度评价其史学价值："宣圣之成典，复内史之遗则，远追绳契，附会恒滋，揆于载笔，足资多识。"它的确是继司马迁《史记》之后，第二本整理历代帝王世系的历史书典，受到后世史家重视。今存《帝王世纪》计有十卷，其中第一卷记天地开辟至三皇，第二卷记五帝，第三卷记夏，第四卷记殷、商，第五卷记周，第六卷记秦，第七卷记前汉（西汉），第八卷记后汉（东汉），第九卷记魏，第十卷记历代星野、垦田及户口。

⑫燕王喜：战国时期燕孝王之子，姬姓，名喜。是战国时期燕国的最后一位君主。燕王喜二十八年（前227），秦国派兵攻燕，兵临易水（今河北省易县）。燕太子丹派荆轲、秦舞阳等人以献督亢之图和秦将樊於期首级之名，谋刺秦王政。最后，图穷而匕见，事败。燕王喜二十九年（前226），秦王派大将王翦率军伐燕，十月破燕都蓟城。燕王迫走辽东，杀太子丹献秦以求和。燕王喜三十三年（前222），秦将王贲破辽东，并活捉燕王喜。由此，燕国灭亡。

⑬汉高祖：西汉创立者刘邦（公元前256—前195），沛县（今江苏省沛县）人。经历"斩白蛇"起义、楚汉战争，最终建立了继秦帝国之后的又一个统一的、多民族的、中央集权的专制国家。公元前202年初，刘邦于定陶汜水之阳即皇帝位，定都长安，史称西汉；公元前195年，刘邦在讨伐英布叛乱的战斗中，为流矢所中，伤后病重不起，同年崩，庙号太祖，谥号高皇帝。刘邦是中国历史上杰出的政治家、卓越的战略家和军事指挥家，对汉族的发展、中国的

统一作出了突出贡献。

⑭《汲冢琐语》：据《晋书·束皙传》记载："太康二年（281），汲郡人不准（人名）盗发魏襄王墓，或言安釐王冢，得竹书数十车。其《纪年》十三篇，记夏以来至周幽王为犬戎所灭，以事接之，三家分，仍述魏事至安釐王之二十年。盖魏国之史书，大略与《春秋》皆多相应。其中经传大异，则云夏年多殷；益干启位，启杀之；太甲杀伊尹；文丁杀季历；自周受命，至穆王百年，非穆王寿百岁也；幽王既亡，有共伯和者摄行天子事，非二相共和也。……《琐语》十一篇，诸国卜梦妖怪相书也。"《隋书·经籍志》著录："《古文璅（"琐"的异体字）》四卷，汲冢书。"唐代见诸史书，宋以后失传。今存清代学者严可均（1762—1843）、马国翰（1794—1857）等人的辑本。关于本书，清代学者姚际恒（1647—约1715）在《古今伪书考》中说："殆汉后人所为也。"

⑮《秦望碑》：为秦朝丞相李斯随始皇帝巡游会稽，祭祀大禹勒石所书，以表彰秦始皇统一中国的功德。原名为《秦望记纪石》。参见《史记·秦始皇本纪》。另见北宋朱长文（1041—1100）所编《墨池编》说："（李）斯善书，……斯书《秦望纪功石》云：'吾死后五百三十年间，当有一人，替吾迹焉。'"

⑯并厕：将混杂的东西归并整合起来。这里是统一山河的意思。并，合拢在一起，归并、兼并的意思；厕，混杂。

⑰豨黥韩覆：陈豨被黥刑，韩信被杀害。豨、黥，分别指汉初两位历史人物：陈豨（读音同"希"）和韩信。陈豨，秦末汉初宛朐（今山东省菏泽）人，汉高祖刘邦部将，曾任赵国相国。高祖十年（前197），陈豨在代郡起兵反叛，自立代王；十二年，兵败，在灵丘被樊哙部将所杀。事见《史记·淮阴侯列传》。韩信，淮阴（今江苏淮阴）人，西汉开国功臣，杰出的军事家，与萧何、张良并称为汉初三杰。早年家贫，常从人寄食。秦末参加反秦斗争，投奔项羽，不得重用；后为萧何推荐，被刘邦拜为大将军。韩信率兵"垓下之围"，迫使项羽自刎。汉朝建立后，被解除兵权，徙为楚王；被人告发谋反，贬为淮阴侯；后为吕后、相国萧何合谋，骗入长乐宫中，斩于钟室，夷灭三族。著有《兵法》三篇，已佚。

⑱畔讨灭残：畔讨，即"讨畔"，讨伐叛乱。畔，通"叛"。残，残余势力。

⑲《列仙传》：两卷，记载赤松子等神仙故事，并附赞语。旧署西汉学者刘向撰，但在刘向时，佛将尚未传入东土，因此作者存疑。清代学者俞正燮

（1775—1840）赞成颜说，在所著《癸巳类稿》卷十四中，有专文《僧徒伪造刘向文考》详加考辨。

⑳《列女传》：据《隋书·经籍志》著录："《列女传》十五卷，刘向撰，曹大家注。《列女传颂》一卷，刘歆撰。"

㉑赵悼后：战国时期赵国赵悼襄王之妻，赵幽缪王的生母。又称倡姬、倡后，邯郸（今河北省邯郸）人。参见《史记·赵世家》。刘向《列女传》卷七评价她："贪叨无足，隳废后适，执诈不惠，淫乱春平，穷意所欲，受赂亡赵，身死灭国。"

㉒更始韩夫人：汉末更始帝刘玄宠姬。史书上说她"佞谄邪媚，嗜酒无礼"，使更始帝沉湎酒色，不理朝政，"纲纪不摄，诸侯离畔"。事见《后汉书·刘圣公传》《列女传》。

㉓明德马后：东汉明帝（显宗）皇后，伏波将军马援小女。一生俭朴，不信巫祝，待人和善，约束外家，有贤淑英明之称，死后谥号明德，为东汉贤后。

㉔梁夫人嫕：即梁嫕（读音同"义"），东汉恭怀皇后的姐姐。其妹生和帝后，窦太后欲专权，打压梁氏。窦太后死后，梁嫕在民间上书为梁家申冤，要求皇帝给她的母亲和弟弟赦罪，让她们回家；并要求收葬父亲的遗体。和帝很钦佩她的孝行，于是就答应了她的请求。并称他为梁夫人，还把她的丈夫樊调升为郎中，又把恭怀皇后改葬在西陵。

㉕羼：读音同"忏"，参杂的意思。

大 意

有人问我说："《山海经》这部书啊，是由夏禹和伯益记述的，可是书中却有长沙、零陵、桂阳、诸暨，像这些由秦汉时期设定的郡县名称还真不少哩，为什么会出现在书中呢？"我回答说："史书中缺漏一些文字，由来已久；再加上秦始皇焚书坑儒，董卓焚烧书籍，典籍中出现的错讹混乱之处，还远不止这些啊。比如《本草》，说是神农撰述的，里面却记载有豫章、朱崖、赵国、常山、奉高、真定、临淄、冯翊等直到汉代才有的郡县之名，列出了各种草药名；《尔雅》的作者说是周公旦，书中却有晚于周公百年之后的'张仲孝友'这句话；《春秋》是孔子编订的经书，而《春秋左传》却记载了孔子去世的事情；

《世本》为左丘明所著，里面却记录了后世的燕王喜和汉高祖的事迹；《汲冢琐语》成书于战国中期，里边竟然记录了《秦望碑》；《苍颉篇》是秦国丞相李斯编写的，里边竟然说出'汉代刘邦兼并天下，一统海内，威震天下，陈豨受黥刑、韩信被杀害，讨伐叛逆，剿灭残贼'这样的话；《列女传》的作者是西汉大儒刘向，可是'赞'文却有众人修道成仙的记录，而其中七十四人能够吟诵佛经的说法；他的儿子刘歆续作《颂》文，人物截止于战国的赵悼后，但是传文却述及汉末更始韩夫人、明德马皇后和梁夫人梁嬺：这些都是后人加上的，可不是原作原文啊！"

三十七、《东宫旧事》的作者凭空生造了不少字词

或问曰："《东宫旧事》何以呼鸱尾为祠尾？"[1] 答曰："张敞[2] 者，吴人，不甚稽古[3]，随宜记注，逐乡俗讹谬[4]，造作书字尔。吴人呼祠祀为鸱祀[5]，故以祠代鸱字；呼绀为禁，故以糸[6] 旁作禁代绀字；呼盏为竹简反，故以木旁作展代盏字；呼镬字为霍字，故以金傍作霍代镬字[7]；又金傍作患为镮字，木傍作鬼为魁字，火傍作庶为炙字，既下作毛为氅字，金花则金傍作华，窗扇则木傍作扇：诸如此类，专辄不少[8]。"

注 释

①"《东宫旧事》"句：《东宫旧事》，《隋书·经籍志》著录，十卷，不署作者名。《旧唐书》《新唐书》"艺文志"署晋人张敞撰。鸱尾，本作"蚩尾"，又作"鸱吻"，原指海兽。据宋代高承编《事物纪原》卷八引吴处厚《青箱杂记》载："海有鱼，虬尾似鸱，用以喷浪则降雨。汉柏梁台灾，越巫上厌胜之法。起建章宫，设鸱鱼之象于屋脊，以厌火灾，即今世鸱吻是也。"可知，汉代人在建筑上造其型于殿堂屋脊上，以避火灾，鸱尾成为屋脊两端的构件，后世多为建筑装饰物，起美观作用。鸱，读音同"痴"。

②张敞：东晋吴郡吴(今江苏省苏州市)人，官至侍中、尚书、吴国内史。参见《宋书·张茂度传》。

③稽古：考察古代事迹，以便明了事物发展的原委，明辨是非。语出《书·尧典》："曰若稽古。帝尧曰放勋。"

④ 讹谬：指文字训、校上的错误。语出南朝齐梁学者阮孝绪的《七录·序》："昔刘向校书，辄为一录，论其指归，辨其讹谬，随竟奏上，载在本书。"

⑤ 祠祀：立祠以祭神或祭祖。祠，读音同"词"，供奉祖先、鬼神、先贤的庙堂。

⑥ 糸：读音同"觅"，细丝。

⑦ 霍：原误作"崔"，今据程本、抱经堂本改。

⑧ 专辄：专擅、专断的意思。辄，独断专行。

大　意

有人问我说："在《东宫旧事》中，为什么把'鸱尾'称为'祠尾'？"我回答说："这本书的作者名叫张敞，他是吴郡人氏，不善于考察词语词义，只是随意记述注解，沿袭乡俗的错讹，生造这样的词语，以致给人们阅读带来了困惑。吴郡人读'祠祀'为'鸱祀'，他不加辨别，就用'祠'代替'鸱'字；称'绀'为'禁'，他就用'糸'字旁加上'禁'字（襟）代替'绀'；称'盏'为竹简反，他就用'木'字旁加上'展'字（榒）代替'盏'；称'镬'为'霍'，他就用'金'字旁加上'霍'字（鑵）代替'镬'。又用'金'字旁加上'患'字（鐏）代替'镮'；用'木'字旁加上'鬼'字（槐）代替'魁'；用'火'字旁加上'庶'字（熓）代替'炙'；用'既'下加上'毛'字（毱）代替'髻'；用'金'字旁加上'华'字（铧）来表示'金花'，用'木'字旁加上'扇'字（榀）来表示'窗扇'。如此等等之类的字，他还真是凭空臆造了不少啊！"

三十八、张敞造出的"緌"字，应当读作"隈"音

又问：《东宫旧事》'六色罽緌'①，是何等物②？当作何音？答曰："按《说文》云：'莙③，牛藻也，读若威。'《音隐》④疑是'隈'字。坞瑰反。即陆玑所谓⑤'聚藻，叶如蓬'者也。又郭璞注《三苍》亦云：'蕴，藻之类也，细叶蓬茸生⑥。'然今水中有此物，一节长数寸，细茸如丝，圆绕可爱，长者二三十节，犹呼为莙。又寸断五色丝⑦，横著线股间绳之⑧，以象莙草，用以饰物，即名为莙。于时当绀六色罽緌⑨，作此莙以饰绲带⑩，张敞因造糸

旁畏尔，宜作隈。"⑪

注　释

① 六色罽緅：毡类的毛织品色彩很丰富。六色，虚指，色彩很多；罽，读音同"既"，毡类毛织品。

② 何等：口语，魏晋南朝用语，什么样的意思。语出东汉历史学家荀悦的《汉纪·成帝纪三》："或问温室中树皆何等木？光默然不应。"

③ 蓍：读音同"君"；东汉许慎《说文解字》："读蓍若微。"草本植物。叶有长柄，花绿色。用作观赏和调味菜，叶非常发达，但缺乏肉质根。一年或二年生草木，光滑无毛，茎高30—100厘米，至开花时始抽出。叶互生，有长柄；根生叶卵形或矩圆状卵形，长可达30—40厘米，先端钝，基部楔尖或心形，边缘波浪形，茎生叶菱形、卵形、倒卵形或矩圆形，较小，最顶端的变为线形的苞片；叶片肉质光沿，淡绿或浓绿色，亦有紫红色的模样。花小，两性：绿色，无柄，单生或2—3朵聚生，为一长而柔弱、开展的圆锥花序；苞片挟，短尖；花被五裂，裂片矩圆形，先端钝，结果时基部变厚；雄蕊五个。位于子房的周围；子房半下位，花柱2—3个。果通常聚生，由两个或多花的纂部合生而成，且形成一极不规则的干燥体（常误称为种子）：每一种子即含于花盘及花被所形成的硬壳内。种子横生，圆形或肾形。花期5—6月。果期七个月。生长于我国南方、西南地区，常见栽培，四川以茎叶红色的蓍菜入药，名红牛皮菜。

④《音隐》：书名《说文音隐》的简称。《隋书·经籍志》著录，四卷。已佚。今存毕沅（清代学者，1730—1797）辑本。

⑤ 陆玑：三国时期吴国学者。字元恪，吴郡（今江苏省苏州市）人。官至太子中庶子、乌程令。著有《毛诗草木鸟兽虫鱼疏》二卷，专释《毛诗》所及动物、植物名称，对古今异名者，详为考证，它是中国古代较早的生物学著作。自唐代孔颖达《毛诗正义》至清代陈启源《毛诗稽古编》，多采此书之说。卷末附论四家诗源流，于《毛诗》尤详。

⑥"细叶蓬茸生"句：据《太平广记》，此句当为"细叶蓬茸然生"。

⑦ 寸断：指断成一节节的许多小段，用寸比喻细小。语出东晋葛洪的《抱朴子·行品》："义正所在，视死犹归，支解寸断，不易所守。"

⑧ "横著线股"句：著，读音同"着"，附加；绳，札住。

⑨ 绀：据《太平御览》，当作"绁"，系（读音同"既"）的意思。另据清代学者段玉裁《说文解字注》，"绀"作"缚"，也就是"系"的意思。

⑩ 绲带：以色丝织成的束带。绲，读音同"滚"。语出东汉班固等《东观汉记·邓遵传》："诏赐遵金刚鲜卑绲带一具。"据《后汉书·舆服志下》："自公主封君以上皆带绶，以采组为绲带，各如其绶色。"

⑪ "宜作隈"句：作，据《续家训》（宋代董正功撰），"作"当为"音"。隈，抱经堂本有注云："隈"字似当作"蓍"。

大　意

有人又问道："《东宫旧事》有'六色罽緅'的话，'緅'字是什么东西？又该读什么音？"我回答说："据我了解，《说文解字》是这样说的：'蓍，就是牛藻，读若威。'《说文音隐》又说：'坞瑰反。蓍，就是陆玑所说的'聚藻，叶如蓬'的那种植物。又据郭璞注《三苍》也说：'蕰，是藻之类的植物，细叶如蓬草般毛茸茸地生长着。'现今水中有这种植物，每节都只有几寸长，茸毛如丝，长得圆圆弯弯，惹人喜爱啊！它长得有二三十节，人们仍然称之为'蓍'。今人又按尺寸将五色丝线剪成一寸，横放在几股丝线中间，精心地扎起来，做成类似蓍草的样子，用来装饰物品，因此，这样的手工艺品也被称为'蓍'。在那时，应当是用六色罽来捆扎的，制作成这种蓍草用来装饰绲带，张敞于是就造出了'糸'字旁加上'畏'的'緅'字，读音应该是'隈'。"

三十九、"权务之精"这句话，是由"土有巏务，王乔所仙"的铭文化出的

柏人城东北有一孤山 ①，古书无载者。唯阚骃《十三州志》以为舜"纳于大麓" ②，即谓此山，其上今犹有尧祠焉。世俗 ③ 或呼为宣务山 ④，或呼为虚无山，莫知所出。赵郡士族有李穆叔 ⑤、季节兄弟 ⑥，李普济 ⑦，亦为学问，并不能定乡邑此山。余尝为赵州佐 ⑧，共太原王邵读柏人城西门内碑 ⑨。碑是汉桓帝时柏人县民为县令徐整所立 ⑩，铭云："土有巏务 ⑪，王乔所仙 ⑫。"方知此巏务山也。巏务遂无所出。务字依诸字书，即旄丘之旄也 ⑬。旄字，

《字林》一音亡付反。今依附俗名，当音权务尔。入邺，为魏收说之⑭，收大嘉叹⑮。值其为《赵州庄严寺碑铭》，因云⑯："权务之精。"即用此也。

注 释

① 柏人城：柏人县城，南北朝时期属赵郡。

② 阚骃：字玄阴，敦煌（今属甘肃省）人，南北朝时期北魏地理学家、经学家。博通经传，聪敏过人，过目成诵，时人称为"宿读"。初仕北凉，深得沮渠蒙逊、沮渠牧犍二主器重，官至尚书。北魏灭北凉后，入仕北魏，时乐平王拓跋丕镇守凉州，引荐为从事中郎。事见《魏书》《北史》本传。据《隋书·经籍志》，著有《十三州志》十卷，已佚，今存清代文献学家张澍（1776—1847）的辑本。《十三州志》是一部全国性的地理总志，在当时很有影响。所述十三州分别是东汉末年的司隶州、荆州、豫州、冀州、并州、兖州、幽州、徐州、青州、扬州、益州、凉州和交州。唐代史学家刘知幾(661—721)在《史通》中对《十三州志》评价甚高："地理书者，若朱赣所采，浃于九州；阚骃所书，殚于四国。斯则言皆雅正，事无偏党者矣。"大麓，据《淮南子·泰族训》高诱注："林属山曰麓。尧使舜入林麓之中，遭大风雨不迷也。"另据南宋罗泌（1131—1189）所撰《路史·发挥五》说："今柏人城之东北有孤山者，世谓麓山，所谓𤫽嶅也。记者以为尧之纳舜在是。"

③ 世俗：当时的社会风俗习惯。语出《文子·道原》："矜伪以惑世，畸行以迷众，圣人不以为世俗。"

④ 宣务山：《路史·发挥五》载："《十三州志》云：'上有尧祠。俗呼宣务山，谓舜昔日宣务焉。或曰虚无，讹也。'"

⑤ 李穆叔：即李公绪，字穆叔，赵郡平棘（今河北省赵县）人，性聪敏，博通经传。尤善阴阳围纬。北魏末，为冀州司马，因疾去官。北齐天保初，以侍御史征，不至。潜居赞皇山，著述以终。参见《北史》本传。著有《点言》十卷、《礼质疑》五卷、《丧服章句》一卷、《古今略记》二十卷、《玄子》五卷、《赵记》八卷和《赵语》二十卷等。

⑥ 季节：即李概，字季节，李公绪之弟。少好学，性倨傲，出入常袒露，曾为北齐大将军高澄府行参军、殿中侍御史、太子舍人和并州功曹参军等。以学术知名，著有《战国春秋》《音谱》、诗赋二十四首（《达生丈人集》）等。事

见《北史》本传。

⑦李普济：北齐人，学涉有名，性和韵，官至济北太守，时人语曰："入粗入细李普济。"事见《北史·李雄传》附传。

⑧"余尝为"句：余，原误作"尔"，今据程本、抱经堂本改。赵州佐，赵州副官；赵州，北齐时州名，治所在广阿（今河北省隆尧县一带）。

⑨太原王邵：太原人王邵，字君懋，太原晋阳（今山西省太原南郊）人。曾在高齐做官，累官至中书舍人；隋文帝杨坚即位后，被授著作佐郎，所著《北齐》记史翔实，文触严谨，深为文帝赞赏，便任为员外散骑侍郎，专职撰写文帝起居注，后擢为著作郎；隋炀帝时改任为秘书少监，数年后被免。编著有《隋书》八十卷、编年体《齐志》二十卷、纪传体《齐书》一百卷、散记《平贼记》三卷和《读书记》三十卷，为后世编订《隋书》《北齐书》，奠定了坚实基础。为人沉默，好学不倦，迄于白首，喜好经史，穷极群书，著述成癖，是当时有影响的学者、史学家。参见《隋书·王劭传》。

⑩汉桓帝：东汉第十位皇帝刘志（132—167），146—167年在位，字意，生于蠡吾（今河北省博野县），汉章帝刘炟曾孙，河间孝王刘开之孙，蠡吾侯刘翼之子，世袭为侯。本初元年（146），汉质帝驾崩，刘志被大将军梁冀迎入南宫即位。在位期间，发生了著名的"党锢之祸"。

⑪"土有罐务"句：土，抱经堂本作"山"。务，抱经堂本作"鍪"，下文同。罐，读音同"权"。

⑫王乔：刘向《列仙传》作王子乔，传说曾任柏人县令，在此得道成仙。

⑬旄丘：前高后低土山。《诗经·国风·邶风》有"旄丘"篇章："旄丘之葛兮，何诞之节兮。叔兮伯兮，何多日也？"意思是说，旄丘上的葛藤啊，为何爬得那么长？卫国的叔啊伯啊，为何许久都不帮？旄，读音同"毛"。

⑭魏收：《魏书》的作者，北齐史学家。

⑮嘉叹：赞叹的意思。语出晋人郭璞的《尔雅图赞·释木·柚》："实染繁霜，叶鲜翠蓝，屈生嘉叹，以为美谈。"

⑯因云：程本作"曰"。

大　意

柏人县城的东北有一座孤山，古书中没有关于它的记载。只有阚骃的

《十三州志》提到上古时代尧帝派舜进入大麓山，说到的就是这座山呢。至今，在山上还保存有祭祀尧帝的祠庙。人们习惯上把他称为宣务山，还有人称之为虚无山，但就是没有人知道这两种称谓的出处啊。在赵郡的士族中，李穆叔、李季节兄弟俩和李普济，都算是很有学问的人啊，但是，他们都不能判定自己家乡门前这座山名的来由。我曾在赵州任州佐，有一次与太原人王劭一起读过柏人城西门内的石碑碑文。该碑是在汉桓帝时由柏人县县令徐整建立的，铭文说："土有罐务，王乔所仙。"我这才知道，这座山原来名叫"罐务山"。但是，我还是不知道"罐"字的出处。而"务"字，则依照各种字书，就可明白，其实就是"旄丘"的"旄"字。"旄"字，《字林》注音为亡付反，现在依照老百姓习惯上的说法，就应该读作"权务"了。我到了邺都之后，向魏收说起这件事，魏收对此大为赞叹。正好碰上他撰写《赵州庄严寺碑铭》，于是，他就写下了"权务之精"这句话。他这样写，其实就是引用了我说的这个典故呢！

四十、一夜称为"五更"，是根据地支计时分为五个时间段

或问："一夜何故五更①？更何所训②？"答曰："汉、魏以来，谓为甲夜、乙夜、丙夜、丁夜、戊夜。又云一鼓③、二鼓、三鼓、四鼓、五鼓。亦云一更、二更、三更、四更、五更，皆以五为节。《西都赋》④亦云：'卫以严更之署。'⑤所以尔⑥者，假令正月建寅⑦，斗柄夕则指寅⑧，晓则指午矣⑨。自寅至午，凡历五辰⑩。冬夏之月，虽复长短参差，然辰间辽阔⑪，盈不至六⑫，缩⑬不至四，进退⑭常在五者之间。更，历⑮也，经⑯也。故曰五更尔。"

注 释

①五更：在古代，人们把夜晚（从黄昏到拂晓）分成五个时段：甲、乙、丙、丁、戊五个关键时间点，用鼓打更报时，所以叫作五更（读音同"耕"）、五鼓，或称五夜。古时候，人们的生活习惯是：一更关鼓闭城门、二更上床睡觉、三更半夜换日期、四更睡得最沉、五更天光开城门（俗话说："一更人、二更锣、三更鬼、四更贼、五更鸡。"）。一更在戌初一刻，名为黄昏，又名日夕、日暮、日晚等。此时太阳刚刚落山，天地处于将黑未黑之间。人们将天地昏黄、万物朦胧的阶段称为"黄昏"。这个时候，人们还在忙碌着。二更在亥

初三刻，名为人定，又名定昏等。此时夜色已浓，人们逐渐停止活动，安歇寂静下来，进入休息阶段，称为"人定"。随着"吭、吭"两声大锣响起，习惯上这就是"二更二点"，夜色深沉，此时人们大多已经进入梦乡。三更在子时整（即子正），名为夜半，又名子夜、中夜等。这是十二时辰的第一个时辰，也是夜色最深重的一个时辰，更是一夜中最为黑暗的时刻，而传说中的鬼魂，便在此时出来活动，活跃起来。四更在丑正二刻，名为鸡鸣，又名荒鸡。虽说三更过后就应该慢慢天亮，但四更仍然属于黑夜，而且也是人们睡得最沉的时候，在这伸手不见五指的黑夜里，也有贼人趁着这黑夜开始蠢蠢欲动、伺机捣乱了。因此，传统上四更也是"偷盗"之时。五更在寅正四刻，称为平旦，又称黎明、早晨、日旦等，是夜与日交替之际。这个时候，鸡鸣声声，热烈非凡，而人们也逐渐从睡梦中苏醒过来，迎接新的一天开始。更与更之间相差时间，大约相当于如今计时的2.4个小时。"五更"是先民的计时概念和生活习惯，适用于社会生活的各个领域。如汉末长篇乐府诗《孔雀东南飞》，十分形象生动地描述道："仰头相向鸣，夜夜达五更。"

②何所训："训何所"的倒装句，应该理解为什么意思。训，据许慎《说文解字》："训，说教也。从言，川声。"是汉学的专有名词，指注释文字、解说词句。

③一鼓："一"上，原衍"鼓"字，今据抱经堂本删。

④《西都赋》：东汉文学家、史学家班固的作品，与《东都赋》合称"两都赋"，是汉赋的代表之作。《西都赋》描写长安都城的壮丽宏大，宫殿的奇伟华美，极尽文学的想象和词语的华丽，充分表现出作者撰写骋辞大赋的才能。

⑤严更之署：督查行夜鼓的官署。

⑥尔：指示代词，这样、如此的意思。

⑦正月建寅：据《淮南子·天文训》记载："天一元始，正月建寅。"古代以北斗星斗柄的运转计算月分，斗柄指向十二辰中的寅即为夏历正月。从汉代开始，我国历史上很长时间使用"夏历"，即"正月建寅"。

⑧"斗柄"句：斗柄，也称"斗杓"，指北斗七星中的四星天枢、天璇、天玑、天权如斗，而另外的玉衡、开阳、摇光三星如柄，因此，合称为"斗柄"。寅，星次序数之一。古代天文学十二星次中的"析木"为寅。析木所在地称"寅位"。

⑨ 午：地支的第七位，用于计时指正午时分或午夜时分。

⑩ 五辰：古人用五星分主四时（木主春、火主夏、金主秋、水主冬、土分属四时），故称四时为"五辰"。语出《尚书·皋陶谟》："抚于五辰，庶绩其凝。"孔颖达疏："五行之时，即四时也。"这里是指十二地支计时法，用十二地支（子、丑、寅、卯、辰、巳、午、未、申、酉、戌、亥）对应一夜十二个时辰，从寅时到午时，共有五个时辰。

⑪ 辽阔：本指空间宽广博大。语出东晋葛洪《抱朴子·塞难》："所得非所欲也，所欲非所得也，况乎天地辽阔者哉！"这里是指星斗之间相距宽广。

⑫ "盈不至六"句：盈，饱满，这里是指空间长度，最长的意思。至，抱经堂本作"过"。

⑬ 缩：收缩，这里是指空间距离，短的意思。

⑭ 进退：增减，损益变化。语出《易·系辞上》："变化者，进退之象也。"孔颖达疏："万物之象皆有阴阳之爻，或从始而上进，或居终而倒退，以其往复相推，或渐变而顿化，故云进退之象也。"又，《周礼·秋官·小司寇》："冬祀司民，献民数于王。王拜受之，以图国用而进退之。"郑玄注："进退，犹损益也。"

⑮ 历：经历的意思。

⑯ 经：经过的意思。

大 意

有人问我说："一夜为什么分为'五更'？'更'，怎么解释啊？"我回答说："汉魏以来，一直都有甲夜、乙夜、丙夜、丁夜、戊夜的说法，又称为一鼓、二鼓、三鼓、四鼓、五鼓，也说一更、二更、三更、四更、五更：以五为分，将一夜分为五个阶段。班固的《西都赋》说：'卫以严更之署。'这样划分的原因，依我看啊，是假设以寅月为正月，这时北斗星的斗柄在傍晚就指向寅位了，在天亮时分就指向午位了。从寅位到午位，一共经历了五个时辰。在冬季和夏季，虽然白天和晚上的时间长短有所差别，但对于斗柄指向的星位区间来说，长的不超过六个时辰，短的也不少于四个时辰，增减起伏通常限定在五个时辰之间。至于说到'更'，是经历的意思，也是经过的意思，所以，就将一夜的时间称为'五更'。"

四十一、把"蓟"读成"筋肉"的"筋"，并以"山蓟"匹配"地骨"使用，有失本意

《尔雅》云："术，山蓟也。"① 郭璞注云："今术似蓟而生山中。"案：术叶其体似蓟，近世文士，遂读蓟为筋肉之筋，以耦地骨用之②，恐失其义。

注　释

①"《尔雅》云"句：语出《尔雅·释草》。术，读音同"竹"，菊科术类植物，分白术和苍术两类，可入药用。蓟，读音同"既"，菊科蓟属植物，多年生草本，块根纺锤状或萝卜状，直径达 7 毫米。茎直立，30（100）—80（150）厘米，分枝或不分枝，全部茎枝有条棱，被稠密或稀疏的多细胞长节毛，接头状花序下部灰白色，被稠密茸毛及多细胞节毛。与术科形似。

②"以耦地骨"句：耦，通"偶"，用如动词，两相匹配的意思。地骨，枸杞的根皮。春初或秋后采挖，洗净泥土，剥下根皮，晒干。味微甘。清热，凉血。主治虚劳潮热盗汗，肺热咳喘，吐血，衄血，血淋，消渴，高血压，痈肿，恶疮。

大　意

《尔雅》上说："术，就是山蓟。"郭璞的注解说："术长得很像蓟，它生长在山中。"据我的研究：术叶的形状类似蓟，在近代以来的读书人当中，竟然有将"蓟"读成"筋肉"的"筋"音，并以"山蓟"与"地骨"相用匹配，这恐怕就违背了它本来的用途，因而也失《尔雅》的原意。

四十二、称木偶戏为"郭秃"，就像《文康乐》以庾亮为角色形象一样

或问："俗名傀儡子为郭秃①，有故实②乎？"答曰："《风俗通》云：'诸郭皆讳秃③。'当是前世有姓郭而病秃者④，滑稽戏调⑤，故后人为其象⑥，呼为郭秃，犹文康象庾亮尔⑦。"

注　释

①"俗名傀儡子"句：傀儡，又称"魁碢""窟笼""窟碢"，作偶人为戏，今称"木偶戏"。傀儡子，木偶戏中的木偶。木偶戏，起源于汉代。据清代学者卢文弨（1717—1795）引唐末音乐理论家段安节《乐府杂录》："傀儡子，自昔传云，起于汉（高）祖在平城为冒顿（读音同"墨读"）所围，陈平造木偶人，舞于陴（读音同"皮"，城墙上呈凸凹状的矮墙）间，冒顿妻阏氏（读音同"胭脂"）谓是生人，虑下其城，冒顿必纳妓女，遂退军。后乐家翻为戏，其引歌舞，有郭郎者，发正秃，善优笑，间里呼为郭郎，凡戏场必在俳(读音同"排"，杂戏）儿之首也。"又据唐代史学家杜佑(735—812)《通典》一四六："本丧乐也，汉末始用之嘉会（指欢乐的聚会，相当于今天所说的大众性娱乐）。"郭秃，据北宋郭茂倩（1041—1099）所编《乐府诗集》八七《邯郸郭公歌》解题引《乐府广题》说："北齐后主高纬（556—577），雅好傀儡，谓之郭公。"

② 故实：以往的事实，指典故、出处。语出《国语·周语上》："赋事行刑，必问于遗训而咨于故实。"三国时期吴国学者韦昭（204—273）注："故实，故事之是者。"

③"诸郭皆讳秃"句：据北齐博陵曲阳（今属河北省）人杜台卿所著《玉烛宝典》五引《风俗通》说："俗说：五月盖屋，令人头秃。谨案：《易》《月令》，五月纯阳，姤卦用事，齐麦始死。夫政趣民收获，如寇盗之至，与时竞也。"又说："除黍稷，三豆当下，农工最务，间不容息，何得晏然除覆盖室寓乎？今天下诸郭皆讳秃，岂复家家五月盖屋耶？"

④ 世有：程本、抱经堂本作"代人有"。

⑤ 滑稽戏调：滑稽，指言谈举止有趣，引人发笑。语出《史记·滑稽列传》："淳于髡者，齐之赘婿也。长不满七尺，滑稽多辩。"唐代司马贞（679—732)《史记索隐》："按：滑，乱也；稽，同也。言辨捷之人，言非若是，说是若非，言能乱异同也。"戏调，原误作"调戏"，今据程本、抱经堂本改。调笑、搞笑的意思。

⑥ 为其象："以为其象"的省称，省略了"以"字。意思是：仿照（模仿）郭秃的滑稽形象制作了傀儡（木偶）。

⑦"犹文康"句：文康，即东晋太尉庾亮（289—340)，颖川鄢陵（今河南省鄢陵北）人，字元规，东晋外戚、名士。庾亮姿容俊美，善谈玄理，举止严

肃遵礼。早年被琅琊王司马睿召为西曹掾，先后任丞相参军、中书郎等职，颇受器重。其妹庾文君嫁世子司马绍（晋明帝，299—325）为妃，他与司马绍也结为布衣之交。司马绍驾崩后，庾太后临朝，庾亮与王导（276—339）等共同辅政，但政事实际都由庾亮决断，造成了苏峻（？—328）之乱。京师陷落后，庾亮逃奔寻阳，与江州刺史温峤（288—329）共推荆州刺史陶侃（259—334）为盟主，平定了动乱。后庾亮出镇豫州。陶侃死后，又代其为征西将军，兼领江、荆、豫三州刺史，都督七州诸军事。庾亮善书法，有文集二十一卷，今已佚；《全晋文》收录有其一些代表性作品，如《让中书监表》《报温峤书》《答郭预书》等。死后获赠太尉，谥号文康。事见《晋书·庾亮传》。据唐代杜佑《通典·乐六》：“《礼毕》者，本自晋太尉庾亮家。亮卒，其伎追思亮，因假为其面，执翳（读音同“意”，原指用羽毛做的华盖，引申为遮掩的意思）以舞，象其容，取其谥以号之，谓《文康乐》。每奏九部乐，终则陈之，故以《礼毕》为名。”

大　意

有人问我：“俗称木偶戏为郭秃，有什么来历啊？”我回答说：“《风俗通》上说：‘姓郭的人，都避讳‘秃’字。’这应当是前代有个姓郭而又患了秃头病的人，言论举止诙谐可爱，所以后人就模仿他的言行模样，制作木偶戏，称之为‘郭秃’。这也好比人们所称的《文康乐》这曲木偶戏，剧中的文康形象就是庾亮本人一样啊！”

四十三、称治狱参军为长流，是人们取秋帝少昊神灵降临的长流山作为治狱参军的一种美称

或问曰：“何故名治狱参军为长流乎？”① 答曰：“《帝王世纪》云：‘帝少昊崩②，其神降于长流之山，此事本出《山海经》，‘流’作‘留’③。于祀主秋④。’此说本于《月令》。按：《周礼·秋官》，司寇主刑罚⑤。长流之职，汉、魏捕贼掾尔⑥，晋、宋以来⑦，始为参军，上属司寇，故取秋帝所居为嘉名焉⑧。”

注　释

①"何故"句：治狱参军，据《宋书·百官志》，掌狱讼治安。长流，即长流参军。东晋公府始置为属官。南朝宋初公府称长流贼曹参军，掌治狱捕盗，为辅佐诸曹参军之一。据《北史·序传》和《隋书·百官志》记载，东魏、北齐也设长流参军一职。

②帝少昊：中国上古时代传说时期的三皇五帝之一，相传是远古华夏部落联盟首领，同时也是早期东夷族的首领，定都穷桑（今山东省曲阜市）。又称白帝，也作少暤、少皓、少颢、玄嚣，史称青阳氏、金天氏、穷桑、云阳氏或朱宣，一说其为玄嚣，是黄帝长子。

③"其神降"句：此事源出于《山海经·西山经》的记载。据清代学者卢文弨说："《西山经》：'长留之山，其神白帝，少昊居之。'"由此可知，"流"本作"留"字。长留山，根据现代学者的考证，位于中原以西的青藏高原。

④于祀主秋：古人依照五行之说，将"金"对应于一年四季的秋季，所以有秋祭，祭祀神主。《吕氏春秋·孟秋》：说："孟秋之月，日在翼，混斗中，旦毕中，其日庚辛，其帝少昊。"东汉学者高诱《〈吕氏春秋〉注》说："庚辛，金日也。……（少昊）以金德王天下，号为金天氏，死配金，为西方金德之帝。""于祀主秋"，出自《礼记·月令》，古代以秋季为行刑之期，以配天时，所以，司寇就是秋官。主，抱经堂本作"为"。

⑤司寇：始设于商朝，掌管司法的大臣。周代沿袭，设大司寇和小司寇。据《周礼·秋官》，"大司寇掌建邦三典，以佐王刑邦国诘四方"，小司寇"以五刑听万民之狱讼"。秦汉时期，称为廷尉，代其职责。后世名为刑部尚书。

⑥捕贼掾：即贼捕掾，郡县佐吏。始设于西汉，掌管捕贼缉盗诸事。晋代诸县沿袭。掾，读音同"院"，掾吏，佐助官吏（副官）的通称。如《汉书·萧何传》记载，萧何曾为沛县"主吏掾"。

⑦宋：这里指南朝刘裕（363—422）建立的刘宋王朝（420—479）。宋，是南北朝时期的第一个区域性朝代，也是在南朝四个朝代中存在时间最久、疆域最大、国力最强的朝代。共传四世，历经九帝，享国60年。其建立者为刘姓，为了与后世的宋朝相区别，习惯上人们称南北朝时期的宋朝为"刘宋王朝"，或简称"刘宋"。

⑧秋帝：指帝少昊。

大　意

有人问我说："为什么称治狱参军为长流呢？"我回答说："《帝王世纪》上说：'帝少昊驾崩，他的神灵降临到长流山，掌管秋祭。'据我的研究：《周礼·秋官》记载，司寇掌管刑罚、长流等属官。长流这个官职，在汉、魏时期称为捕贼掾，迟至晋、宋以来，长流才被称为参军，隶属于司寇管辖。因此，当时人们就取秋帝少昊所降临的长流山作为治狱参军的一种美称吧！"

四十四、如果完全不相信《说文解字》，那就会浑然不知汉字一笔一画的意义

客有难主人曰 ①："今之经典 ②，子 ③ 皆谓非，《说文》所明 ④，子皆云是，然则许慎胜孔子乎？"主人拊掌 ⑤ 大笑，应之曰："今之经典，皆孔子手迹耶？"客曰："今之《说文》，皆许慎手迹乎？"答曰："许慎检以六文 ⑥，贯以部分 ⑦，使不得误，误则觉之。孔子存其义而不论其文也。先儒尚得改文从意 ⑧，何况书写流传 ⑨ 耶？必如《左传》止戈为武 ⑩，反正为乏 ⑪，皿虫为蛊 ⑫，亥有二六身之类 ⑬，后人自不得辄改 ⑭ 也，安敢以《说文》校 ⑮ 其是非哉？且余亦不专以《说文》为是也，其有援引 ⑯ 经传，与今乖者，未之敢从。又相如《封禅书》曰：'导一茎六穗于庖，牺双觡共抵之兽。' ⑰ 此'导'训'择'，光武诏云'非徒有豫养导择之劳'是也 ⑱。而《说文》云：'䅵 ⑲，是禾名。'引《封禅书》为证，无妨自当有禾名，非相如所用也。'禾一茎六穗于庖'，岂成文乎？纵使相如天才鄙拙 ⑳，强为此语，则下句当云'麟双觡共抵之兽' ㉑，不得云牺也。吾尝笑许纯儒，不达文章之体，如此之流，不足凭信 ㉒。大抵服其为书，隐括有条例 ㉓，剖析穷根源 ㉔，郑玄注书，往往引其为证 ㉕。若不信其说，则冥冥 ㉖ 不知一点一画有何意焉。"

注　释

①"客有难"句：客，尊称，指朋友；难，读音同"男"的去声，诘难；主人，指作者本人。

②经典：指具有原创性、权威性、典范性、引领性、强大文化影响力和经久不衰、流之久远的作品。古代指儒家经典。语出《汉书·孙宝传》："周公上

圣，召公大贤。尚犹有不相说，著于经典，两不相损。"

③ 子：对对方的尊称，相当于今词"您"。

④ 明：说明，把道理说清楚。程本、抱经堂本作"言"。

⑤ 拊掌：拍手、鼓掌的动作，表示欢乐或愤激的样子。语出《后汉书·方术传下·左慈》："因求铜盘贮水，以竹竿饵钓于盘中，须臾引一鲈鱼出，操大拊掌笑，会者皆惊。"拊，读音同"抚"，拍巴掌，击掌。程本作"抚"。

⑥ 六文：指许慎《说文解字》因字释义的原则与方法：象形、指事、会意、形声、转注和假借。

⑦ 部分：指许慎在《说文解字》中首创的部首编排法。《说文解字·序》说："分别部居，不相杂厕，凡十四篇，五百十四部，九千三百五十三文，重（读音同"虫"）一千一百六十三，解说凡十三万三千四百四十一字。"这些部首起自"一"，迄于"亥"将相同义符（部首）的字归纳在一起，同部之内与各部之间也按一定的秩序编排。

⑧ 改文从意：运用破字（拆字）、明句读（读音同"斗"）、辨别今文和古文等方法，诠释经典文意。改，程本作"临"。

⑨ 流传：从时序上讲，指传承下来；从空间上讲，指传播开来。语出《墨子·非命中》："声闻不废，流传至今。"

⑩ 止戈为武：成语，语出《左传·宣公十二年》：楚庄王曰："夫文，止戈为武。"意思是说，从"武"字的构成来看，就是一个"止"字，加上一个"戈"字，合起来的意思就是"停止武斗"，没有武斗，才是真正"武"的境界。这是使用拆字法，宣扬"以暴制暴、以武息武"的道理。

⑪ 反正为乏：语出《左传·宣公十五年》，伯宗曰："天反时为灾，地反物为妖，民反德为乱。乱则妖灾生。故文反正为乏。""正"字反着写，就是"乏"字。

⑫ 皿虫为蛊：语出《左传·昭公元年》："晋侯求医于秦，秦伯使医和视之，曰：'疾不可为也，是谓近女，室疾如蛊。非鬼非食，惑以丧志。良臣将死，天命不佑。'……赵孟曰：'何谓蛊？'对曰：'淫溺惑乱之所生也。于文，皿虫为蛊。谷之飞亦为蛊。在《周易》，女惑男，风落山，谓之《蛊》三（原字，见《左传》第四册第1223页，中华书局2009年版）。皆同物也。'赵孟曰：'良医也。'厚其礼而归之。"意思是说，在文字里，器皿中毒虫是蛊。"皿"字加

上"虫"字，成为"蛊"字，这是因义造字，有会意的意思。蛊，读音同"古"，这里是指因房事过度而成疾。

⑬ 亥有二六身：语出《左传·襄公三十年》："史赵曰：'亥有二首六身，下二如身，是其日数也。'"意思是说，"亥"字是由"二"字头和"六"字身构成的，《说文解字》有详解。在春秋战国时期，各国文字不一。这里所说的字形，史赵是就晋国文字的"亥"字构造与写法讲的。

⑭ 辄改：随意改动。语出《后汉书·耿弇（读音同"眼"）列传》："及王莽败，更始立，诸将略地者，前后多擅威权，辄改易守、令。"

⑮ 校：读音同"叫"，校对、校核的意思。

⑯ 援引：引证的意思。语出东汉学者何休（129—182）的《〈公羊传〉序》："援引他经，失其句读。"

⑰ "又相如"句：意思是说，司马相如的《封禅书》上写着："选择一棵一茎六穗的嘉禾送予厨房作为供品，用双角相抵的白麟作为宗庙祭祀的牺牲。"一茎六穗，古代有嘉禾一茎六穗、一茎九穗的记载，如东汉王充的《论衡·吉验》："是岁，有禾景天备火中，三本一茎九穗，长于禾一二尺，盖嘉禾也。"又，《后汉书·光武纪论》载："是岁，县界有嘉禾生，一茎九穗，因名光武曰秀。"古人认为这是难得的祥瑞之兆。因此，郑玄在《汉书·司马相如传》中注释说："一茎六穗，谓嘉禾之米，于庖厨以供祭祀。"牺，古代用于祭祀的毛色纯一的牲畜，也泛指用于祭祀的禽兽。庖，读音同"咆"，厨房。觡，读音同"格"实心的骨质角。抵，通"底"，角的根部。据东汉服虔《汉书音训》注："抵，本也。（汉）武帝获白麟，两角共一本，因以为牲也。"

⑱ "光武诏云"句：见《后汉书·光武纪》。

⑲ 蕍：《汉书》《昭明文选》写作"导（導）"，只有《史记》写作"蕍"，选择的意思。蕍，原作"導"，今据抱经堂本改，下文同。

⑳ 鄙拙：粗俗而且拙劣的言行。

㉑ 麟：麒麟的简称，古代传说中的一种动物，像鹿，全身有鳞甲，有尾。古代用以象征祥瑞，也用来比喻特别杰出的人物。

㉒ "不足凭信"句：作者此句，历来招致后学争议，倾向性认为"蕍"为正字，"導"为假借字。信赖、相信的意思。凭，倚靠。

㉓ "隐括有"句：隐括，亦作"隐栝"，本指用以矫正邪曲的器具，这里是

整合、梳理的意思。语出《韩非子·难势》："夫弃隐栝之法，去度量之数，使奚仲为车，不能成一轮。"条例，指著作的编撰的义例、体例。语出东汉学者何休的《春秋公羊传序》："往者略依胡毋生条例，多得其正，故遂隐括，使就绳墨焉。"

㉔"剖析穷"句：辨析、分析的意思。语出东汉文学家张衡的《西京赋》："街谈巷议，弹射臧否，剖析毫釐，擘肌分理。"事物的本来面貌或发展依据。语出东晋学者葛洪的《抱朴子·酒诫》："纵心口之近欲，轻召灾之根源。"成语有"穷根究源"。

㉕"郑玄注书"句：郑玄（127—200）注释《仪礼·既夕礼》《礼记·杂礼》《周礼·考工记》，都在很多地方不同程度地引用或依据《说文解字》。

㉖冥冥：懵懂无知的意思。语出《战国策·赵策二》："岂掩於众人之言，而以冥冥决事哉？"

大　意

有位好友诘难我说："现如今的儒家经典，您认为都存在讹误；《说文解字》上的解释，您认为都是对的。这样的话，不是说许慎胜过了孔子吗？"他的辩驳，令我拍掌大笑。我回答说："如今的经典，难道都是孔子的手迹吗？"他又说道："难道如今的《说文解字》，就是许慎的手迹吗？"我答道："许慎以六书的理论与方法来研究汉字的字形、发音和意义，又用五百四十部加以编排串通，使文字的形、声、义不致出错；就算是有所讹误，也知道错在哪里。至于说孔子啊，他老人家只是微言大义，而不考究文字本身。前代学者尚且要使用改变文字、改变读音的方法来解释经义，更何况是书籍在流传过程中出现了一些谬误呢？一定都像《左传》上所说的'止戈为武''反正为乏''皿虫为蛊''亥有二首六身'之类的说法，后人自然是不能随意改动的，人们又怎能以《说文解字》去考订古籍文字的是非呢？当然啰，我也并不以《说文解字》为唯一依据，认为它都是正确的，书中引述的经典论述，如果与现在流行的版本有所差异的话，我是不敢盲从的，一定要仔细地加以考究分辨。又比如，司马相如在《封禅书》中说：'导一茎六穗于庖，牺双觡共抵之兽。'这里的'导'字，训为'择'，选择的意思。这可以从汉光武帝诏书中的'非徒有豫养导择之劳'这句话，得到印证。可是，《说文解字》则说：'䆃，是禾名。'并且引证司马相如的《封禅书》

为证。那么，我们就不妨说一说这个'藁'字。的确有一种被称为'藁'的庄稼，但并不是司马相如在《封禅书》里所说的那个意思。如果像司马相如所说，'藁是一种禾'的话，那么，'禾一茎六穗于庖'这句话，能够说得通吗？纵使司马相如天生愚笨，牵强附会地写成这句话也就罢了，那么下一句话就应该这样说：'麟双觡共抵之兽'，而不应该是'麟双觡共抵之牺'了。我曾经讥讽许慎，说他就是一个纯粹的书生，有些迂腐，他还不能纯熟地驾驭文章的体例和题材，像这样一类的说法，是绝对不足为据的啊！当然，总体上说，我还是敬佩许慎撰写的这部书的，本书的编写体例有条不紊，文字探究追根溯源，这都是它的优点啊。东汉大学者郑玄就十分推崇许慎及其《说文解字》，他在研究、阐释经典中，就常常引证《说文解字》作为依据和例证。倘若你完全不相信《说文解字》的解释，那么，你就会陷入稀里糊涂、懵懂无知的境地，丝毫都不能知道汉字的一笔一画具有什么意义啊！那还谈得上识字写作吗？"

四十五、文字是随着时代演化而不断变化的

世间小学①者，不通古今，必依小篆②，是正书记③。凡《尔雅》《三苍》《说文》，岂能悉得苍颉本指④哉？亦是随代损益，互⑤有同异。西晋已往字书，何可全非？但令体例成就⑥，不为专辄尔。考校是非，特须消息⑦。至如"仲尼居"，三字之中，两字非体⑧，《三苍》"尼"旁益"丘"，《说文》"尸"下施"几"⑨。如此之类，何由可从？古无二字，又多假借，以中为仲，以说为悦，以召为邵，以间为闲：如此之徒，亦不劳改。自有讹谬，过成鄙俗。"乱"旁为"舌"，"揖"下无"耳"，"鼋""鼍"从"龜"，"奮""奪"从"蒦"，胡官反。⑩"席"中加"带"，"恶"上安"西"，"鼓"外设"皮"，"鑿"头生"毁"，"離"则配"禹"，"壑"乃施"豁"，"巫"混"经"旁，"皋"分"泽"片，"獵"化为"獦"，音曷，兽名，出《山海经》。"宠"变成"竈"。竈，音郎动反，孔也，故从穴。"業"左益"片"⑪，"靈"底着"器"，"率"字自有律音、强改为别，"单"字自有善音、辄析成异：如此之类，不可不治⑫。吾昔初看《说文》，蚩薄世字⑬，从正则惧人不识，随俗则意嫌其非，略是不得下笔也。所见渐广，更知通变，救前之执，将欲半焉。若文章著述⑭，犹择微相影响者行之，官曹文书，世间尺牍，幸⑮不违俗也。

注　释

① 小学：在汉代，因儿童入小学必先学文字，所以以文字学代称"小学"。学术史所说的"汉学"，也是指文字学。《汉书·艺文志》说："古者八岁入小学，故《周官》保氏掌养国子，教之六书，谓象形、象事、象意、象声、转注、假借，造字之本也。"据《隋书·经籍志》，隋唐以后，小学的内容、范围，除了文字学以外，还包括音韵学、训诂学等。

② 小篆：秦始皇统一中国（前221）后，推行"书同文"的文化政策，由丞相李斯主持文字改革，由此前的籀文大篆简化、改进为小篆。小篆盛行于秦、西汉两朝。东汉以后，被隶书取代。小篆有以下特点：一是字体外形呈长方形；二是笔画横平竖直，圆劲均匀，粗细相当；三是空间平衡对称；四是上紧下松。

③ 书记：书写记录。这里是指书籍。

④ 本指：即"本旨"，原意的意思。语出《史记·张耳陈馀列传》："（泄公）问张王果有计谋不。……具道本指所以为者王不知状。"

⑤ 互：程本写作"各"。

⑥ 成就：完成、完备的意思。语出东汉初袁康、吴平的《越绝书·外传本事》："当此之时，见夫子删《书》作《春秋》，定王制，贤者嗟叹，决意览史记成就其事。"

⑦ 消息：本意是指增减的意思，这里是斟酌的意思。语出《易经·丰》："日中则昃，月盈则食，天地盈虚，与时消息，而况于人乎？况于鬼神乎？"

⑧ 体：这里是指文字书写的正体。

⑨ 尸：原误作"居"，今据抱经堂本改。

⑩ 胡官反：程本作"音馆"，抱经堂本注"俗本注音馆，非"。

⑪ 片：原误作"土"，今据抱经堂本改。

⑫ 治：本是整理的意思，这里是纠正的意思。

⑬ 蚩薄：讥笑、嘲讽。蚩，通"嗤"。语出东晋葛洪的《抱朴子·尚博》："是以仲尼不见重于当时，《大玄》见蚩薄于比肩也。"

⑭ 著述：撰写文章或著作。语出东汉班固的《汉书·贾谊传》："赞曰：'凡所著述五十八篇，掇其切于世事者著于傳云。'"

⑮ 幸：由衷地希望。有忠告的意思。

大 意

世上研究文字学的人，并不懂得文字发展的古今变化，总是依照小篆来校订古籍。大凡《尔雅》《三苍》《说文解字》，难道都能完全体现仓颉造字的本意吗？它们不过是随着时代变迁而增删笔画，前后各有异同而已。西晋以后的字，怎能一概否定它的合理性呢？只要字形体例完备，不主观随意就行了。校订文字的是非，尤其需要多加斟酌。例如，在"仲尼居"这三个字之中，"尼""居"二字都不是正体，是人们写变形了的字。《三苍》在"尼"字旁加上了"丘"字，而《说文解字》则在"尸"字下加上了"几"字。诸如此类，人们凭什么要遵循它呢？在古代，一个字没有两种写法，大多使用"假借字"代替没有的字，譬如用"中"代替"冲"，用"说"代替"悦"，用"召"代替"邵"，用"閒"代替"闲"，像这样一类的字，就大可不必去劳神费力地加以改正了。另外有一些原本是讹误的字，使用时间长了，就变成了俗字。譬如，"亂"字的偏旁变成了"舌"字，"揖"字右下边没有"耳"字，"黿""鼉"字下部从"龜"，"奮""奪"的上部从"雚"字，"席"字中间加个"带"字，"恶"字上头按个"西"字，"鼓"的右边写成"皮"字，"鑿"（"凿"的繁体）字的上头写成"毁"字，"離"字的左边写成"禹"字，"壑"字上头写成"豁"字，"巫"字与"經"字的右边"巠"字相混，"皋"当作偏旁写"澤"的右半边成为"睪"字，"獵"字写成"獦"（读音同"各"）字，"寵"字写成了"寵"（读音同"拢"）字，"業"字左边加了个"片"字，"靈"字下部写成"器"字，"率"字本来就有"律"字的读音，现在却强行改为别的读音，"单"字本来就有"善"字的读音，现在却随意分开成两个字的读音。像这样的俗字、俗音，何不将它订正、纠正啊！我从前初读《说文解字》的时候，在民间就看到通行一些俗体刻本。依从正体字改正它吧，又怕人们不认识它；依从俗体吧，又总觉得它本是讹误，如此迁就它就无法下笔写文章了。随着我的见识日益增长，我就进一步懂得了变通的道理，改正了以前严格遵循《说文解字》的偏执看法，在正体和俗字之间选取折中的办法加以调和。我如果是著书立说，就仍然选择使用与《说文解字》相近似的正字；如果是官府文书，或是一般交流的信函，使用流行已久的俗字也无妨，它的好处是便于人们读文识字，因此，就不要拘泥于《说文解字》了。

四十六、术数家的荒唐做法是，假托字形附会其意，这就不值得用声形论来评价它了

案：弥亘字从二间舟①，《诗》云"亘之秬秠"是也②。今之隶书，转舟为日③，而何法盛《中兴书》乃以舟在二间为舟航字④，谬也。《春秋说》以人十四心为德⑤，《诗说》以二在天下为西⑥，《汉书》以货泉为白水真人⑦，《新论》以金昆为银⑧，《国志》以天上有口为吴⑨，《晋书》以黄头小人为恭⑩，《宋书》以召刀为邵⑪，《参同契》以人负告为造⑫：如此之例，盖数术⑬谬语，假借依附⑭，杂以戏笑尔。如犹⑮转贡字为项，以叱为匕⑯，安可用此定文字音读乎？潘、陆诸子《离合诗》《赋》《拭卜》《破字经》及鲍昭《谜字》⑰，皆取会⑱流俗，不足以形声论⑲也。

注 释

①"弥亘"句：弥亘，读音同"迷艮"，绵延不断的意思。语出《后汉书·马防传》："又大起第观，连阁临道，弥亘道路。"弥，满地都是；亘，连接、连绵不断。从二舟间，指亘字写作两横中间一个"舟"字。

②"《诗》云"句：见《诗经·大雅·生民》："亘之秬秠，是获是亩。"意思是说，秬子秠子满地长啊，眼看就是庄稼成熟的季节收获忙。"亘"，今本写作"恒"。秬，读音同"据"，黑黍的大名；秠，读音同"批"，一种黑黍，一壳二米。

③转舟为日：将原本写作两横中间一个"舟"字，转变写成两横中间一个"日"字。

④"何法盛"句：何法盛，宋孝武帝时为奉朝请，校书东宫，官至湘东太守，著有纪传体《晋中兴书》78卷，记东晋朝事。被后世列为"十八家晋史"之一。不过，《南史·徐广传》认为，《晋中兴书》的作者不是何法盛，而是郗绍。今佚，存清代汇编本。舟在二间为舟航字，意思是将两横中间一个"舟"字读成"航"字。

⑤"《春秋说》"句：《春秋说》，纬书，今佚。人十四心，指"德"字的构造。

⑥"《诗说》"句：《诗说》，纬书，今佚。二在天下为西，指"天"字下有两横，看起来好似"西"字。

⑦"《汉书》"句：典出《后汉书·光武帝纪论》："及王莽篡位，忌恶刘氏，

以钱文有金刀，故改为货泉；或以货泉字文为‘白水真人’。”“泉”字上头为“白”字，下头一个“水”字，拆开说为“白水”；“货”（貨）与“真”（眞）形似。

⑧“《新论》”句：《新论》，又称《桓子新论》，二十九篇，东汉学者桓谭（前23—50）著，今佚。现代学者钱钟书（1910—1998）在《管锥编》中对此书评价甚高。金昆，组合起来就是“锟”字。据《太平御览》八百十二引桓谭《新论》：“鈆（铅）则金之公，而银者金之昆弟也。”

⑨“《国志》”句：《国志》，即《三国志》。典出《三国志·吴书·薛综传》：“五口为天，有口为吴。”此说误，据《说文解字》，吴为口矢组合而成（“吳”）。

⑩“《晋书》”句：典出《宋书·五行志》：“王恭在京口，民间忽云：‘黄头小儿欲作贼，阿公在城下指缚得。’又云：‘黄头小儿欲作乱，赖得金刀作蕃捍。’黄字上，恭字头也；小人，恭字下也。”这是古代运用拆字法所作的民谣。

⑪“《宋书》”句：指《宋书·二凶传》。典出《南史·元凶劭传》：“初命之为邵，在文为召刀，后恶焉，改刀为力。”劭，原误作“劭”，今据抱经堂本改。

⑫“《参同契》”句：《参同契》，即《周易参同契》，为东汉道家、炼丹家魏伯阳所著，全书分上、中、下三篇，并有一首《周易参同契鼎器歌》，共计六千余字，主要是用四字一句、五字一句的韵文以及少数长短不齐的散文体和离骚体写成的，文字艰深难懂，历来注家甚多。该书以黄老之学汇融周易、丹火之功于一体，用《周易》的阴阳变化道理阐述炼丹、内养之道，用以证明人与天地、宇宙有同体、同功而异用的法则。后被道教吸收奉为养生经典。人负告，即“俈”（读音同“库”）字，《史记·三代世表》写作“喾”字。魏伯阳在自述中隐其名，用“吉人乘负”隐“造”字。魏伯阳字谜为“人负吉”，本文则作“人负告”，在汉隶中，“吉”与“告”字形相近，易混。

⑬ 数术：即术数，包括传统形成的占星术、卜筮术、看相术、算命术、拆字术和风水术等等，是将观察自然现象与推测人和国家的运数结合起来的演算。见《汉书·艺文志》。

⑭ 依附：牵强两者，附会其意的意思。语出《诗·小雅·鸿雁》：“爰及矜人，哀此鳏寡。”意思是，救济那些穷苦的人啊，同情那些无妻无夫的老人。东汉学者郑玄注释：“鳏寡则哀之，其孤独者收敛之，使有所依附。”

⑮ 如犹：“犹如”的倒装句，就如同的意思。

⑯ 以叱为匕：据《太平御览》引《东方朔别传》：“（汉）武帝时，上林献

枣，上以所持杖击未央前殿楹，呼朔曰：'叱叱，先生，来来，先生知此箧（读音同"妾"，小箱子）中何等物？'朔曰：'上林献枣四十九枚。'上曰：'何以知之？'朔曰：'呼朔者，上也；以杖击楹两木，两木者，林也；来来者，枣也；叱叱，四十九枚。'上大笑，赐帛十四。""匕"，程本、抱经堂本作"七"。叱叱。七七的谐音，七七四十九；来来重叠，即"枣"字（今写作"枣"）。

⑰"潘、陆诸子"句：潘，指西晋文学家、诗人潘岳、陆机。据《艺文类聚》，潘岳《离合诗》悼念亡妻："佃渔始化，人民穴处。意守醇朴，音应律吕。桑梓被源，卉木在野。锡鸾未设，金石拂举。害咎蠲消，吉德流普。豰谷可安，昊作栋宇。嫣然以憙，焉惧外悔？熙神委命，已求多祐。叹彼季末，口出择语。谁能墨识，言丧厥所。垄亩之谚，龙潜岩阻。勘义崇乱，少长失叙。"使用拆字法将"思杨容姬难堪"变成诗句：起句的句头"佃"与二句的句头"意"，各自拆出"田"字和"心"字，重新组成"思"字。以此类推，后句有"桑"与"锡"、"害"与"豰"、"嫣"与"熙"、"叹"与"谁"、"垄"与"勘"的分拆与组合成"杨"字、"容"字、"姬"字、"难"字和"堪"字。离合诗，也是古代诗歌的一种体例，因字拆分重组而成新的语句，主要是看作者的拆字水平和要表达的语境意向。《拭卜》，占卜书。据《隋书·经籍志》著录《式经》一卷。有学者认为"式"通"拭"。《破字经》，拆字占卜书，据《隋书·经籍志》著录《破字要诀》，或为一书。鲍昭，即鲍照（414—466），字明远，南朝宋文学家、诗人，尤其是创作的乐府诗充分体现了他的文学天赋与才能。因曾经担任临海王刘子顼前军刑狱参军，故世称"鲍参军"，并以此名世。他的作品在我国诗歌发展史具有重要地位，被称为"上挽曹、刘之逸步，下开李、杜之先鞭"的重要诗人。《谜字》收录于《艺文类聚》。《隋书·经籍志》著录《鲍照集》10卷。如鲍照有《集字谜》三首，其中一首"井"字拆字诗说："二形一体，四支八头，四八二八，飞泉仰流。"

⑱取会：附会的意思。

⑲论："论"下，程本、抱经堂本有"之"字。

大　意

据研究，"弥亘"的"亘"字，从"二"，中间加一个"舟"字，《诗经》上所说的"亘之秬秠"，其中的"亘"字，就是这样的。现在书写的隶体，将此字中间的"舟"字改成了"日"字。可是，何法盛在《晋中兴书》中竟然将"二"中间夹一个"舟"字，以此作为"舟航"的"航"字，这是错误的。《春秋说》以"人""十""四"和"心"字组合起来，成为"德"字，《诗说》把"二"放在"天"字下面作为"酉"字，《汉书》把"货泉"拆开来说是"白水真人"，《新论》将"金""昆"合起来作为"银"字，《三国志》将"口""天"组合为"吴"字，《晋书》以"黄"字头加上"小人"组合成"王恭"的"恭"字，《宋书》用"召""刀"组合成"邵"字，《参同契》用"人"背倚着"告"字构成"造"字：诸如此类的字形，大抵上都是术数家的荒唐做法，假托字形附会其寓意，还夹杂着一些戏谑玩笑的文字游戏而已。这就好比将"贡"字改变字形写作"项"字，将"叱"字当成"七"字，又怎能以这样的方式来确定文字的读音呢！潘岳、陆机等人的《离合诗》《离合赋》《拭卜》《破字经》以及鲍照的《谜字》诗，都是迎合流俗的产物，不值得用许慎的声形论来评论它们。

四十七、日中必暴，是指日中暴晒，不失其时，西晋学者晋灼已有详解

河间邢芳语吾云[①]："《贾谊传》[②]云：'日中必暴[③]。'注：'暴，暴也[④]。'曾见人解云：'此是暴疾之意[⑤]，正言日中不须臾，卒然便昃尔[⑥]。'此释为当乎[⑦]？"吾谓邢曰："此语本出太公《六韬》，案字书[⑧]，古者'暴曬'字与'暴疾'字相似，唯下少异，后人专辄加傍日尔。言日中时，必须暴晒，不尔者，失其时也。晋灼已有详释[⑨]。"芳笑服[⑩]而退。

注　释

①"河间"句：河间，郡名，治所在乐城（今河北省献县东南），邢芳，不详。语，读音同"欲"，告诉。

②《贾谊传》：引文见于《汉书·贾谊传》。

③日中必暴：太阳当头照下时，就要立马将东西拿出来晒干。比喻遇事能够当机立断、抓住机会。日中，太阳处于正午时刻。暴：读音同"卫"，暴晒。

④暴：通"曝"（读音同"瀑"），晒。

⑤暴疾：迅疾的意思，形容快捷的样子。语出《诗经·国风·邶风·终

风》："终风且暴，顾我则笑。"意思是说，大风越刮越猛啊，你却有心思回头调笑我呢。东汉学者郑玄注疏："既竟日风矣，而又暴疾。"

⑥"卒然"句：卒然，突然的样子，形容时间很短暂。语出《庄子·列御寇》："卒然问焉而观其知。"卒，同"猝"。昃，读音同"则"，太阳西斜。昃，程本作"上日下亥"。

⑦ 当：读音同"荡"，恰当、准确的意思。

⑧ 案字书：指许慎《说文解字》。依偏旁部首，"暴"在"日"部，而"暴"则在"本"部。字形相似，但下部不同。

⑨ 晋灼：西晋学者，曾为尚书郎，集诸家《〈汉书〉注》为一种，成《〈汉书〉集注》十四卷、《〈汉书〉音义》十卷。

⑩ 服：本义是服从的意思，这里是信服的意思。

大　意

河间人邢芳曾对我说："《贾谊传》里说：'日中必熭。'注家说：'熭，暴的意思。'我曾见有人这样解释说：'这是迅疾的意思，指太阳正午当头只是一会儿的时光，马上就要西斜而下了。'这种说法准确吗？"我告诉邢芳说："这句话本来出自太公的《六韬》。考查许慎的《说文解字》，古代的'暴曬'字与'暴疾'字相似，只是这两字的下边部首略有差异而已，但是，后人却不究字义，随便加上了'日'字偏旁（曝）。其实，这句话是说，一旦太阳当头而照，就要抓紧暴晒，以免失去天时。对此，西晋学者晋灼已经作出了详尽解释。"我说完后，邢芳就笑着表示信服，随后离开了。

颜氏家训卷第七　音辞、杂艺、终制

音辞第十八

提　要

在《颜氏家训》中，本篇最为难读。一是本篇涉及中国文化的基础知识，讨论若干文字发音、文字音韵问题；二是讨论若干文字发音、音韵与方言的关系，特别是地域上的南北方差异。由此看来，其学术性是很强的。家训，一般讨论家庭问题，至多由家庭延及国家、民族和社会的一些相关性重大问题，而专门讨论学术性问题，特别是本民族的母语发音及其韵律的高难度问题，在历代家训中，实属罕见。由此观之，在家庭讨论艰深的学术问题，一是作为家长的颜之推作为学者对此具有浓厚兴趣使然，他关注文字发音、语言音韵，并且具有深厚的学术修养和很高的学术造诣，所以能够提示出古今读音的变化，方言对语言"正音"的影响，南方、北方的地域差异形成的"习惯成自然"，指出自东汉文字学大家许慎以来一些名家的失误。二是颜之推家庭是一户很有文化层次，兼具学术品位的书香之家，言者谆谆，需要听者欣欣，倘使颜之推一人有兴趣，而其他参与人毫无兴趣或者兴趣全不在此，就一定会形成"话不投机三句多"或者"对牛弹琴"的尴尬局面。但从文献解读的信息来看，参与者都是兴致盎然的，有主宾互动的，由颜之推主谈主讲，其子孙积极参与了讨论；如若不然，要将本篇的十个章节准确地记录下来，也就是一件很困难的事情了。

自周代始设学官以来，学在官府。官学首先关注语言文字之学。据《汉书·艺文志》说："古者八岁入小学，故《周官》保氏掌养国子，教之六书，谓象形、象事、象意、象声、转注、假借，造字之本也。"特别是汉代以后，文字学一跃而成为首先重要的学科，特别是东汉大学者许慎总结性的名著《说文解字》刊行并受到朝廷表彰之后，文字学更是风行千里，引领学术潮头；而《隋书·经籍志》始有关涉研究文字、训诂、音韵著作以备于小学。隋唐以后，文字学以及与文字有关的训诂学、音韵学一并总称为小学，成为十分重要的知识门类和基础学科。这一传统的学术方法也受到了现代学术的高度重视，并得以传承光大。现代学者张舜徽（911—1992）说，不懂得小学，就不能读懂中国历史文献；现代学者钱穆（1895—1990）说，小学其实是研究中国历史的门径。由此可见，颜之推在本篇讨论的几个文字学、音韵学、文化比较学问题的学术意义和科研价值是巨大的。

事实上，颜之推在本篇中关于文字学、音韵学、训诂学等方面的主张以及具体意见，受到了当时以及后来学术家的高度重视，细心地来看，这成为一条颇有意思的学术线索，或可直接称之为学术史吧！颜之推认为，发音皆有所据，一是历史的依据，二是地方区域的依据，发音的变迁始终受到历史和地域这两大因素的影响，这就形成了他独特的历史发展与区域形成的语言观；颜之推反对以后起之字及其读音改变古书的文字记录，主张尊重前人，不要强加于古人、古书；颜之推反对强经就我、迷信权威（许慎及其《说文解字》）、亦步亦趋，主张结合实际、实践勇于创造，科学整合南北语言差异，结合实际确定"正音"（即官方用语）；颜之推反对生造文字，随意改变文字的发音，主张并维护文字及其发音的准确性、规范性和严肃性，并指出了前代以及他所处时代韵书、字书的错讹与缺陷。这些研究成果和有价值的意见，对后世影响很大，得到后学充分尊重和认真吸纳。从隋代陆法言的《切韵》到北宋陈彭年、丘雍编修的《广韵》，从唐代陆德明的《经典释文》、孔颖达的《五经正义》、颜师古的《〈汉书〉注》到明代的《正韵》，直到集大成之作《康熙字典》以及清代学者赵曦明、卢文弨、段玉裁等人的研究和近代学者周祖谟的《〈颜氏家训·音辞篇〉注补》（1943），颜之推的研究成果都受到了应有的学术尊重和文化借鉴。

因此，本篇与其说是家训论学，毋宁说是有深刻学术内涵的一篇小学专论。

一、说话发音，一定要使用雅音，切不可受方言影响

夫九州之人，言语不同，生民已来，固常然矣①。自《春秋》标齐言之传②，《离骚》目《楚词》之经③，此盖其较明之初也④。后有扬雄著《方言》，其言大备⑤。然皆考名物之同异⑥，不显声读之是非。逮郑玄注六经⑦，高诱解《吕览》⑧、《淮南》⑨，许慎造《说文》⑩，刘熹制《释名》⑪，始有譬况假借⑫，以证音字尔。而古语与今殊别，其间轻重⑬、清浊⑭，犹未可晓，加以内言、外言⑮、急言、徐言⑯、读若之类⑰，益使人疑。孙叔言⑱创《尔雅音义》，是汉末人独知反语⑲。至于魏世，此事大行。高贵乡公不解反语⑳，以为怪异。自兹厥后，音韵锋出㉑，各有土风㉒，递相非笑㉓，指马之谕㉔，未知孰是。共以帝王都邑㉕，参校方俗㉖，考覈古今㉗，为之折衷㉘。搉而量之㉙，独金陵与洛下尔㉚。南方水土和柔，其音清举而切诣㉛，失在浮浅㉜，其辞多鄙俗。北方山川深厚，其音沈浊而鈋钝㉝，得其质直，其辞多古语㉞。然冠冕君子㉟，南方为优；闾里小人㊱，北方为愈㊲。易服而与之谈，南方士庶，数言可辩；隔垣而听其语，北方朝野，终日难分。而南染吴越㊳，北杂夷虏㊴，皆有深弊，不可具论。其谬失轻微者，则南人以钱为涎，以石为射，以贱为羡，以是为舐㊵；北人以庶为戍，以如为儒，以紫为姊，以洽为狎㊶：如此之例，两失甚多。至邺已来㊷，唯见崔子约、崔瞻叔侄㊸、李祖仁、李蔚兄弟㊹，颇事言词，少为切正。李季节著《音韵决疑》㊺，时有错失；阳休之造《切韵》㊻，殊为疎野㊼。吾家子女㊽，虽在孩稚㊾，便渐督正之㊿；一言讹替(51)，以为己罪矣。云为品物(52)，未考书记者，不敢辄名(53)，汝曹所知也。

注　释

① 生民：人民。语出《诗经·大雅·生民》："阙初生民？时维姜嫄（读音同"原"，也写作"原"）。生民如何？克（能够的意思）禋（读音同"因"，古代祭祀的礼仪）克祀。"意思是说，周族的祖先是谁生的？她的名字叫姜嫄。周族的祖先是如何降生的？是祈祷上苍祭祀神灵的结果。又，《孟子·公孙丑上》："自有生民以来，未有孔子也。"

② 齐言：齐国的地方话。《春秋》有三传，作者因地域差异有语言差别。如《春秋公羊传·隐公五年》："公曷为远而观鱼？登来之也。"东汉学者何休

（129—182）《春秋公羊传解诂》："登，读言得。得来之者，齐人语也。齐人名求得为得来，作登来者，其言大而急，由口授也。"

③"《楚辞》"句：据南宋藏书家陈振孙（号直斋）《直斋书录题解》引北宋文字学家黄伯思（1079—1118）说：《楚辞》"述楚事，名楚物，记楚声"，因此得名。《楚辞》多楚地方言，如"羌""些"等都是地方用语。现代学者王利器（1912—1998）在《颜氏家训集解》中说：这句话的意思是说，《楚辞》文句多用楚地方言。

④较明：明显的意思。语出司马迁《史记·伯夷列传》："此其尤大彰明较著者也。"

⑤言：程本作"书"。

⑥名物：事物的名称、特征等。语出《周礼·天官·庖人》："掌共六畜、六兽、六禽，辨其名物。"

⑦郑玄注六经：据《后汉书·郑玄传》："凡玄所著：《周易》《尚书》《毛诗》《仪礼》《礼记》《论语》《孝经》《尚书大传》《中候》《乾象历》等，凡百余万言。"现代学者张舜徽（1911—1992）的《郑学丛著》，对郑学有现代学术总结意义。

⑧《吕览》：《吕氏春秋》的省称。语出司马迁《报任安书》："不韦迁蜀，世传《吕览》。"

⑨《淮南》：《淮南子》的省称。

⑩《说文》：《说文解字》的省称。

⑪刘熹：或作刘熙，字成国，北海(今山东省昌乐附近）人。东汉经学家，训诂学家，官至南安太守，献帝建安年间曾避地交州。著有《释名》一书，体例仿照《尔雅》，八卷二十七篇，试图从语言声音的角度推求字义的由来，它就音以说明事物得以称名的缘由，并考察当时语音与古代语音的异同。本书对后世训诂学因声求义研究产生很大影响，成为汉语语源学研究的要典。清代学者毕沅（1730—1797）著有《释名疏证》、王先谦（1842—1917）著有《释名疏证补》及《附补》。

⑫譬况：据唐代经学家陆德明（约550—630）《经典释文》叙录："古人因书，止为譬况之说，孙炎（字叔然，三国时期经学家）始为反语。"又，明代学者杨慎（1488—1559）《丹铅杂录》："秦汉以前，书籍之文，言多譬况，当求于意外。"近代学者刘师培（1884—1919）《文说·和声》："同一字而音韵互

歧，同一音而形体各判。故'读如''读若'，半为譬况之词；'当作''当为'，亦属旁通之证。"用同音字作比，注明其读音。这是在"反切"出现前的注音方式。

⑬ 轻重：古代音韵学概念。清，即轻音，是就唇音的发音部位而言，指轻唇音，如同现在的唇齿音；重，即重音，如同现在的双唇音。

⑭ 清浊：指发音的方法。发音时有颤音为浊音，反之为清音。

⑮ 内言外言：古代音韵学的术语，指音韵发音的粗细洪弱（发音时开口度的大小）。按等韵学，一、二等字的韵洪大，是因为发音时口腔开口度大，其音如发自口内，则为内言；三、四等字韵细小，是因为发音时开口度小（口腔共鸣的间隙小），其音若发自口杪（读音同"秒"，舌尖），则为外言。详细的解释，参见现代学者周祖谟的（1914—1995）《〈颜氏家训·音辞篇〉注补》（收入周氏著《问学集》上）。

⑯ 急言徐言：古代音韵学的术语，指音韵的洪细和声调的阴阳入去互用。急言，指细音字，细音字发音时口腔的气道先窄后宽，口腔的肌肉先紧后松，其音急促；徐言，指洪音字，洪音字发音时口腔的气道宽，口腔的肌肉松缓，发音舒徐。详见上举周文论说。

⑰ 读若：古代注音术语，也作"读如"，指同音字注音，也指假借用法。《说文解字》和汉学常用。如《礼记·儒行》："虽危，起居竟信其志。"郑玄注："信，读如屈伸之伸，假借字也。"

⑱ 孙叔言：即三国时期学者孙炎，字叔然，乐安（今山东省博兴）人，曾受业于大儒郑玄，学成后，著有《周易·春秋例》，又为《毛诗》《礼记》《春秋三传》《国语》《尔雅》《尚书》作注，所著《尔雅音义》八卷，《隋书·经籍志》著录，是研究音韵学的专著，影响较大，但今佚失传。"言"为"然"之误。

⑲ 反语：即反切，标注读音的方法。颜之推认为，反切始于三国时期经学家孙炎的《尔雅音义》，但据研究，早在孙炎之先，已有反切用法，如东汉学者郑玄、服虔等，显然，这是一种积累式发展，不一定始于某一人。

⑳ 高贵乡公：即三国时期魏国皇帝曹丕之孙曹髦，初封高贵乡公，嘉平六年（254）被权臣司马师废曹芳立为皇帝。七年后与司马氏发生矛盾，被杀。《经典释文》说他著有《左传音》三卷。如《左传·庄公四年》："除道梁溠（读音同"诈"）。"《经典释文》说，溠，"高贵乡公音侧嫁反。"近代学者吴承仕（1884—

1939）在《经籍旧音辩证》二中说："今疑高贵乡公于《左传》'梁涟'字直音诈，而陆德明改为侧嫁反耳。"颜之推在文中说他不懂反切。

㉑ 锋出：指亮出锋刃，比喻锐气难挡。

㉒ 土风：地方风俗，这里是指方言，说话的口音。

㉓ 递相非笑：相互讥笑指责。递，交替；非，非议，指责；笑，讥笑。

㉔ 指马之谕：争辩是非时有错误的借指。这里作者颜之推是在借典批评用自己错误的发音批评别人的错误发音，愈发弄不清是非正误。典出《庄子·齐物论》："以指喻指之非指，不若以非指喻指之非指也；以马喻马之非马，不若以非马喻马之非马也。天地一指也。万物一马也。"后以"指马"为争辩是非、差别的代指。谕，同"喻"。

㉕ 都邑：城市、都城。语出《商君书·算地》："故为国任地者，山林居什一，薮泽居什一，溪谷流水居什一，都邑蹊道居什四，此先王之正律也。"

㉖ 参校：参照比较。校，读音同"叫"，比照。

㉗ 考覈：即"考核"，详加研究，考察核实的意思。语出东汉王符的《潜夫论·实贡》："是故选贤贡士，必考覈其清素，据实而言。"覈，读音同"核"，查验。

㉘ 折衷：多方比较，取正为用，作为判断事物的准则。也作"折中"。语出《楚辞·九章·惜诵》："令五帝以折中兮，戒六神与向服。"南宋大儒朱熹集注："折中，谓事理有不同者，执其两端而折其中，若《史记》所谓'六艺折中于夫子'是也。"

㉙ 摧量：估计、估量。摧，读音同"鹊"，估量；程本作"权"。

㉚ "独金陵"句：金陵，南朝都城，六朝古都之地，今江苏省南京市；洛下，西晋、北魏都城。都城的语言和发音辐射周边地区，所以南方受金陵话影响多，而北方则受洛阳话影响强。

㉛ 清举切诣：清举，指声音清脆而悠扬；切诣，指发音急迅。

㉜ 浮浅：浮于表面，肤浅的意思。语出《汉书·东方朔传赞》："朔之诙谐，逢占射覆，其事浮浅，行于众庶，童儿牧竖，莫不眩耀。"《经典释文·叙录》作"浮清"，与北方人讲话"重浊"相对。

㉝ 沈浊而鉳钝：沈浊，指声音低沉粗重。沈，通"沉"。鉳钝，浑厚的意思。鉳，读音同"鹅"，圆而无角。

㉞辞多古语：指说话用语多古音。据《淮南子·地形训》："清水音小，浊水音大。"隋朝音韵学家陆法言《切韵序》说："吴楚则时伤轻浅，燕赵则多伤重浊，秦陇则去声为入，梁益则平声似去。"说的都是方言方音与地方水土的关系。颜之推强调的正是这层意思。

㉟冠冕君子：指当时的士大夫。南朝时期士大夫峨冠博带，衣冠楚楚，用以标明社会阶层和身份。

㊱闾里小人：指没有社会地位的平民百姓。闾里，平民聚居之处。语出《周礼·天官·小宰》："听闾里以版图。"唐朝经学家贾公彦注疏："在六乡则二十五家为闾，在六遂则二十五家为里。闾里之中有争讼，则以户籍之版、土地之图听决之。"小人，指社会地位低下的小民。语出《尚书·无逸》："生则逸，不知稼穑之艰难，不闻小人之劳，惟耽乐之从。"

㊲"北方为愈"句：据现代学者周祖谟研究："此论南北士庶之语言各有优势。盖自五胡乱华以后，中原旧族，多侨居江左，故南朝士大夫所言，仍以北音为主。而庶族所言，则多为吴语。故曰：'易服而与之谈，南方士庶，数言可辩。'而北方华夏旧区，士庶语音无异，故曰：'隔垣而听其语，北方朝野，终日难分。'惟北人多杂胡虏之音，语多不正，反不若南方士大夫音辞之彬雅耳。至于闾巷之人，则南方之音鄙俗，不若北人之音为切正矣。"近代学者陈寅恪（1890—1969）在《东晋南朝之吴语》一文中，对南北语言发音差异也有涉及。

㊳吴越：这里是指古代吴国、越国故地（今江苏、浙江一带）的语言发音。

㊴夷虏：是古代华夏族对北方少数民族的蔑称。这里是指北方少数民族的语言。

㊵"其谬失轻微者"句：据周祖谟研究，钱、涎同在"仙"韵，钱在从母，涎在邪母；贱、羡同在"线"韵，贱在从母，羡在邪母。故南人读"钱"为"涎"，读"贱"为"羡"，是从邪从母不分。再次，石、射同在"昔"韵，石在禅母，射为床母三等字；是、舐同在"纸"韵，是在禅母，舐为床母三等字（与"食"同纽）。所以，南方人读"石"为"射"，读"是"为"舐"，是禅母与床母三等不分。颜之推这里所说的，是南方人语音声母多不合乎雅音。

㊶"北人以庶为戍"句：据周祖谟的研究，庶、戍同为审母韵，庶在御韵，戍在遇韵；如、儒同为日母字，如在鱼韵，儒在虞韵。北方人以"庶"为"戍"，

以"如"为"儒",是"御""遇"不分。再次,紫、姊同为精母韵,紫在"纸"韵,"姊"在"旨"韵;洽、狎同为匣母字,洽在"洽"韵,狎在"狎"韵。北方人以"紫"为"姊",以"洽"为"狎",是"纸""旨"不分、"洽""狎"不分。颜之推这里所说的是,北方发音分韵太宽。

㊷至邺:据颜之推《观我生赋》自注推算,他入邺城为北齐天保八年(557)。据现代学者缪钺(1904—1995)《颜之推年谱》,颜之推时年二十七岁。

㊸崔子约崔瞻叔侄:同为北齐人。崔瞻,《北史》有传,写作"崔赡";而《北齐书》本传写作"崔瞻"。北齐时官至吏部郎中,因聪明强学,博得一时之名。其叔子约,《北史》有传,官至司空祭酒。

㊹李祖仁、李蔚兄弟:兄弟二人为北魏秘书监李谐之子。李祖仁,名岳,官至中散大夫;李蔚,官至秘书丞。事见《北史·李谐传》附传。

㊺李季节:名楷,官至北齐大将军府行参军、太子舍人、并州功曹参军。著有《修续音韵决疑》(周祖谟认为,书名应为《音谱决疑》。)十四卷、《音谱》四卷,今佚。事见《北史·李公绪传》附传。其分韵情况,唐朝音韵学家王仁昫敦煌本《切韵》记其梗概,如佳、皆不分,仙、先不分,萧、宵不分,庚、耕、青不分,尤、侯不分,咸、衔不分,等等。

㊻阳休之:北齐右北平无终(今天津市蓟县)人,北魏前军将军阳固之子,字子烈(509—582)。少勤学,爱文藻。弱冠即有声誉。仕魏,任中书侍郎。北齐天统中,任吏部尚书。凡所选用,才地俱允。北周武帝平齐年间,拜上开府、和州刺史。隋开皇二年罢任。终于洛阳。著有文集三十卷,《幽州古今人物志》三十卷(《旧唐书》作十三卷)。所撰《韵略》今佚,今存清人任大椿(1738—1789)、马国翰辑本。事见《北齐书》本传。据隋朝学者刘善经《四声论》:"齐仆射阳休之,当世之文匠也。乃以音有楚、夏,韵有讹切,辞人代用,今古不同通,遂辨其尤相涉者五十六韵,科以四声,名曰《韵略》。制作之士,咸取则焉。后生晚学,所赖多矣。"可知《韵略》大概。据王仁昫敦煌本《切韵》,《韵略》冬、锺、江不分,员、魂、痕不分,山、先、仙不分,萧、宵、肴不分,等等。

㊼疏野:粗糙。疏,同"疏";野,粗鄙。

㊽"吾家"句:家,程本作"见";子,程本、抱经堂本作"儿"。

㊾孩稚:亦作"孩穉"。幼年、幼儿。

(50) 督正：纠正的意思。

(51) 讹替：误差、差错的意思。语出东晋王嘉《拾遗记·周》："南陲之南，有扶娄之国。其人善能机巧变化，易形改服，大则兴云起雾，小则入于纤毫之中……乐府皆传此伎，至末代犹学焉，得粗亡精，代代不绝，故俗谓之婆候伎。则扶娄之音，讹替至今。"

(52) 云：语首虚词。

(53) 辄：专擅。

大　意

普天之下，语言各不相同。自有人类以来，语言就存在很大差异，从来如此。自从《春秋公羊传》用齐地的语言述事，《离骚》被视为楚语述事的经典，这大概就是明确地承认语言存在方言差异的最初表征。后来，扬雄著《方言》一书，他关于这方面的解释就最为详尽了。不过，这本书也存在着明显的缺陷，主要是考察了各地方言关于名物的异同，而没有揭示方言读音的正误。直到郑玄注释"六经"，高诱注解《吕氏春秋》《淮南子》，许慎著《说文解字》，刘熙著《释名》之后，才开始使用譬况假借的方法来标注读音。但是，古语与今语原本差异很大，其中，古语发音中的轻重、清浊，今人并不了解；更何况汉学所说的内言外言、急言徐言、读若之类的注音方法，使人疑惑不解。孙叔然著《尔雅音义》（以反切注音），这算是汉末人们懂得使用反切注音的明证吧。到了曹魏之际，反切注音方法就颇为流行。高贵乡公曹髦不懂得这种反切注音方法，竟然将反切视为一件奇特的事情。从此后，韵书不断涌现，这些著作各自偏重自己了解的方言读音，相互讥笑、竞相指责，纷纷然，好像用马说明"白马非马"一样，不知道到底谁对谁错。后来大家认为，应该以京城的发音为准，有效吸收各地的方言俗语，掌握古今读音的变化，选取一种折中的办法，逐步消除人们在读音上的分歧，最终形成一种通用语言才好。经过比较权衡，就只好选取北方的洛阳语和南方的金陵话了。南方水土湿润柔和，语言清亮悠扬而发音急切，不足之处是语音轻浮，方言过多，语言粗鄙；北方山高水长，平原深厚，语言沉雄浑厚，说话圆缓，其特点是质朴纯正，言语中保存了不少古语。不过，就士大夫说话发音而论，南方优于北方；而市井平民的语言说辞，则是北方优于南方。如果改换服饰去交谈，对于南方的士大夫和平民而言，只要你说上几句话，就能立马辨明他们的身份和社会地位；如果隔墙听人叙说，对于北方的官民身份，你就算是听上一整天，也难以准确判断。但是，南方人的口音，终究是沾染了吴越方言，而北方人的口音，则夹杂着少数民族的语言，无论南北，他们的语言语音都存在突出的毛病，不能尽说。其中轻微一点的，就是南方人将"钱"读成"涎"、把"石"读成"射"、将"贱"读成"羡"、把"是"读成"舐"；而北方人则把"庶"读成"戍"、将"如"读成"儒"、把"紫"读成"姊"、将"洽"读成"狎"。如此这般，两方不合雅音的地方不胜枚举啊！自从我到邺城以来，只看到崔子约、崔瞻叔侄二人，李祖仁、李蔚兄弟俩对语言颇有研究，他们很下功夫进行了一番矫正工作，才使得语言稍稍切合雅音。至于说李季节所著《音韵决疑》，分韵时有错讹；阳休之所著《切韵》，就显得十分浅薄了。说到我家儿女啊，即使是在年幼时期，也要逐步纠正他们不正确的发音读音呢！即使是一个字发音错了，也要当成自己的过失啊！家中所用物件，大凡没有文献资料考证印证的，我都不敢随便取名。我的这个做法是一贯的，也是你们一向了解的吧！

二、古语古音中错误的读音，不足依凭

古今言语，时俗不同；著述之人，楚、夏各异[①]。《苍颉训诂》[②]，反稗为逋卖[③]，反娃为于乖；《战国策》音刎为免[④]，《穆天子传》音谏为间[⑤]；《说文》音戛为棘[⑥]，读皿为猛[⑦]；《字林》音看为口甘反[⑧]，音伸为辛；《韵集》以成、仍、宏、登合成两韵[⑨]，为、奇、益、石分作四章；李登《声类》以系音羿[⑩]；刘昌宗《周官音》读乘若承[⑪]：此例甚广，必须考校。前世反语，又多不切。徐仙民《毛诗音》反骤为在遘[⑫]，《左传音》切椽为徒缘[⑬]，不可依信，亦为众矣。今之学士，语亦不正。古独何人，必应随其讹僻乎[⑭]？《通俗文》曰：'入室求曰搜。'反为兄侯，然则兄当音所荣反[⑮]。今北俗通行此音，亦古语之不可用者[⑯]。玙璠，鲁之宝玉，当音余烦，江南皆音藩屏之藩[⑰]。岐山当音为奇，江南皆呼为神祇之祇[⑱]。江陵陷没，此音被于关中[⑲]，不知二者，何所承案[⑳]。以吾浅学，未之前闻也。

注 释

①楚、夏：楚，指南方的楚国，这里是泛指南方地域及其方言；夏，指华夏集聚的中原地区，这里泛指北方地域及其方言。

②《苍颉训诂》：东汉杜林（字伯山，扶风茂陵，今陕西省兴平人。）撰，杜林在汉光武帝时官至大司空。他博学多闻，被誉为"通儒"，后世尊为"小学之宗"。事见《后汉书·杜林传》。《旧唐书·经籍志》著录该书。

③反：反切音。帮、母并母，在东汉时相近；皆韵、佳韵在东汉时不同，清代学者段玉裁说皆、佳两部，在汉代还不曾打通混用，而晋宋以后则少有出入，另据清代学者戴震（1724—1777）在《六书音韵表·序》中说，至于唐代，佳、皆可同用。

④"《战国策》"句：清代学者段玉裁认为，"《国策》音当在高诱注内，今缺佚不全，无以取证"。周祖谟认为，"考刿之音免，殆为汉代清、齐之方言。……高诱之音刿为免，正古今方俗语言之异耳，又何疑焉。颜氏固不知此，即清儒钱大昕、段玉裁诸家，亦所不窹，审音之事，诚非易易也。"

⑤"《穆天子传》"句：见《穆天子传》三："道里悠远，山川间之。"郭璞注云："间，音谏。"清代学者段玉裁说："案颜语，知本作'山川谏之'，郭读谏为间，用汉人易字之例，而后义可通也。后人援注以改正文，又援正文以改注，而'谏音间'之云，乃成吊诡也。"周祖谟在《〈颜氏家训·音辞篇〉注补》中赞成段氏之说，认为，"《诗经·大雅·板》：'是用大谏。'《左传·成公八年》引作'简'，简即间之上音，是谏、间古韵同。《唐韵》，'谏，古晏反'，在谏韵；'间，古苋反'，在祠韵。谏、间韵不同类，故颜氏以郭注为非"。

⑥"《说文》"句：根据《唐韵》，戛在黠韵，棘在职韵，二部各有区隔。周祖谟在《补注》中说，"二音韵部相去甚远，故颜氏深斥其非。今考《说文》音戛为棘，自有其故。……幸《说文》存之矣，而颜氏又从而非之，此古音古义之所以日见其废替也"。

⑦"读皿为猛"句：皿、猛同在梗韵，而读音有洪细之别，所以，颜氏认为皿音为猛，读音为非。周祖谟认为，猛、皿古音相近，《说文解字》认为读皿为猛，当为汝南方音。

⑧"《字林》音"句：清代学者段玉裁说："看，当为口干反，而作口甘，则入《唐韵》，非其伦矣。"周祖谟认为，"看，《切韵》音苦寒反，在《寒韵》。《字林》

音口甘反，读入《唐韵》，与《切韵》音相去甚远。考任大椿（1738—1789）《字林考逸》所录《寒韵》字，疑甘字有误。若否，则当为晋世方言之异"。后文的"音伸为辛"，也是方言差异。

⑨"《韵集》以"句：在《韵集》中，成、仍为一韵，宏、登为一韵，而在《广韵》中，为、奇在支韵，益、石在昔韵。清代学者段玉裁认为，前代学者的说法，"皆与颜说不合，故以为不可依信"。

⑩ 以系音羿：周祖谟认为，系、羿同在《霁韵》，而系属匣母，羿属疑母；李登以系音羿，是因为将牙喉音相混了。

⑪ 读乘若承：清代学者钱大昕说："乘，食陵切，音同绳；承，署陵切，音同丞。此床、禅之别。今浙江人读承如乘。"清代藏书家钱馥（1748—1796）说："刘读乘为丞，今人读承为乘，互有不是；乘，床母，承，禅母。"周祖谟研究认为，"乘为床母三等，承为禅母。颜氏以为二者有分，不宜混同，故论其非。考床、禅不分，实为古音。如《诗·抑》：'子孙绳绳。'《韩诗外传》作'子孙承承。'绳，床母，承，禅母也。……此类皆是。下至晋、宋，以迄梁、陈，吴语床、禅亦读同一类"。

⑫"徐仙民"句：据清代学者段玉裁说："骤字今《广韵》在《四十九宥》，锄祐切。依仙民在遘反，则当入《五十候》，与陆、颜不合。《广韵》：'椽，直挛切。'仙民音亦与陆、颜不合。然仙民所音，皆与古音合契，而《释文》亦俱不取之，骤但载助救、仕救二反，皆非知仙民者也。"周祖谟认为，"徐仙民反骤为在遘，骤为宥韵字，遘为侯韵字，以遘切骤，韵之洪细有殊，故颜氏深斥其非。……疑今本'在'为'仕'之误，仕、在形近而讹。"

⑬"《左传音》"句：椽在定母，徒在澄母，近代学者吴承仕《经籍旧音辩证》二："古声类同。之推以徐邈之反语为不切者，疑其时声在纽定、澄……皆已别异。"周祖谟认为，"椽，徐反为徒缘者，考《左传·桓公十四年》：'以大官之椽，归为卢门之椽。'《释文》：'椽，音直专反。'直专与音和切，徒缘为类隔切，颜氏病其疏缓，故曰不可依信。"

⑭ 讹僻：讹误的意思。据清代学者钱大昕说："读此知古音失传，坏于齐、梁，颜氏习闻周、沈绪言，故多是古非今。"

⑮"《通俗文》"句：据清代学者段玉裁的研究，"搜，所鸠反；兄，许荣反。服虔以兄切搜，则兄当为所荣反，而不谐协。颜时，北俗兄字所荣反，南俗呼

许荣反。颜谓兄侯、所荣二反，虽传闻自古语，而不可用也。"颜之推认为，当时北方读"搜"为兄侯反，此音虽为服虔时的汉代发音，但也不可承用。

⑯"今北俗"句：据周祖谟的研究："'此音'，当指兄侯反而言，颜云兄当所荣反者，假设之辞。其意谓搜以作所鸠反为是，若作兄侯，则兄当反为所荣矣，岂不乖谬。服音虽古，亦不可承用，故曰今北俗通行此音，亦古语之不可用者。"周祖谟认为，段玉裁的说法有问题，不可采信。

⑰"玙璠"句：玙璠，美玉，《说文解字·玉部》说："玙璠，鲁之美玉。"璠，音烦，见《左传·定公五年》"阳虎将以玙璠敛"，现代学者杨伯峻（1909—1992）注："玙璠，音馀烦。"周祖谟认为，依《切韵》，烦、藩同在元韵，烦为奉母，藩为非母，清浊有异。《切韵》璠作附袁反，与颜说正合。

⑱"岐山"句：据周祖谟研究，依《切韵》，奇、衹二字同在《支韵》，都是群母字，而等第有差。颜之推说河北、江南读音不同，只是一个大概的估计吧。

⑲被：通"披"，覆盖，这里是流行的意思。

⑳承案：依据文献典籍。承，传承，依据的意思；案，文案，指文献典籍。

大　意

古今语言，因为时代变迁和习俗变化而有不同；对于那些著述者来说，则因为地处南北，而方言各有差异。在《苍颉训诂》中，"稗"的发音为逋卖反，"娃"的读音为于乖反。《战国策》标"刿"音为"免"；《穆天子传》标"谏"音为"间"；《说文解字》标"戛"音为"棘"，将"皿"读为"猛"；《字林》标"看"音为口甘反，标"伸"为"辛"；《韵集》把"成""仍"，"宏""登"合成两个韵，又把"为""奇""益""石"分成四韵；李登在《声类》中将"系"标音为"羿"；刘宗昌在《周官音》中将"乘"读作"承"：这样的例子还有很多啊！对此，必须详加考辨，予以校订。前代标注的反切，又有很多是不太准确的。如徐仙民在《毛诗音》中将"骤"的反切音标注为"在遘"，《左传音》将"椽"的反切音标注为"徒缘"，像这类不可凭信的反切，也真是太多了！而在当今的一些学者中，读音也存在太多的不正之处；难道古人就是具备了奇特能力的人啊，为什么就一定要沿袭前人呢！《通俗文》说："入室求曰搜。"服虔将"搜"

的反切音标注为"兄侯"。如果是这样的话，那么，"兄"就应该读作所荣反。虽然如今在北方，社会上还通行这个读音，但是，我认为，这也是古语古音中不能沿用的例子。玙璠，是指鲁国的宝玉，"玙璠"的反切音当为"馀烦"，在江南地区，人们都把它读成"藩屏"的"藩"音。而"岐山"的"岐"字，读音应当是"奇"音，而在江南地区人们则都读作"神祇"的"祇"音。江陵陷落以后，以上这两种读音就流传到关中地区了。可是，我还是不知道这两种读音究竟是依据哪些文献典籍啊！总之，或许是我才疏学浅，以前还真没听说到这样的读音呢！

三、李季节对莒、矩发音的区分，可谓深谙音韵之理

北人之音，多以举、莒为矩。唯李季节云①："齐桓公与管仲于台上谋伐莒，东郭牙②望见桓公，口开而不闭，故知所言者莒也。然则莒、矩必不同呼。"③此为知音矣④。

注 释

①"唯李季节云"句：事见《管子·小问》《吕氏春秋·重言》《韩诗外传》卷四、《说苑·权谋》《论衡·权谋》《金楼子·志怪》等书。

②东郭牙：春秋时期齐国的谏臣，齐桓公时期著名的"五杰"之一，为齐国名相管仲所推举。据《吕氏春秋·审分览》，管仲推荐东郭牙时说："犯君颜色，进谏必忠，不辟死亡，不挠富贵，臣不如东郭牙。请立以为大谏之官。"东郭牙敢于直谏，独创了著名的"三色"理论。他说，君王有"三色"："目者、心之符也，言者、行之指也。夫知者之于人也，未尝求知而后能知也，观容貌，察气志，定取舍，而人情毕矣。"（《韩诗外传》卷四）

③"然则"句：据清代学者车庭相《雪泥书屋杂誌》三所说："据颜黄门（即颜之推）、李季节之说，矩音几语反，微闭口言之，而举、莒皆音居倚反，微开口也。今之人皆以举、莒为矩，无复知古读之不同音矣。"据《切韵》，举、莒并在语韵（鱼的上声），矩在麌（读音同"鱼"）韵（虞的上声），北方人不分不同声韵。周祖谟说："此引李季节之言，当见《音韵决疑》。……颜氏举此以见鱼、虞二韵，北人多不能分，与古不合。李氏举桓公伐莒事，以证莒、矩

音呼不同，其言是矣。盖莒为开口，矩为合口。故东郭牙望桓公口开而不闭，知其所言者莒也。"

④ 知音：比喻知己，可以引为同志或同道。典出"高山流水遇知音"，据《列子·汤问》载：伯牙善鼓琴，钟子期善听琴。伯牙琴音志在高山，子期说："巍巍兮若泰山"；琴音意在流水，子期说："洋洋兮若河"。伯牙所念，钟子期必得之。明代小说家冯梦龙在话本作品《俞伯牙摔琴谢知音》中说："恩德相结者，谓之知己；腹心相照者，谓之知心；声气相求者，谓之知音。"

大　意

在北方人的语音中，常常把"举""莒"读成"矩"。只有李季节在《音谱决疑》中指出："齐桓公和管仲在台上商议讨伐莒国的事情，东郭牙远远地看到桓公说话时口张着，没有立马闭拢，因此就判定他们所说的是关于莒国的事情。由此看来，'莒''矩'二字必定发音不同。"他的这个说法，正是深谙音韵的内行话啊！

四、将好、恶的读音，同时读出"物体音"和"人情音"，就不对了

夫物体自有精麤①，精麤谓之好恶②。人心有所去取，去取谓之好恶③。上呼号，下乌故反。此音见于葛洪、徐邈④，而河北学士读《尚书》云好呼号反。生恶于各反。杀⑤。是为一论物体，一就人情，殊不通矣⑥。

注　释

① 精麤：精良与粗劣。语出《礼记·乐记》："礼乐偩天地之情，达神明之德，降兴上下之神，而凝是精粗之体，领父子君臣之节。"郑玄注："精粗，谓万物大小也。"麤，"粗"的异体字。

② 好恶：读音同"郝饿"，形容词，好的和坏的。

③ 好恶：读音同"浩务"，喜好和厌恶的意思。语出《礼记·王制》："命市纳贾，以观民之所好恶，志淫好辟。"

④ "此音"句：指第二种读音。葛洪著有《要用字苑》，徐邈著有《毛诗音》

和《左传音》，据周祖谟研究，"以四声区别字义，始于汉末。好、恶之有二音，当非葛洪、徐邈所创，其说必有所本"。

⑤好生恶杀：怜惜生命，反对杀戮。好、恶，应该读为第二种音，而河北地区人们读为第一种音，所以颜之推认为是读错了。

⑥"是为"句：颜之推所论，是当时的语言发音情况。在古代，两义相因，引申而出，并不稀奇。以声调的改读来区别字义，按照周祖谟的研究，源于汉末。因此，在汉代以前尚无确证，唐代音韵学家陆德明的《经典释文》也就只能说"两音并存"了。

大 意

世上物体的本身就有精良和粗劣之分，精良者，它被人们称为是"好的"；对于那些粗劣的，它就被人们称为是"坏的"。而人心对于这些物体也有发自内心的喜好和厌恶，对于他们喜爱的，就被称为"喜好"，对于他们厌弃的，就被称为"厌恶"。后面的"好"（读音同"浩"）、"恶"（读音同"务"）读音，始于葛洪、徐邈的著作之中。但是，在河北一带，读书人在读《尚书》时，将书中的"好（读音同"浩"）生恶（读音同"务"）杀"读成了"好（读音同"郝"）生恶（读音同"饿"）杀"，这种读法，一个音是就物体的性质而言，一个音是就人的心性而言，两者联系在一起，怎么说得通啊！

五、古代借"父"为"甫"字，但北人不知为何不读"父"为"甫"音

甫者①，男子之美称，古书多假借为父字。北人遂无一人呼为甫者②，亦所未喻③。唯管仲、范增④之号，须依字读尔。管仲号仲父，范增号亚父。

注 释

①甫：据《说文解字》，是男子的美称。如《诗经·大雅·烝民》："保兹天子，生仲山甫。"意思是说，保佑当今的周天子，生下山甫保太平。仲山甫，周宣王时大臣，因封于樊（进河南济源），排行第二，故又称樊仲、樊侯、范仲山甫、樊穆仲。他善于谏君，是周宣王得力的宰辅。

②"北人"句：据周祖谟研究，甫、父二字不同音。北方人不知"父"为"甫"

的假借字，就依字而读，所以颜之推认为是读错了。

③ 喻：明白，了解。

④ 范增：秦末人（前277—前204），楚汉战争中项羽的主要谋士，被尊为"亚父"。居鄹人（今安徽省巢湖西南）。陈胜大泽乡起义时，范增已年届七十。但他不顾高龄，为实现自己的政治理想，长途跋涉投奔项梁，后成为项羽的重要谋士。汉三年，刘邦被困荥阳（今河南省荥阳东北），陈平用离间计破坏楚君臣关系，是范增被项羽猜忌。不久，范增辞官归里，途中生背痈病死。

大 意

甫，是男子的美称。古书大多假借为"父"字。北方人竟然没有一个人将"父"读为"甫"的，这也是一个弄不明白的问题啊。只有管仲、范曾被称为"仲父""亚父"，要按照字的本音读作"父"。

六、"焉"字有不同的用法，相应地有不同的读音，不可混同

案：诸字书，焉者鸟名 ①，或云语词皆音于愆反 ②。自葛洪《要用于愆反字苑》分焉字音训 ③：若训何训安 ④，当音于愆反，"于焉逍遥" ⑤、"于焉嘉客" ⑥、"焉用佞" ⑦、"焉得仁" ⑧ 之类是也；若送句及助词 ⑨，当音矣愆反，"故称龙焉" ⑩、"故称血焉" ⑪、"有民人焉" ⑫、"有社稷焉"、"托始焉尔" ⑬、"晋郑焉依" ⑭ 之类是也。江南至今行此分别，昭然易晓 ⑮；而河北混同一音，虽依古读，不可行于今也。

注 释

① 焉者：焉，据《说文解字·鸟部》："焉，焉鸟，黄色，出于江淮，象形。"清代学者段玉裁注："今未审何鸟也。自借为助词而本义废矣。"者，程本作"字"。

② 语词：即文言虚词，无实际意义。

③ 音训：古代音韵学、训诂学的方法，注音释义，以求通达。

④ 若训何训安：如果是将"焉"训为"何"或者是"安"这样的疑问代词之类。何、安，在古汉语里都是疑问代词，"焉"的第一语义也是疑问代词。

⑤于焉逍遥：语出《诗经·小雅·白驹》："所谓伊人，于焉逍遥。"意思是说，我所说的那位贤人啊，请你就在这儿逍遥吧！焉，指示代词，这里、这儿的意思。

⑥于焉嘉客：语出《诗经·小雅·白驹》："所谓伊人，于焉嘉客？"意思是说，我所说的那位贤人啊，为什么不就在这儿做客尽情欢乐呀？焉，也是用作指示代词。

⑦焉用佞：语出《论语·公冶长篇》："或曰：'雍也仁而不佞。'子曰：'焉用佞？御人以口给，屡憎于人，不知其仁。焉用佞？'"焉，用作指示代词，哪里的意思。

⑧焉得仁：语出《论语·公冶长篇》："曰：'未知。焉得仁？'"焉，用作指示代词，哪里的意思。

⑨送句：古文里的句末语气词，无实际意义。王利器在《颜氏家训集解》中说："古言文章，有发送之说：发句安头，送句施尾。"

⑩故称龙焉：语出《易经·坤·文言》："为其嫌于无阳也，故称龙焉。"焉，用为语尾词。

⑪故称血焉：语出《易经·坤·文言》："犹未离其类也，故称血焉。"焉，用为语尾词。

⑫有民人焉：语出《论语·先进篇》："有民人焉，有社稷焉，何必读书，然后为学？"焉，用为语尾词。

⑬托始焉尔：语出《春秋公羊传·隐公二年》："曷（读音同"何"）托始焉尔？《春秋》之始也。"

⑭晋郑焉依：语出《左传·隐公六年》："周桓公言于王曰：'我周之东迁，晋、郑焉依。'"王利器认为，焉是语助词，就是指晋国和郑国相依为邻。

⑮"江南至今"句：据周祖谟研究，焉音于愆反，用为副词，即安、恶一声之转；焉音矣愆反，用为助词，即矣、也一声之转。前者为影母字，后者为喻母字。昭然，显而易见，明明白白的样子。语出《礼记·仲尼燕居》："三子者，既得闻此言也，於夫子，昭然若发蒙矣。"

大　意

据查考：各种字书都将"焉"字释为鸟名，还有的将"焉"释为虚词，注音为于愆反切。从晋人葛洪的《要用字苑》开始，才正确区分了"焉"字的读音和字义。如果将"焉"解释为"何""安"，就应当读为于愆反切，古籍里说的"于焉逍遥""于焉嘉客""焉用佞""焉得仁"等等句子，就是这样的；如果将"焉"字用作句末语气词或者是句中语助词，就要读作矣愆反切，诸如典籍里说的"故称龙焉""故称血焉""有民人焉""有社稷焉""托始焉尔""晋郑焉依"等等句子，就是这样的。在江南地区，人们至今依然通行这两种不同的读音，表达的意思就再明白不过了。可是，在河北一带，人们将两种读音混成一个音，这虽然是依从了古代的读音，但在如今就行不通了。我们可不能泥古不化啊！

七、"邪"字，是表示疑问的语气词

邪音琊。者，未定之词①。《左传》曰："不知天之弃鲁邪？抑鲁君有罪于鬼神邪？"②《庄子》云："天邪地邪？"③《汉书》云："是邪非邪？"④ 之类是也。而北人即呼为"也"字，亦为误矣⑤。难者曰："《系辞》云：'乾坤，《易》之门户邪？'⑥ 此又为未定辞乎？"答曰："何为不尔？上先标问，下方列德以折之尔。"⑦

注 释

① 未定之词：表示疑问的用词。未定，有疑问而不能决定。下文《左传》《庄子》和《汉书》诸例，表示选择疑问；《易经·系辞》的例句，颜氏认为是表示反问句。

② "不知"句：见《左传·昭公二十六年》："不知天之弃鲁邪，抑鲁君有罪于鬼神故及此也？"杨伯峻注，"也"作"邪"用。

③ 《庄子》句：语出《庄子·大宗师》："至子桑之门，则若歌若哭，鼓琴曰：'父邪？母邪？天乎？人乎？'"卢文弨注，当作"父邪母邪"，合乎原意。

④ 《汉书》句：语出《汉书·外戚传》。汉武帝为李夫人作《李夫人歌》："是邪？非邪？立而望之，偏何姗姗其来迟。"

⑤ "而北人"句：清代学者赵曦明认为："呼邪为也，今北人俗读犹尔。"周祖谟认为，邪、也，在古代多通用。只是后世音韵有异，《切韵》邪以遮反，

在《麻韵》；也以者反，在《马韵》。

⑥"难者曰"句：语出《易经·系辞下》。乾坤，分别指乾卦和坤卦。

⑦"答曰"句：列德，逐一论述阴阳之德。吴承仕认为："'列德'当作'劾德'。"《易经·系辞下》说："乾，阳物也。坤，阴物也。阴阳合德，而刚柔有体，以体天地之撰，以通神明之德。"折，裁决的意思。列，程本作"左边为交右边为刀"。

大　意

邪，读音为"耶"，是表示疑问的语气词。《左传》上说："不知天之弃鲁邪？抑鲁君有罪于鬼神邪？"《庄子》里说："天邪地邪？"《汉书》上说："是邪非邪？"诸如此类的"邪"字用法，都是如此。而在北方，人们将"邪"字读成"也"字，这就错了。有人反驳我说："《系辞》上说：'乾坤，《易》之门户邪？'这个'邪'字难道也是表示疑问的语气词吗？"我回答他，说道："谁说不是呢！这句话在前面先提出问题，然后才阐明阴阳之德的道理，用'合德'的标准来裁定人们的疑问啊！"

八、将"自败"与"败人"的"败"字读为一音，是忽略了两音之别

江南学士读《左传》，口相传述①，自为凡例②。军自败曰败，打破人军曰败③。补败反。诸记传未见补败反，徐仙民读《左传》，唯一处有此音，又不言自败、败人之别，此为穿凿尔④。

注　释

①传述：传授。语出《后汉书·西域传论》："张骞但著地多暑湿，乘象而战，班勇虽列其奉浮图，不杀伐，而精文善法导达之功靡所传述。"

②凡例：即"发凡起例"，作文、著述的体例、章法。语出西晋杜预（222—285）《春秋经传集解序》："其发凡以言例，皆经国之常制，周公之垂法，史书之旧章。"又，《左传·隐公七年》："凡诸侯同盟，于是称名，故薨则赴以名，告终称嗣也，以继好息民，谓之礼经。"杜预注："此言凡例，乃周公所制礼经

也。"后世以"凡例"指对著作内容、编纂体例的说明性文字。

③"军自败"句：见敦煌本《切韵·去声·十七夬（读音同"怪"）》；《广韵·夬》《经典释文·叙录》同。颜氏本参与《切韵》，音韵厘定，多江南之音。《广韵》源自《切韵》，陆德明《释文》又承颜说，故有此一说。周祖谟认为："案：自败、败人之音有不同，实起于汉、魏以后之经师，汉、魏以前，当无此分别。徐仙民《左传音》亡佚已久，惟陆氏《释文》存其梗概。《释文》于自败、败他之分，辨析甚详。……考《左传·隐公元年》：'败宋师于皇。'《释文》云：'败，必迈反，败佗也，后放此。'斯即陆氏分别自败、败他之例。他如'败国''必败''败类''所败''侵败'等败字，皆音必迈反。必迈、补败音同。是必江南学士所口相传述者也。尔后韵书乃兼作二音，……即承《释文》而来。北迈与必迈、补败同属帮母，薄迈与蒲迈同属并母，清浊有异。卢氏引《左传》哀公元年'自败败我'《释文》无音一例，以证本不异读，非是。盖此或《释文》偶有遗漏，卷首固已发凡起例矣。"

④"诸记传未见"句：据王利器《颜氏家训集解》注引清代学者钱大昕之言："《广韵·十七夬》部，败有薄迈、补迈二切，以自破、破他为别，此之推指为穿凿者。"穿凿，牵强附会、生拉硬扯的意思。语出《汉书·礼乐志》："以意穿凿，各取一切。"

大　意

江南地区的读书人学习《左传》，都是借助口耳相传的方式，自定读音章法，如将军队自败的"败"字读成"败"（蒲迈反切），将打败别国军队的"败"字也读成"败"（补迈反切）。我留意过，在各种传记中，都没有见过"补败反切"这个注音。徐仙民读《左传》，只有一处是这种读音，但却不注明自己溃败与打败别人的分别。依我看，这是他自己的意见，这就显得太牵强了。

九、王公外戚不学无术，他们的读音经常闹笑话

古人云："膏粱难整。"① 以其为骄奢自足②，不能克励③也。吾见王侯外戚，语多不正，亦由内染贱保傅④，外无良师友故尔⑤。梁世有一侯，尝对元帝饮谑⑥，自陈"痴钝"，乃成"飔段"⑦。元帝答之云："飔异凉风，段

非干木。"⑧谓"郢州"为"永州"⑨，元帝启报简文，简文云："庚辰吴入，遂成司隶。"⑩如此之类，举口皆然。元帝手教诸子侍读⑪，以此为诫。

注　释

①"古人云"句：语出《国语·晋语七》："栾伯请公族大夫，公曰：'荀家惇惠，荀会文敏，黡（读音同"眼"）也果敢，无忌镇静，使兹四人者为之。夫膏粱之性难正也，故使惇惠者教之，使文敏者导之，使果敢者谂之，使镇静者修之。惇惠者教之，则遍而不倦；文敏者导之，则婉而入；果敢者谂之，则过不隐；镇静者修之，则壹。'使兹四人者为公族大夫。"韦昭（204—273）注："膏，肉之肥者；粱，食之精者。"后世借指富贵人家及其后嗣。如东晋袁宏的《后汉纪·顺帝纪二》："诸侍中皆膏粱之馀，势家子弟，无宿德名儒可顾问者。"

②骄奢：骄横奢侈的行为或品行。语出《战国策·齐策四》："居上位，未得其实，以喜名者，必以骄奢为行。"

③克励：克制私欲，力求上进。

④保傅：古代保育、教导太子等贵族子弟以及未成年的帝王、诸侯的男女官员，称为保傅。语出《战国策·秦策三》："居深宫之中，不离保傅之手。"

⑤良：程本作"贤"。

⑥尝：程本作"当"。

⑦"自陈"句：痴钝，迟钝的意思。飔，读音同"思"，凉风。如南朝宋诗人谢朓作《在郡卧病呈沈尚书》："珍簟（读音同"店"，竹席）清夏室，轻扇动凉飔。"

⑧"元帝答之"句：干木，疑为段干木，战国时期魏文侯时人。意思是说，"飔"不是凉风，而是"痴"；"段"也不是指"段干木"而是指"钝"。据南宋人曾慥编《类说》卷六《庐陵百官下记》："有武将见梁元帝，自陈'痴钝'，乃讹为'飔段'，帝笑曰：'飔非凉风，段非干木。'"

⑨"谓'郢州'"句：据周祖谟研究："谓'郢州'为'永州'，则声韵皆非矣。郢《切韵》以整反，在《静韵》；永，荣昞反，在《梗韵》。梗、静韵有洪杀，以、荣有等差，岂可混同？其音不正，是不学之过也。"简文，即南朝梁简文帝萧纲。

⑩"简文云"句：典分别出自《左传·春秋·定公四年》《后汉书·鲍永传》。"(定公四年)冬，十有一月庚午，蔡侯以吴子及楚人战于柏举，楚师败绩。楚囊瓦出奔郑。庚辰，吴入郢。"这里是以"庚辰吴入"为谜面，以"郢"作谜底。鲍永(西汉末至东汉初人)三代为司隶校尉。这里用"司隶"作谜面，以"永"作谜底。其含义是："郢"竟然变成了"永"，这就成笑谈了。

⑪侍读：陪侍帝王读书论学或为皇子授书讲学。

大　意

古人说："豪门贵族子弟是难以调教的。"因为他们骄横自大，不能约束自己，努力追求上进。我见过那些王公贵族和外戚显贵，他们的语言多不纯正。这是因为他们在朝内自小就受到浅陋不堪的保傅熏陶、在朝外受到低能师友影响的缘故。梁朝有一位侯王，曾经和梁元帝吃酒开玩笑，自称为"痴钝"，却将这两个字念成"飔段"。读音虽然不同，但梁元帝还是明白了他所说的意思，于是回答道："按照你的读音，'飔'就不是指凉风，而'段'也不是指'段干木'了。"这位老兄又将"郢州"读为"永州"。梁元帝索性将这个笑话告诉了简文帝，简文帝说："哦，闹笑话了！此公将庚辰日吴人攻入楚国的都城'郢'，读成了后汉司隶校尉鲍永的'永'。"如此之类的笑话，那些王公贵族张口即是啊！梁元帝亲自教授王子们读书，选用这些笑话作为案例，是为了让他们引以为戒吧！

十、切"攻"字为"古琮"，与"工""公""功"三字不同，实在是错得太远了

河北切攻字为古琮，与工、公、功三字不同，殊为僻也①。比世有人名暹，自称为纤②；名琨，自称为衮③；名洸，自称为汪④；名礿，音药。自称为鸮⑤。音烁。非唯音韵舛错⑥，亦使其儿孙避讳纷纭矣。

注　释

①"河北切公字"句：据周祖谟研究，攻字《切韵》(敦煌本)有二音：一训击，在东韵，与工、公、攻同组，音古红反；一训伐，在冬韵，音古冬反。

二者声同韵异。这里所说的河北切为"古琮"，即与古冬反音相合。颜氏认为，当为古红反，入东韵。僻，偏差。

②暹、纤：据《切韵》《广韵》并息廉反，在《盐韵》，颜氏所读当与《切韵》同。疑此"纤"字或为"歼""瀸"等字之误。歼、瀸，《切韵》子廉反，亦《盐韵》字，而声有误。暹，心母；歼，精母也。二字声异韵同，自有分别。

③琨、衮：琨，《切韵》古浑反，在《魂韵》；衮，古本反，在《混韵》。一为平声，一为上声。读"琨"为"衮"，则四声有误。

④洸、汪：洸，《切韵》古黄反；汪，乌光反。二字同在《唐韵》，而洸为建母，汪为影母。读"洸"为"汪"，牙喉音相乱。

⑤爚、猰：据《切韵》，爚读音为"药"，喻母字；猰，审母字。二字声异韵同。

⑥舛错：错乱。语出《后汉书·鲁恭传》："一物有不得其所者，则天气为之舛错。"舛，读音同"喘"，错乱的意思。

大　意

河北地区的人反切"攻"字为"古琮"，与"工""公"和"功"三个字的读音不同，这就错得太远了。当代有个名字叫"暹"的人，自称为"歼"；有个人名叫"琨"，自称是"衮"；有个人名叫"洸"，自称是"汪"；有个人名叫"爚"，自称是"猰"。这样的读音就不仅仅是在音韵上出错了，而且也使后辈子孙在避讳上变得无所适从了啊！

杂艺第十九

提　要

从周朝开始，由宫廷教育拓展到官学，学校教育的主要内容是"六艺"，即礼（仪礼）、乐（音乐）、射（弓箭）、御（骑马）、书（书法）和数（算术）。从春秋时期孔子开私学，私学兴起，百家争鸣，儒、法、道、墨、农、兵、医、名、阴阳等等诸家之学，率相成为人们学习的内容，进入教学的视野。公元前 213 年和公元前 212 年，秦始皇"焚书坑儒"，焚毁书籍、坑杀"犯禁者四百六十余人"之后，"及至秦之季世，焚诗书，坑术士，六艺从此缺焉"（《史记·儒林列传》），百家凋零，法家最盛，儒家遭受打击最大。西汉初年，统治者实行"与民休息"的"让步"政策，尊奉黄老之学，主张无为而治的政治思想，在道家复兴的同时，儒家得以苏醒、复活，一系列儒家典籍得到传承、整理。特别是到了汉武帝时代，随着国家日益强盛，原有的统治思想再也不能适应国家发展的需要了，于是，汉武帝"罢黜百家，独尊儒术"，"内儒外法，杂以百家之学"。至此，儒学经历从秦始皇到汉武帝百年之间的政治、经济、社会和文化巨变后，顺势而发，与时俱进，实现了凤凰涅槃，在汉武帝以后的中国传统社会，终于成为显学，成为名副其实的"郎博万"（No.1），或者说是最引人瞩目的"一号小提琴手"。即使是在魏晋以后，儒、释、道三足鼎立，而又相互渗透，呈现合流之势，儒家及其学说在千百年间，已然一股独大，成为主流。这就是颜之推要为子孙写下一篇"杂艺"家训的历史条件和文化背景。在一定的时代条件下，人们学什么、干什么，可是要有时代感和现实导向啊！

有主必有次，有要就有杂，这就是主业与杂学的由来。颜之推认为，除了儒学以外，其他都是杂学。在南北朝时期，儒家及其儒学的范围与范畴，似乎要比传统儒家及其儒学的口径小得多，仅仅只包含经学、史学和辞章之学，其他方面的知识、技能，如书法、绘画、射箭、医术、弹琴、博弈、投壶、卜筮、算术等等，都在"杂学"之列。这种划分，在颜之推的时代，并非个案，应该是一种时代的认识，或上流社会的共识。据《南史·张欣泰传》："欣泰负弩射雉，恣情闲放，声伎杂艺，颇多开解。"这就是一条有力的旁证。人们欣羡什么，追求什么？低看什么，排斥什么？行为选择择业审美，往往是与时代的价值观密切联系在一起的。因为有这样价值取向和学术界域划分，主次分明，颜之推极力推崇"素业""儒雅"，希望子孙们学习、从业的注意力要聚焦儒学这个主业上，至于说其他的，"微须留意"就行，不必精专，颜之推列举了若干例子，说明"旁骛害身"，如书法写得好了，绘画画得好了，射箭射得好了，音乐弹奏弹得好了，就有人请托，就会受达官贵人征派役使，即他所说的"巧者劳而知者忧，常为人所役使，更觉为累"；卜筮、算术、医术、博弈太投入了，就会耗费时间、精力，用他的话说"亦无益也"。约言之，颜之推从不同门类杂学列举的反证，都是要强调他的中心思想："以儒学为主，兼学别样；精专儒学，兼涉杂学"；"直运素业"，不仅不会蒙羞，反会受益（"向使三贤都不晓画，直运素业，岂见此耻乎？"）。所以，在文中，颜之推一再挑明自己的学术趋向与职业追求，就是潜心儒学，追慕素业；至于杂学，则是"不愿汝辈为之"。这既体现了颜之推的教育思想和择业思想，也映现了南北朝时期人们的择业就业趋势和学术文化态势。

一、楷书和草书，只需稍加留意就行了

真草书迹 ①，微须留意 ②。江南谚云："尺牍书疏，千里面目也。"③ 承晋、宋余俗，相与事之 ④，故无顿狼狈者 ⑤。吾幼承门业 ⑥，加性爱重，所见法书亦多 ⑦，而翫习功夫颇至 ⑧，遂不能佳者，良由无分故也 ⑨。然而此艺不须过精。夫巧者劳而智者忧 ⑩。常为人所役使 ⑪，更觉为累。韦仲将遗戒 ⑫，深有以也 ⑬。

注　释

① 真草：指书法的真书和草书。汉代以后，由隶书衍生出正楷体和草书体。前者明显地留有隶书的痕迹，故称真书；后者称为草隶或者章草，到颜之推的时代，草书独立发展，已经脱离隶书而定型。

② 留意：留心，对事物发展的状态予以关注。语出《战国策·秦策一》："以大王之贤，士民之众，车骑之用，兵法之教，可以并诸侯，吞天下，称帝而治，愿大王少留意，臣请奏其效。"

③ "江南谚语"句：现代文史专家刘盼遂（1896—1966）在《颜氏家训校笺》中说："此文当是'书疏尺牍，千里面目。'牍与目为韵。"尺牍，即古代书信的雅称。在造纸术发明以前，古人将文字刻在木简上，书信也是如此。木简，简称牍，通常一尺长的样子。而汉代的诏书则写在一尺一寸的书版上，称作"尺一牍"，简称"尺牍"。

④ 相与：共同、一道的意思。语出《孟子·公孙丑上》："又有微子、微仲、王子比干、箕子、胶鬲，皆贤人也。相与辅相之，故久而后失之也。"

⑤ 狼狈：两种野兽名。狈是传说中一种似狼的野兽，前腿短，行走必驾两

狼，没狼则不能行走。卢文弨说："故以喻人造次之中，书迹不能善也。"这里是比喻艰难窘迫的样子。语出《后汉书·任光传》："更始二年春，世祖自蓟还，狼狈不知所向，传闻信都独为汉拒邯郸，即驰赴之。"

⑥ 门业：世代相传的事业。据《梁书·颜协传》，颜之推父亲颜协"博涉群书，工于草隶"。又，据南宋书刻家陈思《书小史》七说，颜协"工草隶飞白"。可见，颜之推是书香之家。

⑦ 法书：指书帖。法，效法、模仿。

⑧ 翫习：钻研。语出《三国志·魏志·高贵乡公髦传》："主者宜勑自今以后，群臣皆当翫习古义，脩明经典，称朕意焉。"翫，"玩"的异体字。

⑨ 良由：实在是由于。良，的确；由，因为。

⑩ "夫巧者劳"句：语出《庄子·列御寇》："巧者劳而知者忧，无能者无所求。"

⑪ 役使：差遣的意思。语出《管子·轻重丁》："故智者役使鬼神，而愚者信之。"

⑫ "韦仲将"句：韦仲将，即韦诞，字仲将，京兆杜陵（今陕西省西安市东南）人。三国时期魏国书法家，善楷书，官至光禄大夫。据《世说新语·巧艺》："韦仲将能书。魏明帝起殿，欲安榜，使仲将登梯题之。既下，头鬓皓然。因敕儿孙勿复学书。"遗戒，即指韦仲将告诫子孙不要学习书法。戒，通"诫"，告诫。

⑬ 以：原因。

大　意

楷书和草书，只要稍加留心学习就够了。江南的民谚说得好："虽然书信不过咫尺大小，但却是你在千里之外展示给亲朋看的颜面啊！"（相当于今天民间流传"字是人的脸面"的话。）今人继承了魏晋、刘宋以来的遗风，大家都喜爱书法并竞相学习，所以在书法方面就显得很轻松惬意。我年少就继承家风，加上生性喜欢书法，所以很留心欣赏各家名帖，这样在钻研书法上就花费了不少时间。尽管如此，我的书法造诣终究不高，这大概是我缺少这方面天赋的缘故吧！当然，对于书法来说，也没有必要将这门技艺学得太精通。古人说："巧者多劳，智者常忧。"字写得太好了，时常会受人支使，这样，精通书法反而就成为一种包袱了。魏国书法家韦仲将给子孙留下遗言，告诫后世子孙不要学习书法，这确实是很有道理的话啊！

二、有书法方面的突出才能，往往会掩盖其他方面的优势

王逸少风流才士①，萧散名人②，举世惟知其书③，翻以能自蔽也④。萧子云每叹曰⑤："吾着《齐书》，勒成一典，文章宏义，自谓可观⑥。唯以笔迹得名，亦异事也。"王褒地胄清华⑦，才学优敏，后虽入关⑧，亦被礼遇⑨。犹以书工⑩，崎岖碑碣之间⑪，辛苦笔砚之役，尝悔恨曰⑫："假使吾不知书，可不至今日邪？"以此观之，慎勿以书自命⑬。虽然，厮猥之人⑭，以能书拔擢者多矣⑮。故道不同，不相为谋也⑯。

注 释

①"王逸少"句：王逸少，即东晋著名书法家王羲之。风流，指人物风雅潇洒。语出《后汉书·方术传论》："汉世之所谓名士者，其风流可知矣。"才士，有才华的人。语出《庄子·天下》："虽然，墨子真天下之好也，将求之不得也，虽枯槁不舍也，才士也夫！"

②萧散：潇洒的意思，形容举止、神情、风格等自然洒脱，不受拘束。语出西汉刘歆的《西京杂记》卷二："司马相如为《上林》《子虚》赋，意思萧散，不复与外事相关。"

③举世：满世界、全天下，形容广大。语出《庄子·逍遥游》："举世誉之而不加劝，举世非之而不加沮。"

④"翻以能"句：翻，反而的意思。自蔽，自我局限，无视客观实际。语出《汉书·艺文志》："安其所习，毁所不见，终以自蔽。"

⑤"萧子云"句：萧子云著《齐书》，据《梁书·萧子恪传》"子恪第八弟子显著《齐书》六十卷"，子云"善草隶，为世楷法"。另据《梁书·萧子云传》，子恪第九弟子云撰《晋书》一百一十卷，《东宫新记》二十卷。看来是颜之推误记，将哥哥萧子显当成了弟弟萧子云。着，通"著"。宏义，大意的意思。宏，程本作"弘"。

⑥可观：值得一看，指达到了较高的层次。语出《易经·序卦》："物大，

然后可观。"

⑦ "王褒"句：王褒（"褒"的异体字），南北朝时期著名的书法家、文学家；地胄清华：地胄，南北朝时期，称皇族帝室为天潢，世家豪门为地胄。后世泛指门第。地，通"第"，门第。胄，读音同"昼"，帝王后裔。清华，指门第高清显贵。

⑧ 入关：据《周书·王褒传》，王褒在梁为吏部尚书、左仆射。承圣三年（554），江陵城被西魏攻破，王褒被送往长安。长安在函谷关以西，故称"入关"。

⑨ 礼遇：以礼相待。语出《后汉书·礼仪志上》："明日皆诣阙谢恩，以见礼遇，大尊显故也。"

⑩ 书工：指工于书法，对书法尤为擅长的意思。

⑪ "崎岖"句：崎岖，本指山路不平，引申为经历曲折。语出《史记·燕召公世家》："燕外迫蛮貉，内措齐晋，崎岖彊国之间，最为弱小。"碑碣古人将方形的石刻称为碑，将圆形的石刻称为碣。

⑫ 悔恨：懊悔的意思。语出《史记·孝武本纪》："天子既诛文成，后悔恨其早死，惜其方不尽，及见栾大，大悦。"

⑬ 自命：自以为，自己认为。

⑭ 厮猥：指地位卑下的人。

⑮ 拔擢：选拔提升的意思。语出西汉扬雄的《剧秦美新》："拔擢伦比，与群贤并。"擢，读音同"卓"，提拔。

⑯ "道不同"句：语出《论语·卫灵公篇》："子曰：'道不同，不相为谋。'"意思是走不同道路的人，时不能在一起谋划事情的。比喻意见或志趣不同的人就无法在一起共事。

大　意

王羲之风雅潇洒，才华横溢，是位潇洒散淡的名人。满世界的人都知晓他的书法天才，反倒是将他其他方面的才能与品德给忽略了。萧子云时常感叹说："我著作《齐书》，编成一朝要典，所展示的文才和抒发的大意，自认为是值得一读的，可是，却因为自己的书法好而为世人所称道，人们似乎忘记了齐书》是一本了不起的佳作，这真是怪事啊！"王褒出身名门，身份高贵，才优学敏，尽管后来入关到了北周，但还是受到当世尊重。而他工于书法，颇有名声，人们竞相延揽，使他常在碑碣之间劳碌奔波，在笔砚上辛苦经营。他曾经后悔地说："假如我不擅书法，或许就不会落到今天这个样子吧？"从这件事上看，千万不要以擅长书法而自命不凡。话虽如此，那些门第地位低下的人，还是因为擅长书法而得到提拔晋升，这样的例子也还是不少的。所以，古人说："道不同，不相为谋。"

三、王羲之堪称书法渊源

梁武秘阁散逸以来[1]，吾见二王[2]真草多矣，家中尝得十卷。方知陶隐居[3]、阮交州[4]、萧祭酒[5]诸书，莫不得羲之之逸体，故是书之渊源[6]。萧晚节所变[7]，乃是右军年少时法也。

注　释

①"梁武"句：据颜之推《观我生赋》；"人民百万而囚虏，书史千两而烟飏。"侯景之乱中，梁朝秘阁书籍图册多有损毁；乱后，梁元帝将所剩图书移往江陵。在江陵陷落前夕，梁元帝将这些书籍以及自己平生所收集的十四万图书一并焚毁。这是继秦始皇"焚书"以来又一次严重的"焚书"事件。秘阁，即内府，皇宫收藏图书秘籍之所。梁武帝时期，皇家曾收集了大量珍贵图书典册，收藏于秘阁。武，程本、抱经堂本作"氏"。

②二王：指"书圣"王羲之和儿子王献之。王献之（344—386），字子敬，小名官奴，生于会稽山阴（今浙江省绍兴市）。东晋著名书法家、诗人、画家，王羲之第七子、晋简文帝司马昱之婿。

③陶隐居：即齐梁间道士、医家、文学家陶弘景，曾辞官隐居曲山（茅山），自号华阳居士。

④阮交州：即阮研，曾任交州刺史。阮研，字文几，南朝梁陈留（今河南省开封市东南）人。书法以行草闻名于世。

⑤萧祭酒：即萧子云，曾任萧梁朝国子监祭酒。以官名代人名，在古代为敬称。如唐代书法家张怀瓘（读音同"贯"）在《书断》中说，陶弘景"时称与萧子云、阮研，各得右军一体"。如后文的"右军"，指王羲之，因王羲之曾

任右军参军，后世多称为"王右军"，而不呼其名，以示尊敬。

⑥ 渊源：本指水的源头，泛指事物发展的依据。语出《汉书·董仲舒传赞》："仲舒遭汉承秦灭学之后，《六经》离析，下帷发愤，潜心大业，令后学者有所统壹，为群儒首，然考其师友渊源所渐，犹未及乎游夏，而曰笃晏弗及，伊吕不加，过矣。"

⑦ 晚节：晚年。语出《史记·外戚世家论》：吕后"及晚节色衰爱弛，而戚夫人有宠"。

大　意

梁朝秘阁珍藏的典籍图册散佚以来，我还是见到了王羲之和王献之父子的很多楷书、草书遗墨，我们家也收藏了他们的作品达十卷之多。看了这些书法作品后，才知道陶隐居、阮交州和萧祭酒等人的书法，没有一个不是临摹王羲之书法体的，所以说，王羲之是书法的源头，是现在人们学习书法的榜样。萧祭酒晚年的书体有所变化，这是他在模仿王羲之年少时的写法，并不是他在刻意创新啊！

四、书写中随意改变字体结构，危害很大

晋、宋以来，多能书者。故其时俗，递相染尚①，所有部帙②，楷正可观，不无俗字，非为大损。至梁天监之间③，斯风未变。大同之末④，讹替滋生⑤。萧子云改易字体，邵陵王颇行伪字⑥。一本注："前上为草，能傍作长之类是也。"⑦ 朝野翕然，以为楷式，画虎不成⑧，多所伤败⑨。至为一字，唯见数点⑩，或妄斟酌，逐便转移。尔后坟籍⑪，略不可看。北朝丧乱⑫之余，书迹鄙陋，加以专辄造字，猥拙⑬甚于江南。乃以百念为忧，言反为变，不用为罢，追来为归，更生为苏，先人为老⑭，如此非一，徧满经传。唯有姚元标工于草隶⑮，留心小学。后生师之者众。泊于齐末，秘书缮写⑯，贤于往日多矣。

注　释

① 染尚：受到濡染，推崇备至。

② 部帙：泛指书籍。帙，读音同"至"，包书的套子。有时又用作量词，书的一函，称为一帙。

③ 天监：梁武帝年号，前后 18 年，自 502—519 年之间。

④ 大同：梁武帝年号，前后 11 年，自 535—545 年之间。

⑤ 讹替滋生：讹替，错误的字和替代的字。滋生，产生的意思。汉末徐干（170—217）《中论·考伪》："万事杂错，变数滋生，乱德之道，固非一端而已。"

⑥ 邵陵王：梁武帝第六子萧纶，字世调，"少聪颖，博学善属文，尤工尺牍"。天监十三年（513）被封为邵陵郡王，食邑两千户。事见《梁书·邵陵王萧纶传》。

⑦ "一本注"句："前上为草能傍作长之类是也"，程本作正文。

⑧ 画虎不成：成语，"画虎不成反类狗"的省称，形容刻意模仿，但不逼真，显得不伦不类的样子。语出《后汉书·马援传》"诫兄子书"："效季良不得，陷为天下轻薄子，所谓画虎不成反类狗者也。"

⑨ 伤败：本指作战受挫失败，这里引申为败坏，指风俗之类。语出《管子·任法》："故遵主令而行之，虽有伤败，无罚。"

⑩ "至为一字"句：对于此句，学术界有不同的解释。如果理解成用"一"代替"数点"，则较为通顺。如"丞"字，下部本为"一"字，草书则写作"四点"；又如，"杰"字的下部本为"四点"，草书时则写作"一"字。据学者考证，在北魏《贾思伯碑》《司马昞墓志》至《元诠墓志》中，都有通例。

⑪ 坟籍：古代典籍。语出《后汉书·郭太传》：郭太"就成皋屈伯彦学，三年业毕，博通坟籍"。坟，特指古代典籍，《三坟》的简称。典出《左传·昭公十二年》："是良史也，子善视之。是能读《三坟》《五典》《八索》《九丘》。"杜预注："皆古书名。"西汉经学家孔安国《尚书序》："伏羲、神农、黄帝之书，谓之《三坟》。"

⑫ 丧乱：遭遇死亡祸乱，多指社会动荡不安。语出《诗经·大雅·云汉》："天降丧乱，饥馑荐臻。"《诗经·大雅·桑柔》："天降丧乱，灭我立王。"

⑬ 猥拙：拙劣的意思。

⑭ "百念为忧"六句：写法多见于《龙龛手鉴》（四卷，辽僧行均撰）。百念为忧，《龙龛手鉴·心部二》将"百念"合成一字，写作上下结构，念成"忧"；

不用为罢,《龙龛手鉴·不部》将"不用"合成一字,写作上下结构,即"甭",读音同"弃";追来为归,《龙龛手鉴·来部》将"追来"合成一字,写作左右结构,读音同"归"。不过,陈直考证认为,"音反为变,不用为罢,不见于北朝各石碑"。先人为老、更生为甦,据清代学者顾炎武(1613—1682)《金石文字》,"先人"合成一字,左右结构;"更生"合成一字,写作左右结构为"甦"(读音同"酥",也写作"苏");如此,"今人犹作之"。

⑮"唯有"句:分别见于《魏书·崔玄伯传附崔浩传》和《北史·崔浩传》:"左光禄大夫姚元标以工书知名于时。"姚元标,魏郡(今河南省安阳市北)人,著名书法家。草,程本、抱经堂本作"楷"。

⑯缮写:誊写、抄写之类的工作。语出刘向《序》:"其事继春秋以后,讫楚汉之起,二百四十五年间之事皆定,以杀青,书可缮写。"

大　意

晋朝、刘宋以来,擅长书法的人,可以说实在是太多了!在书法家的引领下,爱好书法,比一比谁的字写得好,成为一时风尚。那时,所有书籍的字体,都是使用楷书正体,可谓十分美观啊!当然,其中也并不是没有俗字,但这也无伤大雅。这种风尚一直延续到梁武帝天监年间,也没有些许改变。但是,到了大同末年,错讹字、异体字就不断产生了。萧子云改变字体结构,邵陵王使用不规范的自造字,受到社会上下追慕,好像不这样就不创新一样。但是,这种标新立异的效果却并不好啊,好比是成语所说的"画虎不成反类狗",对于书法规范产生了很大冲击。以至于写一个字,简化得只能看到几个点,有的还随意安排字体结构,任意改变字形偏旁部首的位置,这就太离谱了。从此以后,这样书写的古籍,就不堪入目了。北朝在经历社会动乱之后,字迹潦草不堪,再加上很多生造的字散落其间,书法的拙劣程度就远远超过江南了!譬如,竟然出现了将"百念"合成写为一个字当作"忧"字的,将"言反"合成写为一字当作"变"字的,将"不用"合成写为一字当作"罢"字的,将"追来"合成写为一字当作"归"字的,将"更生"合成写为一字当作"甦"字的,将"先人"合成写为一字当作"老"字的等等。像这样的情况并不是个别现象,而是普遍存在于各种经典之中啊!那时,只有姚元标擅长楷书和隶书,他还专心研究小学,跟随他研习书法和小学的门生很多。直到齐朝末年,秘阁书籍的缮写，就变得比以往好多了。

五、世俗传言，颇误后人

江南闾里间有《画书赋》，此乃陶隐居弟子杜道士所为。其人未甚识字，轻为轨则①，托名贵师②，世俗传信，后人颇为所误也③。

注　释

① 轨则：规则、准则的意思。语出《史记·律书》："王者制事立法，物度轨则，壹禀于六律。"

② 托名贵师：假托名师，指假托杜道士的师傅陶隐士（陶弘景）。托名，假借他人之名，以抬高身价。语出《汉书·韦玄成传》："微哉，子之所托名也。"

③ 人：程本、抱经堂本作"生"。

大　意

江南民间流传的《画书赋》，是出自陶弘景弟子杜道士之手的作品。杜道士这个人啊，文化不高，识字不多，居然就轻率地制定了一些书法准则，还假托是他的名师传授的，以此抬高这些准则的权威性。既然是名家的经验和理论总结，人们也就信以为真，传播开来。殊不知，这些假托名家的所谓经验和理论，使青年后学受害匪浅啊！

六、与其擅长画绘之工，不如专注素业于成

画绘之工①，亦为妙矣。自古名士，多或能之。吾家尝有梁元帝手画蝉雀白团扇及马图②，亦难及也。武烈太子偏能写真③，坐上宾客④，随宜点染⑤，即成数人，以问童孺⑥，皆知姓名矣。萧贲⑦、刘孝先⑧、刘灵，并文学已外⑨，复佳此法。酙古知今⑩，特可宝爱。若官未通显⑪，每被公私使令，亦为猥役。吴郡顾士端，出身湘东王国侍郎⑫，后为镇南府刑狱参军⑬，有子曰庭，西朝中书舍人⑭，父子并有琴书之艺，尤妙丹青⑮，常被元帝所使，

每怀羞恨。彭城刘岳，橐之子也，仕为骠骑府管记⑯、平氏县令⑰，才学快士，而画绝伦⑱。后随武陵王入蜀⑲，下牢之败⑳，遂为陆护军画支江寺壁㉑，与诸工巧杂处。向使三贤都不晓画㉒，直运素业，岂见此耻乎？

注　释

① 画绘：在服饰上描绘图案色彩的工艺，在我国古代的西周已经成熟，当时画缋由专门的机构内司服负责管理，《周礼·天官·内司服》记载其职责分工是："掌王后之六服，袆衣、揄狄、阙狄、鞠衣、襢衣、褖衣"。据《周礼·冬官·考工记第六》记载："画缋之事，杂五色。东方谓之青，南方谓之赤，西方谓之白，北方谓之黑，天谓之玄，地谓之黄。青与白相次也，赤与黑相次也，玄与黄相次也。青与赤谓之文，赤与白谓之章，白与黑谓之黼，黑与青谓之黻，五采，备谓之绣。土以黄，其象方天时变。火以圜，山以章，水以龙，鸟兽蛇。杂四时五色之位以章之，谓之巧。凡画缋之事后素功。"

② "吾家尝有"句：梁元帝是我国历史上一位著名的书画艺术家。据陈直的研究："唐张彦远《历代名画记》即梁元帝有自画《宣尼像》，又尝画圣僧，武帝亲为赞之。有《职贡图》《蕃客入朝图》《鹿图》《师利图》《鹣鹤陂泽图》等，并有题印。《职贡图》现尚存残卷，南京博物馆藏。见一九六〇年《文物》七期。"团扇，又称宫扇、纨扇。圆形状、有柄可握的扇子，扇面上可题字作画。扇子最早出现在古代的商代，用五光十色的野鸡毛制成，称之为"障扇"。我国古代先有团扇，后有折扇。宋代以前史书上所记所称的扇子，都是指团扇。

③ "武烈太子"句：武烈太子，即梁元帝长子，名方，字实相，擅长绘画。写真，指绘画忠于原貌，逼真人物形象神态，特指我国古代人物肖像画。

④ 宾客：泛指客人。语出《诗经·小雅·吉日》："发彼小豝，殪此大兕。以御宾客，且以酌醴。"意思是说，一箭射死小野猪，奋力射死大犀牛。整好野味待宾客，共品佳肴同饮酒。豝，读音同"巴"，母猪。兕，读音同"四"，野牛。御，进献。醴，美酒、甜酒。

⑤ 点染：绘画时画家点笔染翰，俗称"着色"。

⑥ 童孺：小孩子。语出汉末蔡邕的《童幼胡根碑》："嗟童孺之夭逝兮，伤慈母之肝情。"

⑦ 萧贲：字文奂，南齐竟陵王萧子良之孙。有文才，善书画。参见《南

史·萧子良传》附传。

⑧刘孝先：曾任南朝梁武陵王萧纪的法曹主簿，后为梁元帝时黄门侍郎、侍中。以五言诗见长。参见《梁书·刘潜传》附传。

⑨已外：即"以外"。

⑩翫古知今：程本、抱经堂本作"翫阅古今"。翫，"玩"的异体字。

⑪通显：指人官位高，名声大。语出《后汉书·应劭传》："自是诸子宦学，并有才名，至场七世通显。"

⑫王国侍郎：南朝梁时王国所置官职。据《隋书·百官志》："王国置中尉侍郎，置侍中尉。"

⑬镇南府：即镇南将军府。南朝梁元帝萧绎即位前，曾于大同六年（540）出任使持节都尉江州诸军事、镇南将军、江州刺史。行狱参军，府中掌管刑狱的官。

⑭西朝：当时人语，指南朝梁江陵政权。萧绎即位于江陵，江陵城在梁都建康之西。

⑮丹青：丹和青是古代绘画必用的两种颜料，丹为红色，青为发蓝的绿色或发绿的蓝色，借指绘画艺术。语出《周礼·秋官·职金》："掌凡金玉锡石丹青之戒令。"

⑯骠骑府管记：骠骑府，骠骑将军府，据《隋书·百官志》，梁朝职官无此记载。管记，执掌章表文书的官职。

⑰平氏县：今属河南南阳，在桐柏西。

⑱绝伦：指事物状态的无与伦比性。《史记·龟策列传》："通一伎之士咸得自效，绝伦超奇者为右，无所阿私。"

⑲武陵王：梁武帝第八子萧纪，字世询，于天监十三年（514）封武陵王；于大同三年（537）任都督、益州刺史。

⑳下牢：即下牢关。在今湖北省宜昌市长江三峡。据史载，承圣二年（553），萧纪举兵东下攻击梁元帝，在此地为梁军所败。

㉑"遂为陆护军"句：陆护军，据颜之推《观我生赋》："懿永宁之龙蟠，奇护军之电扫。"作者自注说："护军将军陆法和破任约于赤亭湖，侯景退走大败。"另据《北史·艺术传》，陆护军为陆法和。支江，据《隋书·地理志》，枝江县书南郡，即今湖北省枝江市。支江当为枝江。史载法和奉佛法，故令刘

岳画枝江县某寺壁画。

㉒ 三贤：指前文所及顾士端、顾庭父子和刘岳。

大　意

绘画技艺的工巧，也是很奇妙的一门手艺啊！自古以来的名士，大多擅长此道。我们家收藏有梁元帝手绘的蝉雀白团扇和马图，就艺术造诣来说，这是一般人很难达到的那种很高水平。武烈太子很擅长画人物肖像，对于在座的宾客，只要经他用笔随意勾画几下，就可刻画几人的相貌出来，即便是拿去给小孩儿辨认，他们也能叫出肖像者的姓名来。萧贲、刘孝先和刘灵，他们除了精通文学之外，也是善于绘画的人物。在当时，欣赏古玩字画，的确是让人陶醉啊！虽然你有很高的绘画技能，但如果官位还不够显赫，就免不了要被官家拉差或是被有权势的人支使，这样，擅长绘画反倒成了一件苦差事。吴县的顾士端，起初担任湘东王国的侍郎，后来任镇南将军府的刑狱参军，他有个儿子名叫顾庭，曾担任梁朝的中书舍人。他们父子俩都擅长弹琴书法技艺，尤其精于书画艺术，因此，常常被梁元帝差遣绘画。由于疲于奔命，因而他们时常为自己的擅长而感到悔恨。彭城的刘岳，是刘橐的儿子，担任过骠骑府的管记、平氏县县令，也是位才情之士，绘画本事更是超群绝伦啊！后来，他随武陵王到了蜀地，下牢之战失败后，就被陆护军派到支江的寺庙作壁画，与那里的工匠混杂在一起，艺术上就再也没有什么进步了。倘使他们三位聪明人并不擅长绘画，而是一直专心于儒术，怎么会遭遇如此耻辱呢？

七、要轻禽，截狡兽，不愿汝辈为之

弧矢之利，以威天下 ①。先王所以观德择贤 ②，亦济身之急务也 ③。江南谓世之常射 ④，以为兵射，冠冕儒生，多不习此。别有博射 ⑤，弱弓长箭，施于准的 ⑥，揖让升降 ⑦，以行礼焉 ⑧。防御寇难 ⑨，了无所益。乱离之后，此术遂亡。河北文士，率晓兵射，非直葛洪一箭，已解追兵 ⑩。三九燕集 ⑪，常縻荣赐 ⑫。虽然，要轻禽，截狡兽 ⑬，不愿汝辈为之。

注　释

①"弧矢之利"句：语出《易经·系辞下》："弦木为弧，剡木为矢。弧矢之利，以威天下。"弧矢，弓和箭。其原理是：未按紧弓弦时，竹在弧的内侧，角在外侧起保护作用。按弦以后变成角在弧内，竹在其外。弓的本体只有一条竹片，牛角两段相接。两头的桑木都在末端刻上缺口，使弓弦能够套紧。

② 观德择贤：语出《礼记·射义》："射者，所以观盛德也……孔子曰：'射者何以射，何以听，循声而发，发而不失正鹄者，其唯贤者乎!'"通过射箭来观察射者的德行，从而选择贤能。

③ 济身：使自己增益，古代强调加强人身修养。语出南朝梁刘勰《文心雕龙·谐隐》："大者兴治济身，其次弼违晓惑。"

④ 谓：程本作"为"。

⑤ 博射：南北朝时期的一种娱乐性射箭。据《南史·柳恽传》：恽"尝与琅琊王瞻博射，嫌其皮阔，乃摘梅帖乌珠之上，发必命中，观者惊骇"。皮、帖，射垛的名称。

⑥ 准的：射中箭靶中心。的，读音同"地"，箭靶的中心。语出王充《论衡·知实》："观色以窥心，皆有因缘以准的之。"又，司马相如《上林赋》"弦矢分，艺殪仆"汉末学者文颖注："所射准的为艺。"

⑦ 揖让：宾主相见的礼仪。语出《周礼·秋官·司仪》："司仪掌九仪之宾客摈相之礼，以诏仪容、辞令、揖让之节。"据《左传·昭公二十五年》："子大叔见赵简子，简子问揖让、周旋之礼焉，对曰：'是仪也，非礼也。'"

⑧ 行礼：按照一定的仪式或姿势表示敬意，是人类进入文明社会的一种标志。语出《礼记·曲礼下》："君子行礼，不求变俗。"据《史记·刘敬叔孙通列传》："叔孙通曰：'上可试观'，上既观，使行礼，曰：'吾能为此。'"

⑨ 防御：指敌对双方中的一方防守抵御，多指被动型或做好有准备的防守。语出《吕氏春秋·论人》："贤不肖异，皆巧言辩辞，以自防御，此不肖主之所以乱也。"

⑩ "非直葛洪"句：事见葛洪《抱朴子外篇·自叙》："昔在军旅，曾手射追骑，应弦而倒，杀二贼一马，遂得免死。"

⑪ 三九：指三公九卿这样的高官。三公九卿起自于夏代，革新于秦代。秦代的三公是指丞相、太尉和御史大夫，九卿是指奉常、郎中令、卫尉、太仆、

廷尉、典客、宗正、治粟内史和少府。

⑫"常糜"句：糜，分派。荣赐，来自皇宫的荣耀赏赐。语出南朝梁诗人的刘潜《谢女出宫门赐纹绢烛启》："臣名品卑末，事隔荣赐，慈渥之坠，实见因心。"

⑬"要轻禽"两句：语出曹丕《典论·自叙》《三国志·魏书·文帝纪》注引。要，通"邀"，拦截的意思，这里是指以高超的箭术参加围猎。

大　意

射出锋利的弓箭，足以威慑天下。先代贤王通过射箭活动来考察人的品德，以便选贤任能；同时，学会射箭，也是保全自己性命的紧要事情啊。在江南一带，人们通常将常见的那种射箭称为兵射，所以，出生于官宦之家的读书人一般是不学习它的。另外，还有一种被称为"博射"的活动，用弱弓长箭射向靶心，宾主之间还要相互行礼，互致敬意。这种箭术，对于防敌御寇那样的军事行动来说，就一点用处也没有呢。自从离乱之后，这种无实际意义的博射也就消失了。至于说北方的文士，大多通晓兵射，并不只是像葛洪所说的那样，能够射杀二贼一马，足以保全生命，而且还能在有三公九卿出席的那样高档聚会上，常以射箭成绩分得赏赐。即使是这样，对于骑马射箭以拦截飞禽狡兽那样的活动，我还是不愿意你们去参与呢！

八、在占卜上劳神费力，拘而多忌，大多无益

卜筮者，圣人之业也。但近世无复佳师，多不能中①。古者，卜以决疑②，今人生疑于卜。何者？守道信谋，欲行一事，卜得恶卦，反令怵怵③，音敕，惕也④。此之谓乎。且十中六七，以为上手⑤。粗知大意，又不委曲。凡射奇偶⑥，自然半收，此何足赖也。世传云："解阴阳者⑦，为鬼所嫉。坎壈贫穷，多不称泰。"吾观近古以来，尤精妙者，唯京房⑧、管辂⑨、郭璞尔，皆无官位，多或罹灾，此言令人益信。傥值世网严密，强负此名，便有讹误⑩，亦祸源也。及星文风气⑪，率不劳为之。吾尝学《六壬式》⑫，亦值世间好匠，聚得《龙》《金匮》《玉軨变》《玉历》一本作《玉樊》《玉历》。十许种书，讨求无验，寻亦悔罢⑬。凡阴阳之术，与天地俱生，其吉凶德刑，不可不信。

但去圣既远，世传术书，皆出流俗⑭，言辞鄙浅，验少妄多。至如反支不行⑮，竟以遇害；归忌寄宿⑯，不免凶终：拘而多忌，亦无益也。

注　释

①中：读音同"众"，应验的意思。

②"卜以决疑"句：语出《左传·桓公十一年》："卜以决疑，不疑何卜？"

③怵怵：忧惧不安的样子。怵，读音同"敕"，恐惧不安。

④"惕也"句：出自许慎《说文解字》的解释："怵，惕也。"郑玄注《易》说："怵，惕惧也。"

⑤上手：高手、好手的意思，比喻技艺超群。

⑥"凡射"句：射，推测，猜想；奇偶，奇为单数，偶为双数。射奇偶，比喻手气的好坏。

⑦阴阳：中国古代的哲学概念，比喻事物发展对立的两方面，阴阳同源、阴阳对立、阴阳转化、阴阳互体。语出《易经·系辞上》："阴阳不测之谓神。"用阴阳指生死两界，是这一哲学概念的具体运用。

⑧京房：本姓李，字君明（前77—前37），推律自定为京氏，东郡顿丘（今河南省清丰西南）人。西汉今文易学"京氏易学"的开创者。受学于梁人焦延寿，焦延寿自称学《易》于孟喜，京房以为焦氏《易》即孟氏之学。京房说《易》长于灾变，分六十四卦更直日用事，以风雨寒温为候，各有占验。汉元帝初元四年（前45），举孝廉为郎，后任魏郡太守。多次上疏论说灾异，引《春秋》《易》为说，得罪宦官石显，又与治《易》的权贵五鹿充宗学说相非，以"非谤政治，归恶天子"的罪名被弃市。其后京房三弟子殷嘉、姚平、乘弘皆为经学博士，于是《易》有京氏学。京房著有《易传》三卷，《周易章句》十卷，《周易错卦》七卷，《周易妖占》十二卷，《周易占事》十二卷，《周易守林》三卷，《周易飞候》九卷，《周易飞候六日七分》八卷，《周易四时候》四卷，《周易混沌》四卷，《周易委化》四卷，《周易逆刺灾异》十二卷，《易传积算法杂占条例》一卷。事见《汉书·京房传》。

⑨管辂：字公明（209—256），平原（今山东省德州平原县）人。三国时期魏国术士。年八九岁，便喜仰观星辰。成人后，精通《周易》，善于卜筮、相术，习鸟语，相传每言辄中，出神入化。体性宽大，常以德报怨。正元初，

为少府丞。北宋时被追封为平原子。管辂是历史上著名的术士，被后世奉为卜卦观相的祖师。事见《三国志·魏志·管辂传》。

⑩ 诖误：贻误。语出《战国策·韩策一》："夫不顾社稷之长利，而听须臾之说，诖误人主者，无过于此者矣。"诖，读音同"卦"，失误。

⑪ 星文：星象。

⑫《六壬式》：古代的占书，后文的《龙》《金匮》《玉軨变》《玉历》也为占书。六壬术起源很早，汉代的《吴越春秋》《越绝书》已有记载，《隋书·经籍志》载有《六壬式经杂古》《六壬释兆》。《唐书·艺文志》及《宋史·艺文志》等史书中也提及六壬之书名。六壬是中国古代宫廷占术的一种。与太乙、遁甲合称为三式。壬通根于亥，亥属于乾卦，乾卦为八卦之首，其次亥为水，为万物之源，用亥是突出"源"字，而奇门、太乙均参考六壬而来，因此六壬被称为三式之首，通常所说的六壬一般是指大六壬。

⑬"聚得"句：据清代学者俞正燮《癸巳类稿》：颜氏所举"其书古雅也。其在目录者，《隋书·经籍志》五行类有《黄帝龙首经》二卷，《元女式经要法》一卷，《通志·艺文略》有《金匮经》三卷，焦竑《国史经籍》内有《六壬龙首经》一卷。检《释藏笑道论》云：'《黄帝金匮》何以不在道书之列乎？'知其书周秦广行……合之《颜氏家训》及《隋志》，知此数种是古书，及行于世，齐梁时续收入《道藏》者"。

⑭ 流俗：指人，平庸者。语出《汉书·司马迁传》："仆之先人非有剖符丹书之功，文史星历近乎卜祝之间，固主上所戏弄，倡优畜之，流俗之所轻也。"

⑮ 反支：即反支日。在古代，人们将反支日列为禁忌日。据《后汉书·王符传》："明帝时，公车以反支日不受奏章。"章怀太子李贤（655—684）注："凡反支日，用月朔为正。戌、亥朔，一日反支；申、酉朔，二日反支；午、未朔，三日反支；辰、巳朔，四日反支；寅、卯朔，五日反支；子、丑朔，六日反支。见《阴阳书》也。"古人以干支计时日，每遇戌日、亥日为月初一，则初一为反支日；遇申、酉日为月初一，则初二为反支日；遇午、未日为月初一，则初三为反支日；遇辰、巳日为月初一，则初四为反支日；遇寅、卯日为月初一，则初五为反支日；遇子、丑日为月初一，则初六为反支日。认为"反支日"不宜出行。每逢一、四、七、十月的初一是丑日，二、五、八、十一月的初一是寅日，三、六、九、十二月的初一是子日，这些天就是"归忌日"。认为"归

忌日"不宜远行、回家、搬迁等。

⑯"归忌"句：归忌，归家的忌日。据《后汉书·郭躬传》："桓帝时，汝南有陈伯敬者，行必矩步，坐必端膝……行路闻凶，便解驾留止，还触归忌，则寄宿乡亭。"李贤注："《阴阳书历法》曰：'归忌日，四孟在丑，四仲在寅，四季在子，其日不可远行、归家及徙也。'"寄宿，借住某处。语出《战国策·赵策一》："今日臣之来也暮，后郭门，藉席无所得，寄宿人田中，傍有大丛。"

大　意

卜筮，是圣人所从事的职业。只是近世以来，再也没有出现过高明的占卜师啊！他们所占卜的人和事，大多不曾应验过哩。在古代，人们通过占卜来释疑解惑；而现在的人啊，却对占卜产生了怀疑。这是什么原因啊？有的人遵循事物发展的规律，而又相信人的谋划与努力，在办事前占卜，却得到了一副恶卦，这就反倒会使之惴惴不安、心生疑惑，往往望而生畏，犹豫不决。这就是人们对占卜心生动摇的原因吧！更何况，在十次占卜中，有那么六七次应验，已经是占卜的高手了，而对于占卜只是粗知大意，而又不知其中奥妙的人，在奇偶正负猜测中，只有一半的胜算，他们怎么会笃信占卜呢？世人传言道："懂得阴阳占卜的人，就连鬼神也嫉恨他，因而一生坎坷贫穷，人生多不安泰。"我看近代以来，精通占卜之士，也就只有汉代的京房、曹魏的管辂和晋代的郭璞三人而已啊！这些人的占卜水平可谓了得，但又没有获得多大的官职，反倒是命途多舛、灾祸叠发，所以这话也使人们深信不疑哩。再倘若遇上严刑峻法的年代，虽是博得占卜的声名，但如果一朝有失，更是不可收拾哩！精于占卜，就顷刻成为闯祸的根源啊。至于说通过占卜看天象、观风水之类的事情，我也不主张你们为此而劳神费力。我曾学过《六壬式》，也遇到过占卜高手，收集过《龙首》《金匮》《玉軨变》《玉历》等十几种占卜书，研讨之后，竟然发现里边所说的并不灵验，由此后悔白花功夫，也就就此作罢了。但是，话又说回来，大凡阴阳占卜之术，与天地同生，与人事密切相关，因此它对人世间的吉凶昭示、国家的德刑得失警告，还是要敬畏啊！只是我们现在距离圣人占卜的时代已经很遥远了，如今世上流行的占卜书籍，大多出自庸人之手，言辞浅薄，妄说得多，应验得少，人们读后又有什么收获呢？何况还出现过遵循"反支日"不远行，在家中反遇害、在"归忌日"不赶路，借宿滞留，也不免祸事这类的怪事，这都让人们无所适从了！因此，拘泥于书上的这些说法，迷信禁忌，也未必也有多大益处啊！

九、算术只可兼学，切不可作为自己的专业

算术^①，亦是六艺要事。自古儒士论天道^②、定律历者^③，皆学通之。然可以兼明，不可以专业^④。江南此学殊少，唯范阳祖暅暅音亘^⑤。精之，仕至南康太守^⑥。河北多晓此术。

注　释

① 算术：在中国古代，算是一种竹制的计算器具，算术是指操作这种计算器具的技术，也泛指当时一切与计算有关的数学知识。算术一词正式出现于《九章算术》中。《九章算术》分为九章，即方田、粟米等，大都是实用的名称。据《周礼·地官·保氏》，算术为古代礼、乐、射、御、书、数"六艺"之一。在很长时间里，"数"为算术，北宋以后，才出现"数学"名称。

② 天道：自然变化的规律，古人强调天人合一，又包含有天意、天理的意思。语出《易经·谦》："谦亨，天道下济而光明。"《尚书·汤诰》说："天道福善祸淫，降灾于夏。"又，《庄子·庚桑楚》："夫春气发而百草生，正得秋而万宝成。夫春与秋，岂无得而然哉？天道已行矣。"西晋哲学家郭象注："皆得自然之道，故不为也。"天道，是中国古代哲学使用广泛的概念。

③ 律历：指乐律和历法。《大戴礼记·曾子天圆》："圣人慎守日月之数，以察星辰之行，以序四时之顺逆，谓之历；截十二管，以宗八音之上下清浊，谓之律也。律居阴而治阳，历居阳而治阴，律历迭相治也。"卢辩（北周大臣、学者）注："历以治时，律以候气，其致一也。"律历在中国古代社会政治生活中具有十分重要的地位，在"二十四史"中，西汉史学家司马迁首著《律历志》，成为历代史家常例。

④ 专业：专门从事某种学业或职业。语出《后汉书·献帝纪》："今耆儒年逾六十，去离本土，营求粮资，不得专业。"

⑤ "范阳"句：范阳，郡名，治所在今河北省涿州。祖暅，南朝数学家祖冲之（429—500）之子，字景烁（456—536），精通数学天文，曾修订《大明历》，

并首次求证求体积公式，提出了著名的"祖暅原理"。他认为，"幂势既同则积不容异"，即等高的两立体，若其任意高处的水平截面积相等，则这两立体体积相等。这就是著名的祖暅公理（或刘祖原理）。祖暅应用这个原理，解决了魏晋时期数学家刘徽尚未解决的球体积公式。该原理在西方直到 17 世纪才由意大利数学家卡瓦列利（Bonaventura Cavalier）发现，比祖暅晚 1100 多年。祖暅是我国古代最伟大的数学家之一。参见《南史·祖冲之传》附传。《隋书·经籍志》著录《天文录》三十卷，署名"祖暅之"。王利器《颜氏家训集解》说："六朝人信奉道教，率于名下缀'之'字；颜氏盖嫌其一门五世，命名相似，故去'之'字简称祖暅耳。"暅，读音同"亘"。

⑥"南康太守"句：南康，治所在今鄱阳湖西岸、庐山南麓的今江西省星子县。仕，程本、抱经堂本作"位"。

大 意

算术，也是自古以来"六艺"中的重要一项；儒生们谈论天道人事、推算律历，都研习并精通算数。即使是这样，在生活中可以兼通算数，但千万不要把它作为专业啊！在江南一带，能够通晓算学的人实在是较少的，只有范阳人祖暅精通它。祖暅最后官至南康太守。但是在北方的河北一带，通晓算术的人就比较多了。

十、略懂医术，以备居家应急，就很好了

医方之事①，取妙极难，不劝汝曹以自命也。微解药性，小小和合②，居家得以救急，亦为胜事③，皇甫谧、殷仲堪④，则其人也。

注 释

① 医方：语出《史记·货殖列传》："医方诸食技术之人，焦神极能，为重糈也。"指医师和术士，这里是指医道、医术。

②"小小合和"句：小小，些微、稍微的意思。合和，匹配的意思。语出《管子·入国》："凡国都皆有掌媒，丈夫无妻曰鳏，妇人无夫曰寡，取鳏寡而合和之。"这里是指中医配方。

③ 胜事：好事，美好的事情。语出《南齐书·竟陵文宣王子良传》："子良少有清尚，礼才好士……善立胜事，夏月客至，为设瓜饮及甘果，著之文教。"

④ 殷仲堪：陈郡长平（今河南省淮阳）人，东晋末年重军事将领。东晋太常殷融之孙，晋陵太守殷师之子。官至荆州刺史，曾两度响应王恭讨伐朝臣起事，在王恭死后与桓玄及杨佺期结盟对抗朝廷，逼令朝廷屈服。后来却被桓玄袭击，逼令自杀。好医术，著有《殷荆州药方》，今佚，《隋书·经籍志》著录；能清谈，擅长写文章，常说三日不读《道德论》，就觉得舌根僵硬。参见《晋书·殷仲堪传》。

大 意

开方诊疗这样的事情，要达到医术精妙的水平，是很难的啊，我提示你们不要轻易以擅长看病自许。稍微了解一些药性及其疗效，略微懂得一些配方抓药的事，居家能够用来救急，也就很好了！像皇甫谧、殷仲堪他们，就是这样的人哩。

十一、琴瑟虽然雅致，但不可令有称誉；否则，就会被勋贵役使，反受其辱

《礼》曰："君子无故不彻琴瑟。"① 古来名士，多所爱好。泊于梁初，衣冠子孙，不知琴者，号有所阙。大同以末，斯风顿尽。然而此乐愔愔雅致②，有深味哉！今世曲解③，虽变于古，犹足以畅神情也④。唯不可令有称誉⑤，见役勋贵，处之下坐⑥，以取残杯冷炙之辱⑦。戴安道犹遭之⑧，况尔曹乎！

注 释

①"《礼》曰"句：语出《礼记·曲礼下》："君无故，玉不去身；大夫无故不彻县，士无故不彻琴瑟。"彻，通"撤"。王利器《颜氏家训集解》说："《乐府诗集》琴曲歌词：'琴者，先王所以修身理性，禁邪防淫者也。是故君子无故不去其身。'"琴瑟，古乐器，相传伏羲发明琴瑟。琴与瑟均由梧桐木制成，带有空腔，丝绳为弦。琴初为五弦，后改为七弦；瑟二十五弦。古人发明和使用琴瑟的目的是为了顺畅阴阳之气和纯洁人心。语出《尚书·益稷》："夏击鸣

球，搏拊琴瑟以咏，祖考来格。"

②"然而此乐"句：愔愔，安静和悦的样子。语出《左传·昭公十二年》："祈招之愔愔，式招德音。"杜预注："愔愔，安和貌。"愔，读音同"音"，安静的样子。雅致，美观别致，不落俗套。语出东晋文学家、史学家袁宏《三国名臣序赞》："名节殊途，雅致同趣。"唐代学者张铣注："人之名节虽则殊道，事君之义亦同趣理。"

③ 曲解：古乐府一曲称一解。这里是指乐曲。

④ 神情：人的表情所体现出的精神心理状态。语出袁宏《三国名臣序赞》："神情玄定，处之弥泰。"

⑤ 称誉：称赞、赞赏。语出西汉学者韩婴《韩诗外传》卷八："人之所以好富贵安荣，为人所称誉者，为身也。"又，《史记·吕不韦列传》："华阳夫人以为然，承太子间，从容言子楚质于赵者绝贤，来往者皆称誉之。"

⑥ 下坐：末座，末席。意思是不被当作客人看待，含有轻视的意思。语出《史记·孟尝君列传》："客之居下坐者有能为鸡鸣，而鸡齐鸣。"

⑦ 残杯冷炙：成语，指吃剩的饭菜。残，剩余；杯，指杯中酒水；炙，烤肉。多比喻别人施舍的东西。

⑧ 戴安道：即戴逵，字安道。东晋著名的美术家、雕塑家。年少好学，多才多艺，会写文章，擅长清谈，鼓琴堪称一绝。这里是指戴逵破琴的典故：武陵王司马晞听说戴逵擅鼓琴，一次，请他到王府演奏，戴逵素来厌恶司马晞的为人，不愿前往。于是，司马晞就派了戴逵的一个朋友再次请他，并附上厚礼。戴逵深感受侮，便取出心爱的琴，当着朋友的面摔得粉碎，并大声说道："我戴安道并非王门艺人，休得再来纠缠！"朋友只好面带惭色，带着礼品灰溜溜地走人了。参见《晋书·隐逸传·戴逵》。

大 意

《礼记》上说："君子无故不撤去琴瑟。"古往今来，但凡名士大多喜爱抚琴弹瑟。到了梁朝初期，如果贵族子弟不擅此道，就会被人们认为不太完美。梁朝大同末年，世家子弟爱好琴瑟的风气一下子就消失了。你们可要知道，抚琴弹瑟，它发出的乐声和谐美妙，极其雅致，所谓"乐声传情"，其中蕴含着很深的意味啊！当今的乐曲，虽然也是从古代流传演变过来的，但终究不达古意。不过，它也还能使人听了心情舒畅、精神愉悦。对你们而言，只是不要以擅长鼓琴而受到称赞，并获得名声就行了；否则的话，就会被达官贵人役使，硬做些吹拉弹唱、逢场作戏的事情，不仅不被尊重，反而会受到羞辱啊！晋朝的名士戴安道可算是一位了得的人物了，他尚且不能幸免，也曾遭受过破琴之辱，何况是你们啊，一定要好自为之！

十二、学习之余参与一些娱乐活动，只是不要沉溺其中，有所节制就行

《家语》曰："君子不博，为其兼行恶道故也。"①《论语》云："不有博弈者乎？为之，犹贤乎已。"②然则圣人不用博弈为教，但以学者不可常精，有时疲倦③，则惌为之，犹胜饱食昏④睡，兀然端坐尔⑤。至如吴太子以为无益，命韦昭论之⑥。王肃⑦、葛洪⑧、陶侃⑨之徒，不许目观手执，此并勤笃之志也⑩，能尔为佳。古为大博则六箸⑪，小博则二茕⑫，今无晓者。比世所行，一茕十二棋⑬，数术浅短，不足可翫。围棊有手谈、坐隐之目⑭，颇为雅戏，但令人耽愦⑮，废丧实多⑯，不可常也。

注　释

①"《家语》曰"句：见《孔子家语·五仪解》："哀公问于孔子曰：'吾闻君子不博，有之乎？'孔子曰：'有之。'公曰：'何伟？'对曰：'为其有二乘。'公曰：'有二乘则何为不博？'子曰：'为其兼行恶道也。'"博，博戏，又称局戏，六箸十二棋。

②"《论语》云"句：见《论语·阳货篇》。弈，读音同"亦"，围棋，古称"四维"。

③疲倦：困倦。语出《六韬·火战》："三军行数百里，人马疲倦休止。"

④昏："昏"的古字。

⑤"兀然端坐"句：兀然，昏沉无知的样子。语出"竹林七贤"之一的刘伶《酒德颂》："兀然而醉，豁尔而醒。"端坐，安坐。语出东汉王符《潜夫论·救边》："今苟以己无惨怛冤痛，故端坐相仍。"清代藏书家汪继培（1751—1819）笺注："端坐，犹言安坐也。"

⑥"至于吴太子"句：典出《三国志·吴书·韦曜传》。韦曜（读音同"耀"），即韦昭（204—273），字弘嗣，吴郡云阳（今江苏省丹阳）人。三国时期吴国文学家、史学家、经学家。曾作《博弈论》，与华覈、薛莹等同撰《吴书》，注《孝经》《论语》《国语》。因避晋讳而改。《博弈论》见《三国志》本传，其文曰："今世之人多不务经术，好玩博弈，废事弃业，忘寝与食，穷日尽明，继以脂烛。当其临局交争，雌雄未决，专精锐意，心劳体倦，人事旷而不修，宾旅阙而不接，虽有太牢之馈，《韶》《夏》之乐，不暇存也。至或赌及衣物，徒棋易行，廉耻之意驰，而忿戾之色发，然其所志不出一枰之上，所务不过方罫（读音同"拐"，棋盘上的方格）之间，胜敌无封爵之赏，获地无兼土之实。技非六艺，用非经国。立身者不阶其术，征选者不由其道。求之于战陈，则非孙、吴之伦也；考之于道艺，则非孔氏之门也；以变诈为务，则非忠信之事也；以劫杀为名，则非仁者之意也；而空妨日废业，终无补益。是何异设木而击之，置石而投之哉！且君子之居室也，勤身以致养；其在朝也，竭命以纳忠；临事且犹旰（读音同"绀"，晚的意思。旰食，指因忙碌而耽误晚餐。）食，而何博弈之足耽？夫然，故孝友之行立，贞纯之名彰也。……当世之士，宜勉思至道，爱功惜力，以佐明时，使名书史籍，勋在盟府，乃君子之上务，当今之先急也。夫一木之枰孰与方国之封？枯棋三百孰与万人之将？衮龙之服，金石之乐，足以兼棋局而贸博弈矣。假令世士移博弈之力而用之于诗书，是有颜、闵之志也；用之于智计，是有良、平之思也；用之于资货，是有猗顿之富也；用之于射御，是有将帅之备也。如此，则功名立而鄙贱远矣。"

⑦王肃：字子雍（195—256）。东海郡郯县（今山东省临沂市郯城西南）人。三国时期魏国著名经学家，司徒王朗之子、晋文帝司马昭岳父。早年任散骑黄门侍郎，袭封兰陵侯。任散骑常侍，又兼秘书监及崇文观祭酒。后任广平太守、侍中、河南尹等职。曹芳被废时，他以迎接曹髦继位有功，且又帮助司马师平定毌丘俭之乱，再迁中领军，加散骑常侍。于甘露元年（256）去世，享年六十二岁，追赠卫将军，谥号景侯。《隋书·经籍志》著录王肃作品十余种，一百九十余卷，皆佚。马国翰《玉函山房辑佚书》辑录其佚作有：《周易王氏注》《礼记王氏注》《尚书王氏注》各二卷，《周易王氏音》《毛诗义驳》《毛诗奏事》《毛诗问难》《丧服经传王氏注》《王氏丧服要记》《春秋左传王氏注》《论语王氏义说》《孝经王氏解》《圣证论》《王子正论》各一卷，《毛诗王氏注》四卷，

共计十五种二十一卷。此外，还有《孔子家语》，其注本今传。另有议论朝廷的典制、郊祀、宗庙、轻重等的作品共百余篇。王肃不仅在经典的注释上与郑学针锋相对，并取得官方学术地位，从而开创了魏晋时期的"王学"。在其传中，王肃厌恶博弈事迹未详。据陈直的研究，"《艺文类聚》二十三有王肃家诫，仅说诫酒，恶博应亦为此篇之佚文"。

⑧ 葛洪：葛洪恶博之事，见其著《抱朴子外篇·自叙》。

⑨ 陶侃：据《晋书·陶侃传》，陶侃为荆州刺史时，见其佐史博弈，即将博弈器具投诸江中，并鞭扑之。

⑩ 勤笃：勤奋专一。

⑪ 六箸：古代博戏用具。俗名骰子、色子、究。早期的箸是用竹或玉石做成的，后亦用骨或象牙等做成。明代周祈《名义考》说："箸，簺也。今名骰子，自幺至六曰六箸。"箸，博戏时的竹具。读音同"注"。据鲍宏（历北齐、北周、隋三朝）《博经》："博局之戏，各设六箸，行六棋，故云六博。用十二棋，六白六黑。所掷骰骨谓之琼。琼有五采，刻为一画者谓之塞，两画者谓之白，三画者谓之黑，一边不刻者，在五塞之间，谓之五塞。"箸，原误作"着"，今据抱经堂本改。

⑫ 㷋：通"琼"，骰子，古代博戏的一种用具。

⑬ 棊："棋"的异体字。

⑭ "围棊有"句：围棊（棋），中国古时称"弈"，对弈，指下围棋。围棋在我国至今已有4000多年的历史，据先秦典籍《世本》记载，"尧造围棋，丹朱善之。"至迟周代以后在社会上普及，据《左传·襄公二十五年》记载："卫献公自夷仪使与宁喜言，宁喜许之。大叔文子闻之，曰：'呜呼……今宁子视君不如弈棋，其何以免乎？弈者举棋不定，不胜其耦，而况置君而弗定乎？必不免矣！'"据《孟子·告子上》记载："今夫弈之为数，小数也。不专心致志则不得也。弈秋，通国之善弈者也。使弈秋诲二人弈，其一人专心致志，惟弈秋之为听；一人虽听之，一心以为有鸿鹄将至，思援弓缴而射之。虽与之俱学，弗若之矣。为是其智弗若与？曰："非然也。"弈秋，是文献记载的第一位有名字的专业棋手。围棋使用方形格状棋盘及黑白二色圆形棋子进行对弈，棋盘上有纵横各19条线段将棋盘分成361个交叉点，棋子走在交叉点上，双方交替行棋，落子后不能移动，以围地多者为胜。因为黑方先走占了便宜，所以

规则规定，黑方局终时要给白方贴子。中国古代围棋是黑白双方在对角星位处各摆放两子（对角星布局），为座子制，由白方先行。手谈、坐隐，均指下围棋。因为下棋时，默不作声，仅靠一只手的中指、食指运筹棋子来斗智、斗勇。其落子节奏的变化、放布棋子的力量大小等都可反映出当局者的心智情况，如同在棋局中以手语交谈一般。因此称为"手谈"；东晋名士王坦之（330—375）把弈者正襟危坐、运神凝思时喜怒不行于色的那副神态，比作是僧人参禅入定，如同坐隐，因此，又将"坐隐"比作下围棋。手谈、坐隐一词的出现，与当时士人阶层玄言清谈之风大有关系，名士清谈以老、庄、易"三玄"为谈资。语出南朝宋刘义庆（403—444）《世说新语·巧艺》："王中郎以围棋是坐隐，支公以围棋为手谈。"

⑮ 躭愘：沉溺其中，导致神志昏乱。躭，"耽"的异体字，喜爱的意思；愘，糊涂的样子。

⑯ 废丧：旷废丧失事业。

大　意

《孔子家语》上说："君子不玩博戏，是因为它有危害人的一面啊！"《论语·阳货篇》上说："不是有掷骰子、下棋之类的娱乐活动吗？偶尔玩一下，总比闲来无所事事要好。"由此可知，圣人并不是提倡人们都去玩博弈之戏；只是认为读书人不可能总是专注学习，有时候疲倦了，就那么玩一下，调节一下自己的精神，总比打疲劳战，无精打采、昏昏欲睡，像一个木头人呆坐在那儿，丝毫没有学习效果，要强上许多倍啊！至于像吴太子说博弈毫无益处，还请韦昭写下《博弈论》加以论述；还有王肃、葛洪、陶侃这一类人，不仅自己毫不沾染，也坚决反对别人执棋博弈，这都体现了他们勤奋学习、奋发有为的坚定志向啊！能够如此，当然是更好。是不是纯然不参与一下这样的娱乐活动呢？也不尽然吧。古时候举行大的博戏活动，使用六箸；小一点的博戏，只是掷二骰。但是，古代的活动，如今已经没有多少人知晓它的玩法了。倒是当今流行的博戏，是一个骰子，十二个棋子，招数变化浅易，没什么玩头呢。围棋有"手谈""坐隐"的雅称，这可是一种颇为高雅的游戏啊！只是它容易使人沉溺其中，耗费精神，还会耽误很多事情，因此，我也不主张你们多玩它呢！

十三、弹棋为近世雅戏，消愁解闷，时可为之

投壶之礼①，近世愈精。古者，实以小豆，为其矢之跃也②。今则唯欲其骁③，益多益喜，乃有倚竿、带剑、狼壶、豹尾、龙之名④。其尤妙者，有莲花骁⑤。汝南周璝⑥，弘正之子；会稽贺徽⑦，贺革之子，并能一箭四十余骁。贺又尝为小障⑧，置壶其外，隔障投之，无所失也。至邺以来，亦见广宁⑨、兰陵⑩诸王有此校具⑪，举国遂无投得一骁者。弹棋⑫，亦近世雅戏，消愁释愤⑬，时可为之。

注　释

① 投壶之礼：据《礼记·投壶》说："投壶者，主人与客燕饮讲论才艺之礼也。"郑玄注："投壶，射之细也，射为燕射。"古时"燕"与"宴"同义，燕射即饮宴时的射箭活动，可见投壶是由古射礼的燕射演变而来。据《左传·昭公十二年》载："晋侯以齐侯宴，中行穆子相，投壶。"投壶是把箭向壶里投，投中多者为胜，负者照规定的杯数喝酒。这是古代士大夫宴饮时做的一种投掷游戏，也是一种礼仪。箭有三种大小：室内是两尺长，堂上是二尺八寸长，庭中是三尺六寸长。投壶早在战国时期就较为盛行。魏晋时期也流行投壶，如晋代在广泛开展的投壶活动中，在投壶方式上对投壶有所改进，即在壶口两旁增添两耳，因而投壶就有许多名目，如"依耳""贯耳""倒耳""连中""全壶"等。

②"古者"句：语出《礼记·投壶》："壶中实小豆焉，为其矢之跃而出也。"填设小豆，为箭射入壶中起缓冲作用。

③ 骁：游戏者把箭投入壶中，使之复又弹出壶外，用手接住再投。据《西京杂记》记载："武帝时，郭舍人善投壶，以竹为矢，不用棘也。古之投壶，取中而不求还；郭舍人则激矢令还，一矢百余反；谓之为骁，言如博之掝枭于掌中为骁杰也。"

④ 倚竿、带剑、狼壶、豹尾、龙：骁的名目，依据箭弹出壶外的样子所拟定的形象化名称。据北宋史学家司马光（1019—1086）在《投壶格》中说："倚竿，箭斜倚壶口中。带剑，贯耳不至地者。狼壶，转旋口上而成倚竿者。龙尾，倚竿而箭羽正向己者。龙首，倚竿而箭首正向己者。"王利器说，颜之推所说的豹尾，即司马光所称为龙尾者。

⑤ 莲花骢：骢名。疑为状似莲花者。

⑥ 周璠：南朝时期陈人，官至吏部尚书。事见《陈书·周弘让传》附传。

⑦ 贺徽：南朝时期梁人，美容仪，善谈吐。事见《南史·贺革传》附传。

⑧ 障：屏障之类的障碍物。

⑨ 广宁：即广宁王，北齐文襄帝高澄第二子，名孝珩。学涉经史，善文能画，画作《朝士图》是当时的精妙绝伦之作，爱赏议人物，爱养波斯狗。官至大将军、大司马。高孝珩封为广宁王当在齐天保（550—559）之初。事见《北齐书·文襄六王传》。

⑩ 兰陵：即兰陵王，高澄第四子，名长恭，又名孝瓘（读音同"贯"），貌美而勇武，自以为不能使敌人畏惧，作战时常戴面具杀入敌丛。当在天保初年封为兰陵王。清河三年（564），率军大破突厥，并大败周军。《兰陵王入阵曲》即是其战阵颂歌。参见《北齐书·文襄六王传》。

⑪ 校具：装饰的物品。语出南朝梁文学家任昉（460—508）的《奏弹刘整》："整语采音，其道汝偷车校具，汝何不进里骂之？"

⑫ 弹棋：古代博戏之一。据《西京杂记》卷二记载："成帝好蹴踘，群臣以蹴踘为劳体，非至尊所宜。帝曰：'朕好之，可择似而不劳者奏之。'家君作弹棋以献。帝大悦。"《后汉书·梁冀传》：梁冀"性嗜酒，能挽满、弹棋、格五、六博、蹴踘、意钱之戏"。李贤注引《艺经》曰："弹棋，两人对局，白黑棋各六枚，先列棋相当，更先弹之。其局以石为之。"至魏改用十六棋，唐又增为二十四棋。据三国时期魏国学者邯郸淳《艺经》说："弹棋，二人对局，白黑棋各六枚，先列棋相当，下呼下击之。"南朝宋刘义庆《世说新语·巧艺》说："弹棋始自魏宫内用妆奁戏。文帝于此戏特妙，用手巾角拂之，无不中。有客自云能，帝使为之，客著葛巾角，低头拂棋，妙踰于帝。"另据北宋沈括（1031—1095）《梦溪笔谈》十八："弹棋，今人罕为之。有谱一卷，盖唐人所为。其局方二尺，中心高如覆盂，其巅为小壶，四角隆起，今大名开元寺佛殿上有一石局，亦唐时物也……然恨其艺之不传也。魏文帝善谈棋，不复用指，第以手巾拂之；有客自谓绝艺，及召见，自抵首以葛巾拂之，文帝不能及也。此说今不可解矣。"

⑬ 消愁释愦：消除烦闷，使身心愉快。

大　意

投壶的礼仪，现在变得越发精妙啊！在古代，人们玩投壶游戏时，在壶中装进小豆，这是为了防止投进壶内的箭反跳进来。而现在却是要射进去的箭矢跳出来，而且是跳出来的次数越多越好。于是就有倚竿、带剑、狼壶、豹尾、龙首的名目。其中，最为精彩的则要数莲花骁了。汝南的周璠，是周弘正之子；会稽的贺徽，是贺革之子。他们都能用一支箭矢弹出四十个来回。贺徽还为投壶增设了小屏障，可是，他居然隔着屏障也能百发百中。我到邺都以后，看见广宁王、兰陵王他们也有这样的投壶设备，但在全国之中，就是没有一个能使射入的箭矢再反弹回来的人。弹棋也是近来很文雅的一种游戏，有助于消愁解闷，偶尔为之，我看还是可以的吧！

终制第二十

提　要

终制，是死者生前对后事的嘱咐，也称作"遗令""遗言""遗嘱"。据文献记载，在颜之推之前，历史上最完整的一篇终制，应该是三国时期魏文帝曹丕的"黄初终制"。魏文帝在健朗的时候，感事而发，谈古论今，历数前人得失，要求将自己薄葬，言之切切，字字谆谆。他的继任者及其朝廷也是按照他的遗言不折不扣地执行了的。据《三国志·魏书·文帝纪》：黄初三年"冬十月甲子，表首阳山东为寿陵，作终制曰：'礼，国君即位为椑，椑音扶历反。存不忘亡也。昔尧葬谷林，通树之，禹葬会稽，农不易亩，故葬于山林，则合乎山林。封树之制，非上古也，吾无取焉。寿陵因山为体，无为封树，无立寝殿，造园邑，通神道。夫葬也者，藏也，欲人之不得见也。骨无痛痒之知，冢非栖神之宅，礼不墓祭，欲存亡之不黩也，为棺椁足以朽骨，衣衾足以朽肉而已。故吾营此丘墟不食之地，欲使易代之后不知其处。无施苇炭，无藏金银铜铁，一以瓦器，合古涂车、刍灵之义。棺但漆际会三过，饭含无以珠玉，无施珠襦玉匣，诸愚俗所为也。季孙以玙璠敛，孔子历级而救之，譬之暴骸中原。宋公厚葬，君子谓华元、乐莒不臣，以为弃君于恶。汉文帝之不发，霸陵无求也；光武之掘，原陵封树也。霸陵之完，功在释之；原陵之掘，罪在明帝。是释之忠以利君，明帝爱以害亲也。忠臣孝子，宜思仲尼、丘明、释之之言，鉴华元、乐莒、明帝之戒，存于所以安君定亲，使魂灵万载无危，斯则贤圣之忠孝矣。自古及今，未有不亡之国，亦无不掘之墓也。丧乱以来，汉氏诸陵无不发掘，至乃烧取玉匣金缕，骸骨并尽，是焚如之刑，岂不重痛哉！祸由乎厚葬封树。'桑、霍为我戒'，不亦明乎？其皇后及贵人以下，不随王之国者，有终没皆葬涧西，前又以表其处矣。盖舜葬苍梧，二妃不从，延陵葬子，远在嬴、博，魂而有灵，无不之也，一涧之间，不足为远。若违今诏，妄有所变改造施，吾为戮尸地下，戮而重戮，死而重死。臣子为蔑死君父，不忠不孝，使死者有知，将不福汝。其以此诏藏之宗庙，副在尚书、秘书、三府。"七年六月戊寅，"皆以终制从事"。由此看来，皇帝薄葬的好处：一是社会受益。移风易俗，起到表率作用，引领社会勤俭节约；二是自己受益。这也正是遗令者自己的预期，避免盗墓，避免使自己的遗骨暴陈荒野。

在曹操、曹丕父子两代人的"遗令""终制"的表率以及朝廷提倡的影响下，魏晋时期，薄葬之风成为社会的主流。颜之推所处的时代，距离魏晋时期并不遥远，他的薄葬主张及其要求，应该颇具魏晋遗风。更何况，在本书中，颜之推对曹氏父子是推崇有加的。抄录曹丕的"终制"，与颜之推的这篇"终制"进行对照，正好相映成趣。两文文风之朴实，情感之真切，叙事之细腻，态度之坚决，正相承继与呼应。这两篇"终制"既是隋代以前"终制"文的代表作，也是中国古代社会"终制"文的典范作。

古往今来，生生死死，死死生生，率相接续。"人生自古谁无死？"生是自然，死亦自然。有人对死处之泰然，因此对丧礼没有特别要求，只要合乎礼制就行了，由此主张并践行"薄葬"，从墨子、孔子、孟子以后，声具并不微弱。另一路人"重死"，特别在意死后的种种"待遇""享受"和排场，所以就希望尽量抬高丧礼的规格，不断突破丧礼的"天花板"，就形成了"厚葬"风格。其实，这是一种奢靡浪费之风。显然，颜之推是前者的取向，他是坚决排斥后者的，并言辞恳切、态度坚决地用了"诫"和"望"两字。"诫"和"望"这两个古字，在古代社会文明体系中，内涵极其丰富。既不失言辞之亲切，也固守态度之诚恳，还蕴含内容之丰富。约言之，就是绵里藏针，认准了的事，就没有其他选项。

颜之推的这篇终制，语言风格一如既往，既引经据典，情理交融，而又娓娓道来，条理清楚，听也好，读也罢，十分明了。颜之推交代子孙的话，直面冷峻的话题"生死离别""后事安排"；说话的内容，要求薄葬、节简，如棺木板厚度不许超过两寸、选材只用松木，不许使用随葬品，不封不树，不许举行招魂仪式，不许用酒、肉作为祭品等等，简则俭矣！"看似无情却有情。"颜之推是通达的，他认为，"死者，人之常分，不可免也"，自己早就看明白了，何况以自己素有宿疾之躯，能活到六十多岁，已经很"坦然"了。他自己已经不以生死为怀，子孙们又何须不忍"分别"呢？生死离别，这可是人世间的客观规律啊！立意之高，一下子就使这个冷峻的话题人性化、亲情化了。颜之推是有情的，真是"无情未必真豪杰"。颜之推认为，自己母亲的葬礼很简朴，自己怎能超过自己母亲的葬礼呢？"一死百了"，"生活还要继续"，怎能让死人拖住活人啊！他担心奢华铺张的葬礼以及陪葬，会让他的子孙不堪重负，尤其担心因此掏空了"生资"，影响他们的生计。这正是一种孝慈兼具的浓厚情义啊！读到那句只需在中元节时，由子孙捧上一只盂兰盆、上点供品就行了的话，一切有情人都会同情共感，潸然泪下吧！颜之推是具有人生大智慧的哲人贤能。他要求子孙们在他死后的后事安排上，不要兴师动众，劳神费力，枉自耗费也无益，这是为了让他们盯住自己的努力方向，好好生活，充实人生，笃志而行，各显神通。这，既是他所期望的，也应该是他们家的核心利益所在吧！说到这里，正应了"可怜天下父母心"这句古话啊！这些思想内容，无疑在今天都是有意义和价值的。

一、有生必有死，坦然生活，不以残年为念

死者，人之常分，不可免也①。吾年十九②，值梁家丧乱③，其间与白刃为伍者④，亦常数辈⑤。幸承余福⑥，得至于今。古人云："五十不为夭。"⑦ 吾已六十余，故心坦然⑧，不以残年为念。先有风气之疾⑨，常疑奄然⑩，聊书素怀⑪，以为汝诚。

注 释

①"人之常分"句：此句当依据东晋诗人陶渊明的《与子俨等疏》："天地赋

命，生必有死，自古圣贤，谁能独免！"常分，定数、法则规定。语出三国时期魏国学者王弼（226—249）的《周易略例》："故位无常分，事无常所，非可以阴阳定也。"

②"吾年十九"句：颜之推在《观我生赋》中说："未成冠而登仕，财解履以从军。"自注云："时年十九，释褐湘东王国右常侍，以军功加镇西墨曹参军。"据缪钺《颜之推年谱》推算，当为梁武帝太清三年（549）。

③ 梁家：即南朝时期的梁朝。

④ 白刃：锋利的刀。语出《礼记·中庸》："白刃，可蹈也；中庸，不可能也。"与白刃为伍，是指在刀光剑影中生活。

⑤ 数辈：数次的意思。辈，一般指人的代际，这里是比方、借指次数。如《史记·秦始皇本纪》：赵高"使人请子婴数辈"，用法类同。

⑥ 幸承：幸蒙的意思。语出南朝宋鲍照的《秋夜》诗之一："幸承天光转，曲影入幽堂。"

⑦"五十不为夭"句：语出《三国志·蜀书·先主传》注引《诸葛亮集》载先主遗诏敕后主曰："人五十不称夭，年已六十有余，何所复恨！不复自伤。但以卿兄弟为念。"夭，短命早死。

⑧ 坦然：心里平静无忧的样子。语出东晋葛洪《抱朴子·安堵》："怡尔执待免之志，坦然无去就之谟。"

⑨ 风气：疾病的名称，因风寒而得的疾病。语出《史记·扁鹊仓公列传》："所以知齐王太后病者，臣意诊其脉，切其太阴之口，湿然风气也。"

⑩ 奄然：忽然死去的意思，犹"奄然而终"。语出《后汉书·侯霸传》："未及爵命，奄然而终。"

⑪ 素怀：平时的想法。

大 意

死亡，是人生的必然归宿，任何人都是无法避免的啊！我在十九岁的时候，正好赶上梁朝大乱，回想当时，就是生活在刀光剑影之中，好不后怕！幸蒙祖上福荫，才得以死里逃生，一直活到今天。古人说："活到五十岁上死去，就不算早夭了。"如今，我已经六十多岁了，想想自己的人生历程，已经非常安心知足了，更不会因为自己来日无多而心存忧虑。先前，我曾患有风寒病，时常担心自己会突然死去，因此，就写下了一些平日里的想法，算是作为对你们的交代吧！

二、将先人灵柩回迁家乡墓地的心愿，看来是要落空了

先君先夫人皆未还建邺旧山^①，旅葬江陵东郭^②。承圣末^③，已启求扬都^④，欲营迁厝^⑤。蒙诏赐银百两，已于扬州小郊北地烧砖^⑥，便值本朝沦没^⑦，流离如此，数十年间，绝于还望^⑧。今虽混一^⑨，家道馨穷^⑩，何由办此奉营资费^⑪？且扬都污毁^⑫，无复孑遗^⑬，还被下湿^⑭，未为得计。自咎自责，贯心刻髓。

注　释

① 旧山：指家族墓地。据卢文弨说，"之推九世祖含随晋元帝东渡，故建邺乃其故土也"。晋太康二年（281），秣陵县被一分为二，秦淮河以南称秣陵，以北置建业；次年，改名称为建邺。建兴元年（313），为避晋愍帝司马邺讳，改建邺为建康。

② 旅葬：客葬，指客死异乡安葬。

③ 承圣：梁元帝萧绎时的年号，在552—554年之间。

④ 扬都：南北朝人习惯将建康称为扬都。

⑤ 厝：读音同"措"，停柩，把棺材停放待葬或浅埋待迁。

⑥ "已于"句：扬州，也是指建康。烧砖，指烧制墓砖。据王利器研究，"自吴至陈、隋时代，江南人士，墓葬郭内用砖，皆由自家烧造，内中有少数砖必系以年月某氏墓字样，如长沙烂泥冲南齐墓，有碑文云'齐永元元年己卯岁刘氏墓'是也。与颜之推烧砖之说正相符合。又南朝大贵族墓葬，在发掘情况中估计，最多者需用砖三万枚，每烧窑一次至多一万枚，须烧三次始敷用，要一千人的劳动力。"

⑦ "便值"句：本朝，指萧梁朝；沦没，淹没，败亡的意思。语出《史记·封禅书》："周德衰，宋之社亡，鼎乃沦没，伏而不见。"没，读音同"秣"。

⑧ 还望：返还的希望。

⑨ 混一：统一，指隋灭陈而天下复又一统。语出《战国策·楚策一》："夫

以一诈伪反覆之苏秦，而欲经营天下，混一诸侯，其不可成也亦明矣。"

⑩ 家道罄穷：家道，指家业、家境状况。罄穷，荡然无存，精光的样子。罄，读音同"庆"，穷尽。

⑪ 奉营资费：奉营，恭敬地迁葬先人。奉，捧着，恭敬的样子；营，办理。资费，经费、费用，语出《后汉书·刘虞传》："旧幽部应接荒外，资费甚广，岁常割青冀赋调二亿有馀，以给足之。"

⑫ 污毁：指隋平陈时，殃及陈都，建康被毁坏的程度。

⑬ 孑遗：残存。语出《诗经·大雅·云汉》："周馀黎民，靡有孑遗。"意思是说，周邦的遗民，没有生存的可能。《毛诗传》："孑然遗失也。"清代学者陈奂（1786—863）《传疏》："《方言》《广雅》皆云：孑，馀也。靡孑遗，即无馀遗。"孑，读音同"节"，孤单。

⑭ 下湿：指东南地区地势低洼，潮湿水重。这是相对于西北地势气候而言。下，相对于"上"，习惯上，人们指西东称为上下。

大　意

我的先父先母的灵柩都还没有安葬在故乡建邺的祖坟地，还只是客葬在江陵的东郭。梁元帝承圣末年，我已奏明圣上，请求将父母的灵柩迁回建邺安葬。承蒙圣上恩准，并赏赐白银一百两。当我在建邺近郊北边烧砖，为建墓做准备的时候，恰逢梁朝覆亡。生逢乱世，流离失所，东奔西走，最后寄居北地。至今已经几十年了！我逐渐断了返还建邺的念想。现如今南北虽然统一了，可是我的家资已经耗尽，即便有心，又能到哪里去筹集这笔迁葬的费用啊？况且建邺已经毁于战乱，老家已经没有一个亲人，迁葬于东南低洼潮湿之地，看来也并不是一个好的选择。为了父母灵柩迁葬的事，我经常思来想去，时常自怨自责，情到深处，锥心痛骨啊！

三、我之所以还在宦海沉浮，实在是为了使我家的社会地位不至于沦落啊

计吾兄弟，不当仕进①；但以门衰，骨肉单弱②，五服之内③，傍无一人，播越他乡④，无复资荫⑤；使汝等沈沦厮役⑥，以为先世之耻；故腼冒人间⑦，

不敢坠失 ⑧。兼以北方政教严切 ⑨，全无隐退者故也 ⑩。

注 释

① 仕进：入仕做官。语出《后汉书·郭太传》："司徒黄琼辟，太常赵典举有道。或劝林宗仕进者。"

② 骨肉：骨肉相连，比喻至亲，指父母、兄弟、子女等亲人。语出《墨子·尚贤下》："当王公大人之于此也，虽有骨肉之亲，无故富贵，面目美好者，诚知其不能也，不使之也。"

③ 五服：丧礼，古代以亲疏为差等的五种丧服：斩衰、齐衰、大功、小功和缌麻。语出《礼记·学记》："师无当于五服，五服弗得不亲。"孔颖达疏："五服，斩衰也，齐衰也，大功也，小功也，缌麻也。"

④ 播越：逃亡他乡，流离失所。语出流离失所。语出《左传·昭公二十六年》："兹不穀震荡播越，窜在荆蛮。"又，《后汉书·袁术传》："天子播越，宫庙焚毁。"李贤注："播，迁也；越，逸也；言失所居。"

⑤ 资荫：即门第庇护，凭先代的勋功或官爵而得到授官封爵。

⑥ 沈沦：亦作"沉沦"，指陷入困苦、厄运等命运。《晋书·习凿齿传》："今沉沦重疾，性命难保。"沈，通"沉"。

⑦ 腼冒：羞惭冒昧。腼，读音同"免"，害羞的意思。

⑧ 坠失：失去，这里是辞官隐退的意思。语出《国语·周语上》："庶人、工、商各守其业，以共其上，犹恐其有坠失也，故为车服、旗章以旌之。"

⑨ 严切：严峻、严格的意思。语出《后汉书·陈宠传》："是时承永平故事，吏政尚严切，尚书决事率近于重。宠以帝新即位，宜改前世苛俗。"

⑩ 隐退：辞官隐居民间。

大 意

按照我们兄弟自己的人生规划，本来就没有进入仕途谋发展这样的打算。但是，我们考虑到家族衰落，骨肉孤弱，五服之内，竟然没有一人可以托付；再加上改朝换代，流落异乡，使你们失去了门第的庇荫。倘若任由你们陷入仆役的地位，这就是因为我辈不努力上进使祖先蒙上羞辱啊！因此，我只能含垢忍辱，权且偷生，任由宦海沉浮，也不在仕途懈怠退宿。更何况，北方的政治教化严苛冷峻，完全不准官员随意退隐，这也是我还在坚持的一个原因啊！

四、我死之后，丧事丧礼一律从简

今年老疾侵，傥然奄忽①，岂求备礼乎②？一日放臂③，沐浴而已④，不劳复魄⑤，殓以常衣⑥。先夫人弃背之时⑦，属世荒馑⑧，家涂空迫⑨，兄弟幼弱，棺器率薄⑩，藏内无砖⑪。吾当松棺二寸，衣帽已外，一不得自随，床上唯施七星板⑫；至如蜡弩牙、玉豚、锡人之属⑬，并须停省⑭。粮罂明器⑮，故不得营。碑志旒旐⑯，弥在言外。载以鳖甲车⑰，衬土而下⑱，平地无坟；若惧拜扫不知兆域⑲，当筑一堵低墙于左右前后，随为私记耳。灵筵勿设枕几⑳，朔望祥禫㉑，唯下白粥、清水、干枣，不得有酒肉、饼果之祭。亲友来馈酹者㉒，一皆拒之。汝曹若违吾心，有加先妣㉓，则陷父不孝，在汝安乎？其内典功德㉔，随力所至，勿刳竭生资㉕，使冻馁也㉖。四时祭祀，周、孔所教，欲人勿死其亲，不忘孝道也㉗。求诸内典，则无益焉。杀生为之，翻增罪累㉘。若报罔极之德㉙，霜露之悲㉚，有时斋供㉛，及七月半盂兰盆㉜，望于汝也。一本无"七月半盂兰盆"六字，却作"及尽忠信，不辱其亲，所望于汝也"。

注　释

①傥然奄忽：傥然，假如；奄忽，突然死去，意思与前文的"奄然"相同。语出《后汉书·赵岐传》："卧蓐七年，自虑奄忽，乃为遗令敕兄子。"

②备礼：指死后的丧礼周备。语出《诗经·小雅·毛诗鱼丽序》："《鱼丽》，美万物盛多能备礼也。文、武以《天保》以上治内，《采薇》以下治外。始于忧勤，终于逸乐。故美万物盛多可以告于神明矣。"

③放臂：俗称"撒手人寰"，指人死亡。

④沐浴：濯发洗身，即洗澡。语出《周礼·天官·宫人》："宫人掌王之六寝之脩，为其井匽，除其不蠲，去其恶臭，共王之沐浴。"

⑤复魄：古丧礼，将始死者之衣升屋，北面三呼，以期还魂复苏。《仪礼·士丧礼》："复者一人。"郑玄注："复者，有司招魂复魄也。"唐朝经学家贾公彦疏："出入之气谓之魂，耳目聪明谓之魄，死者魂神去离于魄，今欲招取魂来复归于魄，故云招魂复魄。"复，还回；魄，依附身体而存的精神。

⑥ 殓以常衣：敛，古代丧礼，给逝者穿衣为小殓，遗体入棺为大殓。常衣，平常的衣服。语出《汉书·食货志》："贫民常衣牛马之衣，而食犬彘之食。"

⑦ 弃背：指死亡，婉转词，用于尊亲。语出王羲之《杂帖一》："周嫂弃背，再周忌日，大服终此晦，感摧伤悼。"

⑧ 荒馑：饥荒。语出《后汉书·朱晖传》："永兴元年，河溢，漂害人庶数十万户，百姓荒馑，流移道路。"

⑨ 家涂空迫：家涂，家境；空迫，困窘。

⑩ 率薄：俭朴。

⑪ 藏：寿藏，指死者的坟墓。《后汉书·赵岐传》："年九十馀，建安六年卒，先自为寿藏。"李贤注："寿藏，谓冢圹也。称寿者，取其久远之意也；犹如寿宫、寿器之类。"

⑫ "床上"句：床，物体的底部，这里是指棺材底。七星板，棺木中用于垫尸的板材。据明朝彭滨《重刻申阁老校正朱文公家礼正衡》四："七星板，用板一片，其长广棺中可容者，凿为七孔。"

⑬ "至于蜡弩牙"句：都是古代的冥器，入墓陪葬品。蜡弩牙，用蜡做成的弩上钩弓弦的机栝（读音同"阔"）。玉豚，玉刻的小猪。锡人，锡制的人像。据陈直的研究，"蜡弩牙为蜡制弩机模型。玉豚系玉石或滑石制成。南京幕府山一号墓即有滑石猪（见一九五六年《文物参考资料》第六期）。锡人，即铅人。之推所言随葬品，皆南朝人习俗"。

⑭ 停省，裁减不用。《后汉书·韦彪传》："往时楚狱大起，故置令史以助郎职，而类多小人，好为奸利。今者务简，可皆停省。"

⑮ 粮罂明器：粮罂，粮食和酒坛。罂，读音同"英"，盛酒器，口小而腹大。明器，即冥器，陪葬的生活用品。

⑯ 旒旐：铭旌，书写死者生前功德的幡。旒旐，读音同"流兆"。语出南朝宋刘义庆《世说新语·排调》："顾恺之曰：'火烧平原无遗燎。'桓曰：'白布缠棺竖旒旐。'"

⑰ 鳖甲车：灵车名，形制如同鳖甲。

⑱ 衬土：墓穴中有一层衬垫棺木的土，或沙石，或草木灰，或泥灰。

⑲ 兆域：墓地四周的疆界，也称墓地。语出《周礼·春官·冢人》："掌公墓之地，辨其兆域而为之图。"近代学者孙诒让（1848—1908）《周礼正义》说：

"辨其兆域者,谓墓地之四畔有营域堳埒也。"

⑳ 灵筵:供奉亡灵的几筵。

㉑ 祥禫:丧祭名。语出《礼记·杂记下》:"期之丧,十一月而练,十三月而祥,十五月而禫。"又据《仪礼·士虞礼》:"期而小祥,又期而大祥,中月而禫。"郑玄注:"中,犹间也;禫,祭名也,与大祥间一月。自丧至此,凡二十七月。"祥,分为大祥和小祥。大祥为父母丧后两周年的祭礼,小祥是父母丧后一周年的祭礼。禫,读音同"但",除丧服的祭礼。

㉒ 馂酹:读音同"觊类",祭奠礼,以酒水洒地以祭拜亡灵。

㉓ 有加:比……更,超过。语出《左传·昭公六年》:"夏,季孙宿如晋,拜莒田也。晋侯享之,有加笾。"杜预注:"笾豆之数,多于常礼。"

㉔ 功德:佛教用语,指做功德。即佛教徒所做的念经、诵佛和布施等。人死后,请寺院和尚做功德,祭奠亡灵的风尚,流行于南北朝时期。

㉕ 刳竭:经济来源枯竭,耗尽的意思。刳,读音同"枯",挖空。

㉖ 冻馁:饥寒交迫,又冷又饿。语出《墨子·非命上》:"是以衣食之财不足,而饥寒冻馁之忧至。"又,《孟子·尽心上》:"不煖不饱,谓之冻馁。"

㉗ 孝道:起源于西周,子女事亲的道德规范,汉代以后泛化为一种道德说教和一套繁重的礼仪。《尔雅》解释孝"善事父母为孝",西汉贾谊《新书》说,"子爱利亲谓之孝",东汉许慎在《说文解字》中解释说:"善事父母者,从老省、从子,子承老也。"

㉘ 罪累:罪过的意思。语出《后汉书·邓骘传》:"终不敢横受爵土,以增罪累。"

㉙ 罔极之德:无尽的恩德。语出《诗经·小雅·蓼莪》:"父兮生我,母兮鞠我……欲报之德,昊天罔极!"意思是说,父亲生育了我,母亲哺育了我。想要报答父母的恩情,但父母之恩高远得好像上天一样,无论如何也报答不了啊!朱熹《集传》:"言父母之恩,如天无穷,不知所以为报也。"后以"罔极"指父母恩德无穷。罔极,无尽,没有尽头的意思。据《诗经·小雅·何人斯》:"有靦(读音同"舔",面目可见的意思)面目,视人罔极。"意思是说,你的面目本来是可见的,却是让人看不清晰。郑玄笺:"人相视无有极时,终必与女相见。"

㉚ 霜露之悲:孝子感时感事发出的悲痛,像结成的霜露那样冰冷、洁

白。语出《礼记·祭义》："霜露既降，君子履之，必有凄怆之心，非其寒之谓也！""非其寒之谓也"，说的是感时念亲，引发的悲怆情愫。

㉛斋供：祭祀死者，并上供食品。

㉜"及七月半盂兰盆"句：程本作"及尽忠信不辱其亲所"。盂兰盆，梵文的音译，也作"乌篮婆孥"，意思是"救倒悬"。据《盂兰盆经》（西晋三藏法师竺法护译），目连以其母死后在饿鬼道中极尽其苦，如处倒悬，求佛救度。佛为所感，于是命他于僧众夏季安居终了之日（夏历七月半）备百味食品，供养十方僧众，即可解脱其母之苦。后来，佛教寺院有盂兰会，也称盂兰节。人们为了使父母的亡灵得到超度，就用盆盛满食物供奉佛、僧，因此，就称这种供奉盆为盂兰盆。人们用盂兰盆供奉父母亡灵，以取代供奉佛、僧逐渐成为一种礼俗。据史载，始于南朝梁代，盂兰盆已在民间流行，七月半成为超度先人亡灵的节日，即"鬼节"（中元节）。参见常建华的研究：《三教合一话中元》，《节日研究》2012年第2期。

大　意

现在，我已经老了，而且疾病缠身。倘若我一旦忽然死去，难道我会要求你们为我举办周备的丧礼吗？如果我哪天真的撒手人寰，我只要求你们为我沐浴净身，这样就行了；不劳你们为我操办招魂复魄之礼，穿好平常的衣服就入殓吧。想想我母亲去世的时候，正值荒年，家境窘迫困乏，而我们兄弟也都年幼力单，所以，她的棺木单薄粗糙，葬品简陋，更没有砖块砌成的墓郭。对我而言，只需一副板厚二寸的松木棺材、棺材底部放上一块七星板就够了。除了衣服、鞋帽之外，其他任何东西都不要放进去啊！至于说像蜡弩牙、玉豚、锡人之类的随葬品，也无须多此一举；像粮食、酒器这样的冥器，也不要专门置办呢，更不要说碑志、旗幡了！棺木只需使用鳖甲车运载，墓穴底部只需用泥土衬垫一层就可入葬了。坟墓的上面也不要垒起土丘，平好修坟的土地就好了。如果你们担心以后扫墓时找不到准确的位置，不妨在墓地周围简单地修筑一道矮墙，做个标记也好。灵床上切莫安放枕几，每逢初一、十五、祥日、禫日的祭奠，只用些白粥、清水、干枣就行了，一定不要使用酒、肉、饼、果作为祭品。亲友们要来祭奠，就一概婉言谢绝吧。你们如果违背了我的意愿，使我的丧礼比你们祖母的丧礼优越，那就是陷我于不孝之境啊！站在你们的角度想，这样的话，你们能够安心吗？至于诵经、念佛种种功德，也要量力而行，一定不要弄得耗尽生活资财、使你们陷于忍饥挨饿的境地。一年四季都有祭祀，这是周公、孔子制定的礼制，其目的是让人们牢记先辈的恩德，恪守为子孝道。如果按照佛家的要求来说，这些做法，一点益处都没有啊！你们杀掉许多牲畜以供祭奠之用，反倒是增加了我的罪过。倘若你们想报答父母双亲的大恩大德，表达思亲的无限深情；那么，你们就除了时常准备一点斋供之外，每到七月半的时候，记得在盂兰节时奉上一个盂兰盆。这才是我所寄望于你们的孝心孝行啊！

五、何须顾恋我那一方朽土乱骨，你们要专心致志于自己的前程啊

孔子之葬亲也，云："古者墓而不坟。丘东西南北之人也，不可以弗识也。"① 于是封之崇四尺②。然则君子应世行道③，亦有不守坟墓之时④，况为事际所逼也⑤。吾今羁旅⑥，身若浮云⑦，竟未知何乡是吾葬地，唯当气绝便埋之尔⑧。汝曹宜以传业⑨、扬名为务⑩，不可顾恋朽壤⑪，以取湮没也⑫。

注 释

①"古者墓"句：语出《礼记·檀弓上》："孔子既得合葬于防，曰：'吾闻之：古也墓而不坟；今丘也，东西南北人也，不可以弗识也。'"墓而不坟，只修墓室，而不起坟丘。墓、坟，均用如动词。东西南北之人，指四处奔走、居无定所的人，相当于说志在四方，游走各地。识，读音同"志"，标识，做下记号。

②"于是"句：封，聚土为坟，封土成丘。崇，高的意思，有时与高联用成复词"崇高"。

③ 应世行道：处世立德，实践自己的主张。行道，实践自己的思想或志向，语出《孝经·开宗明义》："立身行道，扬名于后世，以显父母，孝之终也。"

④ 坟墓：古代安葬死者坟头和墓穴。坟与墓有所区别：古时称墓之封土成丘者为坟，平者为墓。两者对称有别，合称相通。后指埋葬死人的穴和上面的坟头。语出《周礼·地官·大司徒》："安万民，一曰嫩宫室，二曰族坟墓。"

⑤ 事际：形势发展的综合表现，时会际运。

⑥ 羁旅：客居异乡之人。语出《周礼·地官·遗人》："野鄙之委积，以待

羁旅。"西汉经学家郑玄注:"羁旅,过行寄止者。"羁,读音同"鸡",客居在外,一般与"旅"联用成词。

⑦ 身若浮云:指自己的身体就像天上随时飘动的云彩,这里还是强调自己客居异乡的身世。语出《论语·述而篇》:"不义而富且贵,于我如浮云。"郑玄注:"富贵而不以义者,于我如浮云,非己之友。"

⑧ 气绝:断气,停止呼吸,指死亡。语出东汉王充《论衡·道虚》:"诸生息之物,气绝则死。"

⑨ 传业:传承家业或传授学业。语出南朝梁学者刘勰《文心雕龙·练字》:"张敞以正读传业,扬雄以奇字纂训。"

⑩ 扬名:传播声名。语出《孝经·开宗明义》:"立身行道,扬名于后世,以显父母,孝之终也。"

⑪ "不可"句:顾恋,留恋。语出范晔《后汉书·公孙瓒传》:"今将军将士,莫不怀瓦解之心,所以犹能相守者,顾恋其老小,而恃将军为主故耳。"顾,考虑。朽壤,腐土。语出左丘明《国语·晋语》:"山有朽壤而崩,将若何? 夫国主山川,故川涸山崩,君为之降服、出次、乘缦、不举,策于上帝,国三日哭,以礼焉。虽伯宗亦如是而已,其若之何?"

⑫ 湮没:埋没而不让显见。语出司马迁《史记·司马相如列传》:"首恶湮没,暗昧昭晢。"南朝刘宋史学家裴骃《集解》引《汉书音义》:"始为恶者皆湮灭。"

大　意

孔子安葬亲人时说过:"古代的墓地是不垒起坟丘的。但我孔丘是个胸怀天下、志在四方、奔走各地的人,父母的墓地可不能没有一个标识啊! 否则,回家后,到哪儿去祭拜父母啊!"于是,他就在父母的墓地上垒起了一座四尺高的坟头。由此看来,先贤立身行事,也是根据具体情况而论的,他们并不拘泥于守墓的陈规旧矩。更何况,人们有时身不由己,为乱世所迫啊! 如今,我身在异乡,客居外地,可谓是"身如浮云",行踪漂泊,也不知将来哪方土地是我的葬身之所啊! 不过,你们也不要介意如此,在我身亡之后,只需将我就地掩埋就行了。我要嘱咐你们的是:一定要以传承家业、显亲扬名为人生要务,千万不要顾恋我的那一方朽土乱骨,以致耽误了你们自己人生的大好前程啊! 切记,切记!

后　记

苦难出思想。司马迁曾经评述前贤在文化传承与创新上作出杰出贡献的历史人物，是因为他们"心有郁结"，"其道不通"，"大抵圣贤发愤之所为作"[1]。思想家只有经历常人所不曾遭遇的苦难、坎坷、失败，他们才有"独沧然而涕下"的忧国情怀和深邃思考[2]，达到时代的思想高度。所以，近代学者罗家伦在《知识的责任》中也说："凡是思想家，都是从艰难困苦中奋斗出来的。"[3] 这见诸历史，却也是实情。作为南北朝时期著名文化人物的颜之推，也是如此。他的传世之作《颜氏家训》不仅在后世受到重视和推崇，而且在他的刊印稿甫一出世，就受到社会好评。因为颜之推饱受颠沛流离、社会动乱之苦，他对社会、民生、时代有深切感悟，围绕治家视点阐述了大量启发性思想，是苦难中的思想精华。他的学术成果和思想内涵受到后世重视，这是必然的。

本书的研究和写作既有偶然性，也有必然性。它和人世间万事万物的形成一样，总是由偶然性和必然性构成的。

先说我与颜之推及其《颜氏家训》相遇的偶然性。我最初接触颜之推及其《颜氏家训》，在我的记忆中应该是很早的。那是在我考入华东师范大学历史系一年级的 1981 年秋冬，给我们讲授魏晋南北朝时期历史的主讲教师是刘精诚老师。那时，系里使用的教材是翦伯赞先生主编的《中国史纲要》，而郭沫若先生主编的《中国通史》、范文澜先生主编的《中国通史简编》则成为我们的教学参考用书，即课后深化学习内容用书。但大学老师讲通史，并不拘泥

---

① 司马迁：《史记·太史公自序》。
② 陈子昂：《登幽州台歌》。蘅塘退士编：《唐诗三百首》卷一，中华书局 1959 年版，第 1 页。
③ 罗家伦：《历史的先见罗家伦文化随笔》，学林出版社 1997 年版，第 10 页。

于教材，往往在备课中形成了自己的知识体系，并将自己的研究、思考汇入课堂讲授。在讲到"魏晋南北朝时期的思想文化"这个知识点时，刘老师专门提到"颜之推是南北朝时期大放异彩的了不起人物，《颜氏家训》是那时一本令人啧啧称奇的奇书。范文澜先生有十分精到的论述，感兴趣的同学可以留意范老在《中国通史简编》中的论述"。课后，我翻开范老主编的"通史"教材，仔细阅读了范老的论述。关于颜之推，范老论述道：颜之推"是当时南北两朝最通博最有思想的学者，经历南北两朝，深知南北政治、俗尚的弊病，洞悉南学北学的短长。当时所有大小知识，他几乎都钻研过，并且提出自己的见解"；关于《颜氏家训》，范老论述说："在南方浮华北方粗野的气氛中，《颜氏家训》保持平实的作风，自成一家之言，所以被看作处事的良轨，广泛地流传在士人群中。"这在当时，给我留下了深刻的记忆。

说到必然性，我的体会是长期积累，兴趣不易，持之以恒，水到渠成。大学毕业参加工作后，再次接触到颜之推及其《家训》，就具有研究的属性了。1991 年，湖北大学中国思想文化研究所周积明教授约我和他一起主编一本《影响中国文化的一百人》，我们在讨论入选一百人的名单时，就注意到并初步列入颜之推；在向有关专家征询意见时，多数专家力主列入颜之推，认为他对中国文化发展具有重大影响，当时在我的思想上产生了不小的震撼。本书由武汉出版社出版（1992 年）后，除了获得武汉市委宣传部评选的"武汉市精神文明建设'五个一工程'奖"之外，还获得了其他几种奖励，读者评价是很好的。此后，又陆续有机会接触到颜之推及其《家训》的研究、写作事项。譬如，1997 年秋，湖北大学中国思想文化研究所郭莹教授筹划主编一套《中华文化典籍精华选读系列·青少年读本》，获得湖北教育出版社重点立项。立项之后，郭教授立马就开始联系作者，主要是立足于湖北省内高校和科研院所的专家。其中的《家训选读》著作选题，郭莹教授与周积明教授商量后，属意于我。郭教授两次登门邀约，认为我是合适的作者人选，相信我一定能够做得好。开始我是犹豫的。在周积明、郭莹两位学长、好友的劝说、动员下，我最后"入伙"了。《家训选读》历时两年，在 2000 年初由湖北教育出版社出版。书中从《颜氏家训》"慕贤"篇中抽选一章，独立成篇。本书出版后，冯天瑜教授受出版社委托，主持组织一套面向社会大众读者的"中华智慧集萃丛书"，周积明教授又想到了我，推荐并约请我参与其中，将中国传统家训按照其内容构成，提炼出一本可读、易懂、好看的辑览性著作。由于《家训选读》受到欢迎，出版后就马上销售一空，出版社反馈的这个意见，使我受到鼓舞。我同意后，立即邀约了黄长义、雷家宏、万全文等几个好朋友找资料，请他们参与协助我编著《家训辑览》，本书在2004年初夏出版。当年年底，本书和其他九本书一道，被评为"最受江城市民欢迎的十大图书"。2005年初，我师从冯老师做完博士后研究工作，顺利出站了。当年深秋的一天，冯老师找我商量，说武汉大学出版社陈辉社长找到他，希望修订出版原在湖北教育出版社出版的"中华智慧集萃丛书"，我们俩做总主编。冯老师希望我多拿出一份时间和精力来，协助他与作者、与出版社通力合作，以崭新的面貌新出版这套丛书。我除了按照冯老师的教诲和要求，精心组织"丛书"出版外，还花很大工夫修订了《家训辑览》。这些工作，都加深了我对颜之推的"同情共感"，加深了我对《颜氏家训》感知理解。

在这里特别值得一提的是，2004年初夏，冯老师接到了北京大学著名哲学家汤一介先生的邀请函，汤先生约请冯老师加入"儒藏整理与研究"专家团队，并说，如果冯老师时间和经力来不及的话，请冯老师物色一名得力的专家协助，课题组一并给予子项目负责人的待遇。冯老师和我商量，说他对此事没有思想准备，时间安排也有问题，但冯家与汤家素为通谊之交，世交几代人，不好拒绝，他恳切希望我协助他做好其中的一项子课题。一周以后，我向冯老师建议选取其中的"礼部之属"（涵盖班昭《女诫》、颜之推《颜氏家训》、司马光《家范》、吕大钧《吕氏乡约》、吕本中《童蒙训》、朱熹《小学集注》、朱熹《童蒙须知》、许印方《增订发蒙三字经》、李毓秀《弟子规》、曾国藩《曾文正公家训》和张之洞《劝学篇》，计十一种)，因为其中的大多数内容，近几年我在研究、写作中都碰过，易于上手。冯老师接受了我的建议，并积极与汤先生商议，最后确定下来。虽然我们做的只是一个子项目，但真正认真做起来，的确是很有难度的！按照汤先生以及课题组的要求，力求精益求精和成果最具权威性，本项目历时八年结项并出版。在子项目中，《颜氏家训》的版本、校勘、句读等占了相当大的比重。经历这项研究工作后，我深深地喜欢上了颜之推及其《颜氏家训》。觉得应该借助最权威的版本、最新整理研究成果，将《颜氏家训》中的精华提要性地展示出来，方便大众阅读、吸收，方便社会传承中国优秀文化。

特别受到鼓舞的是，2014 年 5 月小长假的一个晚上，我接到北京大学儒藏编纂与研究中心杨韶荣老师的电话，她很兴奋地告诉我：我们接到学校通知，准备将近年中心的具有代表性的成果进行整理，向上级汇报；冯老师和你主编的《儒藏精华编》197 册刚刚出版，还飘着油墨香呢，当然也在其中啊！你一定要注意收看近期的中央电视台《新闻联播》等有关资讯。她的这个电话虽然未陈其详，但指向性很明确，信息量也是满满的。以我的阅历而论，当然会很重视她的这通电话。直到几日后收看了 5 月 4 日晚上央视的《新闻联播》节目，一切的一切，都再明白不过了！据报道，当天上午，习近平总书记视察北京大学并看望北大师生，其中，专程看望了北大资深教授、"儒藏整理与研究"重大文化项目首席专家汤一介教授。席间，汤先生向总书记汇报了"儒藏整理与研究"的进展情况，总书记频频点头；汤先生在汇报中，还把刚出版、飘着油墨香的《儒藏精华编》样书呈送给总书记看，总书记一边倾听，一边翻看，连声说好。总书记在听取汇报后，对"儒藏整理与研究"文化项目及其取得的成果给予高度评价。当天晚上收听收看央视《新闻联播》后，心情久久不能平静。从文化自信、文化自觉的角度看，我当时觉得，对于《颜氏家训》不能满足于文献古籍整理，应该立足于中华优秀传统文化的大众化传播，植根于优秀中国文化的传承创新，将其中的思想元素、智慧启示进行重点解读，用大众化的语言展示出来，努力担负起中国优秀传统文化普及和传承责任，再出发，再深化！

从《儒藏精华编》197 册结项并送交出版社之后开始（2012 年），我就思考着写作一本在已有整理研究《颜氏家训》的成果基础上，以读者阅读而不是专家研究为向度，重点展现颜之推及其《家训》思想文化精华的著作。我认为，从目前来看，经过汤一介先生领衔主持的重大项目研究，《颜氏家训》的版本已经是善本中的善本了，很具有权威性了；但要使其精华经过研究后，易于阅读、吸收和传承，还需要下足功夫，将研究性理解、语境还原到当时说话的场景、从专业研究的视角揭示其精华、提示其思想局限，梳理其学术理数，使好的版本与丰富的思想内容和好的文字表达有机结合起来。这就是我在当时下定决心再花功夫进行再研究后，所确立的努力方向和研究、写作目标。这正是国家社科基金重大项目子课题结项成果后续深化研究的由来。

本项研究写作历时七年半，可谓念兹在兹，无论是春夏秋冬，还是寒暑易节，我都无从懈怠。因为我长期从事学术与管理双肩挑的工作特性，所以我的工作也是这样展开：白天上班，从事岗位工作；晚上，更多的是双休日，特别是寒暑假，可以集中心思、集中精力地走进颜之推的时代和他的精神世界，做着如同业师章开沅先生在《实斋笔记》里说的"与古人对话"的工作①。这就是我的工作样式：8+4+X。8是指行政管理白天上班八小时，4是指每天做到晚上读书研究四小时，X是指利用节假日做专业研究。多年来，读书是我的习惯，思考是我的兴趣，写作是我生活的内容，我不求速进易成，只盼常态日进。在七年半的时间里，这项研究工作基本上是连贯的、饱满的，除了中间因为我主持国家社会科学基金项目结项["汉口银行公会与地方社会研究（1920—1938）"，一般，2013；结项等级为良好，2018]、申报新的国家社科基金项目（"新时代文化创新的内在逻辑和实践路径研究"，重点，2018），需要一定的专门时间准备、发表在《中国社会科学》2016年第10期上的长篇论文《李大钊、瞿秋白对俄国道路的认识》，根据编辑部的要求，在发表前有过两次集中时间的修改外，任何事情都没能使这项工作搁置或放下。现在，我终于松了一口气！五十多万字的《〈颜氏家训〉精华提要》终于完稿了，精神上、思想上的负担可以完全放下了。想起几年前，站在工作起点上瞻望终点的期待和煎熬，情何以堪；而这一刻，更多的是我如释重负的喜悦！这正应了两千多年前荀子在《劝学篇》里的教诲和智慧："锲而不舍，金石可镂。"用现在时髦的网络语言说，就是："只要不放弃，不舍弃，不抛弃，坚持到底，就能胜利。"

这次编写的体例，是这样设计的：一是依照由我和温乐平博士校订的《颜氏家训》为底本（《儒藏精华编》197册，北京大学出版社2014年版），即使用最新的、最权威的底本，依照原书的篇章结构，不予改变。二是在每一篇章前专设"提要"，就全篇的思想内涵、关键知识点，钩玄提要②，使人一目了然。三是依据每节的中心思想，重新为该节拟定标题，突出该节的主题思想和重点话题，易于读者掌握。四是在每节文后设立"注释"板块，对人物、事件、典章、制度、名物、风俗、节令、书籍、思想概念、异体字、不常见字的

---

① 章开沅：《对话与理解》，《章开沅文集》第8卷，华东师范大学出版社2015年版，第334页。
② 语出自唐代学者、文学家韩愈《进学解》："记事者必提其要，纂言者必钩其玄。"指探求其中深刻的道理，揭示其中奥妙的内容。后世学者对重要经典的阐发，形成了"提要体"，这是一种重要的学术体裁和著作范式。

读音和多音字的读音等进行扼要解释和标识，特别关注颜之推明引、暗引中国文化经典中的用语、用词，从中一窥作者在那时对中国文化传承的学术厚度和思想宽度。四是在最后设立"大意"板块，大意的编写，来自于传统的"古文翻译"，但又不是或者说不能等同于"古文翻译"，在我预设的目标中，它是一定要高于"古文翻译"的。这就需要，首先，将本节的内容还原到当时的谈话场景和语境；其次，要依据话题、思想主题准确地把握谈话的指向，即问题意识、实践要求和目标导向，明白其话里话外的意思，如同俗话所说，"听话听音，锣鼓听声"，"指桑骂槐，借事说话"。在依据原文重新表达思想、组织语言文字中，将他的思考、认识、判断尽量完整地揭示出来。这就不同于"古文翻译"的做法了。因为"古文翻译"的范式要求是：要忠于原文，就古文，说今意；今天今意必须忠于原文，不管话里话外的意思是否对接，全篇的思想表达是否完整，紧扣原文原意就行。老实说，我所从事的这项工作，其难度就在这里学术挑战性是很强的！因为书名就是"提要"，这就决定了研究与写作的导向，也决定了本书的读者定位和市场定位。只有读懂原文，将作者及其话题与时代、与他关心的问题、与他对子孙的期许和要求即未来目标结合起来，有深刻地感知，进行来来回回的思想对话，才能知其说话指向，也才可能向读者宣达其思想要旨。再次，要运用时代的语言，平白晓畅地表达作者的思想及其内涵。这既不能深奥难懂，片面追求所谓的学术性，从而失去社会性、大众性和普及性；也不能信马由缰，说到哪算哪，主观随意，强差古人，从而失去严肃性和真实性。当然，从学术史的角度看，"没有最好，只有更好"，更进一步，都是以前人的努力和付出为基础的。时代在进步，学术也在发展，今人胜古人，并不是说某个人一定就比所有人高明，时势使然。道理就在这里。本书在研究写作中，既从清代以来的《颜氏家训》研究专家如赵曦明、卢文弨、段玉裁等人的著作中得到营养，也从近代以来的专家研究成果中得到滋养，如周祖谟、缪钺（著有《颜之推评传》和《颜之推年谱》两文），特别是王利器的《颜氏家训集解》（中华书局，1993年）、喻学诗、舒怀的《〈颜氏家训〉译注》（华中理工大学出版社，1994年）和庄辉明、章义和的《颜氏家训译注》（上海古籍出版社，1999年）对我帮助尤大，而近年来学者专家发表的若干篇研究颜之推及其《家训》的论文，也是我从事此项工作的重要学术资源。在书中的行文中，我也都尽量予以说明。感恩、感谢前人和当代已有的研究成果！学术研究毕竟是学者们一起干（共同参与）的事业。学术，真是要众人参与，见仁见智，以已有的研究成果为基础，将研究不断推向前进！这是学术具有"社会公器"功能的真谛所在。这也就像豁达真诚的古人的学术情怀，既要尽说"眼前之景"，也要充分尊重"崔颢题诗"①，继往开来，传承创新。

　　最后，我要感谢多年来，在我所从事颜之推及其《颜氏家训》的研究与写作中，北京大学儒藏编纂与研究中心各位专家对我的大力支持，特别是刚刚过世的著名学者、哲学家汤一介先生生前对我的指导与教诲；著名历史学家、文化学家、业师冯天瑜先生的指导与关心；曾经在不同时期与我合作研究过的各位学友，特别是湖北大学的周积明教授、郭莹教授和曾在江西师范大学工作的温乐平博士等人的支持与帮助！还要特别感谢我素所尊敬的著名历史学家、江西师范大学历史文化与旅游学院教授、华中师范大学历史文献研究所兼职教授、博士研究生导师黄今言先生关怀后学，慨然拨冗作序！感谢江西省 2011 协同创新"江西师范大学中国社会转型研究中心"和出版社的大力支持和通力合作，使拙著得以顺利出版。

张艳国

2019 年 3 月 3 日于南昌瑶湖之畔

---

①　唐朝诗人崔颢游黄鹤楼，为江楼一体、烟波浩渺所吸引，写下了古今流传的《黄鹤楼》名诗："昔人已乘黄鹤去，此地空余黄鹤楼。黄鹤一去不复返，白云千载空悠悠。晴川历历汉阳树，芳草萋萋鹦鹉洲。日暮乡关何处是？烟波江上使人愁。"李白后游黄鹤楼，历览美景，诗兴大发，但抬首一看，已然看到崔颢的诗写在楼上，不禁心生敬佩，留下了"眼前有景道不得，崔颢题诗在上头"的千古名句。李白尊敬前贤、敬畏前人的态度是值得称道的。

附录：《〈颜氏家训〉精华提要》
人名、地名、文献名索引

535

比干　225, 238, 488

毕沅　440, 466

C

裁伯　426

蔡伯喈　220, 224

蔡朗　214

蔡谟　426

蔡文姬　68

蔡邕　30, 67, 68, 69, 71, 73, 125, 172, 224, 225, 226, 233, 254, 255, 257, 310, 330, 354, 382, 383, 414, 430, 431, 497

蔡中郎　68

仓颉（苍颉）　110, 169, 204, 205, 457

曹操　19, 46, 58, 72, 103, 163, 164, 166, 172, 176, 179, 200, 226, 227, 229, 230, 238, 245, 255, 257, 314, 425, 516

曹大家　394, 396, 437

曹芳　177, 425, 467, 510

曹洪　178

曹髦　467, 471, 510

曹丕　80, 103, 163, 164, 200, 225, 226, 230, 234, 243, 256, 319, 359, 425, 467, 501, 515, 516

曹叡　177, 230

曹世叔　396

曹爽　175, 177, 182, 311

曹真　176, 177

曹植　73, 133, 172, 213, 220, 225, 227, 233, 253, 255, 257, 324, 405, 424

晁公武　21

昌意　195

常璩　362, 398

常山宪王　409, 410

倡姬（倡后）　437

晁错　114, 282, 405

巢父　132, 133

车胤　187, 188

陈霸先　8, 12, 132, 294

陈伯敬　503

陈蕃　51, 52

陈奂　385, 520

陈亢　14, 15

陈孔璋　237, 238

陈琳　200, 220, 225, 226, 233, 238, 254, 311

陈彭年　464

陈平　153, 448, 479

陈启源　440

陈群　225

陈涉　10

陈胜　479

陈寿　288, 398, 425

陈思　71, 72, 73, 135, 212, 213, 225, 227, 253, 254, 255, 257, 423, 424, 425, 489

（南朝梁）陈武帝　12

陈狶　436, 438

陈寅恪　469

陈元　153

陈正祥　5

陈振孙　12, 466

陈子昂　528

陈直　330, 339, 495, 497, 511, 523

陈仲举　51

成瑶　416

乘弘　502

程邈　403

程晓　104

赤松子　436

仇览　153

楚悼王　150

楚平王　313

楚丘　199, 200, 202

楚王英　331, 332

楚威王　175, 176, 182

楚庄王　452

长　安　7，136，163，187，192，196，199，201，
　　202，216，231，399，409，410，411，412，
　　434，435，445，491

长陵　195

长平　251，432，506

长沙　84，85，98，231，260，263，264，408，433，
　　434，437，519

D

大麓山　444

代郡　49，50，183，205，231，436

丹徒县　97

丹兴　398

丹阳　184，221，240，339，425，426，509

单父　86，277，404，405，406

亶父　277，278

狄道　77

狄县　258

帝丘　195

定陶　71，150，225，242，435

定州　172

东莞　186，188，189，203，403

东莞郡　189

东郭　155，476，477，519，520

东海郡　510

东莱　173，279，280

东平郡　77

东武城　169

东武阳　72

东阳城　190

杜陵　164，224，225，231，388，489

顿丘　97，98，99，502

顿丘郡　99

F

番禺　98

范阳　77，266，267，269，427，505，506

方城　427

冯翊　164，195，228，407，433，434，437

奉高　433，434，437

扶风　72，195，223，224，396，420，422，473

枹罕　213

枹罕郡　213

枹罕县　213

枹罕镇　213

涪陵　398

G

高密　68，172，173

高平　19，172，177，200，204，254，425，426

高平县　172，200，254

高唐　105，142，222

高州　13

恭陵　36

巩县　196

姑幕　203，403

故鄩　251

关中　70，71，134，136，191，192，282，317，319，
　　472，476

广阿　210，443

广汉雒　371

广陵　96，225，405

广平　510

广武　393

桂阳　433，434，437

桂阳郡　434

H

邯郸　133，261，305，324，429，437，448，489，
　　514

汉阳郡　106，420

合肥　131

和州　470

河东郡　313，377

三、文献索引

587

责任编辑：赵圣涛

责任校对：吕　飞

封面设计：胡欣欣　王欢欢

图书在版编目（CIP）数据

《颜氏家训》精华提要／张艳国　著 . —北京：人民出版社，2020.11

ISBN 978－7－01－022038－3

I.①颜⋯　II.①张⋯　III.①家庭道德－中国－南北朝时代
　②《颜氏家训》－通俗读物　IV.① B823.1-49

中国版本图书馆 CIP 数据核字（2020）第 064635 号

《颜氏家训》精华提要

YANSHI JIAXUN JINGHUA TIYAO

张艳国　著

人 民 出 版 社 出版发行

（100706　北京市东城区隆福寺街 99 号）

北京盛通印刷股份有限公司印刷　新华书店经销

2020 年 11 月第 1 版　2020 年 11 月北京第 1 次印刷

开本：710 毫米 ×1000 毫米 1/16　印张：39.5

字数：620 千字

ISBN 978－7－01－022038－3　定价：99.00 元

邮购地址 100706　北京市东城区隆福寺街 99 号

人民东方图书销售中心　电话（010）65250042　65289539